地膜覆盖与土壤肥力演变

李双异　等 编著

中国农业出版社
北　京

编　委　会

顾　问：汪景宽

主　编：李双异

副主编：安婷婷　裴久渤

编著者（按姓氏笔画排序）：

于　树　王　亮　王　莹　田晓婷

史文娇　吕欣欣　刘　赫　刘顺国

安婷婷　孙海岩　李　丛　李双异

李世朋　李静静　何　璇　汪景宽

陈丽芳　金鑫鑫　郑丽红　侯晓杰

郭　锐　崔志强　裴久渤　薛菁芳

前　言

自20世纪80年代地膜覆盖技术引进中国以来，地膜覆盖一直是北方蔬菜等经济作物和主要大田作物增产的重要措施之一，已在农业生产中产生巨大的经济效益。据估计，短期的地膜覆盖使蔬菜等经济作物增产幅度可达60%以上，使玉米等粮食作物增产30%以上，因此地膜覆盖技术一直是农业增产增收最主要的技术之一。我国的地膜覆盖面积从20世纪的90年代初开始每年已达到0.13亿 hm^2 以上，占耕地面积的10%左右。因此耕作方便、土质较好的耕地进行长期地膜覆盖，以达到增产与增收的目的。

然而长期进行地膜覆盖栽培，耕地面临着严重的残膜污染与土壤肥力下降等问题。其中残膜污染可以通过残膜回收、施用光解或液体地膜的方式得到解决，而长期地膜覆盖条件下土壤肥力变化尚不清楚，因此采用何种培肥技术来恢复与提高其土壤肥力一直困扰农业科技人员。地膜覆盖栽培明显的保水增温效应促进了粮食增产，在提高经济效应的同时，也为我国的粮食安全做出了很大的贡献。但是地膜覆盖栽培在增产增效的同时，也促进作物对土壤养分的吸收，地力消耗大为增加，并影响土壤微生物群落结构与活性，从而影响养分循环。因此覆膜栽培条件下土壤的培肥、土壤的可持续利用尤为重要。地膜覆盖提供了特殊的生态环境，使土壤的物理、化学性质和生物学性质发生了一定的变化，进而影响到了土壤的肥力状况。正因如此，本课题组从1985年起开始对短期地膜覆盖后土壤水分、温度等因素变化情况进行监测，1987年在沈阳农业大学实验站建立地膜覆盖定位试验，目的是开展长期地膜覆盖条件下土壤肥力演变规律研究，寻找合适的土壤肥力恢复与提升的施肥技术措施，为地膜覆盖栽培条件下土壤的培肥及土壤和农业的可持续发展提供理论依据和技术支持。

全书共分为10章，第一章系统介绍了我国地膜覆盖的现状，提出了长期地膜覆盖条件下土壤肥力演变规律和培肥研究的目的和必要性；第二章论述了长期地膜覆盖条件下土壤基本理化性状的变化；第三章论述了长期地膜覆盖条件下施肥对土壤主要养分元素氮、磷和钾以及中量元素钙、镁和硫的影响；第四章论述了长期地膜覆盖土壤有机质的演变规律；第五章论述了光合碳在植物-土壤-微生物系统的分配与固定；第六章论述了长期地膜覆盖结合施肥对土壤结构的影响；第七章论述了长期地膜覆盖条件下外源碳在土壤团聚体中的赋存和转化；第八章论述了长期地膜覆盖对土壤中秸秆氮赋存形态和有效性的影响；第九章论述了长期地膜覆盖土壤微生物的演变；第十章论述了长期地膜覆盖条件下施肥对土壤重金属元素变化的影响。本书出版，将为我国长期地膜覆盖条件下土壤培肥提供理论依据和技术支持，为保障国家粮食安全和农业的可持续发展提供科技支撑。

全书由汪景宽和李双异统编和审核定稿。对本书撰写过程中各位专家的指导与帮助，在此深表谢意。对本著作涉及课题的全体研究人员和在出版上给予帮助的专家领导，表示衷心的感谢！

我们的工作得到了国家自然科学基金项目地膜覆盖与施肥条件下秸秆碳在土壤团聚体中赋存的微生物学机制（41771328）、长期地膜覆盖及施肥对土壤有机碳组分及平衡点的影响（40871142）、玉米残体在棕壤中的激发效应、赋存形态及其供氮能力（41671293）、植物残体转化为土壤有机质的微生物过程及新形成有机质的稳定性（41977086）和地膜覆盖与施肥条件下光合碳固定的土壤微生物学机制（41601247）的资金支持，对此深表感谢。

本著作对已有30多年地膜覆盖和施肥历史的沈阳农业大学实验站土壤肥力的演变规律进行论述，土壤肥力的演变是一个长期积累和动态变化的过程，因此本书虽经过多次修改和反复讨论，但由于作者水平有限，加上时间仓促，书中难免存在错漏和不妥之处，敬请广大读者批评和指正。

编著者

2021年6月

目　　录

第一章　地膜覆盖应用及长期定位试验研究

地膜是农业生产的重要物质资料之一，地膜覆盖技术应用极大地促进了农业产量和效益的提高，带动了我国农业生产方式的改变和农业生产力的快速发展。2018 年全国地膜用量达 140.4 万 t，覆盖面积 1 776.5 万 hm^2，地膜覆盖已广泛应用到全国，尤其是北方干旱、半干旱和南方的高山冷凉地区。覆盖作物种类也从最初的经济作物扩大到棉花、玉米、小麦和水稻等大田作物。地膜覆盖的增温保墒、抑制杂草等功能，使我国蔬菜、玉米、花生、棉花等农作物在大范围内提高粮食单产 20%～30%，为保障食物安全供给做出了重大贡献。

第一节　我国地膜覆盖应用历史与现状

地膜覆盖技术是 20 世纪 50 年代日本科学家发明并最早用于草莓生产。在地膜覆盖技术发明初期，重点覆盖作物是蔬菜，尤其是保护地蔬菜生产中地膜覆盖的比例非常高。由于该技术具有良好的增温保墒和防除杂草作用，其在日本得到迅速发展和应用。与此同时，覆膜栽培作物也逐渐由最初的蔬菜扩展到烟草、花卉、薯类、棉花和玉米等作物上。20 世纪 70 年代末，我国农业科研工作者利用废旧薄膜（原来用于小拱棚等的塑料薄膜，这种地膜的厚度一般为 0.02 mm）进行小面积蔬菜和棉花平畦覆膜试验。1978 年 6 月，时任农林部副部长朱荣访问日本，参观了日本地膜覆盖技术试验基地，回国后向有关农业科研和管理单位介绍了日本塑料薄膜地面覆盖技术，并要求开展相关研究。1978 年 9 月，我国有关单位的科研人员在国际农机展览会获得塑料薄膜样品，由长沙市塑料三厂和旅大市（1981 年 2 月 9 日后改称为大连市）塑料研究所以这些样品为样本，开展了中国地膜产品研发，生产出厚度为 0.015～0.020 mm 的国产地膜，并在农业上开展了相关覆膜种植试验（北京市朝阳区农业科学研究所，1979）。

此后，我国地膜使用量和覆膜面积持续增加。统计数据显示（中国农村统计年鉴，1992—2019），我国地膜使用量从 1982 年 0.6 万 t 增加到 2018 年的 140.4 万 t，增加了 200 多倍（图 1 - 1）。农作物地膜覆盖面积也一直保持持续增长态势，1982 年农作物地膜覆盖面积仅为 11.8 万 hm^2，1991 年达到 490.9 万 hm^2，2001 年上升到 1 096 万 hm^2，2018 年农作物地膜覆盖面积达 1 776.5 万 hm^2，主要分布在冷凉和干旱区域（图 1 - 2）。

地膜使用强度不断增加。用地膜使用量（kg）除以耕地面积（hm^2）的商来反映各地地膜使用强度，即单位耕地面积的地膜使用量（kg/hm^2），选择 1991 年和 2018 年数据，分别计算了全国各省份地膜使用强度。表 1 - 1 显示，全国所有省份在过去近 30 年的地膜使用强度都呈现增加趋势，幅度一般在 3～10 倍，但不同省份的地膜使用强度提高幅度存在明显差异，总体上，北方地区提高幅度大、使用强度大，如甘肃地膜使用强度由 1991

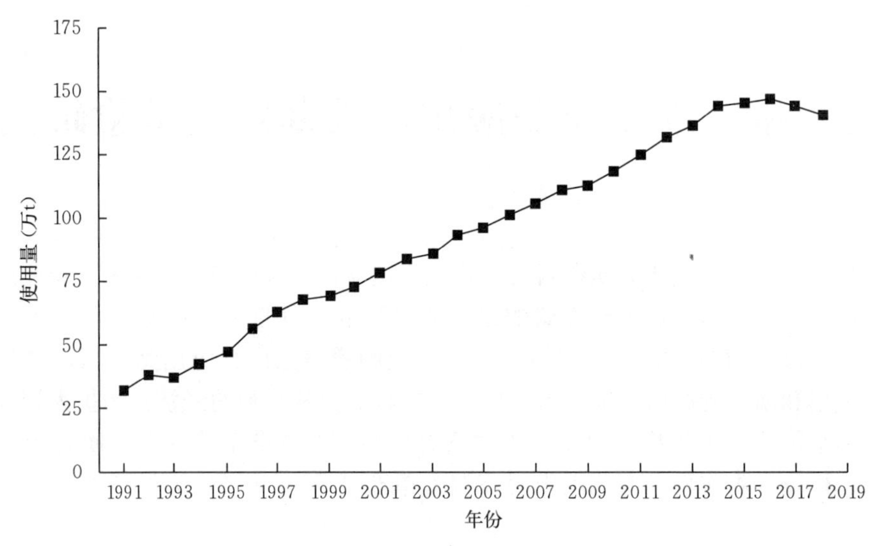

图 1-1　1991—2018 年全国地膜使用量变化（数据来自《中国农村统计年鉴》）

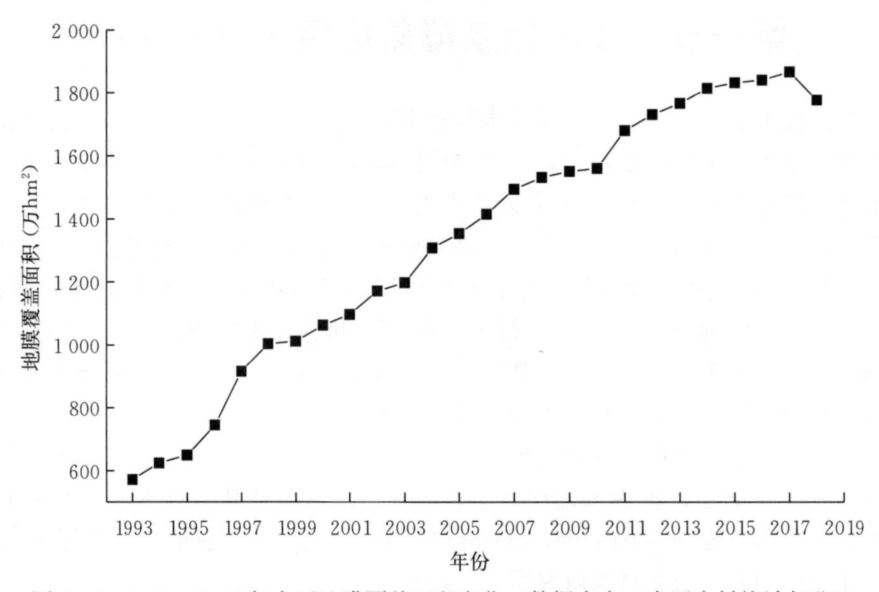

图 1-2　1993—2018 年全国地膜覆盖面积变化（数据来自《中国农村统计年鉴》）

年不到 1.0 kg/hm^{2}提高到 2018 年 21 kg/hm^2，新疆地膜使用强度由 1991 年 7.0 kg/hm^{2}提高到 2018 年 45.5 kg/hm^2，东北黑龙江和吉林由 1991 年的 0.7～0.8 kg/hm^{2}提高到 2018 年 1.8～4.4 kg/hm^2。在花生种植面积较大的辽宁省，地膜使用强度要远高于黑龙江和吉林，达到了 7.9 kg/hm^2。调查数据还显示，西北玉米和棉花产区、东北的花生产区、华北的花生和棉花产区、西南烟草产区及所有蔬菜集中产区，是地膜使用强度较高的区域。地膜覆盖应用的作物种类急剧增加，地膜覆盖栽培技术最初主要用于经济价值比较高的蔬菜、花卉种植上。经过过去几十年的理论研究与生产实践，地膜覆盖栽培技术应用得到了飞速发展，现已扩大到花生、西瓜、甘蔗、烟草、棉花等多种经济作物，以及玉米、小麦，水稻等大宗粮食作物上。在新疆、山东、山西、内蒙古、陕西和甘肃等高寒冷凉、干旱及半干旱地区，地膜覆盖技术已推广应用到大部分农作物种植上，并呈现持续增长的趋势（严昌荣等，2014）。

表 1-1　全国各地区 1991 年和 2018 年的地膜使用强度（kg/hm^2）

地区	安徽	北京	重庆	福建	甘肃	广东	广西	贵州	海南	河南	河北
1991 年	1.17	4.34		1.91	0.54	2.58	1.06	5.64	0.03	0.96	1.11
2018 年	7.35	9.73	10.28	23.50	21.10	9.64	7.88	6.21	12.68	8.43	8.12
地区	黑龙江	湖北	湖南	吉林	江苏	江西	辽宁	内蒙古	宁夏	青海	山东
1991 年	0.67	3.77	2.22	0.78	1.10	2.15	4.04	0.76	1.16	0.18	3.46
2018 年	1.82	6.12	13.58	4.38	9.83	10.48	7.85	8.17	9.04	9.49	14.17
地区	山西	陕西	上海	四川	天津	西藏	新疆	云南	浙江		
1991 年	2.02	1.42	5.26	2.07	3.07	0.00	7.02	3.80	2.77		
2018 年	7.68	5.26	18.02	12.41	7.28	3.59	45.46	15.47	14.48		

第二节　长期地膜覆盖实验站的建立

研究人员在 20 世纪 80 年代便开始进行地膜覆盖和施肥试验，发现地膜覆膜 1～3 年增产效果较好，但第 4 年开始增产幅度降低，甚至出现作物早衰和减产的现象。沈阳农业大学著名土壤学家陈恩凤先生敏锐认识到地膜覆盖在增产的同时，如果施肥不当一定会导致肥力下降。因此他指导课题组于 1987 年在沈阳农业大学后山棕壤上建立长期地膜覆盖与土壤肥力恢复试验田，并且一直坚持至今（图 1-3）。

图 1-3　实验站景观照

沈阳农业大学棕壤长期定位试验实验站地处北纬 41°49′、东经 123°34′，属温带大陆性季风气候区，年均温 7.9 ℃，年均降水量 705 mm，海拔 75 m，土壤属中厚层棕壤（简育淋溶土）。该长期定位试验开始于 1987 年春天，当时表层土壤（0～20 cm）性质为：有机质含量 15.6 g/kg，全氮 1.0 g/kg，全磷 0.5 g/kg，碱解氮 67.4 mg/kg，有效磷 8.4 mg/kg，pH（H_2O）6.39；沙粒含量 16.7%，粉粒 58.4%，黏粒 24.9%。每个小区面积 69 m^2，三次重复，随机排列。分地膜覆盖栽培（mulching）与传统栽培（裸地/不覆膜，no－mulching）两组。连作作物为玉米（当地常用品种），每年 4 月 25 日左右播种、施肥和覆膜，并按常规进行田间管理；9 月 25 日前后进行小区测产、采样和收割，并对玉米茎秆及残留地膜进行清除，然后进行翻地（根系都保留在土壤中）。

试验地设置裸地和覆膜 12 个基本处理，设不施肥、化肥、有机肥和有机无机配施处理及其 1 倍量、2 倍量和 4 倍量处理。施肥处理包括：不施肥（CK）、中量氮肥（N2）、高量氮肥（N4）、高量氮磷肥（N4P2）、低量有机肥氮肥（M1N1）、低量有机肥＋氮磷肥（M1N1P1）、中量有机肥（M2）、中量有机肥＋低量氮磷肥（M2N1P1）、中量有机肥＋中量氮肥（M2N2）、中量有机肥＋中量氮磷肥（M2N2P1）、高量有机肥（M4）、高量有机肥＋中量氮磷肥（M4N2P1）。氮肥和磷肥分别选用尿素和磷酸二铵。有机肥为猪厩肥，其有机质含量为 150 g/kg 左右，全氮为 10 g/kg 左右。有机肥与化肥采用等氮量施用。各处理施肥量如表 1－2 所示。

表 1－2　试验各处理年施肥量（纯量）（kg/hm^2）

施肥处理	覆膜/不覆膜	化肥		有机肥（M）折合 N 施入量
		N	P_2O_5	
CK	覆膜			
N2	覆膜	135		
M2	覆膜	135		
M1N1	覆膜	67.5		67.5
M1N1P1	覆膜	67.5	67.5	67.5
M2N1P1	覆膜	135	67.5	67.5
M2N2	覆膜	135		135
M2N2P1	覆膜	135	67.5	135
N4	覆膜	270		
N4P2	覆膜	270	135	
M4	覆膜	270		
M4N2P1	覆膜	270	67.5	135
CK	不覆膜（裸地）			
N2	不覆膜（裸地）	135		
N2P1	不覆膜（裸地）	135	67.5	
N2P2	不覆膜（裸地）	135	135	
M2	不覆膜（裸地）	135		
M1N1	不覆膜（裸地）	67.5		67.5
M1N1P1	不覆膜（裸地）	67.5	67.5	67.5
M2N1P1	不覆膜（裸地）	135	67.5	67.5
M2N2	不覆膜（裸地）	135		135
M2N2P1	不覆膜（裸地）	135	67.5	135
N4	不覆膜（裸地）	270		
N4P2	不覆膜（裸地）	270	135	
M4	不覆膜（裸地）	270		
M4N2P1	不覆膜（裸地）	270	67.5	135

本书各章节的试验全部都在该实验站内进行，因此在这些章节中关于长期定位试验的情况不再进行详细介绍。

第三节　长期地膜覆盖玉米产量的变化

一、长期地膜覆盖与施肥对玉米经济产量和生物产量的影响

笔者选择了7个典型处理进行了年度间的动态分析，如图1-4所示，从时间序列来看，无论经济产量（文中所述重量均为烘干重）还是生物产量，总体上均随着时间呈现升高的趋势，且覆膜高于裸地。

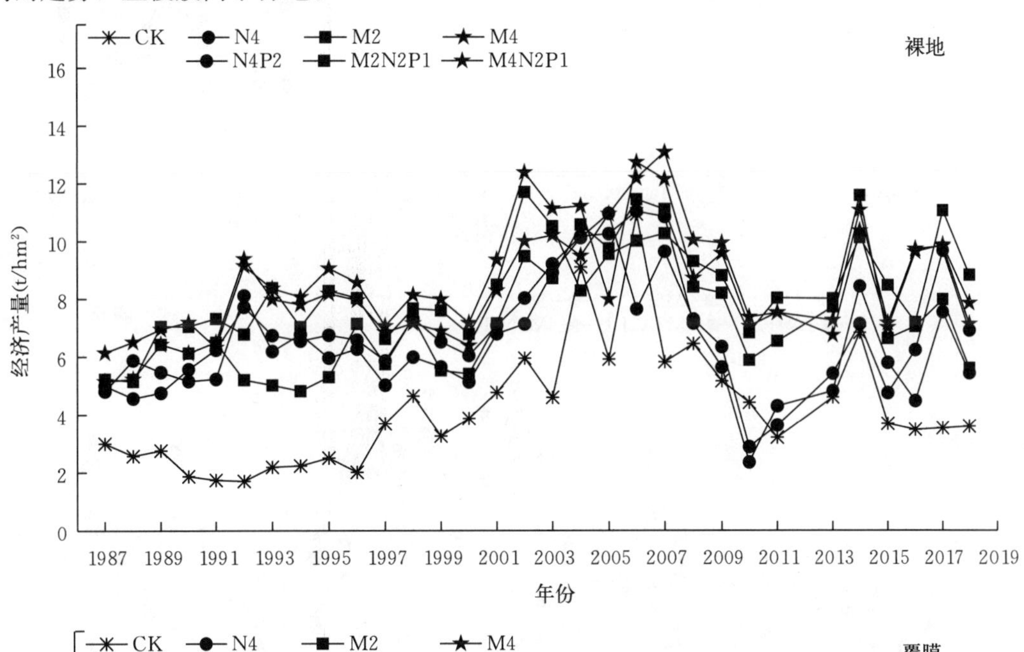

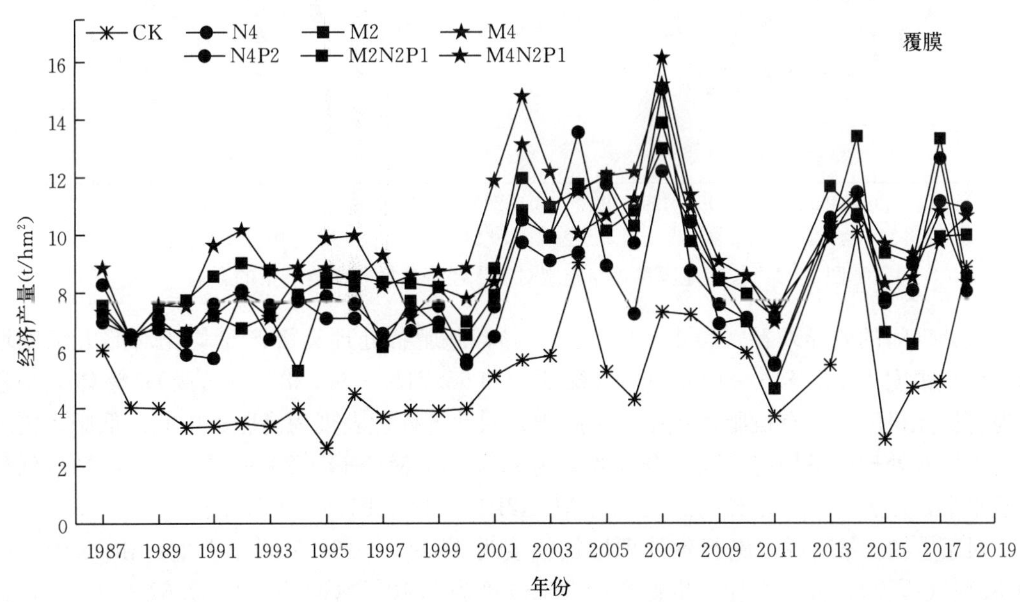

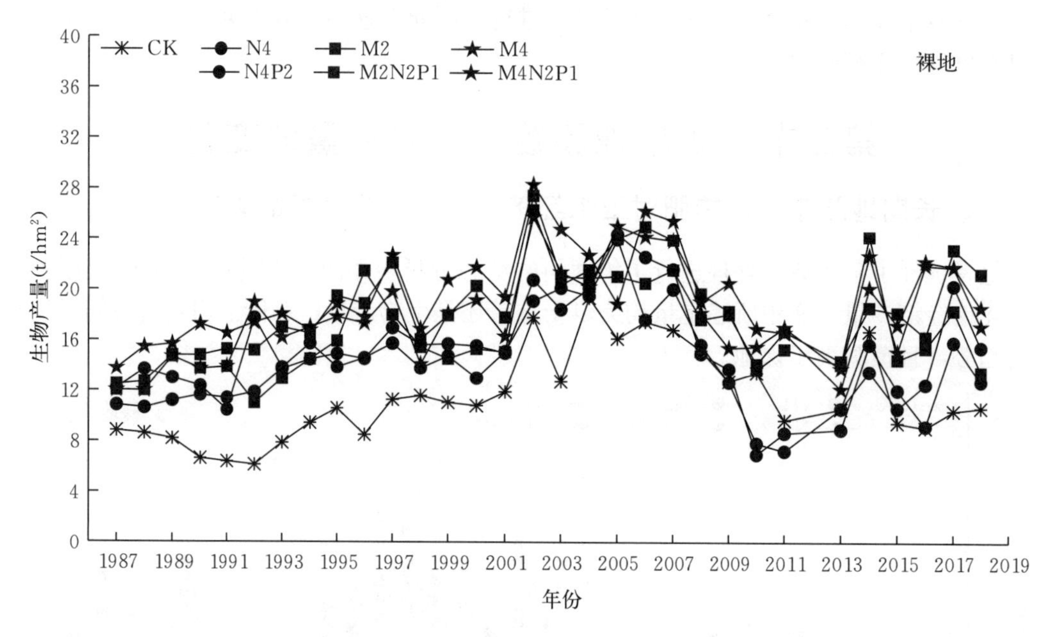

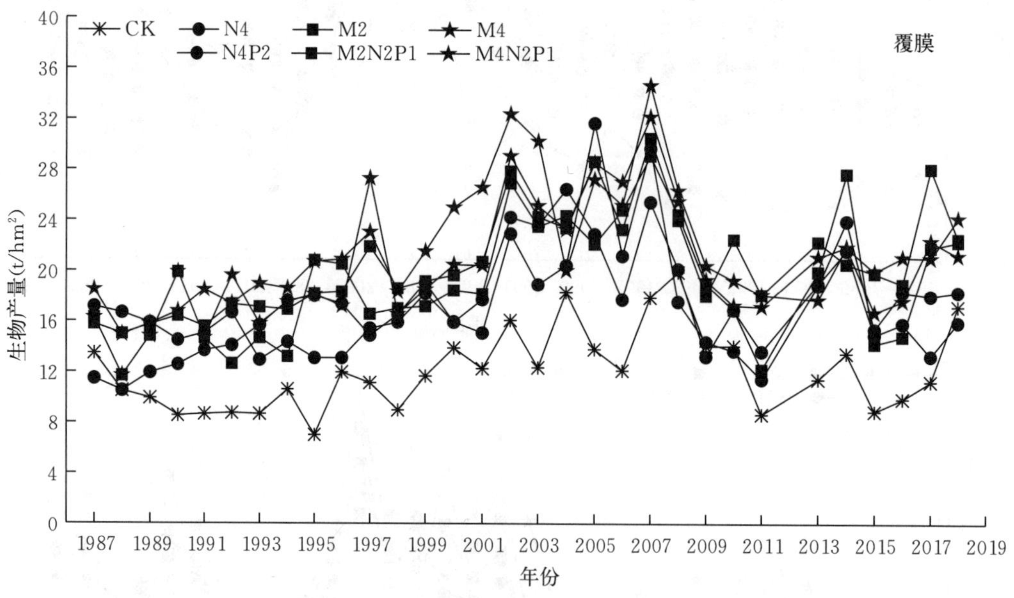

图 1-4　长期地膜覆盖与施肥对玉米经济产量和生物产量的影响

从处理间的差异来看（表 1-3、表 1-4），施肥各处理经济产量均比对照大幅度增加，增加幅度为 44.58%～105.94%（裸地）和 55.71%～95.28%（覆膜）；整体大小趋势为有机无机配施>有机肥>化肥>不施肥；裸地各处理表现为高肥>中肥>低肥，覆膜之后，所有处理产量均有升高，升高幅度为 9.65%（M1N1）～29.95%（N2），且达到显著性水平，覆膜经济产量最高的处理为 M4N2P1、M2N2P1 和 M2N1P1。

对于生物产量来说，施肥各处理增加幅度为 16.89%～68.63%（裸地）和 36.08%～79.85%（覆膜）；覆膜之后，生物产量增加幅度为 7.10%（M1N1）～22.67%（N2），且达到显著性水平。各处理表现规律与经济产量相似，有机无机配施效果最佳，能显著提高玉米生物产量。

表1-3　长期地膜覆盖与施肥对玉米经济产量的影响

处理	裸地			覆膜			覆膜增产率（%）
	产量均值（t/hm²）	增产率（%）	变异系数	产量均值（t/hm²）	增产率（%）	变异系数	
CK	4.20		50.57	5.06*		36.86	20.66
N2	6.07	44.58	30.66	7.88*	55.71	28.90	29.95
N4	6.55	56.09	28.30	8.35*	64.94	25.93	27.50
N4P2	6.73	60.45	30.28	8.24*	62.73	25.23	22.38
M1N1	7.94	89.18	27.86	8.70*	71.91	25.59	9.65
M1N1P1	7.51	78.91	26.77	8.71*	72.03	23.96	16.02
M2	7.25	72.72	27.87	8.33*	64.59	26.47	14.98
M2N1P1	8.16	94.38	24.25	9.40*	85.57	22.58	15.19
M2N2	8.02	91.16	24.36	9.21*	81.80	20.33	14.75
M2N2P1	8.21	95.57	19.14	9.33*	84.17	20.28	13.63
M4	8.36	99.22	23.62	9.17*	81.04	23.49	9.65
M4N2P1	8.64	105.94	21.23	9.89*	95.28	20.44	14.42

注：* 表示同一处理覆膜与裸地之间差异显著（$P<0.05$），下同。

表1-4　长期地膜覆盖与施肥对玉米生物产量的影响

处理	裸地			覆膜			覆膜增产率（%）
	产量均值（t/hm²）	增产率（%）	变异系数	产量均值（t/hm²）	增产率（%）	变异系数	
CK	11.49		31.15	12.10		26.72	5.36
N2	13.43	16.89	28.39	16.47*	36.08	24.62	22.67
N4	14.72	28.17	25.56	17.56*	45.10	25.85	19.28
N4P2	14.53	26.51	29.13	17.15*	41.65	24.35	17.97
M1N1	17.67	53.82	25.77	18.93*	56.36	25.24	7.10
M1N1P1	17.19	49.59	22.57	18.80*	55.30	24.08	9.38
M2	17.05	48.41	25.30	19.04*	57.31	25.05	11.68
M2N1P1	18.12	57.76	24.83	20.90*	72.65	24.76	15.30
M2N2	18.51	61.12	23.91	19.94	64.75	21.51	7.73
M2N2P1	18.13	57.84	18.34	20.61*	70.25	20.08	13.64
M4	18.06	57.22	21.15	20.45*	68.95	23.60	13.22
M4N2P1	19.37	68.63	18.97	21.77*	79.85	21.85	12.38

二、长期地膜覆盖与施肥对玉米干物质重的影响

如表1-5所示，各处理使玉米植株茎、叶、穗轴和根的干物重均高于对照（单施化肥处理降低了根和裸地处理茎的干重）。总体趋势为施有机肥比单施化肥处理的植株各器官干物重增加明显。长期裸地栽培条件下所有处理各器官干物重增加的顺序为穗轴（64.94%）>茎（25.01%）>叶（23.49%），而根变化较小；长期地膜覆盖条件下各器官干物重增加的顺序则为茎（67.40%）>穗轴（56.34%）>叶（50.13%），根无明显变化。长期地膜覆盖后，玉米的茎、叶、穗轴和根的干物重在多数处理下均比裸地栽培条件下要高，其中茎干重各处理覆膜后几乎均达到显著差异。

表1-5　长期地膜覆盖与施肥对玉米茎、叶、穗轴和根干物质的影响（t/hm^2）

处理	裸地				覆膜			
	茎	叶	穗轴	根	茎	叶	穗轴	根
CK	2.41	3.10	0.84	1.29	2.15*	2.84	0.96	1.34
N2	2.24	3.15	1.26	0.82	2.76*	3.42	1.37	1.22*
N4	2.36	3.52	1.41	0.93	3.18*	4.04	1.52	1.00
N4P2	2.37	3.36	1.21	0.93	3.18*	4.24*	1.44*	0.90
M1N1	3.14	3.91	1.48	1.29	3.52*	4.07	1.40	1.30
M1N1P1	3.04	3.95	1.29	1.35	3.44*	4.06	1.43*	1.28
M2	3.21	4.11	1.24	1.32	3.63*	4.15	1.44*	1.60*
M2N1P1	3.28	4.17	1.47	1.34	3.95*	4.33	1.58	1.75*
M2N2	3.42	3.94	1.49	1.69	3.73	4.42	1.55	1.16*
M2N2P1	3.28	4.07	1.54	0.90	3.92*	4.66*	1.52	1.12*
M4	3.30	3.70	1.40	1.35	3.97*	4.69*	1.70*	1.07*
M4N2P1	3.50	4.23	1.45	1.60	4.31*	4.82*	1.56	1.61

在长期裸地栽培的条件下，各施肥处理的植株器官占总生物量的比例如表1-6所示，与对照相比，这些处理都不同程度地提高了籽粒和穗轴占全株总生物量的比例（28.03%和18.41%），而降低了茎、叶和根的比例（-13.63%、-15.79%和-28.62%）。覆膜后这些处理与对照相比都不同程度地提高了籽粒、穗轴和茎占全株总生物量的比例（11.80%、5.89%和3.80%），而降低了叶和根占全株生物量的比例（-5.70%和-36.61%）。与裸地栽培相比，覆膜提高了籽粒占全株总生物量的比例（4.62%），而降低了根、穗轴和叶占全株总生物量的比例（-6.35%、-5.03%和-4.03%），茎所占比例相差较小。

表1-6　长期地膜覆盖与施肥对玉米生物产量构成比例的影响（%）

处理	裸地					覆膜				
	籽粒	茎	叶	穗轴	根	籽粒	茎	叶	穗轴	根
CK	35.03	20.26	26.79	7.51	10.09	41.45*	17.22*	23.11*	7.87*	10.39

（续）

处理	裸　地					覆　膜				
	籽粒	茎	叶	穗轴	根	籽粒	茎	叶	穗轴	根
N2	45.18	16.36	23.31	10.09	6.15	47.77*	16.74	21.02*	8.59*	7.41*
N4	44.48	15.80	23.36	9.96	6.26	47.89*	16.78	21.49*	9.00	5.64*
N4P2	46.47	16.97	23.77	9.32	6.76	48.94	17.48	23.57	8.94	5.16*
M1N1	44.91	17.61	21.92	8.89	7.28	46.25	17.98	21.38	7.86*	6.85*
M1N1P1	43.60	17.36	22.84	8.14	7.79	46.62*	17.79	21.61*	8.04	6.82*
M2	42.61	18.55	24.25	7.83	7.54	43.94	18.77	21.83*	8.06	8.25*
M2N1P1	45.79	17.81	22.97	8.92	7.56	45.37	18.31	20.38*	8.19	8.43*
M2N2	43.59	17.71	21.09	8.83	9.10	46.52*	17.75	21.88	8.45	5.84*
M2N2P1	45.50	17.26	22.36	9.31	5.01	45.50	18.22	22.68	8.08*	5.37*
M4	46.44	17.58	20.36	8.53	7.58	45.17	18.20	22.45*	8.72	5.27*
M4N2P1	44.76	19.47	21.93	8.00	8.19	45.81	18.60	21.43	7.74	7.41*

主要参考文献

严昌荣，何文清，刘爽，等，2015. 中国地膜覆盖及残留污染防控. 北京：科学出版社.

严昌荣，刘恩科，舒帆，等，2014. 我国地膜覆盖和残留污染特点与防控技术. 农业资源与环境学报，31 (2)：95－102.

国家统计局农村社会经济调查司，1992—2019. 中国农村统计年鉴. 北京：中国统计出版社.

第二章　长期地膜覆盖土壤基本理化性状变化规律

第一节　土壤水分的变化规律

地膜覆盖栽培是20世纪80年代发展起来的新技术，在我国北方地区已被广泛推广和应用，并成为该地区农业生产再上新台阶的重要措施之一。地膜覆盖可以减少土壤水分蒸发，保蓄水分，调节余缺，是充分利用降水资源、发展农业生产的重要措施之一。本研究对沈阳农业大学长期定位试验实验站（1987年开始）长期地膜覆盖及不同施肥处理下，棕壤水分含量和储量在整个生长季和土壤剖面内的变化情况进行了研究，以期为地膜覆盖栽培提供理论依据。

一、试验设计与分析方法

（一）试验设计

本研究的采样时间为2003年4月20日（播种前期）、5月13日（出苗期）、5月28日（定苗期）、6月13日（拔节期）、6月30日（大喇叭口期）、7月15日（抽雄期）、7月30日（授粉期）、8月15日（长粒期）、8月30日（灌浆期）、9月14日（成熟期）、9月30日（收获期）、10月20日（收获后期）、11月10日（结冻期）。土壤采样深度为0～20 cm、20～40 cm、40～60 cm、60～80 cm和80～100 cm（利用荷兰生产的土钻采集）。

（二）测定方法

土壤水分测定采用烘干法；土壤容重测定采用环刀法取样，105 ℃烘干进行测定。

（三）土壤水储量计算

$$STW_s = \sum_{i=1}^{n} (C_i \times \rho_i \times T_i) \times 100$$

式中，STW_s 为特定深度的土壤水储量（t/hm^2）；C_i 为第 i 层土壤的土壤重量含水量（%）；ρ_i 为第 i 层土壤容重（g/cm^3）；T_i 为第 i 层土壤厚度（cm）；n 为土层数。

二、地膜覆盖对土壤剖面水分含量的动态影响

（一）0～20 cm土壤水分动态变化

根据覆膜处理保水作用和土壤水分的阶段性变化特征，可将作物生长期内的土壤水分变化分为3个阶段。从图2-1可以看出，从播种前期（4月20日）至大喇叭口期（6月30日），覆膜处理0～20 cm土层土壤含水量均显著高于裸地处理（$P<0.05$）。从大喇叭口期（6月30日）至长粒期（8月15日），由于玉米生长发育速度明显加快，进入旺盛生长阶段，特别是7月下旬以后玉米进入授粉长粒期，田间遮阴较强，地膜的保水作用不太明显。同时覆膜处理的玉米生长具有较大优势，作物蒸腾需水明显增加，作物蒸腾失水成

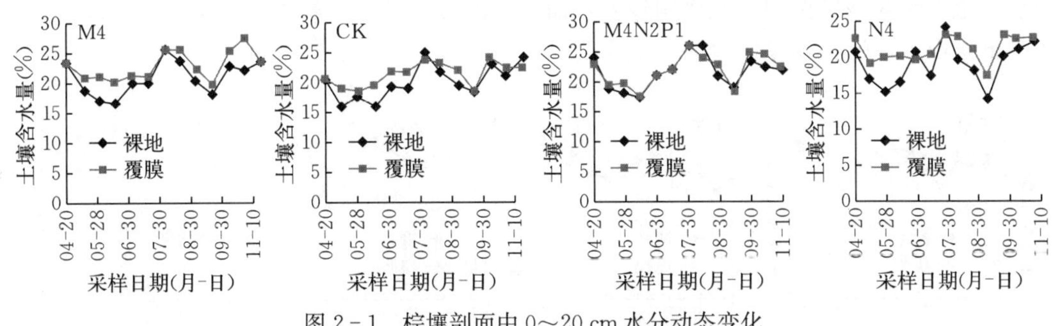

图 2-1　棕壤剖面中 0～20 cm 水分动态变化

为影响田间水分状况的主要因素（陈永祥和刘孝义，1997）。这一阶段处于北方的雨季，降水量集中，无论是覆膜还是裸地土壤水分含量均处于上升趋势，虽然覆膜条件下含水量仍高于裸地；但处理间差异不显著（$P>0.05$）。从长粒期（8 月 15 日）至作物收获后的结冰期（11 月 10 日），玉米处于籽粒成熟阶段，作物的蒸腾作用逐步减弱，株间蒸发则相对增强，覆膜处理的保水作用又趋明显（杨艳敏等，2000）。覆膜处理下 0～20 cm 的土壤含水量比裸地高（$P<0.05$）。

（二）20～40 cm 土壤水分动态变化

20～40 cm 土层也是作物根系比较密集的层次。从图 2-2 可以看出播种前期（4 月 20 日）至大喇叭口期（6 月 30 日），在 20～40 cm 这个层次，覆膜处理下的土壤含水量均高于裸地；但从大喇叭口期（6 月 30 日）至长粒期（8 月 15 日），覆膜处理下的土壤含水量却基本与裸地接近，特别是在授粉期（7 月 30 日）覆膜处理下的土壤含水量略低于裸地。这是因为随着作物的不断生长，作物根系吸水量也不断增加，同时由于雨季的到来，使裸地水分得到充足的补给；而覆膜土壤却因为地膜阻挡了雨水的渗入，从而相对减少了土壤含水量，随着降水量的减少和作物需水量的降低，长粒期（8 月 15 日）至作物收获后的结冰期（11 月 10 日），覆膜对 20～40 cm 土壤的保水作用又渐趋明显，覆膜处理的土壤含水量差异基本上高于裸地（$P<0.05$）。

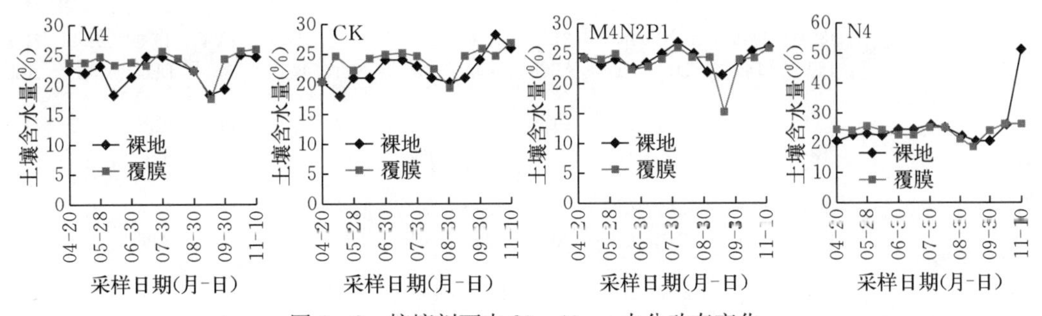

图 2-2　棕壤剖面中 20～40 cm 水分动态变化

（三）40～60 cm 土壤水分动态变化

从整个生长季来看，覆膜条件下 40～60 cm 层次土壤含水量基本上和裸地接近，甚至从授粉期（7 月 30 日）至收获期（9 月 30 日）覆膜处理下的土壤水分含量低于裸地（图 2-3）。说明在这个层次，由于从授粉期至收获期这段时间里覆膜处理作物蒸腾失水强烈，地下水对该层次的补充作用较差，而少量的降水又难以渗透到该层，促使该层土壤水分低于裸地，这种现象以收获期最为明显。

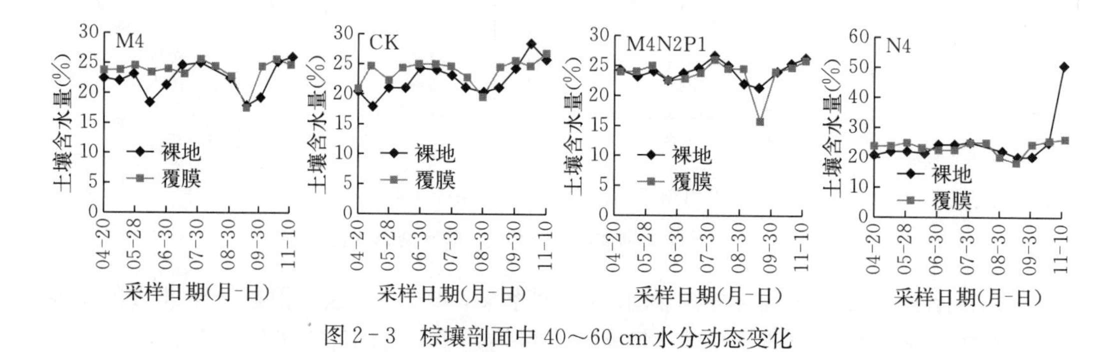

图 2-3　棕壤剖面中 40～60 cm 水分动态变化

(四) 60～80 cm 和 80～100 cm 土壤水分动态变化

从表 2-1 可见，在 60～80 cm 和 80～100 cm 土壤层，覆膜处理下的土壤含水量具有一定的季节性变化，虽然各个月份之间基本上没有显著性差异，但覆膜处理下的土壤水分在整个生长季基本上均高于裸地，而且从播种前期（4 月 20 日）至大喇叭口期（6 月 30 日）覆膜处理与裸地的土壤水分之间差异显著。这说明长期的地膜覆盖产生的“表聚现象”并没有对深层次的土壤含水量造成影响，反而由于地膜的覆盖保护了深层的土壤水分。

表 2-1　棕壤剖面中 60～100 cm 水分动态变化

土层	处理		采样日期（月-日）												
			04-20	05-13	05-28	06-13	06-30	07-15	07-30	08-15	08-30	09-14	09-30	10-20	11-10
60～80 cm	M4	裸地	19.5 BCa	19.9 Cab	17.7 ABa	20.7 Cab	20.7 ABa	24.0 ABa	23.9 Aab	22.8 ABa	20.9 Ca	19.8 Dab	20.6 ABa	24.0 Aab	27.6 ABab
		覆膜	23.0 Ca	22.2 CDabc	24.7 Cab	21.9 CDb	24.2 CDb	24.3 Ba	25.0 Aa	24.1 Ba	22.3 DEabc	18.8 Ea	24.0 DEcde	25.0 Bb	24.3 Bb
	M4N2P1	裸地	18.0 DEb	19.4 CDEe	19.7 CDa	18.4 DEc	21.4 ABCb	22.8 Aab	21.9 Ac	21.6 ABb	19.7 BCDc	17.4 Ebc	19.0 DEde	22.1 Ab	21.8 ABb
		覆膜	22.7 Ba	22.8 Ba	24.1 Bab	23.6 Bab	20.9 Ba	23.6 Bab	22.1 Bbc	23.7 Ba	20.6 Bab	16.6 Bbc	22.3 Bab	24.2 Aa	24.2 Bab
	CK	裸地	19.5 BCa	19.9 Cab	17.7 ABa	20.7 Cab	20.7 ABa	24.0 ABa	23.9 Aab	22.8 ABa	20.9 Ca	19.8 Dab	20.6 ABa	24.0 Aab	27.6 ABab
		覆膜	23.0 Ca	22.2 CDabc	24.7 Cab	21.9 CDb	24.2 CDb	24.3 Ba	25.0 Aa	24.1 Ba	22.3 DEabc	18.8 Ea	24.0 DEcde	25.0 Bb	24.3 Bb
	N4	裸地	18.0 DEb	19.4 CDEe	19.7 CDab	18.4 DEc	21.4 ABCb	22.8 Aab	21.9 Ac	21.6 ABb	19.7 BCDc	17.4 Ebc	19.0 DEde	22.1 Ab	21.8 ABb
		覆膜	22.7 Ba	22.8 Ba	24.1 Bab	23.6 Bab	20.9 Ba	23.6 Bab	22.1 Bbc	23.7 Ba	20.6 Bab	16.6 Bbc	22.3 Bab	24.2 Aa	24.2 Bab

（续）

土层	处理		采样日期（月-日）												
			04-20	05-13	05-28	06-13	06-30	07-15	07-30	08-15	08-30	09-14	09-30	10-20	11-10
80～100 cm	M4	裸地	18.1 CDbc	18.5 CDab	19.4 ABCbc	19.1 ABCDcd	18.3 CDd	21.2 ABab	21.3 ABb	20.1 ABCa	19.1 BCDb	17.0 Dbcd	17.1 Dbcd	21.2 ABabc	21.4 Aab
		覆膜	19.0 CDab	21.0 ABCab	22.3 ABCa	21.7 ABCab	21.0 ABCab	22.9 Aab	21.0 ABCb	22.3 ABCa	19.5 BCDab	16.6 Dcd	21.0 ABCab	22.7 ABab	23.7 Aa
	M4N2P1	裸地	20.1 BCDEab	19.4 DEab	20.1 CDEab	19.5 DEbcd	19.6 DEcd	20.9 BCDb	24.6 Aa	22.2 BCa	20.4 BCDEab	18.3 Eab	18.2 Eab	22.5 ABab	21.4 BCDab
		覆膜	19.9 Bab	26.2 ABa	21.0 Babc	19.2 Bbcd	19.6 Bc	21.2 Bab	22.1 Bb	21.0 Ba	19.1 Bb	14.9 Be	49.9 Aa	20.5 Bbc	22.2 Bab
	CK	裸地	18.5 Dbc	18.4 Db	21.2 ABabc	19.3 CDbcd	18.9 CDcd	21.9 Ab	21.9 Aab	20.7 ABCa	19.6 BCDab	19.1 CDa	19.2 CDab	21.7 Aabc	21.5 Aab
		覆膜	20.1 BCab	20.7 BCab	21.2 ABCabc	21.2 ABCabc	21.5 ABCa	21.6 ABCab	22.2 ABb	21.8 ABCa	25.5 Aa	17.6 Cbc	21.7 ABCab	23.0 ABa	21.9 Cab
	N4	裸地	16.9 Ec	17.8 DEb	18.9 BCDc	18.2 CDEd	19.2 Dcd	21.7 Aab	20.5 ABa	20.0 ABa	19.6 BCab	17.4 DEbc	18.1 CDEab	20.0 ABc	20.6 ABb
		覆膜	21.8 ABCDEa	20.9 BCDEab	21.5 BCDEab	23.2 ABa	19.9 ABbc	24.0 Aa	21.7 ABCDb	22.6 ABCDa	19.0 Eb	15.7 Fde	20.0 CDEab	22.7 ABCab	22.9 ABab

注：同一行、同一测定项目中含有相同大写字母的数据表示差异不显著（$P>0.05$）；同一列中含有相同小写字母的数据表示差异不显著（$P>0.05$）。

三、地膜覆盖对土壤剖面水分储量的影响

（一）0～40 cm 土壤水分储量的变化

0～40 cm 土壤层次由于受大气活动影响很大，又是作物根系主要分布的层次，所以水分运动及干湿变化十分活跃（钮溥，1992）。从图 2-4 可以看出，无论覆膜与否土壤水分储量都存在着显著的季节性差异，而且随着作物生长呈降低-升高-降低-升高的变化趋势。6 月以前由于北方天气干旱、雨水补充较少以及作物根系的吸收，使得 0～40 cm 这一层次土壤水分储量呈降低趋势；而 6—8 月随着雨季的到来，水分补给充足，这一层次土壤水分储量开始升高，到 8 月 15 日达到最高，同时裸地条件下的土壤水分储量在这一时期甚至高于覆膜。但雨季之后由于降水的减少，土壤水分储量又开始减少，至 9 月 14 日达到最低，之后随着作物根系的吸收土壤水分的降低，土壤水分储量又开始升高。

在整个生长季，覆膜条件下的土壤水分储量基本上均高于裸地，但不同的施肥处理其差异程度却不相同，经 t 检验 N4（$P<0.05$）和 M4N1P1 处理（$P<0.05$）差异显著；CK（$P>0.05$）和 M4（$P>0.05$）处理差异不显著。这可能由于覆膜和不同的施肥处理改变了土壤的储水能力。

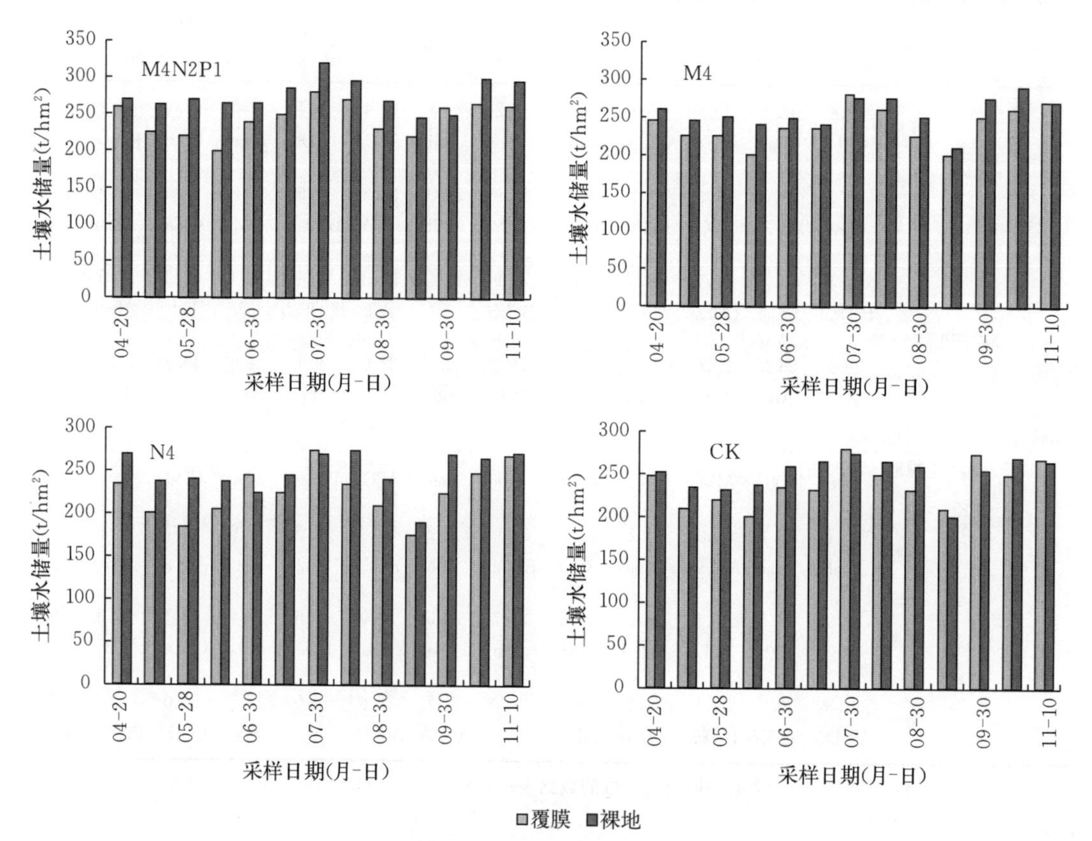

图 2-4　棕壤剖面中 0～40 cm 水储量动态变化

（二）40～100 cm 土壤水分储量的变化

40～100 cm 土壤层次经常具有凋萎点以上的湿度。在作物生长后期及旱季干旱无雨时，这一层次储存的水分是作物需水的重要保证（孟红军和夏军，2004）。从图 2-5 可以看出，这一层次土壤水分储量变化在整个生长季非常平缓，覆膜条件下的土壤水分储量基本上均高于裸地，经 t 检验 CK 和 M4 处理差异显著（$P<0.05$），N4 和 M4N2P1 处理差异不显著（$P>0.05$）。同时，也说明长期的地膜覆盖加强了 40～100 cm 的土壤储水能力。

四、小结

地膜覆盖对土壤剖面水分分布的影响受作物生长季的影响。从播种前期（4 月 20 日）至大喇叭口期（6 月 30 日）以及长粒期（8 月 15 日）至作物收获后的结冰期（11 月 10 日），在 0～20 cm 和 20～40 cm 这两个层次覆膜条件下土壤含水量基本上均高于裸地。而在整个生长季 40～60 cm 这个层次覆膜条件下土壤含水量基本上均接近甚至低于裸地。同时地膜覆盖保护了 60～100 cm 层次的土壤水分。从整个生长季来看，0～40 cm 和 40～100 cm 这两个层次土壤水储量均是覆膜高于裸地。

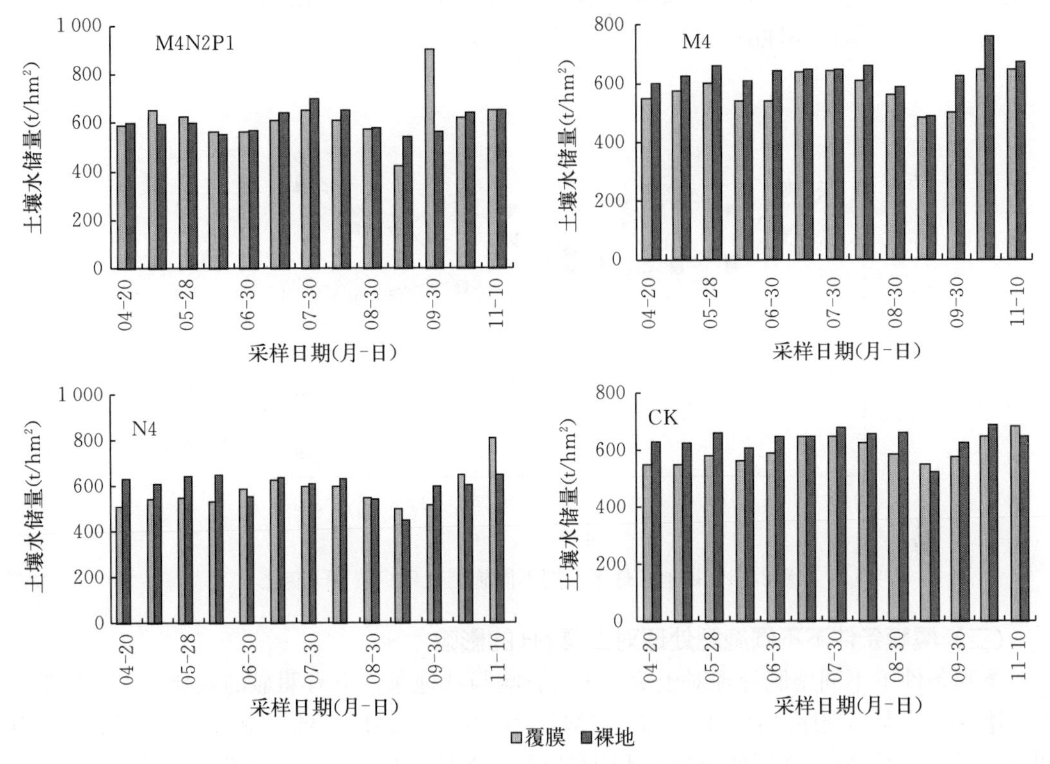

图 2-5　棕壤剖面中 40～100 cm 水储量动态变化

第二节　土壤 pH 的变化规律

土壤 pH 是土壤环境质量的一个重要组成部分，是土壤诸多化学性质的综合反映。它不仅直接影响作物的生长，而且左右土壤一些性质的变化，几乎所有的反应和过程都涉及氢离子的传递和转换。其对土壤养分的有效性、土壤微生物的活性、农产品的质量等方面的重要影响已受到广泛关注。

一、分析方法

土壤 pH 的测定采用电位计法，实验数据采用 DPS 和 EXCEL 统计软件分析。

二、结果与分析

（一）裸地条件下不同施肥处理对土壤 pH 的影响

裸地土壤 pH 的变化受施肥方式与施肥时间的影响显著。由图 2-6 可以看出不同施肥处理土壤 pH 按如下顺序降低：N4＜N4P2＜M4N2P1＜M4＜CK＜M2。化肥处理土壤酸化明显：从 1987 年到 2010 年 N4 处理 pH 降幅最大，降低了约 2.4 个单位；其次是 N4P2 处理，降低了约 1.8 个单位；CK 处理和 M2 处理 pH 相对稳定。外源肥料尤其是氮肥的添加可能是引起土壤酸化的主要原因。长期施用有机肥（单施或者与氮磷配施）pH

变化幅度不大，这主要因为有机肥料的施用可以改善土壤的理化性状、增强土壤的缓冲能力、增强吸附土壤代换性酸的能力，从而缓解土壤酸化的速度。

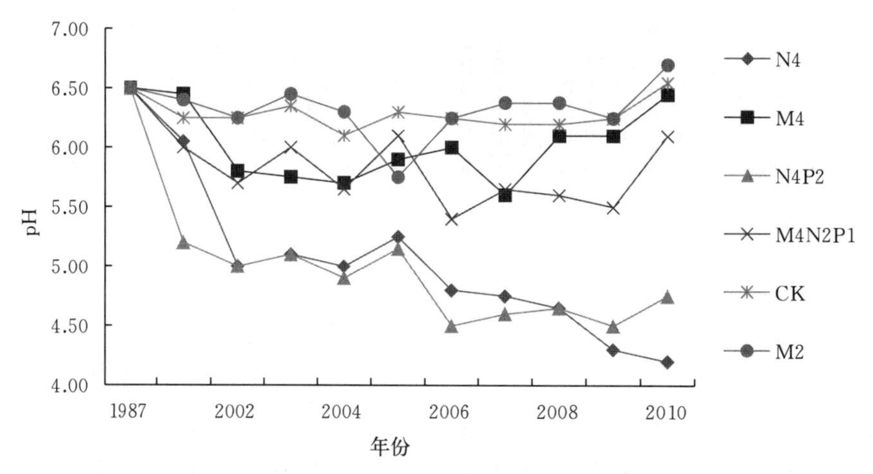

图 2-6　裸地条件下长期不同施肥处理棕壤 pH 变化

（二）覆膜条件下不同施肥处理对土壤 pH 的影响

覆膜条件下不同施肥处理对土壤 pH 的影响与裸地条件下有明显的差异。不同施肥处理棕壤 pH 的大小顺序为：N4P2＜N4＜M4N2P2≈CK＜M4＜M2（图 2-7）。从 1987 年到 2010 年化学氮肥的施用使土壤 pH 明显下降，N4P2 处理和 N4 处理分别降低 1.8 个和 1.6 个单位。覆膜条件下有机肥处理土壤 pH 变化趋于稳定。

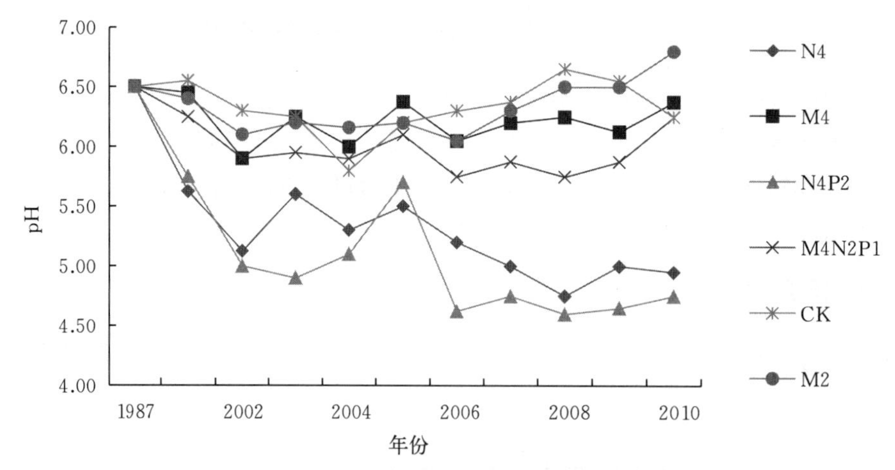

图 2-7　覆膜条件下长期不同施肥处理棕壤 pH 变化

裸地条件化肥处理土壤 pH 下降幅度明显大于覆膜条件（图 2-6 和图 2-7）。这说明地膜覆盖可以减缓 pH 的降低速度，有助于保持土壤的理化性状。

（三）不同施肥处理对不同深度土层土壤 pH 的影响

底层 20～40 cm 土壤 pH 接近或高于表层 0～20 cm 土壤 pH。施用化学氮肥不仅影响表层 0～20 cm 土壤的 pH，而且对底层 20～40 cm 土壤也产生一定影响（表 2－2）。裸地和覆膜条件下施氮肥处理（N4 和 N4P2）20～40 cm 土层土壤 pH 较不施肥处理分别降低 1.41 个和 1.19 个单位，且覆膜条件对土壤酸度表现出较强的缓冲性能，这可能与化肥的过量施用以及土壤的淋溶作用有关。无论覆膜与否，施有机肥处理土壤 20～40 cm pH 变化较小，这说明有机肥处理土壤具有较强的缓冲性能。

表 2－2　长期地膜覆盖和施肥条件下土壤不同深度 pH 变化

处　理		0～20 cm	20～40 cm
裸地	CK	6.500 0a	6.460 0a
	M2	6.670 0a	6.485 0a
	M4	6.305 0ab	6.575 0a
	M4N2P1	6.055 0b	6.455 0a
	N4	4.445 0c	5.050 0c
	N4P2	4.745 0c	5.550 0b
覆膜	CK	6.225 0c	6.420 0c
	M2	6.690 0a	6.640 0a
	M4	6.220 0c	6.565 0b
	M4N2P1	6.405 0b	6.475 0c
	N4	4.975 0d	5.235 0d
	N4P2	4.755 0e	5.225 0d

注：表中数据为两次重复的平均值，同列中不同英文字母表示差异显著（$P<0.05$）。

三、小结

长期施用化学氮肥导致不同层次土壤酸化，尤以表层土壤较为明显，而覆膜可以减缓土壤的酸化现象。有机无机配施土壤具有较强的缓冲土壤酸碱的能力。因此，地膜覆盖结合有机肥的施用是该地区减缓土壤酸化较为有效措施之一。

第三节　土壤容重、剪切力和导水率的变化规律

反映土壤物理性状的指标有土壤的比表面积、比重、容重和孔隙度等，物理指标之间存在较高的自相关性，因此本研究仅选取容重及相关指标来反映长期覆膜条件下不同施肥处理土壤物理性状的变化规律。土壤容重变化缓慢，通过长期定位试验才能反映不同施肥处理对土壤容重产生细微影响，从而引起土壤孔隙度与孔隙大小、分配、根系穿透阻力以及土壤水、肥、气、热等分配的变化，进而影响土壤微生物学特征及植物生长所需要养分的生物有效性等。

一、结果与分析

（一）长期覆膜条件下不同施肥处理对土壤容重的影响

众所周知，太松或太紧的土壤对植物生长都不利。但以往人们在研究土壤容重对植物

的影响时往往只注意高容重对植物的不利影响，而忽视了低容重对植物带来的危害。对于大田玉米来说，表层土壤容重可以分为三个等级：低容重 1.2 g/cm^3；中容重 1.33 g/cm^3；高容重 1.45 g/cm^3。一般表层土壤容重在 1.2～1.33 g/cm^{3}之间比较适宜大田玉米生长需要。

从表 2-3 可以看出，N4 处理 0～20 cm 土层土壤容重最低，低于 1.2 g/cm^3；而 20～40 cm 土层容重却最高，达 1.71 g/cm^3，这种结构特别不利于植物根系的发育生长。土壤剖面如容重不均匀一致，则根系向容重较低土层发展。表层过松与下层过紧的结构均不利于玉米的根系向下发展，导致根部结构不合理，玉米生长后期秸秆容易倒伏。M4N2P1、M2 和 M2N2P1 施肥处理 0～20 cm 土层土壤容重在 1.2～1.33 g/cm^{3}之间，适宜种子发芽；20～40 cm 土层土壤容重与表层土壤容重差异相对合理，这种结构适宜于作物扎根形成合理的根部结构，控制后期植株发育的合理高度，又可以抗倒伏。

表 2-3　覆膜条件下不同施肥处理土壤主要物理性状差异

处理	容重（g/cm^3）		剪切力（kg/cm^2）		导水率（mm/min）	
	0～20 cm	20～40 cm	0～20 cm	20～40 cm	0～20 cm	20～40 cm
M4	1.37	1.62	2.90	3.30	0.14	0.01
M4N2P1	1.23	1.56	3.50	4.00	0.35	0.04
M2	1.26	1.50	2.10	3.80	0.76	0.28
M2N2P1	1.31	1.65	2.60	4.50	0.31	0.30
N4	1.11	1.71	1.60	3.80	1.45	0.06
N4P2	1.36	1.42	3.00	4.20	0.25	0.11
CK	1.41	1.59	3.00	4.50	0.21	0.01

（二）长期覆膜条件下不同施肥处理对土壤剪切力的影响

土壤剪切力表示根系横向生长所受到的阻力。与土壤容重一样，剪切力过大或过小均不适宜作物生长。从图 2-8 可以比较出：无论是表层土壤（0～20 cm）还是下层土壤（20～40 cm），N4 处理剪切力均低于不施肥（CK）处理，说明作物根系横向生长阻力相

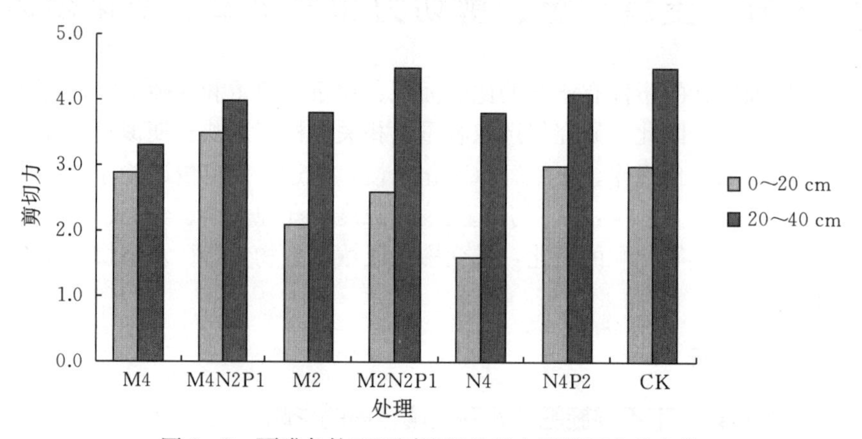

图 2-8　覆膜条件下不同施肥处理土壤剪切力的变化

对变小，不利于根系下扎，作物生长后期易倒伏。M4、M2N2P1、N4P2 处理表层土壤的剪切力接近不施肥（CK）处理。施用有机肥或化学肥料后 20～40 cm 土层土壤的剪切力均不高于不施肥（CK）处理。辽宁典型棕壤土层深厚，土壤结构适宜作物生长发育，是我国高产土壤之一。长期覆膜条件下，M2N2P1 施肥处理不同层次形成的土壤结构的剪切力与不施肥处理最为接近，说明长期地膜覆盖条件下采用该种施肥模式有助于形成较优的土壤结构。

（三）长期覆膜条件下不同施肥处理对土壤导水率的影响

土壤之所以具有供给作物生长所需的水分和养分的能力，其原因之一是土壤的多孔性质为作物生长创造了必要条件。但当春季干旱多风时，土壤多孔性质也会带走土壤中的水分从而抑制种子发芽。

土壤高氮（N4）处理不同土层导水率相差悬殊：表层 0～20 cm 导水率达 1.45 mm/min；而 20～40 cm 土层仅为 0.06 mm/min（图 2-9）。当春季干旱多风时，地表失墒严重，不利于种子发芽；当夏季多雨时，由于导水率相差悬殊，容易导致地表径流、水土流失、内涝、雨停干旱。0～20 cm 土层 N4 处理导水率最高；其次为 M2 处理，约 0.8 mm/min；其余处理导水率都低于 0.4 mm/min。20～40 cm 土层导水率较高的是 M2 和 M2N2P1 处理，冬、春季节天气回暖时，下层导水率较高有利于翻浆水上移，促进春播种子萌发；夏季多雨时，向下渗透能力强，能够接纳较多的雨水，有助于作物生长发育。从导水率上看，土壤结构最为合理的是 M2N2P1，渗透与补给能力基本一致，相得益彰，可充分利用地表水、地下水以及毛管吸湿水。

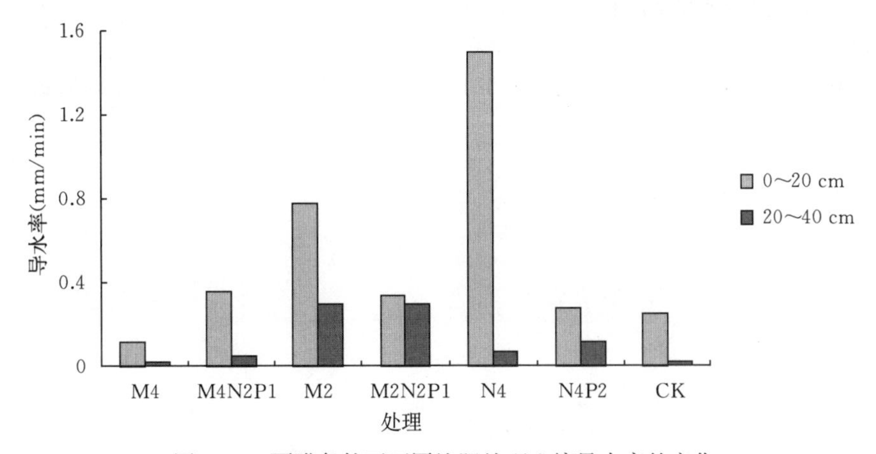

图 2-9 覆膜条件下不同施肥处理土壤导水率的变化

二、小结

长期覆膜条件下有机肥配施无机肥土壤容重降低，但其向有利于作物生长发育的方向发展，而且该施肥处理有助于形成较优的土壤剪切力结构关系。从导水率上看，渗透与补给能力基本一致，相得益彰，可充分利用地表水、地下水以及毛管吸湿水。因此，长期覆膜条件下有机无机配施是该地区土壤保持较优物理性状的主要施肥方式之一。

第四节 结 论

地膜覆盖对土壤剖面水分分布的影响受作物生长季的影响。在大部分生长季覆膜条件下 0～20 cm 和 20～40 cm 土壤含水量基本上均高于裸地。在整个生长季覆膜条件下 40～60 cm 土壤含水量基本上均接近甚至低于裸地。同时地膜覆盖保护了 60～100 cm的土壤水分。从整个生长季来看，0～40 cm 和 40～100 cm 这两个层次土壤水储量均是覆膜高于裸地。长期施用化学氮肥导致不同层次尤其是表层土壤酸化，而覆膜可以减缓土壤的酸化现象。有机无机配施土壤具有较大的缓冲土壤酸碱的能力。长期覆膜条件下有机肥配施无机肥土壤容重降低，但其向有利于作物生长发育的方向发展；而且该施肥处理有助于形成较优的土壤剪切力结构关系；从导水率上看，渗透与补给能力基本一致，相得益彰，可充分利用地表水、地下水以及毛管吸湿水。因此，长期覆膜条件下有机无机配施是该地区土壤保持较优物理性状、减缓土壤酸化的主要施肥方式之一。

主要参考文献

陈永祥，刘孝义，1997. 覆膜栽培条件下土壤水分动态及运行机制分析 . 沈阳农业大学学报，28（4）：283－287.

刘顺国，付时丰，汪景宽，等，2006. 长期地膜覆盖对棕壤水分含量和储量动态变化的影响 . 沈阳农业大学学报，37（5）：725－728.

孟春红，夏军，2004.“土壤水库”储水量的研究 . 节水灌溉（4）：8－10.

钮溥，1992. 旱地农业蓄水保墒技术 . 北京：农业出版社 .

杨改河，1993. 旱地农业理论与实践 . 西安：世界图书出版公司 .

杨艳敏，刘小京，孙宏勇，等，2000. 旱稻夏季地膜覆盖栽培的生态学效应 . 干旱地区农业研究，18（3）：53－54.

第三章　长期地膜覆盖土壤养分的演变规律

通过对长期地膜覆盖条件下土壤养分演变规律的研究，以期为地膜覆盖条件下养分资源的高效利用及合理培肥提供理论依据和科学指导。

第一节　土壤氮素的演变规律

氮素是植物生长和发育所需的大量营养元素之一，也是植物从土壤中吸收量最大的矿质元素。本研究通过分析无机氮和有机氮组分在土壤中的动态分配，来阐明长期地膜覆盖与施肥对土壤氮素养分的影响。

一、NH_4^+ 和 NO_3^- 的时空变异

尽管土壤无机氮仅占全氮的1%～5%，却是植物吸收氮素的主要形态。此外，由于土壤中 NO_3^-－N 容易淋失到地下水而产生污染，因此引起广泛重视。

（一）分析方法

土壤碱解氮测定按常规分析方法；土壤全氮利用元素分析仪（Elementar Vario EL Ⅲ，德国）进行测定（干烧法）；土壤中 NH_4^+－N 和 NO_3^-－N 是采用 0.01 mol/L $CaCl_2$ 浸提（12 g 新鲜样品：50 mL 浸提液），振荡 30 min，过滤后利用流动分析仪（AA－3，Brawn Lubby，德国）测定。

（二）长期地膜覆盖及不同施肥处理对土壤全氮和碱解氮的影响

在长期的地膜覆盖之后，CK 处理全氮和碱解氮含量明显降低，而施肥处理全氮和碱解氮含量均明显增加（表 3－1）。与裸地相比，覆膜各处理土壤全氮显著增加（$P=0.01$），这说明连续 16 年的地膜覆盖并在施肥的情况下并没有使土壤全氮量降低，反而有所增加。其主要原因是由于覆膜并施肥条件下玉米生物产量明显增加，加大了根系的归还量，同时地膜覆盖又使土壤无机氮淋失数量减少。对于 CK 处理，由于没有其他外源氮素的加入，玉米生物量较低，归还的根系数量较少，长期地膜覆盖后导致全氮和碱解氮含量下降。施有机肥处理土壤全氮和碱解氮的含量都增加，尤其在有机肥与化肥配施（M4N2P1）处理差异更为显著。但在仅施用氮肥处理的裸地土壤中全氮含量降低，即氮肥促进了土壤有机质的矿化，使土壤全氮含量降低。

表 3－1　长期地膜覆盖后土壤全氮和碱解氮的变化

处理	全氮（g/kg）		碱解氮（mg/kg）	
	覆膜	裸地	覆膜	裸地
CK	1.21Aa	1.41Bb	91.0Aa	105.3Ba

（续）

处理	全氮（g/kg）		碱解氮（mg/kg）	
	覆膜	裸地	覆膜	裸地
N4	1.43Bb	1.28Aa	133.7Bbc	107.3Aa
M4	1.67Bc	1.53Ac	123.1Ab	123.1Ab
M4N2P1	1.74Bc	1.60Ac	141.1Bc	127.0Ab

注：同一行、同一测定项目中含有相同大写字母的数据表示差异不显著（$P>0.05$）；同一列中含有相同小写字母的数据表示差异不显著（$P>0.05$）。

（三）长期地膜覆盖及不同施肥处理下 NH_4^+ - N 含量的动态变化

土壤中 NH_4^+ - N 的含量随季节变化而变化，同时受许多土壤因素（如通气性、温度、湿度、微生物活性以及 pH）的影响。植物在不同生育时期时 NH_4^+ - N 吸收也存在显著差异。在不施肥的情况下，作物生长期间表土中交换性 NH_4^+ - N、水溶性 NH_4^+ - N 的含量，由于作物的不断吸收，一般变动在 1～20 mg/kg（N）之间（陈子明，1996）。在连续不施肥情况下，无论是覆膜还是裸地，CK 处理的 NH_4^+ - N 均在 2 mg/kg 以下，在 6 月底到 9 月上旬其含量较高，各层次之间变化不明显；N4 处理的 NH_4^+ - N 变化很大，在 5 月底表层土壤中可以高达 145 mg/kg 以上，9 月上旬以后含量降低。同时季节变化对 N4、M4、M4N2P1 处理 20～100 cm 几个层次的 NH_4^+ - N 含量影响也不大。然而季节变化对表层土 NH_4^+ - N 含量影响明显，表 3 - 2 表明无论覆膜与否，NH_4^+ - N 含量都是 5—7 月高，4 月、8—11 月低，且 5—7 月变化较大、8—11 月则相对平稳。此外在覆膜条件下，由于提高了土壤水分和温度，有利于矿化作用的进行，使表层 NH_4^+ - N 含量高于裸地，5 月 28 日样品 N4 处理覆膜比裸地提高 134.51 mg/kg，而且覆膜比裸地 NH_4^+ - N 含量的峰值出现提前了 1 个月，说明地膜覆盖更有利于氮素的利用。施肥后有机肥的矿化使得 M4、M4N2P_1 处理 NH_4^+ - N 含量均高于 CK。

表 3 - 2　土壤剖面中 NH_4^+ - N 的动态变化（mg/kg）

处理	深度（cm）	测定日期（日/月）												
		25/4	13/5	28/5	13/6	30/6	15/7	30/7	15/8	30/8	14/9	30/9	20/10	10/11
覆膜土壤														
CK	0～20	0.46	0.21	—	0.27	1.82	0.79	1.12	0.16	0.17	1.41	0.57	0.25	0.67
	20～40	0.28	0.22	—	0.11	2.01	0.61	0.86	0.09	0.05	1.28	0.41	0.46	0.73
	40～60	0.28	0.14	—	0.28	1.77	0.77	0.74	—	0.07	1.22	0.45	0.56	0.68
	60～80	0.19	0.11	—	0.10	1.77	0.74	0.75	0.06	0.02	1.41	0.42	0.62	0.70
	80～100	0.33	0.13	—	0.44	1.63	0.80	0.75	0.19	0.01	1.22	0.45	0.58	0.82
N4	0～20	1.91	44.57	142.26	69.30	9.21	36.26	3.85	1.59	1.86	3.52	1.80	1.24	2.72
	20～40	0.81	0.24	6.65	—	2.43	0.56	0.83	0.06	0.27	1.42	0.76	0.31	0.93
	40～60	0.34	0.20	0.03	0.21	1.81	0.78	0.70	0.10	0.04	1.51	0.48	0.58	0.88
	60～80	0.39	1.06	0.05	0.04	2.74	12.80	0.61	0.24	0.02	1.39	0.40	0.39	0.85
	80～100	0.41	0.60	0.04	0.41	2.33	0.66	0.56	0.04	0.02	1.52	0.47	0.33	0.79

（续）

处理	深度（cm）	测定日期（日/月）												
		25/4	13/5	28/5	13/6	30/6	15/7	30/7	15/8	30/8	14/9	30/9	20/10	10/11
M4	0~20	0.21	2.99	9.06	1.96	9.11	3.42	1.90	0.56	0.96	1.77	1.00	0.80	1.00
	20~40	0.24	0.21	0.22	0.11	1.68	0.50	0.57	0.09	0.31	1.37	0.55	0.33	0.80
	40~60	0.25	0.28	0.00	0.21	2.36	0.57	0.51	0.04	0.15	1.39	0.42	0.49	0.78
	60~80	0.30	0.43	0.04	0.08	1.61	0.67	0.39	0.07	0.36	6.94	0.35	0.34	0.98
	80~100	0.34	0.64	0.03	0.25	1.82	0.78	0.62	0.04	0.24	1.37	0.60	0.53	0.85
M4N2P1	0~20	1.94	15.36	2.66	10.65	20.74	17.57	3.12	0.64	0.68	1.58	1.15	0.74	1.16
	20~40	0.03	0.15	0.00	0.03	1.97	0.74	0.96	0.06	0.21	1.38	0.73	0.39	0.86
	40~60	0.12	0.16	0.12	0.08	1.96	0.73	0.98	0.03	0.20	1.38	0.94	0.43	0.96
	60~80	0.20	0.22	0.03	0.07	1.86	0.60	0.85	0.02	—	1.35	0.37	0.55	0.91
	80~100	0.28	0.22	0.02	0.18	1.92	0.57	0.67	—	—	1.24	0.73	4.64	0.73
裸地土壤														
CK	0~20	0.14	0.18	—	0.25	1.68	0.75	1.27	0.23	0.06	1.24	0.33	0.31	0.71
	20~40	0.10	0.14	0.01	0.17	1.97	0.71	1.18	0.08	0.12	1.20	0.40	0.22	0.75
	40~60	0.19	0.25	0.01	0.23	1.60	0.63	1.05	—	0.04	1.17	0.29	0.31	0.68
	60~80	0.11	0.16	0.01	0.26	1.45	0.63	1.12	0.01	0.02	1.15	0.32	0.44	0.97
	80~100	0.03	0.13	—	0.10	1.50	0.62	1.06	—	0.03	1.23	0.29	0.33	0.55
N4	0~20	3.62	39.08	7.75	48.61	21.02	4.21	5.03	0.86	1.96	2.86	2.72	1.62	0.88
	20~40	0.37	0.20	0.11	—	1.15	2.83	0.81	—	1.12	1.31	0.63	0.21	0.56
	40~60	0.05	0.13	—	0.62	1.45	3.11	0.82	—	0.98	1.23	0.75	0.31	0.72
	60~80	0.52	0.10	0.46	0.29	1.46	2.87	0.60	12.19	0.82	1.06	0.43	0.26	0.60
	80~100	0.56	0.08	—	0.14	1.14	1.09	0.76	—	1.05	1.20	0.35	0.24	0.58
M4	0~20	0.63	0.78	0.62	0.59	1.57	1.00	1.36	0.13	1.47	1.83	0.74	0.26	0.93
	20~40	0.53	0.10	0.01	0.17	1.60	9.85	0.62	0.06	1.04	1.30	0.42	0.32	1.05
	40~60	0.91	0.24	0.00	0.27	1.51	0.63	0.68	0.00	1.18	1.25	0.32	0.24	0.69
	60~80	0.94	0.11	0.00	0.49	1.47	0.64	0.63	0.10	0.99	1.31	0.33	0.26	0.71
	80~100	0.63	0.78	0.62	0.59	1.57	1.00	1.36	0.13	1.47	1.83	0.74	0.26	0.93
M4N2P1	0~20	1.28	0.55	5.25	3.57	4.07	1.87	2.22	2.83	0.76	1.81	0.93	0.84	1.10
	20~40	0.10	0.61	0.14	1.03	1.82	0.65	1.13	0.19	0.25	1.15	0.61	0.39	0.75
	40~60	0.26	0.69	—	0.57	1.73	0.58	0.79	0.32	0.18	1.13	1.06	0.51	0.61
	60~80	0.35	0.91	0.10	0.82	1.62	0.60	0.82	0.13	0.14	8.35	0.81	0.69	0.62
	80~100	0.45	0.47	0.14	0.24	1.66	0.69	0.67	0.15	12.28	1.07	0.21	0.45	0.57

注：“—”没有检测到 NH_4^+－N。

（四）长期覆膜及不同施肥处理下 NO_3^-－N 含量的动态变化

NO_3^-－N 是作物可利用氮的主要形式之一。直接由湿土或干土中浸提的 NO_3^-－N 或把湿土及干土经短期培养后所浸取的 NO_3^- －N，都与作物吸收的氮素和干物质积累密切相关。图 3－1 表明，季节变化对土壤 NO_3^- －N 含量影响明显。无论覆膜与否，各个层次 NO_3^- －N 含量都是在 6 月最高；而且春季表层 NO_3^- －N 含量相对较高，夏、秋两季则中层和下层 NO_3^- －N 含量相对增加，这是由于春天较为干燥，矿化作用较强，同时因施肥作用，使 NO_3^- －N 含量表层增加，5～6 月增加尤为明显。随着作物的生长，NO_3^- －N 不断被作物利用，同时由于雨季使较多的 NO_3^- －N 被淋溶，因此中层含量有所增加。秋季尽管矿化作用相对减弱，但淋溶作用也明显降低，因此表层 NO_3^- －N 含量又有所增加。覆膜条件下，由于提高了土壤水分和温度，更有利于矿化作用和硝化作用的进行，并且阻止了雨水的淋溶，使得各个土层尤其是上层的 NO_3^- －N 含量都有相对增加的趋势。随着玉米的收获、地膜的破坏以及雨水的淋溶，覆膜土壤中层和底层的 NO_3^- －N 含量在 10 月又达到了第 2 个峰值。这也说明地膜覆盖有利于防止 NO_3^- －N 的淋失。另外，施肥以后由于有机肥的矿化或尿素的硝化作用，使各个层次的 NO_3^- －N 含量增加更为明显。

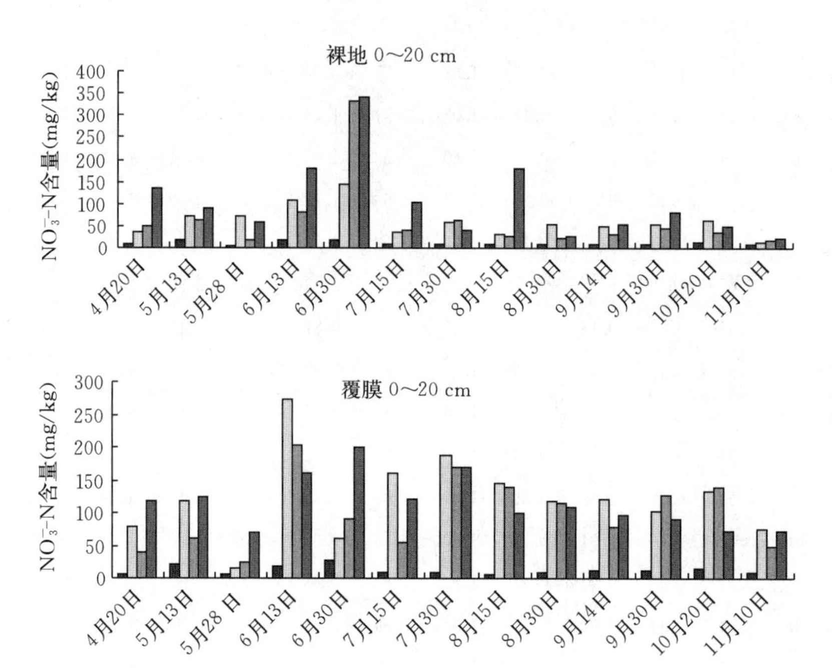

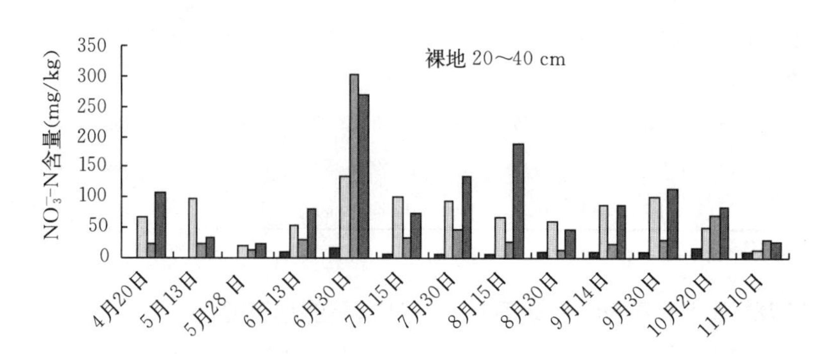

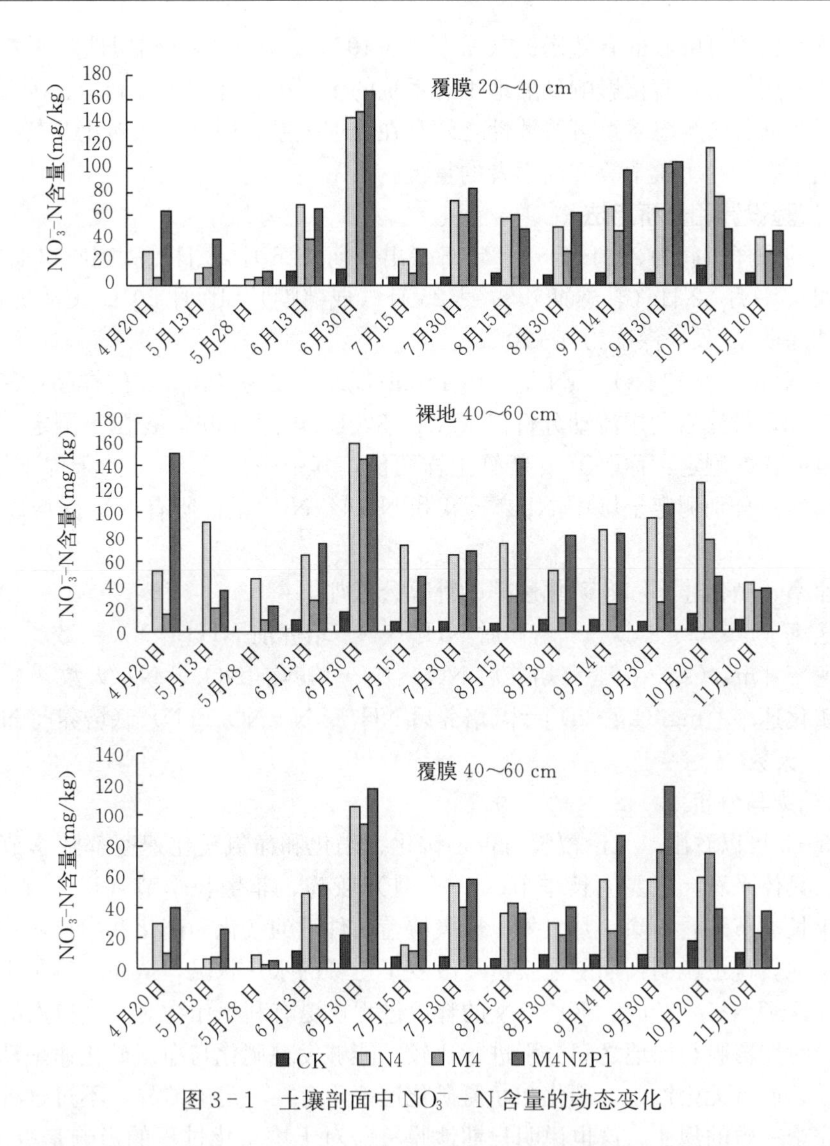

图 3-1　土壤剖面中 NO_3^- -N 含量的动态变化

(五) 小结

长期的地膜覆盖和施肥处理增加了土壤的全氮和碱解氮含量，尤其使表层土 NH_4^+ -N 含量明显增加，但对其他层次则影响不大；覆膜使土壤各层次 NO_3^- -N 含量都有所增加，有效地防止了 NO_3^- -N 的淋失；施用有机肥和化肥都能提高土壤全氮、NH_4^+ -N、NO_3^- -N 含量，并且有机肥显著地增加了碱解氮的含量，而使用单一的氮肥则对土壤碱解氮的含量几乎没有影响。因此，地膜覆盖条件下配合施用有机肥是提高覆膜土壤氮素肥力的有效措施。

二、土壤氮矿化

土壤氮库中的氮主要以有机氮的形式存在，无机氮仅占土壤全氮的 1%～5%，而植物所吸收的氮几乎都是无机形式。所以，土壤氮库中的有机氮必须不断地通过微生物的矿化作用转化为植物可吸收的有效态氮（朱兆良，1979）。而氮的可利用性限制着植物对土壤氮养分的利用效率，直接影响到陆地生态系统的生产力，并与水分利用、碳循环、植物多样性、群落演替、生态系统可持续性之间存在反馈关系。因此，氮转化及其有效性的研究日益受到生态学和土壤学等方面学者的重视。

（一）试验设计和分析方法

本研究的采样时间为2004年5月21日（出苗期）、6月28日（大喇叭口期）、7月20日（抽雄期）、8月22日（乳熟期）、9月23日（成熟期）、10月20日（收获后期）、11月4日（结冻期）。采样深度为0～20 cm。

土壤中 NH_4^+ - N 和 NO_3^- - N 是采用 1 mol/L KCl 浸提（10 g 新鲜样品：50 mL 浸提液），振荡 1 h，过滤后利用流动分析仪（AA-3，Brawn Lubby，德国）测定。

土壤氮矿化率测定：称取 10 g 新鲜土样两份，其中一份在 25 ℃的条件下培养 14 d，另一份不培养。分别测定土壤中 NH_4^+ - N 和 NO_3^- - N 含量；所有的数据均以烘干土重来计。

铵化速率、硝化速率和净矿化速率的计算公式如下：

铵化速率 [mg/(kg・d)]=(培养后 NH_4^+ - N－培养前 NH_4^+ - N)/天数

硝化速率 [mg/(kg・d)]=(培养后 NO_3^- - N－培养前 NO_3^- - N)/天数

净氮矿化速率 [mg/(kg・d)]=[(培养后 NH_4^+ - N+NO_3^- - N)－(培养前 NH_4^+ - N+NO_3^- - N)]/天数

（二）结果与分析

从表3-3可以看出，无论覆膜与否，铵化、硝化和净氮矿化速率都随季节有不同程度的变化。具体来看，主要生长季节（6—8月）较高、非生长季节（10—11月）较低。而从整个生长季节来看，除5月之外，地膜覆盖条件下的铵化、硝化和净氮矿化速率基本上均高于裸地，这也说明长期的地膜覆盖改变了土壤的水热状况，从而影响了土壤氮的转化过程，加速了 NH_4^+ - N 和 NO_3^- - N 的释放进程，更有利于作物对土壤氮素的吸收；对生长季不同时期覆膜与裸地之间分别进行比较，能够发现硝化与净氮矿化速率动态变化规律基本一致，而且无论铵化、硝化和净氮矿化速率均存在一定的差异，不过这种差异并没有表现出完全一致的规律。这也说明长期地膜覆盖对土壤矿化过程的影响是极为复杂的，还有待于进一步深入研究。不同组成和性质的有机物料对土壤微生物活性的影响不同，进而影响到氮素矿化的过程，尤以施入有机物料的分解初期最为明显。一般认为，加入有机肥的土壤中氮矿化-固持作用两者到底究竟谁占优势，主要取决于有机肥的含氮量和碳源的有效性。从表3-3可以看出，在不同时期铵化、硝化和净氮矿化速率基本上都以N4处理最高，其次则是M4N2P1＞M4＞CK。这也说明与单施有机肥相比，有机肥与无机肥配合施用可以加快土壤氮素的矿化进程，从而提高作物对氮素的利用效率。不同施肥处理下铵化、硝化和净氮矿化速率都表现出一定的季节性变化，但随季节变化的差异并不是很显著，而且在相同时期不同施肥处理之间的铵化、硝化和净氮矿化速率差异并不显著。无论月份、地膜覆盖还是其交互作用对土壤铵化速率和硝化速率的影响差异都不显著（$P>0.05$），而月份间土壤净氮矿化速率差异显著（$P=0.02$），但长期地膜覆盖及其与月份的交互作用对土壤净氮矿化速率差异也不显著（$P>0.05$）。

表 3-3　不同施肥处理对土壤铵化速率、硝化速率、净氮矿化速率的影响［mg/(kg·d)］

项目	处理		出苗期（5月21日）	大喇叭口期（6月28日）	抽雄期（7月20日）	乳熟期（8月22日）	成熟期（9月23日）	收获后期（10月20日）	结冻期（11月4日）
铵化速率	N4	裸地	8.34Aa	−0.12Dd	3.74BCb	2.38BCc	2.03CDb	4.44Bb	−0.16Da
		覆膜	3.16CDbc	4.25BCbc	12.51Aa	7.72Bb	5.31BCa	6.78BCa	0.46Da
	M4	裸地	2.97ABbcd	3.47Abc	2.77ABb	3.02ABc	1.42BCb	2.09ABCcd	1.00Ca
		覆膜	2.72Bcde	3.82Abc	2.53BCb	2.82Bc	1.55Db	1.79CDd	0.32Ea
	CK	裸地	2.05ABde	3.40Abc	2.47ABb	2.76ABc	2.09ABb	2.11ABcd	0.70Ba
		覆膜	2.92ABbcd	3.91Abc	2.19ABCb	2.82ABc	1.65BCb	2.14ABCcd	0.60Ca
	M4N2P1	裸地	2.85Bde	9.96Aa	3.24Bb	3.16Bc	1.57Bb	1.90Bd	0.68Ba
		覆膜	0.52Ce	3.44Bbc	3.19Bb	21.14Aa	1.66BCb	1.65BCd	0.64Ca
	M2	裸地	1.99BCbcd	2.98Abc	1.70Cb	2.43Bc	1.50Cb	1.67Cd	0.46Da
		覆膜	1.68Bf	3.09Abc	1.78Bb	2.44ABc	1.75Bb	2.09Bd	0.48Ca
	M1N1P1	裸地	3.40Abc	2.60BCc	1.98CDb	2.77ABc	1.33Db	1.91Dd	0.57Ea
		覆膜	3.85Bb	5.46Ab	2.20CDb	2.87BCDc	1.66DEb	3.14BCc	0.43Ea
硝化速率	N4	裸地	10.65ABa	11.73Aa	10.54ABb	7.16Cc	7.49Ca	9.03BCab	4.00Dabc
		覆膜	6.18Dd	8.06CDbc	14.86Aa	10.55Bb	7.34Da	10.29BCa	2.31Edef
	M4	裸地	8.46Abc	5.39ABdef	6.94Abc	6.57Ac	6.18Aabc	5.77ABcde	2.80Bcde
		覆膜	6.73ABcd	8.71Ab	7.43Abc	6.09ABcd	6.95ABab	6.99ABbcd	3.59Bbcd
	CK	裸地	4.89Ade	5.50Adef	5.23Ac	5.36Acd	4.96Abcd	4.85Adefg	1.25Bf
		覆膜	5.73Ade	6.76Abcd	4.96Ac	5.48Acd	4.97Abcd	4.94Adef	1.70Bef
	M4N2P1	裸地	9.89ABab	12.44Aa	6.40CDbc	7.98BCbc	7.11BCDa	5.70CDcdef	4.47Dab
		覆膜	6.53Bcd	8.52Bb	7.89Bbc	26.61Aa	6.12Babc	8.09Babc	5.03Ba
	M2	裸地	3.90ABe	3.76ABf	4.40Ac	3.51Bd	4.26ABcd	3.51Befg	1.80Cef
		覆膜	3.84ABe	3.36Bf	4.77Ac	3.26Bd	3.77ABd	3.30Bfg	4.74Aab
	M1N1P1	裸地	4.63Ade	4.26Aef	4.98Ac	3.52Ad	4.60Acd	3.95Aefg	3.58Abcd
		覆膜	5.49ABde	6.01Acde	4.52BCc	3.47CDd	4.36BCcd	2.40Dg	2.75Dcde
净氮矿化速率	N4	裸地	18.99Aa	11.60BCb	14.28Bb	9.55Ccd	9.52Cb	13.47Bb	3.84Dcde
		覆膜	9.33Dcd	12.31Cb	27.36Aa	18.28Bb	12.66Ca	17.08Ba	2.77Eef
	M4	裸地	11.43Acd	8.86BCbcd	9.71ABcd	9.60ABcd	7.59Cbcde	7.85BCcd	3.79Dcde
		覆膜	9.44ABcd	12.53Ab	9.96ABcd	8.90ABcdc	8.50Bbc	8.78Bcd	3.91Cbcdc
	CK	裸地	6.94Ade	8.90Abcd	7.69Acd	8.12Acde	7.04Acde	6.95Adef	1.95Bf
		覆膜	8.65ABd	10.67Abc	7.15Bd	8.31ABcde	6.62Bcde	7.08Bdef	2.30Cf
	M4N2P1	裸地	12.74Bb	22.40Aa	9.64BCcd	11.14BCc	8.69CDbc	7.61CDde	5.15Dabc
		覆膜	7.05BCde	11.97Bb	11.09Bbc	47.76Aa	7.78BCbcd	9.75BCc	5.67Ca
	M2	裸地	5.89ABe	6.74Acd	6.10ABd	5.94ABe	5.76Bde	5.18Bf	2.25Cf
		覆膜	5.51Ae	6.45Ad	6.55Ad	5.70Ae	5.52Ae	5.39Af	5.22Aab
	M1N1P1	裸地	8.03Ade	6.86Acd	6.96Ad	6.28ABde	5.93ABde	5.86ABef	4.15Bbcd
		覆膜	9.33Bcd	11.47Ab	6.72Cd	6.34Cde	6.02Cde	5.55Cf	3.18Ddef

（三）小结

无论覆膜与否，铵化、硝化和净氮矿化速率都随季节有不同程度的变化。有机肥与无机肥配合施用，可以加快土壤氮素的矿化进程，从而提高作物对氮素的利用效率。

三、土壤有机氮组分

（一）试验设计

1987—1994 年在沈阳农业大学长期地膜覆盖试验地进行试验。田间试验设 7 个处理：①对照（CK），不施肥处理；②中量有机肥（M2），折合年施 N 量 135 kg/hm²；③有机肥与化肥配施（MN），折合年施有机肥和尿素 N 各 67.5 kg/hm²；④中量氮肥（N2），年施尿素 N 量 135 kg/hm²；⑤中量有机肥和氮磷化肥配施（M2NP），折合年施有机肥 N 量 135 kg/hm²，化肥 N 量 67.5 kg/hm² 和 P_2O_5 67.5 kg/hm²；⑥中量有机肥氮磷化肥配施（MNP），折合年施有机肥 N 量 67.5 kg/hm²，化肥 N 量 67.5 kg/hm² 和 P_2O_5 67.5 kg/hm²；⑦中量氮磷化肥配施（N2P2），折合年施化肥 N 量 135 kg/hm² 和 P_2O_5 135 kg/hm²。试验分覆膜与裸地两个区组。

土壤有机氮组分测定采用 Bremner 法。土壤微生物氮测定采用氯仿灭菌法。

（二）结果与分析

土壤中有机氮化合物的种类很多，包括各种氨基酸和氨基糖等。表土氨基酸态氮占全氮的 20%～40%，氨基糖态氮占 5%～10%，嘌呤和嘧啶衍生物态氮占 1%～4%，其余一半以上氮素形态还不清楚。由表 3-4 可以看出，覆膜条件下，酸水解氮总量有一定的下降趋势，达到极显著水平，其中氨基酸态氮下降幅度最大（CK 处理除外），达到显著水平；而非酸水解氮，氨基己糖氮和未知态氮，虽有增加趋势，但没有达到显著水平。这是由于覆膜有利于土壤微生物活动，氨基酸氮易于转化和消耗，使其他形态氮也相对较高。

表 3-4 不同处理土壤有机氮各组分含量（mg/kg）

处理	酸水解氮										非酸水解-N	
	总量		NH_4^+-N		氨基己糖-N		氨基酸-N		未知态-N			
	覆膜	裸地	覆膜	裸地	覆膜	裸地	覆膜	裸地	覆膜	裸地	覆膜	裸地
CK	666.6	646.7	167.0	168.0	98.5	83.6	272.2	267.5	128.9	127.6	196.9	199.1
M2	732.5	784.9	213.4	204.6	69.2	74.6	338.7	357.5	111.2	148.2	372.1	263.4
MN	763.1	792.6	219.4	205.6	79.0	101.5	315.2	330.0	149.5	155.5	273.4	273.1
N2	678.7	682.8	187.1	220.1	88.8	68.2	282.3	304.4	120.5	90.1	250.8	256.5
M2NP	754.0	793.7	230.2	237.2	78.9	63.2	325.9	352.1	119.0	141.2	326.2	320.8
MNP	713.9	721.8	205.0	204.0	54.4	60.1	274.2	323.8	180.3	133.9	312.8	257.6
N2P2	639.7	653.2	194.7	211.0	76.8	43.7	264.8	289.0	103.4	109.5	323.7	288.4
t	−1.944		−0.803		1.003		−3.542		0.094		1.769	

注：$n=6$，$t_{0.01}=3.707$，$t_{0.05}=2.447$，$t_{0.1}=1.943$。

施用有机肥或化肥后，酸水解氮和非酸水解氮都显著增加。在覆膜条件下，各施肥处理酸水解氮和非酸水解氮均比 CK 明显增高（表 3-4）。这说明施用有机肥和化肥都能提高土壤有机氮素水平，尤其是施用有机肥，是恢复覆膜土壤肥力的有效措施。

土壤微生物氮是土壤有机氮的组成部分。它数量少，仅占土壤全氮的 1%～5%。但它十分活跃，可以迅速参与土壤碳、氮等养分循环，在促进土壤有机无机养分相互转化方面也起到极其重要的作用。土壤微生物氮的有效性极高，其矿化率远高于土壤有机氮。土壤微生物氮构成了土壤氮素活性库的主要部分。它也可以作为土壤肥力的重要指标（韩晓日，1992）。长期地膜覆盖后，不同施肥措施不同时期内微生物氮的变化见图 3-2。从图中可以看出，无论覆膜与否，土壤微生物氮变化均较大，这与微生物总量的变化相一致。总的变化趋势为春秋低、夏季较高，5 月初和 7 月下旬出现 2 个峰值。这是由于春季干旱，微生物活动受到抑制，因此各种土壤微生物氮活性都明显下降；7 月初到 8 月中旬，降雨量增多，气温升高，植物生长旺盛，根系分泌物增多，适宜微生物繁殖生长，微生物氮量呈上升趋势。8 月中旬以后，温度降低，水分减少，各处理土壤微生物氮量开始下降。

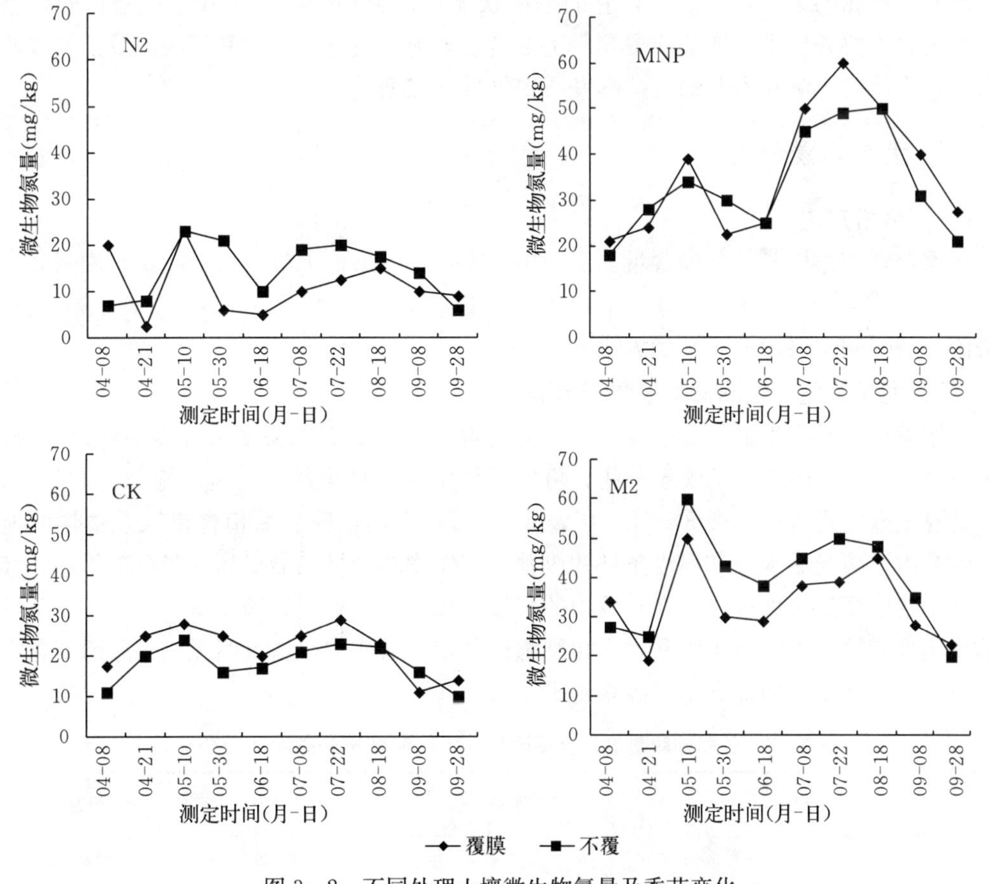

图 3-2　不同处理土壤微生物氮量及季节变化

从图 3-2 中还可以看出，施用有机肥，土壤微生物氮数量明显提高，而单施氮素化肥土壤微生物氮含量下降。这是由于有机肥本身含有较多微生物，并且为微生物的生长提供了充足的养料；而长期偏施氮肥，土壤 C/N 降低，土壤有机质含量下降，导致微生物赖以生长的养分失调，微生物区系减少、数量降低，因此微生物氮的含量必然降低。

（三）小结

长期地膜覆盖使土壤有机氮各组分发生较大变化，其中氨基酸态氮下降显著，各处理平均下降 21.64 mg/kg。施用有机肥和化肥提高了土壤有机氮含量。有机肥能明显提高土壤微生物氮含量，而单施氮肥使土壤微生物氮降低。因此，有机无机肥料配合施用是培肥覆膜土壤氮素肥力的有效措施。

第二节　土壤磷素的演变规律

磷是植物生长发育的必需营养元素之一，参与许多重要化合物的合成，是植物体内生长代谢过程不可缺少的营养元素。植物所利用的磷素，主要来源于土壤。土壤中磷的总含量在 0.02%～0.2%（P_2O_5 0.05%～0.46%）之间，与其他大量营养元素相比较低。土壤中磷素是作物的主要养分之一，它的平衡状况直接影响作物产量和土壤潜在的磷素肥力。本研究主要分析了长期地膜覆盖后土壤磷素平衡、组分、吸附和解吸以及玉米吸收磷量状况，为培肥土壤和农业的可持续发展提供科学依据。

一、土壤磷素分配

（一）分析方法

土壤全磷和植株各部分磷含量测定采用钼锑抗比色法；无机磷组分测定采用张守敬和 Jakson 法；有效磷采用 Oslen 法；有机磷组分测定采用 R. A. Bowan 和 C. V. Cote 法；磷的吸附与解吸测定采用严昶升的方法。

（二）地膜覆盖对土壤磷素平衡的影响

土壤磷素不易产生淋失和挥发，因此土壤磷素的移出量主要是由植株摄取量来决定。通过对植株各部分磷含量的测定分析，可以计算出磷的移出量。通过对施肥的测定分析，可以计算出磷的投入量（表 3－5）。从表 3－5 可以看出，覆膜后植株摄取总磷量明显增加，这是由于覆膜后水分和温度条件的改善，使作物的产量明显提高（张继宏等，1990），因此从土壤中摄磷量增多，而在土壤中的积累量减少。从不同处理来看，不施肥使土壤中的磷素出现亏缺，而施有机肥和磷素化肥都使其积累量增加，这说明无论是施磷素化肥还是有机肥，都能明显地提高土壤磷素水平。

表 3－5　长期地膜覆盖对土壤磷素（P_2O_5）状况的影响（kg/hm^2）

处　理		投入	移出	积累
CK	覆膜	0	206	−206
	裸地	0	116	−116
M2	覆膜	2 007	317	1 690
	裸地	2 007	286	1 721

（续）

处　理		投入	移出	积累
M1N1	覆膜	1 004	385	619
	裸地	1 004	335	669
M2N1P1	覆膜	2 412	413	1 999
	裸地	2 412	308	2 104

（三）地膜覆盖对土壤无机磷组分的影响

土壤中无机磷状况主要受土壤类型和土壤 pH 的影响，覆膜后土壤的生态环境发生较大改变，因此土壤无机磷组分必然发生较大变化。从表 3-6 可以明显地看出，覆膜条件下各处理的无机磷总量明显下降，如 M2N1P1 处理，覆膜后降低了 29%。这可能是由于覆膜后玉米产量明显提高，无机磷消耗较多。覆膜条件下 H_2O-P 和 Al-P 含量及其占总无机磷比例明显下降，例如在 M1N1 处理中，覆膜的土壤 H_2O-P 为 5.3 μg/g，占总无机磷的 2.04%，而裸地的土壤分别为 7.2 μg/g 和 2.18%。相关分析表明 H_2O-P 在各施肥处理中覆膜与裸地相关性显著（R=0.987 1）。Al-P 下降的幅度最大，其相关系数为 R=0.953 0。这可能是由于长期覆膜后一方面作物摄取较多的 H_2O-P，另一方面降低了土壤的 pH（汪景宽等，1992），Al-P 向其他形态转化。而覆膜后 Fe-P 和 Ca-P 含量以及占总无机磷比例提高，这表明覆膜条件下，Al-P 形态转化为 Fe-P 和 Ca-P 形态。Fe-P 和 Ca-P 的有效性都比 Al-P 高，从而可以说明覆膜极大地促进和提高了土壤磷的有效性。无论覆膜与否，施有机肥处理土壤中无机磷总量以及各组分都有较大的提高，其中提高幅度最大的是 Al-P，其次为 Fe-P，总无机磷提高了 2～3 倍。因此，覆膜条件下，施入有机肥是改善土壤磷素水平的较好措施。

表 3-6　地膜覆盖对土壤无机磷组分及各组分占总无机磷百分数的影响

处理		总无机磷 (μg/g)	H_2O-P		Al-P		Fe-P		Ca-P		O-P	
			含量 (μg/g)	比例 (%)	含量 (μg/g)	比例 (%)	含量 (μg/g)	比例 (%)	含量 (μg/g)	比例 (%)	含量 (μg/g)	比例 (%)
CK	覆膜	175.0	0	0	30.1	17.20	59.2	33.83	50.3	28.74	35.4	20.23
	裸地	182.8	0	0	54.2	29.65	52.6	28.77	41.9	22.92	34.1	18.65
M2	覆膜	555.2	21.0	3.78	232.8	41.93	140.3	25.27	78.1	14.07	83	14.95
	裸地	570.9	21.8	3.82	284.3	49.80	130.2	22.81	48.6	8.51	36.5	6.39
M1N1	覆膜	259.8	5.3	2.04	100.5	38.68	103.2	39.72	50.3	19.36	36.5	14.05
	裸地	330.4	7.2	2.18	116.5	35.26	90.2	27.30	60.6	18.34	55.9	16.92
M2N1P1	覆膜	439.6	18.2	4.14	181.6	41.31	120.8	27.48	50.2	11.42	68.8	15.65
	裸地	567.5	22.8	4.02	301.2	53.07	119.9	21.13	51.8	9.13	71.8	12.65

（四）地膜覆盖对土壤有机磷组分的影响

土壤中有机磷占全磷的 50%以上，其不同组分对作物的有效性也存在明显差异，而其在不同条件下又要发生不同的转化。覆膜后由于温度和水分的提高，微生物活动明显旺盛，加速了土壤有机质的矿化（汪景宽，1990），因此也必然影响有机磷的转化。从表3-7可以看出：覆膜条件下土壤中总有机磷含量明显下降，例如M2处理中，覆膜比裸地低129 μg/g，下降了22.29%；M1N1处理覆膜比裸地下降了29.86%。这说明覆膜也同样加速了土壤有机磷的分解，从而使土壤肥力下降。在有机磷各组分中，中等活性有机磷下降的幅度最大，其次是活性有机磷。这是由于这两个组分更容易被微生物和酶类所分解。在覆膜条件下，高度稳定性有机磷占总有机磷比例有所提高，如在M2、M1N1和M2N1P1处理中分别提高了3.63%、2.70%和6.08%。这可能是由于覆膜后消耗较多的易分解的有机磷，而相对提高了高度稳定性有机磷含量。施用有机肥提高了总有机磷及各组分的绝对含量，其中中等活性有机磷提高的幅度最大，其次是活性有机磷和中等稳定性有机磷，而高度稳定性有机磷提高幅度不大，这说明施用有机肥提高了土壤磷素的供应水平，培肥地力。

表3-7　地膜覆盖对土壤有机磷组分及各组分占总有机磷百分数的影响

处理		总有机磷（μg/g）	活性有机磷		中等活性有机磷		中等稳定性有机磷		高度稳定性有机磷	
			含量（μg/g）	比例（%）	含量（μg/g）	比例（%）	含量（μg/g）	比例（%）	含量（μg/g）	比例（%）
CK	覆膜	326.7	4.80	1.47	156.3	47.84	100	30.61	65.6	20.08
	裸地	331.5	6.00	1.81	146.9	44.31	103.1	31.10	75.5	22.78
M2	覆膜	449.8	18.20	4.05	250.3	55.65	106.3	23.63	75	16.67
	裸地	578.8	22.10	3.82	365.6	63.17	115.6	19.97	75.5	13.04
M1N1	覆膜	318.7	9.30	2.92	137.5	43.14	116.3	36.49	55.6	17.45
	裸地	454.4	10.80	2.38	265.6	58.45	115.6	25.44	62.5	13.75
M2N1P1	覆膜	444.3	13.00	2.93	237.5	53.45	109.4	24.62	84.4	19.00
	裸地	483.6	18.00	3.72	278.1	57.51	125	25.85	62.5	12.92

（五）地膜覆盖对土壤磷的吸附、保持的影响

施入土壤中的磷除部分被植物吸收利用和部分因化学反应产生难溶解性磷酸盐外，其他磷则被土壤团粒和胶体吸附。这些被吸附磷与土壤溶液中的磷处于吸附平衡状态，并制约着土壤溶液磷的浓度，从而决定着土壤磷的供给度。从表3-8可以看出，覆膜土壤对磷的吸附和保持的数量有所下降，例如在M2N1P1处理中，覆膜条件下的吸附磷和解吸磷分别为213 μg/g和53.5 μg/g。这可能是由覆膜后大大增加了土壤有机质分解的数量，使土壤胶体受到某种程度的破坏，从而使磷的吸附和保持能力下降，这导致解吸磷数量的增加（表3-8），以及解吸磷与吸附磷的比例明显提高。因此，可以说明覆膜土壤对磷素的供应调节能力增强。施有机肥降低了吸附磷的数量，而提高了解吸磷的数量（表3-8），这更充分地说明施用有机肥不仅提高土壤磷素水平，而且提高磷素的调节能力。

表3-8　地膜覆盖对土壤磷吸附、解吸和保持的影响

处理		吸附的磷（μg/g）	解吸磷（μg/g）	土壤保持磷（μg/g）	解吸/吸附（%）
CK	覆膜	249	43.5	205.5	17.47
	裸地	271	39.5	231.5	14.58

（续）

处理		吸附的磷（μg/g）	解吸磷（μg/g）	土壤保持磷（μg/g）	解吸/吸附（%）
M2	覆膜	224	50.5	173.5	22.54
	裸地	234	51.0	182.5	21.97
M1N1	覆膜	242	50.0	192.0	20.66
	裸地	246	48.5	197.5	19.72
M2N1P1	覆膜	213	53.5	159.5	25.12
	裸地	243	49.0	194.0	20.16

（六）小结

（1）地膜覆盖增加了土壤磷素的移出量，而降低了在土壤中的积累量。

（2）覆膜降低了土壤无机磷和有机磷的含量，下降幅度最大的是 Al－P 和中等活性有机磷；而 Fe－P 和 Ca－P 含量有所提高。

（3）覆膜后土壤的吸附磷的数量下降，而解吸能力增强。

（4）覆膜结合施用有机肥能显著提高土壤有机无机磷含量，以及磷的解吸能力。增加幅度最大的是 Al－P 和中等活性有机磷。因此，增施有机肥是恢复和提高覆膜土壤地力的较好措施。

二、玉米植株磷素的分配

（一）分析方法

2003 年 9 月 25 日采集植物样品。植物样品（玉米籽实、茎、叶、轴）全磷含量测定均采用 $H_2SO_4-H_2O_2$ 消煮钼锑抗比色法。

（二）结果与分析

土壤磷素不易产生淋失和挥发，因此土壤磷素的移出量主要是由植物摄取量来决定，通过对植株各部分磷含量的测定，可以计算出磷的移出量。本次试验除对照不施肥外，其余的处理施入土壤的总磷量均相等，不同施肥处理作物对磷养分的吸收利用情况见表 3－9。从该表可以看出，裸地栽培条件下，施用有机肥或者施用化肥，籽粒和叶片含磷量都高于不施肥处理，并且差异都达到极显著水平；玉米轴含磷量除 M2N2 处理达到

表 3－9　不同处理玉米吸收磷量

处理		籽粒			轴			叶			茎			总量（t/hm²）
		含磷量（%）	产量（t/hm²）	吸磷量（t/hm²）	含磷量（%）	产量（t/hm²）	吸磷量（t/hm²）	含磷量（%）	产量（t/hm²）	吸磷量（t/hm²）	含磷量（%）	产量（t/hm²）	吸磷量（t/hm²）	
裸地	CK	0.34	5.12	0.017 4g	0.06	1.02	0.000 6c	0.11	3.2	0.003 5g	0.21	2.45	0.005 1d	0.026 7g
	M1N1P1	0.30	9.06	0.027 2ef	0.04	1.46	0.000 6c	0.22	4.88	0.010 7d	0.08	3.35	0.002 7g	0.041 2e
	M2	0.40	8.90	0.035 6bc	0.05	1.39	0.000 7c	0.24	4.67	0.011 2c	0.09	3.7	0.003 3f	0.050 8c
	M2N2	0.33	10.04	0.033 1cd	0.06	1.71	0.001 0b	0.31	5.67	0.017 6a	0.09	3.82	0.003 4f	0.055 2b
	N4P2	0.30	8.47	0.025 4f	0.05	1.45	0.000 7c	0.24	3.64	0.008 7e	0.07	2.68	0.001 9 h	0.036 7f

（续）

处理		籽粒			轴			叶			茎			总量 (t/hm^2)
		含磷量 (%)	产量 (t/hm^2)	吸磷量 (t/hm^2)	含磷量 (%)	产量 (t/hm^2)	吸磷量 (t/hm^2)	含磷量 (%)	产量 (t/hm^2)	吸磷量 (t/hm^2)	含磷量 (%)	产量 (t/hm^2)	吸磷量 (t/hm^2)	
覆膜	CK	0.30	6.51	0.019 5g	0.06	1.13	0.000 7c	0.09	2.38	0.002 1 h	0.23	2.14	0.004 9d	0.027 3
	M1N1P1	0.38	11.06	0.042 0a	0.07	1.89	0.001 3a	0.2	3.75	0.007 5f	0.16	4.97	0.008 0a	0.058 8
	M2	0.37	10.25	0.037 9b	0.07	1.92	0.001 3a	0.21	4.51	0.009 5e	0.14	5.72	0.008 0a	0.056 7
	M2N2	0.34	10.73	0.036 5bc	0.06	1.68	0.001 0b	0.24	5.82	0.014 0b	0.11	6.22	0.006 8b	0.058 3
	N4P2	0.30	9.95	0.029 9de	0.08	1.91	0.001 5a	0.18	5.22	0.009 4e	0.11	5.35	0.005 9c	0.046 7

极显著水平外，其他施肥处理与不施肥处理比较变化不大；茎含磷量各种施肥处理较不施肥都有降低，并且都达到了极显著水平，其作用机理有待进一步研究。覆膜栽培条件下，籽粒、轴、叶片和茎的含磷量各种施肥处理较不施肥处理都有增加，而且都达到了极显著水平，说明在覆膜条件下施肥促进了植株对磷养分的吸收利用，这主要是由于覆膜提供了良好的水、热条件。

各施肥处理覆膜条件下籽粒吸收利用磷养分均高于裸地，但只有 M1N1P1、N4P2 处理增加达到了极显著水平，增加量分别为 1.52 t/hm^2 和 0.43 t/hm^2；轴吸收利用磷养分除 CK、M2N2 处理变化不明显外，其他处理覆膜比裸地均有增加，M1N1P1、M2 和 N4P2 的增加量分别为 0.08 t/hm^2、0.07 t/hm^2 和 0.07 t/hm^2，并且都达到了极显著水平；茎吸收利用磷养分除不施肥处理外，其他各处理覆膜比裸地也均有增加，M1N1P1、M2、M2N2 和 N4P2 各处理的增加量分别为 0.52 t/hm^2、0.46 t/hm^2、0.31 t/hm^2 和 0.41 t/hm^2，并且都达到了极显著水平；叶片的含磷量覆膜与裸地比较，各种处理变化都有所降低，并且都达到了极显著水平。可见覆膜可以促进籽粒、轴、茎对磷养分的利用，反而抑制了叶片对磷养分的利用。

无论是覆膜还是裸地，单施有机肥或有机无机配施处理作物的总吸磷量明显高于单施化肥处理，并且较多地集中在作物的籽粒和作物的叶片中，籽粒约占 67%，叶片占 20% 左右。覆膜与裸地比较，除了对照变化不明显之外，其他施肥处理覆膜后植株含磷量都明显提高，且达到显著水平，主要是由于覆膜后水分和温度条件的改善提高了作物对磷的摄取量，M1N1P1、M2、M2N2、N4P2 增加量分别为 1.83 t/hm^2、0.57 t/hm^2、0.60 t/hm^2、0.97 t/hm^2，增加顺序为 M1N1P1＞N4P2＞M2N2＞M2，而且作物的含磷量与籽粒的产量成明显的线性相关（$y=1.491x+2.2415$，$r=0.9037^{**}$），因此覆膜可以提高作物的产量。

（三）小结

（1）单施有机肥和有机无机配施，可以促进籽粒和茎对磷肥的利用率。

（2）覆膜与裸地比较，覆膜可以促进籽粒、轴、茎对磷的吸收，反而抑制了叶片对磷养分的吸收利用。

（3）覆膜提高了地上部分累积磷的总量，促进了作物对磷的摄取，有利于作物高产。

三、土壤磷素的动态变化

（一）试验设计与分析方法

2005年采集土壤样品，采集土壤样品中全磷含量测定采用NaOH熔融-钼锑抗比色法，有机磷含量采用灼烧法（450℃），有效磷含量测定采用Olsen法。

（二）结果与分析

由表3-10可见，无论是施有机肥还是施化肥，土壤全磷含量18年间有所增加。覆膜栽培条件下，除不施肥处理外，其他处理土壤全磷含量18年来均有提高，而M1N1P1、M2和M2N2处理全磷含量比长期定位试验前有极显著增加，分别比1987年增加77.88%、68.27%和84.62%。裸地栽培条件下，除CK、N4P2和M1N1P1处理外，其他施肥处理都较试验前有显著增加，而M2和M2N2处理18年来相比较增加极显著，分别比1987年增加67.31%和68.27%。

表3-10　长期地膜覆盖和施肥条件下土壤中磷素的变化

处理		全磷			有机磷			有效磷		
		含量 (g/kg)	变化量 (g/kg)	变化率 (%)	含量 (mg/kg)	变化量 (mg/kg)	变化率 (%)	含量 (mg/kg)	变化量 (mg/kg)	变化率 (%)
覆膜	CK	0.475cd	−0.045	−8.65	248.09de	88.61	55.56	9.43i	1.03	12.26
	M1N1P1	0.925a	0.405	77.88	321.63b	162.15	101.67	40.55h	32.15	382.74
	M2	0.875a	0.355	68.27	371.99a	212.51	133.25	86.55d	78.15	930.36
	M2N2	0.960a	0.44	84.62	400.48a	241.00	151.12	100.63c	92.23	1 097.98
	N4P2	0.660cd	0.14	26.92	285.09c	125.61	78.76	54.86f	46.46	553.1
裸地	CK	0.460d	−0.06	−11.54	221.91e	62.43	39.15	10.35i	1.95	23.21
	M1N1P1	0.625cd	0.105	20.19	334.58b	175.10	109.79	75.17e	66.77	794.88
	M2	0.870ab	0.35	67.31	388.93a	229.45	143.87	109.77b	101.37	1 206.79
	M2N2	0.875a	0.355	68.27	391.79a	232.31	145.67	133.69a	125.29	1 491.55
	N4P2	0.670bc	0.15	28.85	262.44cd	102.96	64.56	49.25g	40.85	486.31
试验前		0.520c	—	—	159.48f	—	—	8.40i	—	—

注：变化量=处理后全磷−试验前（1987年）全磷；变化率（%）=变化量/试验前（1987年）全磷*100；同一列中具有相同字母的结果差异不显著（$P>0.05$）。

无论是覆膜还是裸地栽培条件下，M2和M2N2处理全磷含量较1987年增加达显著差异水平；而CK处理土壤全磷含量有所减少；施用化肥的处理土壤全磷含量变化不大。经t检验，覆膜后土壤全磷含量与裸地相比差异不显著，仅有M1N1处理覆膜较裸地显著增加（表3-10）。长期施用化肥和有机肥都能不同程度地提高土壤全磷的含量。长期施用有机肥，尤其是厩肥，能显著提高土壤全磷含量，但其效果不如有机肥与无机肥配施。

无论是无肥还是施肥处理，土壤有机磷含量较1987年均有所增加。覆膜条件下，施有机肥的处理土壤有机磷含量均比1987年有显著提高，M1N1P1、M2和M2N2处理分别比1987年增加101.67%、133.25%和151.12%，而CK处理的变化率也达到了55.56%（表3-10）。裸地条件下，连施18年有机肥处理间土壤有机磷含量亦有显著增加，M1N1P1、M2和M2N2处理增加都超过了100%，而CK处理的变化率也达到了39.15%。无论是覆膜还是裸地条件下，各处理土壤有机磷含量均较1987年有显著提高，而M1N1P1、M2和M2N2处理尤为明显（表3-10）。经t检验，覆膜后土壤有机磷含量与裸地相比差异不显著。可见，长期施用有机肥能显著提高土壤有机磷的含量。当磷肥与有机肥同时施用时，可对土壤有机磷库的发展产生更为显著的影响。其原因在于，有机肥本身不但含有较多活性和中度活性的有机磷，而且有机肥中还含有大量的微生物，它们能吸收固定化肥磷，从而促进了化肥磷向有机磷的转化。

经过长期耕作，不同施肥处理土壤有效磷含量与1987年相比均有所增加，除不施肥处理土壤有效磷变化不大外，其他各处理均较试验前有显著增加。覆膜条件下，M1N1P1、M2、M2N2和N4P2各处理土壤有效磷的变化量分别为32.15 mg/kg、78.15 mg/kg、92.23 mg/kg、46.46 mg/kg，尤其是M2、M2N2处理比1987年分别增加930.36%、1 097.98%，达极显著水平。裸地条件下与覆膜条件下有相同的趋势。裸地条件下M1N1P1、M2、M2N2和N4P2各处理变化量分别为66.77 mg/kg、101.37 mg/kg、125.29 mg/kg、40.85 mg/kg，尤其是M2、M2N2处理比试验时期增加1 206.79%、1 491.55%，达极显著水平。其中氮磷化肥配施对土壤中有效磷含量增加没有有机无机肥配施以及单施有机肥效果明显。而有机肥与氮肥配施效果好于单施有机肥，高量有机肥好于低量有机肥。施用有机肥增加土壤有效磷的原因在于，有机肥自身含有一定数量的有机磷，这部分磷易于分解释放。另外，有机肥施入土壤后可增加土壤有机质含量，除了有机质本身矿化外，还可能包括以下作用：有机阴离子可参与竞争土壤黏土矿物以及土壤微团聚体的专性吸附点，从而降低对磷的吸附固定；有机质分解产生的部分有机酸可与土壤中难溶性磷酸盐的金属离子发生络合反应从而释放其中的磷；腐殖质也可在铁、铝氧化物等胶体的表面形成包蔽，减少对磷的吸附固定。

无论是覆膜还是裸地条件下，各处理土壤有效磷含量均较试验前有显著提高，达到了极显著水平。经t检验，除M1N1P1、M2处理覆膜与裸地相比差异显著外，其他施肥处理变化不大。覆膜条件下除不施肥处理外，其余各处理M1N1P1、M2、M2N2和N4P2土壤有效磷含量明显低于裸地栽培条件下，这与覆膜后玉米植株生物量与产量明显提高，消耗了较多的有效磷有关。与汪景宽等（1994）对长期地膜覆盖棕壤研究得出的结果一致，即覆膜后土壤磷移出量增多而积累量减少。因此，地膜覆盖有利于有效磷的释放。

（三）小结

长期定位施肥条件下土壤全磷、有机磷及有效磷含量比试验前有所提高，增施有机肥能显著提高土壤磷素含量，但效果不如有机无机肥配施。因此，有机无机肥配施是恢复和提高土壤地力的有效措施。覆膜栽培技术对于不同施肥处理土壤全磷影响并不一致，除N4P2处理土壤全磷含量减少外，其余处理全磷含量均有所增加。地膜覆盖明显减少了有效磷的含量而增加了磷的移出量。

四、土壤Olsen-P剖面分布及动态变化

（一）试验设计与分析方法

本试验土壤样品采集时间覆盖2003年作物整个生长季，包括播种前期（4月20日）、

出苗期（5 月 13 日）、拔节期（6 月 13 日）、抽雄期（7 月 15 日）、乳熟期（8 月 15 日）、成熟期（9 月 14 日）、收获后期（10 月 20 日）6 个植物生长的重要时期。采集 0～20 cm、20～40 cm、40～60 cm、60～80 cm、80～100 cm 五个层次，每个处理 3 个重复。

土壤 Olsen－P 采用 Olsen 法浸提钼锑抗比色法。

（二）Olsen－P 剖面分布

供试耕地各施肥处理棕壤的 Olsen－P 剖面分布具有较为相似的特征，表现为 0～20 cm含量较高、20～60 cm 含量较低、60～100 cm 又逐渐升高（图 3－3）。方差分析表明，不同层次的 Olsen－P 含量差异达极显著水平。无论覆膜与否，不施肥对照和施氮处理（CK 和 N4），因作物从土壤表层吸收的 Olsen－P 含量相对较少，使得 0～20 cm 土层 Olsen－P 含量高于 20～60 cm；而施有机肥和有机无机配施处理（M4 和 M4N2P1）处理，由于施入磷量大于作物吸收磷量，并且肥料又主要集中在土壤表层，导致了磷素在土壤表层的富集。各施肥处理的 20～60 cm 土层中 Olsen－P 含量较低，主要与作物对这个层次磷素吸收利用有关。这个层次的磷素主要由土壤提供，而传统的耕作方法往往将磷肥施用在土壤表层，磷肥的当季利用率又低，使得施入的磷肥大多残留于表土层中。土壤中 Olsen－P 空间分布的不均衡现象可能是导致磷肥利用率低的一个潜在因素（Brady and Wei，2002）。60～100 cm 土层 Olsen－P 含量有所回升，显著高于 20～60 cm 土层，这可能与底土中 Olsen－P 含量主要受母质中全磷含量的影响有关。

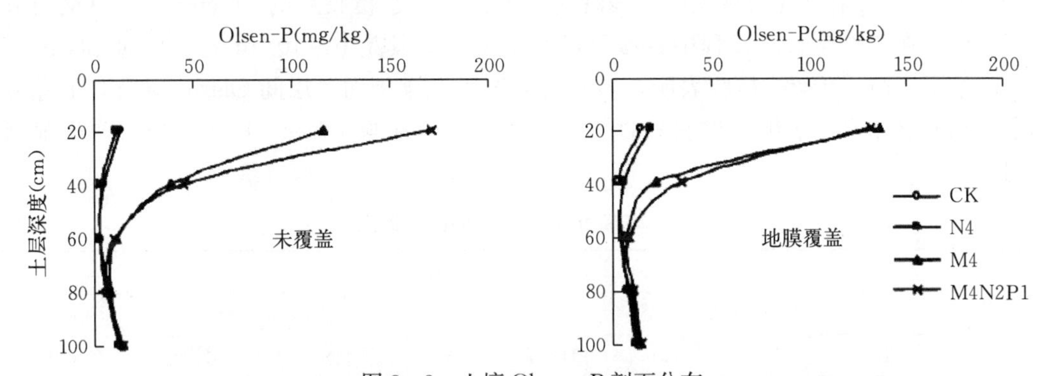

图 3－3　土壤 Olsen－P 剖面分布

（三）不同施肥处理对棕壤 Olsen－P 动态变化的影响

不同施肥处理对棕壤 Olsen－P 剖面分布产生了显著影响（表 3－11）。经方差分析表明，在整个生长季过程中，施肥对裸地 0～20 cm、20～40 cm 和覆膜 0～20 cm、20～40 cm、40～60 cm、60～80 cm 土层的 Olsen－P 含量产生了显著或极显著的影响，即本试验中施肥处理对裸地土壤磷的影响只达到了 0～40 cm，而对覆膜土壤的影响却达到了 80 cm。无论覆膜与否，M4 和 M4N2P1 处理在 0～60 cm 土层 Olsen－P 含量均高于 CK 和 N4 处理，以 0～40 cm 土层尤为明显。

在整个生长季过程中，裸地 0～20 cm 土层的 Olsen－P 含量以 8 月（乳熟期）M4N2P1 处理为最高，4 月（播种前期）的 N4 处理为最低；覆膜 0～20 cm 土层的 Olsen－P 含量以 8 月（乳熟期）的 M4N2P1 处理为最高和 CK 处理为最低。

裸地20～40 cm土层的Olsen－P含量以8月（乳熟期）的M4N2P1处理为最高，6月（拔节期）的CK处理为最低；而覆膜以10月（收获后期）M4N2P1处理最高，7月（抽雄期）的CK处理为最低。有机肥（M4）和有机无机配施（M4N2P1）处理施入土壤的磷素，除被作物吸收外，大部分积累在土壤中，且较多地积累在土壤表层（0～20 cm），这些磷一部分被土壤固定，另一部分进入了有效磷库，因此施有机肥和有机无机配施的土壤Olsen－P含量显著高于不施磷肥土壤（CK、N4处理）。这是因为有机肥自身含有一定数量易分解释放的有机磷，施有机肥后可增加土壤有机质含量；而且有机阴离子可参与竞争土壤固相表面的专性吸附点，从而降低对磷的吸附固定，其分解产生的某些有机酸可与土壤中难溶性磷酸盐的金属离子产生络合反应从而释放其中的磷；同时，腐殖质可在铁、铝氧化物等胶体的表面形成包蔽，可减少对磷的吸附固定。

（四）覆膜对棕壤Olsen－P剖面分布的影响

由覆膜和裸地条件下不同施肥处理棕壤Olsen－P含量的动态变化（表3－11）可看出，在0～20 cm土层中，覆膜后CK处理于6月、8月、9月、10月和M4N2P1处理于4月、5月、6月、8月、10月Olsen－P含量下降，而N4（除7月）和M4（除9月）处理的Olsen－P含量则高于未覆膜地；在20～40 cm土层中，覆膜后大部分生长季（7月除外）N4处理Olsen－P含量升高，而CK（整个生长季）、M4（8月除外）、M4N2P1（5月、9月除外）处理覆膜后Olsen－P含量有降低趋势；在40～100 cm，各处理覆膜后Olsen－P含量未出现明显规律，表现为在不同生长季覆膜后的Olsen－P含量交替升高或降低。在整个生长季过程中，覆膜虽对土壤（尤其是0～40 cm土层）的Olsen－P含量产生了影响，但经t检验表明，覆膜与未覆膜土壤剖面各层间Olsen－P含量的差异均未达到显著水平。表明本试验条件下，覆膜尚未对土壤Olsen－P剖面分布产生显著影响。

表3－11　不同处理土壤Olsen－P动态变化

日期（日/月）	处理							
	未覆膜				覆膜			
	CK	N4	M4	M4N2P1	CK	N4	M4	M4N2P1
				0～20 cm				
20/4	9.96	5.62	69.52	108.3	10.61	17.83	70.52	85.64
13/5	12.37	10.47	95.78	123.65	15.97	13.56	100.74	96.90
13/6	13.71	8.32	115.87	162.17	12.73	14.63	116.03	135.30
15/7	10.38	17.00	128.74	142.67	13.73	16.52	146.69	174.41
15/8	13.67	11.42	148.16	369.77	10.12	26.12	241.83	177.90
14/9	10.94	9.16	127.20	115.07	10.23	11.14	98.47	120.07
20/10	18.75	11.38	122.00	170.95	12.64	23.61	175.72	125.83
				20～40 cm				
20/4	3.84	1.15	25.51	26.44	1.84	3.76	7.88	13.97
13/5	2.56	2.28	18.08	18.09	1.33	4.56	16.59	35.56

（续）

日期（日/月）	处理							
	未覆膜				覆膜			
	CK	N4	M4	M4N2P1	CK	N4	M4	M4N2P1
13/6	0.60	1.40	17.15	42.18	0.22	1.49	9.57	17.48
15/7	2.18	7.95	41.10	26.24	0.08	1.79	25.66	13.29
15/8	3.20	3.62	38.60	92.25	1.09	6.19	53.94	49.56
14/9	5.05	3.42	61.05	31.28	0.63	4.14	11.80	47.14
20/10	11.47	4.25	62.22	75.79	2.52	5.73	21.49	55.08
40～60 cm								
20/4	3.01	2.43	3.74	4.81	1.67	3.09	3.94	5.18
13/5	1.55	1.39	6.18	5.62	2.67	3.78	4.45	9.91
13/6	0.63	0.52	1.26	24.68	0.24	2.03	3.40	4.37
15/7	1.19	3.41	10.66	1.63	1.01	0.91	4.03	4.14
15/8	1.65	2.19	4.33	10.45	2.39	3.77	13.39	6.21
14/9	0.84	3.51	38.49	2.74	0.15	1.42	3.69	5.16
20/10	3.39	2.58	9.29	13.38	3.71	6.36	10.86	9.94
60～80 cm								
20/4	9.26	9.28	9.65	4.35	4.72	6.58	7.64	11.85
13/5	7.62	7.95	7.45	6.12	8.07	6.01	7.73	9.86
13/6	5.97	6.60	4.60	8.60	5.89	5.45	5.14	5.83
15/7	3.36	5.97	10.10	4.60	5.66	3.93	7.48	5.06
15/8	4.27	8.55	6.58	9.82	6.59	7.96	13.09	10.01
14/9	3.12	7.52	5.11	4.29	5.57	3.20	7.42	12.56
20/10	4.67	7.02	9.23	9.38	8.57	8.99	10.84	8.99

（五）小结

（1）耕地棕壤各施肥处理土壤剖面 Olsen－P 含量均表现为 0～20 cm 较高，尤其是施用有机肥（M4）和有机无机肥配施（M4N2P1）处理土壤的 Olsen－P 在土壤表层中大量积累；20～60 cm Olsen－P 含量降低；60～100 cm 土层 Olsen－P 含量逐渐升高。说明施用有机肥或有机无机肥配施可有效地补充土壤表层 Olsen－P 含量；表层以下的土层缺磷的可能性较大，施肥时应深施。

（2）不同施肥处理对棕壤 Olsen－P 剖面分布产生了显著影响。无论覆膜与否，施肥对 Olsen－P 剖面的影响都可达到 0～40 cm；0～60 cm 土层中，施用有机肥（M4）和有机无机配施（M4N2P1）施肥处理 Olsen－P 含量明显大于不施肥（CK）和单施氮肥（N4）处理。可见，施用有机肥或有机无机肥配施是补充土壤 Olsen－P 的有效措施。

（3）覆膜后由于作物产量增加使作物的吸磷量明显增加，导致了土壤中的 Olsen－P 含量下降。即覆膜后不施肥（CK）、有机肥（M4）、有机无机肥配施（M4N2P1）处理土壤 0～

40 cm 土层的 Olsen - P 含量略有降低，但覆膜与裸地土壤各剖面 Olsen - P 含量的差异未到显著水平，即表明本试验条件下，覆膜尚未对土壤 Olsen - P 剖面分布产生显著影响。

第三节　土壤钾素的演变规律

钾是作物必需的营养元素之一，正常情况下作物的吸钾量与氮素相当，约是磷的 2 倍。地膜覆盖能够改善作物生长环境，从而提高产量，带来很大的经济效益。但地膜覆盖增产是需要与裸地不同的施肥模式作为养分补给的，否则就会以消耗地力为代价。本文主要目的是阐明长期连续覆膜和施肥（18 年）土壤钾素的变化，在一定程度上推断土壤肥力发育的程度和发展趋向，促进土壤培肥，为评价地膜覆盖对钾素的影响提供科学依据。

一、试验设计与分析方法

本研究于 2004 年 9 月 25 日采集耕层 0～20 cm 的土壤。

土壤样品中的全钾采用 NaOH 熔融，火焰光度计测定；土壤缓效钾采用 1.0 mol/L 热硝酸浸提，火焰光度计测定；速效钾采用 1.0 mol/L（pH 7.0）浸提，火焰光度计测定。

二、结果与分析

（一）长期地膜覆盖和施肥条件下土壤全钾的变化

不同处理全钾含量为 1.8%～2.1%，且差异不大。虽然全钾的含量较高且较为稳定，但由于长期的覆膜和施肥对土壤全钾含量产生一定的影响。从表 3 - 12 可以看出，经过 18 年长期不同施肥处理后，除单施有机肥其余各处理的全钾含量都低于原始土壤。裸地栽培条件下，不施肥处理降低了达 8.95%，氮肥处理下降了 5.89%，这主要是因为没有钾素的补充，而每年植物生长发育所需的钾都要从土壤中带中获取，并只有少量根系归

表 3 - 12　长期地膜覆盖和施肥条件下土壤全钾变化

处　理		全钾（g/kg）	变化量（g/kg）	变化（%）
裸地	CK	19.63cde	−1.93	−8.95
	N4	20.29bc	−1.27	−5.89
	M4	21.65a	0.09	0.42
	M4N2P1	20.27bc	−1.29	−5.98
覆膜	CK	20.97ab	−0.59	−2.74
	N4	19.24de	−2.32	−10.76
	M4	20.10bcd	−1.46	−6.77
	M4N2P1	18.84e	−2.72	−12.62
试验前（1987）		21.56	—	—

注：变化量=处理后全钾−试验前（1987 年）全钾；变化率（%）=变化量/试验前（1987 年）全钾 * 100；同一列中具有相同字母的结果差异不显著（$P>0.05$），下同。

还，致使土壤钾素含量逐年降低。而有机肥料含有钾素，不仅满足了作物对钾的吸收，而且还有盈余使土壤钾素维持在一个较高的水平。有机肥氮磷肥配施（M4N2P1）处理全钾也有所降低，这可能是因为各元素施肥比例合理，作物生物量较大，对钾的需求较大，从而带走大量钾素，土壤中钾素的输入低于输出。

在不施肥、单施氮肥、有机肥氮磷肥配施处理中覆膜全钾含量低于裸地全钾含量，且处理间达到差异显著水平，而高量有机肥处理可能由于全钾含量较高，从而掩盖了地膜覆盖对全钾的影响。产生覆膜与裸地条件下全钾的含量差异的原因可能是：①长期地膜覆盖改变了土壤的水热条件，土壤温度升高有利于矿物的风化；②地膜覆盖后，微生物活性增强，也加速了黏土矿物风化进程；③地膜覆盖作物生物量增加，作物生长发育耗钾量大。综合以上原因，覆膜后土壤全钾含量比裸地有所降低，覆膜有利于矿物钾的释放与作物对钾的吸收利用。

（二）长期地膜覆盖和施肥条件下土壤缓效钾的变化

缓效钾（非交换性钾）是占据黏粒层间内部位置的钾以及某些矿物（如伊利石）的六孔穴中的钾。缓效钾是速效钾的储备库，一般被认为是土壤长期供钾潜力的一个重要指标。许多土壤，其缓效钾对植物供钾起着重要作用。缓效钾的形成应该是一个有益的过程，因为它可以减少钾的淋失，并且使钾维持在对植物缓慢有效的形态。

从表 3-13 可以看出土壤缓效钾含量在 550～700 mg/kg。经过 18 年长期不同管理措施的影响，只有单施氮肥的处理缓效钾含量降低，其他处理都有所升高。单施氮肥土壤全钾含量降低可能是由于土壤肥料比例失调，以氮促钾（氮肥增高促进作物对钾的吸收）是土壤缓效钾降低的主要原因。施用有机肥处理（包括 M4 和 M4N2P1 处理）土壤缓效钾大幅度增加，可能是因为施入土壤的有机肥在分解过程中产生大量的有机酸与土壤中的矿物钾反应，而使缓效钾的量增加。有机肥本身含有大量的钾素，这样有机肥的施入量越大，输入土壤中的缓效钾含量就越高。而且有机肥的施入改变了土壤环境中的 pH 及局部的氧化还原条件，从而影响土壤中全钾向缓效钾的转化。有机肥在土壤中分解也能够增加土壤中微生物的活性，一方面施入的有机肥释放有机酸，另一方面增加的微生物分解土壤矿物的活性也增强，从而使土壤中的缓效钾增加。

表 3-13　长期地膜覆盖和施肥条件下土壤缓效钾变化

处　理		速效钾（mg/kg）	变化量（mg/kg）	变化（%）
裸地	CK	649.56bc	44.23	7.31
	N4	560.46f	−44.87	−7.41
	M4	659.15bc	53.82	8.89
	M4N2P1	627.04cde	21.71	3.59
覆膜	CK	597.78e	−7.55	−1.25
	N4	635.73bcd	30.40	5.02
	M4	704.33a	99.00	16.35
	M4N2P1	668.88b	63.55	10.50
试验前（1987）		605.33de	—	—

各施肥处理覆膜与裸地缓效钾差异均不显著，这主要是因为土壤矿物钾-缓效钾-速效钾处于一种动态平衡状态，起着桥梁作用的缓效钾并不能表现出覆膜与裸地对缓效钾的影响。

（三）长期地膜覆盖和施肥条件下土壤速效钾的变化

速效钾（交换性钾和水溶性钾）是指吸附于胶体颗粒表面的钾和水溶液中的钾，是土壤中活性最高的钾，是当季作物吸钾的主要来源。对大多数土壤来说，速效钾是评价土壤钾素水平和预测植物施钾水平的一个有效指标。图 3－4 显示了 18 年长期施肥与地膜覆盖土壤速效钾的变化情况。裸地条件下，对照处理和单施氮肥速效钾含量分别降低了 11.97 mg/kg 和 31.96 mg/kg，而单施有机肥和有机无机配施的处理速效钾分别增加 27.95 mg/kg 和 59.91 mg/kg。覆膜条件下也有相同的变化，只不过变化幅度不同。不施肥处理，由于没有外源钾素满足植物生长发育需要，使得土壤速效钾不断消耗，虽有缓效钾补充，但还是没有达到作物生长的需要，出现了速效钾的亏缺。单施高量氮肥，使土壤中肥料比例严重失调，速效钾含量降低。有机肥单施或与无机肥料配施均可提高土壤速效钾的含量，这也许是由于施用有机肥本身的钾不断引入，以及有机胶体在其交换表面具有存储养分的功能。高量有机肥的施入不仅向土壤中带入大量的钾素，同时减少了土壤黏土矿物对速效钾的固定，并且有机肥在分解过程中产生的有机酸促进土壤中矿物钾的释放。

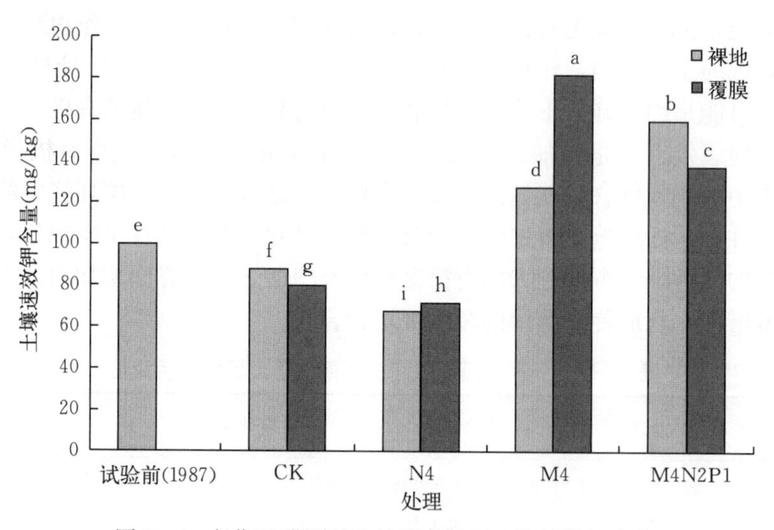

图 3－4　长期地膜覆盖和施肥条件下土壤缓效钾变化

虽然同一施肥处理覆膜与裸地栽培土壤速效钾变化趋势不一致，且处理间差异显著。裸地条件下不施肥与有机肥氮磷肥配施处理速效钾含量高于覆膜，而单施氮肥和单施有机肥则相反。不施肥与有机肥氮磷肥配施速效钾含量裸地高于覆膜，可能是因为覆膜后生物量、水分增加，从而加速了钾素的运移与消耗。单施氮肥覆膜比裸地速效钾含量高，可能是因为覆膜防止了氮的挥发，土壤 pH 降低，改变了土壤局部氧化还原条件，从而影响缓效钾向速效钾转化。单施有机肥覆膜后，增加了微生物活性，促进土壤钾的转化。总之，地膜覆盖后土壤环境发生一系列变化，水热状况、酸碱度、土壤质地、微生物活性等均发生了变化，从而势必影响土壤钾素的变化情况。

三、小结

（1）经过18年长期施肥与覆膜后，除单施有机肥外其余各处理的全钾含量都低于原始土壤，且覆膜后土壤全钾含量低于裸地，可见覆膜有利于矿物钾的释放。

（2）除单施氮肥处理缓效钾含量较原始土壤降低外，其他处理均有所升高。同一施肥处理覆膜与裸地相比缓效钾含量差异均不显著，表明起着桥梁作用的缓效钾并不能表现出覆膜与裸地对缓效钾的影响。

（3）不施肥与有机肥氮肥磷肥配施裸地速效钾含量高于覆膜，而单施氮肥和单施有机肥则相反。

总之，土壤培肥和地膜覆盖必然会改变土壤的一些理化性状，从而影响土壤钾素的转化及含量。

第四节　土壤钙、镁素的演变规律

钙作为植物生长所必需的中量营养元素，对提高植物的抗逆性方面发挥着很大的作用，并且能够和土壤中的有机质结合形成土壤黏粒组分的胶结剂，可以促进土壤颗粒的团聚，对土壤团粒结构的形成有很大作用。镁作为植物生长所必需的另一中量营养元素，不仅作为叶绿素的组成成分参与光合作用，也是植物体内多种酶的活化剂。本研究旨在探索长期地膜覆盖条件下棕壤交换性钙和镁含量变化情况，从而为合理施肥和培肥土壤提供理论依据。

一、试验设计与分析方法

本研究采样时间为2011年9月，采样深度为0～20 cm、20～40 cm共两个层次。为进一步研究不同年份交换性钙、镁的动态变化，本文对1987年（试验开始时）、2002年、2005年、2008年采集的样品（0～20 cm）也同时进行分析。这些不同年份采集的土壤样品经过自然风干后，装在瓶中密封，避光保存，尽可能减少土样中微生物活动（样品保存在沈阳农业大学土壤肥力研究室样品室）。

土壤交换性钙、镁采用1 mol/L NH_4OAc浸提，采用原子吸收分光光度计法测定（薛菁芳等，2006）。

二、结果与分析

（一）长期地膜覆盖与施肥对棕壤交换性钙含量的影响

交换性钙是指吸附于土壤胶体表面的钙，是土壤主要的盐基离子之一，占全钙量的20%～30%。交换性钙包括吸附性钙和水溶性钙两部分，二者在土壤溶液中保持着动态平衡，都是植物生长发育所吸收的有效性钙。

由表3-14可以看出，土壤中交换性钙含量主要分布在1.34～2.52 g/kg之间，根据有关文献可知其缺素临界含量为0.8 g/kg，说明该长期定位试验地土壤交换性钙比较丰富，作物目前基本不会出现缺钙症状，但不同施肥对其含量还是有明显影响。其中单施化肥（N4P2、N4、N2）表层土壤中的交换性钙含量显著低于对照，施用有机肥（M4N2P1、M4、M2）可使土壤交换钙含量增加。一方面原因是大量施入化肥使得玉米生物量加大，从土壤中带走大量的钙素，而钙素又没有得到补充；另一方面交换性钙会随降雨向下迁移，使得土壤表层含量减少；而施用有机肥的土壤，尽管玉米生物量加大，会带走大量钙素，但有机肥中含有大量钙素，使土壤交换性钙得到及时的补充。因此，施用有机肥是提高土壤交换性钙的重要措施。

表 3-14　不同施肥处理土壤交换性钙含量（g/kg）

处理	0～20 cm		20～40 cm	
	裸地	覆膜	裸地	覆膜
CK	2.17c A	2.15c A	2.22a A	2.17b A
M4N2P1	2.08c A	2.14c A	2.26ab B	2.29cd B
M4	2.27d A	2.35e A	2.52d B	2.34d A
M2	2.43e B	2.27d A	2.40c B	2.28cd A
N4P2	1.34a A	1.60a B	2.40c D	2.23bc C
N4	1.41a A	1.57a B	2.32bc D	1.99a C
N2	1.86b A	2.00b B	2.24ab C	2.21c C

注：同行数据后不同大写字母表示差异显著（$P<0.05$）；同列不同小写字母表示差异显著（$P<0.05$）。

由表3-14还可以看出，覆膜后土壤表层交换性钙含量增加，而底层含量降低，这可能是由于覆膜使土壤表层温度升高，同时改变了土壤溶液的流动方向，使底层的交换性钙随水的蒸发而在表层积累；裸地受降雨影响，交换性钙离子随着降雨向下淋溶导致土体下层含量升高。单施化肥土壤中交换性钙含量有明显的随深度的增加而增加的趋势，反映了棕壤中交换性钙在土壤剖面中的淋溶特点。

由此可见，尽管该地区交换性钙没有降低到使作物缺钙的水平，但施用化肥后交换性钙数量减少，可能破坏了土壤中团聚体，加速了土壤淋溶作用，使土壤结构变差、土壤板结，进而影响土壤肥力水平及作物产量，因此在东北高强度利用的非石灰性耕地土壤中适当补充钙素也十分必要。

（二）长期施肥与地膜覆盖对棕壤交换性镁含量的影响

土壤供镁状况一般用土壤交换性镁含量或交换性镁饱和度来反映。由表3-15可以看出，土壤中交换性镁含量主要分布在0.30～0.66 g/kg之间，其缺素临界含量为0.06 g/kg（姜勇等，2003），说明本实验站土壤交换性镁含量非常丰富，作物缺镁现象目前不会发生。单施化肥土壤中的交换性镁含量显著低于对照和施入有机肥的土壤，其中高量氮磷配施（N4P2）和高量氮肥（N4）土壤表层交换性镁含量最低，说明化肥的大量施入对交换性镁的耗竭影响很大。在没有有机肥施入的土壤中，交换性镁含量表现出随深度的增加而增加的趋势，反映了棕壤中交换性镁在土壤剖面中的淋溶特点。

表 3-15　不同施肥处理土壤交换性镁含量（g/kg）

处理	0～20 cm		20～40 cm	
	裸地	覆膜	裸地	覆膜
CK	0.45d AB	0.43c A	0.49c B	0.48b B
M4N2P1	0.55e AB	0.59e C	0.54d A	0.57c B
M4	0.66f C	0.58e B	0.64e C	0.55c A
M2	0.56e C	0.53d B	0.54d BC	0.50b A
N4P2	0.33b A	0.35a B	0.47bc D	0.41a C
N4	0.30a A	0.33a B	0.46b D	0.39a C
N2	0.38c A	0.38b A	0.42a B	0.43a B

注：同行数据后不同大写字母表示差异显著（$P<0.05$）；同列不同小写字母表示差异显著（$P<0.05$）。

施用有机肥的土壤交换性镁含量显著高于不施有机肥的土壤，并且表层含量大于底层，说明施肥增加了土壤中有机质的含量，腐殖质可吸附大量的交换性镁，而且有机质本身也是镁的供给源，因此交换性镁含量有所升高。地膜覆盖后，施用化肥土壤表层交换性镁含量相应有些增加而底层相对较少，这可能也是覆膜后水分向表层移动使水溶性镁表聚的结果。

（三）不同年份土壤交换性钙含量的变化

从表 3-16 中可以看出，裸地长期不同有机肥处理 0～20 cm 土壤中交换性钙含量呈现出增长趋势，其中以中量有机肥（M2）增长最为明显，经过 24 年积累比试验前基础土壤（1987 年）增加了 0.52 g/kg，相对提高 27.22%；其次是高量有机肥（M4）和高量有机肥与氮磷配施（M4N2P1），分别提高 18.85%和 8.90%，说明有机肥能显著提高土壤表层交换性钙含量。施用中量有机肥（M2）的土壤中交换性钙含量大于高量有机肥（M4），主要原因是施用高量有机肥更能明显提高玉米产量，因此带走大量交换性钙。对比高量有机肥配施化肥（M4N2P1）和高量有机肥（M4）可以看出，M4N2P1 土壤中交换性钙含量显著小于 M4，也是由于前者 C/N 更加趋于合理，玉米生物量较高，带走更多的交换性钙。对照（CK）土壤表层交换性钙含量增加了 0.26 g/kg，相对提高 13.61%，这可能是一方面由于土壤矿物风化释放钙素，另一方面对照的玉米生物量一直较低，因此从土壤中带走的钙素较少。而长期不同化肥处理表层（0～20 cm）土壤中交换性钙含量呈现出递减趋势，其中以高量氮磷化肥（N4P2）减少最为明显，经过 24 年消耗比试验前基础土壤（1987 年）降低 0.57 g/kg，相对减少 29.84%；其次是高量氮肥（N4）和低量氮肥（N2）分别减少 26.18%和 2.62%，说明单施化肥加速交换性钙的消耗，且氮肥施用量越大（N4），土壤中交换性钙含量降低越明显（与 N2 比较），这也与不同施肥处理的玉米产量成明显负相关。对比高量氮磷配施（N4P2）和高量氮肥（N4）的结果可以看出，随着磷肥的加入，玉米的产量进一步提高，从而使土壤交换性钙含量降低。覆膜与裸地对比可以发现，覆膜可以提高土壤表层交换性钙的含量。

表 3-16 不同年份土壤表层交换性钙含量（g/kg）

年份	处理	CK	M4N2P1	M4	M2	N4P2	N4	N2
1987	裸地	1.91ab	1.91c	1.91a	1.91a	1.91e	1.91f	1.91c
2002	裸地	2.10de D	1.62a B	2.06b D	2.13b D	1.53bc A	1.55c AB	1.81ab C
	覆膜	2.03cd B	1.98d B	2.14cd C	2.15b C	1.70d A	1.71d A	1.98d B
2005	裸地	2.10de DE	1.81b C	2.07bc D	2.15b E	1.52bc B	1.35ab A	1.77a C
	覆膜	1.93ab B	2.06e D	2.09bcd DE	2.12b E	1.77d A	1.96f B	2.01de C
2008	裸地	1.91a C	1.86bc C	2.14d D	2.33cd E	1.29a A	1.33a A	1.79a B
	覆膜	1.98bc C	1.99d CD	2.12bcd E	2.37de F	1.48b A	1.84e B	2.07e DE
2011	裸地	2.17e C	2.08e C	2.27e D	2.43e E	1.34a A	1.41b A	1.86bc B
	覆膜	2.15e C	2.14f C	2.35f E	2.27c D	1.60c A	1.57c A	2.00d B

注：同行数据后不同大写字母表示差异显著（$P<0.05$）；同列不同小写字母表示差异显著（$P<0.05$）。

（四）不同年份土壤交换性镁含量的变化

由表 3-17 可知，裸地长期不同有机肥处理 0～20 cm 土壤中交换性镁含量虽有波动，但呈现出增长趋势，其中以高量有机肥（M4）增长最为明显，经过 24 年积累比试验前基础土壤（1987 年）增加了 0.20 g/kg，相对提高 46.67%；其次是中量有机肥（M2）和高量有机肥与氮磷配施（M4N2P1）分别提高 24.44%和 22.22%，说明有机肥能显著提高土壤表层交换性镁含量。中量有机肥（M2）土壤中交换性镁含量小于高量有机肥（M4）土壤，可能是由于施入的有机肥中镁含量较高，而玉米带走的相对较少，经过长期积累所致。对比高量有机肥与氮磷配施（M4N2P1）和高量有机肥（M4）可以看出，M4N2P1 土壤中交换性镁含量显著小于 M4，主要是由于前者玉米生物量较高，带走更多的交换性镁。CK 土壤表层交换性镁含量几乎没变，可能是由于沈阳地区镁含量比较丰富，自然状态下，作物生长所利用的水溶性镁完全可以由其他形态转换而来。而长期不同化肥处理 0～20 cm 土壤中交换性镁含量呈现出递减趋势，其中以高量氮肥（N4）减少最为明显，经过 24 年消耗比试验前基础土壤（1987 年）降低了 0.15 g/kg，相对减少 33.33%；其次是高量氮磷配施（N4P2）和中量氮肥（N2）分别减少 26.67%和 15.56%，说明单施化肥加速交换性镁的消耗，且氮肥施用量越大（N4），土壤中交换性镁含量降低愈明显（与 N2 比较），这也与这些不同施肥处理的玉米产量成明显负相关。虽然高量氮磷配施（N4P2）土壤中交换性镁含量略大于高量氮肥（N4）土壤，但也显著低于中量氮肥（N2）土壤，说明化肥的大量施用使玉米的产量提高，从而使土壤交换性镁含量降低。覆膜与裸地对比可以发现，覆膜可以提高土壤表层交换性镁的含量。

表 3-17 不同年份土壤表层交换性镁含量（g/kg）

年份	处理	CK	M4N2P1	M4	M2	N4P2	N4	N2
1987	裸地	0.45bc	0.45a	0.45a	0.45a	0.45c	0.45f	0.45e
2002	裸地	0.47c C	0.65f F	0.62c E	0.55e D	0.35ab A	0.36c A	0.42c B
	覆膜	0.45bc D	0.57c F	0.62c G	0.51b E	0.37b A	0.40d B	0.43d C

（续）

年份	处理	CK	M4N2P1	M4	M2	N4P2	N4	N2
2005	裸地	0.45bc D	0.49b E	0.58b G	0.53cd F	0.35ab B	0.32ab A	0.39ab C
	覆膜	0.44ab B	0.50b C	0.58b D	0.50b C	0.37b A	0.43e B	0.41c B
2008	裸地	0.45ab C	0.66f E	0.63c DE	0.60f D	0.32a A	0.31a A	0.37a B
	覆膜	0.44ab C	0.64e E	0.68e F	0.55de D	0.34a A	0.40d B	0.40b B
2011	裸地	0.45bc D	0.55c E	0.65d F	0.56e E	0.33a B	0.30a A	0.38a C
	覆膜	0.43a C	0.59d E	0.58b E	0.53c D	0.35ab A	0.33b A	0.38a B

注：同行数据后不同大写字母表示差异显著（$P<0.05$）；同列不同小写字母表示差异显著（$P<0.05$）。

（五）耕层土壤交换性钙、镁和 pH 的相关性

不论裸地还是覆膜，土壤表层交换性钙与 pH、交换性镁与 pH 之间都符合 $Y=AX+B$ 的线性关系，且都呈现出显著正相关关系（$P<0.05$，图 3-5）。由此说明 pH 的降低可能是导致交换性钙、镁含量减少的一个原因。土壤中 H^+ 的代换能力大于 Ca^{2+}，因此土壤胶体上的钙易被 H^+ 代换下来进入土壤溶液中，随着土壤 pH 的降低，土壤溶液中部分 Ca^{2+} 会随水分流失，导致土壤中交换性钙含量下降（张大庚等，2011）。覆膜条件下交换性钙、镁随 pH 变化的幅度小于裸地（对应 A 值较小），说明覆膜对交换性钙、镁含量的变化有缓冲作用。

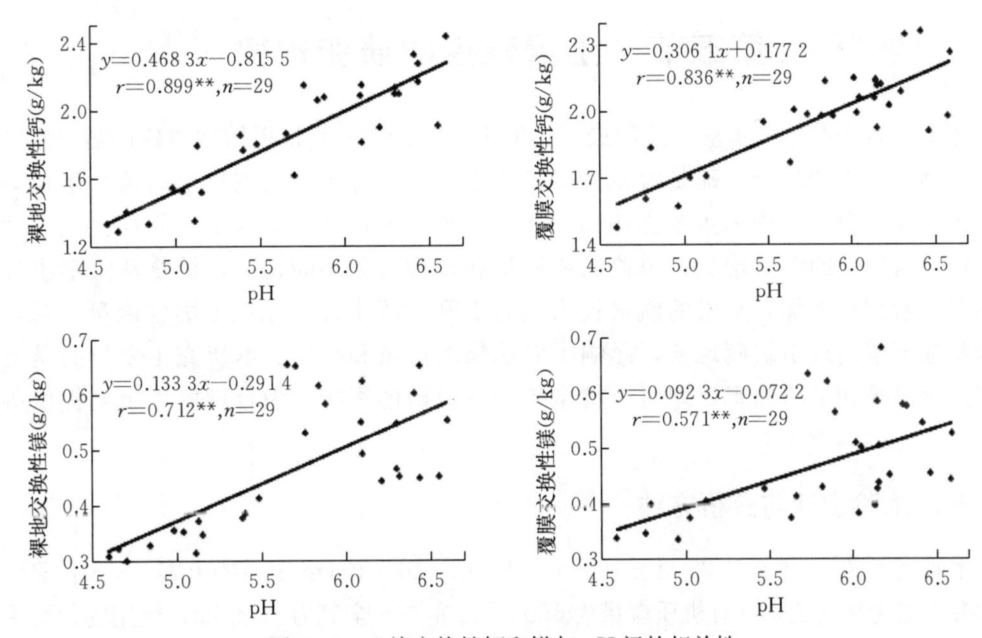

图 3-5　土壤交换性钙和镁与 pH 间的相关性

三、小结

（1）沈阳农业大学棕壤长期定位试验地 0～40 cm 土壤交换性钙含量在 1.34～2.52 g/kg

之间，交换性镁含量在0.30～0.66 g/kg之间，目前都比较丰富，作物基本不会出现缺钙缺镁症状。

(2) 从土壤的层次上看，单施化肥的裸地土壤交换性钙、镁表现出底层含量大于表层，这体现了交换性钙、镁在土壤剖面中的淋溶特点；单施化肥的覆膜土壤虽然没有改变交换性钙、镁在土体剖面上的分布特点，但却改变了不同层次的含量，具体表现为表层含量增加，底层含量降低。施有机肥的土壤，无论覆膜还是裸地，交换性镁均表现出表层含量大于底层，说明有机肥可以显著地提高土壤交换性镁的含量，特别是表层。而此种规律对于交换性钙来说不是很明显。

(3) 对0～20 cm裸地土壤来说，经过24年不同施肥处理，施用有机肥土壤的交换性钙、镁含量呈现出增长趋势，施用化肥土壤的交换性钙镁含量呈现出递减趋势，无肥(CK)土壤交换性钙镁含量几乎没变。其中施中量有机肥(M2)、高量有机肥(M4)和高量有机肥与氮磷配施(M4N2P1)的土壤交换性钙分别提高27.23%、18.85%和8.90%，交换性镁分别提高24.44%、44.44%和22.22%；施中量氮肥(N2)、高量氮肥(N4)和高量氮磷配施(N4P2)的土壤交换性钙分别降低2.62%、26.18%和29.84%，交换性镁分别降低15.56%、33.33%和26.67%。覆膜与裸地对比可以发现，覆膜可以提高土壤表层交换性钙镁的含量。

(4) 表层土壤(0～20 cm)交换性钙和镁含量与土壤pH之间存在极显著的正相关关系，覆膜对交换性钙、镁含量的变化有缓冲作用。

第五节　土壤硫素的演变规律

硫是世界上储量最丰富、使用最广泛的天然元素之一。根据植物对硫的需求水平和硫在植物生理上的功能，硫是继氮、磷、钾之后排在第四位的被肯定的植物生长必需元素，它在农业生产中的重要作用仅次于氮、磷、钾，且日益为全世界所接受。随着人口增长对粮食的需求增加，单位面积产量和复种指数不断提高，植物从土壤中带走硫营养元素相继增加，土壤的硫素投入没有受到广泛重视，导致土壤含硫量下降，许多作物和土壤出现了缺硫现象，影响了农作物的产量和品质。本研究主要目的是阐明长期连续覆膜和不同施肥处理对土壤全硫和有效硫的影响，为合理施用硫肥提供科学依据。

一、试验设计与分析方法

本研究于2005年9月25日分别采0～20 cm、20～40 cm土层的土壤，3次重复。施用的有机肥为猪厩肥，其有机质含量为150 g/kg左右，全氮为10 g/kg；施用的化肥为尿素(含N 46%)。

土壤样品中的全硫采用Butter(1959)建议的Mg $(NO_3)_2$ 氧化土壤，将残渣在300 ℃高温炉中过夜，再用硝酸消煮2.5 h，后用 $BaSO_4$ 比浊法。有效硫采用磷酸盐-乙酸浸提-硫酸钡比浊法。

二、结果与分析

（一）长期地膜覆盖和施肥条件下对棕壤全硫的影响

供试土壤全硫平均含量为 188.8 mg/kg，变幅为 160～222 mg/kg。由表 3 - 18 得出土壤不论覆膜与否，土壤全硫含量随土层加深而逐渐降低。比较这三种施肥处理，M2N2 全硫含量最高，其次是 M2，然后是 N2。主要原因在于：土壤有机质是有机硫的来源，而有机硫又是土壤全硫的主体，有机肥施入土壤后可增加土壤有机质含量，从而提高全硫含量。

表 3 - 18　长期地膜覆盖和施肥条件土壤全硫含量（mg/kg）

处理	0～20 cm		20～40 cm	
	裸地	覆膜	裸地	覆膜
CK	192.55±2.85c	186.68±17.16b	174.26±0.62a	178.40±2.24b
M2	225.03±1.01b	227.58±7.27a	188.26±1.54a	174.42±1.16c
N2	196.48±3.25c	206.88±3.91a	178.81±16.91a	178.12±1.66b
M2N2	242.51±3.49a	230.86±5.81a	187.89±1.01a	210.83±1.01a

注：同一列中含有不相同字母表示差异显著（$P<0.05$）。

（二）长期地膜覆盖和施肥条件下对棕壤有效硫的影响

土壤有效硫是作物硫素营养的主要来源。从表 3 - 19 可以看出，不论表层还是亚表层其有效硫含量均明显高于南方七省区土壤的平均值 18 mg/kg，说明土壤有效硫含量比较充足。三种施肥处理在土壤有效硫含量较对照均有所增加。裸地土壤除了 N2 处理在亚表层比覆膜有所增加外，其余三种施肥处理土壤有效硫含量均降低，原因可能是单施 N 肥作物产量较低，木桶效应导致作物对硫素的吸收利用也相对较少，造成了硫素的累积，另外有可能长期单施氮肥，土壤酸化，促进了全硫向有效硫的转化。长期覆膜土壤有效硫含量随土层的加深而逐渐降低。M2N2 处理覆膜有效硫含量比裸地有效硫含量高，比较这四种处理，N2 有效硫含量最高，其次是 M2N2，然后是 M2，最后是 CK。

表 3 - 19　长期地膜覆盖和施肥条件土壤有效硫含量（mg/kg）

处理	0～20 cm		20～40 cm	
	裸地	覆膜	裸地	覆膜
CK	38.36±6.72b	37.10±3.81ab	21.18±2.23b	23.30±7.24b
M2	39.21±8.89b	38.65±4.68b	33.24±3.66b	29.56±3.00b
N2	53.50±1.12a	51.22±8.81a	52.03±19.64a	35.02±3.64ab
M2N2	38.45±3.70b	45.38±10.88ab	32.67±4.22b	46.11±10.15a

注：同一列中含有不相同字母表示差异显著（$P<0.05$）。

（三）不同年份土壤全硫含量的变化

本试验对 1987 年、1997 年和 2005 年三个不同年限的土壤表层全硫含量做了测定，结果如图 3－6 所示。不同年限裸地土壤全硫状况，1997 年四个不同处理土壤全硫含量比 1987 年均有不同程度的下降；2005 年 CK、M2、N2 处理土壤全硫含量继续下降，而 M2N2 处理土壤全硫含量有所增加。说明裸地土壤全硫的含量是随着时间的推移而逐渐减少的，但不同施肥处理间是有差异的，M2 和 M2N2 使全硫含量有所增加，说明有机肥含量对全硫含量有直接影响。不同年限覆膜土壤全硫含量状况，1987 年土壤全硫含量为194 mg/kg，10 年后除了 CK 处理全硫含量有所下降，其余三种处理均有所升高，说明覆膜对土壤中全硫的累积有重要作用。2005 年四种处理全硫含量下降，造成这种现象的原因可能是在沈阳农业大学长期定位试验实验站进行，地处沈阳市东陵区，附近工厂较少，工业排放的 SO_2 量也就几乎没有，加之无硫肥料的施用，使投入土壤的硫素减少。

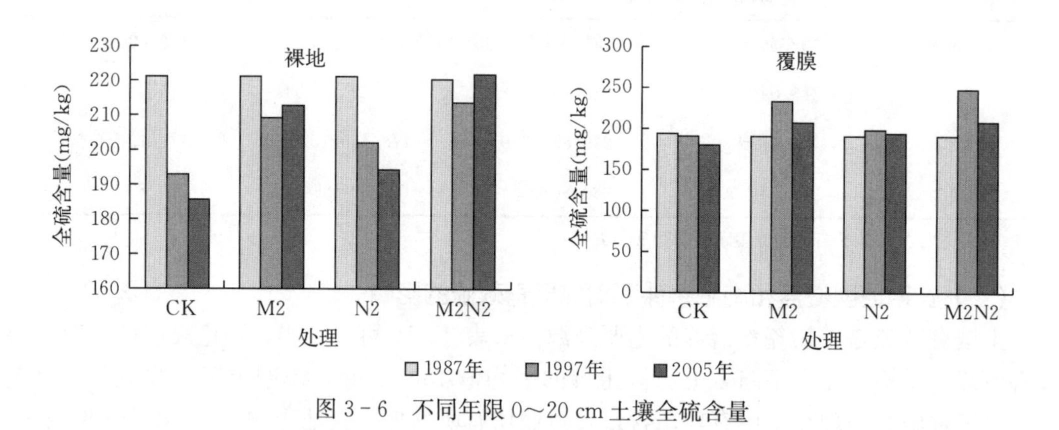

图 3－6 不同年限 0～20 cm 土壤全硫含量

（四）不同年份土壤有效硫含量的变化

从图 3－7 可以看出，裸地土壤有效硫含量随时间变化总的趋势是下降，但 N2 和 M2N2 处理在 1997—2005 年之间有升高的趋势。1997 年土壤有效硫含量比 1987 年均有不同程度的下降；2005 年土壤有效硫含量有所增加，尤其 N2 和 M2N2 处理有效硫含量增加明显，这可能是由于施氮肥土壤表层有机硫矿化产生的无机硫部分未被作物吸收而被

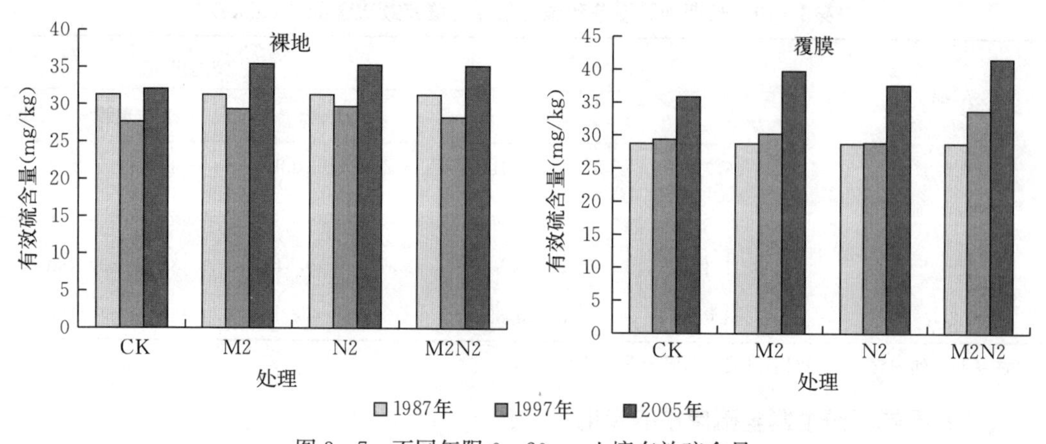

图 3－7 不同年限 0～20 cm 土壤有效硫含量

淋溶的缘故。不同年限覆膜土壤有效硫含量状况，四种不同处理 CK、M2、N2、M2N2 土壤中 1987 年有效硫含量为 28.74 mg/kg，1997 年后四种处理均有所升高；2005 年后土壤有效硫含量继续升高，四种处理分别为 35.84 mg/kg、39.74 mg/kg、47.59 mg/kg、41.54 mg/kg，说明覆膜对土壤中有效硫的累积有重要作用。

三、小结

（1）棕壤土壤全硫平均含量为 188.8 mg/kg，比我国南方十省区的平均值（299.2 mg/kg）低 36.9%，属于土壤全硫含量很低。土壤全硫含量的垂直分布随土层加深而逐渐降低。长期不同施肥处理对土壤全硫含量影响较大，表现为 M2N2＞M2＞N2。有效硫含量明显高于南方七省区土壤的平均值（18 mg/kg），说明土壤有效硫含量比较充足。有效硫含量变化同样受不同施肥处理影响较大，表现为 N2＞M2N2＞M2。

（2）1997 年裸地土壤全硫含量是四种不同施肥处理 CK、M2、N2、M2N2 比 1987 年均有不同程度的下降；2005 年，CK 和 N2 处理的土壤全硫含量继续下降，M2 和 M2N2 处理的土壤全硫含量有所增加。覆膜土壤除了 CK 处理全硫含量有所下降，其余三种处理均有所升高。裸地土壤有效硫含量随时间总体呈下降趋势，但 N2 和 M2N2 处理在 1997—2005 年之间有升高的趋势。覆膜土壤有效硫含量总体是随着时间变化呈上升趋势，说明覆膜对土壤中全硫和有效硫的累积有重要作用。

第六节　离子平衡规律的研究

地膜覆盖可使经济作物和蔬菜的经济效益成倍增加，大田作物也可增产 30%～50%，在冷凉地区增产效果更加显著。地膜覆盖的增产机制在于改善了土壤的水热状况和生态条件，并且有提早作物生育期、抗旱保墒、提高肥料利用率和增强光合效率等作用。覆膜与裸地相比，土壤水分运动规律发生明显的变化。因此直接影响土体中各种离子的迁移和平衡，也必然对肥料的利用和作物生长产生影响。

一、分析方法

土壤水溶性离子总量测定采用电导法（水∶土＝2.5∶1），氯离子用电位法测定，其他离子测定均采用常规方法。

二、结果与分析

（一）覆膜对离子总体平衡的影响

土壤水溶性离子总量用浸提液的电导率（dS/m）来表示。从电导率结果可以发现（表 3-20），覆膜各处理表层（0～20 cm）离子总量均高于裸地，增长率为正值，而下层（20～40 cm）恰好相反，增长率均为负值。覆膜年限不同对离子平衡的影响也不同，覆膜 4 a 的各处理无论是表层的正增长率还是下层的负增长率均大于 1 a 的，说明随着覆膜年限增长对离子迁移的影响加大。不同的施肥处理离子的平衡状况有所不同，总的规律是施肥的各处理表层离子增长率以及下层负增长率均高于对照处理（CK）。

表 3-20　覆膜各处理土壤离子总量及增长率

覆膜年限	土层	项目	CK	M2	M1N1	N2	平均值
1 a	0～20 cm	总量（dS/m）	0.10	0.13	0.17	0.24	
		增长率（%）	31.0	25.3	16.8	28.4	25.4
	20～40 cm	总量（dS/m）	0.13	0.11	0.12	0.12	
		增长率（%）	−0.64	−19.3	−6.3	−16.8	−12.2
4 a	0～20 cm	总量（dS/m）	0.13	0.22	0.16	0.26	
		增长率（%）	20.7	49.4	52.2	43.4	41.4
	20～40 cm	总量（dS/m）	0.12	0.13	0.13	0.16	
		增长率（%）	−4.15	−10.8	−33.3	−40.6	−22.3

Na^+在土体中的平衡和迁移规律与前两种阳离子差异较大。Na^+在0～20 cm土层中也有较强的聚积现象，随着覆膜时间加长聚积率增高，不同的是在20～40 cm土层中Na^+的消长程度不大，平均值不超过3%，说明在表层聚积的Na^+主要来自40 cm以下土层，同时也说明Na^+在土体中的移动性比其他阳离子强，这种特性可能与Na^+的低电价和高水化度有关。

K^+在土体中的平衡规律与其他离子完全不同，尽管覆膜可使离子表聚化。但K^+在表层呈现为负增长。根据电价和水化度推算，K^+的移动性应介于Na^+和Mg^{2+}之间，因此表层K^+的负增长并不意味着覆膜期间K^+没有从下层向上迁移。K^+在表层的负增长主要与作物吸收有关。

以上结果说明覆膜可促使离子从下向上迁移，在表层发生聚积现象。从各处理表层离子的增长率与下层的负增长率的对比可以发现，0～20 cm土层聚积的离子约1/2是来自20～40 cm土层，而另1/2是由40 cm以下土层供给的。说明覆膜土壤离子移动范围较大，深层的离子仍可迁移到耕层。这种离子的迁移和表聚作用有利于作物对养分的吸收，从而提高某些养分的利用率。

覆膜土壤离子的表聚是由于覆膜改变了土壤水分的运动方式，降雨时地表水只能通过膜间下渗，而不是整个土体，因此离子受到淋洗的程度较小；在植物蒸腾阶段，毛管水上升，离子又可随之迁移到上层。

（二）覆膜对主要水溶性阴离子平衡的影响

在棕壤中Cl^-和SO_4^{2-}占阴离子总量的90%以上，因此本研究测定了这两种离子在不同土层中的消长情况，结果见表3-21。可以看出这两种离子在土体中的运动规律与离子总量的平衡规律基本相同，即覆膜可促使阴离子发生表聚现象。但Cl^-和SO_4^{2-}的迁移和平衡规律基本相同，即覆膜可促使阴离子发生表聚现象。但Cl^-和SO_4^{2-}的迁移和平衡规律有一定差异。与SO_4^{2-}相比，Cl^-在土体中的迁移范围较大，在表层聚积的Cl^-较大比例是来自40 cm以下土层，而在表层聚积的SO_4^2主要来自20～40 cm土层，特别是覆膜1 a的处理。不同施肥处理中离子的平衡规律有所不同，在对照区，SO_4^{2-}在表层的增长率及在下层的负增长率均大于Cl^-。施肥之后使情况变得复杂，其原因可能是肥料的品种和用量不同时对阴离子平衡的影响程度不同。值得注意的是，尽管覆膜 1 a 后 SO_4^{2-} 的表聚程度较低（16.6%），但连续覆膜 SO_4^{2-} 表聚率增长较快。

表 3-21　覆膜各处理 Cl^- 和 SO_4^{2-} 增长率（%）

覆膜年限	土层	阴离子	CK	M2	M1N1	N2	平均值
1 a	0～20 cm	Cl^-	14.1	23.5	27.4	37.4	25.6
		SO_4^{2-}	21.5	10.4	16.2	18.3	16.6
	20～40 cm	Cl^-	−9.9	−11.0	−23.8	−5.1	−12.5
		SO_4^{2-}	−15.3	−32.0	−35.5	−7.5	−25.6
4 a	0～20 cm	Cl^-	19.1	14.6	45.0	55.8	33.6
		SO_4^{2-}	52.8	91.2	84.6	40.0	67.2
	20～40 cm	Cl^-	−25.7	−25.3	−16.7	−3.1	−17.7
		SO_4^{2-}	−64.3	−66.2	−42.3	−15.3	−40.0

（三）覆膜对主要阳离子平衡的影响

本研究检测了 Ca^{2+}、Mg^{2+}、K^+、Na^+ 4 种水溶性阳离子，结果见表 3-22。这 4 种阳离子的迁移与平衡规律差异较大。其中 Ca^{2+} 和 Mg^{2+} 的平衡规律与离子总量的平衡规律基本相似，但覆膜使作物吸钾量增加，从而导致表层 K^+ 的负增长。在 20～40 cm 土层中 K^+ 的增长率变化不大，覆膜 1 a 和 4 a 分别为 6.4%和−5.0%，说明 K^+ 在土体中的移动性接近 Na^+，40 cm 以下土层中的 K^+ 仍可迁移到表层。尽管如此，覆膜与裸地相比 K^+ 仍处于亏缺状态，因此为了达到持续增产的目的，在生产上补施钾肥是必要的。

表 3-22　覆膜各处理主要阳离子增长率（%）

覆膜年限	阳离子	土层	CK	M2	M1N1	N2	平均值
1 a	Ca^{2+}	0～20 cm	51.4	61.5	54.9	42.2	52.5
		20～40 cm	−3.3	−14.9	−28.0	−27.6	−18.5
	Mg^{2+}	0～20 cm	30.9	44.4	43.5	53.4	43.1
		20～40 cm	−11.4	−6.8	−34.6	−29.5	−20.6
	K^+	0～20 cm	−13.5	−3.8	−10.0	−19.9	−14.3
		20～40 cm	11.3	4.2	2.7	7.3	6.4
	Na^+	0～20 cm	54.2	31.3	33.2	55.6	43.6
		20～40 cm	4.1	2.4	−2.7	−8.2	−3.0
4 a	Ca^{2+}	0～20 cm	72.6	79.5	58.8	45.0	64.0
		20～40 cm	−22.2	−16.7	−13.2	−21.7	−18.5
	Mg^{2+}	0～20 cm	59.9	62.2	85.0	50.0	64.3
		20～40 cm	−30.7	−23.4	−28.7	−42.4	−31.3
	K^+	0～20 cm	−8.3	−15.4	−14.6	−21.8	−15.0
		20～40 cm	−3.5	−9.1	−2.1	−5.3	−5.0
	Na^+	0～20 cm	45.1	58.2	74.4	76.0	63.4
		20～40 cm	−7.1	−3.2	5.0	14.7	2.4

三、小结

覆膜可促使土壤水溶性离子表聚化，离子的表聚化有利于作物对养分离子的吸收。在棕壤地区连续 4 a 覆膜后，在表层聚积盐分离子的量远没有达到盐害的标准。虽然覆膜使大多数离子发生表聚，但表层 K^+ 却表现为负增长，其原因是与覆膜区作物吸钾增多有关，在生产上补施钾肥是必要的。

第七节　结　论

地膜覆盖后除 CK 处理全氮和碱解氮含量降低外，其余施肥处理含量均明显增加。覆膜土壤 NH_4^+ - N，NO_3^- - N 含量较裸地高。施肥以后由于有机肥的矿化或尿素的硝化作用，使各个层次的 NO_3^- - N 含量增加更为明显。长期地膜覆盖使土壤有机氮各组分发生较大变化，其中氨基酸态氮下降显著。施用有机肥和化肥提高了土壤有机氮含量。有机肥能明显提高土壤微生物氮含量，而单施氮肥使土壤微生物氮降低。

覆膜提高了地上部分累积磷的总量，促进了作物对磷的摄取，有利于作物高产。覆膜增加了土壤磷素的移出量，降低了土壤无机磷、有机磷、Olsen - P、Al - P 和中等活性有机磷的含量及吸附磷的能力；而 Fe - P 和 Ca - P 含量和解吸 P 能力有所提高。增施有机肥能显著提高土壤有机和无机磷含量，Olsen - P 含量以及磷的解吸能力。因此，增施有机肥是恢复和提高覆膜土壤地力的较好措施。

覆膜后土壤全钾含量低于裸地，缓效钾不显著，不施肥与有机无机肥料配施增加土壤速效钾含量，但是单施氮肥或有机肥的作用相反。覆膜施肥增加了土壤全硫和有效硫含量，增加了土壤交换性钙镁的含量。

由上可以看出地膜覆盖条件下配合施用有机肥是培肥覆膜土壤氮素、磷素和中量元素肥力的有效措施，而补充和提高钾素肥力的有效措施还需要进一步探索。

主要参考文献

陈丽芳，王莹，汪景宽，2006. 长期地膜覆盖与施肥对土壤磷素和玉米吸磷量的影响．土壤通报，37（1）：76 - 79.

陈子明，1996. 氮素产量环境．北京：中国农业科学技术出版社．

韩晓日，1992. 长期施肥对土壤微生物体氮量及其动态变化的研究．//辽宁省首届青年学术年会论文集．沈阳：东北工学院出版社．

侯晓杰，杨苑，汪景宽，2005. 长期地膜覆盖与施肥对土壤钾素的影响．辽宁农业科学（5）：9 - 11.

姜勇，张玉革，梁文举，等，2003. 沈阳市郊耕地不同土属交换态钙镁铁锰铜锌含量状况的分析．农业系统科学与综合研究，19（3）：207 - 210.

刘顺国，汪景宽，2006. 长期地膜覆盖对棕壤剖面中 NH_4^+ - N 和 NO_3^- - N 动态变化的影响．土壤通报，37（3）：443 - 446.

史文娇，汪景宽，祝凤春，等，2007. 施肥与覆膜对棕壤 Olsen - P 剖面分布及动态变化的影响．植物营养与肥料学报，13（2）：248 - 253.

汪景宽，1990. 地膜覆盖对土壤有机质转化的影响．土壤通报，21（4）：189 - 193.

汪景宽，刘顺国，李双异，2006. 长期地膜覆盖及不同施肥处理对棕壤无机氮和氮素矿化率的影响．水土保持学报，20（6）：107－110.

汪景宽，田晓婷，李双异，等，2008. 长期地膜覆盖及不同施肥处理对棕壤中全硫和有效硫的影响．土壤通报，39（4）：804－807.

汪景宽，须湘成，张继宏，等，1994. 长期地膜覆盖对土壤磷素状况的影响．沈阳农业大学学报，25（3）：311－315.

汪景宽，张继宏，须湘成，等，1992. 地膜覆盖对土壤肥力影响的研究．沈阳农业大学学报，23：32－37.

汪景宽，张继宏，须湘成，等，1996. 长期地膜覆盖对土壤氮素状况的影响．植物营养与肥料学报，2（2）：125－130.

王亮，李双异，汪景宽，等，2013. 长期施肥与地膜覆盖对棕壤交换性钙、镁的影响．植物营养与肥料学报，19（5）：1200－1206.

王亮，汪景宽，李双异，2012. 长期施肥与地膜覆盖对棕壤中镁含量的影响．//面向未来的土壤科学——中国土壤学会全国会员代表大会暨海峡两岸土壤肥料学术交流研讨会．

王莹，汪景宽，李双异，等，2007. 长期地膜覆盖与施肥条件下土壤中磷素的变化．安徽农业科学，35（17）：5211－5212，5245.

薛菁芳，汪景宽，李双异，等，2006. 长期地膜覆盖和施肥条件下玉米生物产量及其构成的变化研究．玉米科学，4（5）：66－70.

张继宏，汪景宽，1990. 覆膜栽培条件下有机肥对土壤氮和玉米生物量的影响．土壤通报，21（4）：162－166.

朱兆良，1979. 土壤中氮素的转化和移动的研究近况．土壤学进展（2）：1－6.

第四章　长期地膜覆盖土壤有机质的演变规律

土壤有机质是土壤固相部分的重要组成成分，是土壤肥力的基础和核心。它能促使土壤形成良好结构，改善土壤物理、化学及生物学过程的条件，提高土壤的吸收性能和缓冲性能，并通过所提供的碳和氮源控制微生物活性，从而在土壤肥力中发挥着重要的作用。良好的土壤物理、化学和生物学性质以及土壤的生产力都与土壤有机质的含量和特性密切相关。土壤有机质库的形态和特性不仅与土壤碳氮的转化和循环过程密切相关，同时也和其他养分的转化循环以及水分的循环密不可分。

土壤有机质通过不断的分解和转化来满足作物生长发育所需养分，但农田土壤系统在长期的种植过程中，投入、产出的不同必然导致土壤有机质的消长，加之地膜的长期覆盖也会改变有机质的消长，土壤肥力也会相应地有着独特的变化规律。因此，研究掌握长期地膜覆盖条件下有机质演变规律对培肥土壤、提高耕地质量、保障粮食安全以及农田土壤碳的固定等具有非常重要的意义和必要性。

第一节　土壤总有机碳的演变规律

土壤有机碳是衡量土壤肥力的指标之一，对土壤的物理、化学和生物学特性影响较大。农田土壤有机碳储量和特性的变化不仅影响土壤系统质量和功能的变化，而且是大气碳循环的重要因素之一。为保证农业土壤生态系统的可持续发展和土壤肥力质量的提高，需要不断维持和提高土壤有机碳的数量和质量。

一、分析方法

土壤有机碳采用元素分析仪测定（Elementar Vario EL Ⅲ，德国）。

二、结果与分析

在长期裸地（不覆膜）栽培条件下 M4N2P1 处理有机碳含量最高；CK 处理有机碳含量最低（图 4-1）。虽然 M4 处理与 M4N2P1 处理施用有机肥量相同，但后者有机碳含量较高，这表明：有机无机肥配施促进了植物生长，使得根系残留以及地表形成的光合产物的有机碳量均高于 M4 处理，促使 M4N2P1 处理土壤中有机碳含量较高。个别年份 N4 处理因为水分差异限制了植物生长，使得以根系残留和光合作用形式直接输送到地表的有机碳量减少，以至于土壤有机碳含量低于对照处理。地膜覆盖之后，各处理有机碳的含量均低于相应的裸地栽培条件，这说明地膜覆盖条件导致土壤有机碳消耗。覆膜提高了地温和土壤水分含量，增强了土壤微生物活性，加速了土壤中大分子难分解有机物向小分子易吸收的有机碳的转化，进而降低了有机物料的残留率。

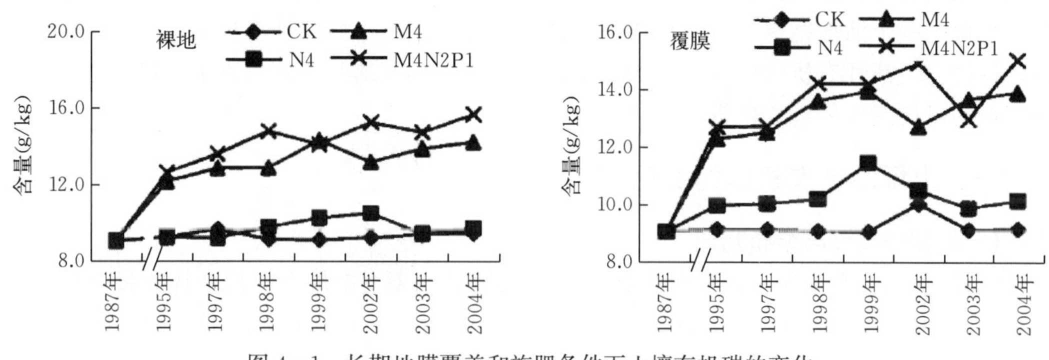

图 4-1　长期地膜覆盖和施肥条件下土壤有机碳的变化

对覆膜与裸地条件下有机碳含量进行配对 t 检验，结果发现：除 CK 处理外，各处理相伴概率 P 值均大于 0.05。覆膜和裸地栽培条件下，不同施肥处理有机碳含量差异不显著。这说明长期地膜覆盖并不是影响不同施肥处理土壤有机碳变化的主要因素。经过长期的定位试验之后，虽然地膜覆盖使土壤有机碳含量有所消耗，但同时由于化肥与有机肥料的施入，可促进植株根冠发育，变相对土壤有机碳进行补充，补充大于等于消耗，因此使相同施肥处理，裸地与覆膜土壤有机碳含量变化不显著。而对于 CK 处理而言，缺乏肥料的有效补充作用，消耗日积月累，覆膜与裸地之间土壤有机碳差异显著。

无论覆膜与否，对于 CK 处理，由于长期实行只取不予的掠夺式经营，土壤有机碳的含量会随种植年限的增加而呈下降的趋势，但残留在土壤中的作物根茬等植物残体经微生物分解之后也变成土壤有机质的一部分，抵消了因矿化消耗的土壤有机质，因此经过一段时间后渐渐趋于平衡。

长期单施氮肥土壤有机碳总体表现为缓慢增加的趋势，化学肥料一方面提高土壤有机碳的原因是化肥使作物生长繁茂，根茬、秸秆等残留量增多，根系、残茬、根系分泌物等归还土壤，使土壤有机碳含量增加；另一方面，化学肥料供给了植株生长所需的一部分养分，相对有机物料分解的营养元素的摄取会有所减少，对有机物料的分解转化平衡也会有所贡献。

无论覆膜与否，有机肥的施用使土壤有机质含量迅速增加，随着时间的推移，有机碳增加变缓，但是仍高于 N4 处理。有机肥施入促进了植株生物量的增加是导致 M4 处理与 M4N2P1 处理土壤有机碳增加的主要原因。

三、小结

覆膜与裸地比较，地膜覆盖条件虽然会导致土壤有机碳轻微消耗，使土壤中有机碳的积累量降低，但除 CK 处理外，其余对应处理间差异均不显著。与不施肥处理相比，无论施有机肥还是化肥均能增加土壤中有机碳的含量，但施用有机肥处理有机碳的含量增加的幅度较大。因此，施肥尤其施有机肥是提高长期地膜覆盖条件下土壤有机碳的有效措施。

第二节　土壤活性有机碳库的演变规律

活性有机碳库是土壤中易分解、易被矿化的有机碳库。虽然活性有机碳库占土壤有机碳库的比例较小，但它周转较快，对管理措施和外界条件的变化反应敏感，是土壤肥力和质量变化的一个活性指标。分析棕壤长期地膜覆盖条件下土壤活性有机碳库组分的变化规律，探讨土壤活性有机碳库在土壤肥力中的地位，为长期地膜覆盖条件下土壤肥力的培育和农业的可持续发展理论依据。

一、土壤活性有机碳的变化

（一）试验设计与分析方法

采样时间为2003年玉米整个生长季，包括播种前期（4月19日）、拔节期（6月13日）、乳熟期（8月15日）、完熟期（9月30日）、收获后期（10月20日）。分0～20 cm、20～40 cm、40～60 cm、60～80 cm、80～100 cm 5个层次采集，3次重复。

土壤活性有机碳测定采用Logninow提出的$KMnO_4$氧化法。土壤有机碳的测定采用元素分析仪（Elementar Vario EL Ⅲ，德国）测定。

（二）结果与分析

从表4-1可以看出，无论是否覆膜，土壤活性有机碳含量在剖面的分布随深度增加而下降，表层（0～20 cm）最高，深层（80～100 cm）含量最低。这是由于农田土壤，作物地上部分虽然在收获时被移出，但仍有根茬残留，经翻地进入土壤表层；或者有机无机肥的施入等都人为增加了表层土壤活性有机碳含量，而对深层土壤活性有机碳含量影响不大。随土壤深度的增加，微生物活动会受到限制，也是活性有机碳含量随深度增加而下降的原因。同时也与降解系数不同的土壤有机碳在土壤剖面的分布规律不同有关。

表4-1　不同生育期活性有机碳在土壤剖面的动态变化（g/kg）

处理		深度（cm）	采样时期				
			播种前期	拔节期	乳熟期	完熟期	收获后期
CK	裸地	0～20	1.62±0.07	1.65±0.22	1.70±0.26	1.72±0.06	1.63±0.10
		20～40	1.07±0.11	1.26±0.10	1.08±0.12	0.89±0.13	0.89±0.06
		40～60	0.86±0.05	0.86±0.16	0.88±0.11	0.73±0.23	0.75±0.06
		60～80	0.64±0.07	0.66±0.15	0.68±0.04	0.65±0.21	0.66±0.07
		80～100	0.43±0.08	0.53±0.14	0.52±0.10	0.56±0.12	0.46±0.10
	覆膜	0～20	1.63±0.06	1.68±0.07	1.75±0.09	1.75±0.12	1.64±0.07
		20～40	1.10±0.13	1.07±0.06	1.00±0.27	1.00±0.14	1.14±0.08
		40～60	0.91±0.05	0.80±0.04	0.67±0.21	0.70±0.06	0.70±0.23
		60～80	0.69±0.17	0.66±0.10	0.55±0.24	0.65±0.11	0.60±0.11
		80～100	0.42±0.11	0.39±0.14	0.47±0.15	0.56±0.12	0.45±0.02
N4	裸地	0～20	1.59±0.09	1.63±0.19	1.67±0.12	1.67±0.11	1.60±0.16
		20～40	1.08±0.18	1.03±0.27	1.03±0.28	0.98±0.41	0.90±0.10
		40～60	0.87±0.24	0.89±0.15	0.86±0.10	0.93±0.20	0.72±0.06
		60～80	0.71±0.18	0.73±0.20	0.66±0.15	0.73±0.13	0.70±0.09
		80～100	0.51±0.27	0.51±0.17	0.47±0.19	0.53±0.09	0.60±0.04

（续）

处理		深度（cm）	采样时期				
			播种前期	拔节期	乳熟期	完熟期	收获后期
N4	覆膜	0～20	1.62±0.50	1.65±0.15	1.71±0.36	1.73±0.44	1.65±0.15
		20～40	1.09±0.11	1.06±0.14	1.01±0.20	0.92±0.41	1.00±0.15
		40～60	0.85±0.15	0.84±0.03	0.87±0.07	0.75±0.19	0.70±0.03
		60～80	0.73±0.10	0.82±0.09	0.81±0.06	0.68±0.11	0.64±0.06
		80～100	0.59±0.21	0.60±0.22	0.55±0.17	0.59±0.05	0.59±0.02
M4	裸地	0～20	1.82±0.20	1.96±0.13	2.04±0.14	2.06±0.41	1.90±0.09
		20～40	1.31±0.03	1.30±0.15	1.55±0.11	1.71±0.31	1.48±0.05
		40～60	0.91±0.06	1.02±0.13	1.20±0.10	1.21±0.12	1.13±0.06
		60～80	0.86±0.12	0.96±0.16	1.02±0.06	1.05±0.08	0.84±0.04
		80～100	0.86±0.02	0.96±0.06	0.93±0.26	0.96±0.07	0.78±0.06
	覆膜	0～20	1.82±0.10	1.96±0.18	2.06±0.13	2.08±0.15	1.93±0.19
		20～40	1.42±0.15	1.16±0.17	1.07±0.16	1.03±0.12	1.22±0.15
		40～60	1.13±0.07	0.91±0.10	0.84±0.09	0.75±0.13	1.08±0.18
		60～80	0.69±0.16	0.58±0.02	0.67±0.19	0.67±0.12	0.72±0.14
		80～100	0.66±0.06	0.59±0.06	0.41±0.14	0.53±0.21	0.53±0.03
M2N2P1	裸地	0～20	1.80±0.11	1.88±0.11	1.98±0.14	2.01±0.16	1.86±0.14
		20～40	1.35±0.10	1.39±0.15	1.24±0.22	1.18±0.14	1.16±0.15
		40～60	0.98±0.09	0.97±0.15	0.95±0.10	0.83±0.27	0.85±0.10
		60～80	0.80±0.09	0.88±0.18	0.79±0.17	0.70±0.16	0.95±0.10
		80～100	0.61±0.07	0.63±0.06	0.72±0.13	0.61±0.17	0.71±0.03
	覆膜	0～20	1.83±0.19	1.91±0.25	2.03±0.12	2.04±0.11	1.90±0.18
		20～40	1.13±0.06	1.40±0.07	1.58±0.11	1.56±0.12	1.60±0.05
		40～60	0.75±0.06	0.98±0.12	1.23±0.23	1.23±0.17	1.28±0.06
		60～80	0.69±0.02	0.76±0.14	0.85±0.13	1.04±0.11	1.07±0.10
		80～100	0.62±0.19	0.63±0.11	0.71±0.07	0.80±0.21	0.61±0.13

表层土壤活性有机碳含量随季节的变化表现为拔节期、乳熟期、完熟期土壤活性有机碳含量基本较高，而播种前期和收获后期含量较低。深层土壤（20～100 cm）活性有机碳含量随季节的变化趋于平稳。在作物生长的拔节期和乳熟期，土壤的温度和湿度增加，导致土壤微生物活性增加，增加了活性有机碳库的数量。而且随着作物的生长，根系分泌物增加，进而影响活性有机碳的变化。在作物完熟期残留根系在土壤中的分解也是影响表层土壤活性有机碳变化的原因之一。深层土壤活性有机碳含量比较低，土壤微生物的数量很少，受季节变化影响较小。

对玉米生育期内不同施肥处理下覆膜与裸地表层土壤活性有机碳含量进行配对 t 检验，结果表明 CK、N4 处理覆膜能显著提高土壤活性有机碳含量，而 M4、M2N2P1 处理提高不显著（表 4-1）。这说明地膜覆盖后，对应处理土壤活性有机碳含量与裸地相比，没有太大变化，这是由于地膜覆盖使土壤中活性有机碳含量消耗，但同时由于化肥与有机肥料的施入，对土壤中活性有机碳进行补充，因此使土壤中活性有机碳含量变化不显著。而对于 CK 处理而言，缺乏肥料的有效补充，因此覆膜与裸地之间差异显著。而 N4 处理的土壤在裸地与覆膜的条件下活性有机碳的含量变化也呈现差异显著，主要是因为氮肥施用量的增加，导致了土壤中活性有机碳含量的减少。

（三）小结

（1）土壤活性有机碳的剖面分布有随着土壤深度的增加而下降的趋势。覆膜使表层土壤（0～20 cm）活性有机碳含量显著增加，而对深层土壤（20～100 cm）活性有机碳含量影响不显著。

（2）无论覆膜与否，不同施肥处理下土壤活性有机碳含量变化趋势为：M4＞M4N2P1＞CK＞N4；M4 和 M4N2P1 处理均能显著提高表层土壤（0～20 cm）活性有机碳含量，而 N4 处理则对土壤活性有机碳含量影响没有 M4、M4N2P1 处理显著；深层土壤（20～80 cm）活性有机碳含量与表层含量变化趋势基本一致。

（3）无论覆膜与否，不同施肥处理表层土壤（0～20 cm）活性有机碳含量在玉米拔节期、乳熟期、完熟期均较高，而在播种前期和收获后期含量较低；而深层土壤（20～100 cm）活性有机碳含量受季节变化影响较小。

二、土壤水溶性有机碳的变化

本研究的水溶性有机碳（Dissolved organic carbon，DOC）是指能通过 0.45 μm 微孔滤膜的水提取的可溶性有机碳。这部分水溶性有机质虽然只占土壤有机质的很少部分，但它却是土壤微生物可直接利用的有机碳源，并且它还影响土壤中有机和无机物质的转化、迁移和降解。

（一）试验设计与分析方法

采样时间为 2006 年 7 月 25 日，采样深度为 0～20 cm。

土壤水溶性有机碳利用蒸馏水进行浸提，浸提液中有机碳的含量采用 High-TOC 仪（Elementar，德国）测定。

（二）结果与分析

对不同施肥处理下覆膜与裸地中土壤水溶性有机碳含量进行配对 t 检验（表 4-2），同一施肥处理覆膜与裸地相比水溶性有机碳含量均有所增加。对于 CK 和 N2 处理，裸地与覆膜对应处理间土壤水溶性有机碳含量影响显著，而施有机肥处理（M2 和 M1N1P1）裸地与覆膜间水溶性有机质含量差异不显著（表 4-2）。地膜覆盖增加了地面温度和湿度，有利于地下根系的发育，从而增加了根系分泌物，导致输入到土壤的水溶性有机碳含量增加。春播时期，地温和水分条件是微生物活性的主要限制因子，覆膜可有效打破该限制因子，使其温度条件与水分条件更有利于土壤微生物活动，微生物会有助于有机物质的分解，可释放一定的水溶性有机碳。裸地条件下一方面春播期地温升高没有覆膜处理快，另外还可能存在水溶性有机碳的向下淋失过程，这也可能是裸地条件下表层水溶性有机碳含量较低的原因。

表 4-2　不同覆膜与施肥方式下土壤水溶性有机碳的变化（mg/kg）

处　理	裸　地	覆　膜
CK	101.65Ab	103.5Bb
N2	89.42Ba	99.7Aa
M1N1P1	106.53Ac	109.6Abc
M2	122.55Bd	126.35Bc

注：同一行相同大写字母表示同一施肥处理覆膜与裸地间水溶性有机碳含量差异不显著（$n=2$，$P>0.05$）；同一列相同小写字母表示同一裸地或覆膜方式下不同施肥处理间水溶性有机碳含量差异不显著（$n=2$，$P>0.05$）。

在覆膜条件下，不同施肥处理间水溶性有机碳含量变化表现为 M2＞M1N1P1＞CK＞N2，且施肥处理间差异显著。对于 M2 与 M1N1P1 处理，一方面，有机肥本身包含并可分解大量的水溶性有机碳；另外一方面有机肥本身含有作物生长所需的各种养分，尤其包括无机肥料所不能提供的微量元素，这些均有利于作物地上部和地下部的生物量的积累，从而增加了地下有机碳的输入。N2 处理促进了作物地上部茎叶的迅速生长，但不利于地下生物量的积累，而且长期施用氮肥，造成土壤其他养分缺乏，影响作物生长，从而导致土壤有机碳输入减少。单施氮肥条件下地下生物量较小可能是水溶性有机碳含量较低的主要原因。

（三）小结

地膜覆盖与裸地相比增加了土壤水溶性有机碳含量。与不施肥处理相比，单施有机肥或有机无机配施增加了土壤水溶性有机碳含量，但单施氮肥却降低了土壤水溶性有机碳的含量。

三、土壤微生物量碳、氮的变化

土壤微生物是土壤中物质转化和养分循环的驱动力，被认为是土壤活性养分的储存库，是植物生长可利用养分的重要来源。同时，土壤微生物对土壤环境变化十分敏感，所以它又可作为评价土壤质量的重要指标之一，成为近年来土壤学关注的热点。

（一）试验设计与分析方法

采样时间为 2004 年玉米不同生育期：苗期（5 月 21 日），拔节期（6 月 28 日），抽雄期（7 月 20 日），乳熟期（8 月 22 日），成熟期（9 月 23 日），收获后期（10 月 20 日）。采样深度为 0～20 cm，每个试验小区取 3 点混合样作为该小区的代表样品。

土壤微生物量碳、氮采用氯仿熏蒸- K_2SO_4 提取方法，提取液中有机碳、氮的含量采用 TOC 仪（multi N/C 3000）仪测定。

（二）结果与分析

覆膜与裸地不同施肥处理土壤微生物量碳含量（MBC）随玉米生育时期的变化波动较大，变化趋势大体一致（表 4-3）。各处理 MBC 含量都在抽雄期达到最大值，在成熟期、乳熟期达到第二次峰值，收获后期 MBC 含量有所降低。抽雄期是玉米营养生长最旺盛的时期，此时玉米根系生物量达到最大，根系分泌物数量也最大。根系分泌物为微生物生长提供充足的养分和能量来源，因此使 MBC 含量达到最大值。成熟期植物根系已经衰老，微生物开始对死亡根系进行分解，释放大量的活性有机碳，促进了微生物的生长，因此 MBC 含量在此时达到第二次峰值。而有的处理例如 CK-M 与 N4-M 处理在灌浆期就达到了第二次峰值，这可能与这些处理植株根系有早衰现象有关。收获后期残留在土壤中的玉米根系中活性有机物质可能被微生物耗尽，导致微生物养分受限，活性再度降低。

表 4-3 不同覆膜与施肥处理土壤微生物量碳含量随生育时期的变化（mg/kg）

	处理	苗期	拔节期	抽雄期	乳熟期	成熟期	收获后期
裸地	CK	66.13±12.09b	51.41±3.02c	121.6±0.23c	73.21±11.41c	79.32±6.16c	49.85±16.31c
	N4	27.05±4.94c	41.15±6.29c	85.80±4.03d	54.68±0.72d	62.25±18.29c	34.28±2.88c
	M4	129.59±6.21a	117.39±3.46a	205.54±1.23a	126.39±7.09a	185.06±9.82a	130.83±6.25a
	M4N2P1	124.26±5.78a	90.02±5.47b	161.07±4.30b	104.42±0.33b	121.79±16.28b	105.63±15.01b
覆膜	CK	72.83±7.23c	91.29±1.75b	123.4±12.29b	95.77±11.07a	87.57±19.24bc	61.06±3.21c
	N4	63.62±0.13c	82.87±13.79b	92.36±7.47c	86.97±30.97a	63.19±15.22c	51.63±19.33c
	M4	106.33±6.08b	94.32±4.59b	148.51±20.56b	105.03±1.60a	109.09±11.08ab	84.97±6.42b
	M4N2P1	139.18±9.66a	121.62±1.33a	185.9±11.57a	111.05±2.39a	122.67±5.82a	118.24±4.96a

注：同一列中含有相同小写字母表示同一覆膜或裸地方式下不同施肥处理间差异不显著（$P>0.05$）。

与裸地相比较，覆膜提高了各施肥处理土壤微生物量碳、氮含量（除 M4 处理外），其中 CK、N4 及 M4N2P1 处理土壤微生物量碳平均升高 20.4%、44.6%和 12.9%，土壤微生物量氮平均升高 22.9%、12.7%和 56.5%；而 M4 处理土壤微生物量碳平均降低 27.5%，微生物量氮降低 31.2%（图 4-2、图 4-3 和表 4-3、表 4-4）。这说明覆膜后

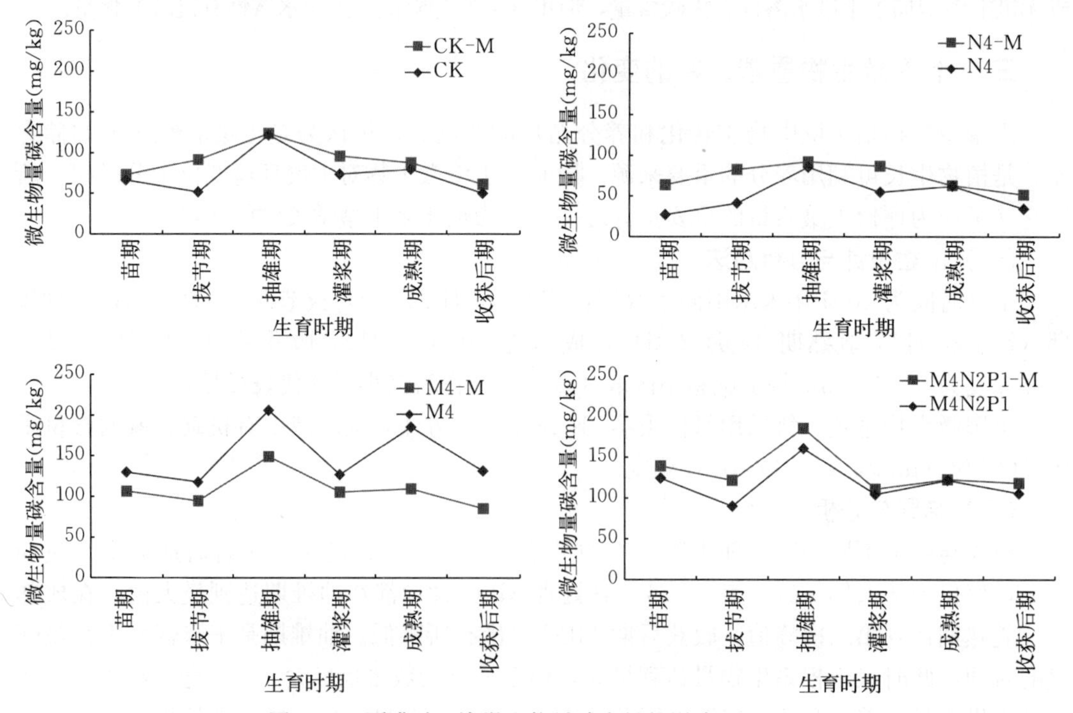

图 4-2 覆膜对土壤微生物量碳含量的影响（mg/kg）

注：CK、N4、M4、M4N2P1 分别代表不施肥、高量氮肥、高量有机肥、高量有机肥氮磷化肥配施处理；-M 代表覆膜处理。

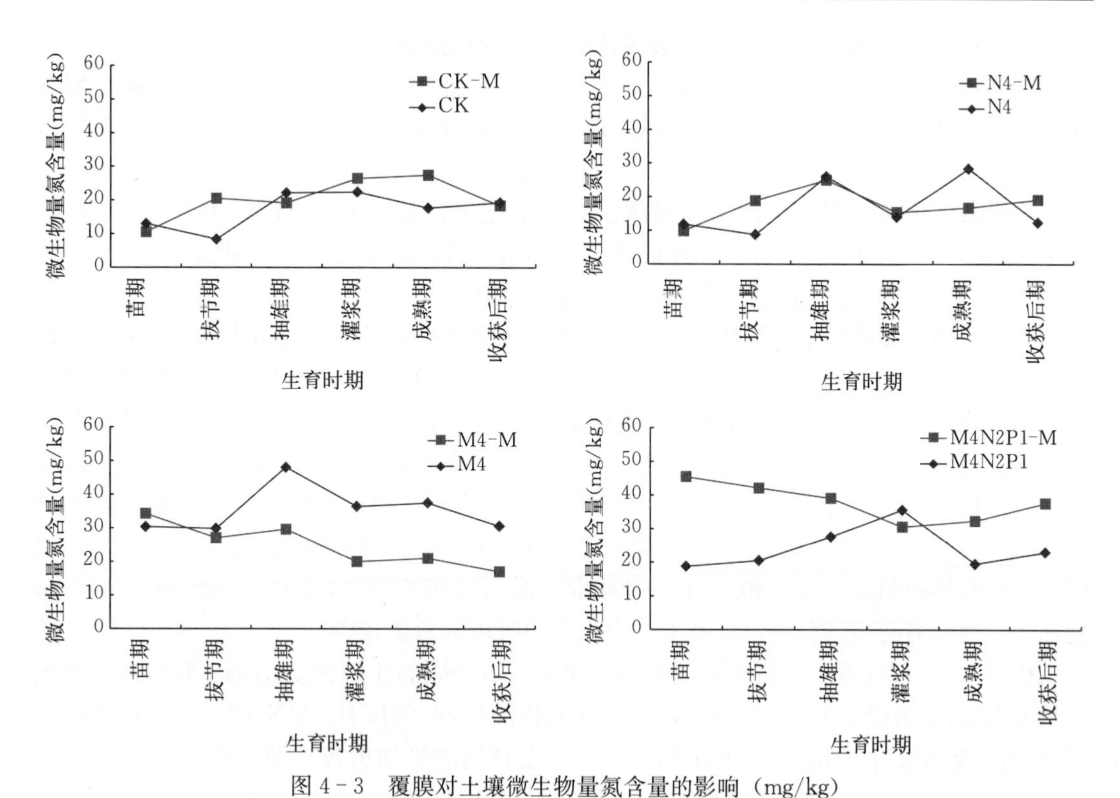

图 4-3　覆膜对土壤微生物量氮含量的影响（mg/kg）

注：CK、N4、M4、M4N2P1 分别代表不施肥、高量氮肥、高量有机肥、高量有机肥氮磷化肥配施处理；-M 代表覆膜处理。

表 4-4　不同覆膜与施肥处理土壤微生物量氮含量随生育时期的变化（mg/kg）

	处理	苗期	拔节期	抽雄期	乳熟期	成熟期	收获后期
裸地	CK	13.01±3.41c	8.37±0.71c	22.13±0.66c	22.38±9.18c	17.65±0.34c	19.23±1.96c
	N4	11.81±1.82	8.74±3.31	25.95±2.27bc	14.00±4.25b	28.36±1.20b	12.41±0.25d
	M4	30.37±0.20a	29.86±0.47a	48.02±1.91a	36.42±6.31a	37.46±1.14a	30.61±0.62a
	M4N2P1	18.78±1.47b	20.52±0.32b	27.62±3.49b	35.66±2.19a	19.55±0.53c	23.02±0.64b
覆膜	CK	14.54±5.08c	20.48±0.83b	19.16±1.09d	26.43±1.45b	27.37±7.32ab	18.34±2.40b
	N4	19.15±7.64c	18.82±0.25b	24.91±1.35c	15.38±1.10d	16.79±1.01c	19.15±0.45b
	M4	34.26±8.00b	27.05±7.00b	29.61±2.95b	19.96±0.96c	20.95±0.56b	17.02±1.55b
	M4N2P1	45.44±0.45a	42.11±5.28a	39.08±0.15a	30.60±2.28a	32.40±0.22a	37.64±2.81a

注：同一列中含有相同小写字母表示同一覆膜或裸地方式下不同施肥处理间差异不显著（$P>0.05$）。

土壤微生物对氮的固定作用减弱，矿化作用相对加强。而在覆膜条件下施氮肥，由于氮肥的激发效应，作用更加突出。一方面给微生物提供了良好的生存场所，更有利于微生物的生长；另一方面有利于有机质的分解，使微生物的矿化率降低、固持率提高，从而保持了活性有机质库—微生物量碳、氮较高的含量水平。而单施有机肥的土壤，由于 C/N 比较高，覆膜使作物对氮素的吸收量提高，产生了植株与微生物的一个争氮效应，导致微生物的生长受氮素限制，所以表现出微生物量较裸地低。M4 处理的土壤微生物量在裸地条件下较大，而在覆膜条件又不及 M4N2P1 处理，这可能是由于长期地膜覆盖加速了有机肥的分解，大量碳源以 CO_2 形式散失，导致微生物的矿化率提高，来提供植物所需养料。

覆膜条件下各处理土壤微生物量碳、氮的变化规律总体上为 M4N2P1＞M4＞CK＞N4。而裸地条件下，土壤微生物量碳、氮含量总体表现为 M4 处理最高，其次为 M4N2P1、CK，N4 处理最低。因为施用有机肥特别是有机肥与化肥配合施用，既补充输入了有机碳源，又改善了土壤物理性状，刺激了土壤微生物活性，使微生物活动和繁殖都很旺盛，土壤微生物量碳显著增加。化肥调整了土壤中的 C/N，并为微生物提供营养物质，为作物提供丰富的营养，并能提高根系分泌物含量，这一系列循环又为微生物提供丰富的能源使微生物生长繁殖加快，导致土壤微生物量增加。但长期施用化肥使土壤 pH 下降，微生物适宜的生存环境遭到破坏，导致其生命活动减弱；此外，土壤团聚体受到破坏，微生物自下而上环境变劣，很可能也是土壤微生物量碳降低的原因之一。另外，高氮肥的施用会导致植物根弱，根系分泌物减少，根系还田量减少，加上土壤的 C/N 下降，加速了土壤原有有机碳分解，导致土壤中积累的有机碳总量较少。

由表 4-5 可以看出，各施肥处理微生物量碳占全碳的比例为 0.31%～1.69%，微生物量氮占全氮的比例为 0.68%～3.41%。施有机肥处理（M4 和 M4N2P1）土壤微生物量碳/总有机碳和微生物量氮/总氮比例在玉米各生育期的平均值较对照分别提高 56.3%和 76.3%，22.5%和 17.9%，而 N4 处理则降低 22%和 9.5%。表明长期施用有机肥可以提高微生物对肥料的利用率，且单施有机肥处理提高作用较为明显，而长期单施氮肥则降低其利用率。

表 4-5　不同覆膜与施肥处理土壤微生物量碳、氮占总有机碳氮的比例（%）

处理		苗期	拔节期	抽雄期	乳熟期	成熟期	收获后期
				微生物量碳占总有机碳的比例			
裸地	CK	0.70	0.57	1.34	0.78	0.88	0.53
	N4	0.31	0.53	1.01	0.70	0.82	0.37
	M4	0.97	0.87	1.69	1.22	1.59	1.16
	M4N2P1	0.91	0.74	1.18	0.95	1.14	0.96
覆膜	CK	0.77	1.01	1.43	1.09	0.94	0.75
	N4	0.59	0.69	0.77	0.90	0.68	0.56
	M4	1.05	0.97	1.52	1.02	0.93	0.71
	M4N2P1	1.46	1.38	1.63	1.06	1.09	0.97
				微生物量氮占总氮的比例			
裸地	CK	1.21	0.88	1.72	2.01	1.44	2.03
	N4	1.19	0.71	2.06	1.10	2.23	1.11
	M4	2.56	2.21	3.41	2.79	2.70	2.71
	M4N2P1	1.51	1.57	1.69	2.68	1.45	2.06

（续）

处理		苗期	拔节期	抽雄期	乳熟期	成熟期	收获后期
覆膜	CK	0.72	1.53	1.53	2.22	2.25	1.99
	N4	0.68	1.37	1.71	1.14	1.38	1.85
	M4	2.34	2.04	2.19	1.54	1.53	1.55
	M4N2P1	3.39	3.28	3.09	2.38	2.35	3.41

覆膜后，CK 处理、N4 处理及 M4N2P1 处理土壤微生物量碳/总有机碳比值都较裸地有所提高，而 M4 处理在玉米苗期和拔节期表现为略有提高，后期又低于裸地。其中，CK、N4 及 M4N2P1 处理土壤微生物量碳/总有机碳与裸地比较分别提高 24.7%、12.0% 和 29.0%，可以看出，覆膜使土壤微生物对有机无机肥配合肥料的固持作用最为明显。另外，覆膜后对照和 M4N2P1 处理土壤微生物量氮/总氮比值较裸地也有所提高，M4 处理则降低，而 N4 处理在玉米拔节期、乳熟期和收获后期较裸地升高，在其他生育期都较裸地降低。

（三）小结

（1）地膜覆盖与裸地对土壤微生物量碳、氮的影响差异不显著，但覆膜后不施肥处理、单施氮肥处理和有机无机肥配合施用处理与相对应的裸地处理相比土壤微生物量碳、氮含量有所提升，而单施有机肥处理则降低。

（2）覆膜条件下各处理土壤微生物量碳、氮的变化规律总体上为 M4N2P1＞M4＞CK＞N4。而裸地条件下，土壤微生物量碳、氮含量总体表现为 M4 处理最高，其次为 M4N2P1、CK，N4 处理最低。

（3）长期地膜覆盖可使土壤微生物对肥料的固持作用更加明显。长期施用有机肥可以提高微生物对肥料的利用率，而且单施有机肥处理提高作用较为明显，而长期单施氮肥则降低其利用率。通过微生物量碳、氮占全碳、全氮的比例可以看出土壤微生物量碳、氮在土壤有机碳和全氮变化之前就对土壤环境的变化做出了敏感的反映，所以它能较早地反映或预示土壤的变化，作为土壤质量的生物指标具有重要意义。

第三节　土壤有机质的转化

本研究通过对覆膜后土壤有机质的转化（包括有机物料的腐解残留率、土壤易氧化有机碳、六碳糖和五碳糖以及影响有机质转化的过氧化氢酶和转化酶活性、有机质特性的转变等）进行研究，为长期地膜覆盖后土壤培肥与管理提供科学依据。

一、试验设计

供试土壤均采自于沈阳农业大学试验地，即棕黄土（发育在黄土状母质土壤质耕作棕壤）和发育于冲积母质上的草甸土。供试土壤与供试有机物料的基本理化性状见表 4-6。

表 4-6 供试土壤与供试有机物料的基本理化性状

方法	项目	棕壤	草甸土	玉米秸秆	沙打旺	猪粪
尼龙网袋法	有机碳（%）	0.799		41.43	43.25	25.61
	全氮（%）	0.087		0.550	1.580	1.801
	C/N	9.18		75.33	27.37	14.22
砂滤管法	有机碳（%）	1.080	0.905	42.99	44.66	28.87
	全氮（%）	0.103	0.088	0.559	1.583	1.868
	C/N	10.49	10.28	76.91	28.21	15.51

有机物料腐解残留率采用砂滤管法和尼龙布袋法，即每 100 克土壤（20 目）加 5 克有机物料（40 目），处理过程详见文启孝等（1982）的报道。定期取样测定各处理的有机碳测定均采用丘林法，三次重复。土壤中易氧化有机碳测定采用 $K_2Cr_2O_7$ - 1 ∶ 3 H_2SO_4 氧化滴定法。土壤中六碳糖和五碳糖均采用文启孝等（1982）提供的测定方法。过氧化氢酶和蔗糖转化酶活性均采用许光辉等（1986）提供的方法。

二、结果与分析

（一）地膜覆盖对有机物料腐解残留率的影响

无论覆盖与否，有机物料开始分解很快，1 个月内分解 40%～50%，残留率为50%～60%；2 个月后残留率为 45%～55%；以后分解缓慢，5 个月后残留率为 35%～45%；一年以后为 30%～40%；两年后为 25%～35%（表 4-7）。各种有机物料相比，沙打旺的腐解残留率较低，玉米秸秆的较高，猪粪介于两者之间，这与有机物料所含的木质素和本身的 C/N 比有关（须湘成等，1985）。

表 4-7 棕壤不同有机物料与不同时间内的腐解残留率

有机物料	加入碳量（g）	1个月				2个月				近5个月			
		有机碳（%）		残留率（%）		有机碳（%）		残留率（%）		有机碳（%）		残留率（%）	
		覆膜	不覆膜	覆膜	不覆膜	覆膜	不覆膜	覆膜	不覆膜	覆膜	不覆膜	覆膜	不覆膜
对照		0.812	0.821			0.815	0.823			0.832	0.828		
玉米秸秆	2.072	2.168	2.197	65.44	66.64	1.928	2.036	53.72	58.54	1.603	1.685	37.21	41.36
沙打旺	2.163	2.026	2.170	56.13	62.37	1.759	1.839	43.64	46.97	1.512	1.550	31.44	33.38
猪粪	1.281	1.662	1.710	66.35	69.40	1.410	1.436	46.45	47.85	1.282	1.296	35.13	36.53

注：采用尼龙网袋法，1987 年 5 月 25 日处理。

覆膜后的有机物料腐解残留率都低于不覆膜的有机物料腐解残留率。如经 5 个月腐解棕壤上玉米秸秆、沙打旺和猪粪的腐解残留率在覆膜条件下分别为 37.21%、31.44%和 35.13%，在不覆膜条件下为 41.36%、33.38%和 36.53%。这三种有机物料的腐解残留率在覆膜条件下比不覆膜的相对降低了 10.00%、5.80%、3.84%。经一年腐解后（图 4-4和图 4-5），玉米秸秆和沙打旺的腐解残留率（腐殖化系数）在覆膜棕壤上分别为 37.16%和 24.68%；在不覆膜棕壤上分别为 38.00%和 31.21%，相对下降了 2.21%和

20.92%；在草甸上这两种有机物料的腐解残留率分别相对下降了17.36%和19.33%。经两年腐解，棕壤上玉米秸秆和沙打旺的腐解残留率分别相对下降了6.02%和15.48%，草甸土上分别为3.42%和6.27%。产生这种结果的主要原因是覆膜后土壤温度提高（棕壤表层提高0.5～4 ℃，草甸土1～5 ℃），含水量增加（2%～4%），微生物活动旺盛，土壤转化酶活性增强，从而加速了有机物质在土壤中的转化。

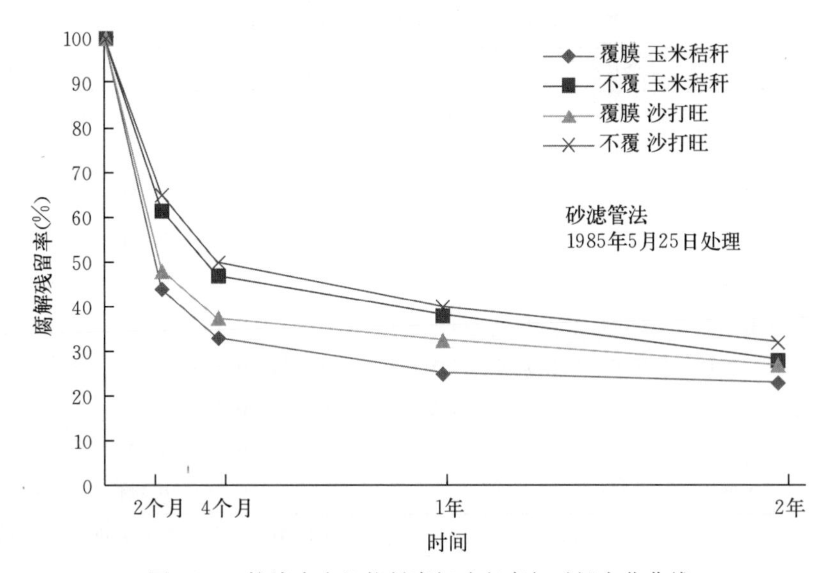

图4-4　棕壤中有机物料腐解残留率与时间变化曲线

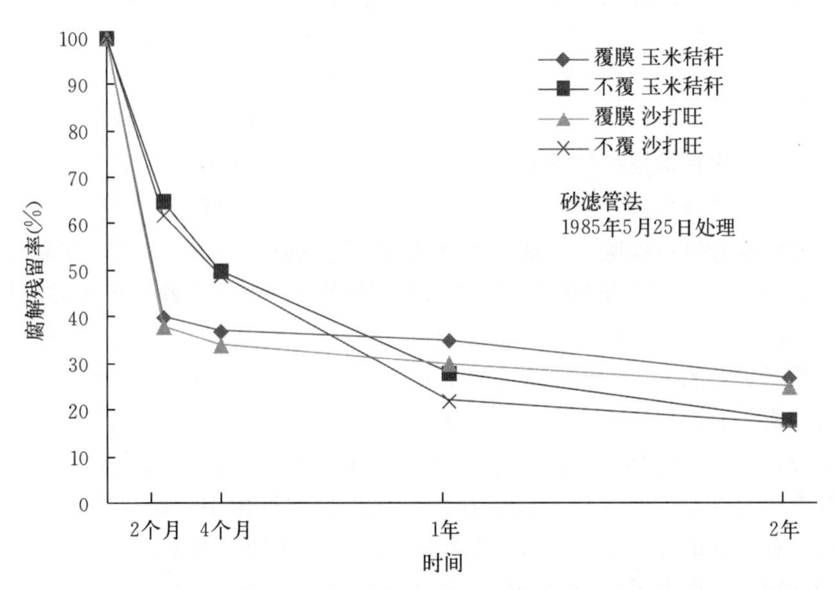

图4-5　草甸土中有机物料腐解残留率与时间变化曲线

（二）地膜覆盖对土壤易氧化有机碳影响

地膜覆盖对土壤易氧化有机碳的绝对数量影响较小。如玉米秸秆和沙打旺分解一个月后（表 4－8），覆膜比不覆膜低 0.047％和 0.129％；分解 2 个月后分别低 0.170％和 0.050％；而猪粪却相反，覆膜的高于不覆膜的。覆膜两年后，各种有机物料处理的易氧化有机碳含量与不覆膜比较，也都差异较小。这可能因为土壤中的易氧化有机碳与总有机碳之间存在一定的相关性，它们在土壤中构成动态平衡，覆膜后一方面加速了易氧化有机质彻底矿化，同时也加速了难氧化有机质向易氧化有机质的转化。

表 4－8　棕壤中易氧化有机碳变化规律

有机物料		1 个月			2 个月			近 5 个月		
		EOC（%）	EOC/TOC（%）	Kos 值	EOC（%）	EOC/TOC（%）	Kos 值	EOC（%）	EOC/TOC（%）	Kos 值
对照	覆膜	0.474	0.58	0.71	0.475	0.58	0.72	0.472	0.57	0.76
	裸地	0.471	0.57	0.74	0.476	0.58	0.73	0.474	0.57	0.75
玉米秸秆	覆膜	0.580	0.73	0.37	1.318	0.68	0.46	1.100	0.69	0.46
	裸地	1.627	0.74	0.35	1.488	0.73	0.37	1.221	0.73	0.38
沙打旺	覆膜	1.384	0.68	0.46	1.164	0.66	0.51	0.997	0.66	0.51
	裸地	1.513	0.70	0.43	1.214	0.66	0.52	0.992	0.64	0.56
猪粪	覆膜	1.044	0.63	0.59	0.908	0.64	0.55	0.796	0.62	0.61
	裸地	0.995	0.58	0.72	0.895	0.62	0.61	0.784	0.61	0.65

注：试验于 1987 年 5 月 25 日开始，EOC 代表易氧化有机碳；EOC/TOC 代表易氧化有机碳占总有机碳的比值。下同。

地膜覆盖开始时，能降低施肥处理土壤中易氧化有机碳占总有机碳比例（即易/总），后来又能提高易/总比。如（表 4－9）玉米秸秆处理在腐解 1 个月后，覆膜比不覆膜易/总比低 0.01；沙打旺低 0.02。腐解两个月后玉米秸秆处理的还低 0.05；而沙打旺处理的则为 0。经两年腐解（表 4－9），覆膜处理的都比不覆膜处理的易/总比值高。产生这一现象的原因是由有机物料本身的特性和腐殖化过程以及矿化过程决定的，因为玉米秸秆、沙打旺等秸秆，本身含有机碳量较高，在腐解开始时，易分解的有机物质首先分解，一方面彻底矿化成无机养分供植物吸收，碳以 CO_2 形式从土壤释放出去；另一方面经微生物作用，形成较难分解的土壤有机物质（如胡敏酸和胡敏素等），或者与土壤黏粒紧紧结合，形成有机-无机复合体。随着时间的增长，易氧化有机物质基本分解完毕，易/总比值下降到最低点，此时残留的有机物料已被土壤黏粒固定，从此，变成以分解被土壤黏粒固定或者较稳定的有机质的矿化过程。覆膜后由于环境条件适宜，微生物活动旺盛，加速了易氧化有机碳的分解，易/总比值较快下降，残留下来的有机质也较快被土壤黏粒固定，并比不覆膜的首先达到以矿化为主的过程，在以矿化为主的过程中，矿化的数量与温度正相关，而覆膜具有显著地提高地温和水分的作用，因此可能使土壤中的有机物质较多转化成易氧化的有机物质，提高了易/总比值。

覆膜后空白处理的 Kos 值基本不变，而施肥处理的 Kos 值下降。这说明地膜覆盖（一两年）很难矿化分解出非常稳定的土壤有机物质，而能加速新加入的或新形成的土壤有机质的转化，特别能促使它向易氧化有机质方面转化。

表 4-9　易氧化有机碳与总有机碳和 Kos 的关系

土壤	有机物料	TOC（%）		EOC（%）		EOC/TOC（%）		Kos 值	
		覆膜	不覆膜	覆膜	不覆膜	覆膜	不覆膜	覆膜	不覆膜
棕壤	对照	1.098	1.090	0.574	0.571	0.52	0.52	0.91	0.91
	玉米秸秆	1.692	1.722	1.023	0.993	0.61	0.58	0.65	0.73
	沙打旺	1.587	1.662	0.954	0.963	0.60	0.58	0.66	0.73
	猪粪	1.471	1.533	0.818	0.814	0.55	0.53	0.76	0.78
草甸土	对照	0.918	0.940	0.414	0.431	0.45	0.46	1.22	1.18
	玉米秸秆	1.282	1.317	0.739	0.686	0.58	0.53	0.74	0.89
	沙打旺	1.442	1.499	0.793	0.800	0.55	0.54	0.79	0.84
	猪粪	1.278	1.404	0.630	0.650	0.49	0.47	0.90	1.14

注：采用砂滤管法。1985 年春处理，1987 年测定。

施入有机物料，能大大地提高土壤易氧化有机碳含量，提高易/总比和降低 Kos 值。在这三种有机物料中玉米秸秆贡献最大，沙打旺次之。因此，实行秸秆还田或种植绿肥是保持和提高土壤肥力行之有效的措施。

（三）地膜覆盖对土壤六碳糖和五碳糖的影响

从表 4-10 可以看出，棕壤在不覆膜条件下对照的六碳糖含量为 0.142%，覆膜条件下为 0.118%，下降了 0.024%，相对降低了 16.9%，在施入玉米秸秆处理中下降了 0.036%，相对下降了 14.9%。五碳糖的绝对含量在覆膜条件下也都表现出下降的规律。同时可以看出，草甸土也都表现出相同的趋势。

表 4-10　土壤中的六碳糖和五碳糖含量与占总有机质的百分数

土壤	有机物料	六碳糖				五碳糖			
		含量（%）		占有机质（%）		含量（%）		占有机质（%）	
		覆膜	不覆膜	覆膜	不覆膜	覆膜	不覆膜	覆膜	不覆膜
棕壤	对照	0.118	0.142	6.23	7.58	0.046	0.053	2.44	2.73
	玉米秸秆	0.206	0.242	7.06	8.16	0.141	0.131	4.68	4.41
	沙打旺	0.205	0.214	7.50	7.46	0.088	0.089	3.23	3.10
	猪粪	0.151	0.196	5.94	7.48	0.082	0.086	3.22	3.25
草甸土	对照	0.085	0.097	5.34	6.24	0.042	0.042	2.64	2.69
	玉米秸秆	0.167	0.175	7.55	7.71	0.096	0.107	4.34	4.73
	沙打旺	0.158	0.175	6.35	6.79	0.085	0.092	3.43	3.56
	猪粪	0.144	0.153	6.53	6.32	0.070	0.096	3.20	3.90

注：土样采自 1987 年春的砂滤管中，已连续覆膜 2 年，重复 2 次。

覆膜后六碳糖和五碳糖占有机质的百分数下降。在棕壤的空白处理中（表 4-10），覆膜与不覆膜土壤中六碳糖占有机质百分数分别是 6.23%和 7.58%，下降了 1.35%；草甸土上分别是 5.34%和 6.24%，下降了 0.90%。五碳糖也基本上符合此规律。从表 4-11

中还可以看出，尽管田间试验受基础肥力不均的影响，六碳糖和五碳糖的绝对量变化趋势不明显，但其占有机质的百分数在覆膜处理中都有下降的趋势。这主要是由于覆膜后土壤湿度和水分状况适宜微生物繁殖，土壤转化酶活性增强，极大地消耗了作为能源物质的碳水化合物，使其占土壤有机质的百分数降低，改变了土壤有机质各组成的相对含量。

表 4-11 棕黄土上田间试验覆膜后五、六碳糖变化

处理	六碳糖				五碳糖			
	含量（%）		占有机质（%）		含量（%）		占有机质（%）	
	覆膜	不覆膜	覆膜	不覆膜	覆膜	不覆膜	覆膜	不覆膜
对照（CK）	0.158	0.155	9.46	9.94	0.064	0.060	3.83	3.82
高量有机肥（M2）	0.152	0.153	8.68	9.39	0.061	0.069	3.47	4.26
高量有机肥氮磷化肥配施（M2N1P1）	0.166	0.173	9.26	11.05	0.062	0.061	3.46	3.88

注：每 667 m^2 施入的高量有机肥中含纯氮 9 kg，氮磷化肥中含纯氮和磷为 4.5 kg。本试验进行一年。

施入有机物料都能提高土壤六碳糖和五碳糖含量以及提高其占有机质的百分数。在棕壤覆膜条件下，施入玉米秸秆、沙打旺和猪粪的处理都比对照的六碳糖含量高 0.088%、0.087%和 0.033%。在草甸土上，施有机肥对提高六碳糖和五碳糖占有机质的百分数尤为显著。从中还可以看出，都以玉米秸秆处理的增加幅度最大，沙打旺次之，猪粪再次之。因此，秸秆还田和增施绿肥是恢复和提高覆膜后土壤肥力的重要措施。

(四) 地膜覆盖对土壤过氧化氢酶和蔗糖转化酶活性的影响

地膜覆盖能降低土壤过氧化氢酶活性。图 4-6 表明，培养试验中，CK 在覆膜与不覆膜条件下该酶活性分别为 11.05 mL/g 和 15.61 mL/g（0.1N $KMnO_4$），施入 5%玉米

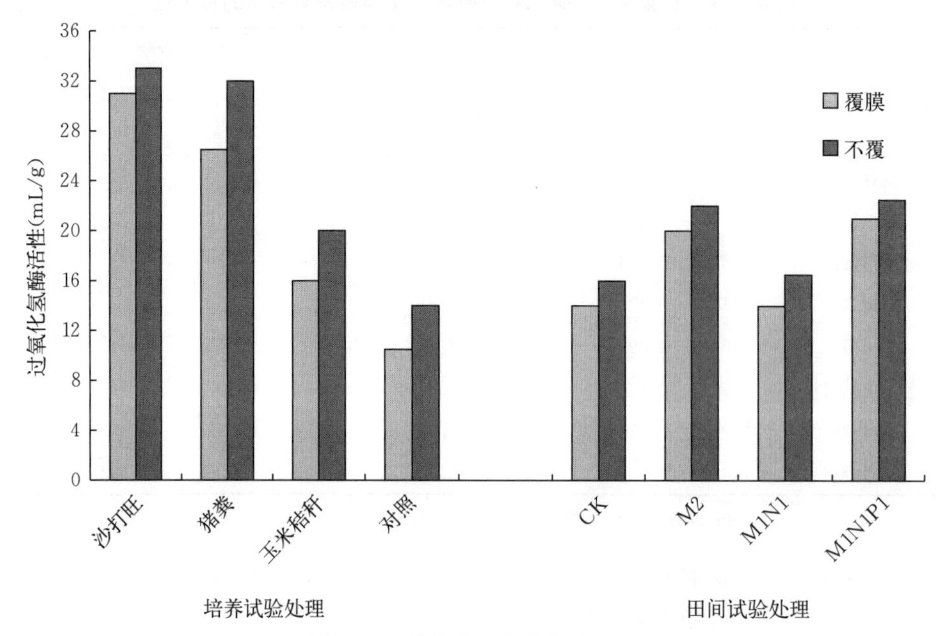

图 4-6 棕壤中过氧化氢酶活性

秸秆后，分别为 16.42 mL/g 和 17.46 mL/g，分别相对下降了 18.81%和 5.96%。田间试验也表现出明显的规律性。这是由于覆膜后土壤水分增多，CO_2 的分压增高，还原能力增强，氧化还原电位下降，特别是覆膜后土壤 pH 下降（棕壤下降到 5.5～6.0），超出了过氧化氢酶活动最适 pH 范围（6.3～7.2）（周礼恺，1987），从而抑制了过氧化氢酶活性，使这种对生物体有较强毒害作用的过氧化氢积累于土壤中，它可能是引起连续重茬覆膜后植株根系生长不良而早衰的原因之一。

覆膜后显著提高土壤转化酶活性。其中 CK 和 M2 分别提高了 1.88 mg/g 和 4.72 mg/g（干土，24 h），相对提高了 12.5%和 29.9%。这是由于覆膜后土壤温度提高，微生物活动旺盛，使蔗糖转化酶活性增强，近而加快了土壤中有机物质的转化。

施用有机肥和秸秆都能提高这两种酶的活性，从图 4－6、图 4－7 中可以明显看出，沙打旺和猪粪更能大幅度提高土壤过氧化氢酶和转化酶活性。这主要是由于施入有机肥的同时，一方面提供了土壤酶来源，增加了该酶作用的底物；另一方面也增加了土壤对酶的保护容量。因此，施入大量有机肥是恢复地膜覆盖造成的养分缺乏、微生物种类单一和活性下降的较好手段。

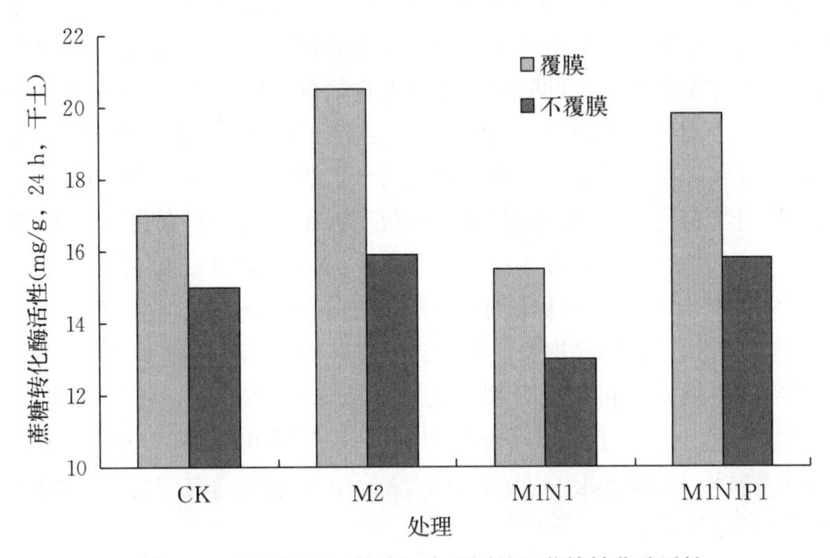

图 4－7　田间试验（棕壤）中不同处理蔗糖转化酶活性

三、小结

（1）地膜覆盖降低了有机物料在土壤中的腐解残留率，并显著降低了土壤中六碳糖和五碳糖含量及其占总有机质的比例，加速了土壤中有机物质转化。从易氧化碳/总有机碳比例和 Kos 值的变化情况可以看出，覆膜后更能加速土壤中较稳定的有机质向易氧化有机质转化，导致土壤肥力不断下降。

（2）覆膜后土壤中的过氧化氢酶活性显著降低，而转化酶活性明显增强。

（3）增施有机肥或秸秆还田是恢复和提高地膜覆盖后土壤肥力的较好措施。

第四节　秸秆分解与棕壤有机碳固定

土壤有机碳是土壤有机质的重要组成部分，影响着团聚体的形成与稳定。土壤活性有机碳是土壤有机质的活性组分，对土壤营养元素的生物化学过程、土壤微生物的代谢过程以及土壤有机质分解等过程有重要影响。玉米秸秆碳是土壤主要外源有机碳之一，对土壤有机碳的补充和地力维持起着重要作用。

一、试验设计

（一）供试材料

本研究裸地和覆膜条件下不同肥力土壤于2011年10月采自沈阳农业大学棕壤长期定位试验实验站。高肥土壤分别采自裸地栽培和地膜覆盖栽培条件下施高量有机肥处理（年施有机肥折合N 67.5 kg/hm^2，化肥N 135 kg/hm^2和P_2O_5 67.5 kg/hm^2）表层土壤（0～20 cm）。施用的有机肥为猪厩肥，其有机质含量为150 g/kg左右，全氮为10 g/kg；施用的化肥为商品氮肥（尿素，含N 46%）和磷肥（磷酸二铵，含P_2O_5 45%）。低肥土壤分别采自裸地栽培和地膜覆盖栽培条件下不施肥处理表层土壤（0～20 cm）。母质土壤（P）采自沈阳农业大学棕壤长期定位试验实验站附近自然剖面距地表4～5 m的土壤。采集土样挑除植物根系等杂质后，室内自然风干。将土壤风干到含水量达土壤塑限时，用手把大土块沿自然破碎面轻轻掰开后于室内继续自然风干，然后过2 mm（10目）筛，备用。

供试添加有机物料为^{13}C标记的玉米秸秆（记为m）。该材料获得于2011年在沈阳农业大学棕壤长期定位试验实验站进行的^{13}C脉冲标记试验（安婷婷等，2013；An等，2015）。2011年10月收获后，将标记玉米根、茎、叶经冲洗后，在105 ℃杀青30 min，然后60 ℃烘干8 h。烘干植物样混合后用粉碎机将其粉碎，并通过0.425 mm筛用于田间试验。取少量粉碎后的秸秆再用混合型研磨仪（Retsch MM200，德国）进行粉碎研磨，供上机测定其含碳量和$\delta^{13}C$值（Butler等，2004；McMahon等，2005）。其全碳含量为416.26 g/kg，全氮为11.60 g/kg，C/N为35.88，$\delta^{13}C$值为161.72‰。本研究供试土壤基本性状如表4-12所示。

表4-12　供试土壤基本性状（2011年）

处理	总有机碳（g/kg）	全氮（g/kg）	C/N	$\delta^{13}C$（‰）	pH（H_2O）	容重（g/cm^3）	黏粒（%）
P	2.56	0.58	4.41	−22.60	6.25	1.48	32.25
H	18.35	1.96	9.36	−18.82	6.39	1.01	20.94
L	12.32	1.15	10.71	−18.47	6.44	1.15	18.46
MH	16.64	1.82	9.14	−19.01	6.41	0.94	22.75
ML	11.23	1.06	10.59	−17.83	6.48	1.05	19.73

注：P代表母质土壤；M和L分别代表裸地栽培条件下高肥土壤和低肥土壤；MH和ML分别代表覆膜栽培条件下高肥土壤和低肥土壤。

（二）试验设计

本研究采用砂滤管法（林心雄等，1981；汪景宽等，1995）。具体如下：分别称取各试验地各处理供试土壤 100 g（相当于烘干土重）与 5 g（相当于烘干重）处理后 ^{13}C 标记玉米秸秆混匀，装入砂滤管中，加入蒸馏水调整含水量达到 70%田间持水量后，加盖，用塑料胶带封口。同时另设不加玉米秸秆的对照处理。具体的试验处理如下：①裸地高肥土壤（H）；②裸地高肥土壤＋^{13}C 标记玉米秸秆（H＋m）；③裸地低肥土壤（L）；④裸地低肥土壤＋^{13}C 标记玉米秸秆（L＋m）；⑤裸地母质（P）；⑥裸地母质＋^{13}C 标记玉米秸秆（P＋m）；⑦覆膜高肥土壤（MH）；⑧覆膜高肥土壤＋^{13}C 标记玉米秸秆（MH＋m）；⑨覆膜低肥土壤（ML）；⑩覆膜低肥土壤＋^{13}C 标记玉米秸秆（ML＋m）；⑪覆膜母质（P）；⑫覆膜母质＋^{13}C 标记玉米秸秆（P＋m）。每个处理均三次重复。于 2012 年 5 月初（播种前）分别垂直埋入对应处理的小区（5～20 cm，即砂滤管上端距表土 5 cm），同时用对应处理土壤的水浸液喷浇砂滤管以达到接种的目的，随后用土壤覆盖。取样时间分别为 60 d、180 d 和 360 d。取样测定土壤有机碳含量和 $\delta^{13}C$ 值。

（三）试验方法

土壤团聚体分级采用湿筛法，并略做修改。湿筛法在土壤团聚体分析仪（SAA08052 型号，中国上海）上进行。具体操作如下：为了满足水溶性有机碳和土壤微生物量碳测定对鲜土样的要求，本研究将田间取回的鲜土样在室内用手把大土块轻轻掰成 1～2 cm 小土块后进行适当风干（含水量控制在 10%～12%）。在室温下，称取该土样 200 g（相当于烘干土重），分别放在 4 个分筛桶内 2 mm 筛上，并用蒸馏水浸泡约 5 min，以除去土壤团聚体内闭塞的空气。然后以每分钟 30 次运行速度振荡 30 min，振幅为 3 cm。之后用蒸馏水把各级筛子上团聚体分别洗至培养皿中，并依次获得≥2 mm、1～2 mm、0.25～1 mm、0.053～0.25 mm 的水稳性团聚体；＜0.053 mm 的水稳性团聚体则需要沉降 48 h，将上清液用虹吸管除去后，把该级别团聚体转入培养皿中。从装有不同大小级别水稳性团聚体的培养皿中取 2 g 进行含水量测定（采用 105 ℃烘干法），并根据测定含水量计算各级别团聚体烘干土重量。之后，将一部分团聚体烘干并研磨至能通过 0.15 mm（100 目）筛子，供上机测定总有机碳含量使用，其余部分进行微生物量碳提取与测定。

土壤总有机碳（TOC）含量及其 $\delta^{13}C$ 值的测定：将烘干土样研磨至通过 0.15 mm（100 目）筛子后，利用元素分析-同位素比例质谱联用仪（EA - IRMS，Elementar vario PYRO cube coupled to IsoPrime100 Isotope Ratio Mass Spectrometer，德国）测定。

土壤水溶性有机碳含量（WDOC）及其 $\delta^{13}C$ 值的测定采用 Liang 等（1998）方法，略做修改。具体操作如下：称取 10 g 新鲜土样，将新鲜土样与去离子水按 1∶3 混合，于室温下振荡 30 min（180 r/min），然后离心 15 min（4 000 r/min），经抽滤过 0.45 μm 滤膜。部分滤液用 High - TOC Ⅱ（Elementar Ⅱ，德国）分析仪测定有机碳含量；其余滤液经冷冻干燥，研磨过 0.15 mm（100 目）筛子后利用 EA - IRMS 测定其 $\delta^{13}C$ 值。

土壤微生物量碳含量（MBC）及其 $\delta^{13}C$ 值的测定采用氯仿熏蒸浸提方法（Wu 等，1990），略做修改。具体操作如下：称取相当于 10 g 烘干土重的新鲜土样放入培养皿中，连同盛有 20 mL 提纯氯仿的小烧杯（里面放入几片防爆沸的干净小瓷片）一起放入真空干燥器中，同时放入一小烧杯稀 NaOH 溶液用以吸收熏蒸期间释放出来的 CO_2，并在真空干燥器底部放一层湿滤纸以保持湿度，用凡士林密封干燥器。之后，用真空泵抽真空，使氯仿沸腾并持续 2 min，关闭真空干燥器阀门，将干燥器放入 25 ℃培养箱中，24 h 后，打开干燥器阀门取出装有氯仿（倒回瓶中重复使用）、稀碱液的小烧杯和湿滤纸，再用真空泵反复抽气，直到土壤闻不到氯仿为止。熏蒸结束后，将土壤转移至 100 mL 振荡瓶中，加入 40 mL 0.5 mol/L K_2SO_4 溶液，25 ℃恒温振荡 30 min（180 r/min）后将上清液用 0.45 μm 滤膜过滤，取 10 mL 滤液立即用 High - TOC Ⅱ（Elementar Ⅱ，德国）分析仪测定有机碳含量或放入－20 ℃下保存，其余滤液经冷冻干燥后，研磨至通过 0.15 mm（100 目）筛子，利用 EA - IRMS 进行 $\delta^{13}C$ 值测定。在熏蒸的同时做不熏蒸的对照处理，称取等量的鲜土样，重复熏蒸结束后上述方法，测定其有机碳含量和 $\delta^{13}C$ 值。

土壤颗粒有机碳（POC）及其 $\delta^{13}C$ 值的测定：采用六偏磷酸钠分散法（Cambardella 和 Elliott，1992）。具体操作：称取相当于 10 g 烘干土重过 2 mm（10 目）筛的风干土于 150 mL 三角瓶中，加入 30 mL 浓度为 5 g/L 的六偏磷酸钠溶液，在往复振荡机上振荡 15 h（180 r/min）。将分散的土壤溶液过 0.053 mm 的筛子（用水多次冲洗筛上残渣，直到筛上黏粒被冲洗干净），留在筛上的物质在 50 ℃烘干后称重。烘干物质研磨至通过 0.15 mm（100 目）筛子，利用 EA - IRMS 进行土壤有机碳含量和 $\delta^{13}C$ 值测定。

（四）计算公式

（1）不同碳源有机碳量和组成百分比（Coleman 等，1991；Conrad 等，2012）。

$$F_m=(\delta^{13}C_{Sm}-\delta^{13}C_S)/(\delta^{13}C_m-\delta^{13}C_S)\times 100 \qquad (4-1)$$

$$F_S=100-F_m \qquad (4-2)$$

$$C_m=C_{Sm}\times F_m/100 \qquad (4-3)$$

$$C_S=C_{Sm}\times F_S/100 \qquad (4-4)$$

式（4－1）中，F_m(%) 为加玉米秸秆土壤中来自秸秆碳的比例，即秸秆碳的贡献率；$\delta^{13}C_{Sm}$(‰) 为加秸秆土壤的 $\delta^{13}C$ 值；$\delta^{13}C_S$(‰) 为不加秸秆土壤 $\delta^{13}C$ 值；$\delta^{13}C_m$(‰) 为初始添加秸秆的 $\delta^{13}C$ 值。式（4－2）中，F_S(%) 为加秸秆土壤中来自老有机碳的比例，即老有机碳的贡献率。式（4－3）和式（4－4）中，C_m(g) 为加秸秆土壤中来自秸秆碳的量；C_{Sm}(g) 为加秸秆土壤有机碳的量；C_S(g) 为加秸秆土壤中来自老有机碳的量。

本研究将秸秆与土壤混合即田间原位培养前假设为 0 d，土壤和秸秆没有发生反应。将初始秸秆碳量（C_{m0}，g）与原土总有机碳量（C_{S0}，g）的加和作为 0 d 总有机碳量（C_{Sm0}，g），从而得到初始时刻总有机碳中秸秆碳的比例（F_{m0}，%）和老有机碳的比例（F_{S0}，%）。结合测定的初始时刻的秸秆碳 $\delta^{13}C$ 值（$\delta^{13}C_m$，‰）和原土总有机碳的 $\delta^{13}C$ 值（$\delta^{13}C_{S0}$，‰），根据变换式（4－1）计算出初始时刻总有机碳的 $\delta^{13}C$ 值（$\delta^{13}C_{Sm0}$，‰）。

（2）不同碳源有机碳的残留率。

$$R_{Sm}=C_{Sm}/C_{Sm0}\times 100 \qquad (4-5)$$

$$R_m=F_m\times C_{Sm}/C_{m0}\times 100 \qquad (4-6)$$

$$R_S=F_S\times C_{Sm}/C_{S0}\times 100 \qquad (4-7)$$

式（4－5）中，R_{Sm}（%）为加秸秆土壤中总有机碳的残留率。式（4－6）中，R_m（%）为加秸秆土壤中来自秸秆碳的残留率；F_m、C_{Sm} 和 C_{m0} 同上。式（4－7）中，R_S（%）为加秸秆土壤中来自老有机碳的残留率；F_S 和 C_{S0} 同上。

（3）两库一级动力学方程，用来拟合活性有机碳组分（Active carbon）和慢有机碳组分（Stable carbon）同时腐解的情况（汪景宽，1994）。

$$R_x = R_a c^{-k_a t} + R_{sl} e^{-k_{sl} t} \quad (4-8)$$

式（4-8）中，R_x（%）为某有机碳残留率，本研究中为 R_{Sm}（秸秆土壤混合物总有机碳残留率）和 R_m（混合物中秸秆碳残留率）；R_a（%）和 k_a（%/d）为活性有机碳组分占相对应时期残留碳量的比例和单位时间（d）活性有机碳组分的周转率；R_{sl}（%）和 k_{sl}（%/d）分别为慢性有机碳组分占相对应时期残留碳量的比例和单位时间（d）慢性有机碳组分的周转率；其中，R_a 与 R_{sl} 之和为 100；t（d）为玉米秸秆腐解时期。

（4）老有机碳量的变化。

$$\Delta C_S = (C_S - C'_S) \times 10 \quad (4-9)$$

式（4-9）中，ΔC_S（g/kg）为添加秸秆土壤与不加秸秆土壤老有机碳的变化量，反映秸秆碳的腐解对老有机碳的影响；C_S 同上；C' 为不加秸秆土壤有机碳量。其中各级别团聚体有机碳量为每个时期各级别团聚体总有机碳量乘以老有机碳的贡献比。

（5）土壤有机碳储量及其变化。

$$C_{stock} = C_{measure} \times BD \times H / 100 \quad (4-10)$$

$$\Delta C_{stock} = C_{stock\,1} - C_{stock\,0} \quad (4-11)$$

式（4-10）中，C_{stock}（kg/m^2）为土壤有机碳储量；$C_{measure}$（g/kg）为测定的有机碳含量，其中各级别团聚体有机碳含量为各级别测定的团聚体有机碳浓度乘以相应级别团聚体重量百分比；BD（g/cm^3）为土壤容重；H（cm）为土层厚度。式（4-11）中，ΔC_{stock} 为加秸秆与不加秸秆土壤有机碳储量变化；C_{stock1} 和 C_{stock0} 分别为加秸秆与不加秸秆土壤有机碳储量。

（6）土壤有机碳平均驻留时间。

$$MRT = -t / \ln(1 - F_m / 100) \quad (4-12)$$

式（4-12）中，MRT（d）为土壤有机碳平均驻留时间，常用来表征土壤有机碳的周转变化情况（Dorodnikov et al.，2011）；t（d）为玉米秸秆腐解时期；F_m 同上。

（7）土壤微生物量碳含量及其 $\delta^{13}C$ 值（Wu 等，1990；Murage 等，2007）。

$$C_{MBC} = (C_f - C_{nf}) \times R_V / K_C \quad (4-13)$$

$$\delta^{13} C_{MBC} = (\delta^{13} C_f \times C_f - \delta^{13} C_{nf} \times C_{nf}) / (C_f - C_{nf}) \quad (4-14)$$

式（4-13）中，C_{MBC} 为土壤微生物量碳（mg/kg）；C_f 为测定的熏蒸土壤有机碳浓度（mg/kg）；C_{nf} 为测定的未熏蒸土壤有机碳浓度（mg/kg）；R_V 为试验用 K_2SO_4 溶液与干土重比例；K_C 为转换系数，本研究取 0.45。式（4-14）中，$\delta^{13} C_{MBC}$ 为土壤微生物量碳 $\delta^{13}C$ 值（‰）；$\delta^{13} C_f$ 为测定的熏蒸土壤有机碳 $\delta^{13}C$ 值（‰）；$\delta^{13} C_{nf}$ 为测定的未熏蒸土壤有机碳 $\delta^{13}C$ 值（‰）。

（8）土壤团聚体平均重量直径（MWD）。

$$MWD = \sum_{i=1}^{5} x_i \times w_i \quad (4-15)$$

式（4-15）中，MWD 为团聚体平均重量直径（mm），表示土壤团聚体的稳定性；x_i 为每个级别团聚体的平均直径（mm）；w_i 为每个级别团聚体的重量百分比；i 为团聚体级别。一般来说，MWD 值大，结构较好，相反则较差。

二、地膜覆盖条件下不同肥力棕壤总有机碳的变化

(一) 总有机碳含量

从图 4-8 可以看出，秸秆的添加明显增加了覆膜和不覆膜总有机碳的含量。添加秸秆和不添加秸秆处理的棕壤总有机碳含量均呈下降趋势，且不添加秸秆处理下降缓慢，而添加秸秆处理 0～60 d 内下降迅速，随后下降缓慢。加与不加秸秆均表现为，不覆膜棕壤有机碳含量大于覆膜土壤，说明覆膜提高了有机碳的分解。

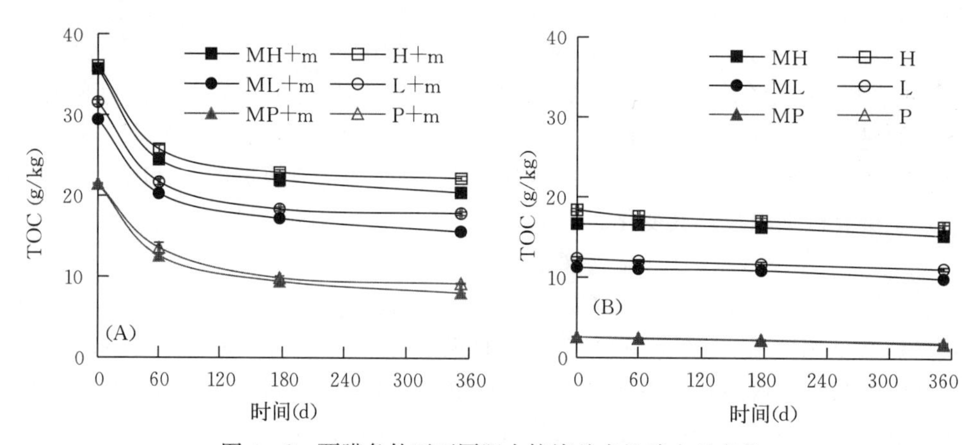

图 4-8 覆膜条件下不同肥力棕壤总有机碳含量变化

注：MH、ML、MP 分别为覆膜高肥、覆膜低肥和覆膜母质土壤；H、L 和 P 分别为高肥、低肥和母质土壤；m 为添加秸秆处理。

(二) 秸秆碳和老有机碳对总有机碳贡献的变化

总有机碳中来自秸秆碳和老有机碳对总有机碳的贡献随时间变化的趋势相反（图 4-9）。

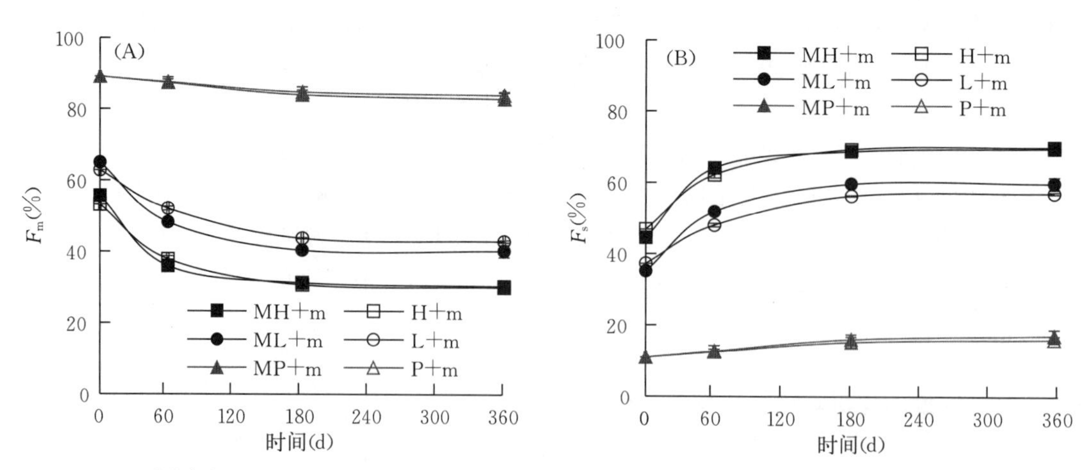

图 4-9 覆膜条件下不同肥力棕壤总有机碳中秸秆碳（F_m）和老有机碳（F_s）贡献比随秸秆腐解的变化

注：MH、ML、MP 分别为覆膜高肥、覆膜低肥土壤和覆膜母质；H、L 和 P 分别为高肥、低肥土壤和母质；m 为添加秸秆处理。

秸秆碳对总有机碳的贡献随时间的变化呈现 0～60 d 较快速减少，而后较平缓减少趋势。低肥土壤在 60 d 前总有机碳的贡献主要以秸秆碳为主，60 d 后以老有机碳为主，而高肥土壤这种比例转变发生在 60 d 之前，说明高肥土壤为秸秆分解创造了较有利的环境。对于母质而言，土壤中的有机碳主要以秸秆碳为主，表明土壤发育或熟化过程中外源碳对母质有机碳的形成起到关键作用。添加秸秆后，秸秆碳对低肥土壤总有机碳的贡献高于高肥土壤。

（三）总有机碳、秸秆碳和老有机碳残留率的变化

利用^{13}C 稳定同位素技术在准确评估混合土壤中秸秆碳和老有机碳比例的基础上，还能够更准确地分源计算土壤有机碳的残留率，从而克服传统计算方法引起的不足（Bernoux 等，1998；沈其荣等，2000；朱书法等，2005）。总有机碳残留率表现为：同一栽培条件母质＜低肥土壤＜高肥土壤；同一肥力水平土壤覆膜栽培＞不覆膜栽培，添加秸秆＜不添加秸秆（图 4－10A 和 B）。添加秸秆后总有机碳残留率随时间变化表现为 60 d 前迅速降低，60 d 后缓慢降低。

各处理对秸秆碳的残留率与总有机碳残留率影响正好相反，呈高肥土壤＜低肥土壤＜母质，覆膜栽培＜不覆膜栽培（图 4－10C 和 D），表明高肥土壤更有利于秸秆分解，而秸秆碳更有利于母质在土壤发育和熟化过程中有机质的形成。培养结束各肥力土壤秸秆碳的残留率为不覆膜母质（39.13％）＞不覆膜低肥土壤（38.71％）＞覆膜母质（33.79％）＞不

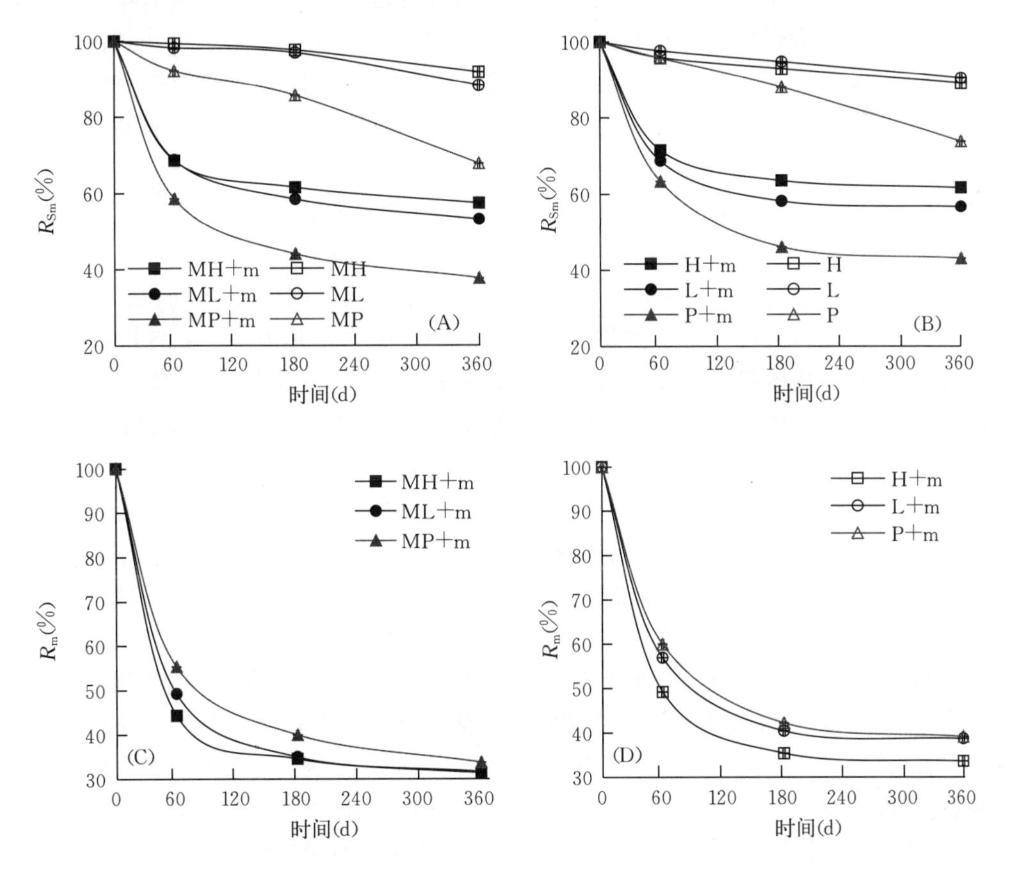

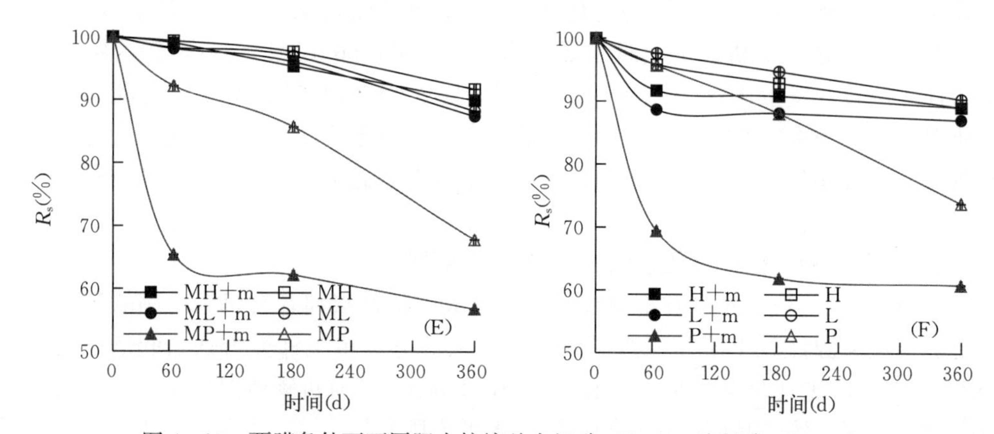

图 4-10　覆膜条件下不同肥力棕壤总有机碳（R_{Sm}）、秸秆碳（R_m）和老有机碳（R_s 和 R'_s）残留率随秸秆腐解的变化

注：MH、ML、MP 分别为覆膜高肥、覆膜低肥土壤和覆膜母质；H、L 和 P 分别为高肥、低肥土壤和母质；m 为添加秸秆处理。

覆膜高肥土壤（33.64%）>覆膜低肥土壤（31.70%）>覆膜高肥土壤（31.33%）。

老有机碳残留率与总有机碳残留率一致，表现为覆膜栽培<不覆膜栽培、加秸秆<不加秸秆、母质<低肥土壤<高肥土壤。不添加秸秆处理老有机碳残留率下降速度较为平稳，而加秸秆处理表现出 0～60 d 快速、60～180 d 相对减缓、180～360 d 又相对增快的趋势。对母质而言，老有机碳残留最少，也同样说明母质对于固持有机碳/有机质的能力较弱，需要外源物（碳）对总有机碳以及土壤本身耕性调节。培养结束老有机碳残留率为覆膜高肥（91.75%）>覆膜加秸秆高肥棕壤（89.94%）>高肥棕壤（89.06%）>加秸秆高肥棕壤（89.04%）>覆膜低肥棕壤（88.25%）>覆膜加秸秆低肥棕壤（87.39%）>加秸秆低肥棕壤（87.02%）>母质（67.80%）>覆膜加秸秆母质（56.79%）。

对总有机碳和秸秆碳进行两库腐解动力学方程拟合［式（4-8）］，结果如表 4-13 所示。添加秸秆后，各处理拟合方程均呈现很好的拟合关系，其中对于总有机碳残留率而言，除母质活性有机碳组分所占比例高于慢性有机碳组分外，其余处理均呈现慢性有机碳组分要大于活性有机碳组分，且随着肥力的增高，活性有机碳组分呈减少趋势，而慢性有机碳组分呈增加趋势，并且总体上覆膜土壤活性有机碳组分要低于不覆膜土壤，表明土壤施肥或覆膜措施促进了活性有机碳组分的分解，甚至可能引起慢性有机碳组分向活性有机碳组分的转化分解。从活性有机碳组分的变化率来看，均呈现覆膜处理变化率快于相应不覆膜处理，高肥处理变化率快于低肥，也表明覆膜或施肥加快了活性有机碳组分的变化，而慢性有机碳组分的变化率则呈现，不覆膜土壤中随肥力增高变化率加快，而覆膜土壤中则为随肥力增高变化率减弱，表明覆膜高肥土壤更利于慢性有机碳组分的积累（有机碳的固定）。综上，我们基本得出不覆膜高肥将加快活性和慢性有机碳组分的相互转化，而覆膜高肥将促使活性有机碳组分向慢性有机碳组分的转化，原因可能存在覆膜和施肥对土壤养分状况和腐解热值等产生了交互作用，需进一步研究。此外，秸秆碳腐解过程中在各处理中均呈现腐解成活性有机碳组分的能力大于腐解成慢性有机碳组分的能力，且基本上随肥力升高腐解成活性有机碳组分比例增多，变化率依然呈现和总有机碳活性和慢性有机碳组分变化率相似的情况，说明秸秆更容易被腐解成活性有机碳组分，而覆膜和施肥可能会加速活性有机碳组分向慢性有机碳组分的转化，原因可能存在覆膜和施肥对土壤养分状况和腐解热值等产生了交互作用，需进一步研究。

表 4-13　秸秆腐解过程中不同覆膜不同肥力总有机碳和秸秆碳残留率的腐解动力学方程

指标	处理	拟合方程	R^2	R_a	k_a	R_{sl}	k_{sl}	k'_a	k'_{sl}
R_{Sm}	P+m	$R_{Sm}=55.2e^{-0.018t}+44.8e^{-1.12\times10^{-4}t}$	1	55.2	0.018	44.8	1.12×10^{-4}	6.44	0.04
	L+m	$R_{Sm}=41.8e^{-0.023t}+58.2e^{-7.76\times10^{-5}t}$	1	41.8	0.023	58.2	7.76×10^{-5}	8.14	0.03
	H+m	$R_{Sm}=35.2e^{-0.026t}+64.8e^{-1.38\times10^{-4}t}$	1	35.2	0.026	64.8	1.38×10^{-4}	9.47	0.05
	MP+m	$R_{Sm}=49.7e^{-0.026t}+50.3e^{-8.03\times10^{-4}t}$	1	49.7	0.026	50.3	8.03×10^{-4}	9.22	0.29
	ML+m	$R_{Sm}=36.2e^{-0.028t}+63.8e^{-5.11\times10^{-4}t}$	1	36.2	0.028	63.8	5.11×10^{-4}	9.93	0.18
	MH+m	$R_{Sm}=34.1e^{-0.035t}+65.9e^{-3.86\times10^{-4}t}$	1	34.1	0.035	65.9	3.86×10^{-4}	12.54	0.14
R_m	P+m	$R_m=58.5e^{-0.019t}+41.5e^{-1.66\times10^{-4}t}$	1	58.5	0.019	41.5	1.66×10^{-4}	6.77	0.06
	L+m	$R_m=60.8e^{-0.02t}+39.2e^{-3.64\times10^{-5}t}$	1	60.8	0.020	39.2	3.64×10^{-5}	7.36	0.01
	H+m	$R_m=64e^{-0.026t}+36e^{-1.92\times10^{-4}t}$	1	64.0	0.026	36.0	1.92×10^{-4}	9.29	0.07
	MP+m	$R_m=53.9e^{-0.026t}+46.1e^{-8.62\times10^{-4}t}$	1	53.9	0.026	46.1	8.62×10^{-4}	9.22	0.31
	ML+m	$R_m=62.5e^{-0.026t}+37.5e^{-4.66\times10^{-4}t}$	1	62.5	0.026	37.5	4.66×10^{-4}	9.51	0.17
	MH+m	$R_m=62e^{-0.035t}+38e^{-5.32\times10^{-4}t}$	1	62.0	0.035	38.0	5.32×10^{-4}	12.61	0.19

注：拟合方程样品数为 12 个；R_{Sm}（%）和 R_m（%）分别为秸秆土壤混合物总有机碳残留率和混合物中秸秆碳残留率；R_a（%）和 k_a（%/d）为活性有机碳组分占残留碳的比例和日变化率；R_{sl}（%）和 k_{sl}（%/d）为慢性有机碳组分占残留碳的比例和日变化率；R_a 和 R_a 之和为 100；k'_a(%/a) 为活性有机碳组分年变化率；k'_{sl}(%/a) 为慢性有机碳组分年变化率。

(四) 老有机碳的固定

添加秸秆后土壤老有机碳含量呈下降的趋势，但不覆膜高低肥棕壤的下降均大于相应覆膜棕壤，并且覆膜棕壤下降的最大值比不覆膜棕壤滞后一个时间段（图 4-11），说明

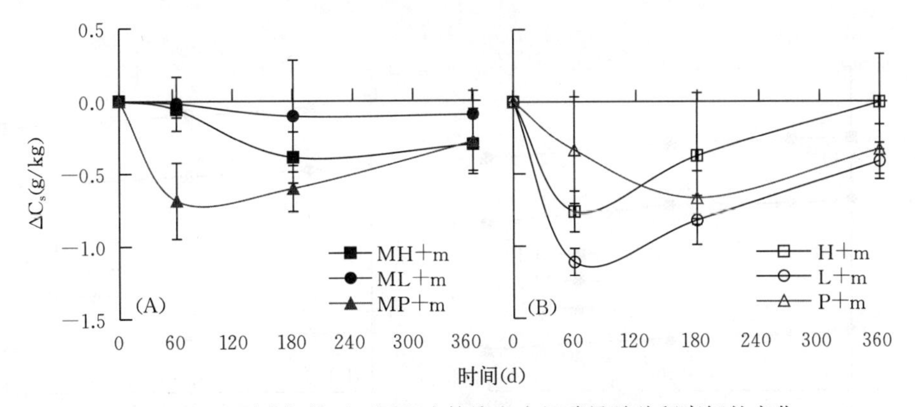

图 4-11　覆膜条件下不同肥力棕壤老有机碳量随秸秆腐解的变化

注：MH、ML、MP 分别为覆膜高肥、覆膜低肥土壤和覆膜母质；H、L 和 P 分别为不覆膜高肥、低肥土壤和母质；m 为添加秸秆处理。

不覆膜棕壤有机碳对秸秆碳添加的响应更敏感，且 60 d 之后呈现下降减弱并伴有负向激发效应或固碳潜力的趋势。在不同肥力棕壤之间，不覆膜棕壤中低肥棕壤的下降明显高于高肥，而覆膜棕壤中低肥棕壤的下降要低于高肥棕壤，这表明覆膜影响了棕壤高低肥养分的释放，可能引起对秸秆碳响应的差异，需要今后进一步探讨。对于母质而言，试验期内，总体上母质老有机碳受秸秆碳添加的影响呈现减少的趋势，但是却存在正向激发和负向激发效应的差异，覆膜条件相对不覆膜条件加快了正向激发效应的产生，覆膜加快了秸秆碳活性组分的分解，从而加快了正向激发效应。

此外，秸秆碳的添加对老有机碳含量产生影响的同时，也对总有机碳储量及其变化产生了影响。秸秆碳的添加显著增加了总有机碳储量（图 4-12A 和 B），但各肥力间的差异仍然与不添加秸秆一样，即高肥棕壤总有机碳储量＞低肥棕壤＞母质，覆膜依然引起各肥力土壤总有机碳储量的下降，并且添加秸秆后天总有机碳储量依然呈现 0～60 d 减少最大，随后渐缓的趋势。总有机碳储量的变化在覆膜与不覆膜土壤中均呈现增加趋势，但覆膜土壤的增加小于不覆膜土壤的增加，且均呈现母质＞低肥棕壤＞高肥棕壤，表明秸秆碳在覆膜土壤中损失的较多，土壤有机碳来自秸秆碳补充的储量较小。

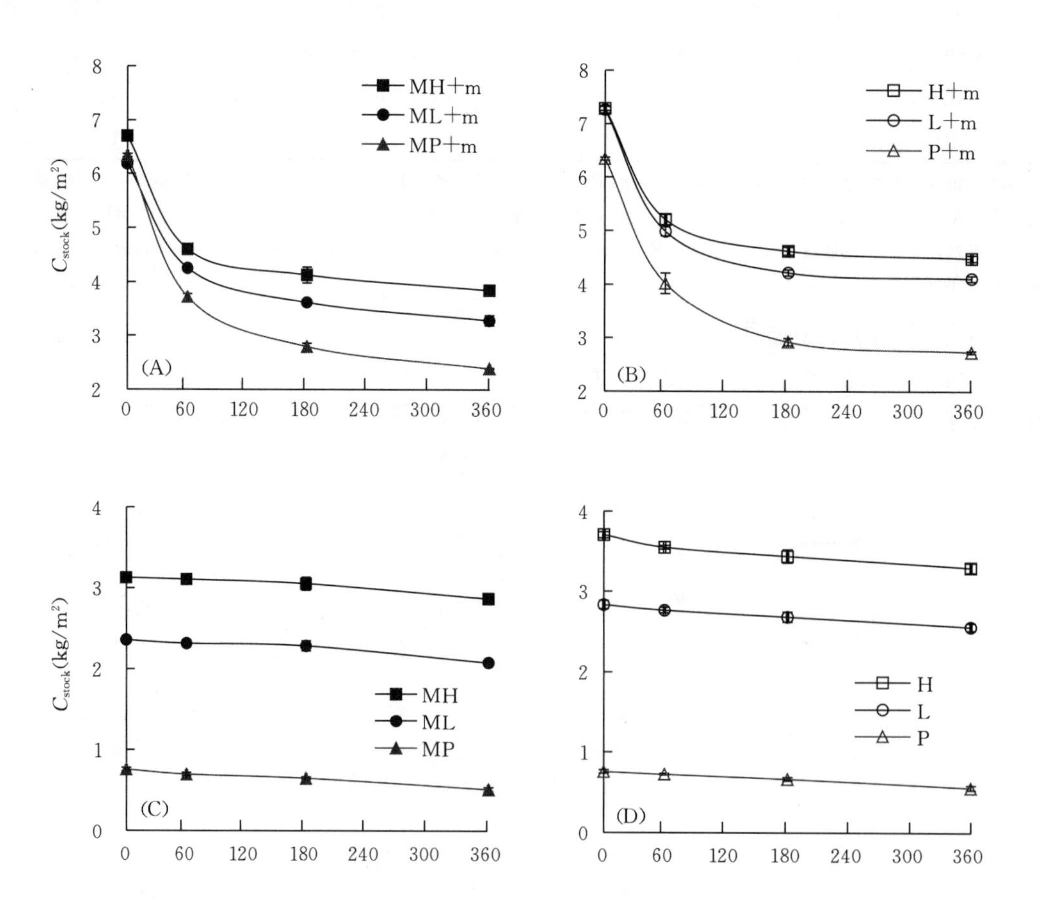

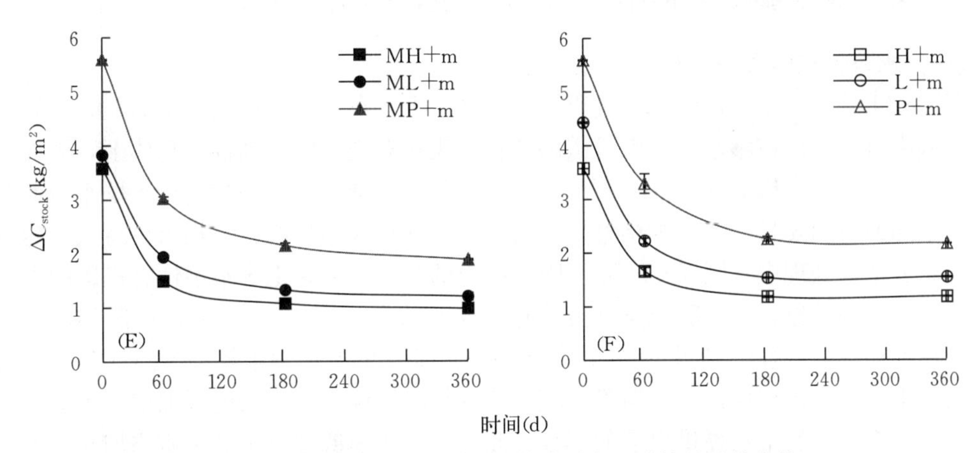

图 4-12　覆膜条件下不同肥力棕壤总有机碳储量及其变化

注：MH、ML、MP 分别为覆膜高肥、覆膜低肥土壤和覆膜母质；H、L 和 P 分别为高肥、低肥土壤和母质；m 为添加秸秆处理。

（五）土壤有机碳的周转情况

外源秸秆碳的加入对老有机碳含量的变化产生了影响，同样也影响了老有机碳的周转和驻留时间。图 4-13 反映了不同覆膜条件不同肥力老有机碳平均驻留时间的情况。从图中可以看出，随着秸秆碳的腐解，老有机碳的驻留能力增强，高肥、低肥和母质之间随时间存在明显的差异，在添加秸秆的覆膜和不覆膜土壤中均表现为高肥棕壤平均驻留时间>低肥棕壤平均驻留时间>母质棕壤平均驻留时间，表明肥力越高的土壤自身有机碳抵抗外源碳影响的能力越强，对自身老有机碳的保护相对较强。

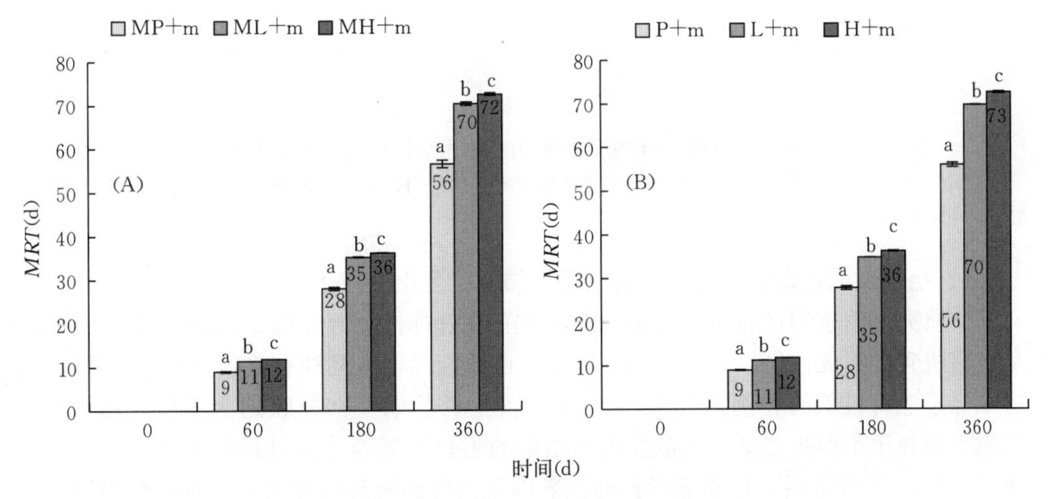

图 4-13　覆膜条件下不同肥力棕壤有机碳平均驻留时间的变化

注：MH、ML、MP 分别为覆膜高肥、覆膜低肥土壤和覆膜母质；H、L 和 P 分别为高肥、低肥土壤和母质；m 为添加秸秆处理；不同小写字母代表同一时期不同处理间的差异，$P<0.05$。

三、地膜覆盖条件下不同肥力棕壤水溶性有机碳的变化

（一）水溶性有机碳含量与 $\delta^{13}C$ 值的变化

图 4－14 反映的是秸秆碳腐解过程中棕壤（全土）水溶性有机碳含量的随时间的变化情况。从中可以看出棕壤水溶性有机碳的变化呈现相对规律的波动性。总体上，添加秸秆处理的土壤水溶性有机碳含量高于不添加秸秆处理的土壤，并且添加秸秆土壤水溶性有机碳含量增加的时间要长于不添加秸秆处理的土壤，这将为作物的生长提供更持久的养分供应。在添加秸秆处理中（图 4－14A），随着肥力的升高，覆膜土壤水溶性有机碳的含量呈现出"早衰"的迹象，即高肥土壤水溶性有机碳下降发生在 160 d 左右，低肥和母质发生下降。在不加秸秆处理中（图 4－14B），这种"早衰"的迹象发生较为提前（60 d 左右），覆膜土壤水溶性有机碳均低于不覆膜土壤，这种差异性说明秸秆碳的添加增加了更多的可溶性物质，为作物的生长提供更多的养分。此外，不覆膜低肥棕壤和母质添加与不添加秸秆均呈现一直增加趋势，反映覆膜可能会引起养分持久供应问题或可溶性碳的流失问题。试验期末，总体上覆膜土壤水溶性有机碳低于不覆膜土壤，也说明覆膜土壤可溶性碳可能存在流失问题。

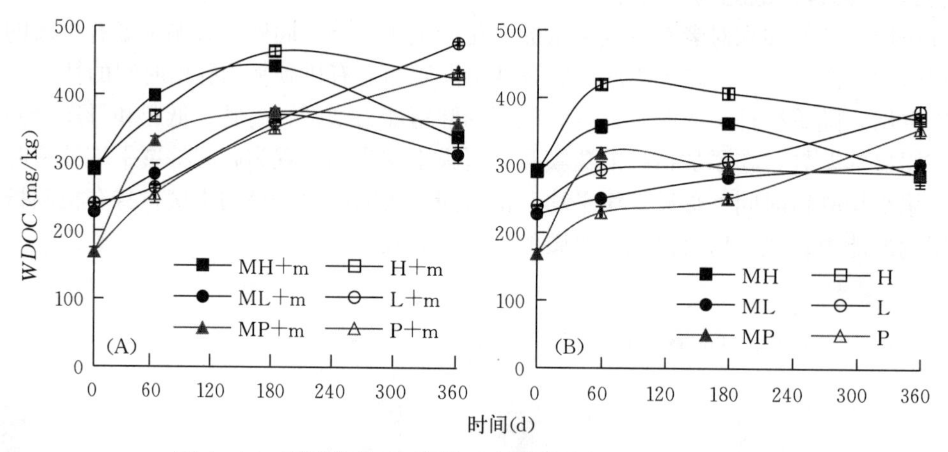

图 4－14 覆膜条件下不同肥力棕壤水溶性有机碳含量变化

注：MH、ML、MP 分别为覆膜高肥、覆膜低肥土壤和覆膜母质；H、L 和 P 分别为高肥、低肥土壤和母质；m 为添加秸秆处理。

（二）秸秆碳和老有机碳对水溶性有机碳贡献的变化

上文研究表明水溶性有机碳对秸秆碳种类存在选择性，因此这也将影响秸秆碳在土壤水溶性有机碳的组成比例。如图 4－15 所示，试验期内，水溶性有机碳中标记秸秆碳的比例适中低于老有机碳的比例。其中，0～60 d（生长前期）秸秆碳的比例呈现增加趋势，且覆膜土壤高于不覆膜土壤，可能反映出植物的生长所需养分的过程胁迫秸秆 ^{13}C 并入水溶性有机碳，而 60 d 后，植物需求相对减弱以及秸秆碳腐解的加大，导致秸秆 ^{13}C 在水溶性有机碳比例的降低。

（三）水溶性有机碳变化与周转情况

覆膜土壤水溶性有机碳含量在 0～180 d 呈现增加，180 d 后呈现减少趋势；而不覆膜

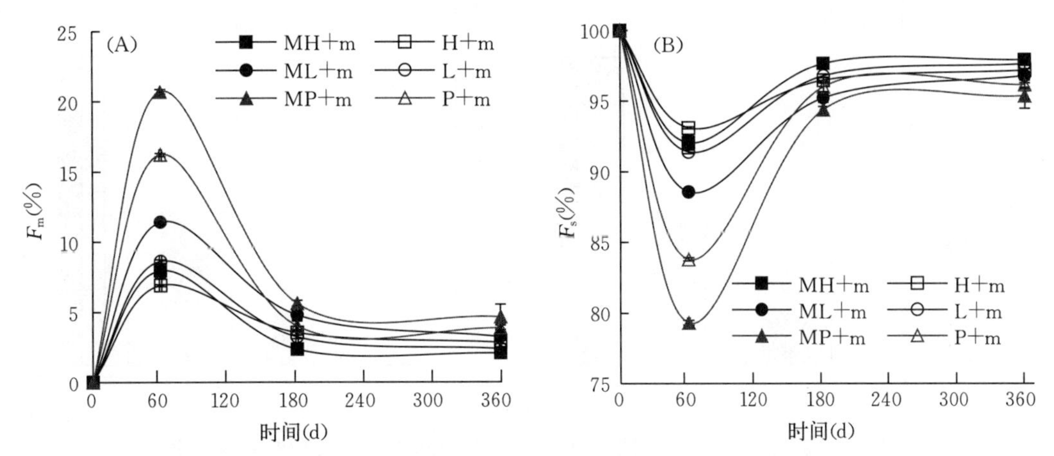

图 4-15　覆膜条件下不同肥力棕壤水溶性有机碳中秸秆碳（F_m）和老有机碳（F_s）贡献比变化

注：MH、ML、MP 分别为覆膜高肥、覆膜低肥土壤和覆膜母质；H、L 和 P 分别为高肥、低肥土壤和母质；m 为添加秸秆处理。

土壤水溶性有机碳含量在 0～60 d 呈现减少，之后呈现增加趋势；且在 0～180 d 内均呈现覆膜土壤大于不覆膜土壤（图 4-16），表明覆膜土壤对秸秆碳腐解的反馈更快，固化了更多的秸秆碳进入水溶性有机碳。在不同肥力土壤之间，覆膜土壤显示出高肥土壤更具备将秸秆碳转化成水溶性有机碳的能力，而不覆膜土壤则相反，表明覆膜与不覆膜土壤将秸秆碳转化成水溶性有机碳的机制有差异，需要进一步研究。对于母质而言，不覆膜母质中总体呈现进入了更多的秸秆碳成为水溶性有机碳，表明覆膜降低了秸秆碳转化为母质水溶性有机碳的含量，原因可能是母质覆膜增加了秸秆碳的分解从而减少了其并入水溶性有机碳的量。随着秸秆的腐解，老水溶性有机碳的平均驻留时间依然呈现逐渐增加的趋势（图 4-17），这与老有机碳对水溶性有机碳的贡献比占优有直接关系。

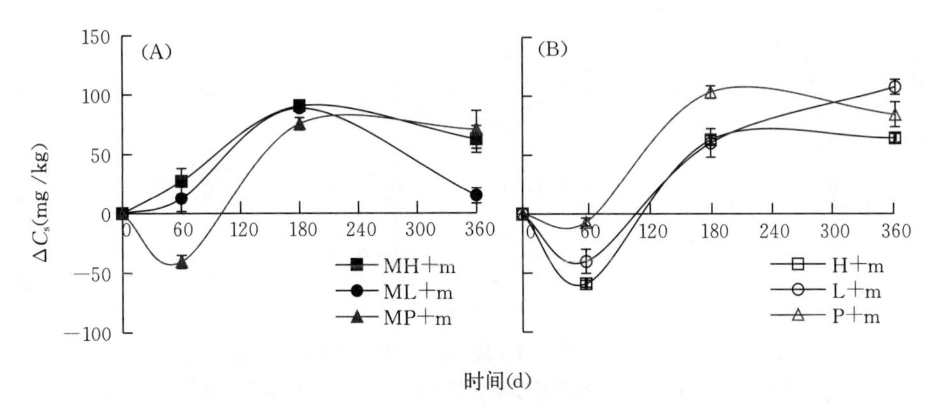

图 4-16　覆膜条件下不同肥力棕壤老水溶性有机碳量随秸秆腐解的变化

注：MH、ML、MP 分别为覆膜高肥、覆膜低肥土壤和覆膜母质；H、L 和 P 分别为高肥、低肥土壤和母质；m 为添加秸秆处理。

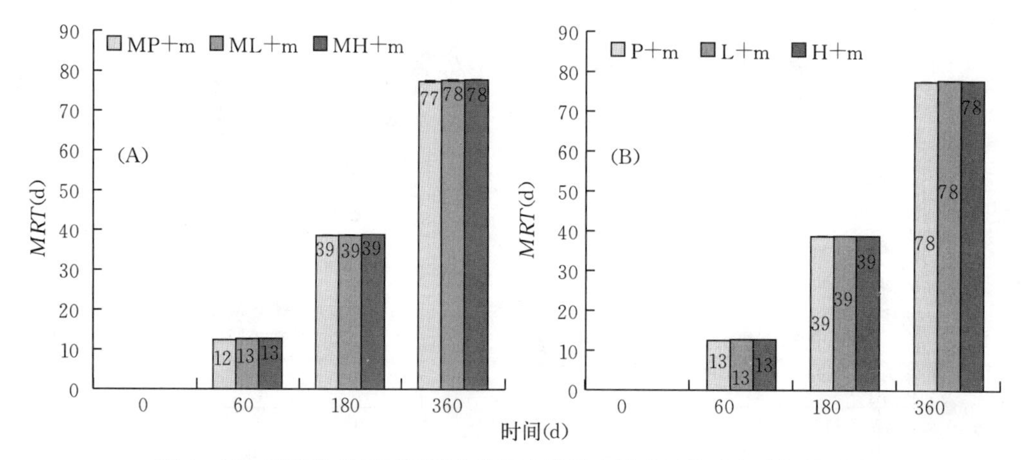

图 4-17　覆膜条件下不同肥力棕壤水溶性有机碳平均驻留时间的变化

注：MH、ML、MP 分别为覆膜高肥、覆膜低肥土壤和覆膜母质；H、L 和 P 分别为高肥、低肥土壤和母质；m 为添加秸秆处理。

四、地膜覆盖条件下不同肥力棕壤微生物量碳的变化

（一）微生物量碳含量变化

图 4-18 为秸秆碳腐解过程中，土壤微生物量碳的变化。可以看出秸秆碳的添加显著提高了各处理土壤的微生物量碳含量，且覆膜土壤均高于不覆膜土壤，说明覆膜和外源碳的添加有助于增加土壤微生物量碳，且覆膜对土壤添加秸秆碳的响应较快。加秸秆处理中，各处理均呈现 0～60 d 增加后降低的趋势，而后期的降低与秸秆碳腐解下降有关。

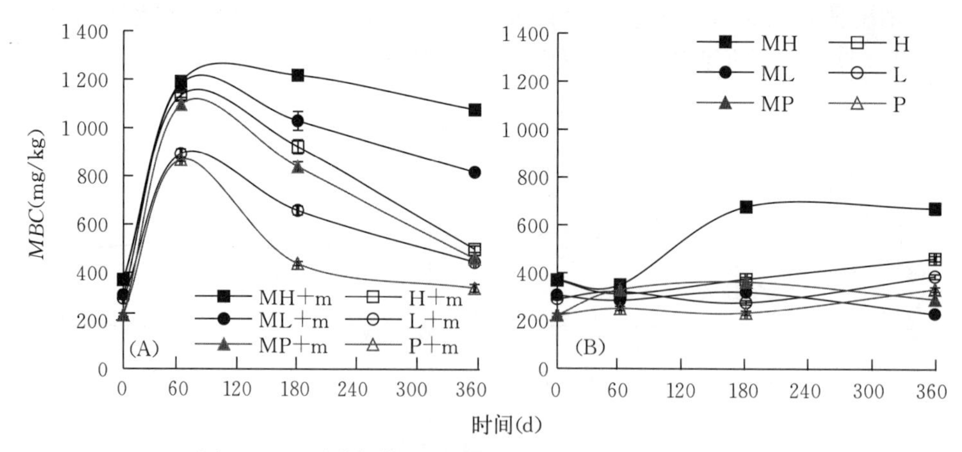

图 4-18　覆膜条件下不同肥力棕壤微生物量碳含量变化

注：MH、ML、MP 分别为覆膜高肥、覆膜低肥土壤和覆膜母质；H、L 和 P 分别为高肥、低肥土壤和母质；m 为添加秸秆处理。

（二）秸秆碳和老有机碳对微生物量碳贡献的变化

添加秸秆后秸秆碳和老有机碳对土壤微生物量碳贡献的变化基本呈现先增加（0～

60 d）后降低的趋势，但增加和降低的幅度有所差异（图 4-19）。总体上，不覆膜土壤秸秆碳的贡献要大于老有机碳的贡献，而覆膜土壤则相反，说明新的土壤微生物量碳在覆膜土壤中转移的速度较快。从肥力水平看，试验期末，秸秆碳比例在不覆膜土壤表现出高肥大于低肥，覆膜土壤表现出低肥大于高肥，说明覆膜影响了土壤肥力对秸秆碳并入的差异，加快了高肥土壤秸秆碳在微生物碳中的周转。对母质而言，覆膜加快了秸秆碳并入微生物量碳的能力，更有助于母质熟化过程的完成，以及土壤耕性的改善。

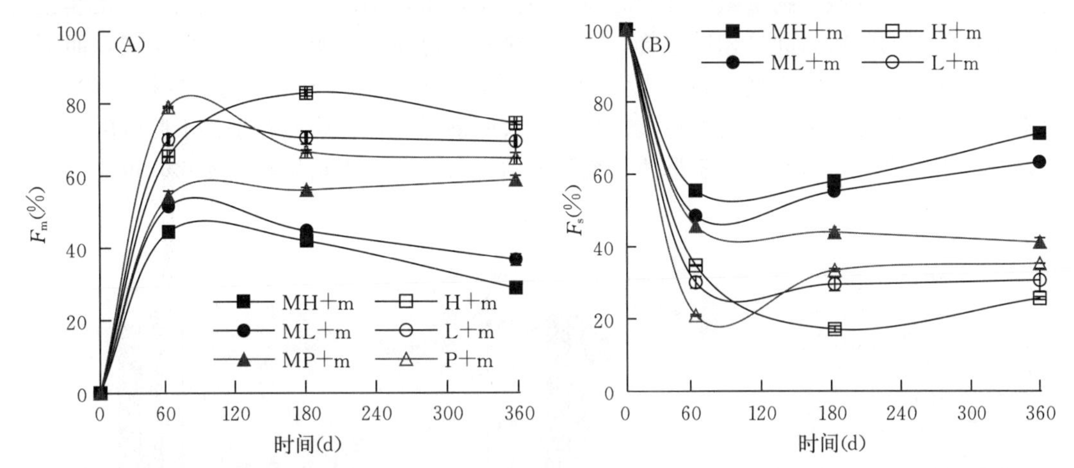

图 4-19　覆膜条件下不同肥力棕壤微生物量碳中秸秆碳（F_m）和老有机碳（F_s）贡献比变化

注：MH、ML、MP 分别为覆膜高肥、覆膜低肥土壤和覆膜母质；H、L 和 P 分别为高肥、低肥土壤和母质；m 为添加秸秆处理。

（三）微生物量碳变化与周转情况

不覆膜土壤老有机碳含量的变化除高肥 0～60 d 呈现增加外，其余处理和时间均呈现减少趋势（图 4-20），即秸秆碳的加入对老微生物量碳成正向激发作用，但低肥土壤的正向激发要低于高肥土壤；而在覆膜土壤中，高低肥处理呈 0～60 d 剧增，随后降低趋势，且总体上呈现负向激发，即秸秆碳的加入减缓了老微生物量碳的损失，或有秸秆碳并

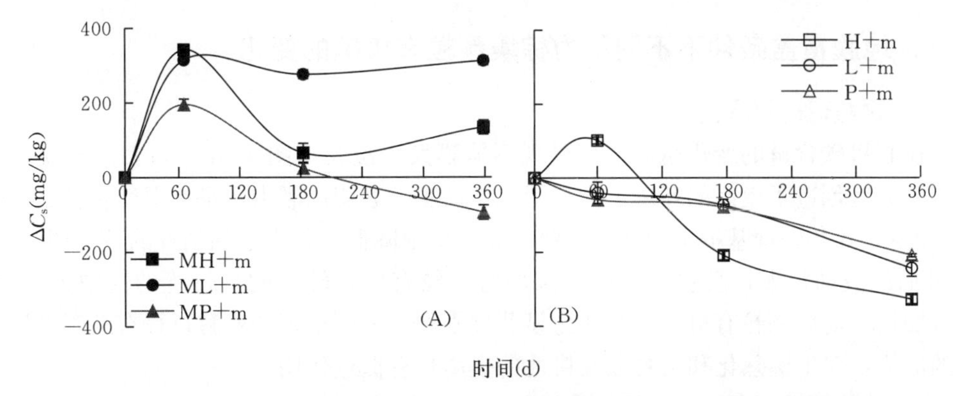

图 4-20　覆膜条件下不同肥力棕壤老微生物量碳随秸秆碳腐解的变化

注：MH、ML、MP 分别为覆膜高肥、覆膜低肥土壤和覆膜母质；H、L 和 P 分别为高肥、低肥土壤和母质；m 为添加秸秆处理。

入补充了老微生物量碳的损失。对于母质而言，生长期（0～180 d）内覆膜增加了老微生物量碳的固持，有助于其自身耕性的改善，后期的下降可能是由于冻融交替激发了老微生物量碳的分解。以上结果说明作物生长前期（0～60 d）微生物的活性旺盛，外源碳的加入更增加了它的活性。

秸秆碳的腐解除了对微生物量碳含量的影响，还对其驻留时间产生了影响。各处理老微生物量碳均呈现随着秸秆腐解期的延长平均驻留时间增加的趋势（图 4－21）。覆膜土壤总体上增加了老微生物量碳的驻留时间，而试验期末，不同肥力水平覆膜与不覆膜土壤老微生物量碳的驻留时间呈相反趋势，覆膜土壤呈现母质＜低肥土壤＜高肥土壤，而不覆膜土壤呈现母质＞低肥土壤＞高肥土壤，说明覆膜土壤高肥力的微生物活性持久性更好，而不覆膜土壤低肥力微生物活性持久性更好，表明高低肥在覆膜与否条件下肥效的发挥存在差异，仍需进一步研究。对于母质，覆膜加秸秆将加速微生物量碳的转移，可能会影响母质肥力的积累。

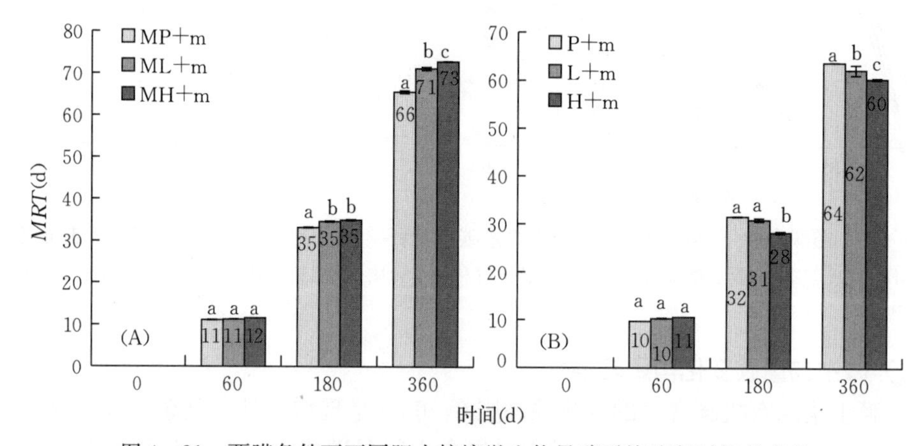

图 4－21　覆膜条件下不同肥力棕壤微生物量碳平均驻留时间的变化

注：MH、ML、MP 分别为覆膜高肥、覆膜低肥土壤和覆膜母质；H、L 和 P 分别为高肥、低肥土壤和母质；m 为添加秸秆处理；不同小写字母代表同一时期不同处理间的差异显著，$P<0.05$。

五、地膜覆盖条件下不同肥力棕壤颗粒有机碳的变化

（一）颗粒有机碳含量

颗粒有机碳含量的变化总体上均呈现不覆膜大于覆膜（图 4－22），表明覆膜为颗粒有机碳的分解创造了更好的环境，而高肥大于低肥，表明高肥力水平更促使颗粒有机碳的分解。0～60 d 各处理基本呈现增加趋势，而后出现降低，其中添加秸秆的各处理 0～60 d 与 60 d 后的波动较大，表明秸秆碳的添加对颗粒有机碳转移的进行扰动性增大。此外，母质添加秸秆前后颗粒有机碳含量变化显著且剧烈，表明秸秆的腐解过程有助于母质良好结构的形成，对土壤熟化和发育以及耕性的提高具有促进作用。

（二）秸秆碳和老有机碳对颗粒有机碳贡献的变化

添加秸秆后覆膜低肥和覆膜母质秸秆碳贡献比例高于老有机碳贡献比例；而仅覆膜高肥在 60 d 秸秆碳贡献比例高于老有机碳贡献比例（图 4－23），说明秸秆碳转化成低肥和

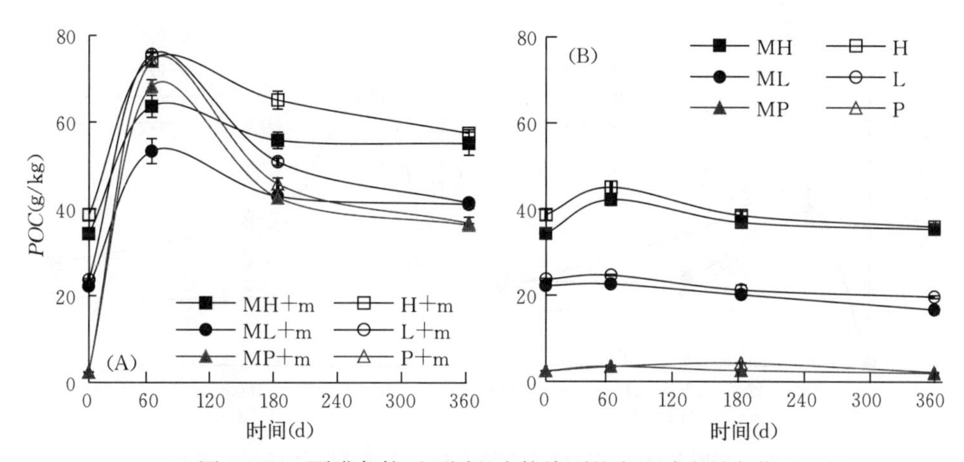

图 4-22 覆膜条件下不同肥力棕壤颗粒有机碳含量变化

注：MH、ML、MP 分别为覆膜高肥、覆膜低肥土壤和覆膜母质；H、L 和 P 分别为高肥、低肥土壤和母质；m 为添加秸秆处理。

母质颗粒有机碳的较多，而高肥土壤相对抑制了秸秆碳向颗粒有机碳转化的过程。其中 0～60 d 秸秆碳比例增长迅速而后呈现缓慢下降的趋势，表明 0～60 d 是秸秆碳对颗粒有机碳转化最敏感的时期。而母质颗粒有机碳秸秆碳和老有机碳贡献比的差异，说明秸秆的添加对母质良好结构和耕性的提高起到了促进作用。

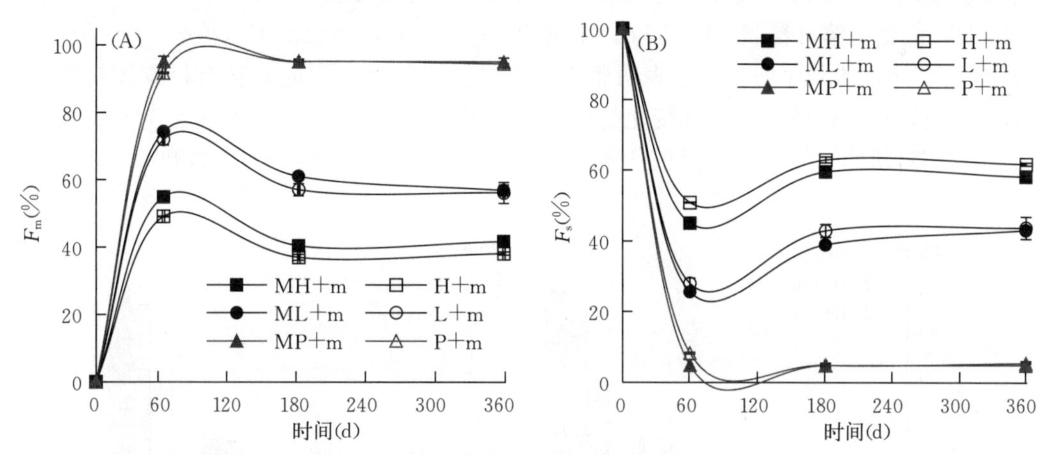

图 4-23 覆膜条件下不同肥力棕壤颗粒有机碳中秸秆碳（F_m）和老有机碳（F_s）贡献比变化

注：MH、ML、MP 分别为覆膜高肥、覆膜低肥土壤和覆膜母质；H、L 和 P 分别为高肥、低肥土壤和母质；m 为添加秸秆处理。

（三）颗粒有机碳变化与周转情况

秸秆碳的添加增加了土壤老颗粒有机碳含量（图 4-24），说明秸秆碳腐解后秸秆碳在颗粒有机碳中固定。老颗粒有机碳含量基本呈现 0～60 d 增加随后降低的变化趋势，且覆膜增加量要低于不覆膜，表明覆膜加速了秸秆碳的腐解，减少了秸秆碳在颗粒有机碳的固定。不同肥力水平土壤，0～60 d 覆膜与不覆膜土壤老颗粒有机碳均呈现低肥土壤>高

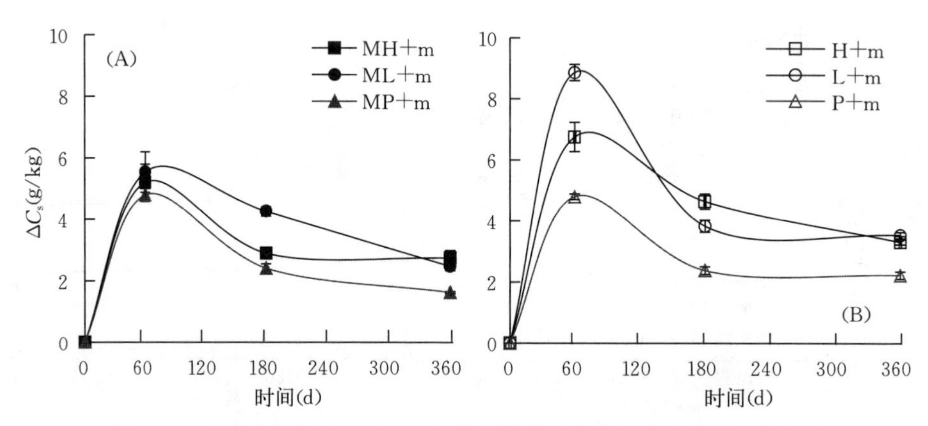

图 4-24 覆膜条件下不同肥力棕壤老颗粒有机碳随秸秆碳腐解的变化

注：MH、ML、MP 分别为覆膜高肥、覆膜低肥土壤和覆膜母质；H、L 和 P 分别为高肥、低肥土壤和母质；m 为添加秸秆处理。

肥土壤>母质；60 d 后变化波动较大；试验期末呈现覆膜高肥>覆膜低肥，不覆膜低肥>不覆膜高肥，原因可能是高肥土壤对有机碳的变化具有更强的缓冲能力，后期应对秸秆碳影响的能力较强。

不同肥力覆膜与不覆膜土壤颗粒有机碳的平均驻留时间呈逐渐增加的趋势（图 4-25）。整个试验期内，各处理土壤颗粒有机碳的平均驻留时间按母质（覆膜：0～47 d；不覆膜：0～48 d），低肥土壤（覆膜：0～66 d；不覆膜：0～66 d），高肥土壤（覆膜：0～70 d；不覆膜：0～71 d）的顺序增加。这表明肥力因素是随时间变化引起颗粒有机碳固持的主要因素。母质颗粒有机碳驻留时间变化的样式反映出由于其自身理化性状的差异对颗粒有机碳的固定相对耕作土壤较弱，但秸秆碳的加入已经对母质的性质产生了影响。

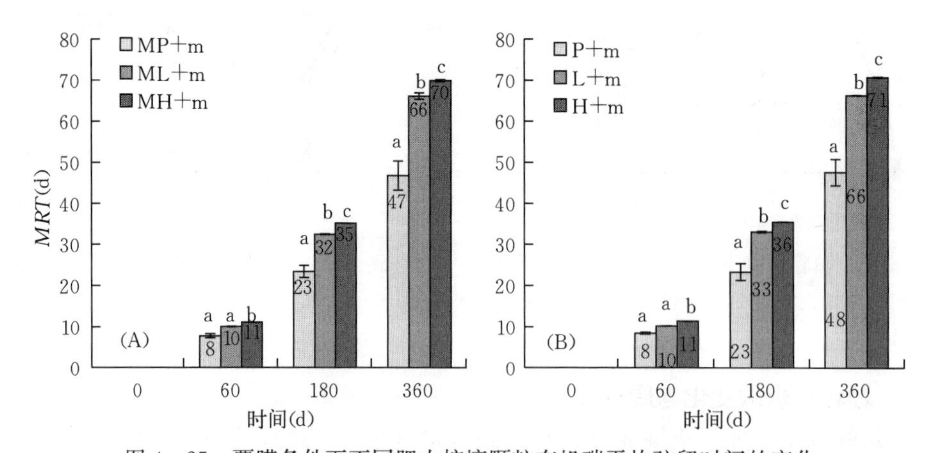

图 4-25 覆膜条件下不同肥力棕壤颗粒有机碳平均驻留时间的变化

注：MH、ML、MP 分别为覆膜高肥、覆膜低肥土壤和覆膜母质；H、L 和 P 分别为高肥、低肥土壤和母质；m 为添加秸秆处理；不同小写字母代表同一时期不同处理间的差异显著，$P<0.05$。

六、地膜覆盖条件下不同肥力棕壤有机碳组分之间及其 $\delta^{13}C$ 组成之间的关系

将所有处理土壤的有机碳及其组分含量之间以及它们相应的 $\delta^{13}C$ 值之间进行 Pearson 相关分析（表 4-14），可以发现，总有机碳含量与水溶性有机碳含量存在负相关，而与微生物量碳和颗粒有机碳含量存在显著正相关，总有机碳 $\delta^{13}C$ 值与微生物量碳和颗粒有机碳的 $\delta^{13}C$ 值存在显著正相关。以上的相关性表明水溶性有机碳含量对反映总有机碳的损失更敏感，而微生物量碳和颗粒有机碳含量的多少则更侧重反映土壤有机碳的固持能力，而总有机碳的 $\delta^{13}C$ 值对其他有机碳组分 $\delta^{13}C$ 值敏感，即总有机碳 $\delta^{13}C$ 值的升高必定能引起源自有机碳组分 $\delta^{13}C$ 值的升高。而各组分含量及其相应组分 $\delta^{13}C$ 值相关系数说明水溶性有机碳是各组分中变化最为复杂的，其余组分的含量和 $\delta^{13}C$ 值均呈现正相关。此外，水溶性有机碳、微生物量碳和颗粒有机碳之间的相关关系从量上和 $\delta^{13}C$ 值上看均呈正相关，表明棕壤（全土）各有机碳组分含量对秸秆碳的添加的响应较均一，其中微生物量碳和颗粒有机碳 $\delta^{13}C$ 值的相关性达到极显著（含量的相关系数 0.72，$\delta^{13}C$ 值的相关系数 0.9），进一步说明它们对土壤有机碳固定以及土壤肥力和质量的指示作用较突出，在土壤有机碳中的作用较强。因此，可以通过调节微生物量碳和颗粒有机碳的比例来影响土壤有机碳的分解和固定。

表 4-14　棕壤各有机碳组分之间及其 $\delta^{13}C$ 组成之间的 Pearson 相关分析

相关系数	*TOC*	*WDOC*	*MBC*	*POC*	$\delta^{13}C_{TOC}$	$\delta^{13}C_{WDOC}$	$\delta^{13}C_{MBC}$	$\delta^{13}C_{POC}$
TOC	1	—	—	—	—	—	—	—
WDOC	−0.1	1	—	—	—	—	—	—
MBC	0.33***	0.41***	1	—	—	—	—	—
POC	0.13	0.55***	0.72***	1	—	—	—	—
$\delta^{13}C_{TOC}$	0.67***	0.02	0.48***	0.38***	1	—	—	—
$\delta^{13}C_{WDOC}$	0.31***	0.14	0.77***	0.7***	0.63***	1	—	—
$\delta^{13}C_{MBC}$	0.28***	0.51***	0.82***	0.76***	0.59***	0.74***	1	—
$\delta^{13}C_{POC}$	0.22**	0.41***	0.76***	0.68***	0.69***	0.82***	0.9***	1

注：*TOC* 为总有机碳含量；*WDOC* 为水溶性有机碳含量；*MBC* 为微生物量碳含量；*POC* 为颗粒有机碳含量；$\delta^{13}C_{TOC}$为总有机碳 $\delta^{13}C$ 值；$\delta^{13}C_{WDOC}$为水溶性有机碳 $\delta^{13}C$ 值；$\delta^{13}C_{MBC}$为微生物量碳 $\delta^{13}C$ 值；$\delta^{13}C_{POC}$为颗粒有机碳 $\delta^{13}C$ 值；*、**和***分别为显著性水平 $P<0.05$、$P<0.01$ 和 $P<0.001$；—为没进行相关分析。

七、小结

秸秆碳的添加增加了覆膜与不覆膜高低肥棕壤总有机碳的含量和储量，且不覆膜高于覆膜，高肥高于低肥高于母质。高肥力和覆膜加快了秸秆碳的分解。老有机碳残留的变化与秸秆碳残留的变化相反。耕作土壤相对母质提升了对老有机碳的保护，高肥覆膜土壤虽然增加了外源秸秆碳的腐解但在后期可能由于并入老有机碳从而补偿了老有机碳的损失，引起老有机碳在高肥土壤的驻留时间高于低肥土壤。

添加秸秆碳明显增加了各处理水溶性有机碳含量，且试验期内除母质和低肥土壤呈逐

渐增高趋势外，其余基本呈现 0～180 d 增加而后降低的趋势。不覆膜土壤老水溶性有机碳含量比覆膜土壤增加趋势相对较大，试验期末覆膜高肥水溶性有机碳含量的增加要高于低肥，而不覆膜则呈相反趋势。

秸秆碳的添加总体上增加了微生物量碳含量，且主要发生在前期（60 d 前），并且呈现出高肥高于低肥，覆膜高于不覆膜，说明高肥和覆膜提高了土壤微生物的活性。添加秸秆碳后，覆膜土壤中老微生物量碳含量除母质呈现先增加后减少的趋势外，高低肥土壤均呈总体增加趋势。覆膜土壤和低肥土壤提高了秸秆碳并入老微生物量碳的能力，而母质由于养分和结构的差异对老微生物量碳的保护能力较弱。

秸秆碳的添加总体上增加了颗粒有机碳含量，仍然呈现 0～60 d 增高而后下降的趋势，且不覆膜土壤要高于覆膜土壤，低肥土壤高于高肥土壤，表明不覆膜和低肥将促进有机碳向颗粒有机碳组分的转移。秸秆碳腐解期内，低肥土壤老颗粒有机碳的周转相对较快，这样引起了老颗粒有机碳在高肥土壤中驻留时间的相对增加。

总之，秸秆分解过程中秸秆碳易于在微生物量碳和颗粒有机碳组分中固定和转移，而在水溶性有机碳中主要以老有机碳的周转为主。此外覆膜有助于推动秸秆碳向颗粒有机碳固定方向进行而老有机碳向微生物量碳方向进行，从而增加了老有机碳的潜在矿化的可能。

第五节　秸秆碳在土壤团聚体中转移与固定

土壤团聚体是土壤结构的基本单元，调节着土壤肥力元素变化，是土壤有机碳存在的场所，也是土壤有机碳的胶结产物，对土壤有机碳具有物理保护作用。其中，水稳性土壤团聚体相对干筛土壤团聚体具有更好的有利于作物生长的水稳性结构，一直以来是众多学者研究的焦点。

一、试验设计

本研究试验设计详见本章第四节试验设计部分，在此不再详述。

二、对水稳性团聚体稳定性的影响

（一）各级水稳性团聚体百分含量变化

低肥和高肥土壤大团聚体主要以 0.25～1 mm 级别团聚体为主，且覆膜栽培大团聚体（≥0.25 mm）所占比例高于不覆膜栽培（图 4-26），说明覆膜促进了大团聚体的形成。从不同时期团聚体组成的变化来看，不覆膜栽培条件下母质添加与不添加秸秆团聚体形成过程较为接近，即大团聚体先团聚（60 d 前），随后破碎形成次一级团聚体（大团聚体内部）甚至微团聚体（＜0.25 mm），而后发生大团聚体的再团聚化。母质添加秸秆后≥2 mm大团聚体高于不添加秸秆，说明秸秆的添加促进了≥2 mm 大团聚体的形成，且母质团聚化过程中更倾向于先团聚成大团聚体而后逐级破碎形成次一级团聚体或微团聚体，最后可能发生大团聚体再团聚化。不覆膜栽培低肥和高肥土壤相对母质而言，≥2 mm 大团聚体明显减少而其余级别明显增加，表明长期耕作促进了团聚体向中小级别的形成；添加秸秆明显增加了大团聚体所占比例，而微团聚体比例减小。不添加秸秆低肥呈现先形成大

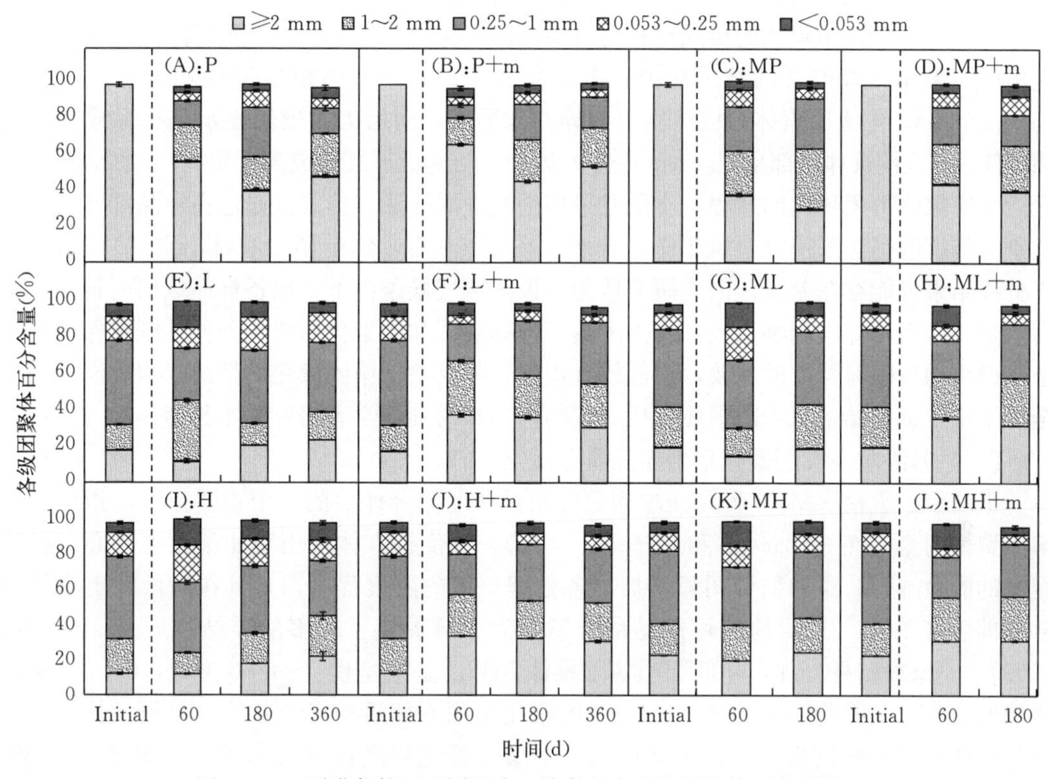

图 4-26 覆膜条件下不同肥力土壤各级水稳性团聚体百分含量*

注：MH、ML、MP 分别为覆膜高肥、低肥土壤和母质；H、L 和 P 分别为不覆膜高肥、低肥土壤和母质；m 为添加秸秆处理。

团聚体（主要以 0.25～1 mm 为主，而≥2 mm 比例小），随后<1 mm 团聚体增多（主要是 0.25～1 mm 和 0.053～0.25 mm），而≥1 mm 减少（但≥2 mm 仍呈增多趋势），培养结束大团聚体各级别均呈增多的趋势，这与上面母质团聚体形成过程基本相似。而添加秸秆低肥土壤团聚体形成基本呈现相反趋势，初期仍以大团聚体居多，随后在大团聚体内部各级别进行分化由≥2 mm 向 0.25 mm 逐级形成次一级团聚体，表明秸秆腐解对于大团聚体内部的分化影响较大。对于高肥土壤而言，不添加秸秆处理大团聚体（≥0.25 mm）随时间呈逐渐增加，而微团聚体（<0.25 mm）呈逐渐减小的趋势，表明试验期内高肥土壤向着大团聚体化方向发展；但添加秸秆处理呈相反趋势，即大团聚体内部出现继续分化的趋势，表明秸秆添加促进了大团聚体的形成，但这种形成主要是向次一级大团聚体的方向进行，且可能存在大团聚体向微团聚体分化的迹象。对于覆膜土壤而言，0～180 d 不添加和添加秸秆处理基本呈现大团聚体占优的比例，并基本伴随着微团聚体减少而大团聚体增加的趋势，且这种大团聚体增加呈现由次一级向高一级团聚的趋势。其中添加秸秆处理对于大团聚体特别是>2 mm 级别增加明显。从总体上，覆膜和秸秆添加都在不同程度促进

* 代表本研究仅对覆膜土壤 0～180 d 样品进行分级和相应有机碳含量和 ^{13}C 同位素的测定。下同。

了大团聚体的形成，只是大团聚体内部存在不同级别转化的差异。

综上，本研究团聚体的形成过程与 Tisdall 和 Oades（1982）和 Six 等（1998，2000）提出的团聚体等级概念的结果相似。本研究发现棕壤团聚体形成过程基本为大团聚体（≥0.25 mm，但大团聚体组成级别有差异）先形成，而后大团聚体逐步破碎形成次一级团聚体（在大团聚体内部呈现≥2 mm 至 0.25 mm 的逐级形成）或微团聚体（＜0.25 mm），最后大团聚体再团聚化的过程。本研究采用的改进湿筛法与传统湿筛法在样品准备上略有差别（传统湿筛法采用完全风干土，含水量在 2%左右，然后预浸泡排出空气），因此对于分级结果可能存在差异。但本研究认为在该区域气候条件下，准备样品以田间日常平均含水量（接近于棕壤凋萎系数）作为土壤微生物活性和团聚化形成的条件，既能保证测定土壤微生物量碳对鲜样的需要，也能接近田间实际反映土壤团聚化的情况，因此没采用完全风干土，试验结果对于团聚体形成过程的描述却与其他学者研究基本相似。

（二）各级水稳性团聚体平均重量直径变化

平均重量直径（MWD）是土壤团聚体质量状况综合评价的一个重要指标，指示着土壤团聚体的稳定性（Spaccini 和 Piccolo，2013），其值越大体现土壤团聚程度越高，抵抗侵蚀的能力越强。添加秸秆明显增加了各处理土壤的团聚程度，尤其在高低肥土壤培养 60 d 前后（图 4－27），原因可能是秸秆腐解为土壤提供了较多的胶结物质（Sodhi 等，2009）。不添加秸秆处理，高低肥土壤团聚体 MWD 基本呈现 0～60 d 降低，60 d 后缓慢增加的趋势，表明前期（0～60 d）土壤团聚化作用不如后期（60 d 后）强烈，其原因可能为后期物质分解较为稳定，相对增加了土壤团聚化程度；覆膜高肥土壤团聚体 MWD 高于覆膜低肥土壤，但不覆膜高肥土壤略低于或基本接近不覆膜低肥；试验期末，不覆膜高低肥土壤团聚体 MWD 差异不大。添加秸秆处理，高低肥土壤团聚体 MWD 均呈 0～60 d增加而后降低的趋势，表明秸秆腐解前期为土壤提供了较多的胶结物质，而后随秸秆腐解土壤胶结物质有所下降，土壤的团聚化作用相对降低；覆膜土壤团聚体 MWD 低于不覆膜，低肥土壤低于高肥。添加秸秆覆膜低肥土壤和不添加秸秆覆膜高肥土壤的团聚化作用较其他处理强，其原因有待进一步研究。此外，母质添加秸秆与不添加秸秆处理中，

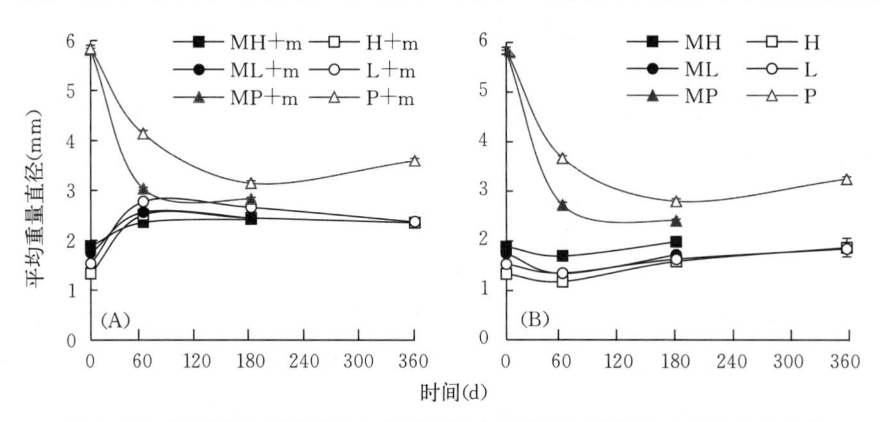

图 4－27　覆膜条件下不同肥力土壤各级水稳性团聚体平均重量直径的变化

注：MH、ML、MP 分别为覆膜条件下高肥、低肥土壤和母质；H、L 和 P 分别为不覆膜条件下高肥、低肥土壤和母质；m 为添加秸秆处理。

覆膜与不覆膜土壤水稳性团聚体 MWD 变化趋势基本相同，均呈现先减少后增加的趋势，表明秸秆腐解对于发育较弱的母质的胶结能力存在着“滞后现象”，说明母质团聚体的形成需要更多的胶结物质和更长的时间。

三、对水稳性团聚体总有机碳的影响

（一）各级水稳性团聚体总有机碳浓度

秸秆的添加明显增加了覆膜和不覆膜各级水稳性团聚体总有机碳的浓度（图 4－28）。不添加秸秆处理，母质和高肥土壤各级团聚体有机碳浓度波动相对较大，说明母质扰动改变了团聚体分级情况，使有机碳向微团聚体和中等团聚体富集。低肥和高肥土壤不添加秸秆处理团聚体有机碳浓度变化相对较平缓，表现为中等偏大团聚体（1～2 mm 和 0.25～1 mm）有机碳富集较多，微团聚体相对较少，表明耕作土壤团聚体有机碳更容易向团聚化方向富集；高肥土壤各级团聚体富集有机碳多于低肥土壤；≥2 mm 和 0.053～0.25 mm有机碳浓度随培养时间变化减少，而 1～2 mm、0.25～1 mm 和<0.053 mm 略有增多，表明团聚体有机碳可能向相邻级别转移。添加秸秆明显提高了各级团聚体有机碳浓度，且在 0～60 d 均呈增加趋势，0.053～0.25 mm、0.25～1 mm 和≥2 mm 团聚体有机碳浓度富集多于其他级别团聚体，原因可能与这些级别团聚体中存在更多有助于胶结、固

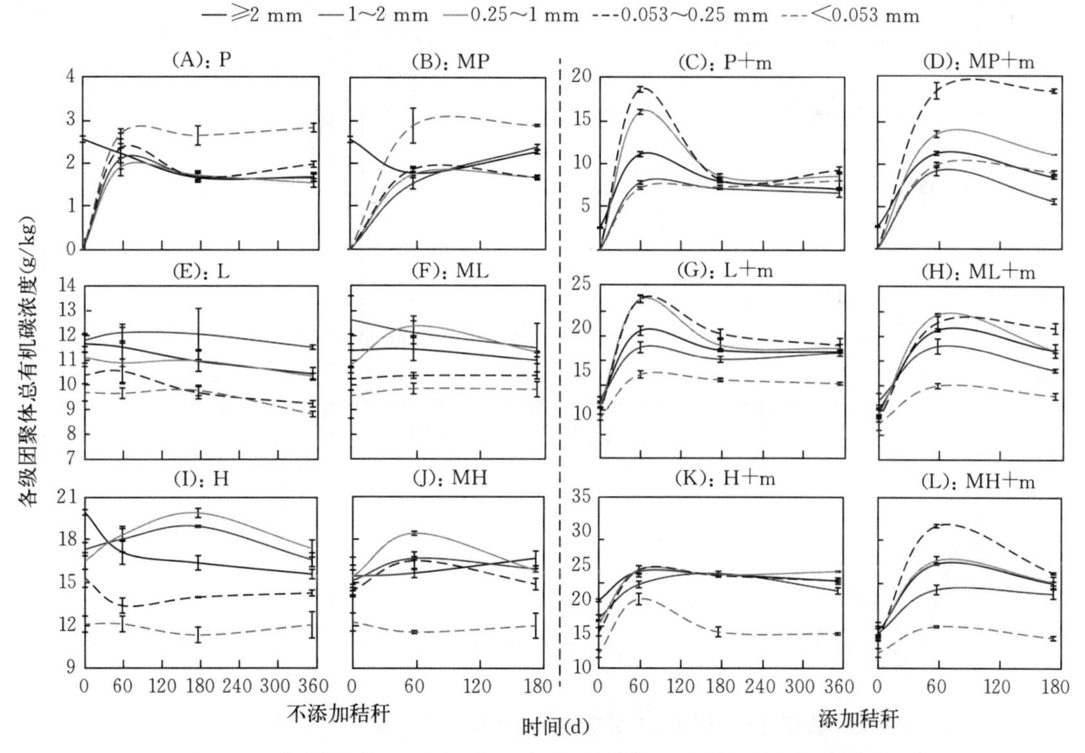

图 4－28　覆膜条件下不同肥力土壤各级水稳性团聚体总有机碳浓度变化

注：MH、ML、MP 分别为覆膜条件下高肥、低肥土壤和母质；H、L 和 P 分别为不覆膜条件下高肥、低肥土壤和母质；m 为添加秸秆处理。

持秸秆活性组分分解的物质；但随后各级别团聚体基本呈下降至平缓趋势，主要受秸秆分解减弱的影响。

（二）秸秆碳和老有机碳对各级水稳性团聚体有机碳的贡献

各级团聚体秸秆碳对总有机碳的贡献随肥力增加而降低（图 4－29）。在整个培养期

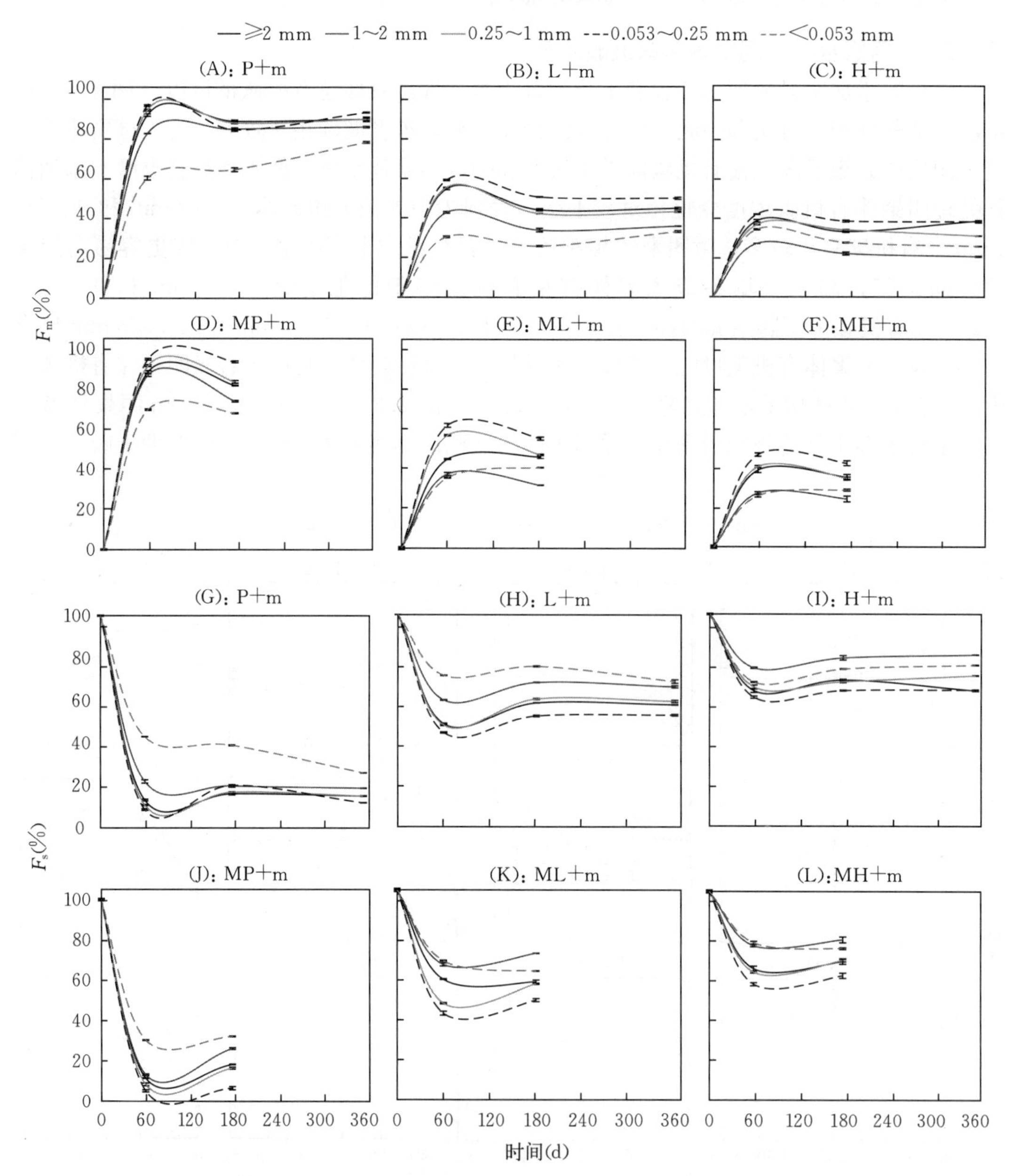

图 4－29 覆膜条件下不同肥力土壤各级水稳性团聚体总有机碳中秸秆碳（F_m）和老有机碳（F_s）贡献比的变化

注：MH、ML、MP 分别为覆膜条件下高肥、低肥土壤和母质；H、L 和 P 分别为不覆膜条件下高肥、低肥土壤和母质；m 为添加秸秆处理。

间母质团聚体中秸秆碳占有机碳的比例大于老有机碳的比例，而高肥土壤秸秆碳的比例小于老有机碳的比例，表明高肥土壤更有利于秸秆碳的分解。覆膜加速秸秆碳的分解从而减少了其对总有机碳的贡献比。0.053～0.25 mm、0.25～1 mm 和≥2 mm 团聚体秸秆碳贡献比始终占优。

（三）各级水稳性团聚体老有机碳的固定

图 4-30 反映了添加秸秆后不同覆膜条件不同肥力水平棕壤团聚体老有机碳浓度的变化情况。覆膜条件下土壤添加秸秆后，各级团聚体老有机碳浓度随时间变化表现为先增加后降低趋势，表明覆膜引起了秸秆碳腐解并进入了团聚体有机碳中从而总体上使团聚体老有机碳呈负激发效应，且大团聚体（≥0.25 mm）有机碳浓度富集效果更显著。不覆膜条件下，随土壤肥力的升高各级团聚体老有机碳呈较规律的变化，并表现为高肥力水平更促进秸秆碳腐解并入进了团聚体有机碳中从而总体上引起团聚体老有机碳呈负激发效应，同样大团聚体（≥0.25 mm）有机碳浓度的富集效果更显著。从时间来看，0～60 d 富集效果最明显，随后呈不同程度下降的趋势，而高肥＋秸秆处理≥2 mm 在 360 d 的反弹样式说明可能存在大团聚体的再团聚化作用，有待进一步研究。

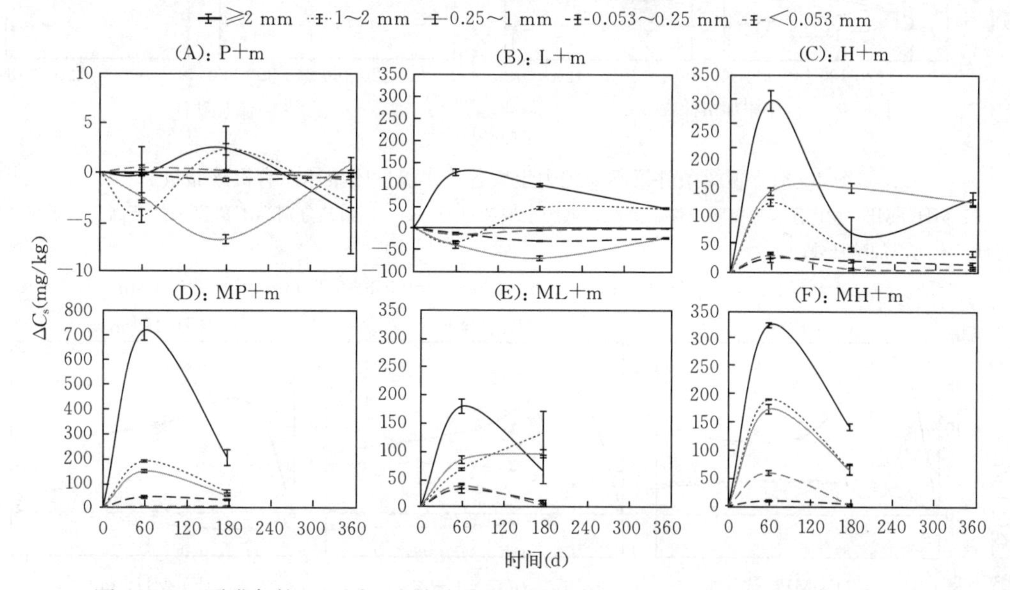

图 4-30　覆膜条件下不同肥力棕壤水稳性团聚体老有机碳浓度随秸秆腐解的变化

注：MH、ML、MP 分别为覆膜条件下高肥、低肥土壤和母质；H、L 和 P 分别为不覆膜条件下高肥、低肥土壤和母质；m 为添加秸秆处理。

覆膜不添加秸秆的处理，母质≥2 mm 级别团聚体有机碳储量随时间减少而<2 mm 级别增加（图 4-31），表明覆膜将促进母质大团聚体有机碳储量的减少，这也为耕作土壤肥力的提升提供了有力的依据；而低肥和高肥土壤除 0.25～1 mm 级别储量随时间变化差异较小外，其余级别团聚体有机碳储量呈现互补的趋势，且随肥力的增高这种互补主要发生在≥2 mm 级别和<2 mm 级别团聚体之间（图 4-31）。秸秆碳的添加显著增加了各级团聚体有机碳储量，且基本呈先增加后降低的趋势。添加秸秆与不添加秸秆处理间各级别团聚体总有机碳储量的差异（图 4-32）显示覆膜减少了团聚体老有机碳储量的变化，

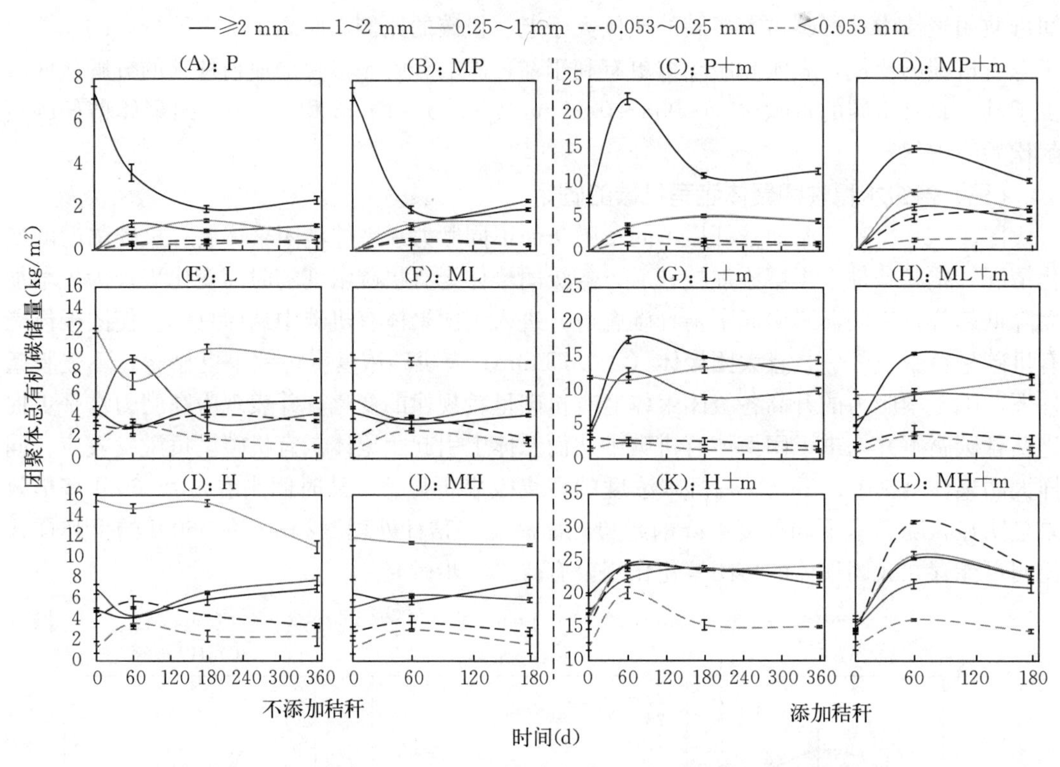

图 4-31 覆膜条件下不同肥力土壤各级水稳性团聚体总有机碳储量

注：MH、ML、MP 分别为覆膜条件下高肥、低肥土壤和母质；H、L 和 P 分别为不覆膜条件下高肥、低肥土壤和母质；m 为添加秸秆处理。

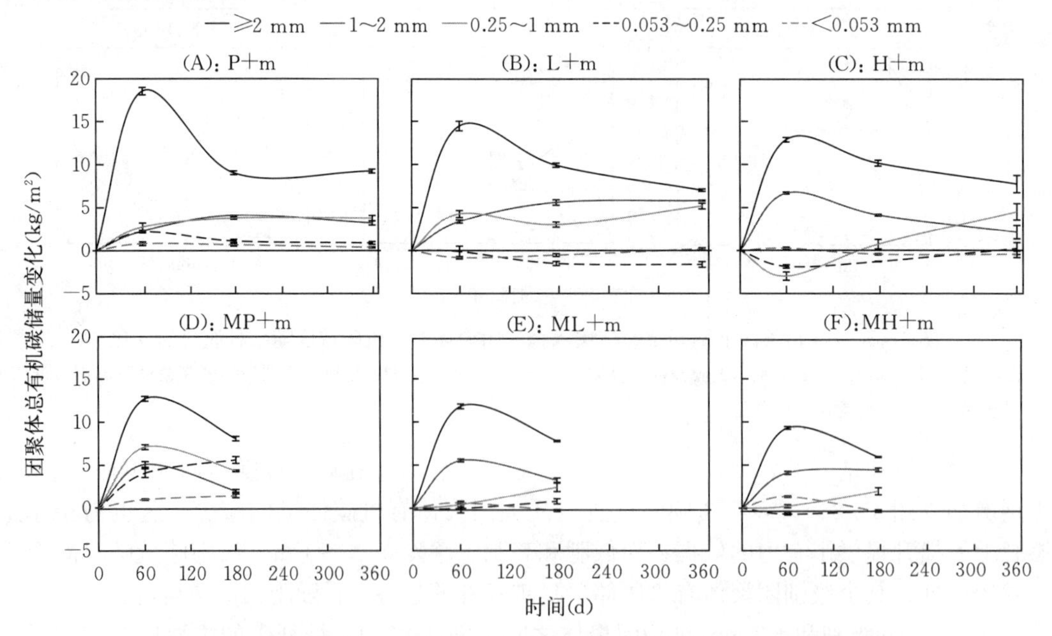

图 4-32 覆膜条件下不同肥力土壤各级水稳性团聚体总有机碳储量变化

注：MH、ML、MP 分别为覆膜条件下高肥、低肥土壤和母质；H、L 和 P 分别为高肥条件下高肥、低肥土壤和母质；m 为添加秸秆处理。

原因可能是覆膜增加了秸秆的腐解，使其分配到团聚体中的量减少。各级团聚体有机碳储量随肥力的升高而降低，这可能是因为高肥力促进了秸秆碳的分解，从而减少了分配到各级团聚体中秸秆碳的量。

（四）各级水稳性团聚体老有机碳的周转情况

水稳性团聚体老有机碳的驻留能力随秸秆碳分解而增强（图 4 - 33）。不覆膜条件下，母质微团聚体总有机碳驻留时间逐渐增高，其原因可能是秸秆分解对母质大团聚体的扰动较大，或大部分大团聚体分解破碎成微团聚体；而低肥和高肥土壤微团聚体老有机碳驻留时间小于大团聚体，且高肥土壤微团聚体前期（0～60 d）老有机碳驻留时间略高于低肥，而后期（180～360 d）略低于低肥，表明微团聚体总有机碳受秸秆添加的扰动，在大团聚体的形成和稳定的同时使老有机碳得以转移和固定。在覆膜条件下，高肥和低肥各级别团聚体从 60～180 d 基本呈现微团聚体老有机碳驻留时间增加而大团聚体降低的趋势，表明覆膜影响秸秆碳在团聚体分布的同时引起老有机碳从大团聚体向微团聚体的转移。

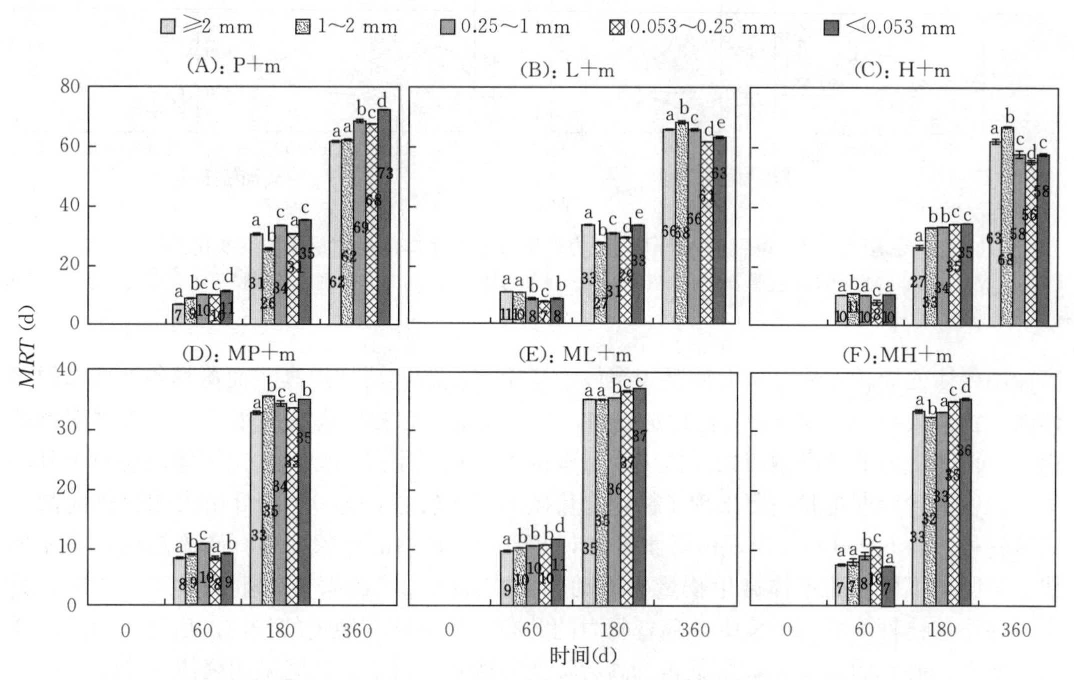

图 4 - 33　覆膜条件下不同肥力棕壤各级水稳性团聚体有机碳平均驻留时间的变化

注：MH、ML、MP 分别为覆膜条件下高肥、低肥土壤和母质；H、L 和 P 分别为不覆膜条件下高肥、低肥土壤和母质；m 为添加秸秆处理；不同小写字母代表同一时期不同处理间的差异显著，$P<0.05$。

四、对水稳性团聚体微生物量碳的影响

（一）各级水稳性团聚体微生物量碳浓度的变化

团聚体内的微生物量碳浓度的波动剧烈，特别在不覆膜的土壤中（图 4 - 34）。在不覆膜不添加秸秆处理中，母质团聚体微生物量碳浓度<1 mm 波动剧烈，低肥土壤 1～2 mm和<0.053 mm 的波动较剧烈，而高肥土壤<0.25 mm 的波动相对较剧烈，随肥力升

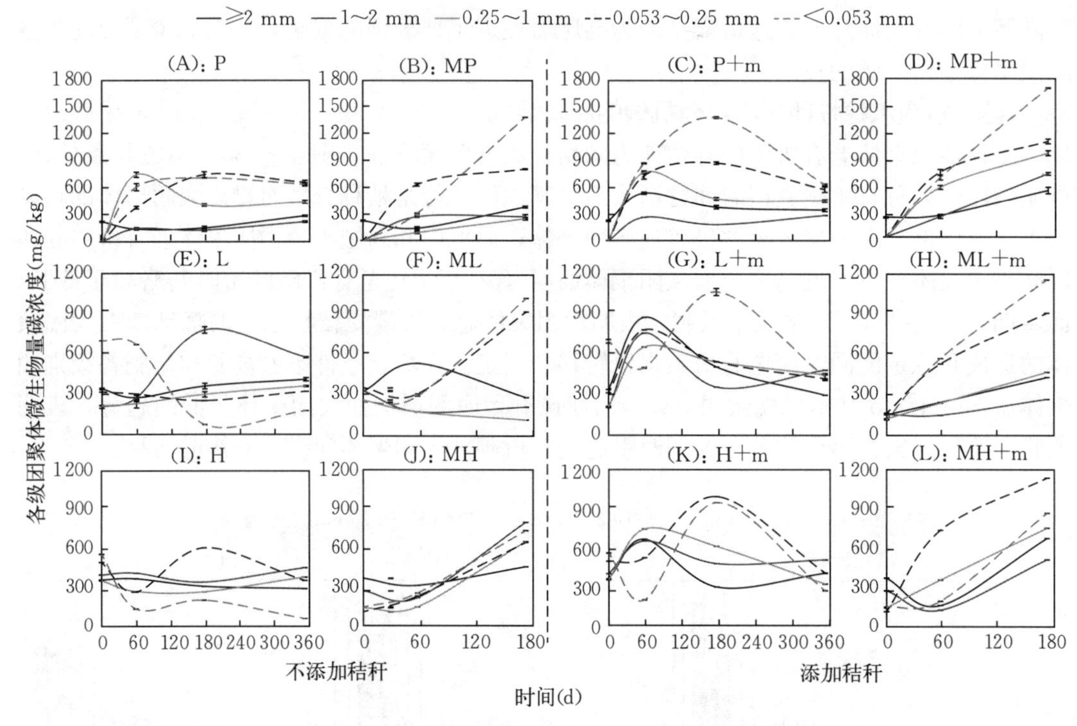

图 4-34　覆膜条件下不同肥力棕壤各级团聚体微生物量碳浓度变化

注：MH、ML、MP 分别为覆膜条件下高肥、低肥土壤和母质；H、L 和 P 分别为不覆膜条件下高肥、低肥土壤和母质；m 为添加秸秆处理。

高微团聚体的周转加快，从而使微团聚体中微生物量碳的活性提高。而覆膜各处理微团聚体微生物量碳在 60～180 d 变化特别强烈，呈明显富集趋势，表明腐解加快了微团聚体的周转，但随肥力的升高微团聚体微生物量碳浓度呈相对下降趋势而大团聚体成相对上升趋势，说明试验后期覆膜高肥出现了微生物量碳的反向转移，即 0～60 d 由大团聚体向微团聚体转移，而 60～180 d 出现由微团聚体向大团聚体转移的迹象。秸秆碳添加后，明显加快了覆膜与不覆膜团聚体微生物量碳波动的样式，增加了团聚体微生物量碳的浓度。其中，在添加秸秆不覆膜土壤中，随着肥力的升高，从母质较稳定的先增加后降低的波动样式，变为低肥<0.053 mm 先降低再升高后降低的样式，再变为高肥微团聚体（<0.25 mm）的先降低再升高后再降低的样式，也说明高肥力对秸秆碳在微团聚体中的扰动增强，表明随肥力增高呈现团聚体微生物量碳由大团聚体向微团聚体转移再转移到大团聚体的规律。而覆膜添加秸秆处理中，各级团聚体微生物量碳浓度在 0～180 d 基本呈增加趋势，且随肥力升高对秸秆碳在 0.053～1 mm 级别团聚体的扰动增强，而≥1 mm 和<0.053 mm 级别相对减弱。

（二）各级水稳性团聚体秸秆碳和老有机碳对微生物量碳贡献的变化

添加秸秆 0～60 d，团聚体秸秆碳对微生物量碳的贡献呈显著上升且超过了老有机碳的贡献，但 60 d 后该比值下降，且覆膜处理下降幅度大于不覆膜处理（图 4-35）。覆膜条件下，高肥土壤大团聚体和<0.053 mm 团聚体中秸秆碳对微生物量碳贡献的变化比低

肥土壤快。不覆膜条件下，随肥力升高，秸秆碳后期可能出现再次腐解。总体来说，母质变化较为稳定而低肥比高肥土壤变化的波动性更小些，原因可能是冻融交替变化与高肥土壤养分加速了难分解秸秆碳组分在试验期末的分解，并表现出微团聚体秸秆碳比例升高的趋势。老有机碳对土壤微生物量碳的贡献与秸秆碳的贡献呈相反趋势（图 4－35）。

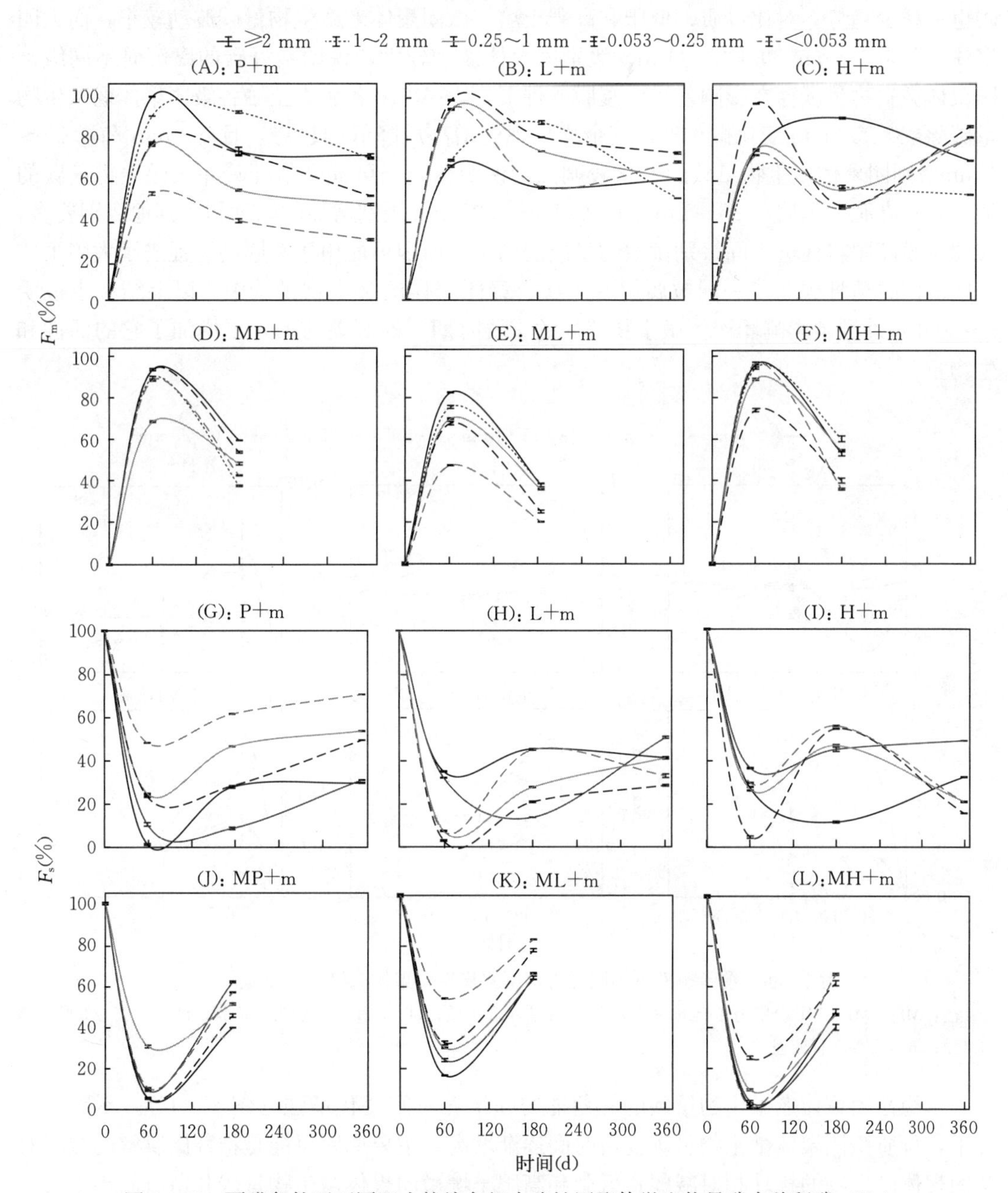

图 4－35　覆膜条件下不同肥力棕壤各级水稳性团聚体微生物量碳中秸秆碳（F_m）和老有机碳（F_s）贡献的变化

注：MH、ML、MP 分别为覆膜条件下高肥、低肥土壤和母质；H、L 和 P 分别为不覆膜条件下高肥、低肥土壤和母质；m 为添加秸秆处理。

（三）各级水稳性团聚体微生物量碳变化与周转情况

不覆膜条件下，随土壤肥力升高，老微生物量碳浓度由一种总体减少的波动趋势逐渐变为先增加后减少但总体呈增加的波动趋势（图 4－36），表明高肥力更有利于前期（0～60 d）秸秆碳并入团聚体微生物量碳中，后期随着秸秆碳扰动的减少，团聚体老微生物量碳也呈减少趋势。对比母质、低肥和高肥土壤，微团聚体老微生物量碳波动较小，而大团聚体尤其是≥2 mm 和 0.25～1 mm 级别团聚体波动较大，说明秸秆碳的腐解对不同级别团聚体微生物量碳存在影响差异。覆膜条件下，0～180 d 各肥力土壤各级团聚体老微生物量碳除<0.053 mm 变化微小外，其余均呈现先增高后降低的趋势，且≥2 mm 和 0.25～1 mm级别团聚体微生物量碳的变化较剧烈，说明覆膜仍可提高秸秆碳并入微生物量碳的能力，且高肥力土壤 0.25～1 mm 和 0.053～0.25 mm 级别增加的幅度相对其他级别要多，表明覆膜高肥将促进中间级别微生物量碳的增加，原因可能由于覆膜高肥促进了大团聚体分解的同时秸秆碳随着一同被腐解并入次一级团聚体的微生物量碳中。以上结果也说明 0～60 d 是外源碳影响团聚体微生物活性的重要时期，外源碳的加入更增加了它的活性和生物量。

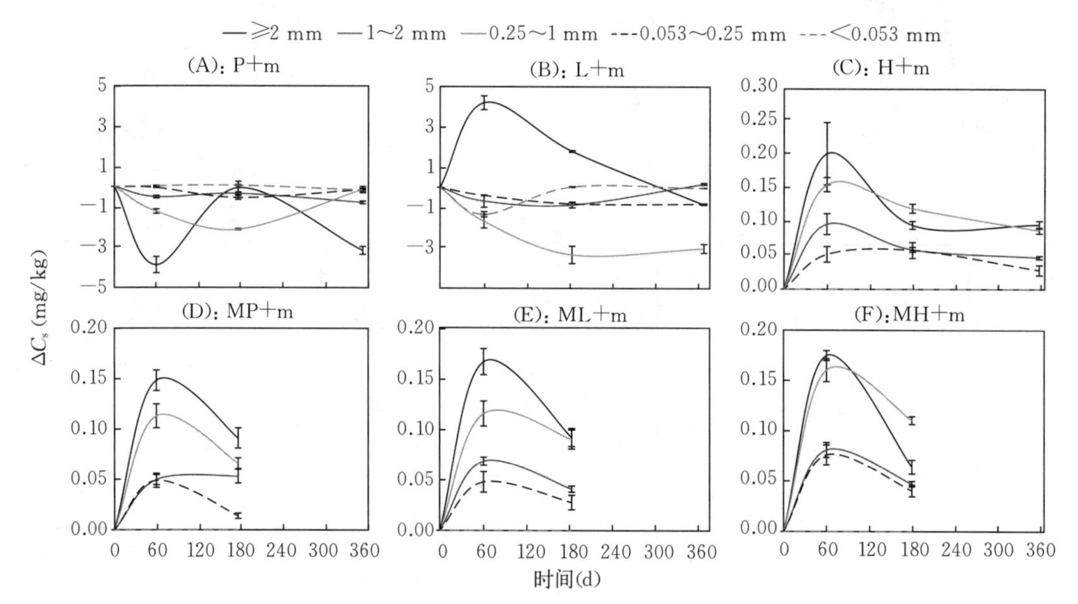

图 4－36　覆膜条件下不同肥力棕壤水稳性团聚体老微生物量碳的变化

注：MH、ML、MP 分别为覆膜条件下高肥、低肥土壤和母质；H、L 和 P 分别为不覆膜条件下高肥、低肥土壤和母质；m 为添加秸秆处理。

水稳性团聚体老微生物量碳的驻留能力随培养时间变化增强（图 4－37）。不覆膜条件下，母质微团聚体微生物量碳驻留时间逐渐增高，主要原因可能是秸秆碳腐解的减弱对微团聚体微生物的扰动相对减弱；低肥和高肥土壤微团聚体微生物量碳驻留时间小于大团聚体，且试验期末低肥土壤微团聚体微生物量碳驻留时间略高于高肥，表明耕作土壤中微团聚体微生物量碳受秸秆碳的扰动，并且高肥力土壤将促进微生物量碳向大团聚体转移。覆膜条件下，高肥和低肥土壤在 60～180 d 微团聚体微生物量碳驻留时间大于大团聚体，表明覆膜促进了微生物量碳从大团聚体腐解进入微团聚体。

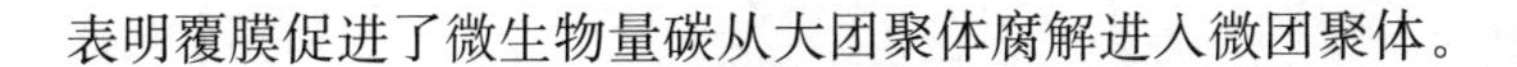

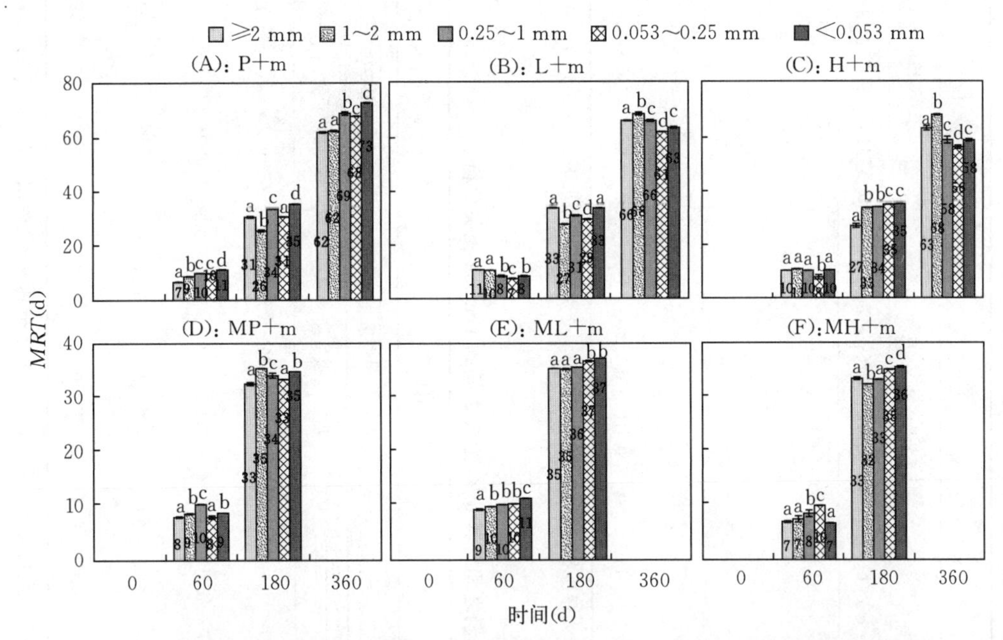

图 4-37　覆膜条件下不同肥力棕壤各级水稳性团聚体微生物量碳平均驻留时间的变化

注：MH、ML、MP 分别为覆膜条件下高肥、低肥土壤和母质；H、L 和 P 分别为不覆膜条件下高肥、低肥土壤和母质；m 为添加秸秆处理；不同小写字母代表同一时期不同处理间的差异显著，$P<0.05$。

五、各级水稳性团聚体微生物量碳与总有机碳浓度之间以及 $\delta^{13}C$ 组成之间的关系

将各级团聚体有机碳及其组分浓度以及它们相应的 $\delta^{13}C$ 值之间进行 Pearson 相关分析（表 4-15），可以发现，0.25～1 mm 和 0.053～0.25 mm 两个级别团聚体各指标基本均呈现显著正相关；且 0.25～1 mm 团聚体微生物量碳浓度与其 $\delta^{13}C$ 值的相关系数最大，为 0.59（极显著相关，$P<0.001$）；0.053～0.25 mm 团聚体总有机碳浓度与其 $\delta^{13}C$ 值的相关系数最大，为 0.48（极显著相关，$P<0.001$）。其他级别团聚体各指标间的相关性呈现差异性，在≥2 mm 级别中微生物量碳浓度与其 $\delta^{13}C$ 值、总有机碳 $\delta^{13}C$ 值与微生物量碳 $\delta^{13}C$ 值以及总有机碳浓度与微生物量碳浓度呈极显著正相关（$P<0.001$）；在 1～2 mm 级别中仅总有机碳浓度与微生物量碳浓度、总有机碳 $\delta^{13}C$ 值与微生物量碳 $\delta^{13}C$ 值呈极显著正相关（$P<0.001$）；而<0.053 mm 级别仅微生物量碳浓度与总有机碳 $\delta^{13}C$ 值呈极显著正相关（$P<0.001$）。以上结果可能暗示不同覆膜和不同肥力水平条件下，秸秆碳腐解进入团聚体组分存在差异，从而引起同位素分馏的差异。但从总体上来看，秸秆碳腐解进入团聚体后对 0.25～1 mm 和 0.053～0.25 mm 两个级别团聚体影响较为均一。

水稳性团聚体有机碳及其组分浓度及 $\delta^{13}C$ 值与全土有机碳组分含量及 $\delta^{13}C$ 值之间进行 Pearson 相关分析（表 4-16）发现，秸秆碳的腐解对团聚体有机碳组分及其 $\delta^{13}C$ 值的相关性影响存在差异，呈现 0.25～1 mm 和 0.053～0.25 mm 两个级别团聚体影响较一致，

表 4-15　各级水稳性团聚体有机碳组分之间及其 $\delta^{13}C$ 组成之间的 Pearson 相关分析

相关系数		(A)				(B)				(C)				(D)				(E)			
		≥2 mm				1～2 mm				0.25～1 mm				0.053～0.25 mm				<0.053 mm			
		TOC	*MBC*	$\delta^{13}C_{TOC}$	$\delta^{13}C_{MBC}$	*TOC*	*MBC*	$\delta^{13}C_{TOC}$	$\delta^{13}C_{MBC}$	*TOC*	*MBC*	$\delta^{13}C_{TOC}$	$\delta^{13}C_{MBC}$	*TOC*	*MBC*	$\delta^{13}C_{TOC}$	$\delta^{13}C_{MBC}$	*TOC*	*MBC*	$\delta^{13}C_{TOC}$	$\delta^{13}C_{MBC}$
全土	*TOC*	1	—	—	—	1	—	—	—	1	—	—	—	1	—	—	—	1	—	—	—
	MBC	0.33***	1	—	—	0.37***	1	—	—	0.30**	1	—	—	0.32***	1	—	—	0.13	1	—	—
	$\delta^{13}C_{TOC}$	0.19*	0.09	1	—	0.02	0.03	1	—	0.28**	0.28**	1	—	0.48***	0.22*	1	—	0.17	0.35***	1	—
	$\delta^{13}C_{MBC}$	0.22*	0.38***	0.37***	1	0.17	0.17	0.36***	1	0.28**	0.59***	0.30**	1	0.24**	0.41***	0.30**	1	0.19*	0.18	0.18	1

注：*TOC* 为总有机碳含量；*MBC* 为微生物量碳含量；$\delta^{13}C_{TOC}$为总有机碳 $\delta^{13}C$ 值；$\delta^{13}C_{MBC}$为微生物量碳 $\delta^{13}C$ 值；*、**和***分别为显著性水平 $P<0.05$、$P<0.01$ 和 $P<0.001$；—为没进行相关分析；相关分析结果不包括 360 d 覆膜处理的数据。

表 4-16　各级水稳性团聚体有机碳组分含量与全土总有机碳含量之间及其 $\delta^{13}C$ 组成之间的 Pearson 相关分析

相关系数		(A)				(B)				(C)				(D)				(E)			
		≥2 mm				1～2 mm				0.25～1 mm				0.053～0.25 mm				<0.053 mm			
		TOC	*MBC*	$\delta^{13}C_{TOC}$	$\delta^{13}C_{MBC}$	*TOC*	*MBC*	$\delta^{13}C_{TOC}$	$\delta^{13}C_{MBC}$	*TOC*	*MBC*	$\delta^{13}C_{TOC}$	$\delta^{13}C_{MBC}$	*TOC*	*MBC*	$\delta^{13}C_{TOC}$	$\delta^{13}C_{MBC}$	*TOC*	*MBC*	$\delta^{13}C_{TOC}$	$\delta^{13}C_{MBC}$
全土	*TOC*	0.86***	0.5***	0.2*	0.43***	0.84***	0.49***	0.12	0.41***	0.84***	0.39***	0.17	0.5***	0.81***	0.28**	0.19*	0.46***	0.85***	0.12	0.13	0.44***
	MBC	0.35***	0.69***	0.05	0.81***	0.3**	0.57***	0.07	0.77***	0.32**	0.79***	0.1	0.81***	0.35***	0.75***	0.1	0.76***	0.33***	0.51***	0.08	0.77***
	$\delta^{13}C_{TOC}$	0.47***	0.13	0.74***	0.24*	0.36***	0.02	0.65***	0.26**	0.54***	0.24*	0.73***	0.22*	0.63***	0.29**	0.76***	0.18	0.44***	0.4***	0.71***	0.13
	$\delta^{13}C_{MBC}$	0.4***	0.52***	0.28**	0.89***	0.33***	0.35***	0.27**	0.9***	0.4***	0.65***	0.31**	0.94***	0.44***	0.56***	0.31**	0.9***	0.37***	0.38***	0.26**	0.88***

注：*TOC* 为总有机碳含量；*MBC* 为微生物量碳含量；$\delta^{13}C_{TOC}$为总有机碳 $\delta^{13}C$ 值；$\delta^{13}C_{MBC}$为微生物量碳 $\delta^{13}C$ 值；*、**和***分别为显著性水平 $P<0.05$、$P<0.01$ 和 $P<0.001$；相关分析结果不包括 360 d 覆膜处理的数据。

各指标间呈显著相关关系的较多。另外，从全土有机碳各指标与团聚体有机碳各指标的相关关系可以看出，全土中的指标与每级团聚体相同指标均呈极显著正相关性（$P<0.001$），其中，全土总有机碳含量与各级别团聚体总有机碳浓度的正相关系数达到 0.80 以上（与≥2 mm 团聚体总有机碳浓度相关性最大，达到 0.86）；全土微生物量碳含量与 0.25～1 mm 和 0.053～0.25 mm 级别团聚体微生物量碳浓度呈极显著正相关，相关系数分别达到 0.79 和 0.75；全土总有机碳 $\delta^{13}C$ 值与各级别团聚体总有机碳 $\delta^{13}C$ 值的相关系数均大于 0.7，其中 0.053～0.25 mm 级别最大，达到 0.76；而全土微生物量碳 $\delta^{13}C$ 值与各级别团聚体微生物量碳 $\delta^{13}C$ 值均呈极显著相关，相关系数达到 0.88 以上。这说明秸秆碳腐解对全土产生影响的同时，对其团聚体有机碳的转移也产生了作用。

六、小结

（1）根据本研究结果并结合 Tisdall 和 Oades（1982）以及 Six（1998；1999；2000ab）等人对团聚体形成的描述，本研究共提出以下 4 种团聚体形成机制（图 4－38）。其中数字从①至④表明土壤团聚体随耕作土壤肥力高低的形成顺序，即在耕作土壤熟化初期（如母质）主要以原生矿物胶结形成微团聚体进而胶结形成大团聚体为主；随着耕作时间的增加，土壤耕性、肥力有所提高，大团聚体内部开始分化又形成微团聚体（如低肥土壤）；随着耕作、施肥或覆膜等外部管理措施的长期介入，大团聚体再次团聚并促进了水、肥、气、热的转移，土壤肥力显著提高，在这时期的耕作土壤开始以大团聚体周转为主，即大团聚体分化成微团聚体后再团聚成大团聚体（如高肥或覆膜高肥土壤）。但对这 4 种情况总体而言，大团聚体的周转仍以微团聚体至“特征微团聚体”对肥力的固持为基础，从而实现团聚体周转过程中的土壤肥力的提升。

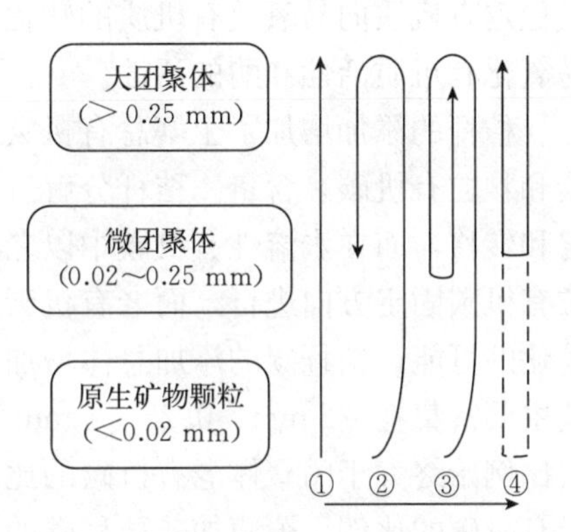

图 4－38　团聚体形成等级顺序的不同描述

（2）秸秆碳的添加降低了母质的 MWD 值而增加了高、低肥土壤的 MWD 值，且覆膜土壤 MWD 整体低于不覆膜土壤，低肥土壤低于高肥土壤，并且高低肥土壤团聚体 MWD 均呈现 0～60 d 增加而后降低的趋势，表明秸秆前期腐解为土壤提供了较多的胶结物质，随着秸秆腐解的稳定，提供的胶结物质有所下降，相对降低了土壤的团聚化作用。

（3）秸秆碳的添加总体增加了棕壤水稳性团聚体总有机碳的浓度和储量，且覆膜与不覆膜团聚体有机碳浓度在≥2 mm、0.25～1 mm 和 0.053～0.25 mm 级别富集较高，但储量仍主要富集在大团聚体中。各级团聚体秸秆碳贡献比均呈随肥力增加而逐渐降低的趋势，且母质腐解期内团聚体中秸秆碳比例始终大于老有机碳的比例，而高肥土壤团聚体秸秆碳的比例始终小于老有机碳的比例，表明耕作土壤促进了秸秆碳的分解使其并入团聚体中的秸秆碳量减少，覆膜将加速秸秆碳的腐解从而减少其对总有机碳的贡献比。

（4）秸秆碳的添加总体上增加了微生物量碳含量。不覆膜添加秸秆后高肥力对秸秆碳在微团聚体中的扰动增强；而覆膜添加秸秆后各级团聚体微生物量碳浓度在 0～180 d 呈增加趋势，且随肥力升高对秸秆碳在0.053～1 mm级别团聚体的扰动增强，而≥1 mm和<0.053 mm级别相对减弱。

第六节　结　　论

本研究通过对长期地膜覆盖条件下土壤有机碳、活性有机碳库、光合碳在土壤中的分配及土壤有机质的转化等的研究，得出以下主要结论：地膜覆盖虽然降低了土壤有机碳含量，但施肥后土壤有机碳的含量有所提高，其中尤以有机无机肥配施对土壤有机碳的影响更为显著。活性有机碳库对地膜覆盖栽培措施的反映比较敏感。地膜覆盖显著增加了表层土壤活性有机碳及水溶性有机碳的含量，施有机肥（单施有机肥或有机肥与无机肥配施）显著提高了活性有机碳及水溶性有机碳的含量，但单施氮肥的结果却相反。地膜覆盖加速了稳定有机质向易氧化有机质的转化，导致土壤肥力的下降，而有机肥的施用提高了土壤易氧化有机质活性和酶的活性。

秸秆的添加增加了土壤总有机碳的含量以及各有机碳组分（水溶性有机碳、微生物量碳和颗粒有机碳）含量。秸秆分解过程中秸秆碳易于在微生物量碳和颗粒有机碳组分中固定和转移，而在水溶性有机碳中以老有机碳的周转为主。此外覆膜有助于推动秸秆碳向颗粒有机碳固定方向进行，而老有机碳向微生物量碳方向进行，从而增加了老有机碳的潜在矿化的可能。秸秆碳的添加总体增加了棕壤水稳性团聚体总有机碳的浓度和储量，且秸秆碳主要富集在≥2 mm、0.25～1 mm和0.053～0.25 mm团聚体级别。母质腐解期内秸秆碳比例始终大于团聚体老有机碳的比例，而高肥土壤则变成秸秆碳的比例始终小于团聚体老有机碳的比例，覆膜加速秸秆碳的腐解从而减少其对总有机碳的贡献比。不覆膜土壤添加秸秆后随肥力的升高团聚体微生物量碳由大团聚体向微团聚体转移再转移到大团聚体。覆膜高肥土壤添加秸秆后提高了微生物量碳中新碳在微团聚体中的转移能力，并有利于中间级别（0.053～1 mm）微生物量碳的富集。

主要参考文献

安婷婷，汪景宽，李双异，等，2013. 用^{13}C脉冲标记方法研究施肥与地膜覆盖对玉米光合碳分配的影响．土壤学报，50（5）：948－955.

崔志强，汪景宽，李双异，等，2008. 长期地膜覆盖与不同施肥处理对棕壤活性有机碳的影响．安徽农业科学，36（19）：8171－8173.

郭锐，汪景宽，李双异，2007. 长期地膜覆盖及不同施肥处理对棕壤水溶性有机碳的影响．安徽农业科学，35（9）：2672－2673.

李丛，汪景宽，2005. 长期地膜覆盖及不同施肥处理对棕壤有机碳和全氮的影响．辽宁农业科学（6）：8－10.

汪景宽，1994. 长期地膜覆盖对土壤肥力性状的影响．辽宁：沈阳农业大学．

汪景宽，张继宏，须湘成，1990. 地膜覆盖对土壤有机质转化的影响．土壤通报（4）：189－193.

汪景宽，张旭东，张继宏，等，1995. 覆膜对有机物料和农肥的腐解及土壤有机质特性的影响．植物营养与肥料学报，1（3－4）：22－28.

文启孝，1982. 土壤有机质研究法．北京：农业出版社．

须湘成，张继宏，佟国良，等，1985. 有机物料在不同土壤中腐解残留率的研究．土壤通报（1）：171 -174.

许光辉，等，1986. 土壤微生物分析法手册．北京：农业出版社．

于树，汪景宽，高艳梅，2006. 地膜覆盖及不同施肥处理对土壤微生物量碳和氮的影响．沈阳农业大学学报，37（4）：602 - 606.

周礼恺，1987. 土壤酶学．北京：科学出版社．

An T T，Schaeffer S，Li S Y，et al.，2015a. Carbon fluxes from plant to soil and dynamics of microbial immobilization under plastic mulching and fertilizer application using 13C pulse - labeling. Soil Biology and Biochemistry，80：53 - 61.

An T T，Schaeffer S，Zhuang J，et al.，2015b. Dynamics and distribution of ^{13}C - labeled straw carbon by microorganisms as affected by soil fertility levels in the Black Soil region of Northeast China. Biology and Fertility of Soils，51：605 - 613.

Cambardella C A，Elliott E T.，1992. Participate soil organic - matter changes across a grassland cultivation sequence. Soil Science Society of America Journal，56：777 - 783.

Liang B C，MacKenzie A F，Schniter M，et al.，1998. Management - induced change in labile soil organic matter under continuous corn in eastern Canadian soils. Biology and Fertility of Soils，26：88 - 94.

Six J，Elliott E T，Combrink C.，2000a. Soil structure and organic matter：I. Distrbution of aggregate - size classes and aggregate - associated carbon. Soil Science Society of American Journal，64：681 - 689.

Six J，Elliott E T，Paustian K，et al.，1998. Aggregation and soil organic matter accumulation in cultivated and native grassland soils. Soil Science Society of American Journal，62：1367 - 1377.

Six J，Elliott E T，Paustian K，2000b. Soil macroaggregate turnover and microaggregate formation：a mechanism for C sequestration under no - tillage agriculture. Soil Biology and Biochemistry，64：681 - 689.

Tisdall J M，Oades J M，1982. Organic matter and water - stable aggregates in soils. Journal of Soil Science，33：141 - 163.

第五章 光合碳在植物-土壤-微生物系统的分配与固定

土壤有机碳库是陆地生态系统最大的碳库，它的变化影响着全球碳的平衡、土壤的肥力水平、生物的多样性及生态系统的可持续发展。植物通过光合作用将大气中 CO_2 固定在植物体内，光合同化固定的碳（简称光合碳）然后以根际沉积物和植物残体等形式输入土壤，其在植物-土壤-微生物系统的分配与固定影响着土壤有机碳库的循环、周转和动态变化。地膜覆盖具有增温保墒的作用，是我国促进作物高产高收的重要技术措施。然而由于长期的“重种轻养”引起土壤有机碳含量急剧下降，土壤肥力明显降低。施用有机肥被认为是增加土壤有机碳含量，养地肥田和提高土壤肥力的有效措施。但地膜覆盖与施有机肥方式下光合碳在植物-土壤系统中的分配及微生物对其固定机制仍不清楚。本研究基于沈阳农业大学棕壤长期定位实验站，利用 $^{13}CO_2$ 对不同生育时期（苗期、拔节期和抽雄期）的玉米进行田间原位脉冲标记，通过示踪 ^{13}C 在植物-土壤-微生物系统的去向，定量光合碳在系统中的分配，探讨地膜覆盖与施肥对光合碳在地下部的分配及微生物对其固定的影响。

第一节 材料与方法

一、研究区域与试验设计

^{13}C 脉冲标记试验于 2011 年在沈阳农业大学棕壤长期定位试验实验站（北纬 41°49′、东经 123°34′）进行。

本次标记试验于 2011 年春天开始进行，选用 3 个施肥处理，即传统栽培对照（不施肥，CK）、中量有机肥（M1，年施有机肥折合 N 135 kg/hm^2，配施化肥 N 135 kg/hm^2 和 P_2O_5 67.5 kg/hm^2）、高量有机肥（M2，年施有机肥折合 N 270 kg/hm^2，配施化肥 N 135 kg/hm^2 和 P_2O_5 67.5 kg/hm^2），以及与之相对应的地膜覆盖栽培处理（M1－M，覆膜施中量有机肥；M2－M，覆膜施高量有机肥；CK－M，覆膜不施肥）。施用的有机肥为猪厩肥，其有机质含量为 150 g/kg 左右，全氮为 10 g/kg，$\delta^{13}C$ 值为（-20.53 ± 0.17）‰；施用的化肥为商品氮肥（尿素，含 N 46%）和磷肥（磷酸二铵，含 P_2O_5 45%）。各处理土壤的基本理化性状（2011 年）见表 5－1。

表 5－1 各处理土壤基本理化性状（2011 年）

覆膜	施肥	土壤有机碳 (g/kg)	$\delta^{13}C$ 值（‰）	全氮（g/kg）	碳氮比	黏粒含量（%）	土壤容重 (g/cm^3)
不覆膜	CK	9.0	−18.44	1.2	7.5	17.30	1.07
	M1	11.9	−19.11	1.8	6.6	19.81	1.05
	M2	14.8	−19.30	2.2	6.7	19.96	1.03

（续）

覆膜	施肥	土壤有机碳 (g/kg)	$\delta^{13}C$ 值（‰）	全氮（g/kg）	碳氮比	黏粒含量 (%)	土壤容重 (g/cm^3)
覆膜	CK	9.5	−18.68	1.2	7.9	19.73	1.08
	M1	12.4	−19.76	1.9	6.5	20.99	1.00
	M2	15.4	−19.86	2.0	7.7	21.27	0.97

注：CK、M1、M2 分别代表不施肥、中量有机肥和氮磷肥配施、高量有机肥和氮磷肥配施处理。

二、脉冲标记

本试验玉米品种为富有农乐（中密植型），于 2011 年 4 月 25 日播种。分别在玉米进入苗期（6 月 4 日）、拔节期（6 月 19 日）和抽雄期（6 月 25 日）进行标记。每个处理随机选择 20 株长势一致的玉米进行^{13}C 脉冲标记，同时选择 20 株长势一致的玉米作为 $\delta^{13}C$ 对照。为防止标记$^{13}CO_2$ 污染，对照处理（未标记^{13}C 的玉米）必须距离标记玉米至少 5 m 以上（Lu et al.，2003）。本试验用盐酸（2 mol/L）与 $Na_2^{13}CO_3$（99% ^{13}C，Sigma - Aldrich）反应产生$^{13}CO_2$ 气体，使标记室内 CO_2 气体浓度达到 400 μL/L。标记室由透明的农用地膜和可调节高度的支架制成，其长×宽为 2.2 m×0.5 m。标记前将风扇、CO_2 分析仪、4 个装有等量 $Na_2^{13}CO_3$ 的烧杯和 1 个装有相同质量 $Na_2^{12}CO_3$ 的烧杯放入标记室，然后用湿土将标记室底端密封（McMahon et al.，2005）。标记必须选择晴天，于 8:00 开始。标记前先利用氢氧化钠吸收装置吸收标记室内的$^{12}CO_2$，以提高$^{13}CO_2$ 的吸收同化率。用红外 CO_2 分析仪监测标记室内 CO_2 浓度，当其降到 80 μL/L 左右时，向其中 1 个装有 $Na_2^{13}CO_3$ 的烧杯加入盐酸（2 mol/L），开启风扇，使室内新产生的$^{13}CO_2$ 分布均匀，标记开始。当室内$^{13}CO_2$ 浓度再次降到 80 μL/L 左右时（0.5～1 h），向第二个烧杯加入同量盐酸。以此步骤分别向第三和第四个 $Na_2^{13}CO_3$ 烧杯加入同量盐酸。最后向 $Na_2^{12}CO_3$ 烧杯中加入等量盐酸，以促进室内$^{13}CO_2$ 同化，减少$^{13}CO_2$ 的损失，提高^{13}C 固定率。当 CO_2 浓度降到 80 μL/L 左右时，将标记室移走，整个标记过程结束。

三、取样分析

分别于苗期标记后的第 1 天（6 月 5 日）和第 15 天（6 月 19 日）、拔节期标记后第 1 天（6 月 20 日）和第 6 天（6 月 25 日）、玉米成熟期（9 月 15 日）随机选取各处理（包括标记和未标记处理）的 3 株玉米，从基部剪断，挖出根系，并采集每株玉米土体土壤和根际土壤（根周围 2 mm 内）。玉米根、茎叶经冲洗后，在 105 ℃烘箱杀青 30 min，然后 60 ℃烘干 8 h，称重并计算根、茎叶生物量。烘干的玉米根和茎叶用混合型研磨仪（Retsch MM 200，德国）粉碎研磨，供测定其有机碳含量和 $\delta^{13}C$ 值使用。

根际土壤与土体土壤的采集采用“抖土法”，即将带有根系的土壤用手轻轻抖动，容易抖落下来的土壤为土体土壤，而黏附在根表面的土壤为根际土壤。用镊子仔细挑出采集的根际土壤和土体土壤中根系。土壤样品一部分放在塑料袋中密封保存在 4 ℃冰箱，以分析微生物量碳和可溶性有机碳（样品必须在 5 d 内处理完）；剩余样品风干，用研钵研磨（过 0.15 mm 筛），供测定其有机碳含量和 $\delta^{13}C$ 值使用。

四、项目测定及分析方法

微生物量碳测定采用氯仿熏蒸-提取方法。取相当于10 g烘干重的新鲜土样置于真空干燥器中，同时将无水乙醇提纯的氯仿放入真空干燥器中，用真空泵抽至氯仿沸腾，并保持5 min。然后将抽真空的干燥器置于25 ℃的恒温培养箱中熏蒸24 h。熏蒸结束后，向培养的土样中加入0.5 mol/L K_2SO_4 溶液（水土比为1∶4），振荡30 min，用0.45 μm的滤膜过滤。氯仿熏蒸的同时做不熏蒸的空白处理。不熏蒸处理提取的有机碳即为可溶性有机碳。提取的溶液一部分用于可溶性有机碳的分析，另一部分溶液冷冻干燥以测定 $\delta^{13}C$ 值。提取液的有机碳含量用Total Organic Carbon Analyzer（Element high TOCⅡ，德国）测定，$\delta^{13}C$ 值用EA-IRMS（元素分析仪-同位素比例质谱分析联用仪，Elementar vario PYRO cube-IsoPrime100 Isotope Ratio Mass Spectrometer，德国）测定。

用EA-IRMS测定植物和土壤样品的有机碳、氮含量及其 $\delta^{13}C$ 值，微生物量提取的熏蒸和不熏蒸的可溶性有机碳 $\delta^{13}C$ 值。EA-IRMS分析的基本原理和测定过程是：样品经高温燃烧后（燃烧管温度为920 ℃，还原管温度为600 ℃），通过TCD（Thermal Conductivity Detector）检测器测定有机碳、氮含量，剩余气体经 CO_2/N_2 排出口通过稀释器进入质谱仪，在质谱仪上测定 $\delta^{13}C$ 值。

五、计算方法

$\delta^{13}C$ 值（‰）计算以美国南卡罗来纳州白垩纪皮狄组层位中的拟箭石化石（Pee Dee Belemnite，PDB）为标准物质：

$$\delta^{13}C=\frac{R_{sample}-R_{PDB}}{R_{PDB}}\times 1\,000$$

式中，R_{sample} 为样品 $^{13}C/^{12}C$ 原子比值；R_{PDB} 值为0.011 802。

玉米光合固定 ^{13}C 量进入根、茎叶、籽粒、根际土壤和土体土壤中（不考虑呼吸损失），各组分固定 ^{13}C 量（$^{13}C_i$，mg）计算公式如下：

$$^{13}C_i=C_i\times\frac{(F_1-F_{ul})}{100}\times 1\,000$$

式中，C_i 为各组分碳量（g）；F_1 为标记组分 ^{13}C 的丰度（%）；F_{ul} 为不标记组分 ^{13}C 的丰度（%）。其中 ^{13}C 丰度（F）的计算公式如下：

$$F=\frac{(\delta^{13}C+1\,000)\times R_{PDB}}{(\delta^{13}C+1\,000)\times R_{PDB}+1\,000}\times 100\%$$

各组分 ^{13}C 分配比例（$P^{13}C_i$）：

$$P^{13}C_i=\frac{^{13}C_i}{^{13}C_{固定}}\times 100\%$$

式中，$^{13}C_{固定}$ 是根、茎叶、籽粒、根际土壤和土体土壤固定 ^{13}C 量之和。

^{13}C 固定百分比即 ^{13}C 回收率（%）是玉米-土壤系统各组分光合固定 ^{13}C 总量占加入该系统 ^{13}C 总量的百分比。

微生物量碳（C_{MBC}，mg/kg）计算公式如下：

$$C_{MBC}=\frac{C_{fum}-C_{nfum}}{k_{EC}}$$

式中，C_{fum}和C_{nfum}分别指熏蒸和不熏蒸 K_2SO_4 提取液中可溶性有机碳的含量（mg/kg）；k_{EC}为将提取的有机碳转换成生物量碳的转换系数，取值为 0.45。

微生物量碳的 $\delta^{13}C$ 值（$\delta^{13}C_{MBC}$，‰）计算公式：

$$\delta^{13}C_{MBC}=\frac{\delta^{13}C_{fum}\times C_{fum}-\delta^{13}C_{nfum}\times C_{nfum}}{C_{fum}-C_{nfum}}$$

式中，C_{fum}和C_{nfum}分别指熏蒸和不熏蒸 K_2SO_4 提取液中可溶性有机碳的含量（mg/kg）。$\delta^{13}C_{fum}$和$\delta^{13}C_{nfum}$分别指熏蒸和不熏蒸 K_2SO_4 提取液的 $\delta^{13}C$ 值（‰）。

采用 Microsoft Office Excel 2010 和 Origin 8.0 软件进行数据处理和绘图，利用 SPSS 19.0 统计分析软件对数据进行差异显著性检验（邓肯法）。

第二节　结果与分析

一、地膜覆盖与施肥对光合碳在植物-土壤系统分配的影响

（一）地膜覆盖与施肥对玉米苗期光合碳在植物-土壤系统分配的影响

为分析植物-土壤系统中光合固定^{13}C动态变化，本研究以单位面积计算覆膜与施肥条件下玉米植株-土壤系统各组分固定^{13}C数量（mg/m^2）。玉米根、茎叶、籽粒、根际土壤和土体土壤固定^{13}C数量的总和为光合净固定^{13}C。苗期标记第 1 天同一处理各组分固定^{13}C量表现为茎叶＞根＞根际土壤＞土体土壤（图 5-1），其中光合净固定^{13}C分配到茎叶比例占 85.00%以上，根比例为 4.76%～7.71%，根际土壤平均为 5.20%，土体土壤小于 1.13%（图 5-2）。光合碳在地下部分配比例为 8.02%～15.35%，且随有机肥施用量的增加地下部分配比例增加（不覆膜 M1 处理除外）。苗期标记第 1 天玉米光合固定^{13}C量为 413～661 mg/m^2，^{13}C固定比例（即^{13}C回收率）为 49.98%～79.91%（表 5-2）。传统栽培（即不覆膜）CK 处理^{13}C固定比例达 79.91%，而 M1 与 M2 仅为 54.31%和 49.98%，且 CK 处理各组分^{13}C含量明显高于施有机肥处理（图 5-1）。覆膜栽培各施肥处理固定^{13}C比例平均为 66.62%，且覆膜施高量有机肥（M2-M）与覆膜施中量有机肥

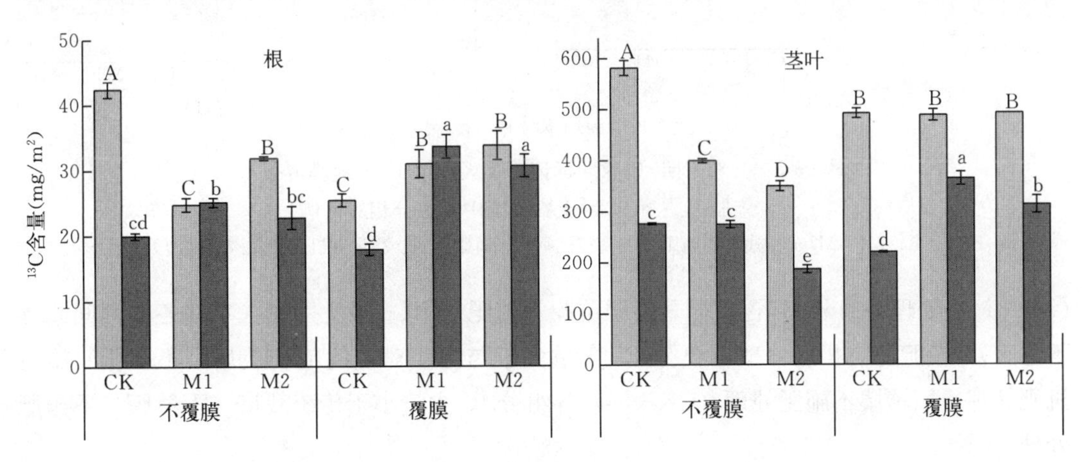

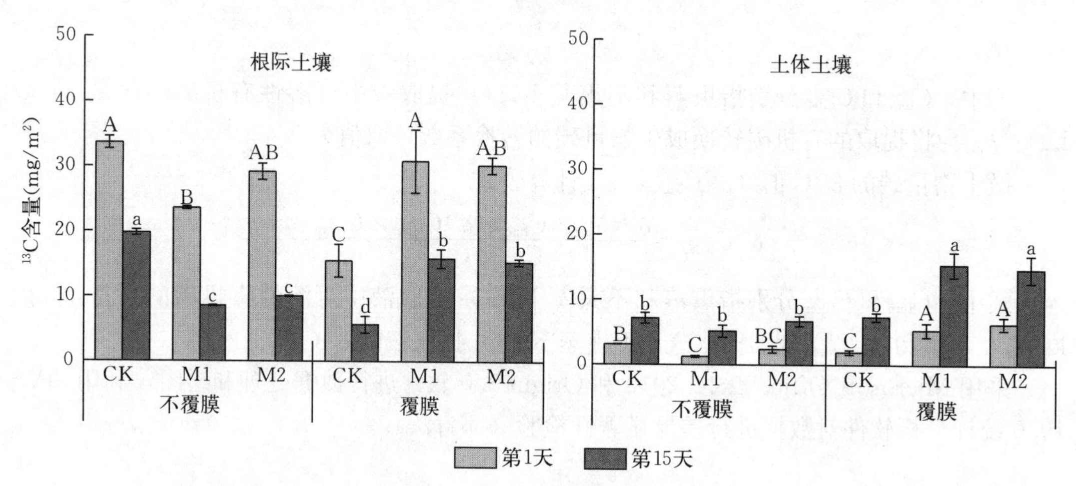

图 5-1　玉米苗期^{13}C脉冲标记第1天和第15天地膜覆盖与施肥方式下玉米-土壤系统中各组分^{13}C含量

注：不同大写字母表示标记第1天同一组分不同处理之间差异显著（$P<0.05$）；不同小写字母表示标记第15天同一组分不同处理之间差异显著（$P<0.05$）。CK、M1、M2分别代表不施肥、中量有机肥和氮磷肥配施、高量有机肥和氮磷肥配施处理。

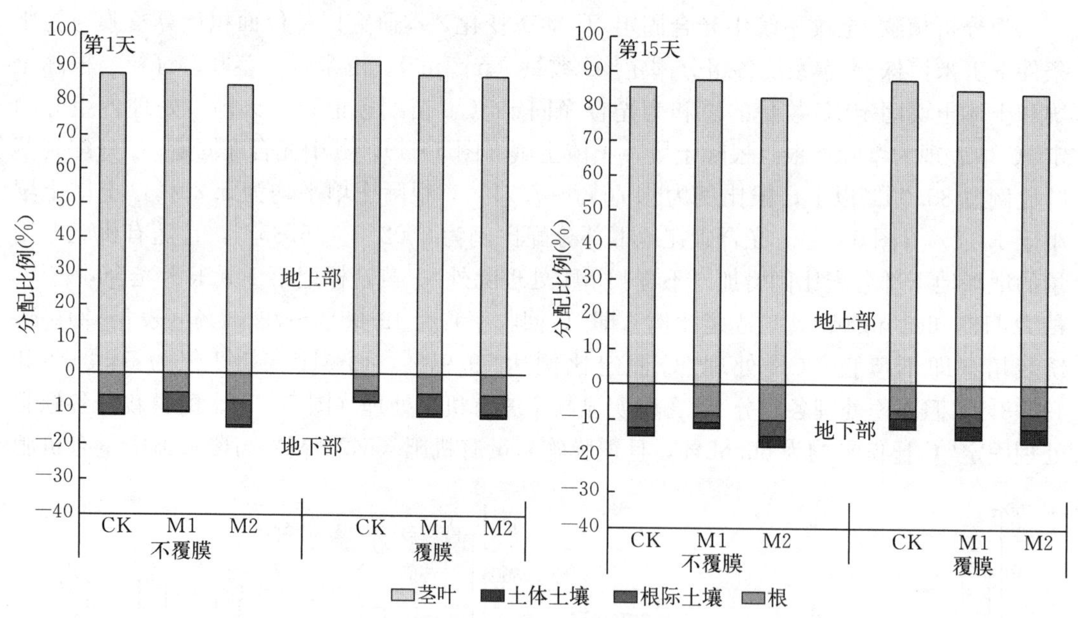

图 5-2　玉米苗期^{13}C脉冲标记第1天和第15天地膜覆盖与施肥方式下玉米-土壤系统中各组分相对比例

注：CK、M1、M2分别代表不施肥、中量有机肥和氮磷肥配施、高量有机肥和氮磷肥配施处理。

（M1-M）处理各组分^{13}C含量显著高于覆膜不施肥（CK-M）处理（茎叶各处理间差异不显著）。覆膜施有机肥处理各组分^{13}C含量大于与之相对应的传统栽培（不覆膜）施有机肥处理，而覆膜不施肥处理（CK-M）各组分^{13}C含量小于传统栽培（不覆膜）不施肥处理（CK）。

表 5-2　玉米苗期^{13}C脉冲标记第 1 天和第 15 天光合净固定^{13}C量和^{13}C回收率

覆膜	处理	第 1 天		第 15 天	
		^{13}C量（mg/m^2）	^{13}C回收率（%）	净^{13}C量（mg/m^2）	^{13}C回收率（%）
不覆膜	CK	661±12a	79.91±1.50a	323±2.8c	39.09±0.34c
	M1	449±5.0d	54.31±0.60d	314±7.0c	37.97±0.84c
	M2	413±11e	49.98±1.30e	226±8.9d	27.38±1.07d
覆膜	CK	535±10c	64.66±1.27c	251±0.10d	30.37±0.01d
	M1	555±5.3bc	67.16±0.64bc	429±15a	51.89±1.87a
	M2	563±4.5b	68.05±0.54b	374±17b	45.23±2.03b

注：同一列不同小写字母表示同一天不同处理间差异显著（$P<0.05$）。CK、M1、M2 分别代表不施肥、中量有机肥和氮磷肥配施、高量有机肥和氮磷肥配施处理。

苗期标记第 15 天玉米-土壤系统光合同化^{13}C主要集中分配在地上部茎叶（占 85.34%）中，其次为根、根际土壤和土体土壤（分别为 7.90%、3.88%和 2.88%，图 5-2）。光合碳在地下部分配比例达到了 12.29%～17.44%，其中施有机肥处理高于不施肥处理。传统栽培（不覆膜）各施肥处理固定^{13}C量仍以 CK 处理最多，其次为 M1 和 M2 处理（表 5-2）。传统栽培（不覆膜）CK 处理和 M1 处理玉米植株^{13}C含量是 M2 处理的 1.4 倍，M1 处理和 M2 处理土壤^{13}C含量分别比 CK 处理低 49.1%和 37.9%（图 5-1）。覆膜栽培 M1-M 处理固定^{13}C量最大，其次为 M2-M 处理，CK-M 处理固定^{13}C量最少，且 M1-M 处理玉米植株和土壤的^{13}C含量都最高。从苗期标记第 1 天至标记第 15 天，CK 处理同化^{13}C损失最大，减少 338 mg/m^2；其次为 CK-M 处理，减少 284 mg/m^2；M1-M 处理^{13}C损失最少，减少 126 mg/m^2。标记第 15 天覆膜与施肥对玉米-土壤系统不同组分^{13}C含量的影响与标记第 1 天相似。

与标记第 1 天相比，标记第 15 天各组分^{13}C量变化表现为根、茎叶和根际土壤分别平均降低了约 18.5%、41.2%和 55.4%，而土体土壤^{13}C量增加了约 200%。苗期标记后光合碳在玉米-土壤系统分配比例随时间变化表现为茎叶与根际土壤分配比例降低，而根与土体土壤分配比例随时间增加。

施肥、覆膜、时间及其交互作用显著影响（$P<0.05$）玉米-土壤系统各组分^{13}C含量（除覆膜对茎叶的影响）、净固定^{13}C及^{13}C回收率（表 5-3），其中时间、覆膜与施肥的交互作用达到差异极显著水平（$P<0.01$）。时间与覆膜和施肥以及三因子的交互效应对土体土壤^{13}C含量的影响不显著（$P>0.05$）。

表 5-3　各因子对苗期玉米-土壤系统中各组分^{13}C含量、净固定^{13}C及^{13}C回收率影响的方差分析结果

因子	自由度	根 F（P）	茎叶 F（P）	根际土壤 F（P）	土体土壤 F（P）	净固定^{13}C F（P）	^{13}C回收率 F（P）
施肥	2	12 （0.002）	76 （<0.001）	6.3 （0.015）	16 （<0.001）	59 （<0.001）	60 （<0.001）
覆膜	1	47 （<0.001）	2.0 （0.184）	39 （<0.001）	91 （<0.001）	182 （<0.001）	184 （<0.001）

（续）

因子	自由度	根 F（*P*）	茎叶 F（*P*）	根际土壤 F（*P*）	土体土壤 F（*P*）	净固定^{13}C F（*P*）	^{13}C 回收率 F（*P*）
时间	1	1 263 （<0.001）	9 336 （<0.001）	875 （<0.001）	82 （<0.001）	2 814 （<0.001）	2 851 （<0.001）
施肥×覆膜	2	137 （<0.001）	447 （<0.001）	84 （<0.001）	41 （<0.001）	379 （<0.001）	385 （<0.001）
施肥×时间	2	59 （<0.001）	133 （<0.001）	6.8 （0.012）	0.5 （0.623）	181 （<0.001）	183 （<0.001）
覆膜×时间	1	165 （<0.001）	131 （<0.001）	33 （<0.001）	4.5 （0.057）	6.6 （0.024）	6.7 （0.024）
施肥×覆膜×时间	2	28 （<0.001）	43 （<0.001）	4.9 （0.031）	1.3 （0.301）	4.7 （0.032）	4.7 （0.031）

注：覆膜：覆膜与不覆膜；施肥：不施肥，施中量有机肥，施高量有机肥；时间：标记第 1 天和第 15 天。

（二）地膜覆盖与施肥对玉米拔节期光合碳在植物-土壤系统分配的影响

拔节期标记第 1 天各处理^{13}C 回收率达到了 35.88%～70.00%（表 5－4）。覆膜栽培各施肥处理光合净固定^{13}C 量差异较大，M2－M 与 M1－M 分别比 CK－M 高 71.5%和 92.7%；传统栽培不覆膜施有机肥处理净固定^{13}C 量平均比不施肥高 28.5%。

表 5－4　玉米拔节^{13}C 脉冲标记第 1 天和第 6 天光合净固定^{13}C 量和^{13}C 回收率

覆膜	处理	第 1 天		第 6 天	
		^{13}C 量（mg/m^2）	^{13}C 回收率（%）	净^{13}C 量（mg/m^2）	^{13}C 回收率（%）
不覆膜	CK	428±22d	35.88±1.82d	401±29c	33.59±2.41c
	M1	536±23c	44.86±1.96c	515±39b	43.17±3.27b
	M2	564±16c	47.28±1.33c	531±31b	44.43±2.59b
覆膜	CK	467±44d	39.09±3.66d	414±26c	34.71±2.18c
	M1	900±0.39a	70.00±0.04a	756±16a	58.79±1.22a
	M2	801±37b	62.32±2.91b	706±31a	54.89±2.38a

注：同一列不同小写字母表示同一天不同处理之间差异显著（$P<0.05$）。CK、M1、M2 分别代表不施肥、中量有机肥和氮磷肥配施、高量有机肥和氮磷肥配施处理。

拔节期标记第 1 天光合碳在玉米-土壤系统各组分分配（图 5－3）表现为茎叶>根>根际土壤>土体土壤（CK－M 处理根际土壤>根外）。覆膜与施肥对玉米茎叶^{13}C 含量的影响表现为覆膜栽培高于传统栽培，施有机肥高于不施肥。单位面积土壤根固定^{13}C 量以 M1－M 处理最大，为 90 mg/m^2；其他处理平均为 61 mg/m^2，且处理间差异不显著。覆膜栽培根际土壤^{13}C 含量显著高于传统栽培。覆膜方式下施有机肥处理对根际土壤固定^{13}C 量没有影响，而传统栽培（不覆膜）方式下表现为施有机肥低于不施肥处理。覆膜与施肥对土体土壤^{13}C 含量影响较小，CK－M 处理显著低于其余处理，但其余处理间并没有表现出较大的差异（$P>0.05$）。光合净固定^{13}C 主要分配在地上部（图 5－4），茎叶分配比例占 71.19%～82.22%，而地下部固定光合碳的比例为 17.78%～28.81%，其中根为 8.21%～13.88%，根际土壤为 7.17%～13.10%，土体土壤平均仅有 2.62%。不施肥处理地下部分配比例（平均为 28.18%）高于施有机肥处理（平均为 19.79%）。

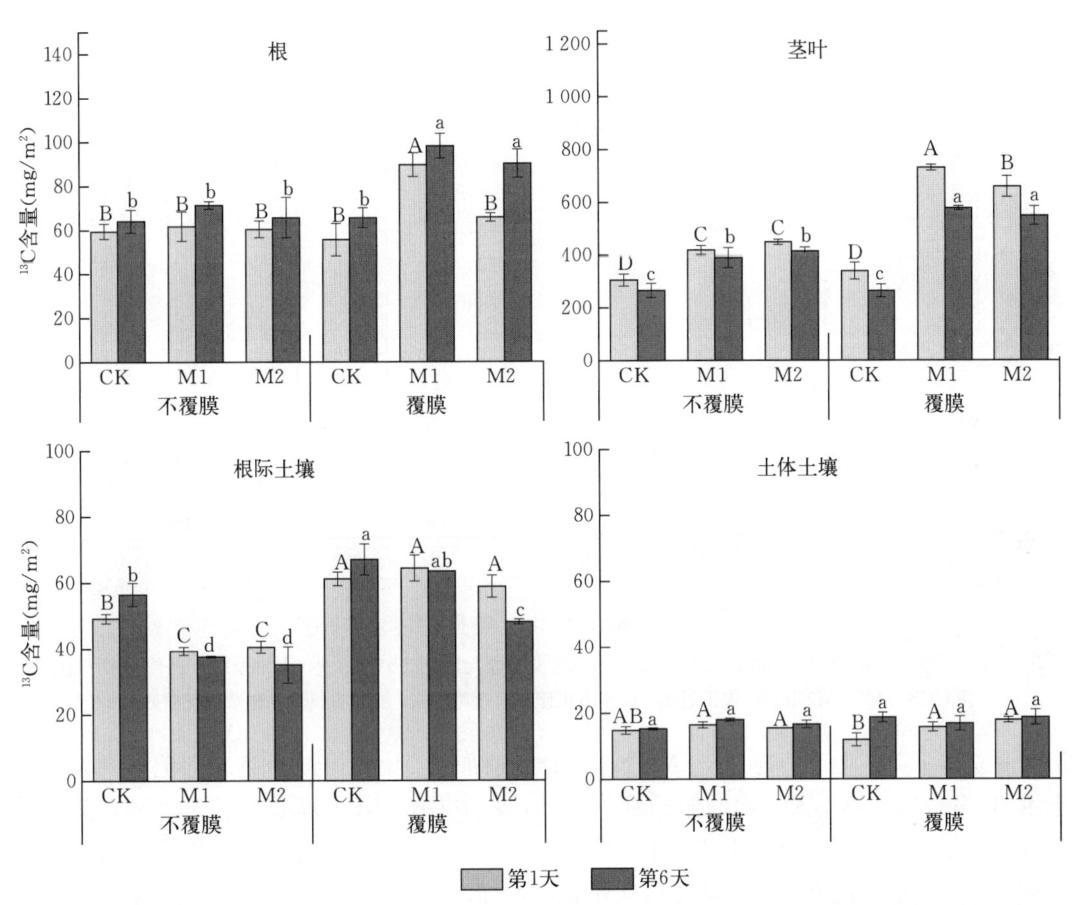

图 5-3　玉米拔节期^{13}C脉冲标记第 1 天和第 6 天地膜覆盖与施肥方式下玉米-土壤系统中各组分^{13}C含量

注：不同大写字母表示标记第 1 天同一组分不同处理间差异显著（$P<0.05$）；不同小写字母表示标记第 6 天同一组分不同处理间差异显著（$P<0.05$）。CK、M1、M2 分别代表不施肥、中量有机肥和氮磷肥配施、高量有机肥和氮磷肥配施处理。

拔节期标记第 6 天光合碳在玉米-土壤系统分配与标记第 1 天基本相同，即茎叶>根>根际土壤>土体土壤。覆膜与施肥对玉米植株与土体土壤固定^{13}C 数量的影响与标记第 1 天大体一致，但对根际土壤的影响与标记第 1 天略有不同，表现为覆膜栽培各处理大于与之对应的传统栽培（不覆膜）各处理，且同一栽培方式下 CK>M1>M2。

拔节期标记后第 6 天 22.11%～36.49%的光合碳分配到地下部，其中分配到根部的比例平均为 13.97%，根际土壤为 9.89%，土体土壤为 3.29%。覆膜不施肥与不覆膜不施肥地下部光合碳比例最大，分别为 36.49%和 33.87%；施有机肥处理（包括覆膜与不覆膜栽培）平均为 23.14%。单位面积土壤固定^{13}C 总量与标记第 1 天相比平均减少 62 mg/m^2，其中 M1-M 处理^{13}C 量减少了 16.0%，CK-M 与 M2-M 处理减少了约 11.6%，M2 与 CK 平均减少了 6.2%，M1 处理固定^{13}C 量仅降低了 3.8%。拔节期标记从第 1 天到第 6 天茎叶^{13}C 量平均降低了 14.6%，而根却平均增加约 16.1%，其中覆膜栽培茎叶^{13}C 量下降幅度较大，而 M2-M 处理根^{13}C 量增加最为明显。根际土壤^{13}C 量随标

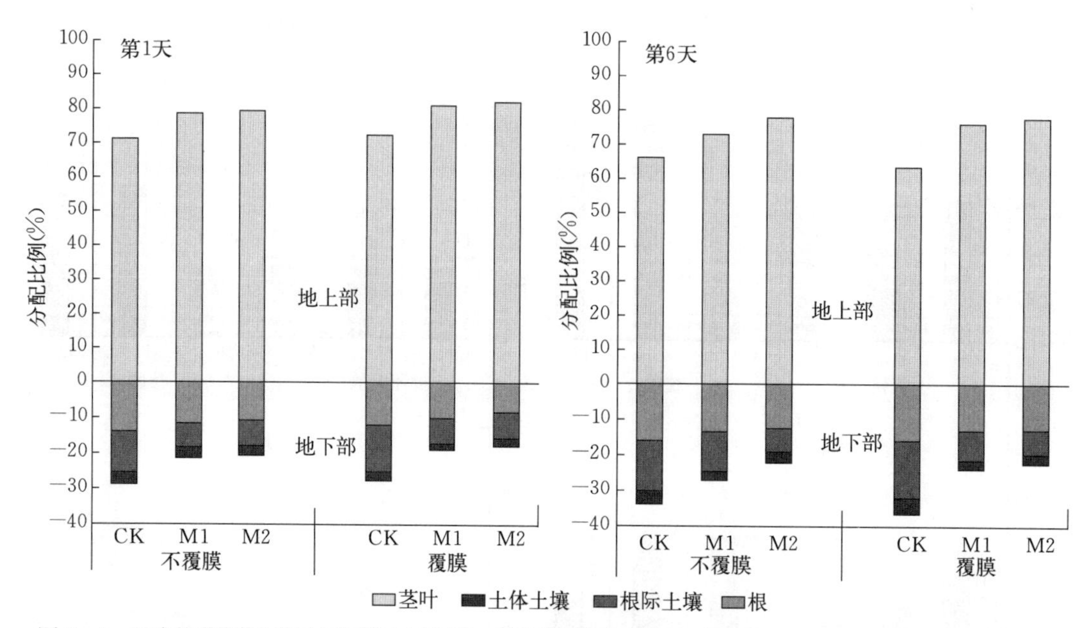

图 5-4　玉米拔节期^{13}C脉冲标记第 1 天和第 6 天地膜覆盖与施肥方式下玉米-土壤系统中各组分相对比例

注：CK、M1、M2 分别代表不施肥、中量有机肥和氮磷肥配施、高量有机肥和氮磷肥配施处理。

记时间总体下降，但 CK 与 CK-M 处理却分别增加了 14.8%与 9.6%。标记第 6 天土体土壤^{13}C量较标记第 1 天平均增加了约 14.8%，其中 CK-M 处理增加了 56.9%，其余处理仅增加了 3.2%～9.7%。拔节期标记第 6 天与标记第 1 天相比，光合碳分配到茎叶比例相对降低，而分配到根与土体土壤比例相对增加。标记第 1 天到第 6 天根际土壤分配比例表现为 CK、CK-M 与 M1-M 处理相对增加，其余处理相对降低。

玉米与土壤系统各组分^{13}C含量、光合净固定^{13}C及^{13}C回收率受施肥、覆膜（土体土壤^{13}C含量除外）、时间（根际土壤^{13}C含量除外）、覆膜与施肥交互作用的影响显著（$P<0.05$，表 5-5）。覆膜与施肥交互作用对根际土壤^{13}C含量，覆膜与时间交互作用对茎叶、光合净固定^{13}C和^{13}C回收率，施肥、覆膜和时间三者的交互作用对土体土壤^{13}C含量的影响显著（$P<0.05$）。除此之外，时间与其他因子的交互作用对上述各指标的影响都不明显（$P>0.05$）。

表 5-5　各因子对拔节期玉米-土壤系统中各组分^{13}C含量、净固定^{13}C及^{13}C回收率影响的方差分析结果

因子	自由度	根 F (P)	茎叶 F (P)	根际土壤 F (P)	土体土壤 F (P)	净固定^{13}C F (P)	^{13}C回收率 F (P)
施肥	2	23 (<0.001)	214 (<0.001)	38 (<0.001)	4.6 (0.033)	184 (<0.001)	148 (<0.001)
覆膜	1	36 (<0.001)	194 (<0.001)	211 (<0.001)	0.88 (0.367)	234 (<0.001)	151 (<0.001)
时间	1	21 (0.001)	49 (<0.001)	0.63 (0.444)	12 (0.004)	29 (<0.001)	27 (<0.001)

（续）

因子	自由度	根 F（*P*）	茎叶 F（*P*）	根际土壤 F（*P*）	土体土壤 F（*P*）	净固定^{13}C F（*P*）	^{13}C 回收率 F（*P*）
施肥×覆膜	2	13 （0.001）	43 （<0.001）	12 （<0.001）	2.8 （0.100）	48 （<0.001）	30 （<0.001）
施肥×时间	2	1.00 （0.398）	0.871 （0.443）	12 （<0.001）	2.2 （0.158）	1.12 （0.360）	0.89 （0.436）
覆膜×时间	1	2.95 （0.112）	14 （0.003）	0.67 （0.429）	2.6 （0.132）	9.07 （0.011）	7.95 （0.015）
施肥×覆膜×时间	2	1.72 （0.221）	1.47 （0.269）	0.55 （0.589）	3.9 （0.048）	1.54 （0.253）	1.31 （0.307）

注：覆膜：覆膜与不覆膜；施肥：不施肥，施中量有机肥，施高量有机肥；时间：标记第 1 天和第 6 天。

（三）地膜覆盖与施肥对玉米成熟期光合碳在植物-土壤系统分配的影响

为了获得更多成熟的标记秸秆，本试验未在抽雄期标记后的第 1 天进行采样。玉米成熟期不同处理光合净固定^{13}C 量达到 1 449～2 232 mg/m^2，其中 M2－M、M1－M、M1 处理^{13}C 回收率超过 52.00%，CK 处理仅有 39.03%，CK－M 与 M2 处理在 45.78%左右（表 5－6）。施肥、覆膜及其交互作用显著影响（*P*<0.05）植物-土壤系统各组分固定^{13}C 量（表 5－7），覆膜对根系^{13}C 量（*P*>0.05）和覆膜与施肥交互作用对茎叶^{13}C 量（*P*>0.05）的影响除外。玉米成熟期光合固定^{13}C 已经向籽粒转移，其分配比例小于 5.00%（图 5－5）。覆膜栽培籽粒^{13}C 量显著高于传统栽培（不覆膜），且随有机肥施用量增加籽粒^{13}C 含量增加（图 5－6）。施有机肥处理茎叶^{13}C 分配比例约为 80.41%，CK－M 与 CK 处理分别为 62.01%和 71.50%，且 CK－M 与 CK 处理茎叶^{13}C 含量最小，平均为 1 043 mg/m^2。CK－M 处理地下部光合固定^{13}C 比例最大（大于 30%），其^{13}C 主要集中分配在土体土壤中，占光合净固定^{13}C 量比例超过 18.37%。覆膜不施肥处理土体土壤^{13}C 含量分别是不覆膜不施肥处理、覆膜施有机肥及不覆膜施有机肥处理的 2.7 倍、4.7 倍和 6.0 倍。施有机肥处理根际土壤固定^{13}C 比例差异不大，平均为 2.48%，CK－M 与 CK 处理分别为 7.32%和 5.87%。根际土壤^{13}C 含量表现为覆膜栽培高于传统栽培（不覆膜），不施肥处理高于施有机肥处理。施有机肥处理根固定^{13}C 平均为 201 mg/m^2，且处理间差异不显著（*P*>0.05），占光合净^{13}C 量比例平均约为 9.95%；CK 处理根固定^{13}C 量较小，仅有 169 mg/m^2，但其分配相对比例达 11.63%；CK－M 处理根^{13}C 的绝对含量和相对分配比例都最小，分别为 145 mg/m^{2}和 8.54%。

表 5－6　玉米成熟期^{13}C 脉冲标记净光合固定^{13}C 量和^{13}C 回收率

覆膜	施肥	净固定^{13}C 量（mg/m^2）	^{13}C 回收率（%）
不覆膜	CK	1 449±52c	39.03±1.40c
	M1	2 039±36a	52.27±1.00a
	M2	1 785±112b	45.76±2.88b

（续）

覆膜	施肥	净固定^{13}C量（mg/m^2）	^{13}C回收率（%）
覆膜	CK	1 693±28b	45.60±0.74b
	M1	2 232±137a	55.88±3.42a
	M2	2 106±25a	52.73±0.63a

注：同一列不同小写字母表示不同处理间差异显著（$P<0.05$）。CK、M1、M2分别代表不施肥、中量有机肥和氮磷肥配施、高量有机肥和氮磷肥配施处理。

表5-7　各因子对成熟期玉米-土壤系统中各组分^{13}C含量、净固定^{13}C及^{13}C回收率影响的方差分析结果

因子	自由度	根 F（P）	茎叶 F（P）	籽粒 F（P）	根际土壤 F（P）	土体土壤 F（P）	净固定^{13}C F（P）	^{13}C回收率 F（P）
施肥	2	20 (<0.001)	76 (<0.001)	232 (<0.001)	1 523 (<0.001)	1 433 (<0.001)	54 (<0.001)	36 (<0.001)
覆膜	1	0.29 (0.613)	7.9 (0.030)	68 (<0.001)	908 (<0.001)	745 (<0.001)	32 (<0.001)	25 (0.003)
施肥×覆膜	2	7.8 (0.021)	1.8 (0.244)	7.3 (0.025)	27 (<0.001)	486 (<0.001)	0.68 (0.541)	0.85 (0.472)

注：覆膜：覆膜与不覆膜；施肥：不施肥，施中量有机肥，施高量有机肥。

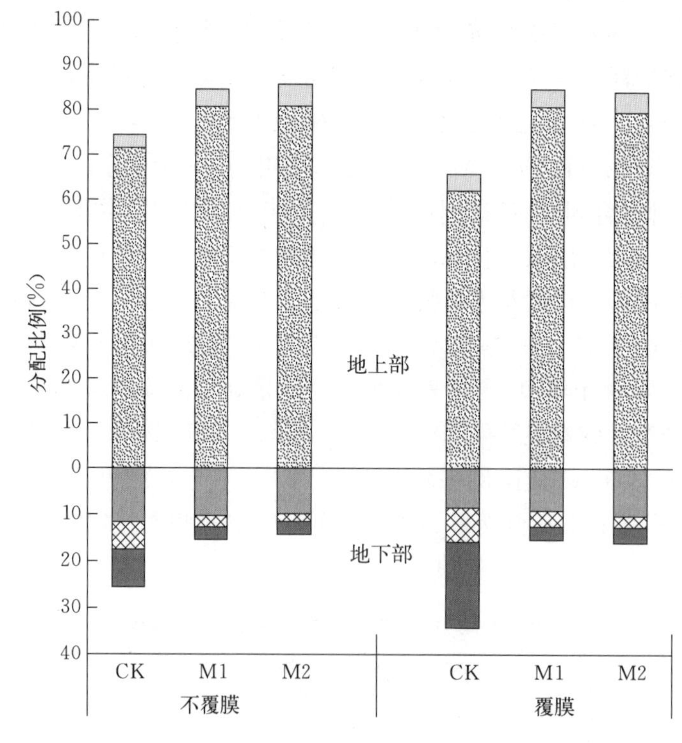

图5-5　玉米成熟期地膜覆盖与施肥方式下玉米-土壤系统中各组分相对比例

注：CK、M1、M2分别代表不施肥、中量有机肥和氮磷肥配施、高量有机肥和氮磷肥配施处理。

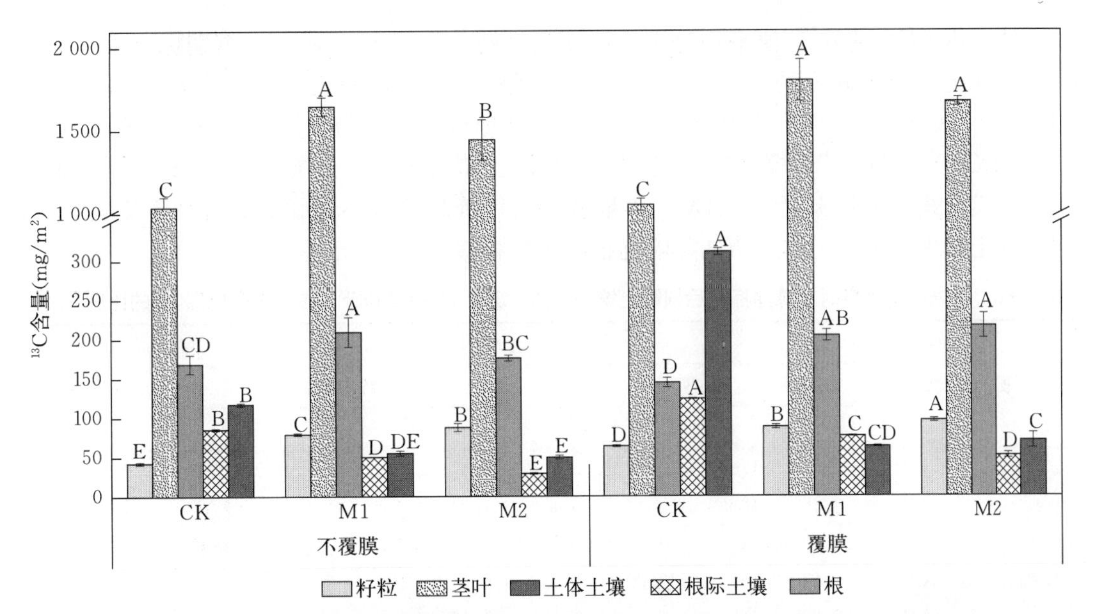

图 5-6 玉米成熟期地膜覆盖与施肥方式下玉米-土壤系统中各组分^{13}C含量

注：不同大写字母表示同一组分不同处理间差异显著（$P<0.05$）。CK、M1、M2 分别代表不施肥、中量有机肥和氮磷肥配施、高量有机肥和氮磷肥配施处理。

二、地膜覆盖与施肥对微生物固定光合碳的影响

（一）地膜覆盖与施肥对玉米苗期微生物固定光合碳的影响

本研究中可溶性有机碳（DOC）是指微生物量碳（MBC）测定时氯仿不熏蒸 K_2SO_4 提取的有机碳。苗期脉冲标记第 1 天根际土壤 DOC 的 δ^{13}C 值为$-20.59‰\sim-17.63‰$，高于土体土壤 δ^{13}C 值（$-21.10‰\sim-19.23‰$，图 5-7）。传统栽培（不覆膜）根际土壤

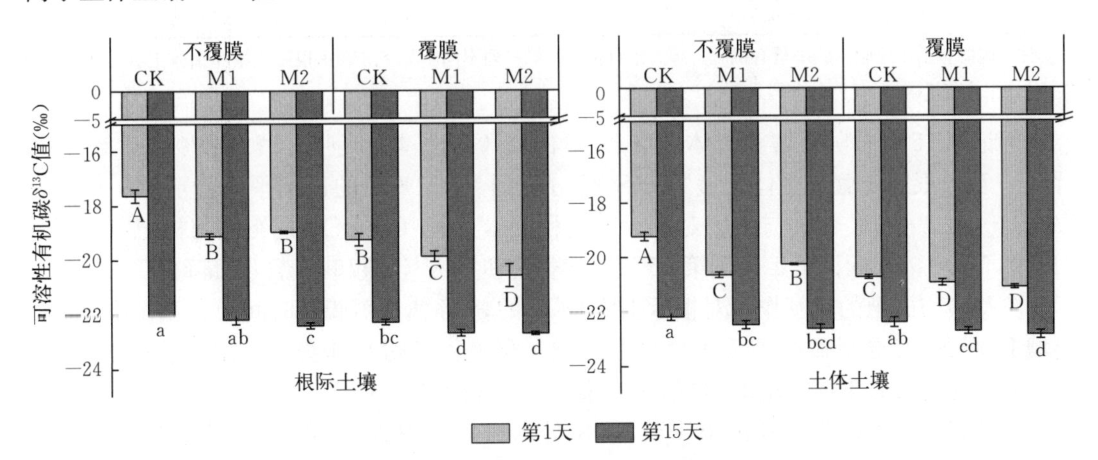

图 5-7 玉米苗期^{13}C脉冲标记第 1 天和第 15 天地膜覆盖与施肥方式下根际土壤和土体土壤可溶性有机碳 δ^{13}C 值

注：不同大写字母表示标记第 1 天不同处理间差异显著（$P<0.05$）；不同小写字母表示标记第 15 天不同处理间差异显著（$P<0.05$）。

与土体土壤DOC的$\delta^{13}C$值平均分别比覆膜栽培高1.34‰和0.87‰。苗期标记第1天根际土壤和土体土壤固定的^{13}C（^{13}C-SOC）中分配到DOC的比例平均分别为2.86%和14.29%（表5-8）。无论覆膜与否，施有机肥处理根际土壤与土体土壤可溶性有机碳^{13}C（^{13}C-DOC）含量显著高于不施肥处理，且根际土壤高于土体土壤（图5-8）。同一施肥不同覆膜方式下根际土壤^{13}C-DOC含量表现为传统栽培（不覆膜）显著高于覆膜栽培。同一施肥处理覆膜对土体土壤的影响与根际土壤相似。

表5-8　玉米不同生育时期脉冲标记后根际土壤和土体土壤可溶性有机碳^{13}C占土壤有机碳^{13}C的比例（%）

覆膜	处理	根际土壤				
		苗期		拔节期		成熟期
		第1天	第15天	第1天	第6天	
不覆膜	CK	2.14±0.17d	3.57±0.23c	0.67±0.03c	1.44±0.14c	0.49±0.03b
	M1	3.28±0.10b	14.45±2.13a	3.04±0.25a	1.35±0.12c	0.19±0.01d
	M2	3.58±0.01a	12.55±0.59b	3.43±0.34a	2.11±0.13b	0.28±0.08c
覆膜	CK	3.13±0.09b	13.80±0.14ab	0.91±0.10c	1.51±0.09c	0.72±0.04a
	M1	2.62±0.18c	5.18±0.33c	1.36±0.04b	2.08±0.70b	0.13±0.02d
	M2	2.38±0.40cd	4.74±0.29c	1.69±0.23b	2.69±0.21a	0.13±0.03d
覆膜	处理	土体土壤				
		苗期		拔节期		成熟期
		第1天	第15天	第1天	第6天	
不覆膜	CK	13.98±1.37b	8.04±0.36b	0.72±0.16d	2.04±0.76b	2.64±0.30a
	M1	20.08±0.80a	10.88±1.58a	4.49±0.34b	2.89±0.31a	1.38±0.22cd
	M2	21.38±0.50a	12.12±1.79a	6.08±0.21a	1.87±0.13b	2.02±0.38b
覆膜	CK	12.87±1.79b	9.16±0.46b	0.90±0.09d	0.67±0.16c	0.95±0.12d
	M1	9.26±0.50c	3.14±0.35c	2.97±0.04c	2.69±0.26a	1.56±0.12c
	M2	8.17±0.11c	4.00±0.26c	2.77±0.06c	3.20±0.67a	2.40±0.23ab

注：施肥包括不施肥、施中量有机肥、施高量有机肥；同一列不同小写字母表示根际土壤和土体土壤可溶性有机碳^{13}C占土壤有机碳^{13}C比例的差异显著（$P<0.05$）。

标记第15天根际土壤和土体土壤DOC的$\delta^{13}C$值平均分别为－22.39‰和－22.54‰（图5-7）。根际土壤和土体土壤^{13}C-SOC分配到^{13}C-DOC的比例平均分别为9.05%和7.89%（表5-8）。覆膜与施肥对根际土壤和土体土壤^{13}C-DOC的影响与标记第1天相似（图5-8）。从标记第1天到第15天可溶性有机碳$\delta^{13}C$值和^{13}C含量都降低。

除覆膜与施肥的交互作用对根际土壤DOC的$\delta^{13}C$值和覆膜与时间的交互作用对土体土壤DOC的^{13}C含量影响不显著之外，施肥、覆膜、时间及其交互作用显著影响（$P<0.05$）根际土壤和土体土壤DOC的$\delta^{13}C$值和^{13}C含量（表5-9）。

传统栽培（不覆膜）标记第1天，CK处理根际土壤MBC的$\delta^{13}C$值超过了100‰，平均比施有机肥处理高43.32‰，比覆膜栽培所有处理（处理间差异不显著，$P>0.05$）高54.54‰（图5-9）。土体土壤MBC的$\delta^{13}C$值在－8.65‰～－5.90‰之间，低于与之相对应的根际土壤。传统栽培（不覆膜）CK处理土体土壤$\delta^{13}C$值最高，为－5.90‰；覆膜施有机肥处理最低，平均为－8.38‰。

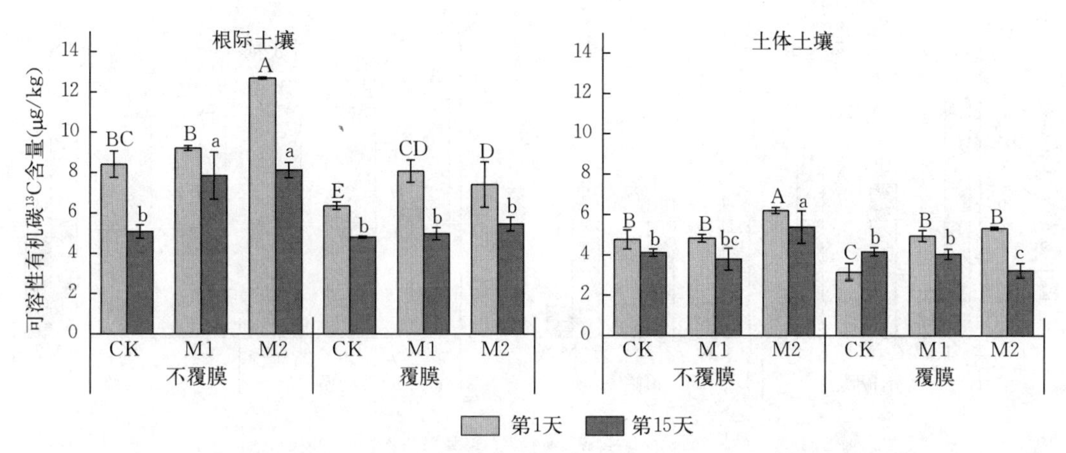

图 5-8　玉米苗期^{13}C脉冲标记第 1 天和第 15 天地膜覆盖与施肥方式下根际土壤和土体土壤可溶性有机碳^{13}C含量

注：不同大写字母表示标记第 1 天不同处理间差异显著（$P<0.05$）；不同小写字母表示标记第 15 天不同处理间差异显著（$P<0.05$）。

表 5-9　各因子对玉米苗期土壤可溶性有机碳 $\delta^{13}C$ 值及其^{13}C含量、微生物量碳 $\delta^{13}C$ 值及其^{13}C含量影响的方差分析

因子	自由度	可溶性有机碳 $\delta^{13}C$ 值		微生物量碳 $\delta^{13}C$ 值		可溶性有机碳^{13}C含量		微生物量碳^{13}C含量	
		RS F (P)	BS F (P)	RS F (P)	BS F (P)	RS F (P)	BS F (P)	RS F (P)	BS F (P)
施肥	2	75 (<0.001)	83 (<0.001)	45 (<0.001)	46 (<0.001)	56 (<0.001)	393 (<0.001)	97 (<0.001)	2 670 (<0.001)
覆膜	1	196 (<0.001)	175 (<0.001)	125 (<0.001)	154 (<0.001)	198 (<0.001)	35 (<0.001)	0.52 (0.477)	9 330 (<0.001)
时间	1	2 693 (<0.001)	2 430 (<0.001)	5 088 (<0.001)	5 041 (<0.001)	244 (<0.001)	39 (<0.001)	9 760 (<0.001)	932 (<0.001)
施肥×覆膜	2	2.9 (0.073)	17 (<0.001)	34 (<0.001)	16 (<0.001)	30 (<0.001)	4.6 (0.021)	61 (<0.001)	165 (<0.001)
施肥×时间	2	23 (<0.001)	12 (<0.001)	30 (<0.001)	6.6 (0.005)	7.0 (0.005)	16 (<0.001)	74 (<0.001)	73 (<0.001)
覆膜×时间	1	65 (<0.001)	62 (<0.001)	80 (<0.001)	8.6 (0.007)	7.0 (0.015)	0.53 (0.473)	5.7 (0.027)	268 (<0.001)
施肥×覆膜×时间	2	8.7 (0.001)	18 (<0.001)	24 (<0.001)	6.1 (0.007)	103 (<0.001)	9.7 (0.001)	14 (<0.001)	20 (<0.001)

注：覆膜包括覆膜与不覆膜；施肥包括不施肥、施中量有机肥、施高量有机肥；时间指标记第 1 天和 15 天；RS 指根际土壤；BS 指土体土壤。

标记第 15 天根际土壤 MBC 的 $\delta^{13}C$ 值迅速降低到$-18.20‰\sim-11.92‰$之间（图 5-9）。虽然标记第 15 天与标记第 1 天的 MBC 的 $\delta^{13}C$ 值相差甚远，但不同覆膜与施肥方式对 MBC 的 $\delta^{13}C$ 值的影响与标记第 1 天相似。标记第 15 天土体土壤 MBC 的 $\delta^{13}C$ 值比标记第

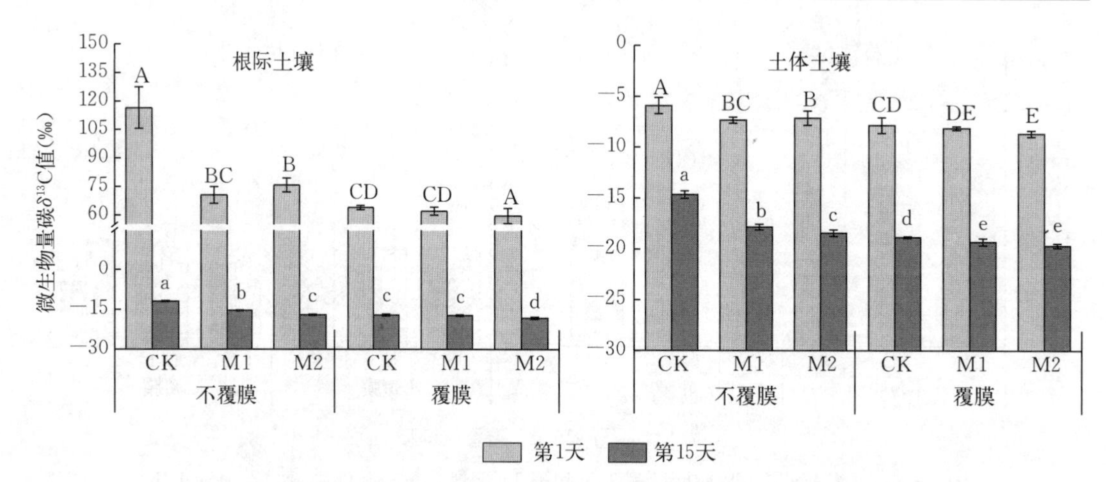

图 5-9 玉米苗期^{13}C脉冲标记第1天和第15天地膜覆盖与施肥方式下根际土壤和土体土壤微生物量碳 $δ^{13}C$ 值

注：不同大写字母表示标记第1天不同处理间差异显著（$P<0.05$）；不同小写字母表示标记第15天不同处理间差异显著（$P<0.05$）。

1天降低1/2左右；传统栽培（不覆膜）CK处理最高，为−14.66‰；覆膜栽培施有机肥处理最低，平均为−19.48‰。

覆膜、施肥、时间及三个因素之间的交互效应显著影响（$P<0.05$）MBC的 $δ^{13}C$ 值和^{13}C量（除覆膜对根际土壤MBC的^{13}C量外，表5-9）。覆膜栽培标记第1天根际土壤微生物固定^{13}C量（^{13}C-MBC）含量为183～275 μg/kg，且随有机肥施用量增加^{13}C-MBC含量显著增加（图5-10）。传统栽培（不覆膜）方式下M2处理根际土壤^{13}C-MBC含量比CK处理高14.92%，比M1处理高34.15%。不同覆膜方式下M1处理根际土壤^{13}C-MBC含量表现为覆膜栽培比传统栽培（不覆膜）高16.91%；然而覆膜栽培CK-M处

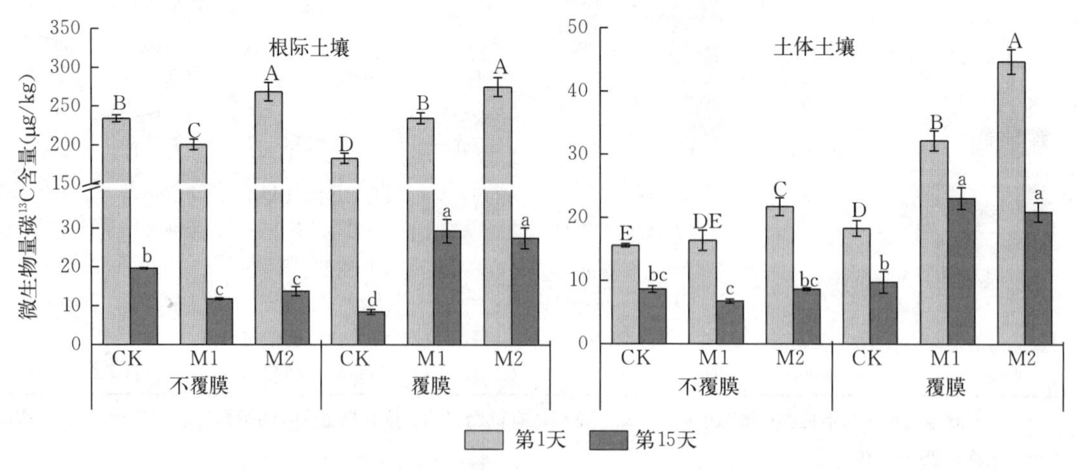

图 5-10 玉米苗期^{13}C脉冲标记第1天和第15天地膜覆盖与施肥方式下根际土壤和土体土壤微生物量碳^{13}C含量

注：不同大写字母表示标记第1天不同处理间差异显著（$P<0.05$）；不同小写字母表示标记第15天不同处理间差异显著（$P<0.05$）。CK、M1、M2分别代表不施肥、中量有机肥和氮磷肥配施、高量有机肥和氮磷肥配施处理。

理却比传统栽培（不覆膜）CK 处理低 21.82%；覆膜 M2 处理与不覆膜 M2 处理之间没有差异。覆膜施有机肥处理土体土壤^{13}C-MBC 含量约为传统栽培（不覆膜）施有机肥处理的 2 倍，而覆膜不施肥处理仅比不覆膜不施肥处理高 17.44%。

标记第 15 天覆膜与施肥对根际土壤和土体土壤^{13}C-MBC 的影响与标记第 1 天相似（图 5-10）。根际土壤各处理^{13}C-MBC 含量平均下降 92.27%。覆膜施有机肥处理根际土壤^{13}C-MBC 含量最高，平均为 28 μg/kg；而 CK-M 处理最低，不足覆膜施有机肥处理的 1/3。标记第 15 天土体土壤^{13}C-MBC 较第 1 天降低 28.29%～60.15%。

苗期标记第 1 天根际土壤^{13}C-MBC 占^{13}C-SOC（土壤有机碳中^{13}C 含量）比例超过 60.00%，且以 CK-M 处理最高，达到 90.06%；其次为 M2-M 处理，为 88.40%；CK 处理最低，为 59.57%；其余处理在 71.38%～76.02%（图 5-11）。土体土壤固定^{13}C 中^{13}C-MBC 占 45.76%～75.11%。与根际土壤相反，传统栽培（不覆膜）施有机肥处理土体土壤^{13}C-MBC 对^{13}C-SOC 相对贡献高于与之对应的覆膜处理，但覆膜不施肥处理高于不覆膜不施肥处理。标记第 15 天后根际土壤和土体土壤固定^{13}C 分配到 MBC 比例急剧下降（图 5-11）。传统栽培与覆膜栽培有机肥处理根际土壤固定^{13}C 中^{13}C-MBC 所占比例平均分别为 21.41%和 26.97%。CK 处理根际土壤^{13}C-SOC 中^{13}C-MBC 的比例仅有 13.77%，而 CK-M 处理却达到了 24.13%。不覆膜 CK 处理土体土壤中^{13}C-MBC 比例最小，仅有 16.86%；其余处理土体土壤^{13}C-MBC 比例差异不显著，平均为 20.72%。

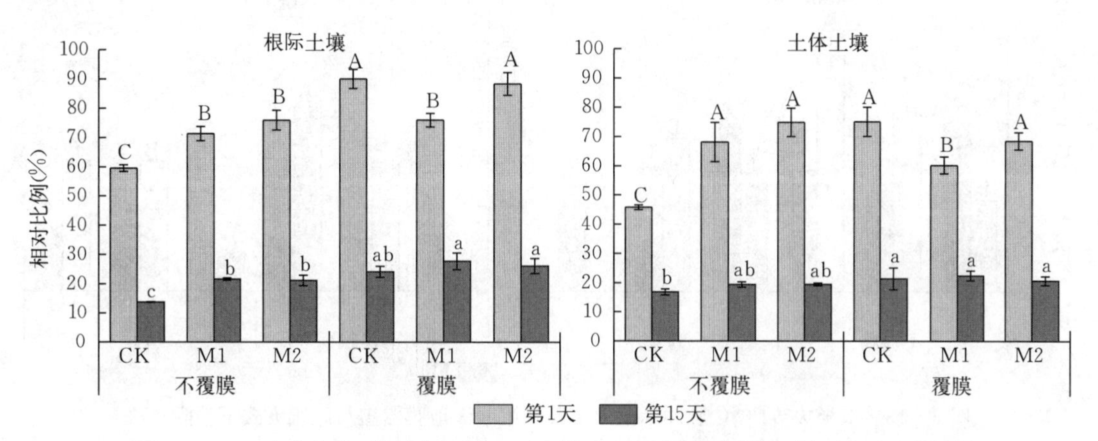

图 5-11　玉米苗期^{13}C 脉冲标记第 1 天和第 15 天地膜覆盖与施肥方式下根际土壤和土体土壤微生物量碳^{13}C 占土壤有机碳^{13}C 的比例

注：不同大写字母表示标记第 1 天不同处理间差异显著（$P<0.05$）；不同小写字母表示标记第 15 天不同处理间差异显著（$P<0.05$）。CK、M1、M2 分别代表不施肥、中量有机肥和氮磷肥配施、高量有机肥和氮磷肥配施处理。

（二）地膜覆盖与施肥对玉米拔节期微生物固定光合碳的影响

拔节期标记第 1 天根际土壤可溶性有机碳 $\delta^{13}C$ 值为－23.14‰～－22.69‰，略高于土体土壤 $\delta^{13}C$ 值（－24.07‰～－23.26‰，图 5-12）。无论覆膜与否，施有机肥处理根际土壤和土体土壤可溶性有机碳 $\delta^{13}C$ 值均高于不施肥处理。根际土壤与土体土壤固定^{13}C 中^{13}C-DOC 的相对比例平均分别为 1.85%和 2.99%（表 5-8）。由图 5-13 可以看出，根际土壤^{13}C-DOC含量明显高于土体土壤。不覆膜M2处理根际土壤与土体土壤^{13}C-DOC含量最高，CK-M与CK处理^{13}C-DOC最低，其余3个处理间差异不显著。

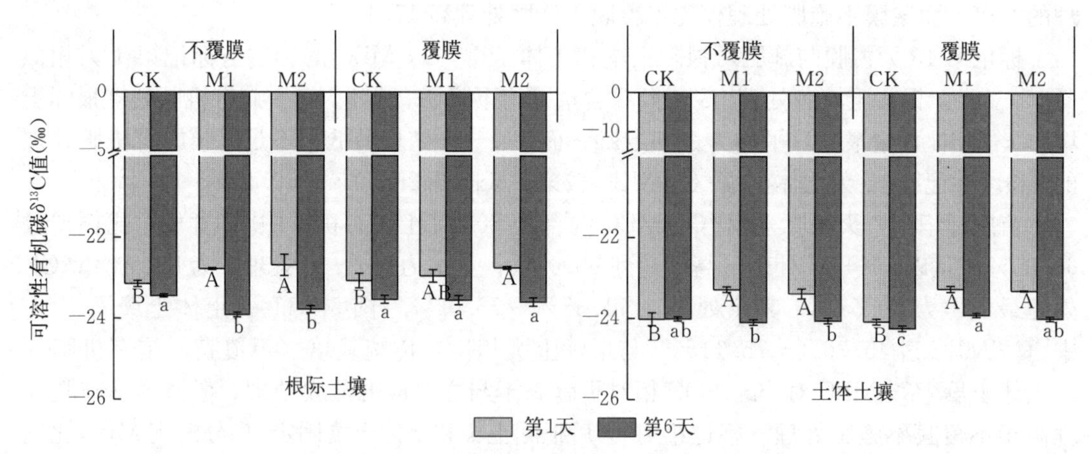

图5-12 玉米拔节期^{13}C脉冲标记第1天和第6天地膜覆盖与施肥方式下根际土壤和土体土壤可溶性有机碳δ^{13}C值

注：不同大写字母表示标记第1天不同处理间差异显著（$P<0.05$）；不同小写字母表示标记第6天不同处理间差异显著（$P<0.05$）。CK、M1、M2分别代表不施肥、中量有机肥和氮磷肥配施、高量有机肥和氮磷肥配施处理。

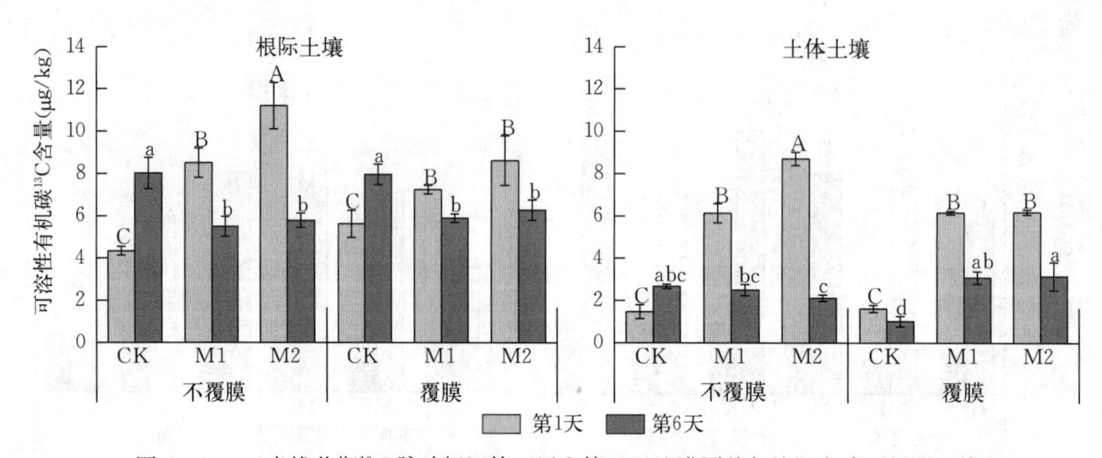

图5-13 玉米拔节期^{13}C脉冲标记第1天和第6天地膜覆盖与施肥方式下根际土壤和土体土壤可溶性有机碳^{13}C含量

注：不同大写字母表示标记第1天不同处理间差异显著（$P<0.05$）；不同小写字母表示标记第6天不同处理间差异显著（$P<0.05$）。CK、M1、M2分别代表不施肥、中量有机肥和氮磷肥配施、高量有机肥和氮磷肥配施处理。

拔节期标记第6天根际土壤DOC的δ^{13}C值为－23.92‰～－23.45‰，土体土壤为－24.24‰～－23.91‰（图5-12）。根际土壤固定^{13}C分配到^{13}C-DOC比例为1.35%～2.69%，而土体土壤为0.67%～3.20%（表5-8）。无论覆膜与否，标记第6天不施肥处理根际土壤^{13}C-DOC含量显著高于施有机肥处理，且同一施肥条件下覆膜与不覆膜处理之间没有差异（图5-13）。覆膜条件下施有机肥显著增加了土体土壤^{13}C-DOC含量，而传统栽培不覆膜条件下土体土壤^{13}C-DOC含量不受施肥的影响。

从拔节期标记第 1 天到第 6 天有机肥处理根际土壤^{13}C - DOC 含量降低了 19%～48%，而不施肥处理却增加了 40%～85%。有机肥处理土体土壤^{13}C - DOC 含量降低了 50%～75%，覆膜不施肥处理降低了约 38%，而不覆膜不施肥处理却增加了约 82%。

根际土壤和土体土壤可溶性有机碳的^{13}C 含量受施肥、覆膜（根际土壤除外）、时间及其交互作用的影响显著（$P<0.05$），而覆膜单独作用或与其他因子的交互作用对可溶性有机碳的 δ^{13}C 值影响不明显（$P>0.05$，表 5 - 10）。

表 5 - 10　各因子对玉米拔节期土壤可溶性有机碳 δ^{13}C 值及其^{13}C 含量、微生物量碳 δ^{13}C 值及其^{13}C 含量影响的方差分析

因子	自由度	可溶性有机碳 δ^{13}C 值		微生物量碳 δ^{13}C 值		可溶性有机碳^{13}C 含量		微生物量碳^{13}C 含量	
		RS F（P）	BS F（P）	RS F（P）	BS F（P）	RS F（P）	BS F（P）	RS F（P）	BS F（P）
施肥	2	2.4 (0.112)	112 (<0.001)	63 (<0.001)	50 (<0.001)	18 (<0.001)	404 (<0.001)	925 (<0.001)	185 (<0.001)
覆膜	1	1.3 (0.272)	0.072 (0.791)	81 (<0.001)	64 (<0.001)	1.8 (0.192)	15 (0.001)	136 (<0.001)	40 (<0.001)
时间	1	337 (<0.001)	340 (<0.001)	3 880 (<0.001)	3 454 (<0.001)	22 (<0.001)	652 (<0.001)	6 830 (<0.001)	870 (<0.001)
施肥×覆膜	2	0.56 (0.578)	8.0 (0.002)	4.1 (0.029)	12 (<0.001)	5.1 (0.015)	12 (<0.001)	0.38 (0.692)	3.0 (0.070)
施肥×时间	2	20 (<0.001)	62 (<0.001)	198 (<0.001)	833 (<0.001)	94 (<0.001)	219 (<0.001)	997 (<0.001)	498 (<0.001)
覆膜×时间	1	6.5 (0.018)	0.035 (0.859)	37 (<0.001)	28 (<0.001)	7 (<0.011)	14 (<0.001)	75 (<0.001)	22 (<0.001)
施肥×覆膜×时间	2	6.3 (0.006)	3.3 (0.052)	2.2 (0.128)	14 (<0.001)	9.3 (0.001)	57 (<0.001)	6.0 (0.008)	1.6 (0.232)

注：覆膜包括覆膜与不覆膜；施肥包括不施肥、施中量有机肥、施高量有机肥；时间指标记第 1 天和 6 天；RS 指根际土壤；BS 指土体土壤。

拔节期根际土壤 MBC 的 δ^{13}C 值明显低于苗期，而土体土壤却比苗期高。拔节期标记第 1 天根际土壤 MBC 的 δ^{13}C 值范围为 7.46‰～28.14‰，土体土壤为 －7.03‰～7.19‰。覆膜与施肥对根际土壤与土体土壤 MBC 的 δ^{13}C 值影响表现为施有机肥处理高于不施肥处理，覆膜栽培高于传统栽培（不覆膜，图 5 - 14）。

拔节期标记第 1 天覆膜与施肥对根际土壤与土体土壤^{13}C - MBC 含量影响一致，即覆膜栽培高于传统栽培（不覆膜），施有机肥高于不施肥处理，且根际土壤^{13}C - MBC 含量是土体土壤的 2.0～2.7 倍（图 5 - 15）。M2 - M 处理根际土壤和土体土壤^{13}C - MBC 含量最高，分别为 309 μg/kg 和 154 μg/kg；CK 处理最低，分别为 107 μg/kg 和 46 μg/kg。

拔节期标记第 6 天根际土壤与土体土壤 MBC 的 δ^{13}C 值均降低。根际土壤 MBC 的 δ^{13}C 值范围为－9.73‰～－3.37‰，土体土壤为－13.87‰～－6.83‰。CK 处理根际土壤 MBC 的 δ^{13}C 值最高，为－3.37‰；其次为 CK - M，为－5.08‰；传统栽培（不覆膜）施有机肥最低，平均为－9.53‰。不同处理土体土壤 MBC 的 δ^{13}C 值表现为覆膜栽培高于传统栽培（不覆膜），且随有机肥用量的增加而降低，但同一施肥处理不受覆膜的影响。

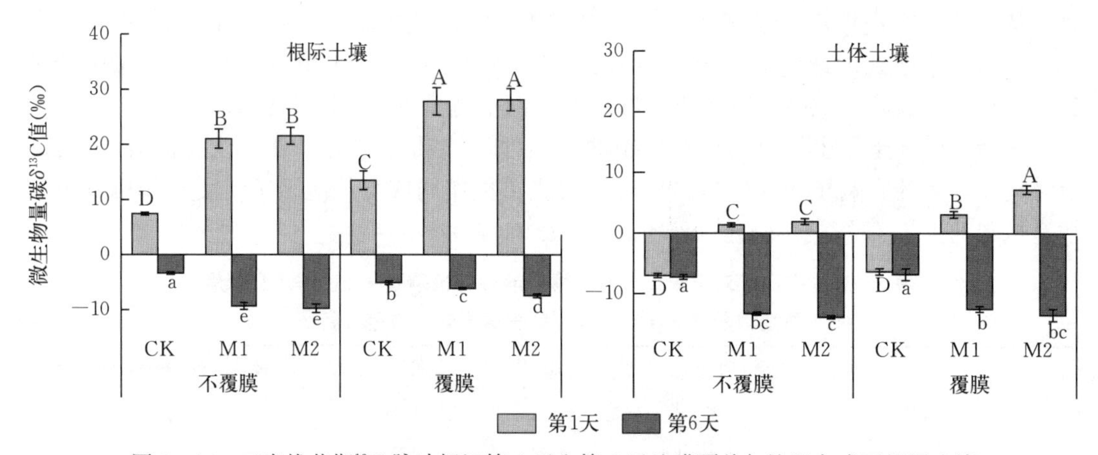

图 5-14 玉米拔节期^{13}C脉冲标记第1天和第6天地膜覆盖与施肥方式下根际土壤和土体土壤微生物量碳 δ^{13}C 值

注：不同大写字母表示标记第1天不同处理间差异显著（$P<0.05$）；不同小写字母表示标记第6天不同处理间差异显著（$P<0.05$）。CK、M1、M2分别代表不施肥、中量有机肥与氮磷肥配施、高量有机肥和氮磷肥配施处理。

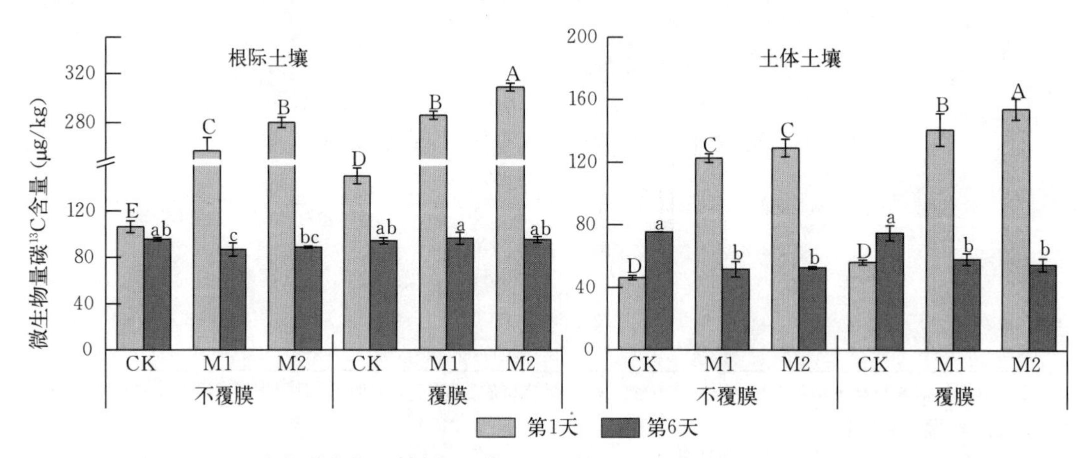

图 5-15 玉米拔节期^{13}C脉冲标记第1天和第6天地膜覆盖与施肥方式下根际土壤和土体土壤微生物量碳^{13}C含量

注：不同大写字母表示标记第1天不同处理间差异显著（$P<0.05$）；不同小写字母表示标记第6天不同处理间差异显著（$P<0.05$）。CK、M1、M2分别代表不施肥、中量有机肥和氮磷肥配施、高量有机肥和氮磷肥配施处理。

拔节期标记第6天传统栽培（不覆膜）施有机肥处理根际土壤^{13}C-MBC含量平均为88 μg/kg，较标记第1天平均降低了67.26%；覆膜施有机肥处理平均为96 μg/kg，较标记第1天平均降低了67.66%；CK与CK-M处理分别为96 μg/kg和94 μg/kg，分别较第1天降低了10.17%和37.32%。施有机肥处理无论覆膜与否对土体土壤^{13}C-MBC含量的影响没有差异，其^{13}C-MBC含量平均为54 μg/kg，且标记第6天与标记第1天相比平均降低了29.01%。CK与CK-M处理标记第6天土体土壤^{13}C-MBC含量平均为75 μg/kg，较标记第1天分别增加了62.94%和12.37%。

由表5-10可以看出，施肥、覆膜、时间及三个因子之间的交互作用显著影响了根际土壤与土体土壤微生物量碳的δ^{13}C值（$P<0.05$），施肥×覆膜×时间对根际土壤微生物

量碳的 $\delta^{13}C$ 值影响除外。根际土壤和土体土壤微生物量碳的^{13}C 含量受施肥、覆膜、时间、施肥与时间交互作用及覆膜与时间交互作用影响显著（$P<0.05$），然而覆膜与施肥交互作用、施肥、覆膜与时间交互作用以及三因素之间的交互作用对土体土壤微生物量碳的 $\delta^{13}C$ 值影响却不明显（$P>0.05$）。

拔节期标记第 1 天各处理根际土壤^{13}C－MBC 占^{13}C－SOC 比例差异较大：传统栽培（不覆膜）方式下施有机肥处理平均为 88.80%，比不施肥处理高 72.29 个百分点；覆膜栽培方式下施有机肥处理平均为 57.14%，比不施肥处理高 32.79 个百分点（图 5－16）。土体土壤^{13}C－MBC 占^{13}C－SOC 比例高于根际土壤（M2 处理除外），传统栽培（不覆膜）施有机肥平均为 90.00%，比覆膜施有机肥处理高 21.57 个百分点，比不施肥处理（包括覆膜与不覆膜）高 72.22%。覆膜施有机肥根际土壤与土体土壤^{13}C－MBC 占^{13}C－SOC 比例低于与之对应的传统栽培（不覆膜）处理，但覆膜不施肥处理高于不覆膜不施肥处理。

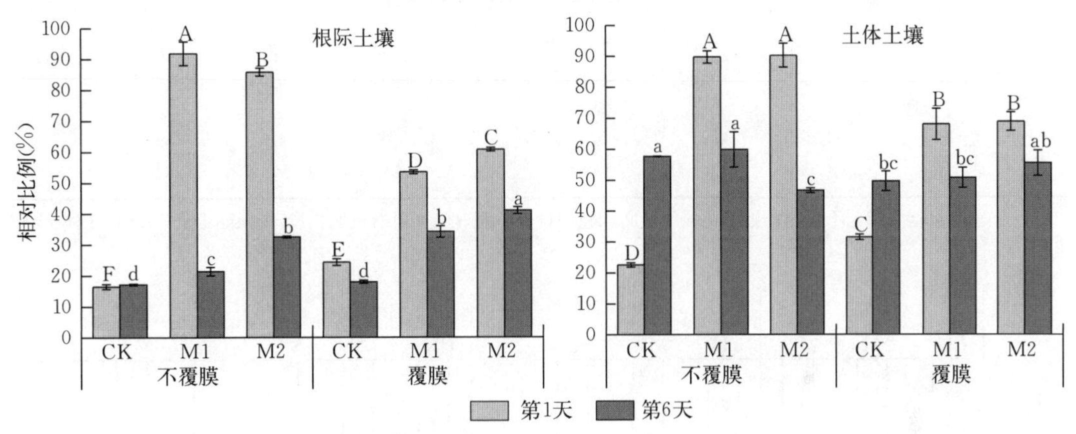

图 5－16　玉米拔节期^{13}C 脉冲标记第 1 天和第 6 天地膜覆盖与施肥方式下根际土壤和土体土壤微生物量碳^{13}C 占土壤有机碳^{13}C 的比例

注：不同大写字母表示标记第 1 天不同处理间差异显著（$P<0.05$）；不同小写字母表示标记第 6 天不同处理间差异显著（$P<0.05$）。CK、M1、M2 分别代表不施肥、中量有机肥和氮磷肥配施、高量有机肥和氮磷肥配施处理。

拔节期标记第 6 天覆膜栽培施有机肥处理根际土壤^{13}C－SOC 中^{13}C－MBC 比例较大，其中 M2－M 与 M1－M 分别为 40.98%和 34.14%，比 CK－M 处理分别高 23.01 个百分点和 16.19 个百分点（图 5－16）。传统栽培（不覆膜）方式下有机肥的施用提高了土壤有机碳中微生物量碳的比例，CK 处理^{13}C－MBC 占^{13}C－SOC 比例为 17.18%，分别比 M1 与 M2 处理低 4.20 个百分点和 15.32 个百分点。土体土壤^{13}C－MBC 占^{13}C－SOC 比例达 46.68%～59.85%，比根际土壤高 14.19 个百分点～40.48 个百分点。覆膜方式下随有机肥施用量增加，土体土壤中^{13}C－MBC 比例逐渐增加；传统栽培（不覆膜）方式下该比例按 M2、CK、M1 顺序递增。拔节期从标记第 1 天到第 6 天根际土壤中微生物量碳比例呈下降趋势（除 CK 处理基本没有变化外），其中 M1 与 M2 降低幅度较大；土体土壤除 CK 与 CK－M 处理增加外其余处理均呈不同程度降低的趋势。

（三）地膜覆盖与施肥对玉米成熟期微生物固定光合碳的影响

施肥、覆膜及覆膜与施肥的交互效应显著影响成熟期土壤 DOC 的 $\delta^{13}C$ 值（$P<0.05$，

表 5-11）。根际土壤 DOC 的 $\delta^{13}C$ 值为 −24.70‰～−23.45‰，土体土壤为 −24.40‰～−23.41‰，且根际土壤略低于土体土壤（图 5-17）。CK-M 与 CK 处理根际土壤与土体土壤 DOC 的 $\delta^{13}C$ 值均较高，施有机肥处理（包括覆膜与不覆膜）DOC 的 $\delta^{13}C$ 值均较低且处理间差异不显著（$P>0.05$）。

表 5-11　各因子对玉米成熟期土壤可溶性有机碳 $\delta^{13}C$ 值及其 ^{13}C 含量、微生物量碳 $\delta^{13}C$ 值及其 ^{13}C 含量影响的方差分析

因子	自由度	可溶性有机碳 $\delta^{13}C$ 值		微生物量碳 $\delta^{13}C$ 值		可溶性有机碳 ^{13}C 含量		微生物量碳 ^{13}C 含量	
		RS F (P)	BS F (P)	RS F (P)	BS F (P)	RS F (P)	BS F (P)	RS F (P)	BS F (P)
施肥	2	735 (<0.001)	79 (<0.001)	993 (<0.001)	885 (<0.001)	883 (<0.001)	169 (<0.001)	129 (<0.001)	344 (<0.001)
覆膜	1	433 (<0.001)	7.0 (0.021)	221 (<0.001)	69 (<0.001)	130 (<0.001)	26 (<0.001)	144 (<0.001)	48 (<0.001)
施肥×覆膜	2	232 (<0.001)	0.01 (<0.001)	26 (<0.001)	11 (0.002)	129 (0.065)	4.6 (<0.001)	1.7 (<0.001)	11 (0.220)

注：覆膜包括覆膜与不覆膜；施肥包括不施肥、施中量有机肥、施高量有机肥；RS 指根际土壤；BS 指土体土壤。

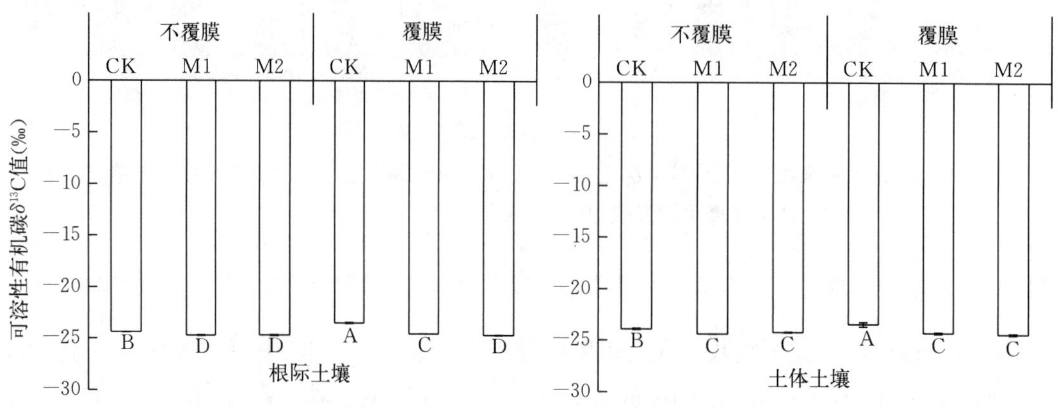

图 5-17　玉米成熟期地膜覆盖与施肥方式下根际土壤和土体土壤可溶性有机碳 $\delta^{13}C$ 值

注：不同大写字母表示不同处理间差异显著（$P<0.05$）。CK、M1、M2 分别代表不施肥、中量有机肥和氮磷肥配施、高量有机肥和氮磷肥配施处理。

玉米成熟期土壤可溶性有机碳中 ^{13}C 的含量受覆膜、施肥及覆膜与施肥的交互效应（除根际土壤）的影响显著（$P<0.05$，表 5-11）。根际土壤固定 ^{13}C 中 ^{13}C-DOC 占 0.13%～0.72%。CK-M 处理根际土壤 ^{13}C-DOC 含量为 13 μg/kg，是 CK 处理的 2 倍，是施有机肥处理（包括覆膜与不覆膜，处理间差异不显著）的 9 倍（图 5-18）。土体土壤固定 ^{13}C 中 ^{13}C-DOC 占 0.95%～2.64%。CK-M 处理土体土壤 ^{13}C-DOC 含量为 16 μg/kg，比 CK 处理高 34.55%，比 M2-M 处理高 141.60%。M2、M1 与 M1-M 处理土体土壤 ^{13}C-DOC 的差异不显著，平均为 3.5 μg/kg。

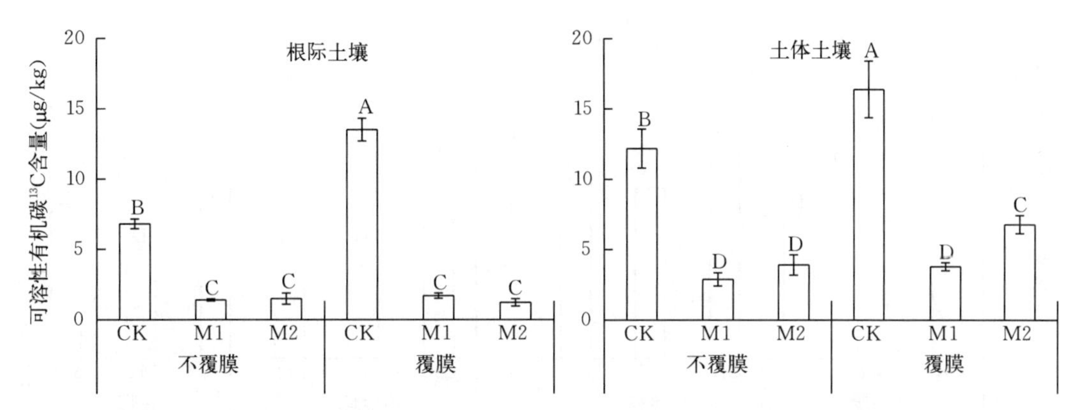

图 5-18　玉米成熟期地膜覆盖与施肥方式下根际土壤和土体土壤可溶性有机碳^{13}C 含量

注：不同大写字母表示不同处理间差异显著（$P<0.05$）。CK、M1、M2 分别代表不施肥、中量有机肥和氮磷肥配施、高量有机肥和氮磷肥配施处理。

玉米成熟期不同处理根际土壤 MBC 的 δ^{13}C 值在－10.00‰～－1.09‰之间，且覆膜栽培高于传统栽培（不覆膜），不施肥处理高于施有机肥处理（图 5-19）。土体土壤 MBC 的 δ^{13}C 值在－12.61‰～14.52‰之间，其中 CK-M 与 CK 处理高达 14.52‰与 7.86‰。覆膜与施肥对土体土壤 MBC 的 δ^{13}C 值影响与根际土壤相似，即覆膜、施肥及其交互效应显著影响土壤 MBC 的 δ^{13}C 值（$P<0.05$，表 5-11）。

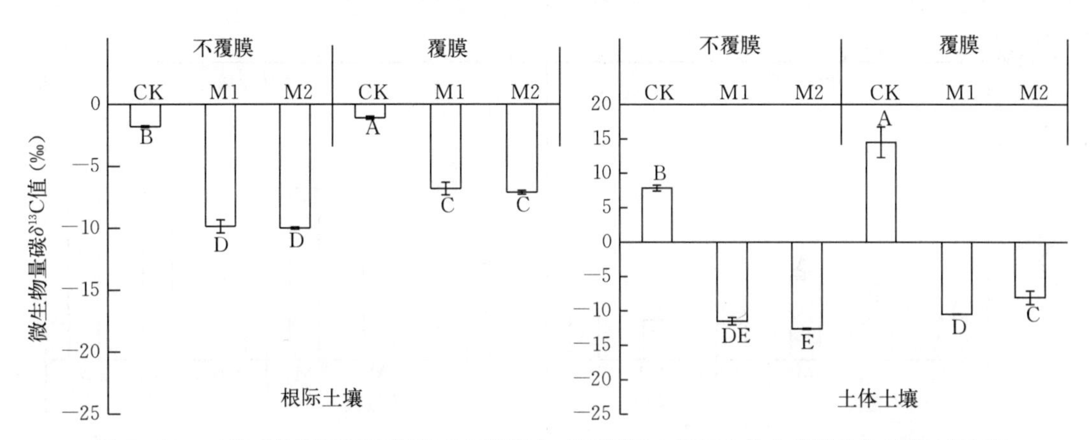

图 5-19　玉米成熟期不同地膜覆盖与施肥方式下根际土壤和土体土壤微生物量碳 δ^{13}C 值

注：不同大写字母表示不同处理间差异显著（$P<0.05$）。CK、M1、M2 分别代表不施肥、中量有机肥和氮磷肥配施、高量有机肥和氮磷肥配施处理。

玉米成熟期根际土壤微生物量碳中^{13}C 含量受覆膜与施肥措施的影响极显著（$P<0.01$，表 5-11）。由图 5-20 可以看出，施有机肥减少了根际土壤^{13}C-MBC 含量。同一施肥方式覆膜栽培根际土壤^{13}C-MBC 含量高于传统栽培（不覆膜）。CK-M 处理^{13}C-MBC 含量最高，为 126 μg/kg，是含量最低处理（M1 和 M2 处理）的 1.5 倍。土体土壤^{13}C-MBC 含量平均为根际土壤的 0.73～1.78 倍，受覆膜与施肥显著影响（$P<0.01$），但这两个因素的交互效应对其影响不显著（$P>0.05$）。

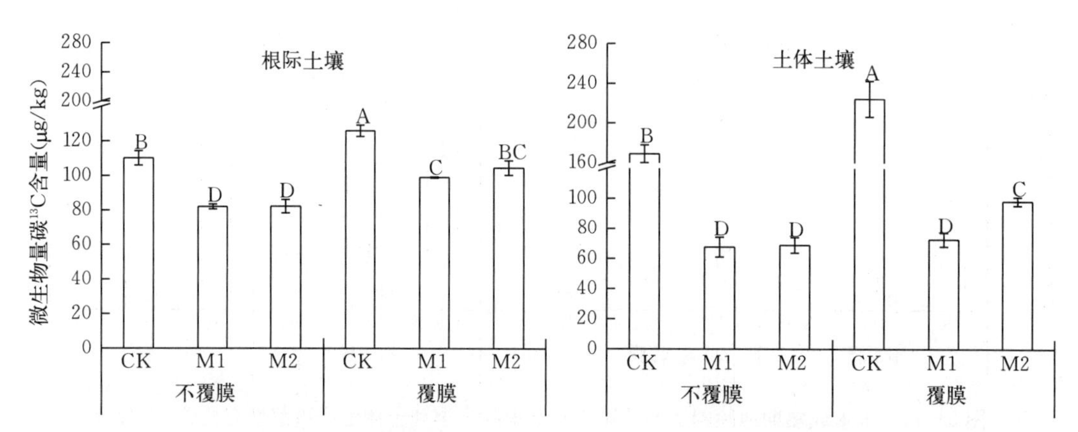

图 5-20　玉米成熟期不同地膜覆盖与施肥方式下根际土壤和土体土壤微生物量碳^{13}C含量

注：不同大写字母表示不同处理间差异显著（$P<0.05$）。CK、M1、M2分别代表不施肥、中量有机肥和氮磷肥配施、高量有机肥和氮磷肥配施处理。

玉米成熟期根际土壤有机碳中^{13}C-MBC比例仅占6.72%～15.84%，而土体土壤较高，为13.08%～36.68%（图5-21）。不覆膜M2处理根际土壤^{13}C-SOC中^{13}C-MBC比例较高，为15.84%，平均比M2-M与M1处理高4.78%，比CK与M1-M高8.13%；CK-M处理^{13}C-MBC的相对比例仅有6.72%。CK处理土体土壤^{13}C-MBC占^{13}C-SOC比例最大（36.68%），而CK-M处理该比例最小（13.08%）。

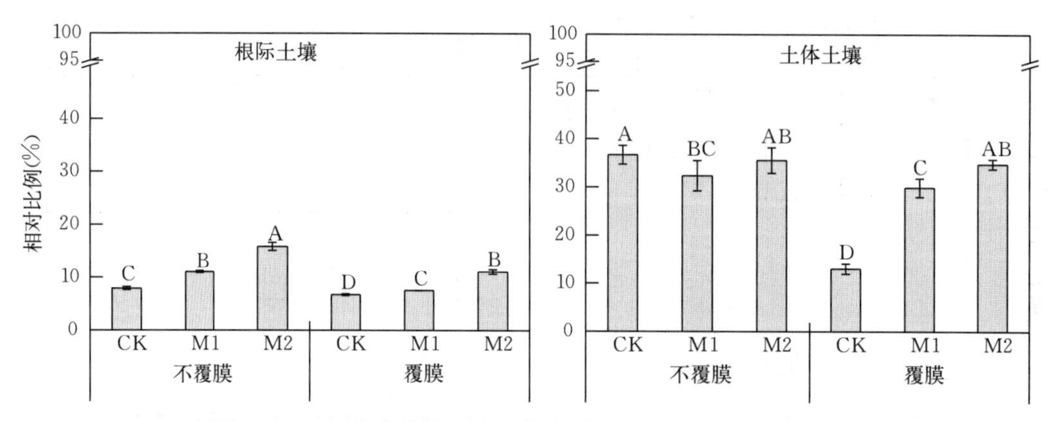

图 5-21　玉米成熟期不同地膜覆盖与施肥方式下根际土壤和土体土壤微生物量碳^{13}C占土壤有机碳^{13}C的比例

注：不同大写字母表示不同处理间差异显著（$P<0.05$）。CK、M1、M2分别代表不施肥、中量有机肥和氮磷肥配施、高量有机肥和氮磷肥配施处理。

第三节　讨　　论

由于^{13}C同位素具有安全、稳定、方便、可靠等优点，^{13}C脉冲标记成为研究碳固定及光合碳分配与周转的重要手段，能够动态监测光合碳在植物和土壤中的去向（Chaudhary et al.，2012)。微区试验和盆栽试验所用土壤体积较小，仅为田间土壤的 1/6，限制了根系生长和根系对土壤养分的吸收。因此本试验在田间进行原位标记，苗期标记第 1 天后 ^{13}C回收率在 50%～80%，平均为 64%，高于微区试验和盆栽试验的结果（Fan et al.，2008；Butler et al.，2004）。

一、光合碳在植物-土壤系统的分配

本研究玉米光合固定^{13}C 量主要指根、茎叶、根际土壤和土体土壤固定^{13}C 之和。虽然呼吸损失占同化碳总量的 40%以上（Kuzyakov et al.，2001），但由于 CO_2 测定需要在特定可控制的条件下进行研究，在田间很难实现（Pausch et al.，2012），因此本研究没有考虑呼吸的作用。在标记后第一周土壤-植物系统光合碳的分配与周转非常迅速，尤其是在标记后 24～48 h 光合碳的运转表现得更为显著。Cheng 等（1993）在标记不到 1 h 即发现分配到土壤的光合碳。Leake 等（2006）在标记后 4 h 监测到根系中^{13}C 存在，而且在标记后 24～48 h 根系^{13}C 量达到峰值。Kaštovská 和 Šantrůčková（2007）同样在标记后 2 h 发现了光合碳在土壤的分配。本研究得出在苗期脉冲标记后第 1 天玉米-土壤系统^{13}C 固定比例（50%～80%）平均为 64.01%，拔节期（36%～70%）平均为 50%，高于 Fan 等（2008）和 Butler 等（2004）的研究报道。苗期标记第 1 天光合固定碳 88.17%分配到玉米茎叶，6.00%分配到根，5.83%分配到土壤；拔节期标记第 1 天光合固定碳 77.42%分配到玉米茎叶，11.03%分配到根，11.55%分配到土壤，说明光合碳向地下部转移非常迅速，尤其是在拔节期更为突出。整个试验期间土壤净固定光合^{13}C 比例平均为 9.62%，高于 Ge 等（2012）的研究结果（5.1%），说明田间脉冲标记使更多碳输入土壤，提高了光合碳在土壤中分配效率。

各标记时期覆膜施有机肥处理光合固定^{13}C 量高于传统栽培（不覆膜）施有机肥处理，且传统栽培（不覆膜）不施肥处理最小。有机肥的施用提高了土壤肥力，加之覆膜对玉米的增温保墒作用，使玉米生长较快，增加了玉米的生物量，提高了光合碳固定的比例。苗期标记不覆膜不施肥处理光合固定碳量最大，且茎叶分配比例也较大，这与苗期标记后茎叶和根具有较高的丰度（分别为 157‰和 60‰）有关。脉冲标记后随时间的变化光合固定^{13}C 总量减少，主要体现在茎叶^{13}C 量减少最快，其中苗期茎叶减少了 41.19%，拔节期减少了 14.62%。这可能与茎叶和根系的呼吸损失，微生物对根际沉积物的分解，植物对未标记 CO_2 的吸收以及植株的稀释效应有关，其中茎叶呼吸损失占光合同化碳总量的 40%～80%。

玉米根系分配比例由苗期—拔节期—成熟期呈先上升后下降的趋势。玉米苗期由于叶面积小，光合碳分配到地下的比例较低；拔节期处于根旺盛生长时期，增加了地下部的分配比例；成熟期营养生长停止，主要进行生殖生长，因此减少了分配到根系的比例。这与何敏毅等（2008）对盆栽玉米进行脉冲标记后光合碳的分配规律一致。Wu 等（2009）在水稻生长苗期、拔节期、抽穗期与成熟期进行脉冲标记后，同样也发现随着生育时期的发展光合碳分配到根系与根际土壤的比例逐渐降低。Lu 等（2002）认为，水稻幼苗时光合产物分配到根的比例高于成熟期。Butler 等（2003）在黑麦草根系活跃生长与茎叶快速生长的两个时期进行标记的结果与本研究结果相似。运转到地下部的光合碳不仅用于根系本身生长，而且以根际沉积物形式将光合碳输入土壤，为土壤生物提供了养分和能量来源。土壤中光合碳的分配与根相似，呈明显季节变化规律。假如根际沉积物与根系生物量呈正比，拔节期根系的快速生长，提高了根际沉积物输入土壤的数量；成熟期随根系衰老，根系分泌根际沉积物数量减少，因此土壤光合碳比例降低。与有机肥处理相比，不施肥处理光合碳分配到地下部的比例较大。不施肥处理由于土壤养分的缺乏，玉米生长需要分配更多的碳来支持根系的结构和功能，同时根际土壤较高比例的根际沉积碳增加了根系养分的有效性。然而 Liljeroth 等（1994）研究认为，植物对土壤养分的吸收需要消耗更多的碳作为能源，分配到根系的碳主要通过呼吸损失。因此地下部光合碳的分配受植物生长和养分有效性之间平衡的影响。覆膜与施有机肥处理（外源有机肥的加入）增加了土壤养分，且地膜覆盖增加了土壤温度和湿度，促进了原土壤养分的矿化。覆膜不施肥处理成熟期虽然光合碳分配到根系比例较小，但分配到土壤比例较大，这可能是由于不施肥处理造成土壤养分的缺乏，玉米根系衰老早于其他处理，微生物对死亡根系的分解增加了土壤中光合碳的数量。成熟期根际土壤和土体土壤 $\delta^{13}C$ 值分别达到了－4.26‰和－8.38‰（数据未列出），也说明了这点。Pausch 等（2012）也认为，随着植株的衰老，死的植物根系提高了输入土壤碳的数量。

二、微生物对光合碳的固定

根际是微生物数量和活性最高的区域，是土壤环境最复杂的区域，同时也是微生物与植物的相互作用最强烈的区域。根际沉积物的主要成分是根系分泌物，主要由低分子量的水溶性有机物质组成，包括单糖（例如葡萄糖和蔗糖）、氨基酸（例如甘氨酸和谷氨酸）和有机酸等。这些物质都是容易被微生物分解利用的有机物质，因此影响微生物调控的过程。根际沉积物中大约 79%的有机物质是水溶性碳水化合物。

本研究结果发现，在玉米整个生育期 DOC 中光合同化 ^{13}C 含量较低，这可能与根际沉积物中可溶性碳被微生物优先利用有关。Lu 等（2004）也发现，在水稻整个生长季盐提取可溶性有机碳中光合碳比例相对较小。^{13}C - DOC 的物理保护降低了微生物对其的分解。Kaiser 等（2000）认为可溶性物质与土壤黏粒结合，从而使根际沉积碳被保护起来，阻止了微生物对其的分解。而 Ge 等（2012）认为，根际沉积 ^{13}C 可能参与了团聚体的形成，由于团聚体的保护从而降低其对微生物的有效性。Marx 等（2007）研究表明，$CaCl_2$ 提取的可溶性有机碳中不存在根际沉积碳。但本研究用硫酸盐提取的可溶性有机碳中测得较小比例的根际沉积碳，这可能是因为 SO_4^{2-} 与可溶性有机碳的作用力大于 $CaCl_2$，因此 SO_4^{2-} 与可溶性有机碳竞争与基质的结合，从而提取出较小比例的可溶性 ^{13}C（Marx et al.，2007）。根际沉积物可溶性物质随与根系距离增加而降低，因此苗期和拔节期 ^{13}C - DOC 在根际土壤的含量高于土体土壤。成熟期随着根系的衰老，输入土壤中的根际沉积物数量减少，微生物对衰老根系的分解释放部分可溶性物质，根际土壤 ^{13}C - DOC 含量低于土体土壤。苗期和拔节期施有机肥处理 ^{13}C - DOC 含量高于不施肥处理，说明有机肥的施用增加了土壤中可溶性根际沉积物的数量。苗期和拔节期覆膜处理 DOC 含量低于传统栽培（不覆膜）处理，这可能与覆膜条件下微生物的活性较高有关，也有可能是因为田间条件下土壤 DOC 随渗透水淋失到亚表层土壤。成熟期覆膜和施肥对 ^{13}C - DOC 的影响与苗期和拔节期的结果相反，这可能与成熟期根际沉积物的数量减少和死亡根系分解有关。土壤可溶性有机碳中光合碳主要来自根际沉积物，而且DOC是微生物的碳源，土壤中^{13}C-DOC的数量受作物根际沉积和微生物对其同化的共同影响。考虑到可溶性有机碳对微生物活性的重要性，覆膜与施肥条件下可溶性有机碳的动态变化机制需要进一步研究，且研究的重点集中在可溶性有机碳的生物化学和物理化学的运转机制（例如吸附和解吸、微生物活性以及土壤呼吸等）。

$^{13}CO_2$田间原位研究能够真实反映植物标记碳到土壤微生物转化的信息。土壤光合固定碳分配到微生物量碳的比例可以反映基质的活性和根际沉积物周转的差异。脉冲标记第1天有机肥处理^{13}C-MBC占^{13}C-SOC比例达到了60%以上，说明根际沉积物主要是易分解的可溶性物质，微生物对根际沉积碳的优先利用，提高了微生物活性，从而增加了活性有机碳库的比例。脉冲标记一段时间后（苗期第15天，拔节期第6天）^{13}C-SOC中^{13}C-MBC比例降低，这可能是由于稳定的难分解碳，如纤维素、木质素、死的根系、脱落的细胞等替代了土壤中易分解的可溶性有机碳，或可溶性有机碳被团聚体保护起来，阻止了微生物的分解。苗期根际土壤^{13}C-MBC占^{13}C-SOC比例高于土体土壤，然而拔节期土体土壤^{13}C-MBC比例却高于根际土壤，这可能是因为拔节期根系的旺盛生长促进了根际沉积碳从根际土壤向土体土壤的运转，从而增加了土体土壤微生物的活性。成熟期根系的死亡降低了基质对微生物的有效性，根际土壤微生物的相对贡献小于土体土壤。微生物碳对土壤有机碳的相对贡献可以反映根系分泌物质数量的变化。不施肥处理活性微生物量碳对土壤的相对贡献较低，说明根际沉积物中易分解物质例如蛋白质和碳水化合物等比例较小，而覆膜与有机肥的施用改善了根际沉积物的质量，提高了微生物的活性，增加了土壤中活性有机碳库的比例。

土壤根际沉积物中易分解有机物质影响根际微生物群落的大小、活性和有机碳的周转。微生物对光合碳的运转起着重要的作用。苗期和拔节期脉冲标记后根际土壤^{13}C-MBC含量大于土体土壤，这是由于土壤中根际沉积物的可溶性物质与不溶性物质的比例随与根系距离的增加而减少。成熟期根系死亡，根际沉积物中可溶性物质减少，但微生物对根系脱落的根细胞、根冠等不溶性物质分解增加了根际土壤微生物量碳中^{13}C的含量。但成熟期不施肥处理土体土壤^{13}C-MBC含量显著高于根际土壤和施有机肥处理的土壤。不施肥处理由于养分缺乏比施有机肥处理的玉米先衰老，因此导致根际土壤微生物的活性降低。

微生物碳的机制主要受植物根系释放有机物质的影响。苗期和拔节期脉冲标记第1天MBC的$\delta^{13}C$值平均分别达到74.77‰和19.92‰，说明根际沉积物优先被微生物迅速利用，且随着微生物分解进入土壤有机质。基质的数量和质量的变化例如可溶性根际沉积物的降低可能影响微生物同化或固定光合碳的数量。随标记时间变化^{13}C-MBC含量降低，尤其是根际土壤，说明微生物量碳一部分以CO_2呼吸形式损失，或者变成微生物生物体稳定的结构成分或通过微生物的运转和周转作为微生物新陈代谢产物进入土壤。不施肥处理拔节期标记第6天土体土壤^{13}C-MBC较标记第1天增加，这可能与微生物对光合碳的重新利用有关。

拔节期和成熟期土壤微生物量碳中^{13}C含量大于苗期^{13}C-MBC（成熟期根际土壤除

外），拔节期由于根系活跃生长增加了根际沉积物的输入，提高了微生物的活性；成熟期死亡根系的分解为微生物生长提供了碳源和氮源，同样也提高了微生物的活性。植物通过释放大量的有机化合物例如根系分泌物等及最终通过根系死亡或分解时释放的养分来影响土壤的微生物群落。Yevdokimov 等（2006）发现，微生物量碳中同化^{13}C数量在橡树根系迅速生长结束的抽穗期和根系开始分解的成熟期出现两个峰值。Ge 等（2012）认为，水稻土 MBC 中根际沉积碳随植物生长而降低与淹水后土壤微生物群落结构的变化有关。

地膜覆盖与施肥改变了土壤中光合碳在微生物中的分配。覆膜栽培施有机肥处理^{13}C-MBC 高于传统栽培（不覆膜）处理，这可能是因为覆膜施有机肥处理提高了微生物多样性（于树等，2008）。同时地膜覆盖结合有机肥的施用为微生物生长提供有利的环境，促进了微生物对根际沉积碳的利用。不施肥处理 MBC 中^{13}C含量相对较高的原因可能为：①玉米根系分泌大量高碳氮比的沉积物，为土壤提供大量碳源的同时形成了根际缺氮的微域环境（孔维栋等，2004），而不施肥处理没有充足氮源供应，因此发生作物与根际微生物对养分的竞争；②不施肥处理土壤养分缺乏，根际沉积碳的输入为作物生长提供了有效养分；③微生物种群的变化：不施肥处理微生物多样性降低（于树等，2008），但^{13}C-MBC 含量增加，说明微生物功能，而不是微生物多样性影响土壤中光合碳的运转过程。在养分缺乏时，特定的微生物群落选择性吸收根际沉积碳（Marx et al.，2007）。Benizri 等（2002）认为，根际沉积碳被特定的微生物种群选择性吸收而降低了微生物多样性。施肥处理土壤革兰氏阳性细菌选择性同化根际沉积碳的数量大于不施肥处理（Denef et al.，2009）。李世朋等（2009）发现，传统栽培（不覆膜）不施肥处理（养分缺乏条件）主要的微生物种群是真菌。因此需要利用单体同位素分析（Compound - specific）或稳定同位素探测（Stable isotope probing，SIP）技术进一步探讨覆膜施肥条件下作物不同生育时期固定或同化根际沉积碳的特定活性微生物种群。

第四节　结　　论

$^{13}CO_2$脉冲标记是定量研究光合碳在植物-土壤-微生物系统分配的有效手段，田间原位标记提高了光合碳的固定效率。研究结果表明，光合碳在地下部的分配与运转过程受玉米生育时期、覆膜与施肥方式、土壤本身的养分状况等共同因素的影响。玉米拔节期根系的旺盛生长促进了光合碳在地下部的分配，增加了土壤微生物同化碳的数量；成熟期微生物对衰老根系的分解导致了光合碳在地下部分配比例以及土体土壤微生物活性的增加。覆膜施有机肥不仅提高了光合碳固定的比例及在地上部固定光合碳的数量，而且促进了土壤微生物对根际沉积物的利用，提高了微生物的活性（成熟期除外）。不施肥处理由于土壤养分缺乏，增加了光合碳在地下部分配比例，但各生育时期光合碳在微生物量碳的固定和分配变化较大。需要进一步利用稳定同位素探测（SIP）技术将土壤微生物的过程与功能联系起来研究光合碳在土壤与微生物中的分配与运转。

主要参考文献

安婷婷，汪景宽，李双异，2007. 施肥对棕壤团聚体组成及团聚体中有机碳分布的影响 . 沈阳农业大学学报，38（3）：407-409.
何敏毅，孟凡乔，史雅娟，等，2008. 用^{13}C脉冲标记研究玉米光合碳分配及其向地下的输入．环境科学，29（2）：446-453.
孔维栋，朱永官，傅伯杰，等，2004. 农业土壤微生物基因与群落多样性研究进展．生态学报，24（12）：2894-2900.
李世朋，蔡祖聪，杨浩，等，2009. 长期定位施肥与地膜覆盖对土壤肥力和生物学性质的影响．生态学报，29（5）：2489-2498.
汪景宽，张继宏，须湘成，1990. 地膜覆盖对土壤有机质转化的影响．土壤通报，4：189-193.
薛菁芳，汪景宽，李双异，等，2006. 长期地膜覆盖和施肥条件下玉米生物产量及其构成的变化研究．玉米科学，14（5）：66-70.
于树，汪景宽，李双异，2008. 应用PLFA方法分析长期不同施肥处理对玉米地土壤微生物群落结构的影响．生态学报，28（9）：4221-4227.
An T，Schaeffer S，Li S，et al.，2015. Carbon fluxes from plants to soil and dynamics of microbial immobilization under plastic film mulching and fertilizer application using ^{13}C pulse-labeling. Soil Biology and Biochemistry，80：53-61.
Benizri E，Dedourge O，Dibattista-Leboeuf C，et al.，2002. Effect of maize rhizodeposits on soil microbial community structure. Applied Soil Ecology，21（3）：261-265.
Butler J L，Bottomley P J，Griffith S M，et al.，2004. Distribution and turnover of recently fixed photosynthate in ryegrass rhizospheres. Soil Biology and Biochemistry，36：371-382.
Cheng W，Coleman D C，Carrol C R，et al.，1993. In situ measurement of root respiration and soluble C concentrations in the rhizosphere. Soil Biology and Biochemistry，25（9）：1189-1196.
Denef K，Roobroeck D，Manimel Wadu M C W，et al.，2009. Microbial community composition and rhizodeposit-carbon assimilation in differently managed temperate grassland soils. Soil Biology and Biochemistry，41：144-153.
Fan F L，Zhang F S，Qu Z，et al.，2008. Plant carbon partitioning below ground in the presence of different neighboring species. Soil Biology and Biochemistry，40（9）：2266-2272.
Ge T，Yuan H，Zhu H，et al.，2012. Biological carbon assimilation and dynamics in a flooded rice-soil system. Soil Biology and Biochemistry，48：39-46.
Kaiser K，Guggenberger G，2000. The role of DOM sorption to mineral surfaces in the preservation of organic matter in soils. Organic Geochemistry，31（7）：711-725.
Kaštovská E，Šantrůčková H，2007. Fate and dynamics of recently fixed C in pasture plant-soil system under field conditions. Plant and Soil，300（1）：61-69.
Kuzyakov Y，Ehrensberger H，Stahr K，2001. Carbon partitioning and below-ground translocation by Lolium perenne. Soil Biology and Biochemistry，33（1）：61-74.
Leake J R，Ostle N J，Rangel-Castro J I，2006. Carbon fluxes from plants through soil organisms determined by field $^{13}CO_2$ pulse-labelling in an upland grassland. Applied Soil Ecology，33（2）：152-175.
Liljeroth E，Kuikman P，Van Veen J A，1994. Carbon translocation to the rhizosphere of maize and wheat and influence on the turnover of native soil organic matter at different soil nitrogen levels. Plant and soil，161：233-240.
Lu Y H，Watanabe A，Kimura M，2002. Input and distribution of photosynthesized carbon in a flooded rice soil. Global Biogeochemical Cycles，16（4）：32-1-32-8.
Lu Y，Watanabe A，Kimura M，2004. Contribution of plant photosynthates to dissolved organic carbon in

a flooded rice soil. Biogeochemistry, 71 (1): 1-15.

Marx M, Buegger F, Gattinge A, et al., 2007. Determination of the fate of ^{13}C labelled maize and wheat rhizodeposit-C in two agricultural soils in a greenhouse experiment under $^{13}C-CO_2$-enriched atmosphere. Soil Biology and Biochemistry, 39: 3043-3055.

Pausch J, Tian J, Riederer M, et al., 2012. Estimation of rhizodeposition at field scale: upscaling of a ^{14}C labeling study. Plant and Soil, 364 (1): 1-13.

Wu W X, Liu W, Lu H H, et al., 2009. Use of ^{13}C labeling to assess carbon partitioning in transgenic and nontransgenic (parental) rice and their rhizosphere soil microbial communities. FEMS Microbiology Ecology, 67 (1): 93-102.

Yevdokimov I, Ruser R, Buegger F, et al., 2006. Microbial immobilisation of ^{13}C rhizodeposits in rhizosphere and root-free soil under continuous ^{13}C labelling of oats. Soil Biology and Biochemistry, 38 (6): 1202-1211.

第六章　长期地膜覆盖下土壤结构的变化

土壤有机碳是土壤团聚体的主要胶结剂之一，是土壤团聚体形成的重要物质基础。实际农田系统内的土壤有机碳处于不断矿化和腐殖化过程中，而土壤结构则是在团聚体不断分散和聚集过程中逐渐形成的，两者都是衡量土壤肥力的重要指标，也是影响土壤稳定性与生产力的主要因素。土壤团聚体和有机碳有着复杂的相互作用，农业管理措施对土壤团聚体及其有机碳的形成和转化有重要影响。不同农业管理措施对土壤固碳的影响主要是通过对土壤团聚体更新与转化的改变，从而使有机碳的保护机制发生变化。有关土壤施肥和地膜覆盖对土壤团聚体及其有机碳含量影响的研究已有一些报道。但是由于不同土壤类型的理化和生物学性状等方面的差异，不同地区相同施肥处理之间的结果也存在明显差异。近年来国内有关土壤团聚体的研究发展较快，然而对于长期定位施肥和地膜覆盖这双重因素对棕壤团聚体稳定性及其有机碳赋存的影响研究较少，开展这方面研究对于寻求适宜棕壤地区土壤肥力培育的农田管理措施具有重要指导意义。

土壤团聚体是土壤发生物质转化和能量交换的场所，土壤功能主要依靠良好的团聚体结构来实现。地膜覆盖通过对土壤温度和水分的作用改变了土壤的基本理化特征，在实现作物高产同时产生了地力消耗过大的问题。施肥是地膜覆盖条件下提高土壤地力的一个重要措施。然而关于地膜覆盖与施肥条件下土壤团聚体及其养分在土壤剖面的分布特征仍不太清楚。因此，本研究以长期定位农田试验为基础，对长期施肥覆膜和不同条件下棕壤表层土壤团聚体稳定性进行研究，探讨了团聚体中有机碳在各粒级的分配与富集特征，分析了不同覆膜与施肥对不同土层团聚体中氮固定的影响，为揭示施肥对土壤肥力形成演变的影响机制和覆膜栽培条件下土壤的可持续利用提供理论依据。

第一节　地膜覆盖与施肥对土壤团聚体稳定性及其有机碳含量的影响

一、材料与方法

（一）试验设计

本研究选取覆膜和不覆膜共 12 个处理，其中不覆膜处理分别为：①不施肥（CK）；②单施高量有机肥（M4）；③单施高量氮肥（N4）；④有机-氮肥配施（M2N2）；⑤氮磷肥配施（N4P2）；⑥有机-氮磷肥配施（M4N2P1）。覆膜处理与不覆膜处理对应。供试土壤基本理化性状如表 6－1 所示。

表 6-1　2016 年供试土壤的基本理化性状

处理		pH	有机碳（g/kg）	全氮（g/kg）	碳氮比	铵态氮（mg/kg）	硝态氮（mg/kg）
不覆膜	CK	6.03	10.54	0.98	10.80	12.2	32.95
	N4	4.27	8.89	0.98	9.07	158.82	336.80
	N4P2	4.03	10.00	1.16	8.60	209.95	569.52
	M4	6.16	17.03	1.78	9.59	12.05	205.00
	M2N2	5.50	14.61	1.42	10.29	20.65	104.52
	M4N2P1	5.70	18.52	1.84	10.08	13.48	198.30
覆膜	CK	6.16	10.62	1.03	10.31	17.62	63.00
	N4	4.37	11.15	1.33	8.38	170.28	563.65
	N4P2	4.35	10.11	1.18	8.57	147.70	583.60
	M4	6.06	14.48	1.57	9.20	32.05	294.42
	M2N2	5.51	12.61	1.37	9.20	24.70	275.42
	M4N2P1	5.69	15.07	1.64	9.19	14.33	390.53

（二）样品采集与测定

供试土壤采集于 2016 年 4 月 25 日，采样时先将土壤表面的植被和枯草小心铲除，露出土壤，采样深度为 0～20 cm。每个小区随机选取多个样点，混合成一个复合样品，每个混合样品的原状土用样品盒带回实验室自然风干，当土壤含水量达到塑限（5%～10%）时，过 5 mm 筛后将土样平摊在通风透气处自然风干并挑除草根等杂质，用于团聚体分离。

团聚体分级方法采用湿筛法，并略做修改，在土壤团聚体分析仪（型号 SAA08052，中国・上海）上进行。具体操作方法如下：在常温条件下，称取风干土壤样品 50 g，放在 2 mm 筛上。为防止在筛分过程中团聚体被打破，首先用蒸馏水浸湿 5 min 左右，这样能够有效去除土壤团聚体闭塞的空气，然后再以 30 次/min 运行速度在蒸馏水中振荡 30 min，振幅设定为 3 cm。到达设定时间后，用蒸馏水把各个筛上的团聚体分别洗至蒸发皿中，置于 60 ℃条件下烘干，称重，依次获得＞2 mm 和 0.25～2 mm 的水稳性大团聚体与 0.053～0.25 mm 和＜0.053 mm 的水稳性微团聚体，计算出各级别水稳性团聚体百分组成。同时将烘干的团聚体磨碎，过 0.15 mm 筛，以分析土壤水稳性团聚体有机碳含量。

团聚体百分比计算公式如下：

$$W_i=\frac{w_i}{w}\times 100\%$$

式中，W_i 是某一处理下第 i 级团聚体的百分含量，w_i 为该处理第 i 级团聚体的质量，w 为该处理待分级土壤质量。

平均重量直径（MWD）是反映土壤团聚体大小分布的常用指标，MWD 值越大，表明土壤的团聚度越高，稳定性越强；反之则结构越差，土壤养分越易流失。其公式为：

$$MWD=\sum_{i=1}^{n}X_iW_i$$

式中，MWD 为团粒平均重量直径（mm）；X_i 为任一粒级范围内团聚体的平均直径（mm）；W_i 为对应于 X 的团聚体百分含量（以小数表示）。

碳富集系数（Ec）为不同组分中有机碳含量与总有机碳含量的比值，用来评价有机碳库对土壤总有机碳库的相对贡献。当 Ec>1 时，表明颗粒中碳是富集的；当 Ec<1 时，表明碳是亏缺的。

团聚体有机碳含量采用元素分析仪（Elementar Vario EL Ⅲ，德国）测定。

（三）数据处理

本文中的数据以 3 个重复的平均值及其标准误差表示，采用 Excel 2007 软件进行数据处理和绘图，通过 SPSS 13.0 采用 LSD 法进行统计分析，显著性检验 $P<0.05$。

二、结果与分析

（一）长期不同施肥和覆膜处理对土壤水稳性团聚体分布及稳定性的影响

连续 29 年的覆膜和施肥处理使土壤水稳性团聚体的分布发生显著变化（图 6-1）。在所有覆膜与不覆膜土壤处理中，0.25～2 mm 粒级团聚体所占比例最大，变化范围为 39.4%～60.4%。<0.053 mm 粒级比重最小，变化范围为 2.4%～7.5%。>2 mm 粒级团聚体和 0.053～0.25 mm 粒级团聚体分别占 16.5%～37.5%和 13.3%～23.6%，其中 0.25～2 mm 粒级团聚体的含量经过多年施肥后均表现为显著下降，可见棕壤的水稳性团聚体主要分布在 0.25～2 mm 粒级。与不覆膜相比，覆膜条件下不同施肥处理之间>2 mm和 0.25～2 mm 两个粒级团聚体之间的含量差异明显降低。不同施肥措施在覆膜和

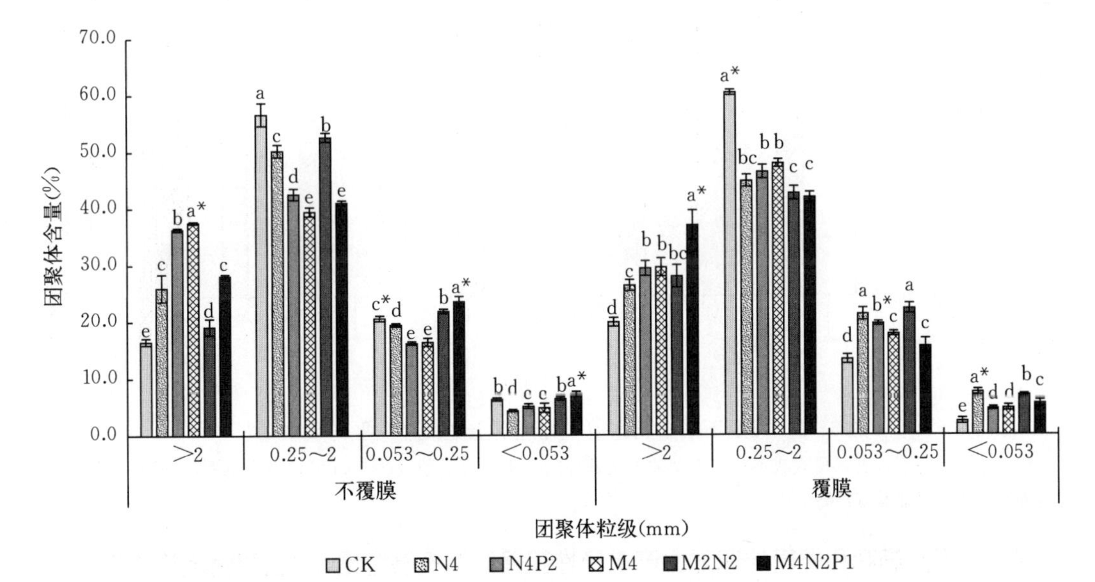

图 6-1　长期不同施肥和覆膜处理下土壤水稳定性团聚体的分布

注：不同小写字母表示覆膜或不覆膜土壤的不同处理间同一粒级分析差异显著（$P<0.05$）；* 表示覆膜与不覆膜土壤在相同施肥、相同粒级间分析差异显著（$P<0.05$）。

不覆膜条件下对不同粒级团聚体含量的影响显著不同。覆膜条件下，所有施肥处理各粒级团聚体（除0.25～2 mm外）的含量均显著高于对照处理，其中覆膜M4N2P1处理显著促进了>2 mm粒级团聚体的形成，较对照处理增加17.1%，说明地膜覆盖对土壤0.25～2 mm粒级团聚体的形成具有减退作用。不覆膜条件下，施肥处理使>2 mm粒级团聚体比重显著高于对照，其中M4处理所占比重最高，较对照处理增加23%；M4N2P1处理在0.053～0.25 mm和<0.053 mm粒级比重最高，分别比CK处理增加14.6%和15.9%。

长期不覆膜和覆膜条件下各处理土壤团聚体平均重量直径如图6-2所示。各处理土壤的MWD值从大到小为M4>N4P2>N4>M4N2P1>M2N2>CK（不覆膜）和M4N2P1-C>M4-C>N4P2-C>M2N2-C>N4-C>CK-C（覆膜），即施肥处理土壤平均重量直径与不施肥处理相比均有不同程度提高，说明棕壤长期施肥可以提高土壤的团聚程度，土壤结构得到改善。在不覆膜土壤中，M4和N4P2处理与CK相比均显著增加了土壤团聚体平均重量直径，而其他施肥处理与CK相比无显著性差异；在长期覆膜条件下，M4N2P1-C、M4-C和N4P2-C处理的团聚体平均重量直径显著高于其他处理，M4N2P1-C处理的团聚体平均重量直径值最大，较CK-C显著增加24.3%。与不覆膜各处理相比，覆膜条件下对应的M4-C处理土壤团聚体平均重量直径显著降低，M4N2P1-C处理土壤团聚体平均重量直径显著提高，说明地膜覆盖对施有机肥处理土壤的平均重量直径影响较大。

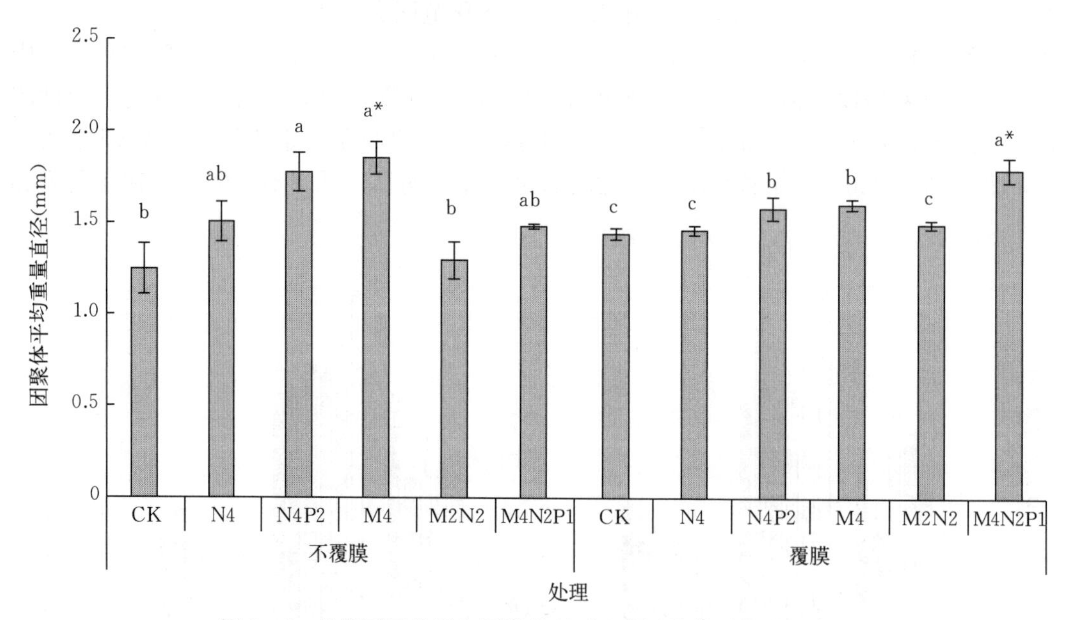

图6-2　长期不同施肥和覆膜处理下土壤团聚体平均重量直径

注：不同小写字母表示覆膜或不覆膜土壤的不同处理间分析差异显著（$P<0.05$）；* 表示覆膜与不覆膜土壤的相同处理间分析差异显著（$P<0.05$）。

（二）不同施肥和覆膜处理对土壤水稳性团聚体有机碳含量及碳富集系数的影响

总体而言，>0.25 mm粒级的各级团聚体有机碳含量高于<0.25 mm粒级（图6-3）。不同施肥处理显著影响各粒级团聚体有机碳含量，且具有相似趋势，即在同一粒级团聚体中，施有机肥处理土壤（M4N2P1、M2N2、M4及对应覆膜处理）在各粒级有机碳含量

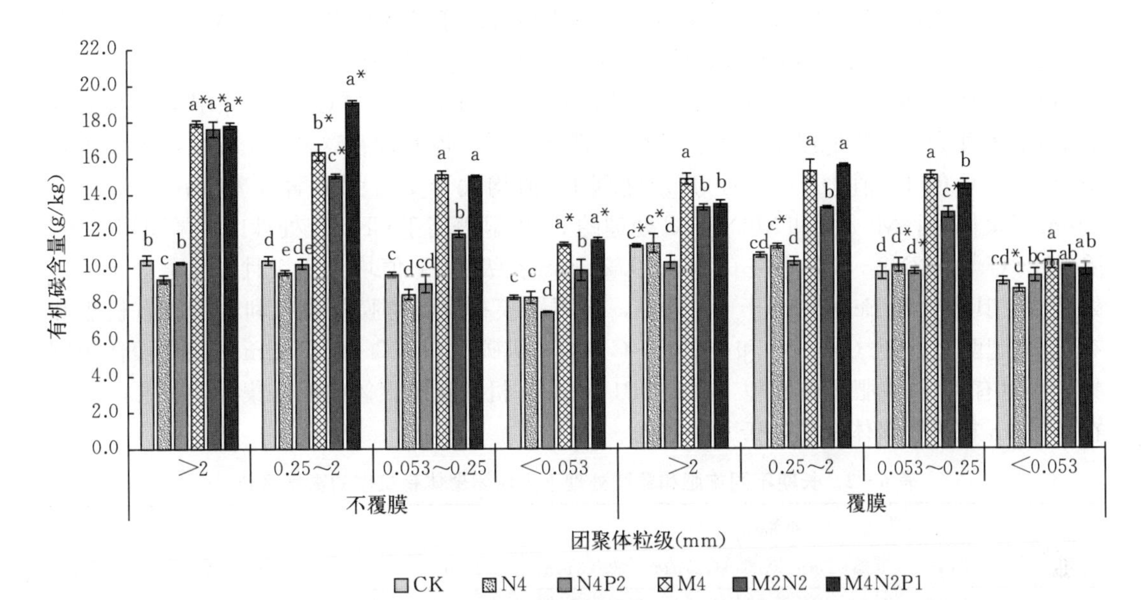

图 6-3　长期不同施肥覆膜处理下土壤团聚体有机碳组分含量

注：不同小写字母表示覆膜或不覆膜中不同处理间同一粒级差异显著（$P<0.05$）；不同大写字母表示覆膜或不覆膜中同一处理间不同粒级差异显著（$P<0.05$）。* 表示覆膜与不覆膜土壤在相同施肥、相同粒级间差异显著（$P<0.05$）。

显著高于化肥处理，且与对照相比，氮肥和氮磷肥处理土壤（N4、N4P2 及对应覆膜处理）在各粒级中的有机碳含量表现为降低或显著降低，因为有机肥的施入不仅增加了作物产量和新鲜残茬的输入量，又为土壤微生物和植物根系提供了能量和养分来源，土壤微生物活性提高，从而增加了有机碳在各级团聚体中的分配。在不覆膜土壤中，所有施用有机肥处理（M4、M2N2 和 M4N2P1）显著增加了>2 mm 团聚体有机碳含量。其中，M4 处理在>2 mm 和 0.053～0.25 mm 粒级团聚体有机碳含量最高，分别较 CK 高出 71.9%和 57.4%；而在 0.25～2 mm 和<0.053 mm 粒级团聚体有机碳含量最高的处理是 M4N2P1，分别较 CK 高出 83.6%和 38.1%；M4 和 M4N2P1 处理的各粒级团聚体有机碳含量显著高于 M2N2 处理（>2 mm 粒级除外）。长期覆膜条件下，M4、M2N2 和 M4N2P1 处理比对照显著提高了各粒级团聚体有机碳含量，但是增幅小于不覆膜条件下各施肥处理。具体来说，M4-C 处理分别在>2 mm、0.053～0.25 mm 和<0.053 mm 粒级团聚体有机碳含量最高，较 CK-C 分别高出 32.6%、54.8%和 12.5%；而 M4N2P1-C 处理在 0.25～2 mm 粒级团聚体有机碳含量最高，较 CK-C 高出 46.5%。与不覆膜相比，覆膜条件下施用无机肥对特定粒级团聚体有机碳含量也有明显的促进作用，如 N4-C 处理在<0.053 mm 粒级团聚体有机碳含量显著高于 N4 处理，N4P2-C 处理在 0.053～0.25 mm 粒级团聚体有机碳含量显著高于 N4P2 处理。

长期施肥和覆膜处理显著影响有机碳在土壤不同粒级团聚体中的富集情况（表 6-2），进而影响其对全土有机碳的贡献。由表 6-2 可知，各处理土壤中大团聚体有机碳富集系数（Ec 值）明显高于微团聚体。在不覆膜土壤中，施肥处理的大团聚体 Ec 值表现为增加或显著增加，M2N2 处理在各粒级的 Ec 值显著高于其他处理，除了 M4N2P1 与 CK 处理在＞2 mm 粒级的 Ec 值无显著性差异且均小于 1 外，其余处理的 Ec 值均大于 1。在不覆膜处理微团聚体中，N4 处理的 Ec 值显著高于其他处理，与 CK 处理相比，其他处理的 Ec 值表现为显著降低或不显著。长期覆膜条件下，各处理在＞2 mm 粒级团聚体中除 M4N2P1－C 的 Ec 值小于 1 外，其余处理 Ec 值均大于 1 且无显著性差异；在 0.25～2 mm 团聚体中，M4－C 和 M2N2－C 处理的 Ec 值显著高于 CK－C 处理；在微团聚体中，除 M4－C 与 M2N2－C 处理在 0.053～0.25 mm 粒级的 Ec 值均大于 1 且均显著高于其他处理外，其余处理 Ec 值均小于 1。可见，与不覆膜相比，地膜覆盖有利于单施有机肥和有机-氮肥配施处理（M4－C 和 M2N2－C）的有机碳在 0.053～0.25 mm 粒级团聚体中富集，而对有机-氮磷肥配施处理（M4N2P1－C）有机碳在团聚体中的富集无明显影响，其在＞2 mm 粒级团聚体中仍处于亏缺状态。

表 6－2　长期不同施肥和覆膜处理下土壤团聚体有机碳的富集系数

处理	不覆膜				覆膜			
	＞2 mm	0.25～2 mm	0.053～0.25 mm	＜0.053 mm	＞2 mm	0.25～2 mm	0.053～0.25 mm	＜0.053 mm
CK	0.99±0.023c	1.00±0.020c	0.91±0.013bc	0.79±0.018b	1.05±0.011a	1.00±0.010b	0.92±0.023c	0.87±0.05ab
N4	1.05±0.031b	1.09±0.045b	0.96±0.028a	0.94±0.031a	1.01±0.018a	1.00±0.025b	0.91±0.032c	0.79±0.014bc
N4P2	1.03±0.034b	1.02±0.021c	0.91±0.043b	0.75±0.042b	1.01±0.038a	1.02±0.041ab	0.97±0.023b	0.94±0.018a
M4	1.05±0.019b	1.06±0.015b	0.89±0.060c	0.66±0.030cd	1.03±0.049a	1.05±0.045a	1.04±0.039a	0.72±0.039cd
M2N2	1.21±0.016a	1.10±0.039a	0.87±0.020d	0.72±0.004c	1.05±0.033a	1.05±0.041a	1.03±0.009a	0.80±0.039b
M4N2P1	0.96±0.037c	1.03±0.012c	0.81±0.053d	0.62±0.021d	0.89±0.022b	1.03±0.037ab	0.97±0.018b	0.66±0.055d

注：不同小写字母表示覆膜或不覆膜中不同处理间同一粒级差异显著（$P<0.05$）；* 表示覆膜与不覆膜中相同施肥、相同粒级差异显著（$P<0.05$）。

三、小结

长期施肥和地膜覆盖显著影响土壤团聚体的分布和稳定性及团聚体有机碳的含量，进而会影响土壤有机碳库的容量和稳定性。不考虑覆膜的影响，氮磷肥配施处理均可以显著提高土壤团聚体的稳定性，但单施氮肥对团聚体稳定性无显著促进作用，施用有机肥处理能显著提高土壤各粒级团聚体中有机碳的含量。在肥料施入相同的处理中，覆膜与不覆膜处理对土壤团聚体的稳定性和团聚体有机碳含量的影响也有所不同。覆膜处理使得土壤各粒级团聚体中有机碳含量减小，说明覆膜条件下土壤水热状况的改变会影响土壤能源和养分的利用与转化，进而使得土壤团聚体的形成动态与不覆膜条件下有所不同。未来在探讨覆膜和施肥措施对土壤有机质动态和稳定性的影响研究中需要同时结合测定土壤水热气的动态变化。

第二节　地膜覆盖与施肥条件下土壤氮素在团聚体中分布特征

一、材料与方法

（一）试验设计

试验共选取 6 个处理，即①裸地不施肥处理（CK）；②地膜覆盖不施肥处理（fCK）；

③裸地单施氮肥处理（N2）：年施化肥 N 135 kg/hm^2；④地膜覆盖单施氮肥处理（fN2）：年施化肥 N 135 kg/hm^2；⑤裸地单施有机肥处理（M2）：年施有机肥折合 N 135 kg/hm^2；⑥地膜覆盖单施有机肥处理（fM2）：地膜覆盖年施有机肥折合 N 135 kg/hm^2。供试土壤样品采集于 2015 年 10 月，采样深度分别为 0～20 cm、20～40 cm、40～60 cm。在采集和运输过程中尽量避免对土样的扰动，以免破坏土壤团聚体原始状态。采集的土壤样品在实验室自然风干后，过 5 mm 筛同时剔除植物残体和石块。试验所需土壤样品主要理化性状（2015 年）见表 6－3。

表 6－3　供试棕壤基本理化性状

深度	处理	全氮（g/kg）	有机碳（g/kg）	铵态氮（mg/kg）	硝态氮（mg/kg）
0～20 cm	CK	0.96±0.03Ae	9.01±0.05Af	3.80±0.08Ac	5.46±0.03Ae
	N2	1.05±0.03Ad	10.80±0.19Ae	6.24±0.06Ab	20.78±0.25Aa
	M2	1.38±0.03Aa	15.11±0.16Aa	3.22±0.24Ad	10.40±0.22Ac
	fCK	1.06±0.02Acd	11.27±0.2Ad	3.52±0.03Bc	4.35±0.13Af
	fN2	1.17±0.03Abc	13.15±0.16Ab	6.92±0.02Aa	17.49±0.12Ab
	fM2	1.21±0.05Ab	12.05±0.09Ac	2.76±0.07Ad	9.50±0.09Ad
20～40 cm	CK	0.89±0.03Bb	8.21±0.23Bd	2.94±0.04Bd	4.05±0.02Be
	N2	1.00±0.03Ba	9.00±0.12Bc	4.52±0.24Bb	37.36±0.19Ba
	M2	1.05±0.04Ba	10.22±0.16Ba	3.13±0.22Ad	6.36±0.04Bb
	fCK	0.81±0.03Bc	7.66±0.06Be	4.07±0.12Ac	4.12±0.10Be
	fN2	0.91±0.04Bb	9.46±0.10Bb	4.83±0.02Ba	5.66±0.05Bc
	fM2	1.01±0.03Ba	9.61±0.09Bb	2.14±0.03Be	5.18±0.04Bd
40～60 cm	CK	0.64±0.03Cc	4.72±0.35Cd	2.93±0.04Bb	2.78±0.05Cd
	N2	0.72±0.01Cb	4.67±0.04Cd	2.46±0.22Cc	23.41±0.24Ca
	M2	0.80±0.02Ca	5.99±0.02Ca	1.92±0.05Bd	3.41±0.13Cc
	fCK	0.63±0.02Cc	4.89±0.14Ccd	3.19±0.01Ca	2.23±0.08Ce
	fN2	0.68±0.04Cc	5.31±0.2Cbc	2.36±0.09Cc	6.02±0.04Cb
	fM2	0.72±0.03Cb	5.76±0.09Cab	2.06±0.05Bd	2.82±0.03Cd

注：同一列不同小写字母为同一层次不同施肥处理间差异显著（$P<0.05$）；同一列不同大写字母表示相同处理不同层次之间差异显著（$P<0.05$）。CK、N2 和 M2 分别表示不施肥、施氮肥和施有机肥处理。f 表示地膜覆盖。

（二）分析项目与测定方法

团聚体分级：采用干筛法，使用筛分仪 Retsh AS200 对土壤进行团聚体分级，每次称取 100 g 的风干土置于套筛中，1.5 mm 振幅下振动 2 min，共分为＞2 mm、1～2 mm、0.25～1 mm 和＜0.25 mm 四个粒级。

全氮：采用元素分析仪（Elementar Ⅱ，德国）测定全氮的含量。

铵态氮和硝态氮：提取的各粒级团聚体中分别加入 0.01 mol/L 氯化钙溶液 50 mL（液土比为 10∶1），置于水浴振荡机中振荡 1 h，过滤后用连续流动分析仪（型号：Auto Analyzer 3）测定浸提液中铵态氮和硝态氮的含量。

（三）计算公式

土壤团聚体养分储量计算公式为：$S_i=10\times N_i\times D_i\times E_i\times G_i$

式中：S_i 为 i 粒级团聚体养分储量（t/hm²）；N_i 为 i 级土壤养分含量（g/kg）；D_i 为土壤容重（g/cm³）；E_i 为土层厚度（20 cm）；G_i 为 i 粒级土壤所占百分比（%）。

所有试验数据采用 Microsoft Excel 2007 进行整理分析，不同处理间差异显著性使用 SPSS 22.0 软件进行统计分析（LSD 法）。图表中数据为平均数±标准差。

二、结果与分析

（一）地膜覆盖与施肥对土壤团聚体分布的影响

表层（0～20 cm）土壤团聚体主要以 0.25～1 mm 粒级为主，<0.25 mm 粒级团聚体比例最低（表 6-4）。裸地条件下，施肥显著降低了 1～2 mm 粒级团聚体比例，与 CK 处理相比，N2 处理降低 18.50%，M2 处理降低 24.52%。覆膜条件下，施肥处理显著减小了 0.25～1 mm 粒级团聚体比例，fN2 处理比 fCK 处理降低 4.89%，fM2 处理比 fCK 处理降低 7.41%。相同施肥条件下与裸地相比，覆膜显著增加了 1～2 mm 团聚体比例，fCK 处理比 CK 处理高 5.57%，fN2 处理比 N2 处理高 33.45%，fM2 处理比 M2 处理高 39.50%；然而却降低了 0.25～1 mm 团聚体比例（$P<0.05$），fCK 处理比 CK 处理低 3.99%，fN2 处理比 N2 处理低 14.57%，fM2 处理比 M2 处理低 7.36%。>2 mm 团聚体 fCK 处理比 CK 处理高 7.9%，<0.25 mm 团聚体 fCK 处理比 CK 处理低 32.21%。

表 6-4　地膜覆盖与施肥条件下土壤团聚体的组成

深度	处理	各级团聚体质量百分含量（%）			
		>2 mm	1～2 mm	0.25～1 mm	<0.25 mm
0～20 cm	CK	20.00±0.73Cc	32.87±0.16Cb	41.35±0.29Ba	5.06±0.56Cd
	fCK	21.58±0.08Bc	34.70±0.23Bb	39.70±0.31Ca	3.43±0.43Ed
	N2	19.95±0.52Cc	26.79±0.22Db	44.20±0.08Aa	8.91±0.68Ad
	fN2	22.42±0.32Bc	35.75±0.40Ab	37.76±0.51Da	4.25±0.13Dd
	M2	30.86±0.18Ab	24.81±0.13Ec	39.68±0.19Ca	4.58±0.15Dd
	fM2	22.30±0.26Bc	34.61±0.66Bb	36.76±0.32Ea	6.75±0.32Bd
20～40 cm	CK	22.95±0.24Dc	34.58±0.20Ab	37.32±0.40CDa	5.53±0.29Dd
	fCK	20.74±0.43Ec	33.22±0.30Bb	37.79±1.36Ca	9.03±0.73Ad
	N2	24.00±0.09Cc	27.19±0.41Cb	41.29±0.46Ba	7.64±0.12Bd
	fN2	20.00±0.83Ec	24.93±0.29Eb	47.97±0.60Aa	7.57±0.34Bd
	M2	34.36±0.21Aa	25.39±0.42DEc	33.96±0.13Eb	6.36±0.31Cd
	fM2	32.24±0.04Bb	26.00±0.59Dc	36.24±0.30Da	5.78±0.20CDd
40～60 cm	CK	27.94±0.04Bc	29.96±1.52Bb	35.57±0.68Da	6.39±0.46BCd
	fCK	20.65±0.47Dc	29.53±0.23Bb	42.80±0.23Aa	7.20±0.13Bd

（续）

深度	处理	各级团聚体质量百分含量（%）			
		>2 mm	1～2 mm	0.25～1 mm	<0.25 mm
	N2	23.00±0.54Cc	28.87±0.76Bb	43.13±0.95Aa	4.16±0.83Dd
	fN2	24.07±0.18Cc	29.30±0.50Bb	37.18±0.35Ca	8.79±0.60Ad
	M2	30.94±1.23Ab	23.07±0.17Cc	37.03±0.06Ca	8.72±0.20Ad
	fM2	23.00±0.02Cc	31.88±0.38Ab	39.12±0.81Ba	5.94±0.52Cd

注：同一列不同大写字母表示同一团聚体粒级不同施肥处理间差异显著（$P<0.05$）。同一行不同小写字母表示同一处理不同团聚体粒级之间差异显著（$P<0.05$）。CK、N2 和 M2 分别表示不施肥、施氮肥和施有机肥处理。f 表示地膜覆盖。

在 20～40 cm 土层，团聚体组成与 0～20 cm 土层相似（表 6-4），即 0.25～1 mm 粒级团聚体比例最高（平均约为 39.09%），<0.25 mm 粒级团聚体比例最低（平均约为 6.98%）。覆膜与施肥对>2 mm 粒级团聚体比例的影响表现为 M2>fM2>N2>CK>fCK>fN2，其中 N2 处理比 CK 处理增加 4.58%，M2 处理比 CK 处理增加 49.72%，fCK 处理比 CK 处理低 10.66%，fN2 处理比 N2 处理低 16.67%，fM2 处理比 M2 处理低 6.17%。对于 1～2 mm 粒级团聚体，裸地条件下 N2 与 M2 处理分别比 CK 处理减少了 21.37%和 26.58%，覆膜条件下 N2 与 M2 处理分别比 CK 处理降低 24.95%和 21.73%。对于 0.25～1 mm 粒级团聚体，施肥条件下，覆膜处理显著增加该粒级的质量百分比，fN2 处理比 N2 处理高 16.18%，fM2 处理比 M2 处理高 6.71%。裸地条件下施肥增加了土壤微团聚体（<0.25 mm）的比例，覆膜条件下施肥降低了土壤微团聚体（<0.25 mm）的比例。

在 40～60 cm 土层，fN2 处理和 fM2 处理在>2 mm 粒级团聚体比例与 fCK 相比分别增加 16.56%和 11.38%（表 6-4）。裸地单施有机肥显著降低 1～2 mm 粒级团聚体比例，M2 处理比 CK 处理低 22.99%；覆膜单施有机肥对该粒级的影响与之相反，fM2 处理比 fCK 处理增加 7.96%。裸地施肥显著增加 0.25～1 mm 粒级团聚体比例，N2 处理比 CK 处理高 21.25%，M2 处理比 CK 处理高 4.1%；覆膜施肥显著降低该粒级团聚体比例，fN2 处理比 fCK 处理低 13.13%，fM2 处理比 fCK 处理低 8.59%。

（二）地膜覆盖与施肥对团聚体中全氮含量的影响

由图 6-4 可以看出，在大团聚体中（>0.25 mm）与裸地相比，覆膜条件下有机肥处理团聚体全氮含量显著降低（$P<0.05$）；微团聚体中（<0.25 mm）与裸地相比，覆膜条件下单施氮肥和单施有机肥处理团聚体全氮含量增加，不施肥处理团聚体全氮含量降低，但均未达到差异显著水平（$P>0.05$）。各粒级团聚体中全氮含量随着土层深度的加深而降低（除 fM2 处理>2 mm 粒级团聚体全氮含量变化不大外）。耕层土壤（0～20 cm）>2 mm、1～2 mm、0.25～1 mm 和<0.25 mm 粒级团聚体中全氮含量与 40～60 cm 土层相比平均分别增加了 52.66%、81.97%、66.75%和 60.84%。

在表层（0～20 cm）土壤中，>2 mm 粒级团聚体全氮含量为 0.72～1.37 g/kg，平均值为 1.01 g/kg（图 6-4）；与覆膜条件相比，裸地条件下有机肥的施用使该粒级团聚体

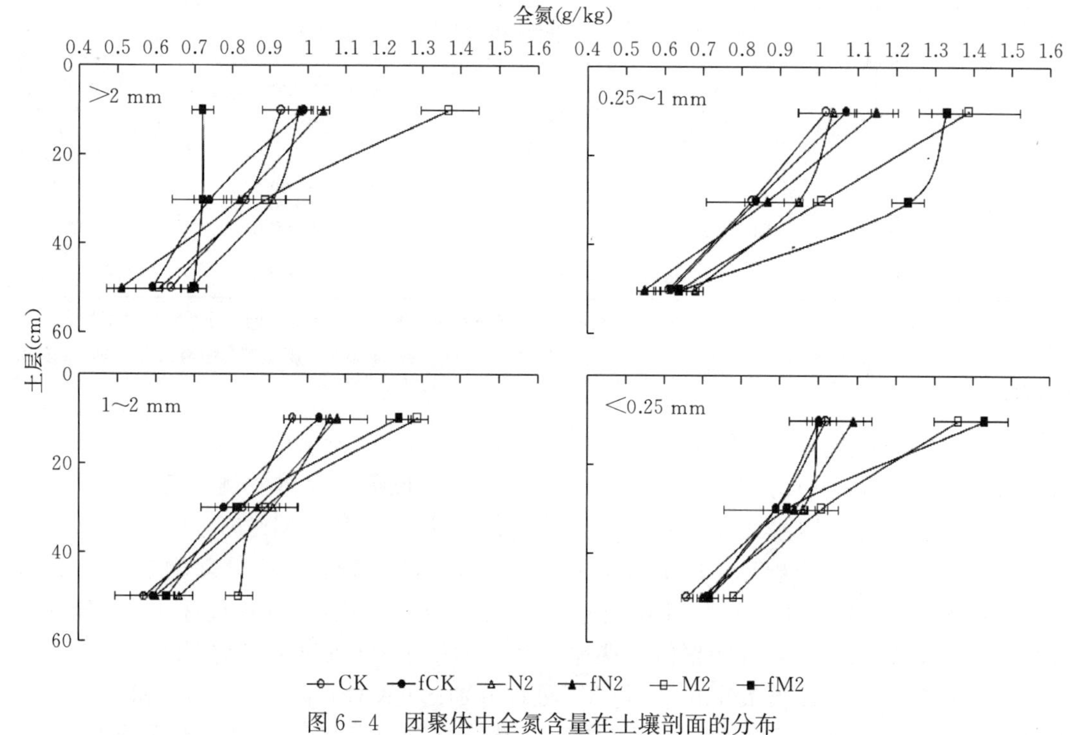

图 6-4　团聚体中全氮含量在土壤剖面的分布

注：CK、N2 和 M2 分别表示不施肥、施氮肥和施有机肥处理。f 表示地膜覆盖。

的全氮含量增加将近一倍，而对于不施肥和施氮肥处理覆膜与裸地对该粒级团聚体全氮含量的影响却相反。1～2 mm 粒级团聚体全氮含量集中在 0.96～1.29 g/kg，平均值为 1.11 g/kg；有机肥和氮肥的施用增加了该粒级团聚体中全氮含量；覆膜与裸地对该粒级团聚体中全氮含量的影响不显著（$P>0.05$）。0.25～1 mm 粒级团聚体全氮含量为 1.02～1.39 g/kg，平均值为 1.17 g/kg；与裸地相比，覆膜使该粒级团聚体中全氮含量增加了 2.89%；施肥处理对该粒级全氮含量的影响表现为 M2>N2>CK。<0.25 mm 粒级团聚体全氮含量为 1～1.43 g/kg，平均值为 1.15 g/kg。长期不同施肥显著影响了土壤各粒级团聚体中全氮的含量，有机肥能够促进各个粒级对氮的吸收。

在 20～40 cm 土层，随团聚体粒径的减小，团聚体中全氮含量总体呈增加的趋势（图 6-4）。>2 mm、1～2 mm、0.25～1 mm 和<0.25 mm 粒级团聚体中全氮含量平均分别为 0.82 g/kg、0.85 g/kg、0.96 g/kg 和 0.94 g/kg。与裸地相比，虽然覆膜降低了各粒级团聚体（CK 处理 0.25～1 mm 粒级和 M2 处理 0.25～1 mm 粒级除外）全氮含量，但处理间（除 N2 处理>2 mm 粒级，M2 处理>2 mm 和<0.25 mm 粒级）差异不显著（$P>0.05$）。

在 40～60 cm 土层，单施氮肥处理下的>2 mm 和 0.25～1 mm 粒级中全氮含量裸地显著高于覆膜处理（$P<0.05$），单施有机肥处理微团聚体（<0.25 mm）全氮含量也表现为裸地显著高于覆膜土壤（$P<0.05$）。

（三）地膜覆盖与施肥对团聚体中全氮储量的影响

与裸地相比，覆膜条件下不施肥和单施氮肥处理表层（0～20 cm）土壤全氮储量显著增加，单施有机肥处理表层土壤全氮储量显著降低（$P<0.05$，表 6-5）。团聚体中全氮储量表层（平均储量为 3.01 t/hm²）显著高于 40～60 cm（平均储量为 1.96 t/hm²）。

表 6-5　土壤团聚体全氮储量在土壤剖面的分布

深度	处理	项目	团聚体				全土
			>2 mm	1～2 mm	0.25～1 mm	<0.25 mm	
0～20 cm	CK	储量（t/hm²）	0.54±0.01Cd	0.88±0.02Bb	1.22±0.03Ab	0.16±0.00Dc	2.69±0.06d
		百分数（%）	20.46	33.48	45.35	5.95	105.24
	fCK	储量（t/hm²）	0.60±0.01Bc	1.12±0.08Aa	1.19±0.04Abc	0.11±0.00Cd	2.98±0.04c
		百分数（%）	20.13	37.58	39.93	3.69	101.33
	N2	储量（t/hm²）	0.52±0.01Cd	0.78±0.06Bc	1.23±0.03Ab	0.24±0.01Da	2.80±0.06d
		百分数（%）	18.57	27.86	43.93	8.57	98.93
	fN2	储量（t/hm²）	0.61±0.01Cc	0.97±0.02Bb	1.13±0.01Ac	0.12±0.00Dd	3.03±0.06bc
		百分数（%）	20.13	32.01	37.29	3.96	93.39
	M2	储量（t/hm²）	0.86±0.00Ca	0.98±0.02Bb	1.36±0.03Aa	0.15±0.01Dc	3.47±0.06a
		百分数（%）	24.78	28.24	39.19	4.32	96.53
	fM2	储量（t/hm²）	0.65±0.01Cb	0.73±0.02Bc	1.20±0.03Ab	0.22±0.01Db	3.07±0.09b
		百分数（%）	21.17	23.77	39.09	7.17	91.20
20～40 cm	CK	储量（t/hm²）	0.64±0.02Cb	0.88±0.02Ba	1.01±0.03Ade	0.15±0.01Dc	2.83±0.09b
		百分数（%）	22.61	31.09	35.68	5.3	94.68
	fCK	储量（t/hm²）	0.46±0.01Cd	0.84±0.03Ba	0.96±0.03Ae	0.23±0.01Da	2.55±0.08c
		百分数（%）	18.04	32.94	37.65	9.02	97.65
	N2	储量（t/hm²）	0.71±0.02Ca	0.86±0.06Ba	1.26±0.03Ab	0.23±0.01Da	3.16±0.08a
		百分数（%）	22.47	27.22	39.87	7.28	96.80
	fN2	储量（t/hm²）	0.52±0.01Cc	0.70±0.02Bb	1.35±0.04Aa	0.20±0.01Db	2.82±0.09b
		百分数（%）	18.4	24.82	47.87	7.09	98.18
	M2	储量（t/hm²）	0.67±0.02Cb	0.92±0.02Ba	1.06±0.03Acd	0.20±0.01Db	3.15±0.09a
		百分数（%）	21.27	29.21	33.65	6.35	90.48
	fM2	储量（t/hm²）	0.54±0.02Cc	0.92±0.04Ba	1.13±0.02Ac	0.15±0.00Dc	2.95±0.07b
		百分数（%）	18.31	31.19	38.31	5.08	92.89
40～60 cm	CK	储量（t/hm²）	0.53±0.02Ba	0.51±0.01Bc	0.67±0.02Ad	0.12±0.01Cd	1.89±0.06c
		百分数（%）	28.04	26.98	35.45	6.35	96.82
	fCK	储量（t/hm²）	0.33±0.01Cd	0.51±0.02Bc	0.76±0.02Ab	0.14±0.00Dc	1.75±0.03d
		百分数（%）	18.86	29.14	43.43	8.00	99.43
	N2	储量（t/hm²）	0.46±0.01Cb	0.58±0.02Bb	0.86±0.01Aa	0.10±0.00Df	2.10±0.03b
		百分数（%）	21.90	27.62	40.95	4.76	95.23
	fN2	储量（t/hm²）	0.41±0.03Cc	0.51±0.03Bc	0.57±0.01Ae	0.19±0.01Db	1.83±0.08cd
		百分数（%）	22.40	27.87	31.15	10.38	91.80

（续）

深度	处理	项目	团聚体				全土
			>2 mm	1～2 mm	0.25～1 mm	<0.25 mm	
	M2	储量（t/hm²）	0.42±0.01Bc	0.71±0.01Aa	0.73±0.04Abc	0.20±0.01Ca	2.28±0.05a
		百分数（%）	18.42	31.14	32.02	8.77	90.35
	fM2	储量（t/hm²）	0.43±0.01Cbc	0.53±0.02Bc	0.69±0.03Acd	0.11±0.00De	1.92±0.05c
		百分数（%）	22.39	27.60	35.93	5.73	91.65

注：同一列不同小写字母为同一团聚体粒级不同施肥处理间差异显著（$P<0.05$）；同一行不同大写字母表示同一处理不同团聚体粒级之间差异显著（$P<0.05$）。CK、N2 和 M2 分别表示不施肥、施氮肥和施有机肥处理。f 表示地膜覆盖。

在 0～20 cm 土层，土壤全氮主要分布在 0.25～1 mm 粒级团聚体中（储量平均为 1.22 t/hm²）；其次为 1～2 mm 和>2 mm 粒级团聚体，其储量平均分别为 0.91 t/hm² 和 0.63 t/hm²；<0.25 mm 粒级团聚体最低，平均约占整个土壤氮储量的 5.69%（表 6-5）。有机肥的施用增加了团聚体全氮的储量，其中裸地条件下>2 mm 和 0.25～1 mm粒级团聚体氮储量分别比 CK 处理高 59.26% 和 11.48%，覆膜条件下>2 mm 和<0.25 mm粒级团聚体氮储量分别比 fCK 处理高 8.33% 和 99%。施用有机肥后，裸地>2 mm粒级团聚体氮储量较覆膜增加 16.92%，裸地 1～2 mm 粒级团聚体氮储量较覆膜增加 34.25%，裸地 0.25～1 mm 粒级团聚体氮储量较覆膜增加 13.33%，而<0.25 mm 粒级却降低 31.32%；不施肥处理覆膜和裸地对团聚体氮储量分布的影响与施有机肥正好相反，>2 mm 粒级团聚体中 fCK 处理比 CK 处理高 11.11%，1～2 mm 粒级团聚体中 fCK 处理比 CK 处理高 27.27%，而<0.25 mm 粒级团聚体中 fCK 处理却比 CK 处理降低 31.25%。这说明长期地膜覆盖与施肥促进氮逐步向小粒级团聚体转移。

在 20～40 cm 土层，全氮在不同粒级团聚体的分配比例与表层土壤一致，其中 0.25～1 mm粒级团聚体储量分别是>2 mm、1～2 mm 和<0.25 mm 粒级团聚体的 1.92 倍、1.33 倍和 5.95 倍（表 6-5）。>2 mm 团聚体中，N2 处理全氮储量最高，较 CK 处理高 9.86%；覆膜处理显著减小了各施肥处理的全氮储量，其中，fCK 处理比 CK 处理低 28.13%，fN2 处理比 N2 处理低 26.76%，fM2 处理比 M2 处理低 19.4%；覆膜条件下，施肥增加了团聚体全氮的储量，fN2 处理比 fCK 处理高 10.94%，fM2 处理比 fCK 处理高 17.39%。1～2 mm 团聚体中，不同施肥处理对全氮储量影响差异不显著。在 0.25～1 mm团聚体中，全氮储量高低顺序 fN2>N2>fM2>M2>CK>fCK，覆膜条件下，施肥处理显著增加了该粒级团聚体全氮的储量，fN2 处理比 fCK 处理高 40.63%，fM2 处理比 fCK 处理高 17.71%。在<0.25 mm 团聚体中，裸地条件下，N2 处理比 CK 处理高 53.33%，M2 处理比 CK 处理高 33.33%；覆膜条件下，fN2 处理比 fCK 处理低 13.04%，fM2 处理比 fCK 处理低 34.78%。

在 40～60 cm 土层，>2 mm、1～2 mm、0.25～1 mm 和<0.25 mm 粒级团聚体氮储量平均分别为 0.43 t/hm²、0.56 t/hm²、0.71 t/hm² 和 0.14 t/hm²（表 6-5）。>2 mm 团聚体中，裸地条件下，N2 处理比 CK 处理低 13.21%，M2 处理比 CK 处理低 20.75%；覆膜条件下，fN2 处理比 fCK 处理高 24.24%，fM2 处理比 fCK 处理高 30.30%。在 1～2 mm团聚体中，N2 处理比 CK 处理高 13.73%，M2 处理比 CK 处理高 28.17%。在

0.25～1 mm 团聚体中，裸地条件下，N2 处理比 CK 处理高 28.36%，M2 处理比 CK 处理高 8.96%；覆膜条件下，fN2 处理比 fCK 处理低 33.33%，fM2 处理比 fCK 处理低 9.21%。在<0.25 mm 中，全氮储量高低顺序为 M2>N2>fM2>CK>fN2>fCK。

(四) 地膜覆盖与施肥对土壤团聚体铵态氮分布的影响

由图 6-5 可以看出，覆膜施有机肥（fM2）处理除 1～2 mm 粒级团聚体铵态氮含量随深度增加降低外，其余粒级团聚体铵态氮含量在剖面近似垂直直线分布或趋于增加的趋势。裸地不施肥处理>2 mm 粒级团聚体铵态氮含量在土壤剖面降低，而<2 mm 粒级团聚体铵态氮含量在 20～40 cm 处降低，在 40～60 cm 处又增加。覆膜不施肥处理团聚体中铵态氮的含量几乎与裸地不施肥处理变化趋势相反。施用氮肥（N2 和 fN2 处理）后各级团聚体中的铵态氮含量随着土层的加深而降低；0～20 cm 土层 N2 和 fN2 处理铵态氮含量分别比 40～60 cm 土层增加 2.34 倍和 2.66 倍。裸地施有机肥（M2 处理）虽然>1 mm 粒级团聚体在 20～40 cm 土层略有增加，但各粒级团聚体在土壤剖面整体呈下降的趋势。微团聚体（<0.25 mm）中的铵态氮含量显著高于大团聚体（>0.25 mm）。

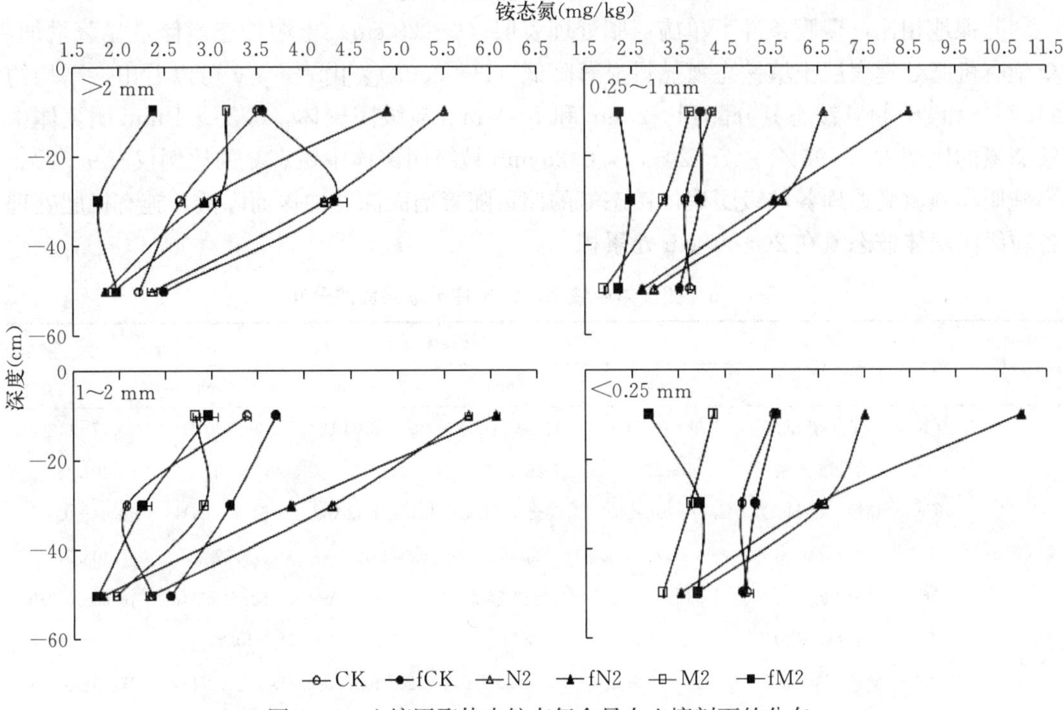

图 6-5　土壤团聚体中铵态氮含量在土壤剖面的分布

注：CK、N2 和 M2 分别表示不施肥、施氮肥和施有机肥处理。f 表示地膜覆盖。

(五) 地膜覆盖与施肥对团聚体中铵态氮含量的影响

在表层（0～20 cm），无论覆膜与否，氮肥的施用显著提高了各粒级团聚体铵态氮的含量（$P<0.05$），有机肥的施用（fM2）显著降低了各粒级团聚体铵态氮的含量（$P<0.05$）。>2 mm 粒级团聚体，覆膜与裸地相比铵态氮含量降低（除不施肥处理不受覆膜和裸地的影响外）。1～2 mm 粒级团聚体，各施肥处理下覆膜与裸地相比铵态氮含量变化不显著。<1 mm 团聚体 fM2 比 M2 平均降低 36.08%，而 fN2 比 N2 平均增加 37.62%。裸地和覆膜条件下施氮肥处理>2 mm 粒级团聚体铵态氮含量分别比不施肥处理高 34.47%和 36.97%；1～2 mm 粒级团聚体分别增加 69.41%和 56.87%；0.25～1 mm 粒级团聚体分别增加 56.5%和 112.28%；<0.25 mm 粒级团聚体分别增加 35.98%和 111.35%。覆膜条件下，有机肥处理各粒级团聚体铵态氮含量分别比不施肥处理降低 9.94%～22.97%。

在 20～40 cm 土层，覆膜施肥（fM2 和 fN2）>2 mm 团聚体中铵态氮含量基本低于裸地，不施肥处理与之相反。施肥对<2 mm 粒级团聚体中铵态氮含量的影响与表层0～20 cm 基本相似（图 6-5）。施氮肥处理 1～2 mm、0.25～1 mm 和<0.25 mm 粒级团聚体铵态氮平均分别比施有机肥处理增加 47.26%、80.19%和 76.8%。>2 mm 粒级中，N2 比 CK 处理高 31.77%，fN2 比 fCK 处理低 32.41%，M2 比 CK 处理高 14.61%，fM2 比 fCK 处理低 58.79%。在 40～60 cm 土层，不同施肥处理对同一粒级团聚体铵态氮含量没有显著影响（$P>0.05$）。

（六）地膜覆盖与施肥对团聚体中铵态氮储量的影响

与裸地相比，覆膜条件下单施氮肥处理表层（0～20 cm）土壤铵态氮储量显著增加，单施有机肥处理表层土壤铵态氮储量显著降低（$P<0.05$）。由表 6-6 可以看出，平均约 21.74%和 26.44%铵态氮分配到>2 mm 和 1～2 mm 粒级团聚体，0.25～1 mm 团聚体中铵态氮的比例占 43.96%～47.82%，<0.25 mm 粒级团聚体中铵态氮的比例仅有 9.52%。不施肥和施氮肥处理各粒级团聚体铵态氮的储量随着剖面深度加深而降低，施有机肥处理各粒级团聚体铵态氮在 20～40 cm 处累积。

表 6-6 团聚体中铵态氮储量在土壤剖面的分布

深度	处理	项目	团聚体				全土
			>2 mm	1～2 mm	0.25～1 mm	<0.25 mm	
0～20 cm	CK	储量（kg/hm²）	1.98±0.21Cc	3.14±0.31Bbc	4.92±0.54Ab	0.89±0.04Dc	10.77±0.37c
		百分数（%）	18.38	29.16	45.68	8.26	101.48
	fCK	储量（kg/hm²）	2.17±0.09Cbc	3.63±0.37Bbc	4.46±0.43Abc	0.64±0.07Dd	10.04±0.99c
		百分数（%）	21.62	36.16	44.42	6.37	108.57
	N2	储量（kg/hm²）	2.93±0.04Ca	4.12±0.27Bb	7.80±0.09Aa	1.82±0.03Da	16.65±0.35b
		百分数（%）	17.59	24.74	46.85	10.93	100.11
	fN2	储量（kg/hm²）	2.83±0.09Ca	5.59±0.32Ba	8.25±0.28Aa	1.15±0.03Db	17.85±0.97a
		百分数（%）	15.85	31.32	46.22	6.44	99.83
	M2	储量（kg/hm²）	2.46±0.14Bb	1.76±0.25Bd	3.74±0.60Ac	0.49±0.02Ce	8.08±0.22d
		百分数（%）	30.45	21.78	46.29	6.06	104.58
	fM2	储量（kg/hm²）	1.34±0.19Bcd	2.61±0.93Acd	2.09±0.39ABd	0.46±0.12Ce	6.93±0.12e
		百分数（%）	19.33	37.66	30.16	6.64	93.79
20～40 cm	CK	储量（kg/hm²）	1.94±0.33Bbc	2.27±0.11Bbc	4.31±0.52Ab	0.79±0.04Cc	9.32±0.41c
		百分数（%）	20.82	24.36	46.24	8.48	99.90

（续）

深度	处理	项目	团聚体				全土
			>2 mm	1～2 mm	0.25～1 mm	<0.25 mm	
	fCK	储量（kg/hm²）	2.82±0.99Bab	3.34±0.46Ba	4.71±0.36Ab	1.33±0.07Cb	12.79±0.67b
		百分数（%）	22.05	26.11	36.83	10.39	95.38
	N2	储量（kg/hm²）	3.18±0.29Ca	3.68±0.13Ba	7.44±0.22Aa	1.57±0.11Da	15.00±1.09a
		百分数（%）	21.20	24.53	49.60	10.47	105.80
	fN2	储量（kg/hm²）	1.81±0.26Cbc	2.98±0.17Bab	8.24±0.65Aa	1.43±0.08Cab	14.97±0.77a
		百分数（%）	12.09	19.90	55.04	9.55	96.58
	M2	储量（kg/hm²）	3.15±0.24Aa	2.22±0.28Bbc	3.23±0.46Ac	0.71±0.06Cc	9.36±0.59c
		百分数（%）	33.65	23.72	34.51	7.59	99.47
	fM2	储量（kg/hm²）	1.68±0.22Bc	1.72±0.63Bc	2.62±0.11Ac	0.64±0.04Cc	6.24±0.51d
		百分数（%）	26.92	27.56	41.98	10.26	106.72
40～60 cm	CK	储量（kg/hm²）	1.83±0.04BCa	2.08±0.34Ba	3.96±0.81Aa	0.96±0.22Ca	8.76±0.39a
		百分数（%）	20.89	23.74	45.21	10.96	100.80
	fCK	储量（kg/hm²）	1.42±0.09BCbc	2.08±0.16Ba	4.14±0.79Aa	0.95±0.01Ca	8.8±0.87a
		百分数（%）	16.14	23.64	47.05	10.79	97.62
	N2	储量（kg/hm²）	1.57±0.35Bbc	1.95±0.43Bab	3.72±0.31Aab	0.56±0.05Cb	7.13±0.49b
		百分数（%）	22.02	27.35	52.17	7.85	109.39
	fN2	储量（kg/hm²）	1.19±0.06BCc	1.43±0.09Bbc	2.72±0.19Abc	1.02±0.17Ca	6.18±0.55c
		百分数（%）	19.26	23.14	44.01	16.50	102.91
	M2	储量（kg/hm²）	1.69±0.18Ab	1.28±0.14Bc	1.99±0.14Ac	0.80±0.06Cab	5.54±0.13c
		百分数（%）	30.51	23.10	35.92	14.44	103.97
	fM2	储量（kg/hm²）	1.19±0.09Bc	1.47±0.27Bbc	2.27±0.05Ac	0.62±0.01Cb	5.27±0.34c
		百分数（%）	22.58	27.89	43.07	11.76	105.30

注：同一列不同小写字母为同一团聚体粒级不同施肥处理间差异显著（$P<0.05$）同一行不同大写字母表示同一处理不同团聚体粒级之间差异显著（$P<0.05$）。CK、N2 和 M2 分别表示不施肥、施氮肥和施有机肥处理。f 表示地膜覆盖。

表层（0～20 cm）土壤，覆膜和裸地条件下施肥对各粒级团聚体中铵态氮储量的影响一般为施氮肥处理高于不施肥处理，施有机肥处理最低（表 6－6）。不同施肥处理对团聚体铵态氮含量的影响可能与肥料的种类或地上植物的吸收有关。关于植物对氮素利用来源于土壤还是肥料需要利用稳定同位素标记技术进行进一步研究。与裸地相比，覆膜施有机肥使>2 mm 粒级和 0.25～1 mm 粒级团聚体铵态氮储量分别降低 38.25%和 53.14%，覆膜施氮肥使 1～2 mm 粒级团聚体铵态氮储量增加 53.99%，覆膜不施肥使<0.25 mm 粒级团聚体铵态氮储量降低 28.89%。

在 20～40 cm 土层，地膜覆盖和施肥处理对团聚体铵态氮的影响与表层土壤基本相似，覆膜条件下，施有机肥与不施肥处理相比团聚体中铵态氮储量降低 40.43%～51.88%（表 6－6）。与裸地相比，覆膜施肥（fN2 和 fM2）处理降低了>2 mm 粒级团聚体铵态氮储量；覆膜不施肥处理相比裸地增加了 1～2 mm 粒级和<0.25 mm 粒级团聚体

中铵态氮的储量；覆膜和裸地对其他粒级铵态氮储量影响均不显著（$P>0.05$）。施氮肥（N2处理）增加了团聚体中铵态氮的储量。覆膜与裸地对40～60 cm土层铵态氮储量影响不显著（$P>0.05$）。不施肥处理显著增加了40～60 cm土层团聚体中铵态氮储量。

（七）地膜覆盖与施肥对土壤团聚体硝态氮分布的影响

由图6-6可以看出，与裸地相比，地膜覆盖显著降低了土壤各粒级团聚体硝态氮的含量（$P<0.05$）。无论覆膜与否，有机肥或氮肥的施用均可不同程度提高土壤各粒级硝态氮含量。覆膜施氮肥处理团聚体硝态氮含量随土壤剖面的变化趋势与裸地施氮肥处理的变化趋势正好相反。不施肥处理各粒级团聚体硝态氮含量随剖面深度变化近乎不变，为3～5 mg/kg；施有机肥处理硝态氮含量随剖面降低，降低幅度为33.33%～50%。裸地施氮肥处理团聚体硝态氮在20～40 cm大幅积累，其硝态氮含量平均约为表层的1.8倍；在40～60 cm土层，硝态氮含量几乎接近表层。

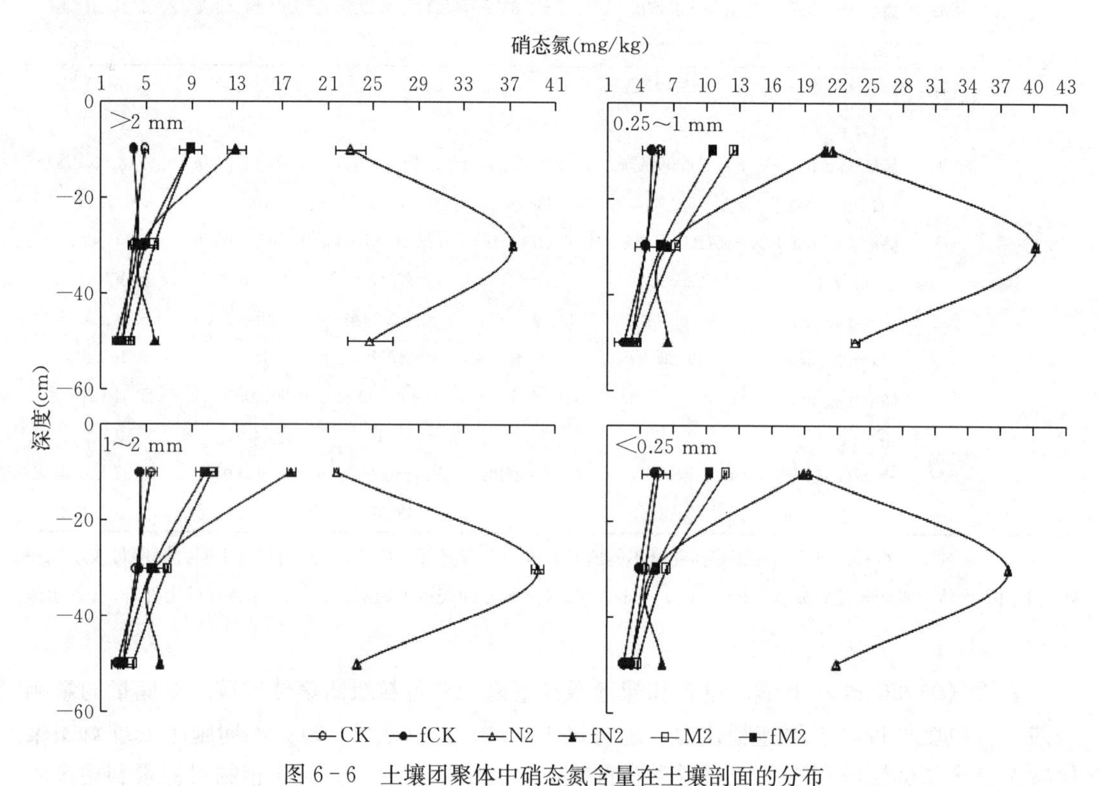

图6-6　土壤团聚体中硝态氮含量在土壤剖面的分布

（八）地膜覆盖与施肥对团聚体中硝态氮含量的影响

表层（0～20 cm）土壤，施有机肥处理下，覆膜显著降低了团聚体硝态氮的含量，0.25～1 mm粒级降低15.93%，<0.25 mm粒级降低12.77%（图6-6）。无论覆膜与否，不同粒级硝态氮含量均表现出N2>M2>CK（$P<0.05$）。覆膜条件下，氮肥处理下>2 mm、1～2 mm、0.25～1 mm和<0.25 mm粒级团聚体硝态氮含量分别是有机肥处理下的1.46倍、1.75倍、1.99倍和1.86倍，是不施肥处理下的3.44倍、4.07倍、4.15倍和3.55倍。裸地条件下，氮肥处理>2 mm、1～2 mm、0.25～1 mm和<0.25 mm粒级团聚体硝态氮含量分别是有机肥处理下的2.62倍、2.03倍、1.72倍和1.65倍，是不

施肥处理下的 4.84 倍、4.08 倍、3.8 倍和 3.43 倍。覆膜单施氮肥和裸地单施有机肥处理下 0.25～1 mm 团聚体硝态氮含量分别平均是＞2 mm、1～2 mm 和＜0.25 mm 粒级团聚体的 2.29 倍、1.56 倍和 9.73 倍。

在 20～40 cm 土层，与裸地相比，覆膜条件下单施有机肥处理显著降低了各粒级硝态氮的含量，＞2 mm 降低 14.26%，1～2 mm 降低 18.93%，0.25～1 mm 降低 18.48%，＜0.25 mm 降低 16.04%（图 6－6）。无论覆膜与否，单施有机肥处理下 0.25～1 mm 粒级团聚体硝态氮含量显著高于其他粒级（$P<0.05$），M2 处理下，0.25～1 mm 粒级团聚体硝态氮含量分别是＞2 mm、1～2 mm 和＜0.25 mm 粒级团聚体的 1.28 倍、1.08 倍和 1.14 倍；fM2 处理下，0.25～1 mm 粒级团聚体硝态氮含量分别是＞2 mm、1～2 mm 和＜0.25 mm 粒级团聚体的 1.21 倍、1.09 倍和 1.11 倍。

在 40～60 cm 土层，覆膜对不施肥和单施有机肥各粒级团聚体土壤硝态氮含量影响不显著，裸地单施氮肥各粒级硝态氮含量显著高于覆膜土壤（图 6－6）。无论覆膜与否，单施氮肥各粒级团聚体土壤硝态氮显著高于不施肥和单施有机肥处理。

（九）地膜覆盖与施肥对团聚体中硝态氮储量的影响

由表 6－7 可以看出，裸地单施氮肥处理土壤硝态氮显著高于覆膜处理（$P<0.05$）。0～40 cm 土壤硝态氮储量变化为 N2＞M2＞CK（$P<0.05$）。团聚体中硝态氮储量随土壤剖面的加深而降低（除裸地 N2 处理外）。裸地施氮肥处理各粒级团聚体硝态氮储量主要集中在 20～40 cm 土层，底层 40～60 cm 硝态氮储量略比表层 0～20 cm 高 7.71%～10.89%。土壤中大约 40%以上硝态氮在 0.25～1 mm 粒级团聚体，＜0.25 mm 粒级团聚体中硝态氮的储量占 5.50%～6.64%，其余两个粒级团聚体硝态氮储量介于上述两个团聚体之间。

表 6－7　土壤团聚体硝态氮储量在土壤剖面的分布

深度	处理	项目	团聚体				全土
			＞2 mm	1～2 mm	0.25～1 mm	＜0.25 mm	
0～20 cm	CK	储量（kg/hm^2）	2.67±0.16Cd	4.92±0.47Bd	6.59±0.19Ae	0.91±0.07De	15.35±4.74d
		百分数（%）	17.39	32.05	42.93	5.93	98.30
	fCK	储量（kg/hm^2）	2.28±0.01Cd	4.26±0.10Bd	5.64±0.48Af	0.60±0.14Df	11.90±1.43d
		百分数（%）	19.16	35.79	47.39	5.04	107.38
	N2	储量（kg/hm^2）	12.22±0.85Ca	15.51±0.21Ba	25.40±0.08Aa	4.66±0.05Da	54.68±8.52a
		百分数（%）	22.35	28.37	46.45	8.50	105.67
	fN2	储量（kg/hm^2）	7.45±0.49Cb	16.35±0.38Ba	20.37±0.17Ab	1.98±0.05Db	44.76±4.89b
		百分数（%）	16.64	36.53	45.51	4.42	103.10
	M2	储量（kg/hm^2）	6.79±0.26Bb	6.65±0.24Bc	12.46±0.14Ac	1.36±0.01Cd	25.65±2.61c
		百分数（%）	26.47	25.93	48.58	5.30	106.28
	fM2	储量（kg/hm^2）	4.97±0.32Bc	8.92±0.83Ab	9.81±0.19Ad	1.64±0.02Cc	24.26±3.15c
		百分数（%）	20.49	36.77	40.44	6.76	104.46

（续）

深度	处理	项目	团聚体				全土
			>2 mm	1～2 mm	0.25～1 mm	<0.25 mm	
20～40 cm	CK	储量（kg/hm²）	2.74±0.23Cd	4.44±0.02Bc	5.32±0.27Ae	0.72±0.02Df	12.78±2.65c
		百分数（%）	21.44	34.74	41.63	5.63	103.44
	fCK	储量（kg/hm²）	2.66±0.49Cd	4.41±0.18Bc	5.30±0.21Ae	1.02±0.02Dd	12.65±1.84c
		百分数（%）	21.03	34.86	41.89	8.06	105.84
	N2	储量（kg/hm²）	28.16±0.17Ca	33.79±0.52Ba	52.32±0.25Aa	8.92±0.02Da	118.06±5.18a
		百分数（%）	23.85	28.62	44.32	7.56	104.35
	fN2	储量（kg/hm²）	2.85±0.08Cd	4.39±0.05Bc	9.55±0.15Ab	1.15±0.01Dc	17.55±1.52bc
		百分数（%）	16.24	25.01	54.42	6.55	102.22
	M2	储量（kg/hm²）	5.85±0.08Cb	5.09±0.04Bb	7.37±0.23Ac	1.19±0.01Db	18.92±2.25b
		百分数（%）	30.92	26.9	38.95	6.29	103.06
	fM2	储量（kg/hm²）	4.59±0.19Cc	4.13±0.14Bc	6.25±0.12Ad	0.86±0.01De	15.01±1.85bc
		百分数（%）	30.58	27.51	41.64	5.73	105.46
40～60 cm	CK	储量（kg/hm²）	2.31±0.09Ccd	2.53±0.06Bc	3.27±0.06Ad	0.60±0.01Dd	8.38±0.91c
		百分数（%）	27.57	30.19	39.02	7.16	103.94
	fCK	储量（kg/hm²）	1.27±0.04Cd	1.99±0.09Be	2.98±0.12Ad	0.46±0.01Dd	6.15±0.98c
		百分数（%）	20.65	32.36	48.46	7.48	108.95
	N2	储量（kg/hm²）	16.49±1.45Ca	19.76±0.06Ba	29.58±0.48Aa	3.18±0.02Da	67.08±4.83a
		百分数（%）	24.58	29.46	44.09	4.74	102.87
	fN2	储量（kg/hm²）	3.70±0.11Cb	4.81±0.13Bb	6.47±0.08Ab	1.36±0.22Db	16.34±2.17b
		百分数（%）	22.64	29.44	39.59	8.32	99.99
	M2	储量（kg/hm²）	3.01±0.09Cbc	2.42±0.01Bcd	3.95±0.99Ac	0.94±0.01Dc	9.68±0.96c
		百分数（%）	31.09	25.00	40.81	9.71	106.61
	fM2	储量（kg/hm²）	1.72±0.10Ccd	2.34±0.02Bd	3.14±0.03Ad	0.48±0.01Dd	7.44±1.04c
		百分数（%）	23.12	31.45	42.20	6.45	103.22

注：同一列不同小写字母为同一团聚体粒级不同施肥处理间差异显著（$P<0.05$）；同一行不同大写字母表示同一处理不同团聚体粒级之间差异显著（$P<0.05$）。CK、N2 和 M2 分别表示不施肥、施氮肥和施有机肥处理。f 表示地膜覆盖。

表层（0～20 cm）土壤，裸地团聚体中硝态氮储量基本上显著高于覆膜（$P<0.05$），这可能是因为覆膜改变了土壤的温度和湿度条件，引起了微生物同化氮素过程的变化。施氮肥处理（N2 和 fN2）各级团聚体硝态氮储量最高，>2 mm、1～2 mm、0.25～1 mm 和<0.25 mm 粒级团聚体铵态氮储量分别为施有机肥处理的 1.67 倍、2.05 倍、2.06 倍和 2.21 倍，为不施肥处理的 3.97 倍、3.47 倍、3.74 倍和 4.39 倍。

在 20～40 cm 土层，覆膜与裸地对不施肥处理大团聚体硝态氮储量影响不显著（$P>$

0.05)。与裸地相比，覆膜施有机肥或氮肥团聚体中硝态氮储量显著降低（$P<0.05$），>2 mm、1～2 mm、0.25～1 mm 和<0.25 mm 粒级团聚体平均分别增加 78.12%、78.09%、73.53%和 80.12%。裸地施氮肥处理（N2）硝态氮储量最高，>2 mm、1～2 mm、0.25～1 mm 和<0.25 mm 粒级团聚体分别为 28.16 kg/hm^2、33.79 kg/hm^2、52.32 kg/hm^2 和 8.92 kg/hm^2。

在 40～60 cm 土层，与覆膜处理相比，裸地处理显著提高了不施肥处理 1～2 mm 粒级团聚体和施有机肥处理<1 mm 粒级团聚体硝态氮储量（$P<0.05$），不施肥和施有机肥其他粒级团聚体硝态氮储量受覆膜的影响不显著（$P>0.05$）。施氮肥处理显著增加了各级团聚体中硝态氮储量，裸地和覆膜条件下硝态氮储量分别比不施肥处理高 8 倍和 2.66 倍。地膜覆盖与施肥对团聚体的形成产生直接或间接的影响，进而导致土壤氮素在团聚体中的分布发生变化。

三、小结

地膜覆盖与施肥后，土壤中团聚体主要以 0.25～1 mm 粒级为主，土壤中铵态氮、硝态氮及全氮也主要在该级团聚体中富集，其比例平均分别为 43.95%、43.52% 和 38.71%。团聚体中全氮、硝态氮（除裸地施氮肥处理外）和铵态氮（除施有机肥处理外）储量基本上随剖面的加深而降低。覆膜与裸地相比，表层 0～20 cm>2 mm、0.25～1 mm 和<0.25 mm 粒级团聚体硝态氮储量平均分别减少了 32.19%、19.42%和 39.11%；20～40 cm和 40～60 cm 除施氮肥受覆膜的影响明显外，不施肥和施有机肥处理受覆膜的影响不显著（$P>0.05$）。在 0～40 cm 土层，氮肥的施用增加了各级团聚体中铵态氮储量，而有机肥处理铵态氮的储量相对较低。裸地施氮肥处理土壤团聚体中硝态氮储量是其他处理的 2～9 倍。

总之，长期地膜覆盖与施肥对土壤团聚体中硝态氮和铵态氮的影响主要集中于表层土壤，大团聚体是土壤速效氮素养分的主要载体。地膜覆盖改变了土壤的温度和水分条件，影响了作物对硝态氮的吸收利用，减少了其在土壤剖面团聚体中的累积，而铵态氮的变化不受覆膜温度和湿度条件变化的影响。长期化学氮肥的施用引起铵态氮和硝态氮在土壤剖面团聚体的累积。地膜覆盖与施有机肥是促进作物高产，保证土壤可持续利用和农业可持续发展的有利措施。

第三节　结　　论

长期地膜覆盖和施肥显著影响土壤团聚体的分布和稳定性及团聚体有机碳的含量，进而影响土壤有机碳库的容量和稳定性。氮磷肥配施处理均可以显著提高土壤团聚体的稳定性，但单施氮肥对团聚体稳定性无显著促进作用，施用有机肥处理能显著提高土壤各粒级团聚体中有机碳的含量。覆膜处理使土壤各粒级团聚体中有机碳含量减小，说明覆膜条件下土壤水热状况的改变会影响土壤能源和养分的利用和转化，进而使得土壤团聚体的形成动态与不覆膜条件下有所不同。

长期地膜覆盖与施肥对土壤团聚体中硝态氮和铵态氮的影响主要集中于表层土壤，大团聚体是土壤速效氮素养分的主要载体。地膜覆盖改变了土壤的温度和水分条件，影响了作物对硝态氮的吸收利用，减少了其在土壤剖面团聚体中的累积，而铵态氮的变化不受覆膜温度和湿度条件变化的影响。长期化学氮肥的施用引起铵态氮和硝态氮在土壤剖面团聚体的累积。关于外源碳氮在土壤剖面的迁移转化动态需要结合稳定同位素技术进行进一步研究。

主要参考文献

陈恩凤，周礼恺，武冠云，1994. 微团聚体的保肥供肥性能及其组成比例在评断土壤肥力水平中的意义．土壤学报，31（1）：18－25.

丁雪丽，韩晓增，乔云发，等，2012. 农田土壤有机碳固存的主要影响因子及其稳定机制．土壤通报，43（3）：737－744.

窦森，李凯，关松，2011. 土壤团聚体中有机质研究进展．土壤学报，48（2）：412－418.

何璇，2017. 地膜覆盖与施肥条件下土壤氮素在团聚体中的分布特征．沈阳：沈阳农业大学．

姜灿烂，何园球，刘晓利，等，2010. 长期施用有机肥对旱地红壤团聚体结构与稳定性的影响．土壤学报，47（4）：716－722.

李世朋，蔡祖聪，杨浩，等，2009. 长期定位施肥与地膜覆盖对土壤肥力和生物学性质的影响．生态学报，29（5）：2490－2498.

刘恩科，2008. 不同施肥制度土壤团聚体微生物学特性及其与土壤肥力的关系．北京：中国农业科学院．

刘希玉，王忠强，张心昱，等，2013. 施肥对红壤水稻土团聚体分布及其碳氮含量的影响．生态学报，33（16）：4950－4955.

刘振东，2013. 粪肥配施化肥对华北褐土团聚体稳定性及养分含量的影响．北京：中国农业科学院．

刘中良，宇万太，周桦，等，2011. 长期施肥对土壤团聚体分布和养分含量的影响．土壤，43（5）：720－728.

吕欣欣，丁雪丽，张彬，等，2018. 长期定位施肥和地膜覆盖对棕壤团聚体稳定性及其有机碳含量的影响．农业资源与环境学报，35（1）：1－10.

文倩，关欣，2004. 土壤团聚体形成的研究进展．干旱区研究，21（4）：434－438.

邢旭明，王红梅，安婷婷，等，2015. 长期施肥对棕壤团聚体组成及其主要养分赋存的影响．水土保持学报，29（2）：267－273.

袁颖红，李辉信，黄欠如，等，2004. 不同施肥处理对红壤性水稻土微团聚体有机碳汇的影响．生态学报，24（12）：2961－2966.

Celik I，Gunal H，Budak M，et al.，2010. Effects of long－term organic and mineral fertilizers on bulk density and penetration resistance in semi－arid Mediterranean soil conditions. Geoderma，160：236－243.

Mikhail M M，Rice C W，2004. Tillage and manure effects on soil and aggregate－associated carbon and nitrogen. Soil Science Society of America Journal，68：809－816.

Ruidisch M，Bartsch S，Kettering J，et al.，2013. The effect of fertilizer best management practices on nitrate leaching in a plastic mulched ridge cultivation system. Agriculture，Ecosystems and Environment，169（0）：21－32.

Sodhi G P S，Beri V，Benbi D K，2009. Soil aggregation and distribution of carbon and nitrogen in different fractions under long－term application of compost in rice－wheat system. Soil & Tillage Research，

103 (2): 412 - 418.

Yang X, Wander M M, 1998. Temporal changes in dry aggregate size and stability: tillage and crop effects on a silty loam Mollisol in Illinois. Soil and Tillage Research, 49: 173 - 183.

Zhang S X, Li Q, Lü Y, et al., 2013. Contributions of soil biota to C sequestration varied with aggregate fractions under different tillage systems. Soil Biology and Biochemistry, 62: 147 - 156.

第七章　长期地膜覆盖外源碳在土壤团聚体中的赋存和转化

农田土壤有机碳是用来衡量土壤肥力的重要指标之一，同时也是影响土壤生产力和稳定性的主要因素。土壤团聚体是土壤结构组成的基本单位，由土壤颗粒胶结形成粒状或小团块状结构体。其数量和质量与土壤的肥力、抗侵蚀能力以及固碳能力等直接相关。外源有机物料的施用能促进土壤团聚体的形成，且随着施用物料的数量和组成的不同而有所不同。长期施用化肥和有机肥不仅可以改变土壤团聚体粒级组成，也能改变有机碳在团聚体中的分布。

覆膜是通过限制地表长波辐射和水分蒸发来提高土壤温度和水分含量，进而能加速作物的生长发育。覆膜作为一项重要的农业管理措施，在我国实施面积约为 2 000 万 hm^2，它使我国粮食产量从 1991 年的 32 万 t 增长到 2011 年的 125 万 t，增长接近 3 倍。虽然已开展了较多关于覆膜和施肥处理对土壤有机碳影响的研究工作，但对于长期覆膜和施肥条件下新添加有机碳在土壤团聚体内的分解过程、赋存数量和转化机制等尚不清楚。因此，开展新加入有机碳在土壤团聚体中的分布与转化机制研究，对于指导秸秆还田、提升土壤有机质和培肥地力具有重要意义。

前文利用^{13}C同位素示踪技术在培养试验中研究了不同肥力水平棕壤有机碳转化和固定过程，结果发现不同肥力水平棕壤对有机碳的转化影响显著（裴久渤，2015；Pei et al.，2015）。在此基础上，本研究采用^{13}C同位素示踪技术在田间原位开展棕壤长期覆膜和施肥处理条件下，新加入玉米秸秆碳在土壤及团聚体中的赋存状态和转化机制，为恢复地膜覆盖土壤肥力、弄清土壤固碳机理提供理论基础。

一、供试土壤和材料

试验分地膜覆盖栽培（With mulching）和传统栽培（即不覆膜，Without mulching）两组（裂区设计），两组均设对照（CK，不施肥）、单施氮肥（N，施化肥 N 135 kg/hm^2）、单施有机肥（M，施有机肥折合 N 135 kg/hm^2）、有机肥配施氮肥（MN，施有机肥折合 N 67.5 kg/hm^2、施化肥 N 67.5 kg/hm^2）4 个施肥处理。每个处理 3 次重复，小区随机排列。试验施用的有机肥为猪厩肥，有机质含量约为 150 g/kg，全氮含量为 10 g/kg。施用的化肥为尿素，含 N 量为 46%。

供试土壤为采自 0～20 cm 的表层农田棕壤。本研究土壤的基本理化性状如表 7－1 所示。

^{13}C 标记的玉米秸秆通过$^{13}CO_2$ 田间原位脉冲标记试验获得（安婷婷等，2013；An et al.，2015a，b）。秸秆在该年的 10 月进行收获，将收获的玉米秸秆（茎、叶）和根冲洗

表 7-1　供试土壤的基本理化性状（2014 年）

项目	施肥处理	土壤有机碳 (g/kg)	全氮 (g/kg)	$\delta^{13}C$ (‰)	碳氮比	pH (H_2O)	有效磷 (mg/kg)	速效钾 (mg/kg)
不覆膜	CK	9.4±0.3f	1.1±0.1a	−18.0±0.3a	8.2±0.6c	5.8±0.2b	40.5±0.8f	104.3±0.3d
	N	10.8±0.1d	1.2±0.1a	−18.9±0.2b	8.7±0.2b	5.5±0.1c	113.7±0.4e	88.1±0.5f
	M	12.4±0.4b	1.3±0.3a	−18.7±0.1b	9.9±0.3a	6.1±0.3a	144.2±0.6a	128.5±0.6b
	MN	11.9±0.1c	1.3±0.2a	−18.1±0.1a	9.4±0.1ab	5.7±0.1b	125.4±0.3c	139.3±0.2a
覆膜	CK	9.9±0.2e	1.1±0.1a	−17.9±0.2a	8.8±0.2b	5.2±0.2c	39.5±0.1f	92.1±0.5e
	N	10.9±0.1d	1.2±0.2a	−18.7±0.1b	9.0±0.3b	5.3±0.1c	130.4±0.7b	85.4±0.7f
	M	13.2±0.3a	1.3±0.1a	−18.2±0.2a	9.6±0.2a	6.0±0.1a	141.2±0.3a	115.0±0.4c
	MN	11.8±0.2c	1.2±0.1a	−18.0±0.1a	9.5±0.1a	5.7±0.3b	120.0±0.2d	116.4±0.7c

注：CK 为不施肥处理；N 为施氮肥处理；M 为施有机肥处理；MN 为有机肥氮肥配施处理。不同小写字母表示不同处理间差异显著（$P<0.05$）。

干净后，在 105 ℃的烘箱杀青 30 min，然后 60 ℃烘 8 h 直至烘干。之后将烘干植物样品（根、茎、叶）混合均匀后用粉碎机进行粉碎，并通过 0.425 mm 筛用于田间微区试验（安婷婷等，2013；An et al.，2015）。取少量粉碎后的秸秆再用混合型研磨仪（Retsch MM 200，德国）进行粉碎研磨，供上机测定其含碳量和 $\delta^{13}C$ 值（Butler，2004；McMahon et al.，2005）。得到的标记秸秆中全碳（C）含量为 396.04 g/kg，全氮（N）为 11.46 g/kg，$\delta^{13}C$ 值为 154.17‰。

二、试验设计

在长期定位试验各处理小区内分别布设一体积为 1 m^3 的微区（1 m×1 m×1 m）进行同位素示踪试验。将各微区内深 1 m 的土壤挖出后分层堆放，将体积为 1 m^3（1 m×1 m×1 m）的无底无盖的 PVC 盒子放入坑内，再把挖出的 20～100 cm 土层土壤按原容重逐层回填，0～20 cm 表层按每千克干土加入 2 g 秸秆的比例添加粉碎的同位素标记玉米秸秆 450 g（添加秸秆与土壤的比率为 0.2%），充分混合后，填回相应层次的 PVC 盒子内。每一试验小区同时按照上述方法设置不加同位素示踪材料的微区为对照。各微区在加入示踪材料后，进行相应的覆膜和施肥处理。

试验选择单施氮肥（N）、单施有机肥（M）和有机肥配施氮肥（MN）3 种农田常规施肥方式，以及对照（CK，不施肥处理）。试验的 4 个施肥处理见表 7-2，每个处理随机排列。^{13}C 标记的玉米秸秆于 2014 年 4 月 28 日均匀混合到微区土壤中。第 2 天进行土壤样品的第一次采集（2014 年 4 月 29 日；秸秆添加的第 1 天），其余三次样品分别采自 6 月 30 日（秸秆添加的第 60 天）、10 月 18 日（秸秆添加的第 180 天）和 2015 年 4 月 25 日（秸秆添加的第 360 天）。

表 7-2 棕壤长期定位试验不同处理的施肥量

施肥处理	尿素（N，kg/hm^2）	有机肥（N，kg/hm^2）
对照/CK	0	0
氮肥/N	135	0
有机肥/M	0	135
有机肥氮肥配施/MN	67.5	67.5

三、分析方法

1. 土壤团聚体分级 土壤团聚体的分级采用干筛法进行。在室内首先捡出采回新鲜土壤样品中的石块和植物根系，同时将大土块掰成 1～2 cm 的小土块，然后风干至含水量为 8%左右。将 100 g 风干土放进自动筛分仪（Retsch AS 200，Germany）中进行筛分，设定的振幅为 1.5 mm，时间为 2 min，套筛分别为 0.25 mm、1 mm 和 2 mm。达到设定的时间之后，将各个筛上的土壤团聚体分别装入适当容器内，依次得到>2 mm、1～2 mm、0.25～1 mm 和<0.25 mm 四个粒级的团聚体。将每个粒级团聚体进行称重，之后根据含水量计算烘干土重。取一小部分筛分好的各粒级土壤团聚体烘干之后进行研磨，过 0.15 mm 筛，进行有机碳含量的测定，剩余的团聚体进行其他有机碳组分的测定。

2. 土壤有机碳（SOC）含量及 $\delta^{13}C$ 值测定 将土壤样品风干至含水量恒定之后，进行研磨过 0.15 mm 筛，采用元素分析-同位素比例质谱联用仪（EA-IRMS，Elementar vario PYRO cube coupled to IsoPrime 100 Isotope Ratio Mass Spctrometer，Germany）测定有机碳含量和 $\delta^{13}C$ 值。

3. 水溶性有机碳（WSOC）含量及 $\delta^{13}C$ 值测定 将 10 g 风干土壤样品与 25 mL 去离子水混合（水土比为 1∶2.5），在恒温 25 ℃下振荡 30 min（180 次/min），振荡之后，将土壤和液体混合的样品在 4 000 r/min 的离心机离心 15 min，离心之后取出土壤和液体混合的样品，将上清液用真空泵抽滤，之后通过 0.45 μm 滤膜（Advantec MFS，Pleasanton，CA）。抽滤后的液体抽取 10 mL 通过总有机碳氮分析仪（Multi N/C 3100 TOC，Germany）进行有机碳测定。将剩余滤液添加 0.5 mol/L K_2SO_4 溶液经过冷冻干燥，研磨并过 0.15 mm 筛，用 EA-IRMS 对 $\delta^{13}C$ 值进行测定。

4. 颗粒有机碳（POC）含量及 $\delta^{13}C$ 值测定 颗粒有机碳采用六偏磷酸钠分散法进行。将 10 g 风干土装入 150 mL 三角瓶中，加入 30 mL 分散剂（5 g/L 六偏磷酸钠），在往复式振荡机上振荡 15 h（180 次/min）。将振荡分散的土壤溶液全部冲洗至 53 μm 筛上，然后将保留在筛上的物质转移到蒸发皿中，在 50 ℃烘干至恒重后称重。烘干后的筛上物质研磨过 0.15 mm 筛，用 EA-IRMS 对有机碳含量及 $\delta^{13}C$ 值进行测定。

5. 微生物量碳（MBC）含量及 $\delta^{13}C$ 值测定　微生物量碳采用氯仿熏蒸浸提法（Fumigation extraction，FE）测定。主要步骤包括：称取 25 g 新鲜土壤样品放入培养皿中，将培养皿放入真空干燥器中，同时将装有 20 mL 提纯氯仿的烧杯（装有防爆沸的小瓷片）和一小烧杯稀 NaOH 溶液（用于吸收熏蒸时释放的 CO_2）放在干燥器内。为保持干燥器内湿度不变，将一些沾湿的滤纸放在真空泵底部，最后将干燥器进行密封（凡士林）。干燥器密封好之后，用真空泵抽真空，直至氯仿沸腾并持续 2 min 后停止。关掉真空泵后，将干燥器连同内部的土壤样品一起放到培养箱中，温度调至 25 ℃，持续 24 h。熏蒸结束后，将熏好的土壤样品转移到 100 mL 振荡瓶中，再加 40 mL 0.5 mol/L K_2SO_4 溶液，之后在 25 ℃恒温条件下振荡 30 min（180 次/min）。振荡完之后先用滤纸过滤，之后再用 0.45 μm 滤膜过滤。将得到的部分滤液利用总有机碳氮分析仪（Multi N/C 3 100 TOC，Germany）测定，其他剩余滤液通过冷冻干燥，研磨后过 0.15 mm 筛，用 EA－IRMS 测定 $\delta^{13}C$ 值。

四、计算公式

土壤有机碳中秸秆碳比例（f，%）的计算公式如下：

$$f=(\delta^{13}C_{sample}-\delta^{13}C_{soil})/(\delta^{13}C_{straw}-\delta^{13}C_{soil})$$

式中，sample、soil、straw 分别代表添加标记秸秆后的土壤、不添加秸秆土壤和添加标记的秸秆。

土壤有机碳中秸秆碳（C_{straw}，g/kg）含量计算公式：

$$C_{straw}=C_{sample}\times f$$

微生物量碳（C_{MBC}，mg/kg）含量的计算公式如下：

$$C_{MBC}=\frac{C_{fum}-C_{nfum}}{k_{EC}}$$

式中，C_{fum}和 C_{nfum}分别代表熏蒸和不熏蒸的土壤样品；k_{EC}的值为 0.45，代表将提取的有机碳转换成微生物量碳的转换系数。

微生物量碳 $\delta^{13}C$ 值（$\delta^{13}C_{MBC}$，‰）计算公式如下：

$$\delta^{13}C_{MBC}=\frac{\delta^{13}C_{fum}\times C_{fum}-\delta^{13}C_{nfum}\times C_{nfum}}{C_{fum}-C_{nfum}}$$

式中，C_{fum}和 C_{nfum}分别代表熏蒸和不熏蒸后测出的有机碳含量（mg/kg），$\delta^{13}C_{fum}$和 $\delta^{13}C_{nfum}$分别代表熏蒸和不熏蒸 K_2SO_4 提取液的 $\delta^{13}C$ 值（‰）。

土壤团聚体的平均重量直径（MWD，mm）计算公式如下：

$$MWD=\sum_{i=1}^{5}x_i\times w_i$$

式中，x_i 代表每个粒级团聚体的平均直径（mm）；w_i 代表每个粒级团聚体的重量百分比；i 代表团聚体粒级。

本研究所有的数据采用 Microsoft Office Excel 2010 进行分析处理，采用 Origin 8.5 软件绘图，数据统计分析采用 SPSS 19.0。

第一节　覆膜和施肥条件下土壤及团聚体总有机碳的赋存与转化

农田管理措施很大程度上影响土壤团聚作用，进而影响土壤有机碳的分解和固定。先前的研究结果表明，施肥（Li et al.，2010）和耕作措施（Clapp et al.，2000）强烈影响着土壤团聚体的稳定性，进而影响外源有机碳（如玉米秸秆）在土壤中的积累和转移。在我国，覆膜结合施肥处理是提高农作物产量的重要措施，此措施主要可以提高土壤温度、湿度及养分有效性，这些变化也能进一步影响添加到土壤中的秸秆碳以及固定在土壤中的碳的分解过程。此外，固定在土壤团聚体中的碳受物理再分配和生物化学分解过程的影响，但关于长期覆膜和施肥条件下外源有机碳在田间原位不同土壤团聚体粒级中的赋存、分配以及动态变化的研究报道较少。因此，详细了解土壤团聚体中外源有机碳的动态变化对于了解土壤固碳途径和其他农业系统中潜在的固碳物质至关重要。

在本研究中，通过长期地膜覆盖和施肥处理（1987—2014 年）条件下玉米秸秆在田间原位棕壤中培养 360 d（大概 1 年），确定了不同粒级团聚体内秸秆来源碳积累和转化的动态。利用^{13}C同位素标记技术和干筛法相结合来示踪外源碳在土壤团聚体内的分布和转移动态变化。①经过大概 1 年的培养应该有更多的秸秆碳积累到较小粒级团聚体中；②覆膜和施肥可能影响外源碳在土壤团聚体粒级间的分配比例，降低微团聚体中外源碳赋存数量。

一、覆膜和施肥条件下全土中新加入秸秆碳的赋存

在不覆膜条件下，整个试验期间秸秆来源碳（C）含量以施氮肥（N）处理最高，在 0.4～0.5 g/kg 之间。然而，在覆膜条件下，秸秆碳含量在对照（CK）处理下最高。在不覆膜条件下，秸秆碳以施有机肥处理含量最低；而在覆膜条件下，单施有机肥和有机肥氮肥配施处理使秸秆碳含量降低（图 7-1）。

通过图 7-1 可以看出，无论覆膜与否，施肥处理全土中的秸秆碳含量显著降低（$P<0.05$）。秸秆添加初期（第 1 天），覆膜增加了对照（CK）处理秸秆碳含量而降低了施氮肥（N）处理的秸秆碳含量；然而，在不覆膜条件下，与秸秆添加初期（第 1 天）CK 处理的秸秆碳含量相比，一年后单施氮肥（N）和有机肥氮肥配施（MN）的处理秸秆碳增加，而有机肥处理（M）降低。有机肥处理条件下，秸秆来源的碳含量从 0.4 g/kg 下降到 0.2 g/kg。

秸秆培养初期，与不覆膜 CK 处理相比，覆膜很大程度提高了田间原位培养一年的施氮肥和有机肥氮肥配施处理下的秸秆碳含量；然而，笔者还发现在秸秆添加的最后一个时期（培养第 360 天）覆膜增加了施有机肥处理下的秸秆碳损失量（即 M 处理下秸秆碳所剩含量最低）。总体来看，与秸秆培养初期（秸秆添加后的第 1 天）相比，培养试验末期

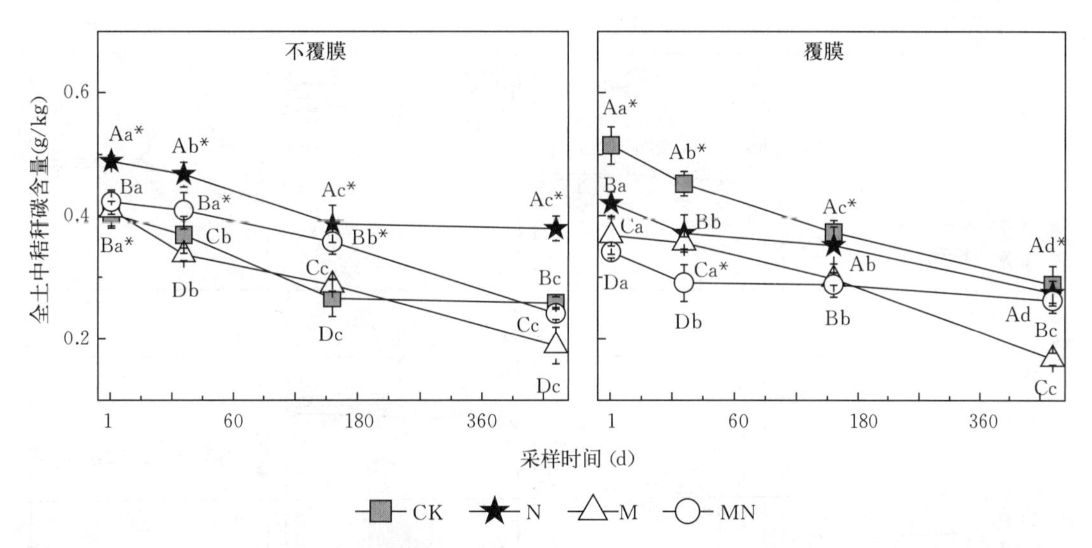

图 7－1　长期施肥和覆膜条件下全土内秸秆碳含量变化

注：CK、N、M、MN 分别代表不施肥、单施氮肥、单施有机肥和有机肥配施氮肥处理。不同大写字母表示同一采样时间不同施肥处理之间差异显著（$P<0.05$）。不同小写字母表示相同施肥处理不同采样时间之间差异显著（$P<0.05$）。* 代表相同采样时间相同施肥处理下覆膜与不覆膜之间存在显著性差异（$P<0.05$）。图中多个相同且重叠的字母只显示一个。

（第 360 天）的秸秆碳有明显的赋存，在不覆膜条件下全土中秸秆碳赋存的顺序为 N>CK>MN>M，而覆膜表现为 CK>N>MN>M。

二、覆膜和施肥条件下土壤各粒级总有机碳的赋存与转化

（一）覆膜和施肥条件下各粒级团聚体中总有机碳含量的变化

无论是覆膜还是不覆膜处理，施肥处理均表现出有机碳含量在小团聚体和微团聚体（0.25～1 mm、<0.25 mm）比在大团聚体和中团聚体（>2 mm、1～2 mm）高。此外，与对照处理（CK）相比，三个施肥处理（N、M、MN）土壤有机碳含量在大团聚体和中团聚体内都有增加的趋势，在小团聚体和微团聚体中均表现为 M>MN>N>CK。在秸秆培养初期覆膜处理条件下，M 和 N 处理与 CK 处理相比均促进土壤有机碳向大团聚体和中团聚体粒级积累。最后，通过一年的田间原位培养试验，土壤有机碳含量在大团聚体和中团聚体增加，而在小团聚体和微团聚体内呈减小趋势（图 7－2）。

（二）覆膜和施肥条件下各粒级团聚体中新加入秸秆碳含量的分布和转化

秸秆添加初期（第 1 天、春季），无论覆膜与否，所有施肥处理的秸秆碳含量在微团聚体（<0.25 mm）和小团聚体（0.25～1 mm）内显著高于其他两个粒级（图 7－3、表 7－3）。事实上，MN 处理的秸秆碳百分含量在微团聚体内从秸秆添加初期（春季）的 63.4%下降到翌年春季（第 360 天）的 48.9%。通过对秸秆一年的培养发现，秸秆碳在小团聚体和微团聚体内减少的含量远大于在大团聚体和中团聚体内增加的量。

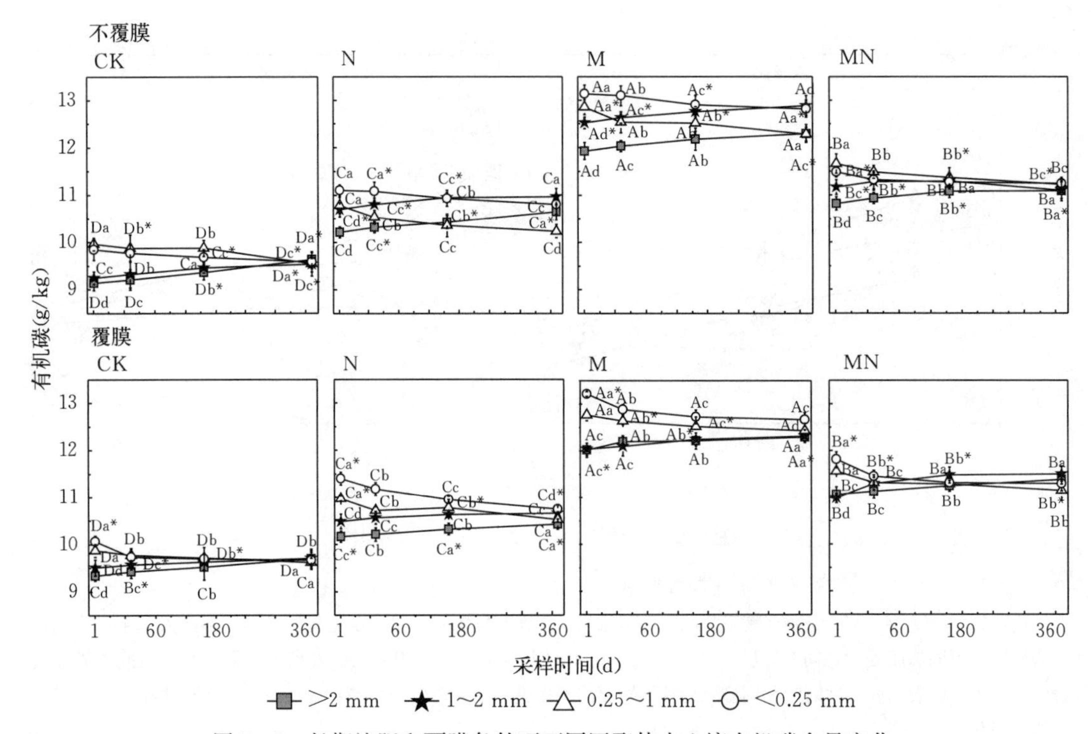

图 7-2　长期施肥和覆膜条件下不同团聚体内土壤有机碳含量变化

注：CK、N、M、MN 分别代表不施肥、单施氮肥、单施有机肥和有机肥配施氮肥处理。不同大写字母表示相同粒级和相同的采样时间不同施肥处理之间差异显著（$P<0.05$）。不同小写字母表示相同粒级和相同施肥处理不同采样时间之间差异显著（$P<0.05$）。* 代表相同粒级、相同采样时间和相同施肥处理下覆膜与不覆膜之间存在显著性差异（$P<0.05$）。图中多个相同且重叠的字母只显示一个。

（三）土壤团聚体内秸秆碳的动态变化

通过一年的田间原位培养试验，对 4 个时期（1 d/春季、60 d/夏季、180 d/秋季、360 d/翌年春季）采集土壤样本进行测定，计算出团聚体内秸秆碳占全土有机碳的比例（表 7-3）。结果发现：不覆膜条件下，从春季至夏季期间，对照（CK）处理的秸秆碳在微团聚体含量逐渐降低，而在大粒级团聚体中逐渐增多，说明秸秆碳在微团聚体内残留减少，更利于秸秆碳的分解，而大团聚体更利于秸秆碳富集。但是，秸秆碳的转移量在有机肥氮肥配施处理条件下高于对照（CK）处理，覆膜条件下这种效果更为明显。

通过对秸秆添加后的第二次采样（夏季，秸秆培养 60 d）和秋季玉米收获期的（秸秆培养 180 d）采样，发现秸秆碳的变化与玉米植株的生长和成熟相关。在不覆膜条件下，对照处理（CK）的秸秆碳的季节动态变化表现出第二个季节变化（夏季—秋季）与第一个季节变化（春季—夏季）相反的趋势，即秸秆碳在大团聚体赋存增加，而微团聚体内秸秆碳赋存减少。覆膜处理条件下，CK 处理的秸秆碳在玉米生长季（夏季—秋季）赋存情况与第一个季节变化相同。而施氮肥（N）和有机肥处理（M）的秸秆碳在第二个季节变化与第一个季节变化相同，而与 CK 处理的第二个季节变化完全相反。有机肥和氮肥配施处理（MN）的秸秆碳从微团聚体向大团聚体转移的趋势不是很明显。

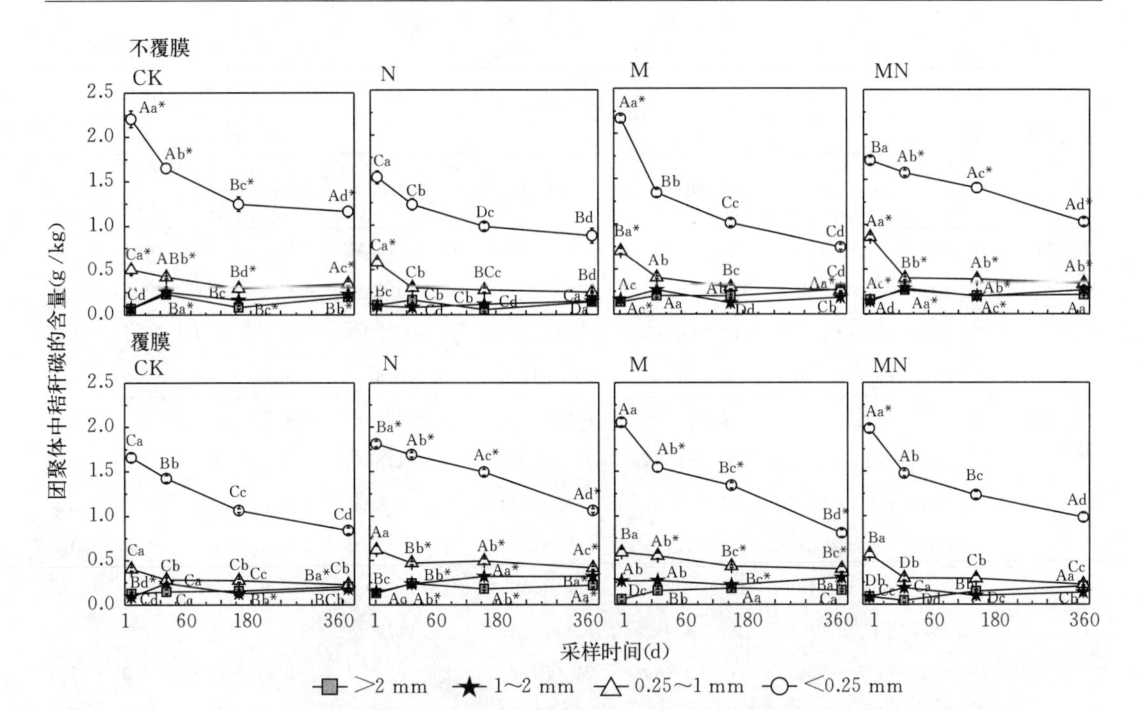

图 7-3　长期施肥和覆膜条件下不同团聚体内秸秆碳含量变化

注：CK、N、M、MN分别代表不施肥、单施氮肥、单施有机肥和有机肥配施氮肥处理。不同大写字母表示相同粒级和相同的采样时间不同施肥处理之间差异显著（$P<0.05$）。不同小写字母表示相同粒级和相同施肥处理不同采样时间之间差异显著（$P<0.05$）。* 代表相同粒级、相同采样时间和相同施肥处理下覆膜与不覆膜之间存在显著性差异（$P<0.05$）。图中多个相同且重叠的字母只显示一个。

表 7-3　团聚体内秸秆碳在全土的比例（%）

项目	施肥处理	团聚体粒级	采样时间				秸秆碳的季节性变化			
							早期	生长季	收获季	整年
			1 d	60 d	180 d	360 d	1~60 d	60~180 d	180~360 d	1~360 d
不覆膜	CK	>2 mm	4.6±1.1Bc	12.2±0.83Aa	4.6±0.7Cc	8.4±0.4Bb	+7.6	−7.6	+3.8	+3.8
		1~2 mm	3.7±0.8Cb	9.9±0.5Aa	8.3±0.9ABa	9.3±1.0Ba	+6.2	−1.6	+1.0	+5.6
		0.25~1 mm	37.2±0.5Aa*	34.4±1.3Ab*	27.6±1.3Ac	27.5±1.3Ac	−2.8	−6.8	−0.1	−9.7
		<0.25 mm	54.5±0.9Bb	43.6±1.0Cc	59.5±0.9Aa*	54.7±1.8Bb*	−10.9	+15.9	−4.8	+0.2
	N	>2 mm	4.7±0.8Ab	9.6±0.8Ba	8.5±1.2Ba	7.4±1.1Ba	+4.9	−1.1	−1.1	+3.7
		1~2 mm	8.4±0.3Bb*	6.0±0.6Bc	7.0±0.7Bc	10.4±0.3Ba	−2.4	+1.0	+3.4	+2.0
		0.25~1 mm	23.3±1.0Bb	25.0±0.8Bb	28.6±1.3Aa*	19.7±1.5Ba	+1.7	+3.6	−8.9	−3.6
		<0.25 mm	63.6±1.3Aa*	59.5±0.5Ab*	56.0±1.0Bc*	62.5±2.1Aa*	−4.1	−3.5	+6.5	−1.1
	M	>2 mm	7.1±0.6Ab	7.8±0.5Bb	14.1±0.8Aa*	16.0±1.4Aa*	+0.7	+6.3	+1.9	+8.9
		1~2 mm	7.7±0.8Bb	9.7±0.4Aa	6.0±1.0Bc	9.7±0.5Ba	+2.0	−3.7	+3.7	+2.0
		0.25~1 mm	34.6±1.2Aa*	32.0±1.1Ab*	26.2±0.8Ac	25.1±0.7Ac	−2.6	−5.8	−1.1	−9.5
		<0.25 mm	50.6±1.0Cb*	50.5±0.9Bb*	53.8±0.6Ba*	49.2±1.4Cb*	−0.1	+3.3	−4.6	−1.4

（续）

项目	施肥处理	团聚体粒级	采样时间				秸秆碳的季节性变化			
							早期	生长季	收获季	整年
			1 d	60 d	180 d	360 d	1～60 d	60～180 d	180～360 d	1～360 d
不覆膜	MN	＞2 mm	5.5±0.5Bc	14.5±0.8Aa*	14.5±1.0Aa*	12.5±1.7Ab	+9.0	±0.0	−2.0	+7.0
		1～2 mm	11.2±1.0Ab*	11.4±0.6Ab*	10.2±1.2Ab*	15.0±1.0Aa*	+0.2	−1.2	+4.8	+4.2
		0.25～1 mm	19.8±1.2Cc	27.3±0.9Ba	20.9±1.0Bc	23.6±0.8ABb	+7.5	−6.4	+2.7	+3.8
		＜0.25 mm	63.4±0.7Aa*	46.8±1.3Cc	54.5±1.2Bb	48.9±1.6Cc*	−16.6	+7.7	−5.6	−14.5
覆膜	CK	＞2 mm	8.2±1.0Ad*	12.5±0.8Bc	18.1±0.6Aa*	14.2±1.3Ab*	+4.3	+5.6	−3.9	+6.0
		1～2 mm	4.4±0.2Bc	10.7±1.0Bb	9.6±0.4Cb	14.9±0.8Ba*	+6.3	−1.1	+5.3	+10.5
		0.25～1 mm	30.0±2.1Ab	29.8±0.7Bb	29.3±1.3Ab*	38.3±1.6Aa*	−0.2	−0.5	+9.0	+8.3
		＜0.25 mm	57.4±1.0Ba*	47.1±1.4Bb*	43.0±2.5Cc	32.6±1.3Dd	−10.3	−4.1	−10.4	−24.8
	N	＞2 mm	6.1±0.7Bc*	13.8±0.9Ba*	11.1±0.5Bb*	14.2±0.8Aa*	+7.7	−2.7	+3.1	+8.1
		1～2 mm	1.5±0.3Cd	9.8±0.5Bc*	15.9±1.4Aa*	12.2±0.9Cb*	+8.3	+6.1	−3.7	+10.7
		0.25～1 mm	31.7±1.3Ab*	35.2±0.8Aa*	24.4±1.2Cc	20.4±1.3Dd	+3.5	−10.8	−4.0	−11.3
		＜0.25 mm	60.7±1.0Aa	41.2±1.2Cd	48.5±1.0Bc	53.2±1.7Ab	−19.5	+7.3	+4.7	−7.5
	M	＞2 mm	8.7±0.4Ac	21.6±0.8Aa*	12.8±0.7Bb	13.4±0.8Ab	+12.9	−8.8	+0.6	+4.7
		1～2 mm	13.7±1.2Ab*	17.2±0.8Aa*	12.1±0.9Bb*	18.2±1.6Aa*	+3.5	−5.1	+6.1	+4.5
		0.25～1 mm	30.3±0.7Aa	25.9±1.2Cc	27.5±1.3Bb	29.9±1.4Ca*	−4.4	+1.6	+2.4	−0.4
		＜0.25 mm	47.3±1.4Ca	35.3±1.0Dc	47.6±1.1Ba	38.4±1.9Cb	−12.0	+12.3	−9.2	−8.9
	MN	＞2 mm	4.4±0.3Cc	3.5±0.2Cc	10.3±0.7Bb	14.4±0.8Aa*	−0.9	+6.8	+4.1	+10.0
		1～2 mm	3.5±0.5Bc	9.8±0.8Ba	6.8±1.0Db	10.4±1.0Da	+6.3	−3.0	+3.6	+6.9
		0.25～1 mm	32.4±1.0Aa*	28.6±0.9Bb	24.4±0.4Cc*	32.0±2.0Ba*	−3.8	−4.2	+7.4	−0.4
		＜0.25 mm	59.7±0.9ABa	58.1±1.3Aa*	58.6±1.6Aa*	43.1±1.5Bb	−1.6	+0.5	−15.5	−16.6

注：CK、N、M、MN分别代表不施肥、单施氮肥、单施有机肥和有机肥配施氮肥处理。不同大写字母表示相同粒级和相同的采样时间不同施肥处理之间差异显著（$P<0.05$）。不同小写字母表示相同粒级和相同施肥处理不同采样时间之间差异显著（$P<0.05$）。*代表相同粒级、相同采样时间和相同施肥处理下覆膜与不覆膜之间存在显著性差异（$P<0.05$）。+表示增加，−表示降低。

笔者发现，秸秆碳从玉米收获期（秋季/180 d）到翌年春季（360 d）的变化与农田玉米残留的秸秆和根清理后（收获后）土壤在经过自然条件下整个冬季休眠期有很大关系。与对照处理相比，秸秆碳在单施有机肥（M）和有机肥氮肥配施（MN）处理除了从微团聚体向中团聚体转移之外其他变化都很小；然而，秸秆碳在施氮肥处理条件下从小团聚体向中团聚体和微团聚体转移。

三、讨论

（一）覆膜和施肥对新加秸秆碳在团聚体内分配的影响

通过在团聚体的各个粒级内新加入的秸秆碳的随机分布发现，干湿循环和可溶性有机碳的移动等过程，可能会导致团聚体内有机碳的转移，在大团聚体和微团聚体内逐步形成新的有机碳。在秸秆培养初期，有机碳含量在施有机肥、氮肥和有机肥氮肥配施处理下高于对照处理，这是由于连续长达 27 年施有机肥、氮肥和有机肥氮肥配施所致。

长期的田间管理措施对土壤有机碳在团聚体内的积累具有很大的影响。研究结果发现，本研究区棕壤在长期（27 年）施用有机肥结合覆膜处理后，稳定的土壤有机碳库固定外源碳的能力明显增强。有机肥和覆膜处理使更多的秸秆碳聚集在微团聚体中。然而，笔者发现如果不考虑施肥和覆膜这些田间管理措施，随着采样次数的增加，微团聚体内的土壤有机碳含量显著降低，而大团聚体内有机碳含量则逐渐增加。这与 Li 等（2016）通过 2 年的原位培养的^{13}C 标记玉米秸秆的试验研究结果相似，他们发现更多的秸秆碳残留在大团聚体内。本研究表明，长期的田间管理措施对新加入的秸秆碳在团聚体内如何分布和重新分配影响很大。这与其他研究者（Six et al.，2002；Stewart et al.，2007）发现的重新分配规律一致，即如果较小的微团聚体（包括矿物质结合碳库）被碳饱和，则相关无保护的有机物质的贡献增加。实际上，土壤大团聚体（>0.25 mm）结构对有机碳存在很小的物理保护作用，而土壤有机碳被根和菌丝结合在自由的微团聚体（<0.25 mm）（不是在大团聚体内）和在大团聚体内的微团聚体中。因此，秸秆碳从微团聚体向大团聚体的转移表明外源秸秆碳随着时间推移而变成不稳定的碳库，特别是在每年连续添加高量有机肥的土壤更为明显。相类似，相关研究结果指出加入大量^{13}C 标记的玉米秸秆在有机碳丰富的表层土壤时，其优先与小团聚体结合。Gonzalez 等（2003）的研究指出，从^{14}C 标记的燕麦根在一年的分解过程中，发现^{14}C 在很细的黏粒部分（<0.02 μm）含量最高，在粗颗粒部分（0.2～2 μm）含量最低。而本研究基于长期（27 年）覆膜和不同施肥处理条件下，将^{13}C 标记的玉米秸秆添加到棕壤中田间原位培养一年，来研究秸秆碳在不同土壤团聚体粒级（例如：>2 mm、1～2 mm、0.25～1 mm、<0.25 mm）内的转移。

笔者发现，秸秆碳通过整个培养试验之后在施有机肥处理下含量最低。由于有机肥的施用提高了土壤有机质含量，这样可以直接促进微生物的活性进而加快秸秆在土壤中的分解。覆膜使土壤的温度和水分含量发生变化，导致有机碳含量和玉米秸秆分解速率发生变化，进而导致有机碳的积累和形成不同形态的有机碳。少量的秸秆在大团聚体内快速矿化，秸秆碳迅速转化。这可能是由于覆膜条件下，较高的土壤温度和湿度使微生物活性较高导致。Majumder 等（2010）研究发现，土壤团聚体粒级的变化可以使微生物活性和微生物量发生改变。一方面，长期施用有机肥可以增强微生物的活性并促进大团聚体的形成；另一方面，在农作物生长期，耕作等农耕措施可以破坏与有机碳结合的大团聚体。因此，接下来应该对不同粒级团聚体内的微生物活性和群落组成与碳动态的关系以及团聚体内来自秸秆的可挥发性有机物质和可溶性碳进行更加深入的研究。

（二）覆膜和施肥条件下新加秸秆碳对土壤团聚性的影响

根据团聚体等级理论（Tisdall et al.，1982）：新的有机碳可以将土壤颗粒结合到微团聚体中或者从微团聚体转移到大团聚体内。本研究通过对平均重量直径（MWD）的数据分析发现（表 7-4），覆膜可以促进团聚体的形成和稳定。这一结果与大团聚体含有更高含量秸秆碳紧密相符（Puget et al.，1995）。同时这个结果也证明了，在田间开放式条件下秸秆碳的输入对土壤总有机碳库非常重要。秸秆添加到土壤后经过大概一年的培养时间发现，团聚体对秸秆起到了保护作用。由于秸秆碳在微团聚体内的含量高于大团聚体（Six et al.，2002），即秸秆碳在微团聚体内含量更高，这对于土壤有机碳贫乏的土壤长期固碳非常重要。笔者发现，秸秆碳含量在微团聚体和全土土壤中含量降低与 MWD 的降低相关。结果表明，作物生长、根系渗透、微生物活动和其他土壤过程以及覆膜和施肥处理单独或者结合应用均可调节土壤团聚度和有机碳稳定程度。土壤团聚体内秸秆碳含量的减少可能由以下原因导致：①作物根部对秸秆碳中糖的吸收（Yamada et al.，2011）；②作物根、茎、叶残体被微生物分解矿化产生 CO_2 气体被释放（Ryan 和 Aravena，1994）；③秸秆碳以可溶性有机物形式转移或淋溶而丢失（Uselman et al.，2007）。总之，团聚体能够保护土壤有机碳贫瘠的棕壤的秸秆碳，进而能促进团聚体的再生和重组过程。

表 7-4　团聚体平均重量直径的变化（mm）

项目	施肥处理	采样时间（d）			
		1	60	180	360
不覆膜	CK	118.8±2.3Aa	105.4±1.1Bb	101.9±2.4Dc	89.5±0.8Cd
	N	107.1±1.9Ca	103.5±1.3Cb	106.4±2.1Ca	82.3±0.7Dc
	M	116.3±1.3Ba	98.4±0.8Dc	109.8±1.4Bb	98.2±2.3Ac
	MN	120.5±1.1Aa	112.7±1.5Ab	111.6±1.1Ab	95.3±0.9Bc
覆膜	CK	123.4±1.4Ab*	123.3±0.6Bb*	127.3±2.5Aa*	108.7±0.7Ac*
	N	107.9±1.2Bb	114.6±2.5Ca*	112.9±1.1Ca*	100.5±2.6Bc*
	M	123.6±1.8Ab*	130.5±0.6Aa*	117.9±1.8Bc*	96.9±1.2Cd
	MN	125.8±1.3Aa*	115.6±1.3Cb*	111.4±0.9Cc	95.4±1.3Cd

注：CK、N、M、MN 分别代表不施肥、单施氮肥、单施有机肥和有机肥配施氮肥处理。不同大写字母表示相同的采样时间不同施肥处理之间差异显著（$P<0.05$）。不同小写字母表示相同施肥处理不同采样时间之间差异显著（$P<0.05$）。* 代表相同粒级、相同采样时间和相同施肥处理下覆膜与不覆膜之间存在显著性差异（$P<0.05$）。

四、小结

本节主要介绍了覆膜和施肥对全土及其团聚体内的有机碳和外源秸秆碳分布与积累具有非常重要的影响。研究结果表明：

（1）经过长达 27 年的施肥处理后，施肥（N、M 和 MN）显著（$P<0.05$）增加了土壤有机碳的积累，有机碳含量顺序为：M>MN>N>CK。

（2）新添加秸秆碳最初在微团聚体（<0.25 mm）内含量最多，大团聚体（>2 mm）含量最少，在培养第 60 天时秸秆碳动态变化表现较为明显。经过 1 年的培养后，在大团聚体内呈增加趋势、微团聚体内呈降低趋势。覆膜加速早期（春季至夏季）和收获（秋季至翌年春季）期间秸秆碳从微团聚体向大团聚体的转移，说明地膜覆盖加速了土壤微团聚体中外源秸秆的分解，降低了其赋存，而有利于秸杆碳在大团聚体中的积累。

（3）通过一年的田间原位培养试验后，微团聚体中秸秆碳的降低与 MWD 的降低密切相关，进而说明玉米秸秆的分解可以影响有机碳的转化和土壤团聚体的固定。通过本节的研究，更加清楚了解覆膜和施肥措施对团聚体中有机碳的存储和固定过程。

第二节　覆膜和施肥对外源碳在水溶性有机碳的赋存与转化过程

田间农业管理措施在水和温度的共同作用下，可以提高作物产量、土壤肥力以及土壤的养分利用性（汪景宽等，2006）。很多研究表明，定期的持续施肥能够提高土壤有机碳的含量（Kundu et al.，2007），但是水溶性有机碳（WSOC）含量在这个过程中表现不明确。作为土壤有机碳的来源之一，水溶性有机碳是土壤质量的敏感指标，在土壤生物地球化学转化方面极为重要。水溶性有机碳通常也被看作最不稳定的有机物质，容易受到环境变化、田间管理措施的影响，它在环境中的显著变化可以推动土壤系统中氮（N）循环。密集的农业管理措施如何影响土壤有机碳的含量、化学组成以及动态变化的详细理解，对于维持农田土壤生产力和评估农田土壤作为潜在的碳源或碳汇必不可少。

作为一种优先考虑的影响土壤碳库动态和碳固定的田间管理措施，长期覆膜通过限制水分蒸发流失来提高土壤温度和水分利用率，进而能加速作物生长发育。覆膜在全球很多地区都作为一项非常重要的农业管理措施。覆膜使我国粮食产量从1991年的32万t增长到2011年的125万t，增长接近3倍。在我国半干旱地区，近5年的相关研究表明，在农田玉米吐丝期覆膜的移除不但降低了0～20 cm和20～40 cm层土壤的水溶性有机碳而且增加了微生物量碳的含量，由于水溶性有机碳是土壤微生物的碳源，这一定性和定量方面的信息对土壤生态系统的研究和土壤稳定性以及生产模式的演变非常有益。虽然有一些研究已经调查了覆膜和施肥处理对土壤有机碳的影响，但是对于长期覆膜和施肥作用下全土和团聚体各粒级内水溶性有机碳中新添加秸秆碳的机制尚不清楚。

土壤团聚体通过物理保护对土壤有机物质的积累和稳定性起着非常重要的作用。同位素技术已经被用来示踪外源碳在不同团聚体的转移，通过区分不同标记的新老生物量转移到可溶性有机碳中，为可溶性有机碳在全土和土壤团聚体的^{13}C标记试验提供了的新见解（An et al.，2015b）。与此类似，在长期（27年）覆膜和施肥条件下经过360 d的原位田间培养试验，笔者量化了新添加^{13}C标记的玉米秸秆在全土和4个不同粒级团聚体内的水溶性有机碳的含量赋存以及转化。本节详细说明了长期覆膜和施肥处理怎样以独特的方式来影响新添加的玉米秸秆在水溶性有机碳中的动态变化，它可以促进玉米秸秆的分解矿化，但是与微生物吸取土壤中的秸秆碳呈负相关。

一、覆膜和施肥条件下全土中水溶性有机碳及其秸秆碳的动态变化

长期施肥条件下不论覆膜与否，水溶性有机碳和水溶性有机碳中的秸秆碳从秸秆培养的第1天至第180天呈降低趋势之后到第360天时迅速升高（图7-4、图7-5）。经过360 d田间培养试验之后，不覆膜处理条件下，水溶性有机碳最高值分别为158.4 mg/kg [对照处理（CK）]、285.8 mg/kg [氮肥处理（N）]、176.2 mg/kg [有机肥处理（M）]、166.8 mg/kg [有机肥氮肥配施处理（MN）]，水溶性有机碳中的秸秆碳最高值分别为17.1 mg/kg（CK）、14.0 mg/kg（N）、15.5 mg/kg（M）、18.2 mg/kg（MN）。经过360 d的培养后，覆膜使全土中水溶性有机碳中的秸秆碳在不同施肥条件下分别增加0.7 mg/kg（CK）、14.9 mg/kg（N）、1.1 mg/kg（M）和2.9 mg/kg（MN）。

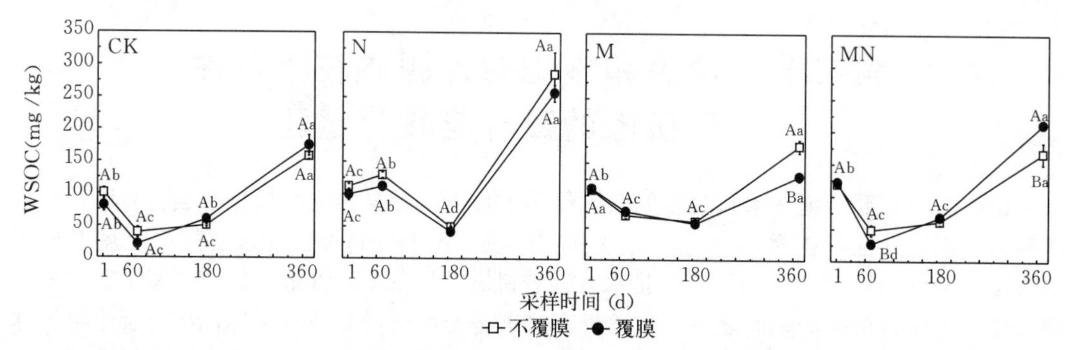

图 7-4　不同覆膜和施肥条件下全土中水溶性有机碳的含量变化

注：CK、N、M、MN 分别代表不施肥、单施氮肥、单施有机肥和有机肥配施氮肥处理。不同大写字母表示相同施肥和相同的采样时间不同覆膜处理之间差异显著（$P<0.05$）。不同小写字母表示相同施肥和相同覆膜处理不同采样时间之间差异显著（$P<0.05$）。图中多个相同且重叠的字母只显示一个。

此外，与 CK 相比，在秸秆添加的第 60 天和 360 天，N 处理使水溶性有机碳分别增加 5.2 倍和 1.5 倍，水溶性有机碳中的秸秆碳分别增加 5.6 倍和 1.7 倍。N 处理下水溶性有机碳中秸秆碳含量的平均值（所有采样时间），在不覆膜和覆膜条件下平均提高 20%和 53%（图 7-5）。

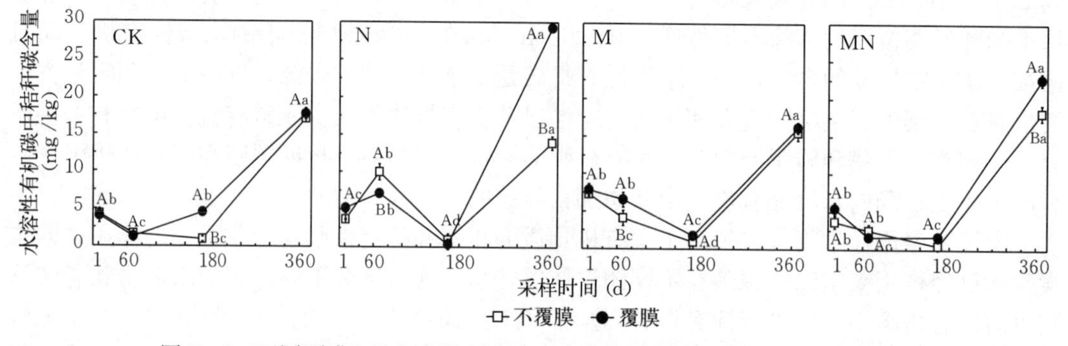

图 7-5　不同覆膜和施肥条件下全土中水溶性有机碳中秸秆碳的含量变化

注：CK、N、M、MN 分别代表不施肥、单施氮肥、单施有机肥和有机肥配施氮肥处理。不同大写字母表示相同施肥和相同的采样时间不同覆膜处理之间差异显著（$P<0.05$）。不同小写字母表示相同施肥和相同覆膜处理不同采样时间之间差异显著（$P<0.05$）。图中多个相同且重叠的字母只显示一个。

不考虑覆膜的条件，在整个培养时期内全土中水溶性有机碳中秸秆碳占总水溶性有机碳的比例（^{13}C-WSOC/WSOC），3 种施肥处理的最低值（1%～2%）出现在秸秆添加后的第 180 天，而最高值（4%～12%）出现在秸秆添加后的第 360 天。与不覆膜相比，覆膜与施氮肥（N）处理相结合的条件下，水溶性有机碳中的秸秆碳占总的水溶性有机碳的比例显著提高（图 7-6）。

在 4 个培养时期、施肥处理条件下，不论覆膜与否全土中水溶性有机碳中秸秆碳与不溶性有机碳中秸秆碳（WISOC）均呈负相关关系。与不覆膜相比，在所有施肥处理条件下覆膜显著提高了全土中水溶性有机碳中秸秆来源的那部分碳（$P<0.05$），顺序为 N（46.9%）>MN（26.2%）>M（15.9%）>CK（15.1%）。覆膜条件使土壤不溶性有机碳中秸秆碳的平均含量在 CK 处理条件下提高 25.8%，N、M 和 MN 处理分别降低 18.8%、3.3%和 18.0%（图 7-7）。

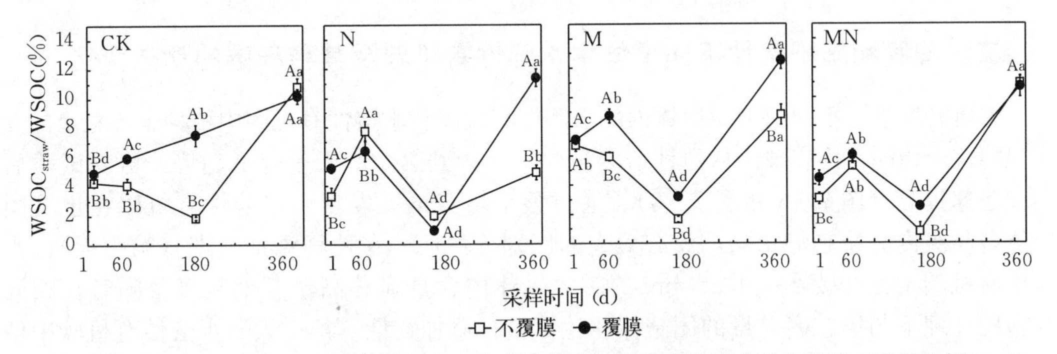

图 7-6　不同施肥和覆膜条件下全土中水溶性有机碳中秸秆碳占总水溶性有机碳比例

注：CK、N、M、MN 分别代表不施肥、单施氮肥、单施有机肥和有机肥配施氮肥处理。不同大写字母表示相同施肥和相同的采样时间不同覆膜处理之间差异显著（$P<0.05$）。不同小写字母表示相同施肥和相同覆膜处理不同采样时间之间差异显著（$P<0.05$）。图中多个相同且重叠的字母只显示一个。

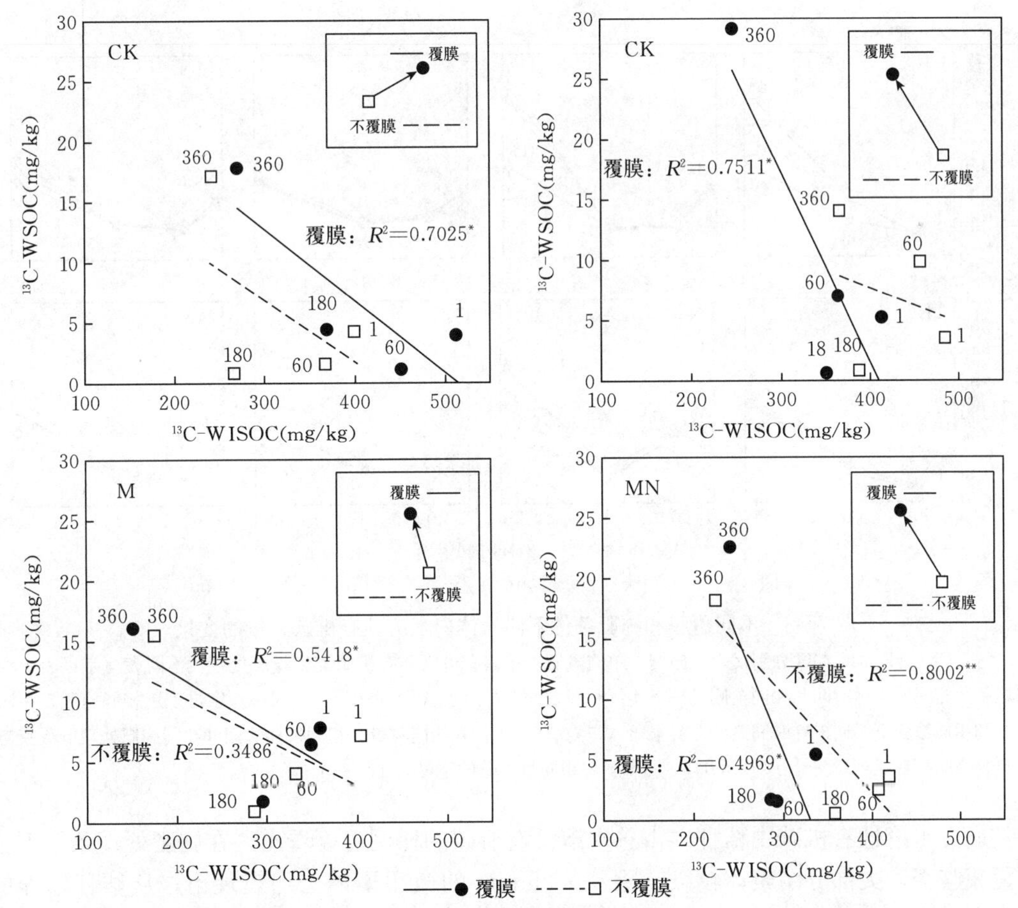

图 7-7　不同施肥和覆膜条件下水溶性有机碳中秸秆碳与不溶性有机碳中秸秆碳的相关性

注：CK、N、M、MN 分别代表不施肥、单施氮肥、单施有机肥和有机肥配施氮肥处理。图中箭头长短和方向代表全土中相同施肥处理下 $WSOC_{straw}$ 和 $WISOC_{straw}$ 之间的相关性在覆膜与不覆膜之间存在差别。采样时间分别为第 1 天、第 60 天、第 180 天和第 360 天。图中 R^2 基于线性回归分析。* 和 ** 分别代表 $P<0.05$ 和 $P<0.01$ 显著相关。$WISOC_{straw}$ 为来自秸秆分解的不溶性有机碳；$WSOC_{straw}$ 为来自秸秆分解的水溶性有机碳。

二、覆膜和施肥条件下团聚体中水溶性有机碳及其秸秆碳的动态变化

本研究发现，不同粒级团聚体内的水溶性有机碳和水溶性有机碳中秸秆碳与全土的变化规律完全相同，均表现出从秸秆培养试验第 1 天到第 180 天呈降低趋势，培养试验后期又迅速提高（图 7－8 和图 7－9）。通过整个培养试验发现，水溶性有机碳在土壤团聚体各粒级内分布趋势相同，没有太大的区别。然而，在秸秆添加初期（第 1 天），水溶性有机碳中秸秆碳在＜0.25 mm 的微团聚体内含量显著高于其他粒级。同时在相同的施肥处理下与第二高含量的团聚体相比，秸秆添加初期（第 1 天）水溶性有机碳中秸秆碳比 N 处理高 39.6%，MN 处理高 195.6%。覆膜加大了水溶性有机碳中秸秆碳在＜0.25 mm 的微团聚体与其他粒级团聚体内的含量差距，M 处理提高 75.4%，CK 处理提高 396.9%。

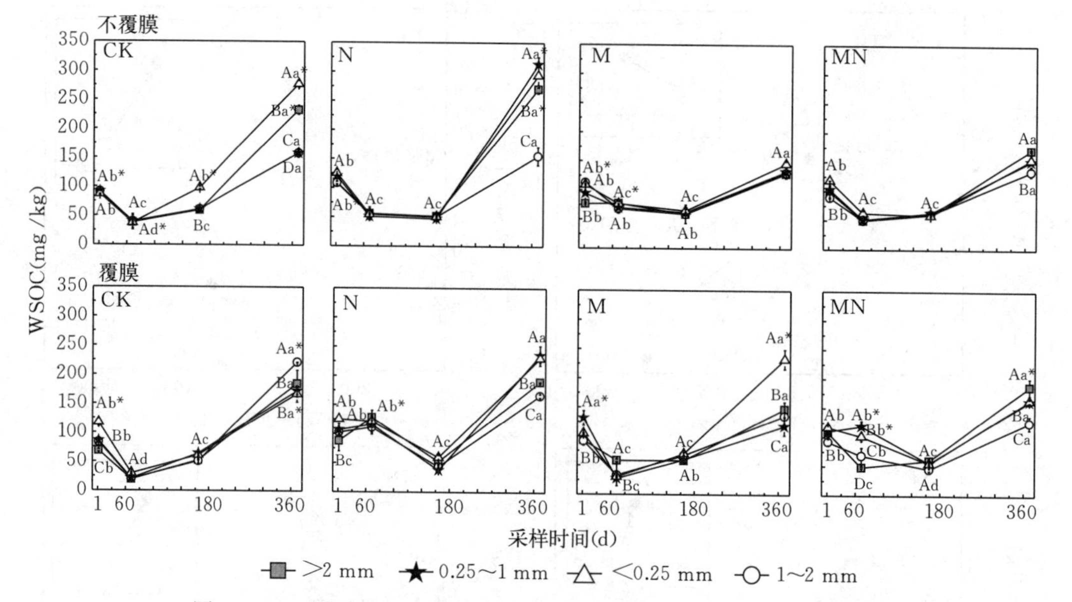

图 7－8　不同覆膜和施肥条件下团聚体内水溶性有机碳含量的变化

注：CK、N、M、MN 分别代表不施肥、单施氮肥、单施有机肥和有机肥配施氮肥处理。不同大写字母表示相同施肥、相同的采样时间和相同覆膜处理下不同粒级之间差异显著（$P<0.05$）。不同小写字母表示相同施肥、相同粒级和相同覆膜下不同采样时间之间差异显著（$P<0.05$）。* 代表相同粒级、相同采样时间和相同施肥处理下覆膜与不覆膜之间存在显著性差异（$P<0.05$）。图中多个相同且重叠的字母只显示一个。

通过水溶性有机碳中秸秆碳占总水溶性有机碳的比例可以看出，在施肥处理条件下不论覆膜与否，大部分团聚体粒级（除＜0.25 mm 的微团聚体）均表现出，从秸秆培养的第 1 天至第 60 天迅速增加，之后到第 180 天时呈降低的趋势。覆膜条件下，在秸秆添加的第 1 天，水溶性有机碳中秸秆碳占总水溶性有机碳的比例在＜0.25 mm 的微团聚体内分别比其他粒级第二高含量的团聚体高出 94.3%（N 处理）和 253.3%（CK 处理），而不覆膜则高出 33.8%（N 处理）和 160.5%（M 处理）（图 7－10）。

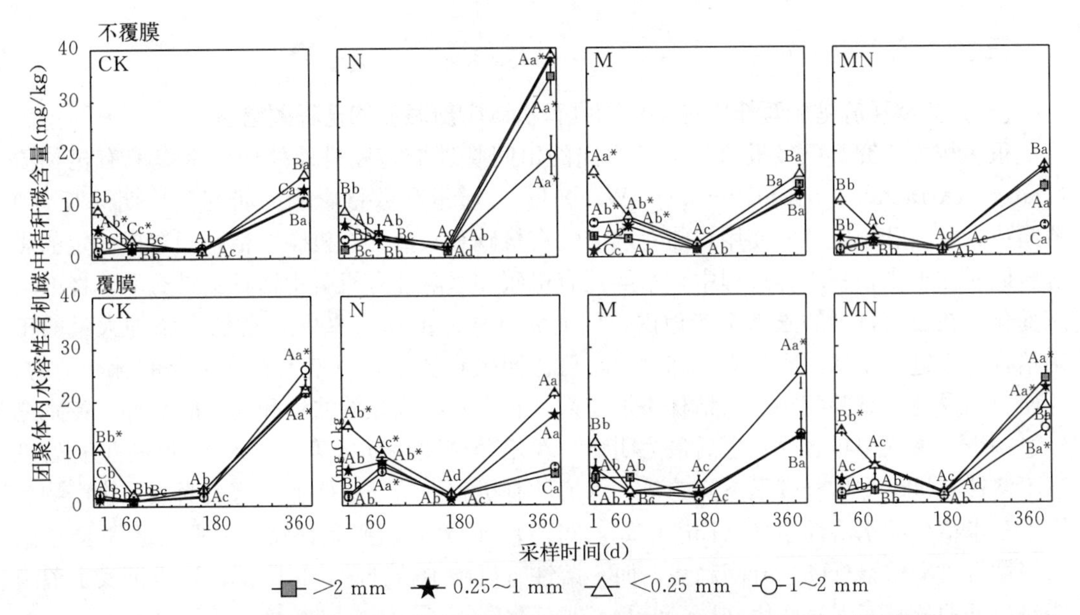

图 7-9　不同覆膜和施肥条件下团聚体内水溶性有机碳中的秸秆碳含量的变化

注：CK、N、M、MN 分别代表不施肥、单施氮肥、单施有机肥和有机肥配施氮肥处理。不同大写字母表示相同施肥、相同的采样时间和相同覆膜处理下不同粒级之间差异显著（$P<0.05$）。不同小写字母表示相同施肥、相同粒级和相同覆膜下不同采样时间之间差异显著（$P<0.05$）。* 代表相同粒级、相同采样时间和相同施肥处理下覆膜与不覆膜之间存在显著性差异（$P<0.05$）。图中多个相同且重叠的字母只显示一个。

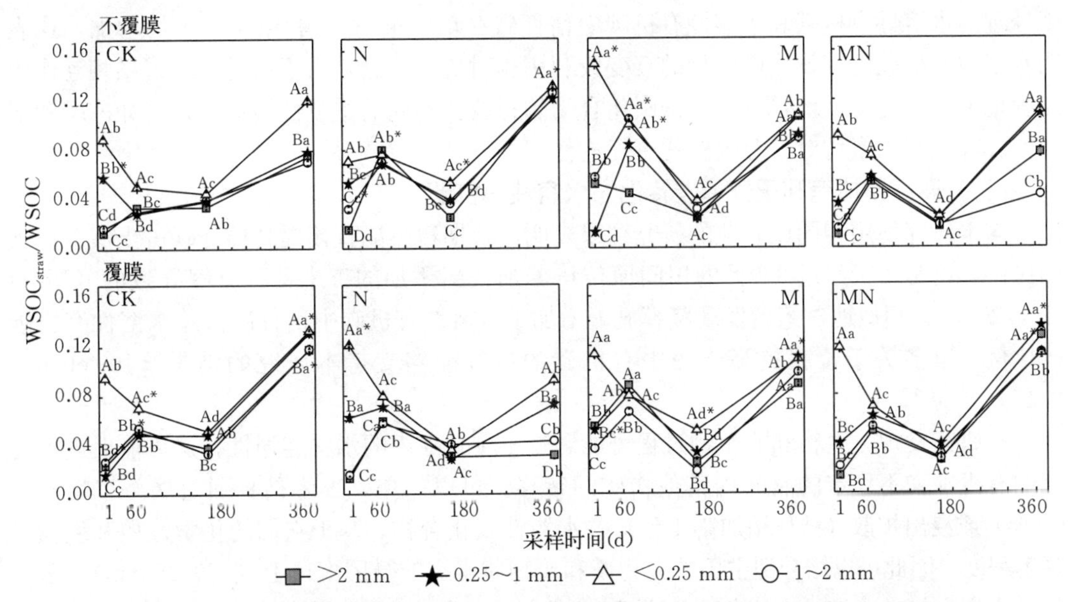

图 7-10　不同施肥和覆膜条件下团聚体水溶性有机碳中秸秆碳占总水溶性有机碳比例

注：CK、N、M、MN 分别代表不施肥、单施氮肥、单施有机肥和有机肥配施氮肥处理。不同大写字母表示相同施肥、相同的采样时间和相同覆膜处理下不同粒级之间差异显著（$P<0.05$）。不同小写字母表示相同施肥、相同粒级和相同覆膜下不同采样时间之间差异显著（$P<0.05$）。* 代表相同粒级、相同采样时间和相同施肥处理下覆膜与不覆膜之间存在显著性差异（$P<0.05$）。图中多个相同且重叠的字母只显示一个。$WSOC_{straw}$ 和 WSOC 分别代表来自秸秆分解的水溶性有机碳和总水溶性有机碳。

三、讨论

（一）覆膜和施肥相互作用提高水溶性有机碳中新添加的秸秆碳含量

很多相关研究都已经报道了关于不同的田间管理措施和耕地处理对水提取有机物质（water - extractable organic matter，WEOM）的质量和数量影响的研究。长期（27 年）覆膜或者覆膜和施肥共同使用均能对水溶性有机碳和水溶性有机碳中秸秆碳造成一定的影响。同时在玉米秸秆培养过程中，水溶性有机碳和水溶性有机碳中秸秆碳具有季节性的动态变化。在成垄排列的玉米生产地内，研究者（Wu et al.，2006）在秋季添加大量的玉米秸秆，经过整个秋季和冬季的冻融后，可代谢碳在翌年春季就具有了主要的脉冲动力。此研究结果与本试验相吻合，秸秆添加初期（春季）有明显的波动和大量的脉冲，特别是经过一个冬季（翌年春季）之后最为明显。在培养试验后期（第 360 天），所有施肥处理下不溶性有机碳中秸秆碳呈下降趋势，水溶性有机碳中秸秆碳增加，这表明微生物产物利用了玉米秸秆的水溶性组分（Jin et al.，2018）。此外，覆膜条件使施氮肥处理下全土的水溶性有机碳中秸秆碳呈升高趋势，而不溶性有机碳中秸秆碳含量降低，这也证实了覆膜能对秸秆的分解起促进作用（Jin et al.，2017）。

玉米秸秆向水溶性有机碳和微生物量碳转化的增强能对土壤碳动态和微生物生命活性造成不同的影响。Kalbitz 等（2003）将玉米秸秆添加到森林腐殖化层、泥炭土与施 N 和 MN 肥处理的农业土壤中进行 90 d 的对比培养试验，根据结果推测在有机物质降解过程中释放的氮丰富的化合物以及微生物碳水化合物能抵制其进一步降解进而能够积累。施 N 肥处理的水溶性有机碳和水溶性有机碳中秸秆碳在培养第 60 天和第 180 天均增加，这表明水溶性有机碳的产物比微生物的衰变或利用相对更快，这是由于通过玉米根系相互作用减少地下碳转化率，增强玉米特殊碳化合物的释放。不同的季节性转变过程，如冻融和干湿循环等这些因素均对外源碳转化有促进作用。

（二）微团聚体有利于外源碳转化为水溶性有机碳

与本研究使用相同试验地的研究结果表明，长期覆膜能直接提高秸秆碳占土壤有机碳的比例，这是由于经过 360 d 的田间原位培养加快新添加的玉米秸秆分解导致的（Jin et al.，2017）。相似地，笔者发现覆膜显著增加了水溶性有机碳中秸秆碳占总水溶性有机碳的比例，很多关于覆膜提高土壤中有机碳的研究能够支持本研究的结果（Jin et al.，2017）。

有研究发现，生物和非生物过程可能影响土壤孔隙内的水文连通性，这可能促进不稳定的有机碳和不稳定的碳库内其他物质的转移。可以想象，玉米秸秆通过腐解（培养第 60 天）或浸出扩散（秸秆添加第 1 天）的水溶性碳化合物，基于它们的化学性质和生物可降解程度，因此可以结合到主要的大物质和矿物质丰富的微团聚体上（<0.25 mm）。玉米秸秆中高含量的水溶性有机物质占干重的 14%～27%，包括化合物如混合单糖（主要是葡萄糖和果糖）、糖醇、脂肪酸、无机离子、低聚物糖和各种酚糖苷衍生的低聚物，进而能主宰培养早期的水溶性有机碳中秸秆碳的动态。

水溶性有机碳在土壤中是最不稳定的化合物之一，由碳水化合物、蛋白质以及主要的微生物来源的氨基糖、碳水化合物组成。水溶性有机碳能很容易地分散在团聚体各个粒级中，并且给出有选择性的结合倾向或微生物群落的优先位置，进而随着时间的推移，水溶性有机碳部分将在土壤中的不同位置重新分配。这可以解释为什么经过 360 d 的田间原位培养后，各个粒级团聚体内水溶性有机碳含量增加。其他关于秸秆的培养研究发现，温带森林表层土壤根部的碳和氮含量优先降低，而根部溶解的有机碳向深层土壤流动。本研究仅仅用一年的培养时间来研究秸秆的腐解和新添加碳的复杂动态，这也在快速演变的土壤连续统一体中起到一定的作用。在短时间内，秸秆碳向微团聚体移动极有可能是生物和非生物过程的结合，这些过程也包括冻融、干湿循环和淋溶作用。

（三）微生物有利于秸秆碳向水溶性有机碳转化

在土壤中，尽管水溶性有机碳占总有机碳的比例很小，却调节了很多关键的土壤过程，并且支持异养细菌的活动，营养物如氮、磷和硫等元素，以及矿物质和有机质污染物的流动和转移。基于之前的研究，笔者期待全土和团聚体内水溶性有机碳中秸秆碳含量的波动趋势可以反映在全土和 4 个不同粒级团聚体内的秸秆碳。因为^{13}C标记的玉米秸秆添加到具有生物活性的棕壤中，来自新加入的玉米秸秆来源的水溶性有机碳的一部分将优先被微生物吸收进入土壤。Zhao 等（2008）发现，实验室培养 35 d 的土壤水溶性有机碳含量降低 55%～82%，这反映出不稳定有机碳库的呼吸消耗。其他研究人员已经证实了水溶性有机碳对于表面土壤中添加秸秆的动态响应，是由于早期、快速的微生物代谢，而不是移动到表面土壤基质中。

在关于微生物量碳的研究中已经发现，微生物量碳含量和微生物量碳中秸秆碳在培养试验初期增加，之后降低，而水溶性有机碳含量和水溶性有机碳中秸秆碳含量与其呈相反的趋势。这一现象与经过早春之后，生长季节期间对可溶性碳水化合物和蛋白质的吸收有着一定关系的，这是由于微生物利用土壤中很容易获得的碳源。假设水溶性有机碳、水溶性有机碳中秸秆碳与微生物量碳、微生物量碳中秸秆碳呈相反关系是因为在微生物快速生长时期，微生物迅速吸收水溶性有机碳并将其转化为微生物量碳，这是在一项关于玉米耕地的覆膜应用研究中发现的。

Fang 等（2009）利用^{13}C标记技术测定成熟森林表层土壤的^{13}C自然丰度，连续 3 年施用氮肥，结果发现水溶性有机碳与微生物量碳呈相反趋势，氮的添加显著提高了水溶性有机碳含量而降低了微生物量碳含量，这与本文研究的棕壤表层（0～20 cm）土壤经过长期覆膜和施氮肥处理的结果一致。覆膜和施氮肥处理下，全土中水溶性有机碳中秸秆碳的增加和不溶性有机碳中秸秆碳的降低进一步证明了微生物利用和周转新添加的玉米秸秆碳（Jin et al.，2018）。这些因素与通过微生物效率-基质稳定（MEMS）途径中阐明微生物生长效率的变化形成的稳定土壤的概念是一致的（Cotrufo et al.，2013），而不稳定的基质能促进微生物高效快速的生长，产生更大数量的死亡的微生物残体物质（Cotrufo et al.，2015）。同样重要的是，水溶性有机碳也可能来源于经过干湿交替循环后春季微生物细胞的溶解释放。

四、小结

本节主要介绍了覆膜和施肥对全土及其团聚体内的水溶性有机碳和外源秸秆碳积累转化的影响作用。经过 360 d 的田间原位培养试验后，研究结果表明：

（1）水溶性有机碳及其秸秆碳随着时间的推移表现出先降低后升高的趋势。

（2）覆膜使外源秸秆碳在土壤水溶性有机碳中的比例显著提高，同时改善了土壤有机碳的活性。而且覆膜和氮肥的相互作用能够提高水溶性有机碳中秸秆碳的含量。

（3）水溶性有机碳及其秸秆碳含量在各粒级团聚体内差异不大，而微团聚体（<0.25 mm）对外源秸秆碳转化为水溶性有机碳具有促进作用。

（4）微生物优先吸收利用水溶性有机碳，进而促进秸秆碳向水溶性有机碳的转化。通过观察发现这一结果涉及秸秆碳向水溶性有机碳固定和转化的其他因素，包括玉米秸秆的分解速率、微生物活性以及季节性变化的影响等。本研究可为如何应用田间管理措施、施肥处理提供理论依据。

第三节　覆膜和施肥条件下土壤颗粒有机碳的赋存与转化

土壤颗粒有机碳（POC）被认为是与沙粒相结合（0.053～2 mm）的有机碳部分。土壤颗粒有机碳大部分是由最新的活性有机物质组成，主要分为粗颗粒有机碳（CPOC，0.25～2 mm）和细颗粒有机碳（FPOC，0.053～0.25 mm）两种。其周转期大概为5～20年，属于有机质中相对较慢的库，主要包括作物残体、微生物及小型动物的残骸（真菌菌丝和孢子）。颗粒有机物质的形成对提高土壤碳库质量以及减缓大气中的CO_2排放具有非常重要的意义。土壤颗粒有机碳被视为处于新鲜的动植物残体和腐殖化有机物之间暂时的或过渡的有机碳库，是耕作变化的敏感指标。而有研究发现，与腐殖化有机物相比，其在土壤中的周转速度却较快，要比腐殖化的有机物快一个数量级以上，一般为几年至几十年不等，对外界因素的响应较为敏感。因此，了解颗粒有机碳在土壤中的比例，对缓解大气中的CO_2浓度上升、减轻全球气候变化具有重要作用。这在国外已经受到非常广泛的重视，但是相关研究主要集中在耕作和种植方式上，而国内关于施肥对土壤颗粒有机碳影响的研究也相对不足。颗粒有机碳除了是较为活跃的土壤有机碳库外，还被证实用于指示土壤管理措施影响有机碳的敏感指标之一。在“活跃的”和“惰性的”的库周转之间，被认为代表着“缓慢的”土壤有机碳库。相关研究发现，在表层土壤中细颗粒有机碳和粗颗粒有机碳占土壤总有机碳的25%～35%。

Gale等（2000）通过研究新鲜的根部碳和表层的残体碳对土壤粗颗粒有机碳（0.25～2 mm）的稳定性，发现前者对土壤粗颗粒有机碳的稳定性更重要。Puget等（2001）对施用绿肥的豆科根碳和地上部碳短期动态变化研究发现，近1/2源于根的碳在生长季末期仍残留在土壤中，仅有13%源于地上部的碳留存在土壤中，且根碳的大部分以闭蓄态颗粒有机碳的形式存在，与土壤黏、粉粒组分密切相关。土壤中总共有11%～16%源于根的碳为粗、细颗粒有机碳，且免耕条件下土壤有机碳的增加主要是由于土壤中保留的根碳在增加（Gale et al.，2000）。通过减少分解者与封闭底物的接触促使团聚体的形成，进而可以降低土壤有机碳的腐解。研究表明，土壤颗粒有机碳组分中包含47%的木质素，而且颗粒有机质组分与缓慢、可腐解或稳定有机质的土壤有机质库的特性紧密相关（Cambardella et al.，1992）。

然而，部分颗粒有机物质能在团聚体内受到物理保护而保持稳定（Cambardella et

al.，1994)，而其他一些颗粒有机物也可能由其他生物稳定的碳组成，例如木炭等。一些研究表明，土壤中颗粒有机物组分可以选择性地迅速反映出土地利用的变化情况和土壤管理情况，因此颗粒有机碳是指示土壤有机物质变化的非常重要的指标之一。

施肥对农田土壤有机碳的累积作用很大，主要是由于施肥能够提高作物根系分泌物的含量，而且有机肥的施用能够直接向土壤中输入外源有机碳。徐江兵等（2007）指出，长期施肥处理能够显著提高团聚体中轻组有机碳、粗颗粒有机碳、细颗粒有机碳和矿物结合态有机物（MOM）含量，且微团聚体中有机碳大部分为矿物结合态有机碳。长期施用有机肥或结合无机肥配施可以提高微团聚体内的细颗粒有机碳和大团聚体内闭蓄的微团聚体中颗粒有机碳。

一、覆膜和施肥对全土颗粒有机碳分布的影响

（一）覆膜和施肥条件下全土中颗粒有机碳和新加入秸秆碳含量的变化

无论覆膜与否，全土中颗粒有机碳含量随着秸秆培养时间的推移呈降低趋势。从培养试验的第1天至第360天，CK、N、M、MN处理在不覆膜条件下颗粒有机碳含量分别降低54.5%、67.0%、73.9%、68.9%，而在覆膜条件下颗粒有机碳含量分别降低56.6%、74.6%、83.4%、36.0%。M处理条件下，秸秆添加后的第1天至第180天覆膜显著提高颗粒有机碳含量，而且到培养结束时（第360天）所剩含量最小，秸秆添加后覆膜使M处理的颗粒有机碳提高56.6%。而CK、N、MN三个处理大多数时间表现为不覆膜处理颗粒有机碳含量高于覆膜条件。从培养试验的第60天至第180天颗粒有机碳含量变化很小（图7-11）。

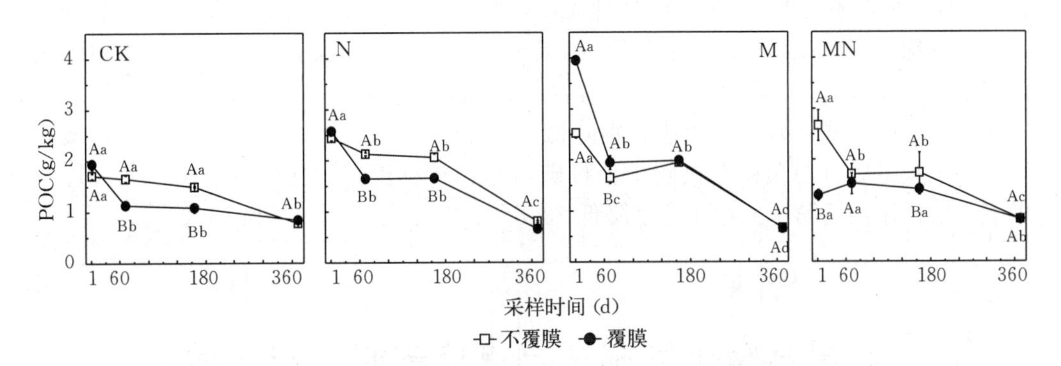

图7-11　不同覆膜和施肥条件下全土中颗粒有机碳的含量变化

注：CK、N、M、MN分别代表不施肥、单施氮肥、单施有机肥和有机肥配施氮肥处理。不同大写字母代表相同采样时间和相同施肥不同覆膜处理之间差异显著（$P<0.05$）。不同小写字母代表相同施肥和覆膜处理下不同采样时间之间差异显著（$P<0.05$）。图中多个相同且重叠的字母只显示一个。

全土中，颗粒有机碳中秸秆碳的含量与总颗粒有机碳含量规律相同，无论覆膜还是施肥处理都是随着培养时间的推移呈降低趋势，尤其是在培养试验的第1天至第60天期间降低含量最多（图7-12）。在覆膜条件下，颗粒有机碳中秸秆碳含量在CK、N、M施肥处理从试验第1天到第60天分别降低49.2%、88.6%、83.1%，而MN处理则增加5.6%；不覆膜条件下，从秸秆添加的第1天到第60天颗粒有机碳中秸秆碳含量CK、N、

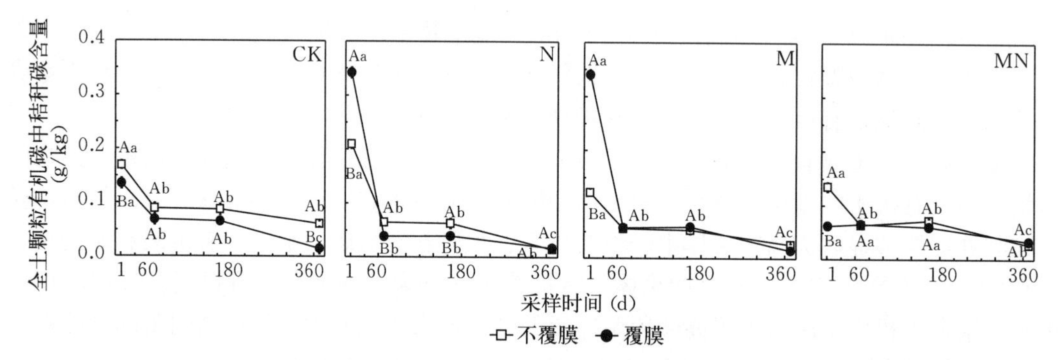

图 7-12　不同覆膜和施肥条件下全土中颗粒有机碳中秸秆碳的含量变化

注：CK、N、M、MN 分别代表不施肥、单施氮肥、单施有机肥和有机肥配施氮肥处理。不同大写字母代表相同采样时间和相同施肥不同覆膜处理之间差异显著（$P<0.05$）。不同小写字母代表相同覆膜和相同施肥处理不同采样时间之间差异显著（$P<0.05$）。图中多个相同且重叠的字母只显示一个。

M、MN 施肥处理分别降低 47.3%、68.9%、54.7%、52.5%。

与不覆膜相比，在培养试验第 1 天覆膜使 N 和 M 处理的颗粒有机碳含量分别增加 63.5%和 179.2%，同时这两个处理也是从秸秆添加后的第 1 天至第 60 天减少量最多的两个处理；而与 CK 相比，覆膜使 N 和 M 处理的颗粒有机碳含量在试验第 1 天分别增加 152.6%和 151.3%。覆膜处理使 CK 和 MN 处理颗粒有机碳中的秸秆碳减少（图 7-12）。

（二）全土中新加入秸秆碳对颗粒有机碳的贡献

覆膜条件下，除 MN 处理外其他施肥处理均表现出颗粒有机碳中秸秆碳占总的颗粒有机碳的比例从培养试验第 1 天至第 60 天显著降低，特别是施氮肥（N）处理更为明显（图 7-13）。笔者还发现，4 个施肥处理无论覆膜与否，颗粒有机碳中秸秆碳占总颗粒有机碳的比例均表现出在秸秆添加后的第 60 天至第 180 天之间没有太大差别。不覆膜条件下，在培养试验最后时期颗粒有机碳中秸秆碳占总颗粒有机碳的比例在 CK、N、M 和 MN 处理下与培养试验第 1 天相比分别降低 20.4%、78.6%、18.7%和 33.8%；覆膜条件下，在试验最后时期颗粒有机碳中秸秆碳占总颗粒有机碳的比例在 CK、N、M、MN 处理下与秸秆添加后第 1 天相比分别降低 73.8%、80.0%、72.8%和 15.2%。

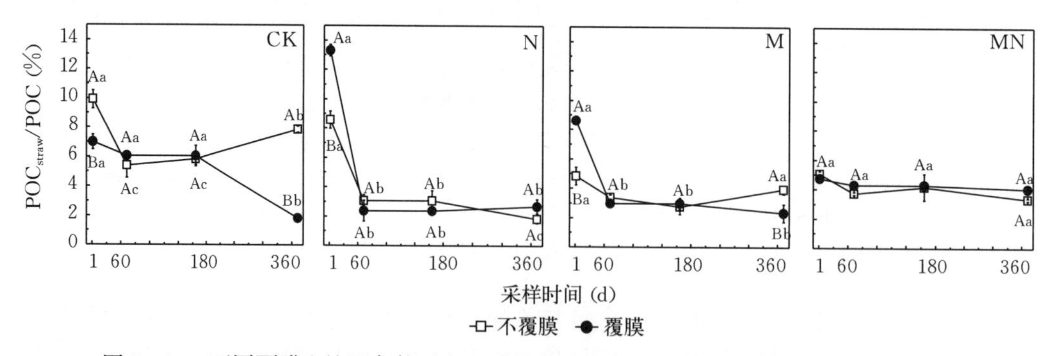

图 7-13　不同覆膜和施肥条件下全土颗粒有机碳中的秸秆碳占总颗粒有机碳的比例

注：CK、N、M、MN 分别代表不施肥、单施氮肥、单施有机肥和有机肥配施氮肥处理。不同大写字母代相同采样时间和相同施肥不同覆膜处理之间差异显著（$P<0.05$）。不同小写字母代表相同覆膜和相同施肥处理不同采样时间之间差异显著（$P<0.05$）。图中多个相同且重叠的字母只显示一个。

二、覆膜和施肥对团聚体各粒级颗粒有机碳的赋存与转化的影响

（一）覆膜和施肥条件下团聚体各粒级颗粒有机碳及其秸秆碳赋存与转化

不论覆膜与否，除 1～2 mm 和>2 mm 粒级团聚体，颗粒有机碳在整个培养过程中随培养时间的推移呈降低趋势。在培养的第 60 天和第 180 天时，颗粒有机碳含量在 1～2 mm 粒级团聚体内显著高于其他粒级，此规律在不覆膜条件下尤为明显。无论覆膜与否，在 N 和 MN 处理下，从秸秆添加的第 1 天至第 60 天 POC 含量在<0.25 mm 粒级微团聚体内减少量最多，平均减少 77.8%。而在秸秆添加后的第 60 天至第 360 天，<0.25 mm 粒级微团聚体内的颗粒有机碳含量最低（图 7－14）。

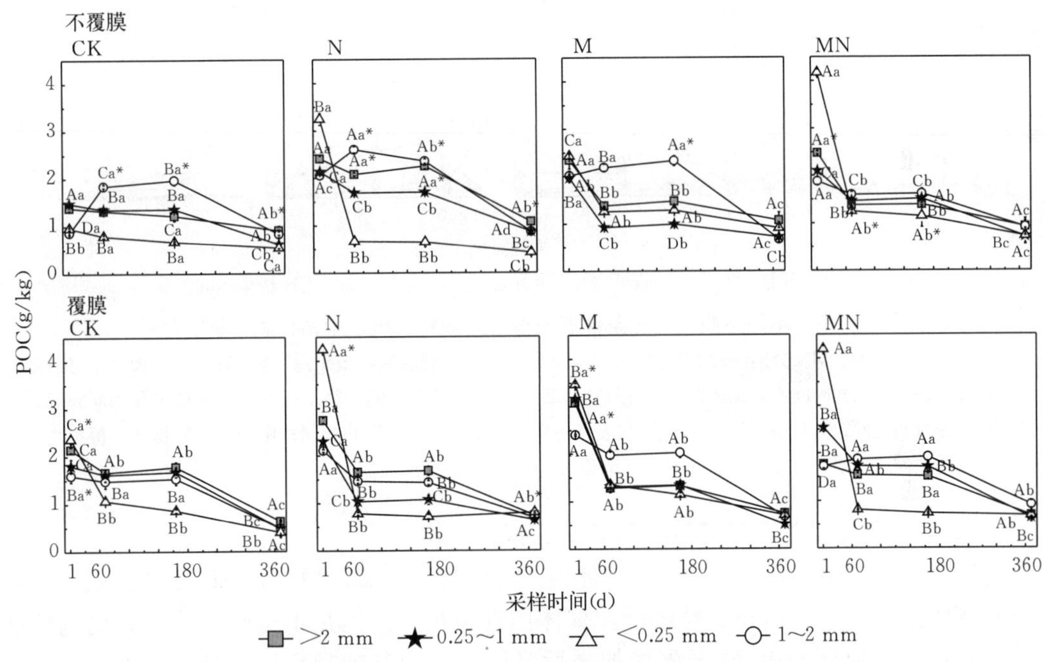

图 7－14　不同覆膜和施肥条件下团聚体内颗粒有机碳的含量变化

注：CK、N、M、MN 分别代表不施肥、单施氮肥、单施有机肥和有机肥配施氮肥处理。不同大写字母代表相同采样时间和相同粒级不同施肥处理之间差异显著（$P<0.05$）。不同小写字母代表相同施肥和相同粒级处理不同采样时间之间差异显著（$P<0.05$）。* 代表相同粒级、相同采样时间和相同施肥处理下覆膜与不覆膜之间存在显著性差异（$P<0.05$）。图中多个相同且重叠的字母只显示一个。

颗粒有机碳中秸秆碳在<0.25 mm 粒级微团聚体内含量最高，而且只有在此粒级团聚体内随着培养时间的推移呈降低趋势，其他粒级变化不明显。在秸秆添加后的第 1 天，覆膜使颗粒有机碳中秸秆碳在<0.25 mm 粒级微团聚体和 0.25～1 mm 粒级小团聚体内的含量增加。覆膜使颗粒有机碳中秸秆碳的含量在秸秆添加初期（第 1 天至第 60 天）迅速减少，尤其是在 N 和 MN 处理条件下更为明显。在不覆膜条件下，从培养试验第 1 天至第 60 天颗粒有机碳中秸秆碳在<0.25 mm 粒级微团聚体内含量分别减少 38.2%（CK）、74.1%（N）、36.1%（M）和 30.0%（MN）；而在覆膜条件下，从培养试验第 1 天至第 60 天颗粒有机碳中秸秆碳在<0.25 mm 粒级微团聚体内含量分别减少 55.8%（CK）、

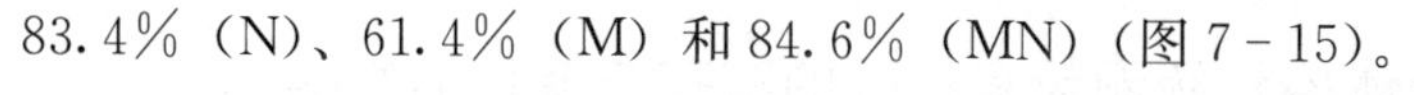

83.4%（N）、61.4%（M）和 84.6%（MN）（图 7 - 15）。

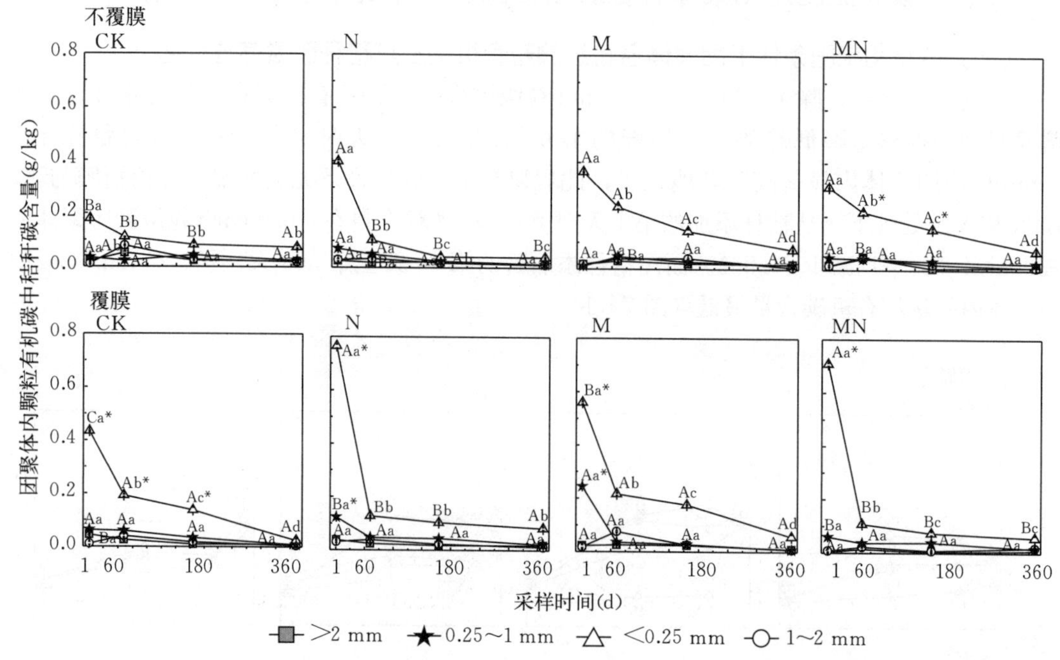

图 7 - 15　不同覆膜和施肥条件下团聚体内颗粒有机碳中秸秆碳含量变化

注：CK、N、M、MN 分别代表不施肥、单施氮肥、单施有机肥和有机肥配施氮肥处理。不同大写字母表示相同粒级和相同的采样时间不同施肥处理之间差异显著（$P<0.05$）。不同小写字母表示相同粒级和相同施肥处理不同采样时间之间差异显著（$P<0.05$）。* 代表相同粒级、相同采样时间和相同施肥处理下覆膜与不覆膜之间存在显著性差异（$P<0.05$）。图中多个相同且重叠的字母只显示一个。

（二）团聚体中新加入秸秆碳对颗粒有机碳的贡献

与颗粒有机碳中秸秆碳含量在团聚体内的分配规律相似，颗粒有机碳中秸秆碳占总颗粒有机碳的比例在<0.25 mm 粒级微团聚体内含量最高。但是不覆膜条件下其比例波动较大，在秸秆添加后的第 60 天先增加之后又降低，而其他粒级团聚体（0.25～1 mm、1～2 mm、>2 mm）的颗粒有机碳中秸秆碳占总颗粒有机碳的比例没有明显的变化。在不覆膜条件下，颗粒有机碳中秸秆碳占总颗粒有机碳的比例在<0.25 mm 粒级微团聚体内分别降低 25.1%（CK）、27.0%（N）、47.1%（M），而只有 MN 处理增高 29.5%；但是，覆膜条件下所有施肥均表现出微团聚体随时间的推移呈降低趋势，其他变化不明显（图 7 - 16）。

三、讨论

（一）有机肥对土壤颗粒有机碳的影响

通常，土壤团聚体与土壤有机碳存在非常密切的关系：有机碳的增加可以促进团聚体形成并使其更加稳定，而土壤团聚体的增加能保护颗粒有机碳在土壤中的贮存。由于颗粒有机碳的数量可以反映出土壤保持有机碳和固定外源添加有机碳的能力，是反映土壤肥力和土壤质量的评价指标。本节中，有机肥处理条件下颗粒有机碳在 1～2 mm 中团聚体粒

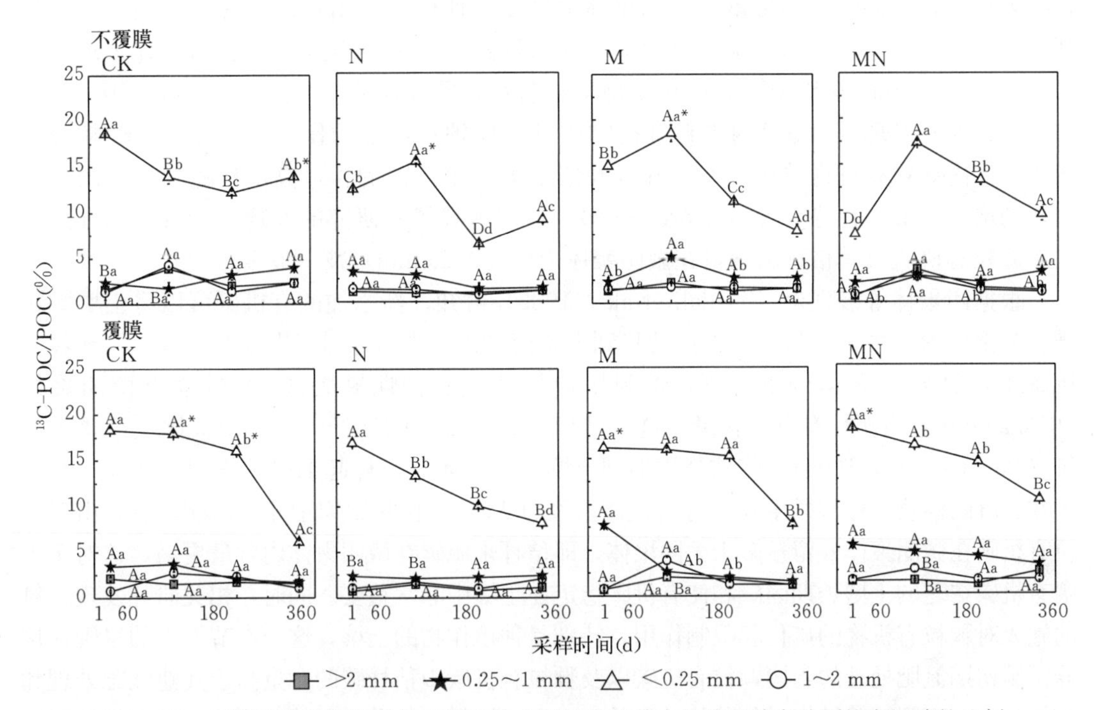

图 7-16　不同覆膜和施肥条件下团聚体内颗粒有机碳中的秸秆碳占总颗粒有机碳的比例

注：CK、N、M、MN 分别代表不施肥、单施氮肥、单施有机肥和有机肥配施氮肥处理。不同大写字母代表相同采样时间和相同粒级不同施肥处理之间差异显著（$P<0.05$）。不同小写字母代表相同施肥处理和相同粒级不同采样时间之间差异显著（$P<0.05$）。* 代表相同粒级、相同采样时间和相同施肥处理下覆膜与不覆膜之间存在显著性差异（$P<0.05$）。图中多个相同且重叠的字母只显示一个。

级中于玉米快速生长期夏季（秸秆添加第 60 天）和秋季（第 180 天）呈显著增加趋势，说明 1～2 mm 粒级中团聚体在作物生长期间对颗粒有机碳有明显的保护作用。

安婷婷等（2008）研究发现，粗颗粒有机碳可以进一步分解为细颗粒有机碳，在有机肥处理下细颗粒有机碳显著高于对照处理，有机肥处理提高了土壤的团聚化作用，降低了耕作对土壤团聚体的破坏作用。本研究发现，在整个培养试验过程中 M 处理提高了 POC 含量，有机肥处理下颗粒有机碳含量明显高于其他施肥处理，特别是在覆膜条件下更为突出，这与袁颖红等（2008）的研究结果一致。同时有机肥的施入会改善土壤结构，使土壤中有机质残体和碎片增加，促进团聚体形成，使部分游离的有机碳受到团聚体的保护，进而促进颗粒有机碳的增加。而 N 肥处理则恰恰相反（于树，2009），这是由于施用化肥使土壤的呼吸加快，矿化作用活跃，所以颗粒有机碳积累的相对较少（周萍等，2007）。

（二）团聚体对秸秆碳的固持作用

由于团聚体的物理保护作用和团聚化作用，相对较大的团聚体（>2 mm、1～2 mm、0.25～1 mm）内颗粒有机碳以及颗粒有机碳中秸秆碳的含量保持几乎不变的水平；而<0.25 mm 粒级的微团聚体对颗粒有机碳以及颗粒有机碳中的秸秆碳的保护作用不是很大或者短时间内没有保护作用，颗粒有机碳以及颗粒有机碳中秸秆碳的含量随着时间呈降低趋势。在传统耕作体系中，土壤有机碳、氮的损失主要发生在土壤中较大的如1～2 mm

粒级颗粒上，而耕作会导致富碳大团聚体的减少，使低碳微团聚体的含量增加。笔者发现，颗粒有机碳在1～2 mm粒级团聚体中在秸秆添加第60天至第180天时有显著增加趋势，说明1～2 mm粒级中团聚体在作物生长期间对颗粒有机碳有明显的固持作用。袁颖红等（2008）发现微团聚体对颗粒有机物质具有保护和富集的作用，<0.25 mm粒级的微团聚体内颗粒有机物质比>0.25 mm粒级的大团聚体内的含量高，且随着耕层团聚体粒径的增加呈减小趋势（袁颖红等，2008）。这就解释了本研究的发现，所有施肥处理条件下颗粒有机碳及其秸秆碳含量在微团聚体内（<0.25 mm）减少最多。

根据团聚体等级理论（Tisdall et al.，1982）可知，新添加的有机碳可以将土壤颗粒结合到微团聚体中或者从微团聚体转移到大团聚体内。本节通过对颗粒有机碳以及颗粒有机碳中秸秆碳的数据分析发现，覆膜增加培养试验初期氮肥（N）处理下微团聚体（<0.25 mm）内颗粒有机碳含量。这一结果与碳含量高的秸秆碳与大团聚体关系紧密相符（Puget et al.，1995）。将秸秆添加到土壤后团聚体对秸秆起到保护作用，沙粒将吸附正在腐解的植物残体和微生物体等有机碳。经过大概一年的培养时间（360 d）后，由于颗粒有机碳在微团聚体残留量多于大团聚体，即秸秆来源碳在微团聚体内含量更高，这对于土壤有机碳贫乏的土壤长期固碳和使有机碳稳定在土壤中非常重要。同时，相关研究发现，氮的施入对颗粒有机物的矿化起限制作用，特别是种植作物的土壤，这与本节得出的尽管在培养试验初期氮肥处理的土壤颗粒有机碳以及颗粒有机碳中秸秆碳的含量高于其他施肥处理和其他粒级，而到试验结束时与其他处理并无区别的结果相一致。另外，颗粒有机碳中秸秆碳含量在微团聚体和全土中含量降低趋势可能是与第三章中提到的总有机碳含量分布有关。

四、小结

本节主要介绍了覆膜和不同施肥处理条件下颗粒有机碳及其秸秆碳在土壤及团聚体内的分布和积累特征。研究结果表明：

（1）颗粒有机碳及其秸秆碳随培养时间表现出整体降低的趋势。

（2）有机肥显著提高土壤颗粒有机碳含量，而且对秸秆碳和秸秆来源碳向颗粒有机碳的转化具有促进作用，MN处理促进秸秆碳在颗粒有机碳中赋存。

（3）微团聚体有利于颗粒有机碳的积累，并促进外源有机碳形成颗粒有机碳。经过360 d的田间原位培养试验后，颗粒有机碳中的外源秸秆碳比例在微团聚体（<0.25 mm）内始终高于其他粒级的颗粒有机碳含量及比例，而且该粒级内颗粒有机碳最为活跃，说明微团聚体内条件利于外源有机碳分解，促进颗粒有机碳的形成。

（4）中团聚体（1～2 mm）在作物生长期（秸秆添加第60天至第180天）对颗粒有机碳具有固持作用，成为土壤肥力固持和提升的基础。

第四节　覆膜和施肥条件下土壤微生物量碳的赋存与转化的过程

在作物生长期应用覆膜的主要目的是提高土壤的温度和湿度，而温度和湿度的提高能促进土壤有机质的矿化和减少土壤有机碳（SOC）的流失。土壤微生物的新陈代谢活动受到环境因素，例如温度、湿度和 pH 的强烈影响。同时，土壤组成结构可以调节 SOC 的动态变化。此外，土壤温度和湿度的季节性波动也会影响微生物对作物残留物的分解和利用。提高农田 SOC 积累是减缓全球气候变化的潜在策略，也是维持土壤肥力的基础。然而，早期的研究表明长期覆膜能对土壤的健康状况造成影响，有机物质与覆膜并用（例如有机肥和秸秆残留物）被认为是缓解土壤退化的有效手段。

土壤微生物量碳（MBC）是 SOC 的重要部分，经过长时间的作用也会促进矿物质结合态碳库的形成。MBC 虽然只有很小一部分，却通过促进有机矿物的相互作用，在土壤碳的长期稳定中扮演着非常重要的角色。微生物量碳的最终来源被认为是低质量且不稳定的可溶性有机碳，如根、微生物的分泌物和腐烂植物的沥出液。研究发现，稳定的有机物质合成的控制与微生物的生物合成有关。微生物产物（即渗出物和死细胞）可能是使土壤有机质（SOM）稳定的最大贡献者，其控制着有机物的数量和有机-矿物结合的强度，作为土壤连续体的一部分长期控制着土壤有机碳稳定性。这些微生物量碳和氮库能通过固有的或继承的化学顽固性、空间不可接近性（即团聚体遮挡）以及土壤有机碳与土壤基质之间的基质稳定性（即有机-矿物相互作用）被保护。

土壤微生物在土壤结构、稳定土壤有机质以及营养释放和循环方面起着非常重要的作用，同时也是土壤肥力和质量的指标之一。根系分泌物和腐烂的植物/残留物渗出液能主导微生物分泌产物，微生物分解率能显著提高低分子量的碳组成含量（包括单糖和多糖），并且降低酚醛树脂含量，例如单宁酸和一些腐变的木质素。而易分解的低分子量的碳组成通过作物腐解残体和根系分泌物来促进微生物产物，这可以提高矿物质和微生物量碳固定在土壤中的潜力，关于覆膜对在作物生长作用下的土壤微生物量碳动态变化影响的相关研究不是很多。

施用有机肥（如粪肥），可以提高土壤有机质、土壤肥力，同时也能提高作物产量和农业生态系统可持续性。在施用的肥料中，氮（N）肥使农田的生物量和稳定性碳提高。同时，覆膜结合有机肥的施用显著提高了玉米产量和土壤肥力，也提高了土壤有机碳库。此外，An 等（2015a）用相同的方法发现，光合碳的固定促进碳向地下转移。他们还将玉米秸秆添加到低肥力水平土壤中进而促进土壤中微生物的活性和生长（An et al.，2015b）。

土壤微生物量碳（MBC）可以反映土壤的质量。然而，不同的农业管理措施对微生物怎样利用秸秆碳仍然不是很清楚（An et al.，2015b）。很多学者已经研究了在实验室控制温度和湿度的培养条件下秸秆碳在土壤中的分布，但是在农田覆膜和不同施肥的条件下，关于土壤微生物量碳中新添加秸秆碳的动态变化尚未见报道。众所周知覆膜能显著改变土壤环境（如温度和湿度），特别是在作物生长初期更为明显。然而从土壤中提取出来的微生物量碳仅占总有机碳的 5%左右，而在一些土壤中死亡的微生物残体数量在土壤有机碳中占有很高的比例（25%～80%），因此微生物量碳的动态管理是土壤有机碳积累的基础。本研究的主要目的是更好地了解在覆膜条件下的低肥力土壤中，什么是提高土壤微生物活性和生长率的主导者。本节通过利用标记的 ^{13}C 玉米秸秆来示踪长期覆膜和施肥条件下土壤微生物量碳以及土壤微生物量碳中秸秆来源碳在外源秸秆添加后的动态变化。本研究的目的是：①了解玉米秸秆在农田原位培养 360 d 后，微生物量碳吸收利用的秸秆碳在作物不同生长季的动态变化；②评价不同覆膜和施肥处理条件下微生物对土壤碳积累的贡献。本文的科学假设是覆膜结合施有机肥能够提高微生物对玉米秸秆碳的固定。

一、覆膜和施肥对土壤微生物量碳赋存与转化的影响

（一）土壤微生物量碳的动态变化

对于所有施肥处理，玉米秸秆添加后的第1天，土壤微生物量碳含量显著提高（$P<0.05$），特别是在覆膜条件下M和MN施肥处理分别增加11倍和13倍（图7-17）。从培养试验初期（第1天），与对照处理（CK）相比所有施肥处理（N、M、MN）都提高了微生物量碳含量，这是由于长达27年的连续施用氮肥和有机肥。另外，覆膜也能够提高所有施肥处理下的微生物量碳含量，特别在对照（CK）和施氮肥处理（N）条件下尤为明显。与不覆膜相比，覆膜使4个时期的CK处理、N处理、M处理和MN处理微生物量碳（平均值）分别提高38.5 mg/kg（23.0%）、47.2 mg/kg（21.1%）、31.5 mg/kg（8.2%）和30.2 mg/kg（9.7%）。通过前文可以了解到土壤的C/N（总有机碳/总氮）在覆膜与不覆膜条件下差别不大，而MBC/MBN比例显著不同（表7-5）。覆膜使MBC/MBN

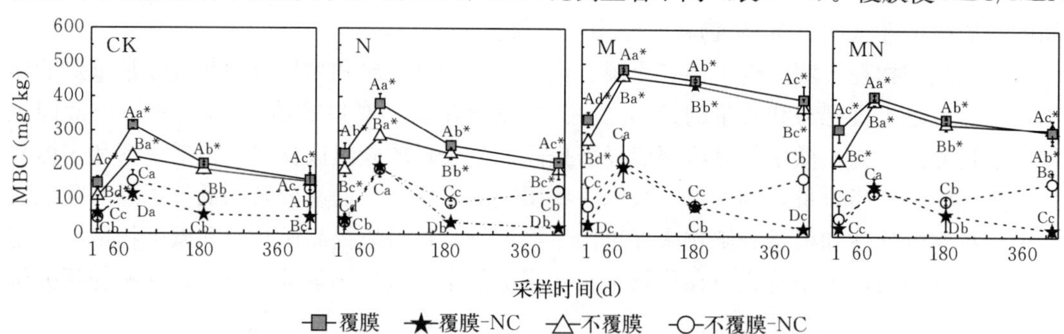

图7-17 不同覆膜和施肥条件下全土中微生物量碳含量的变化

注：CK、N、M、MN分别代表不施肥、单施氮肥、单施有机肥和有机肥配施氮肥处理。不同大写字母代表相同采样时间和相同施肥下不同覆膜和秸秆添加处理之间差异显著（$P<0.05$）。不同小写字母表示相同施肥和相同覆膜以及添加秸秆处理不同采样时间之间差异显著（$P<0.05$）。* 代表相同施肥、相同采样时间和相同添加秸秆处理下覆膜与不覆膜之间存在显著性差异（$P<0.05$）。图中多个相同且重叠的字母只显示一个。NC代表全土中不添加玉米秸秆的处理。

表7-5 不同处理条件下土壤在培养试验第1天的基本指标

项目	施肥处理	SOC (g/kg)	TN (g/kg)	$\delta^{13}C_{SOC-NC}$ (‰)	$\delta^{13}C_{SOC}$ (‰)	MBC (mg/kg)	MBN (mg/kg)	$\delta^{13}C_{MBC-NC}$ (‰)	$\delta^{13}C_{MBC}$ (‰)
不覆膜	CK	9.4±0.3f	1.1±0.1a	−18.0±0.3a	−10.8±1.2b	108.2±27f	7.9±0.7a	−17.4±1.7c	30.3±2.0b
	N	10.8±0.1d	1.2±0.1a	−18.9±0.2b	−11.1±0.9b	187.6±21d	6.4±0.6b	−15.5±1.9b	21.3±1.6c
	M	12.4±0.1c	1.3±0.3a	−18.7±0.1b	−13.2±1.3d	274.6±21b	3.9±0.4d	−19.1±2.7d	30.3±2.3b
	MN	11.9±0.1c	1.3±0.2a	−18.1±0.1a	−11.9±0.5c	216.9±12c	5.3±0.2c	−19.2±0.6d	34.0±1.8b
覆膜	CK	9.9±0.2e	1.1±0.1a	−17.9±0.2a	−9.8±1.4a	147.7±18e	3.4±0.5d	−17.3±0.8c	20.4±1.5c
	N	10.9±0.1d	1.2±0.2a	−18.7±0.1b	−11.9±1.2c	234.1±30c	2.7±0.1e	−12.4±1.8a	25.7±1.3c
	M	13.2±0.3a	1.3±0.1a	−18.2±0.2a	−13.7±1.1d	337.9±20a	5.4±0.3c	−19.6±4.0d	34.3±1.3b
	MN	11.8±0.2c	1.2±0.1a	−18.0±0.1a	−13.1±0.7d	311.9±36a	6.6±0.1b	−11.8±3.9a	43.0±1.7a

注：MBC-NC代表不添加秸秆的微生物量碳；MBN代表微生物量氮；SOC-NC代表不添加秸秆的土壤有机碳；不同大写字母代表不同处理之间存在显著差异（$P<0.05$）。

比例提高，从秸秆培养的第 1 天到第 180 天呈现出 MN>M>N>CK，不覆膜使 MBC/MBN 比例在整个培养试验期间呈降低趋势。在覆膜条件下，MBC/MBN 比例从秸秆添加的第 1 天到第 360 天，CK 处理从 43.8 降低到 16.2，N 处理从 86.2 降低到 37.3，M 处理从 47.4 降低到 26.3；而根据 Sinsabaugh 等（2013）的模型计算微生物量碳利用率（microbial carbon - use efficiency，MCUE），CK 从 0.35 升高到 0.5，N 从 0.25 升高到 0.4，M 从 0.3 升高到 0.4，MN 从 0.35 升高到 0.4。

与对照处理相比，不论覆膜与否有机肥和氮肥的施用显著提高了微生物量碳含量，4 个施肥处理微生物量碳含量呈现顺序为 M>MN>N>CK。所有的施肥处理不论覆膜与否都存在着相同的变化规律即在秸秆培养的第 1 天至第 60 天迅速增加，而在第 60 天至第 360 天之间降低（图 7 - 17）。与培养试验初期（秸秆添加后第 1 天）相比，秸秆在田间培养 360 d 后，微生物量碳含量显著提高。在不覆膜条件下，微生物量碳含量在培养第 60 天比第 1 天的 CK 处理提高 115.9 mg/kg、N 处理提高 97.3 mg/kg、M 处理提高 187.2 mg/kg、MN 处理提高 173.3 mg/kg。然而通过 360 d 的田间培养，发现微生物量碳含量在 4 个施肥处理条件下，CK 处理增加 43.5 mg/kg、N 处理降低 0.9 mg/kg、M 处理提高 96.6 mg/kg、MN 处理增加 93.2 mg/kg（表 7 - 6）。

表 7 - 6　不同覆膜和施肥条件下全土中微生物量碳、微生物量碳中的秸秆碳及其比例在不同作物生长期的变化

项目	指标	施肥处理	碳的季节性转移			
			初期	生长季	收获期	整年
			1～60 d	60～180 d	180～360 d	1～360 d
不覆膜	MBC（mg/kg）	CK	115.9	−37.5	−34.9	43.5*
		N	97.3	−50.8	−47.4	−0.9
		M	187.2*	−24.3	−66.3*	96.6*
		MN	173.3*	−64.3	−15.8	93.2*
	$^{13}C_{MBC}$（mg/kg）	CK	3.0	−21.0	−1.8	−19.9
		N	12.2*	−38.0	−3.9	−29.7
		M	8.3	−51.1	−16.9	−59.7
		MN	37.0*	−74.5	−8.5	−46.0
	$^{13}C_{MBC/MBC}$（%）	CK	−13.1	−8.3	0.3	−21.1*
		N	−3.1	−12.2	0.5	15.8
		M	−9.8*	−10.6	−3.1	−23.5
		MN	−4.2	−17.6	−2.3	−24.1
	$^{13}C_{MBC}/^{13}C_{SOC}$（%）	CK	1.5	−4.5	−0.6	−3.5
		N	3.0	−7.5	−1.0	−5.4
		M	6.6	−13.4	−2.5	−9.3
		MN	9.6	−17.2	0.4	−7.3

（续）

项目	指标	施肥处理	碳的季节性转移			
			初期	生长季	收获期	整年
			1～60 d	60～180 d	180～360 d	1～360 d
覆膜	MBC（mg/kg）	CK	168.5*	−112.6*	−46.7*	9.1
		N	146.5*	−121.9*	−49.9	−25.3*
		M	145.8	−31.3*	−55.3	59.2
		MN	94.5	−65.6	−35.8*	−7.0
	$^{13}C_{MBC}$（mg/kg）	CK	10.0*	−27.2*	−4.3	−21.5
		N	4.7	−47.7*	−5.1	−48.1*
		M	42.9*	−133.4*	−13.7	−84.2*
		MN	22.9	−96.0*	−24.6*	−97.8*
	$^{13}C_{MBC/MBC}$（%）	CK	−8.5	−6.0	−0.5	−15.0
		N	−7.6*	−11.2	−1.5	−20.3*
		M	−0.4	−27.1*	−2.4	−25.8
		MN	−2.6	−21.9*	−6.8*	−31.3*
	$^{13}C_{MBC}/^{13}C_{SOC}$（%）	CK	3.1	−5.3	−0.3	−2.5
		N	2.9	−12.7*	−1.0	−10.8*
		M	18.6*	−35.7*	0.6	−16.4*
		MN	13.4*	−32.9*	−8.1*	−27.6*

注：CK、N、M、MN 分别代表不施肥、单施氮肥、单施有机肥和有机肥配施氮肥处理。* 代表相同粒级、相同采样时间和相同施肥处理下覆膜与不覆膜之间存在显著性差异（$P<0.05$）。−表示降低。

（二）覆膜和施肥条件下新加秸秆碳在土壤微生物量碳中的变化

在秸秆添加后的第 1 天（24 h），所有处理下秸秆碳在微生物量碳中已明显的存在（图 7-18）。不覆膜条件下，与 CK 处理相比微生物量碳中秸秆碳含量在 N 处理下略有增加，而 M 和 MN 处理增加非常明显。覆膜显著增加 4 个施肥处理微生物量碳内的秸秆碳，特别是在有机肥 M 和 MN 处理下更为明显（$P<0.05$）。微生物量碳中秸秆碳在培养试验前 60 d 呈增加趋势，而从第 60 至第 360 天则呈下降趋势。在培养的第 60 天时，有机肥的施用使微生物量碳中秸秆来源的碳在覆膜条件下比不覆膜增加 93%。无论覆膜与否，在所有的施肥处理条件下，微生物量碳中的秸秆碳在最后两个时期含量最低。经过 360 d 的田间原位培养后，与培养试验的第 1 天相比覆膜和不覆膜处理秸秆碳占总的微生物量碳分别降低 10%～34%和 24%～34%。从培养的第 1 天至第 60 天，覆膜条件下，CK 处理微生物量碳中秸秆碳增加 10.0 mg，而 N、M、MN 处理分别增加 4.7 mg、42.9 mg、22.9 mg（表 7-6）。

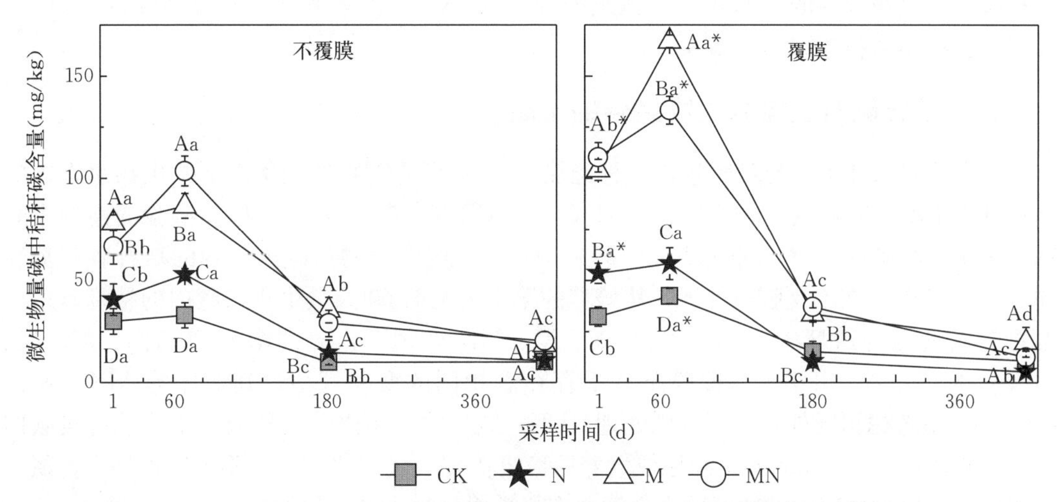

图 7－18　不同覆膜和施肥条件下微生物量碳中秸秆碳的含量变化

注：CK、N、M、MN 分别代表不施肥、单施氮肥、单施有机肥和有机肥配施氮肥处理。不同大写字母代表同一采样时间条件下不同施肥处理之间差异显著（$P<0.05$）。不同小写字母代表相同施肥条件下处理不同采样时间之间差异显著（$P<0.05$）。* 代表相同采样时间相同施肥处理下覆膜与不覆膜之间存在显著性差异（$P<0.05$）。图中多个相同且重叠的字母只显示一个。

二、覆膜和施肥条件下秸秆碳占微生物量碳比例的变化

在所有的施肥处理条件下，秸秆碳占微生物量碳比例在秸秆添加到土壤后的第 1 天最高。不论覆膜与否秸秆来源碳占微生物量碳的比例在所有施肥处理条件下随着时间推移呈降低趋势（图 7－19）。特别是在培养的第 1 天至第 180 天间降低最快，之后在第 180 天至第 360 天降低减少。前两个采样时期，覆膜对秸秆碳在微生物量碳的比例在有机肥处理条件下（M、MN）影响很大；从培养试验的第 1 天至第 60 天间覆膜使 M 和 MN 处理秸秆碳占微生物量碳比例分别降低 0.4%和 2.6%。相反，对照和 N 肥结合覆膜处理几乎在整个试验期间降低了秸秆碳占微生物量碳的比例。从培养试验的第 1 天至第 360 天，覆膜使

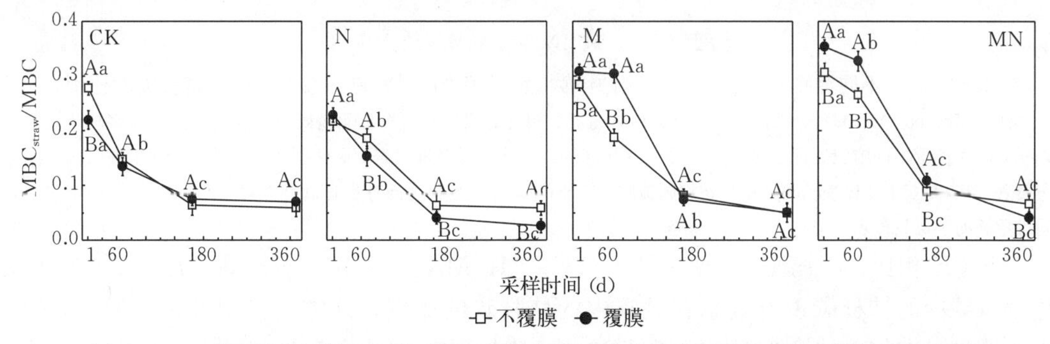

图 7－19　不同覆膜和施肥条件下全土中微生物量碳中的秸秆碳占总微生物量碳的比例

注：CK、N、M、MN 分别代表不施肥、单施氮肥、单施有机肥和有机肥配施氮肥处理。不同大写字母代表相同采样和时间相同施肥条件下不同覆膜处理之间差异显著（$P<0.05$）。不同小写字母代表相同覆膜处理和相同施肥条件下不同采样时间之间差异显著（$P<0.05$）。图中多个相同且重叠的字母只显示一个。

秸秆碳占微生物量碳的比例在 4 个施肥处理下（CK、N、M 和 MN）分别降低 15.0%、20.3%、25.8%和 31.3%（表 7-6）。

三、秸秆碳对土壤微生物量碳的贡献

在不覆膜条件下，与对照相比 3 种施肥（N、M、MN）处理条件下微生物量碳内的秸秆碳占土壤总有机碳内的秸秆碳比例（^{13}C-MBC/^{13}C-SOC）在培养试验的前两个时期（第 1 天和第 60 天）显著（$P<0.05$）增加，这与微生物量碳内包含的秸秆碳趋势相同（图 7-20）。在不覆膜条件下，从培养的第 1 天至第 60 天微生物量碳内的秸秆碳占土壤总有机碳内的秸秆碳比例在 CK、N、M、MN 处理下，分别增加 20.1%、36.0%、34.4%和 60.9%。事实上，覆膜条件下存在着相同的变化规律，其顺序为 MN>M>CK>N。不考虑覆膜处理，不施肥处理（CK）微生物量碳内的秸秆碳占土壤总有机碳内的秸秆碳比例，经过 360 d 田间原位培养后稳定在 4%～9%之间。在不覆膜条件下，氮肥的添加对微生物量碳内的秸秆碳占土壤总有机碳内的秸秆碳比例影响很小，比例在 3%～11%之间，而覆膜条件下在培养试验的第 60 天提高 16%。有机肥处理在覆膜和不覆膜条件下分别提高 5%～46%和 8%～26%。

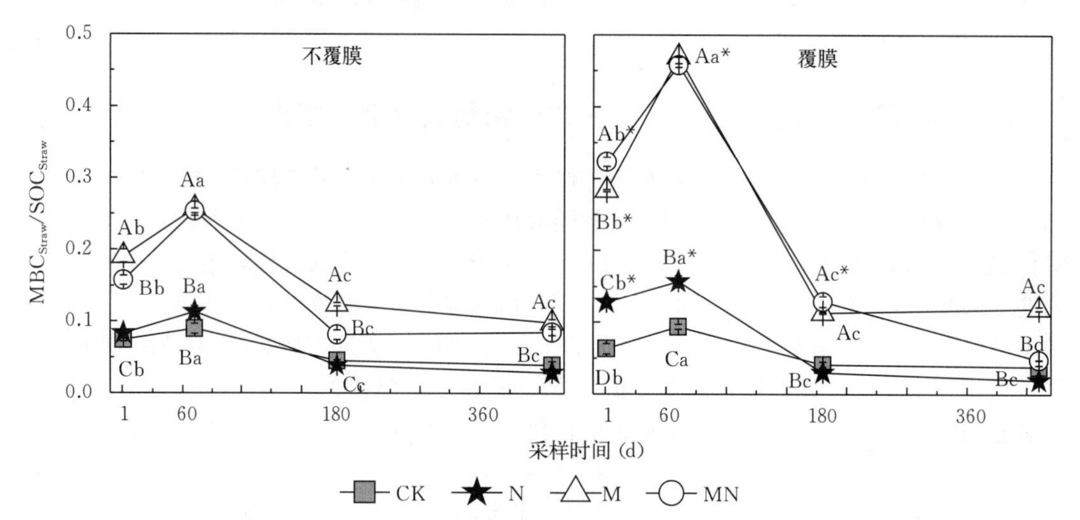

图 7-20 不同覆膜和施肥条件下全土中微生物量碳内的秸秆碳占总有机碳内秸秆碳的比例

注：CK、N、M、MN 分别代表不施肥、单施氮肥、单施有机肥和有机肥配施氮肥处理。不同大写字母代表同一采样时间条件下不同施肥处理之间差异显著（$P<0.05$）。不同小写字母代表相同施肥处理条件下不同采样时间之间差异显著（$P<0.05$）。* 代表相同采样时间相同施肥处理下覆膜与不覆膜之间存在显著性差异（$P<0.05$）。图中多个相同且重叠的字母只显示一个。

与 CK 相比，3 个施肥处理条件下（N、M、MN），覆膜显著提高（$P<0.05$）了微生物量碳内的秸秆碳占土壤总有机碳内的秸秆碳的比例，其中有机肥处理（M 和 MN）尤为明显。在培养的第 60 天时，覆膜比不覆膜处理在 CK、N、M、MN 分别提高 4.9%、38.7%、61.0%和 80.4%。经过 360 d 的培养之后，微生物量碳内的秸秆碳占土壤总有机碳内的秸秆碳的比例变化最小，CK 和 N 肥处理分别降低 2.5%和 10.8%。不覆膜条件下，施有机肥和有机肥氮肥配施处理在整个培养试验期间变化非常大，从培养试验的第 1

天至第 60 天微生物量碳内的秸秆碳占土壤总有机碳内的秸秆碳的比例分别提高 18.6%和 13.4%，然后从第 60 天至第 180 天分别降低 35.7%和 32.9%（表 7-6）。

四、讨论

（一）覆膜和施肥条件对微生物生长和生物量积累的影响

覆膜通常提高土壤的温度和湿度含量，这可能直接影响微生物的活性和潜在的土壤微生物群落结构，以及土壤和植物有机物质的分解程度与速率。本节研究发现，与不覆膜相比，覆膜提高所有施肥处理的微生物量碳含量。所有处理特别是覆膜结合有机肥共同作用下，微生物量碳在玉米秸秆培养第 1 天（24 h）后反应明显。本研究也着重强调长期田间管理的重要性。与 CK 和 N 处理相比，M 和 MN 处理微生物量碳含量增加很小，特别是在覆膜条件下，这可能是由于有机肥和覆膜结合处理下土壤微生物含量原本就很高甚至几乎达到上限（Li et al.，2004）。微生物量碳的时间动态变化是由季节性的变化（主要为温度、湿度变化）导致，进而促进了微生物量的生长和活性。不论覆膜与否，所有施肥处理下微生物量碳均表现出从培养试验的第 1 天至第 60 天呈升高趋势。另外，微生物量碳的季节性变化是通过微生物媒介来影响的（Li et al.，2004）。

微生物量碳中的秸秆碳表现出与微生物量碳相同的趋势。季节性的变化对微生物量碳中秸秆碳的影响不是很大，例如微生物量碳中秸秆碳不论覆膜与否，在 CK 和 N 处理条件下，从培养的第 1 天至第 60 天增加量很少。然而，施有机肥（M、MN）处理从培养试验初期到培养结束，微生物量碳中秸秆碳呈现出先显著增加后降低的趋势。由于玉米秸秆的添加对土壤微生物量碳季节性变化有影响，因此玉米秸秆分解量的增加能导致微生物量碳中秸秆碳的增加。本研究结果表明，有机肥可以加快秸秆的分解，微生物量碳中秸秆碳在有机肥处理比对照处理含量较高；这可能是由于田间外界环境条件加速了秸秆碳的转化。此外，与对照和施氮肥处理相比，覆膜和有机肥结合提高了微生物量碳中秸秆碳的含量，这一结果也证实了覆膜提高新添加玉米秸秆的分解和土壤中微生物对碳的吸收利用（Wang et al.，2014，2016）。通过秸秆碳迅速进入微生物量碳中这一结果，可以说明水溶性的和易分解的组分对于微生物来说是主要的贡献者，这些结果已被其他研究者发现（Lehmann et al.，2015；Mambelli et al.，2011；Wickings et al.，2012）。

（二）覆膜和施肥促进微生物对秸秆的利用

不论覆膜与否，在所有施肥处理条件下，微生物量碳中秸秆碳含量随着培养时间快速升高之后又降低，表明新添加的玉米秸秆迅速代谢吸收，或通过分解和吸收利用使土壤有机碳增加。这与前人的研究结果相同，Blagodatskaya 等（2011）发现土壤在培养条件下，与转化成 CO_2 或可溶性的有机碳相比，来源于玉米秸秆的有机碳库优先代谢并且成为土壤微生物的一部分。本研究发现，与 CK 和 N 处理相比，M 和 MN 处理下秸秆碳合并到微生物量碳的速率更高，这可能是由于对照和氮肥处理含有较低的微生物数量以及在培养试验第 1 天的微生物量碳含量较低导致。CK 和 N 处理的微生物处于饥饿状态，当添加新鲜易分解的碳源时变得更加活跃。Söderberg 等（2004）发现革兰氏阴性细菌的分布与植物根的分布相关，同时易分解碳的组分如糖、有机酸和氨基酸数量多时细菌数量将增加，这个过程将导致根与菌丝相连。当营养成分低时，微生物对土壤有机物质利用更为剧烈，最后超过微生物对新添加有机物形成的新土壤有机质，结果导致土壤有机质遭到破坏和释放矿物质养分。

与不覆膜处理相比，覆膜条件下在培养试验的第 1 天和第 60 天，M 和 MN 施肥处理微生物量碳中秸秆碳占微生物量碳的比例更高，而 CK 和 N 施肥处理正好相反。本研究表明覆膜与有机肥都可以提高玉米秸秆分解或者提高微生物转化土壤中水溶性玉米秸秆碳的效率，这是由于无论是微生物量碳中的秸秆碳含量或是秸秆碳在微生物量碳中的比例都在有机肥处理和覆膜条件下更高，这一结果与土壤中快速生长的细菌迅速利用来自秸秆内低分子量的物质相一致。微生物基质利用率稳定假说预测易分解的土壤可溶性有机碳在更温暖和高湿度的条件下产量的增加，可能导致高底物利用效率的生物体产生更多生物量，进而导致更高的^{13}C标记的秸秆碳转化为土壤有机碳（Lehman et al.，2015）。

土壤的 C/N 比率，作为营养可利用性的指标，同时与微生物量碳利用率相关，当 C/N 升高时微生物量碳利用率降低，这就意味着土壤呼吸增加使大量的碳丢失；相反 C/N 降低会使微生物量碳利用率升高，表明具有更高效的增长。如果更低含量的碳在大气中以 CO_2 和 CH_4 的形式流动，就可能会有更多的碳固定在土壤中。微生物量碳利用率数值大概在 0.3 左右，表明生长与吸收的比率为 30%，其余 70%的碳用于呼吸而丢失，这已被用于陆地生态系统中凋落物分解的大规模模型（Sinsabaugh et al.，2013）。Abro 等（2011）用田间持水量为 60%的土壤经过 52 d 的室内培养后发现，与对照处理相比，改进后的土壤处理玉米秸秆积累的 CO_2－C 的分解率大概提高 40%。C/N 比率为 18、田间持水量为 70%～80%被认为是秸秆分解速率以及积累 CO_2 最适合的条件。

基于气相色谱法对氨基糖的转化量研究发现，通过 30 d 的培养试验，将植物物料——大豆叶片和玉米秸秆添加到棕壤中改良土壤，导致 C/N 降低，这一结果表明活跃的微生物群体和微生物周转有机碳的潜在后果（Liang et al.，2007）。本研究 MBC/MBN 比率的降低（N>CK>MN>M），微生物量碳利用率的升高（N≥CK>M>MN），在覆膜条件下培养试验的第 1 天至第 360 天秸秆的分解，更能支持覆膜和有机肥的施用对微生物生长和玉米秸秆分解的影响（Jin et al.，2017）。

（三）覆膜和施肥促进外源秸秆碳转化为微生物量碳

应用^{13}C标记的底物，能评价秸秆碳在微生物量碳和土壤有机碳中的分配，同时为长期覆膜和施肥对秸秆在土壤中的分解动态的相互控制作用提供理论依据。在之前的报道中，通过测定全土中的秸秆碳含量发现，覆膜和有机肥处理提高了玉米秸秆的分解，以及以 CO_2 或者其他如水溶性有机碳的形式丢失（Jin et al.，2017）。经过 360 d 的培养试验发现，全土中来源于秸秆的碳含量（^{13}C－SOC）与微生物量碳中秸秆碳（^{13}C－MBC）相关（图 7－21），这能更好地解释新添加的玉米秸秆碳的分解与固定。从培养试验的第 1 天至第 360 天，土壤中来源于秸秆碳的含量在所有施肥处理下的降低，表明玉米秸秆碳的丢失可能由作物根部吸收、移位或淋溶以及微生物的代谢所致。

很明显，在覆膜和施肥处理条件下，向上（增加微生物量碳中的秸秆碳）和向左（降低秸秆来源碳的含量）移动的趋势线，支持了田间管理措施覆膜和施肥结合应用提高了新添加秸秆的分解或微生物对其转化作用。由于覆膜这种田间管理措施能提高土壤的温度和湿度含量，因此促进了微生物对新鲜碳的吸收。微生物量碳与土壤有机碳比例由于季节的

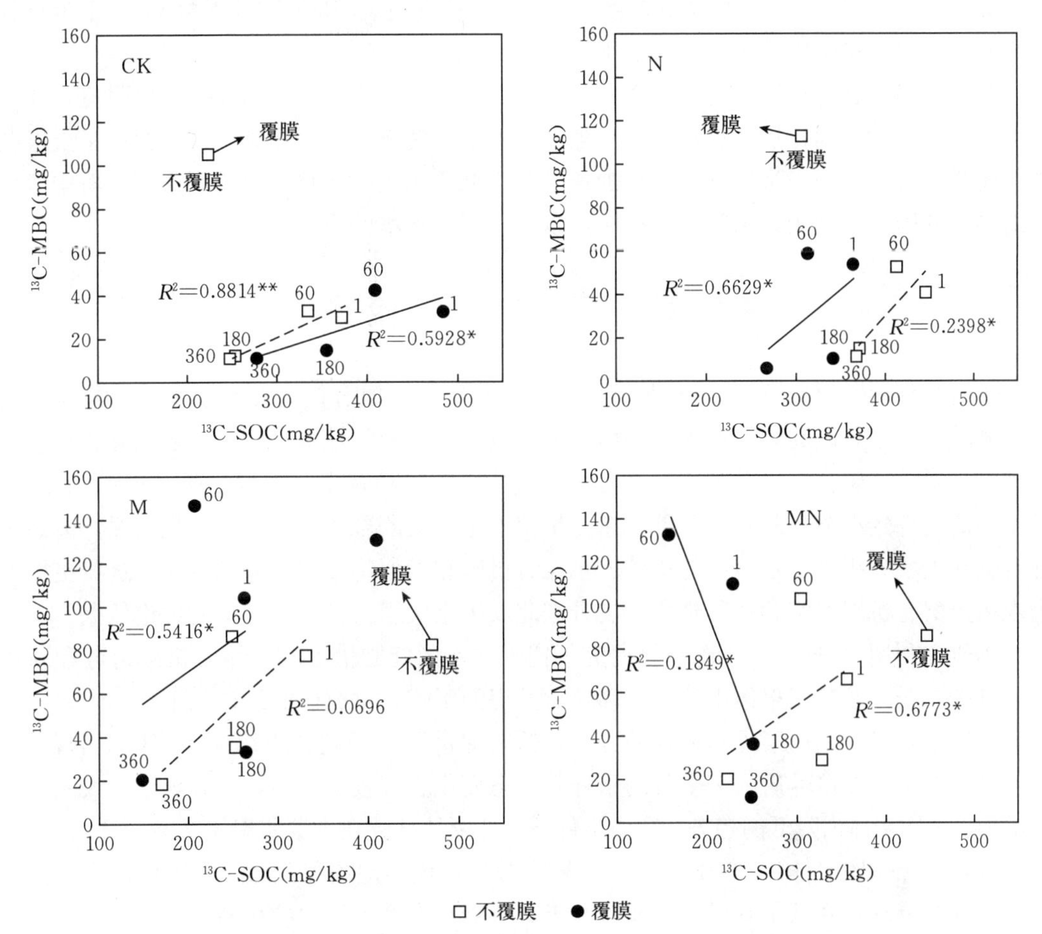

图 7－21　不同施肥和覆膜条件下全土中微生物量碳中的秸秆碳与总有机碳中秸秆碳的相关性

注：CK、N、M、MN 分别代表不施肥、单施氮肥、单施有机肥和有机肥配施氮肥处理。图中箭头长短和方向代表全土中相同施肥处理下 SOC_{straw} 和 MBC_{straw} 之间的相关性在覆膜与不覆膜之间存在差别。采样的时间分别为第 1 天、第 60 天、第 180 天和第 360 天。图中 R^2 值是基于线性回归分析。**代表 $P<0.01$ 显著相关。

不同而不同，这与海拔高度和温度有关，同时转移的微生物量也受到大气温度的影响。有机肥的单独施用提高了碳从玉米秸秆向微生物中转化，结合覆膜处理后其协同作用增加了微生物量碳库，这进一步支持了多种田间管理并用比单一的田间管理措施更有利于土壤碳的固定以及提高土壤肥力。

五、小结

经过 360 d 田间原位培养试验后，有机肥的施用提高了土壤微生物量碳（MBC）含量，覆膜促进了外源碳转化为微生物量碳。研究结果表明：

（1）秸秆添加第 1 天（24 h）后，与不添加秸秆的处理相比，^{13}C 标记的玉米秸秆使微生物量碳增加 2～13 倍，微生物量碳含量在 4 个施肥处理的顺序为 MN>M>N>CK。

（2）覆膜和有机肥处理，均能显著提高微生物量碳中的秸秆碳含量。M 和 MN 处理显著提高（$P<0.05$）了微生物量碳含量；而且覆膜促进 M 和 MN 处理第 60 天玉米秸秆的分解，微生物量碳中的秸秆碳分别提高了 93.0%和 28.6%。

（3）覆膜结合有机肥的施用使 MBC_{straw}/SOC_{straw} 提高了 80%～83%。这说明覆膜和有机肥处理通过微生物作用，促进了新添加的玉米秸秆转化为微生物碳，进而提高了土壤肥力。覆膜、有机肥和玉米秸秆添加均加速了营养循环和碳的转移，这说明通过土壤中微生物对碳源的固定和利用，田间管理措施可以直接影响土壤的质量。

第五节　结　　论

本研究利用^{13}C标记的玉米秸秆碳示踪了东北旱田土壤有机碳在土壤及其团聚体中的赋存和转化过程，以沈阳农业大学棕壤长期定位试验实验站棕壤为例，深入探究了地膜覆盖和施肥对秸秆碳在土壤及其团聚体有机碳组分中赋存和转化的影响。通过对^{13}C的示踪基本弄清秸秆碳在覆膜和施肥条件下东北旱田土壤及其团聚体的赋存和转化情况，清楚了外源碳在土壤有机碳、水溶性有机碳、颗粒有机碳和微生物量碳的分配关系。这将更好地为农田土壤有机碳固定和转移规律、提升东北农田土壤肥力提供更充足的理论依据。

本研究利用^{13}C同位素示踪技术研究了覆膜和不同施肥措施对土壤有机碳组分和新添加秸秆碳在全土及其团聚体中的赋存和转化过程的影响。主要研究结论如下：

（1）施肥显著加速了外源秸秆的分解，覆膜促进了外源碳在土壤大团聚体中的积累。研究结果表明，在培养后的 2 个月内秸秆碳动态变化表现较为明显，并表现出在大团聚体内增加、微团聚体内降低的趋势。覆膜条件下，外源秸秆碳在土壤团聚体（>0.25 mm）中赋存数量高于微团聚体（<0.25 mm）中赋存数量，说明地膜覆盖加速了土壤微团聚体中外源秸秆的分解，降低了其赋存，而有利于有机碳在大团聚体中的积累。

（2）覆膜促进外源秸秆碳在土壤水溶性有机碳的转移，同时改善土壤有机碳的活性。覆膜和氮肥处理使水溶性有机碳中秸秆碳的含量显著提高。微生物对外源有机碳在水溶性有机碳内的分配具有重要影响，其对秸秆碳向水溶性有机碳转化具有促进作用；微团聚体（<0.25 mm）有利于外源秸秆碳转化为水溶性有机碳。

（3）经过 360 d 的田间原位培养试验后，有机肥显著提高土壤颗粒有机碳含量。颗粒有机碳及其外源秸秆碳在微团聚体（<0.25 mm）内积累最多，同时微团聚体可以促进外源有机碳形成颗粒有机碳，而且该粒级内颗粒有机碳最为活跃，说明微团聚体利于外源有机碳分解，促进颗粒有机碳的形成。中团聚体（1～2 mm）在作物生长期（秸秆添加第 60 天至第 180 天）对颗粒有机碳具有固持作用，说明秸秆添加的第 60 天和第 180 天是颗粒有机碳的关键时期。颗粒有机碳对于土壤有机碳的变化起到主导作用。

（4）秸秆的添加显著增加了土壤微生物量碳的含量。同时有机肥的施用提高了土壤微生物量碳含量，也促进了秸秆碳向微生物中的转化。微生物量碳在 M 和 MN 处理下显著高于（$P<0.05$）CK 和 N 处理，覆膜促进外源碳转化为微生物量碳。覆膜结合有机肥的施用增加了秸秆碳在微生物量碳中的比例。这说明覆膜和有机肥处理通过微生物作用，促进了新添加玉米秸秆转化为微生物量碳，进而提高了土壤肥力。

主要参考文献

安婷婷，汪景宽，李双异，等，2008. 施用有机肥对黑土团聚体有机碳的影响．应用生态学报，19（2）：369－373.

窦森，张晋京，Lichtfouse E，等，2003. 用 $\delta^{13}C$ 方法研究玉米秸秆分解期间土壤有机质数量动态变化．土壤学报，40（3）：328－334.

顾鑫，2014. 新加入有机碳在棕壤不同团聚体中分配与周转规律的研究．沈阳：沈阳农业大学.

金鑫鑫，汪景宽，孙良杰，等，2017. 稳定 ^{13}C 同位素示踪技术在农田土壤碳循环和团聚体固碳研究中的应用进展．土壤，49（2）：217－224.

刘中良，宇万太，2011. 土壤团聚体中有机碳研究进展．中国生态农业学报，19（2）：447－455.

裴久渤，2015. 玉米秸秆碳在东北旱田土壤中的转化与固定．沈阳：沈阳农业大学.

彭新华，张斌，赵其国．2001. 土壤有机碳库和土壤结构稳定性关系．土壤学报，4：618－613.

彭新华，张斌，赵其国，2004. 土壤有机碳库与土壤结构稳定性关系的研究进展．土壤学报，41（4）：618－623.

史奕，陈欣，杨雪莲，等，2003. 土壤“慢”有机碳库研究进展．生态学杂志，22（5）：108－112.

汪景宽，刘顺国，李双异，2006. 长期地膜覆盖及不同施肥处理对棕壤无机氮和氮素矿化率的影响．水土保持学报，20（6）：107－110.

徐江兵，李成亮，何园球，等，2007. 不同施肥处理对旱地红壤团聚体中有机碳含量及其组分的影响．土壤学报，44（4）：675－682.

于树，2009. 长期施肥处理及地膜覆盖对棕壤有机碳组分及微生物多样性的影响．沈阳：沈阳农业大学．

袁颖红，李辉信，黄欠如，等，2008. 长期施肥对水稻土颗粒有机碳和矿物结合态有机碳的影响．生态学报，28（1）：353－360.

周萍，潘根兴，2007. 长期不同施肥对黄泥土水稳性团聚体颗粒态有机碳的影响．土壤通报，38（2）：256－261.

Abro S A，Tian X H，You D H，et al.，2011. Emission of carbon dioxide influenced by nitrogen and water levels from soil incubated straw. Plant Soil and Environment，57：295－300.

An T，Schaeffer S，Li S，et al.，2015a. Carbon fluxes from plant to soil and dynamics of microbial immobilization under plastic mulching and fertilizer application using ^{13}C pulse－labelling. Soil Biology and Biochemistry，80：53－61.

An T，Schaeffer S，Zhuang J，et al.，2015b. Dynamics and distribution of ^{13}C－labeled straw carbon by microorganisms as affected by soil fertility levels in the black soil region of Northeast China. Biology and Fertility of Soils，51：605－613.

Blagodatskaya E，Yuyukina T，Blagodatsky S，et al.，2011. Turnover of soil organic matter and of microbial biomass under C_3－C_4 vegetation change：consideration of ^{13}C fractionation and preferential substrate utilization. Soil Biology and Biochemistry，43：159－166.

Cambardella C A，Elliot E T，1994. Carbon and nitrogen dynamics of soil organic matter fractions from cultivated grassland soils. Soil Science Society of America Journal，58：123－130.

Clapp C E，Allmaras R R，Layese M F，et al.，2000. Soil organic carbon and ^{13}C abundance as related to tillage，crop rcsidue，and nitrogen fertilization under continuous corn management in Minnesota. Soil and Tillage Research，55：127－142.

Cotrufo M F, Soong J L, Horton A J, et al., 2015. Formation of soil organic matter via biochemical and physical pathways of litter mass loss. Nature Geoscience, 8: 776.

Cotrufo M F, Wallenstein M D, Boot C M, et al., 2013. The microbial efficiency - matrix stabilization (MEMS) framework integrates plant litter decomposition with soil organic matter stabilization: do labile plant inputs form stable soil organic matter. Global Change Biology, 19: 988 - 995.

Fang H, Yu G, Cheng S, et al., 2009. ^{13}C abundance, water - soluble and microbial biomass carbon as potential indicators of soil organic carbon dynamics in subtropical forests at different successional stages and subject to different nitrogen loads. Plant and Soil, 320: 243 - 254.

Gale W J, Cambardella C A, Bailey T B, 2000. Surface residue - and root - derived carbon in stable and unstable aggregates. Soil Science Society of America Journal, 64: 196 - 201.

Gonzalez J M, Laird D A, 2003. Carbon sequestration in clay mineral fractions from C - labeled plant residues. Soil Science Society of America Journal, 67: 1715 - 1720.

Jin X, An T, Gall A R, et al., 2018. Enhanced conversion of newly - added maize straw to soil microbial biomass C under plastic film mulching and organic manure management. Geoderma, 313: 154 - 162.

Kalbitz K, Schwesig D, Schmerwitz J, et al., 2003. Changes in properties of soil - derived dissolved organic matter induced by biodegradation. Soil Biology and Biochemistry, 35: 1129 - 1142.

Kundu S, Bhattacharyya R, Ved - Prakash G B N, et al., 2007. Carbon sequestration and relationship between carbon addition and storage under rainfed soybean - wheat rotation in a sandy loam soil of the Indian Himalayas. Soil and Tillage Research, 92: 87 - 95.

Lehmann J, Kleber M, 2015. The contentious nature of soil organic matter. Nature, 528: 60 - 68.

Li F, Song Q, Jjemba K P, et al., 2004. Dynamics of soil microbial biomass C and soil fertility in cropland mulched with plastic film in a semiarid agro - ecosystem. Soil Biology and Biochemistry, 36: 1893 - 1902.

Li Z, Liu M, Wu X, et al., 2010. Effects of long - term chemical fertilization and organic amendments on dynamics of soil organic C and total N in paddy soil derived from barren land in subtropical China. Soil and Tillage Research, 106: 268 - 274.

Liang C, Zhang X, Rubert K F, et al., 2007. Effect of plant materials on microbial transformation of amino sugars in three soil microcosms. Biology and Fertility of Soils, 43: 631 - 639.

Majumder B, Kuzyakov Y, 2010. Effect of fertilization on decomposition of 14C labelled plant residues and their incorporation into soil aggregates. Soil and Tillage Research, 109: 94 - 102.

Mambelli S, Bird J A, Gleixner G, et al., 2011. Relative contribution of foliar and fine root pine litter to the molecular composition of soil organic matter after in situ degradation. Organic Geochemistry, 42: 1099 - 1108.

Puget P, Chenu C, Balesdent J, 1995. Total and young organic matter distributions in aggregates of silty cultivated soils. European Journal of Soil Science, 46: 449 - 459.

Puget P, Drinkwater L E, 2001. Short - term dynamics of root - and shoot - derived carbon from a leguminous green manure. Soil Science Society of America Journal, 65: 771 - 779.

Ryan M C, Aravena R, 1994. Combining ^{13}C natural abundance and fumigation - extraction methods to investigate soil microbial biomass turnover. Soil Biology and Biochemistry, 26: 1583 - 1585.

Sinsabaugh R L, Manzoni S, Moorhead D L, et al., 2013. Carbon use efficiency of microbial communities: stoichiometry, methodology and modelling. Ecology Letters, 16: 930 - 939.

Six J, Conant R T E, Paul A, et al., 2002. Stabilization mechanisms of soil organic matter: Implications for C - saturation of soils. Plant and Soil，241：155 - 176.

Stewart C E，Paustian K，Conant R T，et al.，2007. Soil carbon saturation：concept，evidence and evaluation. Biogeochemistry，86：19 - 31.

Söderberg K H，Probanza A，Jumpponen A，et al.，2004. The microbial community in the rhizosphere determined by community - level physiological profiles（CLPP）and direct soil - and cfu - PLFA techniques. Applied Soil Ecology，25：135 - 145.

Tisdall J M，Oades J M，1982. Organic matter and water - stable aggregates in soils. European Journal of Soil Science，33：141 - 163.

Uselman S M，Qualls R G，Lilienfein J，2007. Contribution of root vs. leaf litter to dissolved organic carbon leaching through soil. Soil Science Society of America Journal，71：1555 - 1563.

Wickings K，Grandy A S，Reed S C，et al.，2012. The origin of litter chemical complexity during decomposition. Ecology Letters，15：1180 - 1188.

Wu S C，Luo Y M，Cheung K C，et al.，2006. Influence of bacteria on Pb and Zn speciation，mobility and bioavailability in soil：a laboratory study. Environmental Pollution，144：765 - 773.

Yamada K，Kanai M，Osakabe Y，et al.，2011. Monosaccharide absorption activity of Arabidopsis roots depends on expression profiles of transporter genes under high salinity conditions. Journal of Biological Chemistry，286：43577 - 43586.

Zhao M，Zhou J，Kalbitz K，2008. Carbon mineralization and properties of water - extractable organic carbon in soils of the south Loess Plateau in China. European Journal of Soil Biology，44：158 - 165.

第八章 长期地膜覆盖对土壤中秸秆氮赋存形态和有效性的影响

秸秆还田不仅能够培肥地力，改善土壤结构和理化性状，提高土壤保水保肥能力，也能使氮、磷、钾等营养元素参与农田物质与能量循环，优化农田生态环境等。因此，秸秆还田对于一个地区的农业可持续发展、推进当地生态建设和防治秸秆焚烧污染具有十分重要的意义。有统计资料显示，目前我国玉米秸秆还田率仅为17.6%，可见秸秆作为重要资源在还田利用上具有很大的发展潜力。秸秆中含有丰富的营养物质，以氮素为例，有数据显示还田15 t/hm^2水稻秸秆可为土壤补充75～90 kg氮，相当于施用150～180 kg尿素。归还到农田土壤中的秸秆无论是培肥地力、还是养分被作物吸收利用乃至在土壤中的迁移转化，都要在秸秆腐解过程中或腐熟后才能完成，而秸秆腐熟过程受到水分、温度、微生物活性、C/N等因素的影响，这些因素又与覆膜和施肥等栽培措施直接相关。

氮素是作物吸收量最大的营养元素，在土壤中表现活跃。覆膜能够改变农田土壤中的氮循环过程，施肥影响土壤氮素含量与形态，而秸秆还田为土壤提供了氮素来源。覆膜和施肥以及秸秆还田均对土壤中的氮素分布和转移、植物利用情况产生直接影响。团聚体作为土壤结构的基本单位，是土壤氮素储存的重要场所，对土壤氮素的保护和释放具有重要调控作用。因此，把覆膜和施肥与秸秆氮素有效性、氮素在土壤团聚体中分布结合起来开展研究，具有十分重要的实践与理论意义。

第一节 覆膜和施肥条件下秸秆氮在土壤中的分配和赋存

覆膜和施肥影响了还田秸秆的分解，同时覆膜和施肥能够影响土壤中元素（氮素等）的贮存和分布，因此覆膜和施肥影响了还田秸秆分解释放出的氮素在土壤中的转移和赋存。在覆膜和施肥条件下，秸秆氮在土壤中的赋存状况对指导农业生产具有重要的意义。本节通过示踪玉米秸秆氮在不同覆膜和施肥土壤中的分布，研究覆膜和施肥条件下秸秆氮在土壤中的转移和固定情况。

一、材料与方法

（一）试验设计

本试验在长期定位试验小区内进行，小区面积69 m^2。连作玉米，品种选用当地常用品种；每年5月初播种、10月初收割，播种时施基肥、覆地膜，收割时测产、采集植物样本和土壤样本；作物生育期间按当地栽培方式进行田间管理；秋收后清除田间玉米秸秆和残留地膜，根系留在土壤中，然后翻地、整地。

试验分地膜覆盖栽培（With mulching）和传统栽培（即不覆膜，Without mulching）两组（裂区设计），两组均设对照（CK，不施肥）、单施氮肥（N，施化肥 N 135 kg/hm^2）、单施有机肥（M，施有机肥折合 N 135 kg/hm^2）、有机肥配施氮肥（MN，施有机肥折合 N 67.5 kg/hm^2、施化肥 N 67.5 kg/hm^2）4 个施肥处理。每个处理 3 次重复，小区随机排列。试验施用的有机肥为猪厩肥，有机质含量约为 150 g/kg，全氮含量为 10 g/kg。施用的化肥为尿素，含 N 量为 46%。2014 年各处理土壤的基本理化性状测定结果见表 8－1。

表 8－1　各处理土壤基本理化性状（2014 年）

项　目	处理	有机碳 (g/kg)	全氮 (g/kg)	碳/氮	pH (H_2O)	有效磷 (mg/kg)	速效钾 (mg/kg)	$\delta^{15}N$ (‰)	容重 (g/cm^3)
不覆膜	CK	9.35h	1.14e	8.20e	5.83c	40.5e	104d	7.51e	1.22ab
	N	10.8f	1.14e	9.39d	5.51e	114d	88.1e	7.73e	1.08e
	M	13.2a	1.28a	10.36b	6.07a	144a	128b	8.58d	1.09de
	MN	11.9c	1.21b	9.87c	5.73d	125bc	139a	6.86f	1.24a
覆膜	CK	9.87g	1.05g	9.39d	5.15g	39.5e	92.1e	12.4a	1.19b
	N	10.9e	1.16d	9.39d	5.29f	130b	85.4e	9.48c	1.06e
	M	12.4b	1.18c	10.49ab	6.04b	141a	115c	10.1b	1.14c
	MN	11.8d	1.11f	10.61a	5.74d	120cd	116c	6.25g	1.12cd

注：CK、N、M 和 MN 分别代表不施肥、单施氮肥、单施有机肥、有机肥配施氮肥处理。不同小写字母表示不同处理间差异显著（$P<0.05$）。

（二）同位素示踪试验

同位素示踪试验所使用的示踪材料为用 ^{15}N 标记的玉米秸秆（有机物料），同位素标记、栽培管理按常规方法进行（安婷婷，2015）。将 ^{15}N 标记的玉米秸秆根、茎、叶经充分混合后粉碎，过 0.425 mm 筛备用。该秸秆全碳含量 396.04 g/kg、全氮含量 11.43 g/kg、C/N 为 34.65、$\delta^{15}N$ 值为 8 429.71‰。

在长期定位试验各处理小区内分别布设一体积为 1 m^3 的微区（1 m×1 m×1 m）进行同位素示踪试验。将各微区内深 1 m 的土壤挖出分层堆放，将体积为 1 m^3（1 m×1 m×1 m）的无底无盖 PVC 盒子放入坑内，再把挖出的 20～100 cm 土层土壤按原容重逐层回填；0～20 cm 表层按每千克干土加入 2 g 秸秆的比例添加粉碎的同位素标记玉米秸秆 450 g，充分混合后，填回相应层次的 PVC 盒子里。每一试验小区同时按照上述方法设置不加同位素示踪材料的微区为对照。各微区在加入示踪材料后，进行相应的覆膜和施肥处理。

田间试验于 2014 年、2015 年完成。2014 年 4 月 29 日播种、10 月 18 日收获；2015 年 4 月 25 日继续播种，进行相应的覆膜和施肥处理（此时不再加入标记的玉米秸秆）、10 月 13 日收获。每一微区内种植玉米 6 株。为了表达方便，将 2014 年、2015 年的播种、收获日依次称作试验开始的第 0 天、第 180 天、第 360 天和第 540 天。

（三）样品采集

在土壤加入标记的玉米秸秆后并播种的当天（第 0 天）及播种后第 60 天、第 180 天

（收获）、第 360 天（第二季播种）、第 540 天（收获）采集土壤样品，每个同位素示踪试验微区和对照微区分别取样，每一样品至少由随机布设的 3 个以上采样点取样混合而成；土壤样品去除石块和植物根系后充分混匀，在 4 ℃下风干至含水量 8%左右备用。

（四）样品测定

土壤全氮含量及 $\delta^{15}N$ 值测定：烘干土样研磨过 0.15 mm 筛后，用元素分析-同位素比例质谱联用仪（EA-IRMS，Elementarvario PYRO cube coupled to IsoPrime100 Isotope Ratio Mass Spectrometer，Germany）测定。

土壤微生物量氮含量及 $\delta^{15}N$ 值测定：土壤微生物量氮采用氯仿熏蒸浸提法提取（FE）。熏蒸和不熏蒸提取液用 High-TOC Ⅱ（Elementar Ⅱ，Germany）测定氮素含量；如不能立即测定需将滤液放－20 ℃下保存。其余滤液冷冻干燥后研磨，过 0.15 mm 筛，用 EA-IRMS 测定 $\delta^{15}N$ 值，以大气中的氮气为标准物质。

（五）计算公式

土壤全氮中来自还田玉米秸秆的氮素所占比例（$f_{\text{straw-N}}$），即秸秆氮的贡献率，由式（8-1）计算得出：

$$f_{\text{straw-N}}=\frac{\delta^{15}N_{\text{sample}}-\delta^{15}N_{\text{control}}}{\delta^{15}N_{\text{straw}}-\delta^{15}N_{\text{control}}}\times 100\% \qquad (8-1)$$

式中，$\delta^{15}N_{\text{sample}}$表示添加玉米秸秆处理的土壤 $\delta^{15}N$ 值，$\delta^{15}N_{\text{control}}$表示不添加玉米秸秆即对照处理的土壤 $\delta^{15}N$ 值，$\delta^{15}N_{\text{straw}}$表示初始添加的玉米秸秆（即有机物料）$\delta^{15}N$值。

土壤全氮中来自老氮（即土壤原有的氮）的比例（$f_{\text{soil-N}}$），即老氮的贡献率（%）计算公式为：

$$f_{\text{soil-N}}=100-f_{\text{straw-N}} \qquad (8-2)$$

土壤全氮中玉米秸秆来源的氮（N_{straw}，g/kg）及原土壤来源的氮（N_{soil}，g/kg）含量计算公式为：

$$N_{\text{straw}}=N_{\text{sample}}\times f_{\text{straw-N}} \qquad (8-3)$$

$$N_{\text{soil}}=N_{\text{sample}}\times f_{\text{soil-N}} \qquad (8-4)$$

式中，N_{sample}表示添加秸秆后土壤全氮含量。

土壤微生物量氮（N_{MBN}，mg/kg）的计算公式为：

$$N_{\text{MBN}}=\frac{N_{\text{fum}}-N_{\text{nfum}}}{K_{\text{EN}}} \qquad (8-5)$$

式中，N_{fum}表示熏蒸后土壤浸提液中可溶性总氮含量，N_{nfum}表示未熏蒸土壤浸提液中可溶性总氮含量，K_{EN}表示将提取的氮转化为微生物量氮的转换系数，为 0.54。

微生物量氮的 $\delta^{15}N$ 值（$\delta^{15}N_{\text{MBN}}$，‰）计算公式为：

$$\delta^{15}N_{\text{MBN}}=\frac{\delta^{15}N_{\text{fum}}\times N_{\text{fum}}-\delta^{15}N_{\text{nfum}}\times N_{\text{nfum}}}{N_{\text{fum}}-N_{\text{nfum}}} \qquad (8-6)$$

式中，N_{fum}表示熏蒸后土壤浸提液中可溶性总氮含量，N_{nfum}表示未熏蒸土壤浸提液中可溶性总氮含量，$\delta^{15}N_{\text{fum}}$表示熏蒸后土壤浸提液的 $\delta^{15}N$ 值（‰），$\delta^{15}N_{\text{nfum}}$表示未熏蒸土壤浸提液的 $\delta^{15}N$ 值（‰）。

每公顷土壤中秸秆氮的含量（$N_{\text{straw-Namount}}$，kg/hm^2）用式（8-7）计算：

$$N_{Straw-Namount} = N_{straw} \times W \times 10 \tag{8-7}$$

式中，W 表示根、茎、叶、籽粒和整个植株的重量（kg/hm^2）。

二、覆膜和施肥条件下土壤全氮和秸秆来源氮的动态变化

（一）土壤全氮的动态变化

在不覆膜不添加秸秆条件下，各施肥处理土壤全氮含量均表现为第 360 天时最低，到第 540 天时又升高的趋势；不同施肥处理间比较 5 次采样土壤全氮含量均表现为 M>MN>N>CK（图 8-1）。在覆膜不添加秸秆条件下，各施肥处理土壤全氮含量随时间的变化趋势同不覆膜条件一致。同一施肥处理、同一取样时间，覆膜处理土壤全氮含量均小于不覆膜处理。覆膜处理比不覆膜处理土壤含氮量在第 0 天平均降低 0.041 g/kg、第 60 天平均降低 0.049 g/kg、第 180 天平均降低 0.047 g/kg、第 360 天平均降低 0.063 g/kg、第 540 天平均降低 0.076 g/kg。

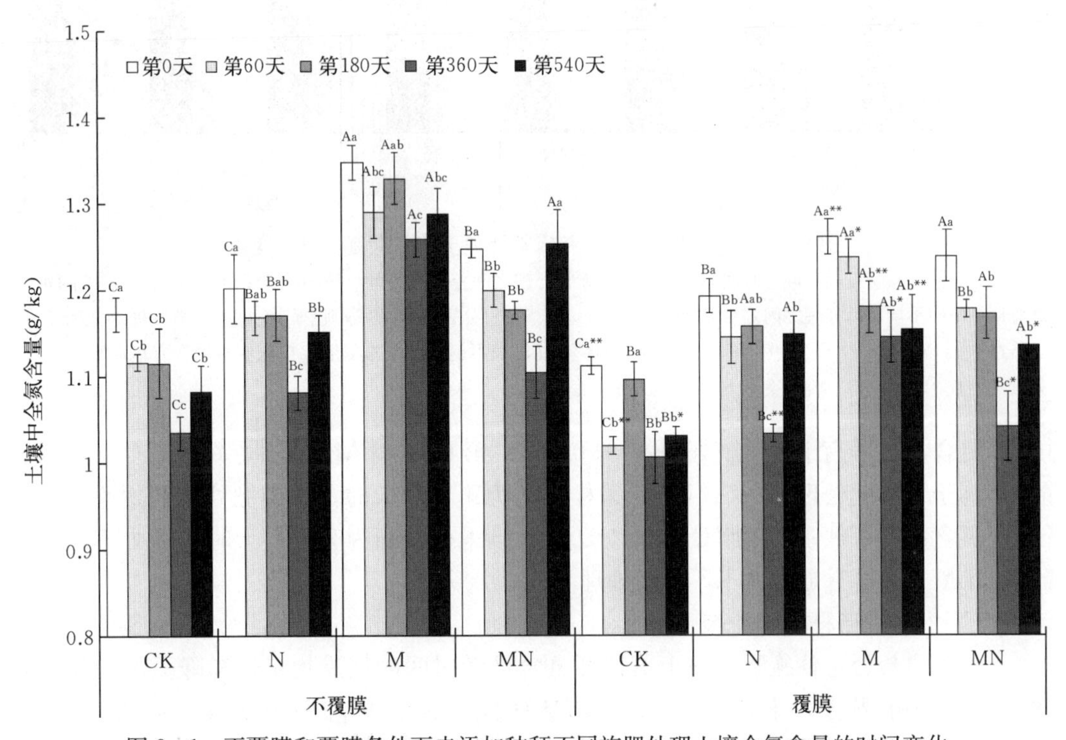

图 8-1　不覆膜和覆膜条件下未添加秸秆不同施肥处理土壤全氮含量的时间变化

注：不同大写字母表示同一时间同一覆膜不同施肥处理之间差异显著性（$P<0.05$）；不同小写字母表示同一施肥同一覆膜不同时间处理之间差异显著性（$P<0.05$）；* 和**分别表示同一施肥同一时间不同覆膜处理之间差异显著性水平 $P<0.05$ 和 $P<0.01$。CK、N、M、MN 分别代表不施肥、单施氮肥、单施有机肥、有机肥配施氮肥处理。

不覆膜条件下添加秸秆后，各处理土壤全氮含量均在第 180 天最高（图 8-2）。在覆膜条件下，添加秸秆后各施肥处理土壤全氮含量均在第 0 天最高，均表现为先降低后升高的变化趋势。土壤添加秸秆后，采样时间为第 0 天时，N 处理和 MN 处理在覆膜条件下

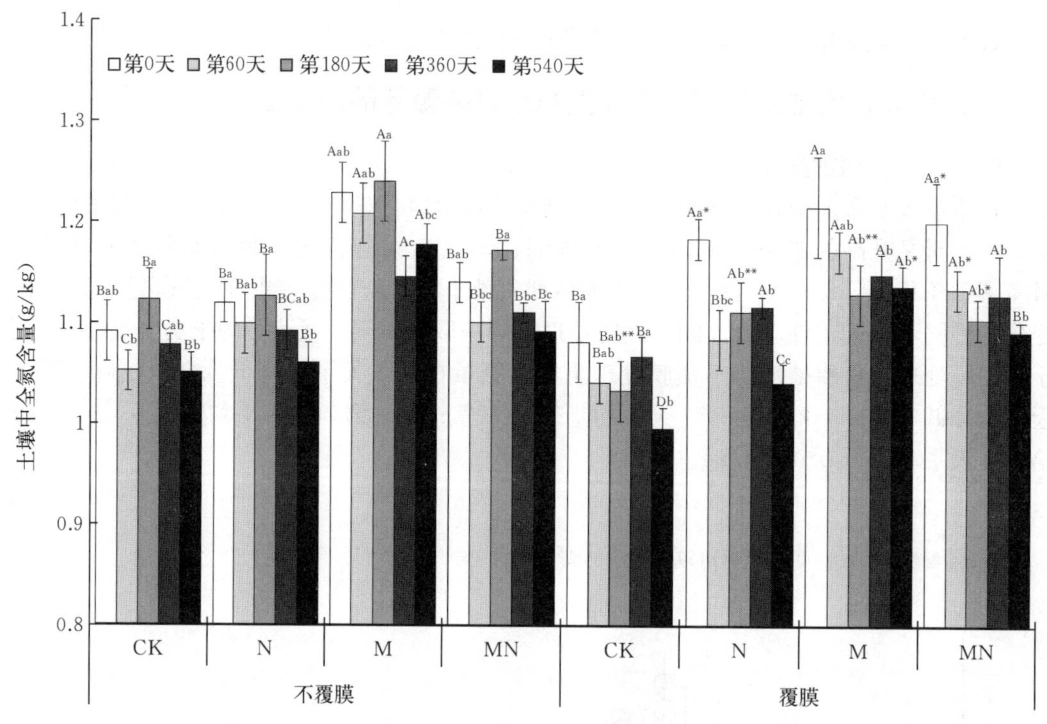

图 8-2 添加秸秆后覆膜和施肥处理土壤中全氮含量的变化

注：不同大写字母表示同一时间同一覆膜不同施肥处理之间差异显著性（$P<0.05$）；不同小写字母表示同一施肥同一覆膜不同时间处理之间差异显著性（$P<0.05$）；* 和 ** 分别表示同一施肥同一时间不同覆膜处理之间差异显著性水平 $P<0.05$ 和 $P<0.01$。CK、N、M、MN 分别代表不施肥、单施氮肥、单施有机肥、有机肥配施氮肥处理。

土壤全氮含量显著高于不覆膜处理（$P<0.05$）；第 60 天时 MN 处理在覆膜条件下全氮含量显著高于不覆膜处理（$P<0.05$）；采样时间为第 180 天时，各施肥处理在覆膜条件下土壤全氮含量显著低于不覆膜处理（$P<0.05$）；采样时间为第 540 天时，M 处理在覆膜条件下土壤全氮含量显著低于不覆膜处理（$P<0.05$）。

（二）土壤中秸秆氮的动态变化

无论覆膜与否，各施肥处理土壤秸秆氮含量随时间的推进均呈逐渐降低的趋势变化（图 8-3）。不覆膜条件下各施肥处理土壤秸秆氮含量，CK 和 M 处理第 180 天、第 360 天和第 540 天之间差异显著（$P<0.05$）；N 处理和 MN 处理在各采样时间秸秆氮含量差异均显著（$P<0.05$）。不覆膜条件下，采样时间为第 60 天时，各施肥处理土壤秸秆氮含量表现为 CK>M>N>MN；采样时间为第 180 天时表现为 CK>N>M>MN；采样时间为第 360 天时表现为 CK>N>M>MN，且各处理之间差异显著（$P<0.05$）；采样时间为第 540 天时表现为 CK>M>MN>N，且各处理之间差异显著（$P<0.05$）。

覆膜条件下，CK 处理土壤秸秆氮含量在 180 d 之后显著降低（$P<0.05$）；M 处理在采样时间为第 180 天、第 360 天和第 540 天时显著降低（$P<0.05$）；N 和 MN 处理在各采样时间均变化显著（$P<0.05$）。覆膜条件下，采样时间为第 60 天时，各施肥处理土壤

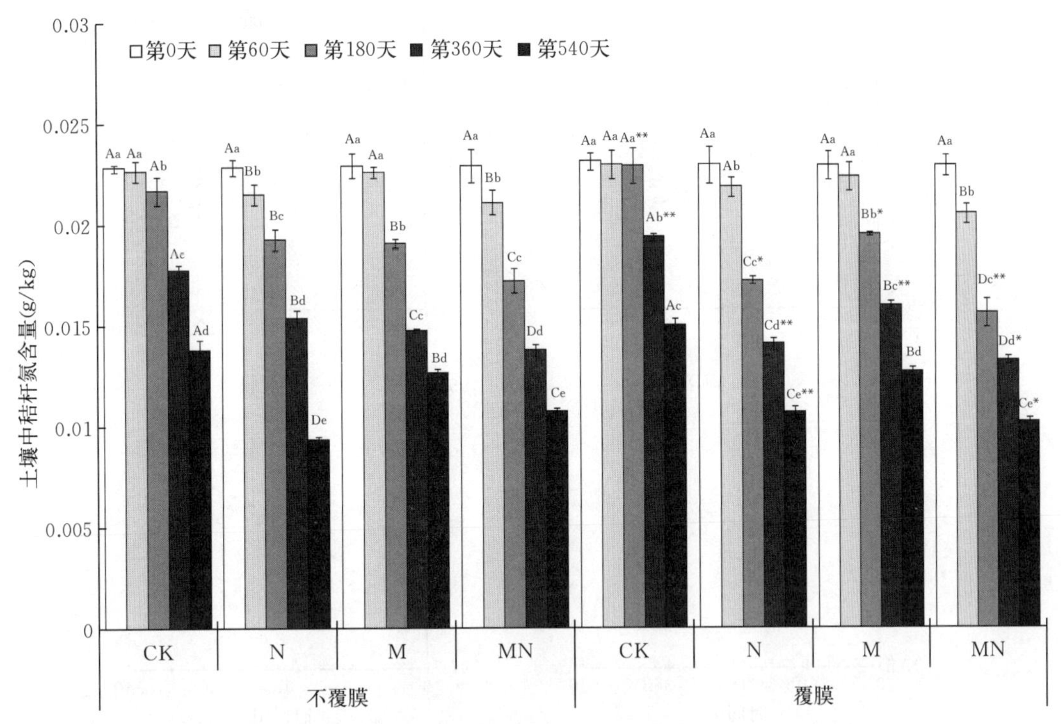

图 8-3　覆膜与不覆膜各施肥处理土壤中秸秆氮（^{15}N）的时间变化

注：不同大写字母表示同一时间同一覆膜不同施肥处理之间差异显著性（$P<0.05$）；不同小写字母表示同一施肥同一覆膜不同时间处理之间差异显著性（$P<0.05$）；* 和 ** 分别表示同一施肥同一时间不同覆膜处理之间差异显著性水平 $P<0.05$ 和 $P<0.01$。CK、N、M、MN 分别代表不施肥、单施氮肥、单施有机肥、有机肥配施氮肥处理。

秸秆氮含量表现为 CK>M>N>MN；采样时间为第 180 天、第 360 天和第 540 天时表现为 CK>M>N>MN，除了第 540 天 N 和 MN 处理之外其余均差异显著（$P<0.05$）。

采样时间为第 180 天和第 360 天时，CK 和 M 处理在覆膜条件下土壤秸秆氮含量大于不覆膜条件，差异显著（$P<0.05$）；N 和 MN 处理在覆膜条件下土壤秸秆氮含量小于不覆膜条件，差异显著（$P<0.05$）。采样时间为第 540 天时，CK、N 和 M 处理在覆膜条件下土壤秸秆氮含量大于不覆膜条件，只有 N 处理差异显著（$P<0.05$）；MN 处理覆膜条件下土壤秸秆氮含量小于不覆膜条件，差异显著（$P<0.05$）。

（三）土壤中秸秆氮的贡献率

在不覆膜条件下，不同施肥处理秸秆氮对土壤氮的贡献率在第 60 天时为 CK>N>MN>M；在第 180 天和第 360 天时为 CK>N>M>MN；在第 540 天时为 CK>M>MN>N；在第 360 天至第 540 天之间秸秆氮对土壤氮的贡献率降低幅度在各处理中以 N 处理为最大（图 8-4）。

在覆膜条件下，不同施肥处理秸秆氮对土壤氮的贡献率在第 60 天时为 CK>N>M>MN；采样时间在第 180 天、第 360 天和第 540 天时为 CK>M>N>MN。在整个试验期内，各施肥处理以 N 处理秸秆氮对土壤氮的贡献率降低幅度最大。原土中的氮素（老氮）对土壤氮的贡献率与秸秆氮的贡献率相反。

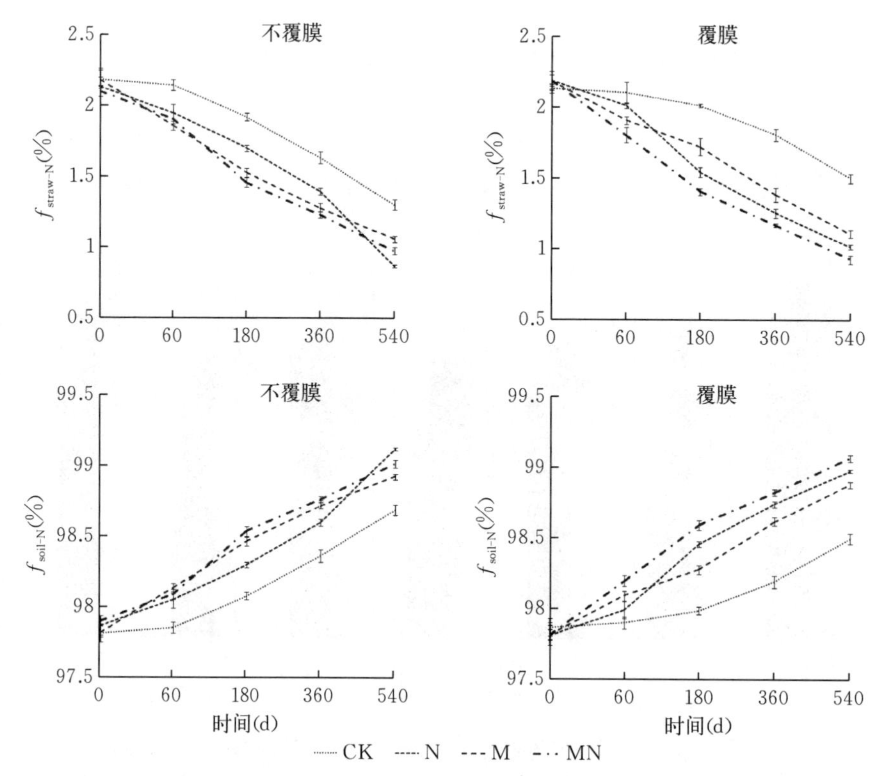

图 8-4　覆膜与不覆膜条件下秸秆氮（$f_{straw-N}$）和老氮（f_{soil-N}）对不同施肥处理土壤氮的贡献率

注：CK、N、M、MN 分别代表不施肥、单施氮肥、单施有机肥、有机肥配施氮肥处理。

（四）土壤 C/N 动态变化

在未添加秸秆不覆膜条件下，土壤 C/N 均高于 8，CK 处理在采样时间为第 60 天时最低，为 8.15；M 处理在采样时间为第 180 天时最高，为 10.14（图 8-5）。N 处理和 M 处理土壤 C/N 随时间变化呈先升高后降低的趋势，采样时间为第 180 天时土壤 C/N 最高，分别为 9.57 和 10.14；N 处理在采样时间为第 0 天时土壤 C/N 最低（8.75）；M 处理在采样时间为第 540 天时最低（8.70）；MN 处理土壤 C/N 随时间变化呈先升高后降低再升高的趋势，采样时间为第 180 天时土壤 C/N 最高（9.76），采样时间为第 0 天时土壤 C/N 最低（8.96）；CK 处理呈先降低后升高的趋势，采样时间为第 60 天时土壤 C/N 最低（8.15），采样时间为第 540 天时土壤 C/N 最高（9.65）。

在未添加秸秆覆膜条件下，整个试验期间各施肥处理土壤 C/N 均高于 8，其平均值为 9.74。CK 处理在采样时间为第 0 天时土壤 C/N 最低，为 8.61；M 处理在采样时间为第 180 天时最高，为 10.90。N 处理、M 处理、MN 处理在采样时间为第 60 天时土壤 C/N 均最低，分别为 9.10、9.75、9.38；在第 180 天时均达最高值，分别为 10.28、10.90、10.06。在整个试验期内，M 处理土壤 C/N 均高于其他处理。

未添加秸秆条件下，覆膜与不覆膜相同施肥处理比较，其土壤 C/N 差异明显。采样时间为第 0 天、第 180 天、第 360 天和第 540 天时，覆膜各施肥处理土壤 C/N 均高于不覆膜土壤。

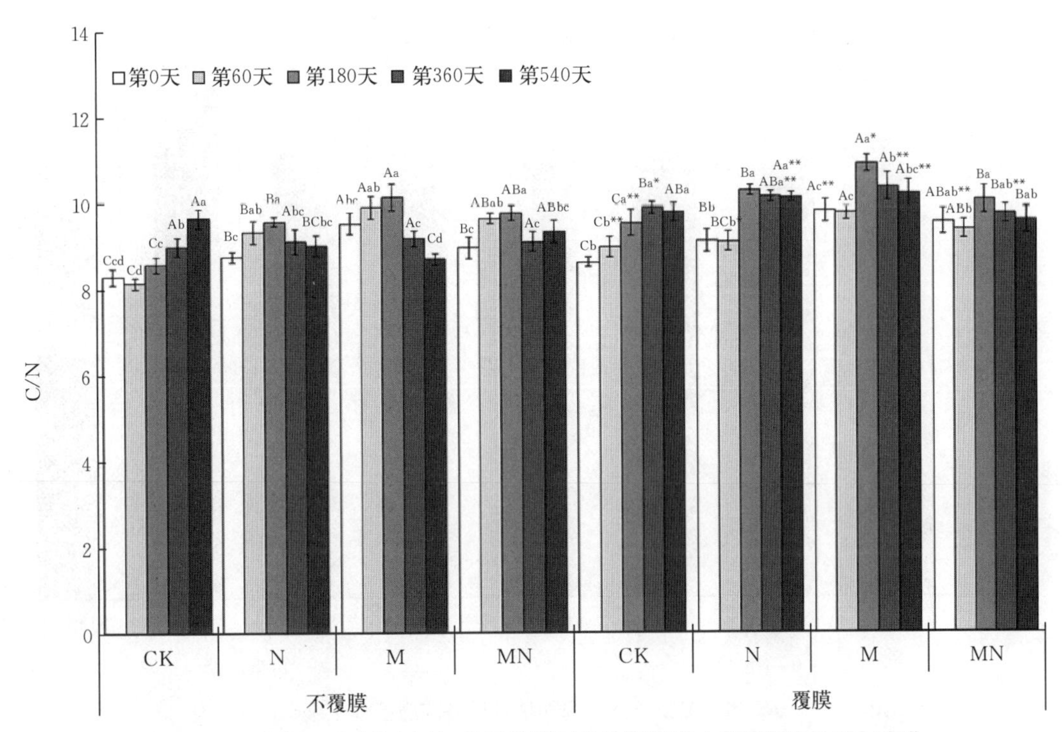

图 8-5　覆膜与不覆膜未添加秸秆条件下各施肥处理土壤碳氮比的时间变化

注：不同大写字母表示同一时间同一覆膜不同施肥处理之间差异显著性（$P<0.05$）；不同小写字母表示同一施肥同一覆膜不同时间处理之间差异显著性（$P<0.05$）；* 和 ** 分别表示同一施肥同一时间不同覆膜处理之间差异显著性水平 $P<0.05$ 和 $P<0.01$。CK、N、M、MN 分别代表不施肥、单施氮肥、单施有机肥、有机肥配施氮肥处理。

添加秸秆不覆膜条件下，各施肥处理土壤 C/N 均高于 8.5，其平均值为 9.48（图 8-6）。CK 处理在采样时间为第 60 天时土壤 C/N 最低，为 8.51；M 处理在采样时间为第 180 天时最高，为 10.60。N 处理和 MN 处理土壤 C/N 随时间变化呈先降低后升高再降低的趋势，采样时间为第 360 天时土壤 C/N 最高，分别为 9.73 和 10.09；采样时间为第 540 天时土壤 C/N 最低，分别为 9.07 和 8.80。

在覆膜条件下，添加秸秆各施肥处理土壤 C/N 均高于 8.5，平均值为 10.06。CK 处理土壤 C/N 在采样时间为第 60 天时最低，为 8.75；M 处理在采样时间为第 180 天时最高，为 10.80。N 处理和 MN 处理土壤 C/N 的时间变化呈先降低后升高再降低再升高的趋势。

在添加秸秆条件下，采样时间为第 0 天、第 60 天、第 180 天和第 540 天时，覆膜各施肥处理土壤 C/N 均高于不覆膜土壤，平均值分别高出 0.81、0.48、0.61 和 0.99。

在不覆膜条件下，添加秸秆与未添加秸秆相比，添加秸秆各施肥处理土壤 C/N 大于未添加秸秆各施肥处理。从图 8-7 可以看出，采样时间为第 60 天和第 180 天时，除 N 处理和 MN 处理外，其余添加秸秆的施肥处理土壤 C/N 大于未添加秸秆的各施肥处理；采

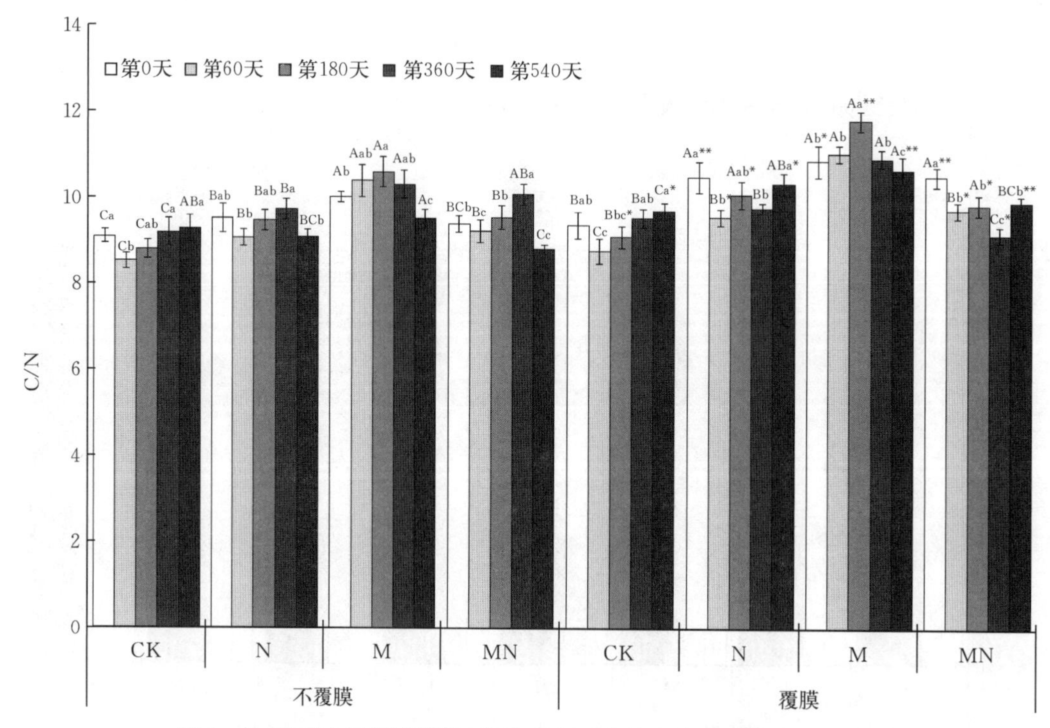

图 8-6 覆膜和不覆膜条件下添加秸秆后各施肥处理土壤碳氮比变化

注：不同大写字母表示同一时间同一覆膜不同施肥处理之间差异显著性（$P<0.05$）；不同小写字母表示同一施肥同一覆膜不同时间处理之间差异显著性（$P<0.05$）；* 和 ** 分别表示同一施肥同一时间不同覆膜处理之间差异显著性水平 $P<0.05$ 和 $P<0.01$。CK、N、M、MN 分别代表不施肥、单施氮肥、单施有机肥、有机肥配施氮肥处理。

样时间为第 540 天时，除 CK 和 MN 处理外，其余添加秸秆各施肥处理土壤 C/N 大于未添加秸秆相同施肥处理。

三、覆膜和施肥条件下土壤中微生物量氮含量的动态变化

（一）微生物量氮动态变化

在不覆膜未添加秸秆条件下，各施肥处理土壤微生物量氮（MBN）均随时间变化呈先增加后降低的趋势（图 8-8）。各施肥处理均在采样时间为第 0 天时，土壤 MBN 含量最低；在采样时间为第 180 天时，土壤 MBN 含量最高。在整个试验期内，各施肥处理 MBN 含量平均值大小顺序为：CK（13.25 mg/kg）>M（12.79 mg/kg）>MN（11.37 mg/kg）>N（9.58 mg/kg）。

在覆膜未添加秸秆条件下，各施肥处理土壤 MBN 均随时间变化与不覆膜条件下相同，亦呈先增加后降低再升高的趋势。不同施肥处理土壤 MBN 含量平均值为 8.84 mg/kg。

各施肥处理添加秸秆后土壤 MBN 均呈先增加后降低再升高的趋势变化（图 8-9）。不覆膜加秸秆条件下，不同施肥处理土壤的 MBN 平均值为 6.69 mg/kg。CK 处理、N 处理、MN 处理土壤 MBN 含量最低值出现在采样时间第 180 天，M 处理出现在第 0 天时；

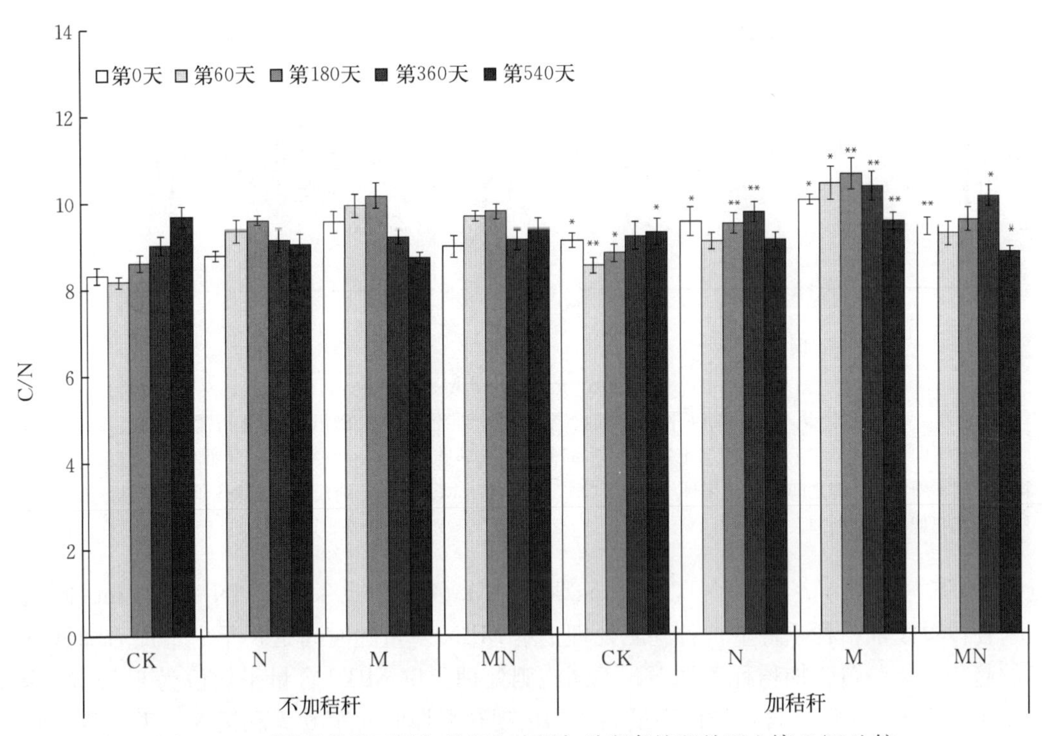

图 8-7　不覆膜条件下添加秸秆和未添加秸秆各施肥处理土壤 C/N 比较

注：* 和 ** 分别表示同一施肥同一时间加秸秆和不加秸秆之间差异显著性水平 $P<0.05$ 和 $P<0.01$。CK、N、M、MN 分别代表不施肥、单施氮肥、单施有机肥、有机肥配施氮肥处理。

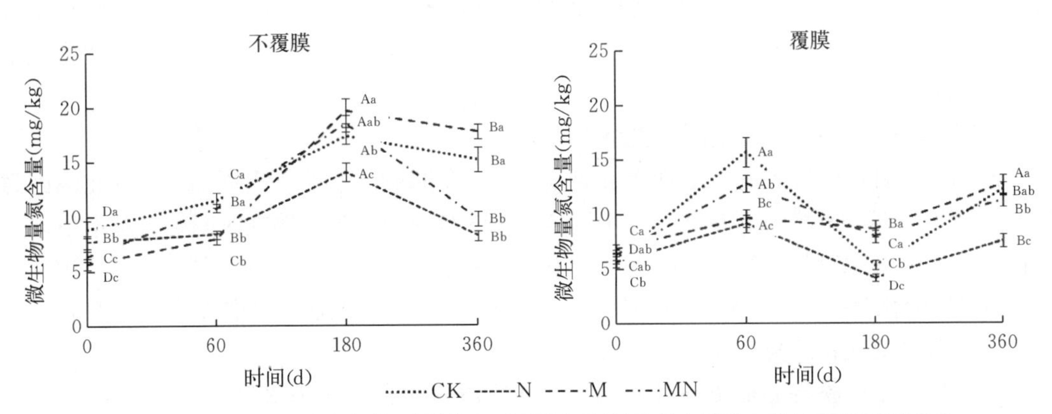

图 8-8　在未添加秸秆条件下覆膜和不覆膜各施肥处理土壤微生物量氮的时间变化

注：不同大写字母表示同一覆膜同一施肥不同时间之间差异显著性（$P<0.05$）；不同小写字母表示同一覆膜同一时间不同施肥处理之间差异显著性（$P<0.05$）。CK、N、M、MN 分别代表不施肥、单施氮肥、单施有机肥、有机肥配施氮肥处理。

CK 和 M 处理土壤 MBN 最高值出现在采样时间第 360 天，N 和 MN 处理土壤 MBN 最高值出现在采样时间第 60 天。在整个试验期内，各施肥处理的 MBN 含量平均值大小顺序

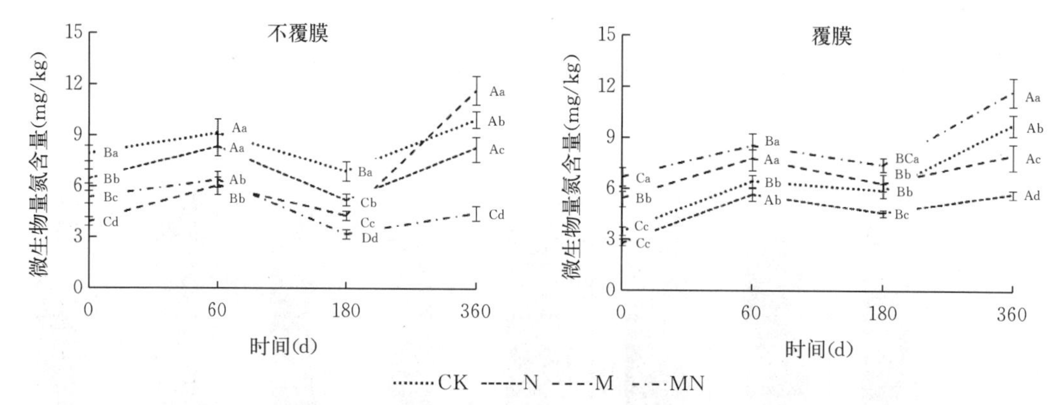

图 8-9 覆膜条件下添加秸秆各施肥处理土壤微生物量氮的时间变化

注：不同大写字母表示同一覆膜同一施肥不同时间之间差异显著性（$P<0.05$）；不同小写字母表示同一覆膜同一时间不同施肥处理之间差异显著性（$P<0.05$）。CK、N、M、MN 分别代表不施肥、单施氮肥、单施有机肥、有机肥配施氮肥处理。

分别为 CK（8.45 mg/kg）>N（7.04 mg/kg）>M（6.45 mg/kg）>MN（4.84 mg/kg）。

在覆膜添加秸秆条件下，各施肥处理土壤 MBN 含量随时间延长呈先增加后降低再升高的趋势变化。覆膜加秸秆条件下，不同施肥处理土壤 MBN 含量平均值为 6.54 mg/kg。各施肥处理土壤 MBN 含量最低和最高值均出现在采样时间第 0 天和第 360 天。各施肥处理的 MBN 含量平均值大小顺序为 MN（8.47 mg/kg）>M（6.79 mg/kg）>CK（6.30 mg/kg）>N（4.59 mg/kg）。

不覆膜与覆膜比较，在未添加秸秆条件下不覆膜施肥处理总体高于覆膜同一施肥处理。第 0 天采样不覆膜 CK、N 处理和 MN 处理土壤 MBN 含量分别高于覆膜处理 2.93 mg/kg、2.10 mg/kg 和 0.12 mg/kg，而不覆膜 M 处理土壤 MBN 含量低于覆膜土壤 1.14 mg/kg。

（二）土壤微生物量氮占全氮的比例

未添加秸秆不覆膜各施肥处理土壤 MBN 占土壤 TN 的比例（MBN/TN）变化范围为 0.42%～1.58%，平均为 1.00%（表 8-2）。在试验期间，该比例随时间延长基本呈现先升高后降低的变化趋势，在第 180 天时达最高。未添加秸秆覆膜各施肥处理土壤 MBN 占 TN 的比例变化范围为 0.35%～1.54%，平均为 0.79%，且随时间推移均呈先升高、后降低、再升高的变化趋势。

添加秸秆不覆膜各施肥处理土壤 MBN/TN 值变化范围为 0.27%～1.01%，平均为 0.60%，且均随时间推移呈先升高、后降低、再升高的变化趋势。就同一施肥处理、不同采样时间比较，CK 和 N 处理 MBN/TN 值为第 360 天>第 60 天>第 0 天>第 180 天，M 处理的 MBN/TN 值为第 360 天>第 60 天>第 180 天>第 0 天，MN 处理的 MBN/TN 值为第 60 天>第 0 天>第 360 天>第 180 天。

添加秸秆覆膜各施肥处理土壤的 MBN/TN 值变化范围为 0.23%～1.03%，平均为 0.58%，且均呈先升高、后降低、再升高的变化趋势。CK、M 处理、MN 处理的 MBN/

TN 值大小顺序为第 360 天>第 60 天>第 180 天>第 0 天，N 处理则为第 60 天>第 360 天>第 180 天>第 0 天。

表 8-2　土壤的微生物量 N 占全 N 的比例（%）

秸秆	覆膜	施肥	采样时间			
			第 0 天	第 60 天	第 180 天	第 360 天
不添加秸秆	不覆膜	CK	0.76	1.03	1.56	1.47
		N	0.64	0.72	1.20	0.76
		M	0.42	0.62	1.48	1.41
		MN	0.51	0.90	1.58	0.88
	覆膜	CK	0.54	1.54	0.48	1.22
		N	0.47	0.80	0.35	0.73
		M	0.54	0.78	0.73	1.11
		MN	0.51	1.09	0.67	1.08
添加秸秆	不覆膜	CK	0.73	0.86	0.61	0.92
		N	0.57	0.75	0.46	0.76
		M	0.32	0.50	0.34	1.01
		MN	0.47	0.58	0.27	0.40
	覆膜	CK	0.31	0.61	0.56	0.91
		N	0.23	0.51	0.40	0.50
		M	0.44	0.66	0.55	0.69
		MN	0.55	0.74	0.66	1.03

注：CK、N、M、MN 分别代表不施肥、单施氮肥、单施有机肥、有机肥配施氮肥处理。

不覆膜未添加秸秆各施肥处理土壤 MBN/TN 高于添加秸秆相同施肥处理（除采样时间为第 60 天和第 360 天时的 N 处理）；覆膜条件下，未添加秸秆各施肥处理土壤的 MBN/TN 高于添加秸秆相同施肥处理（除采样时间为第 0 天时的 MN 处理和第 180 天的 CK 和 N 处理）。

（三）微生物量氮中秸秆氮动态变化

不覆膜各施肥处理土壤微生物量氮中秸秆氮（^{15}N-MBN）含量平均为 0.42 mg/kg（图 8-10）。CK 和 MN 处理土壤^{15}N-MBN 含量随时间变化规律一致，呈先增加后降低、再增加的趋势；N 处理和 M 处理相同，呈先降低后增加的趋势。CK 处理土壤^{15}N-MBN 含量变化范围为 0.29～0.58 mg/kg，平均为 0.43 mg/kg；N 处理土壤^{15}N-MBN 含量变化范围为 0.23～0.38 mg/kg，平均为 0.32 mg/kg；M 处理土壤^{15}N-MBN 含量变化范围为 0.29～0.48 mg/kg，平均为 0.40 mg/kg；MN 处理土壤^{15}N-MBN 含量变化范围为 0.39～0.76 mg/kg，平均为 0.52 mg/kg。

在覆膜条件下各施肥处理土壤^{15}N-MBN 的含量平均为 0.36 mg/kg。CK 和 N 处理土壤^{15}N-MBN 含量随时间延长而呈下降趋势，M 处理和 MN 处理呈先下降后升高的变化趋势。CK 和 N 处理土壤^{15}N-MBN 含量的变化范围分别为 0.16～0.38 mg/kg 和0.23～

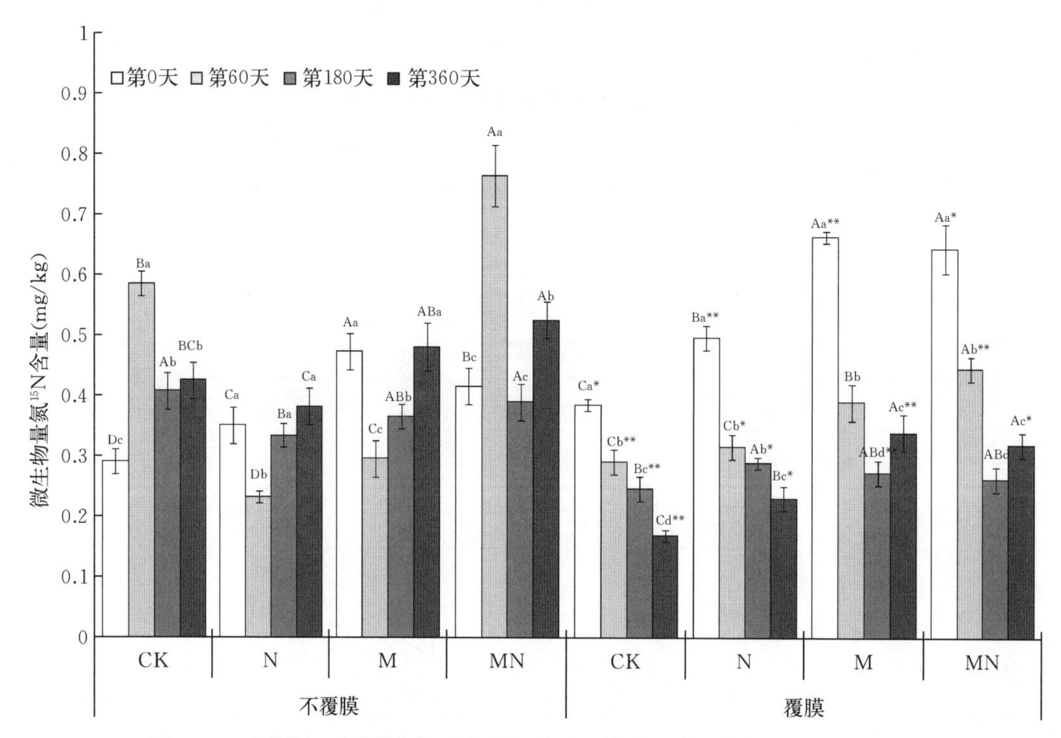

图 8-10 覆膜与不覆膜条件下各施肥处理土壤微生物量氮^{15}N含量时间变化

注：不同大写字母表示同一时间同一覆膜不同施肥处理之间差异显著性（P<0.05）；不同小写字母表示同一施肥同一覆膜不同时间处理之间差异显著性（P<0.05）；* 和 ** 分别表示同一施肥同一时间不同覆膜处理之间差异显著性水平 P<0.05 和 P<0.01。CK、N、M、MN 分别代表不施肥、单施氮肥、单施有机肥、有机肥配施氮肥处理。

0.49 mg/kg，平均值分别为 0.27 mg/kg 和 0.33 mg/kg。M 处理和 MN 处理土壤^{15}N-MBN 含量变化范围分别为 0.27～0.66 mg/kg 和 0.26～0.64 mg/kg，平均值均为 0.42 mg/kg。

覆膜与不覆膜相比，相同施肥处理的土壤^{15}N-MBN 含量表现出明显差异。在第 0 天时，覆膜各施肥处理土壤^{15}N-MBN 含量显著高于不覆膜相同施肥处理（P<0.05）；第 60 天时，覆膜的 CK 和 MN 处理土壤^{15}N-MBN 含量低于不覆膜相应施肥处理，且差异达到极显著水平（P<0.01），而覆膜条件下的 N 处理和 M 处理却高于不覆膜相应施肥处理但差异未达到显著水平。在第 180 天和第 360 天时，覆膜各施肥处理土壤^{15}N-MBN 含量显著低于不覆膜的相应施肥处理（P<0.05）。

（四）秸秆氮对微生物量氮的贡献

不覆膜条件下，各施肥处理秸秆氮对土壤 MBN 的贡献率变化范围为 3.67%～12.20%，平均为 7.06%（图 8-11）。添加秸秆的 CK 处理秸秆氮对土壤 MBN 的贡献率在 0～60 d 呈上升、60～360 d 呈缓慢下降趋势，其数值变化范围为 3.67%～6.43%，平均为 5.07%。MN 处理秸秆氮对土壤 MBN 的贡献率在 0～180 d 呈上升趋势。N 处理、M 处理的秸秆氮对土壤 MBN 的贡献率变化范围为 2.80%～6.45%和 4.12%～12.07%，平均值分别为 4.83%和 7.41%。土壤中原有氮素（老氮）对土壤 MBN 的贡献率与秸秆氮的贡献率相反。

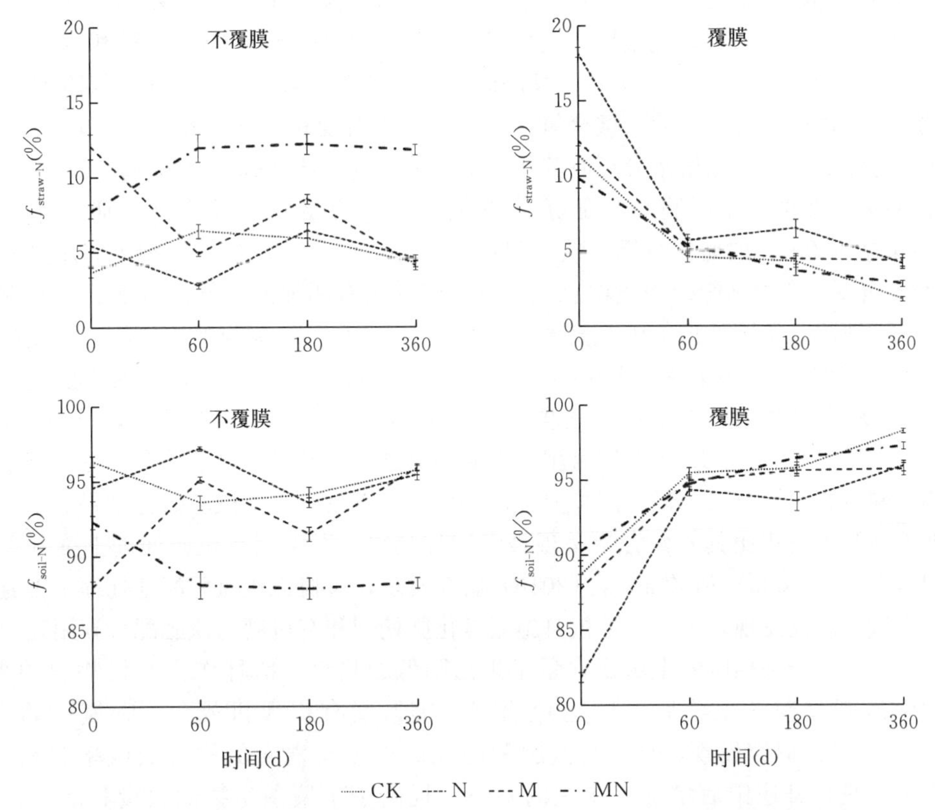

图 8-11 各施肥处理秸秆氮（$f_{straw-N}$）和老氮（f_{soil-N}）对土壤微生物量氮的贡献率

注：CK、N、M、MN 分别代表不施肥、单施氮肥、单施有机肥、有机肥配施氮肥处理。

在覆膜条件下，各施肥处理秸秆氮对土壤 MBN 的贡献率变化范围为 1.74%～18.21%，平均为 6.48%（图 8-11）。CK、M 处理和 MN 处理试验期间秸秆氮对土壤 MBN 贡献率的变化趋势随时间延长而不断下降。CK 处理秸秆氮对土壤 MBN 的贡献率为1.74%～11.37%，平均为 5.47%；M 处理秸秆氮对土壤 MBN 的贡献率为 4.29%～12.31%，平均为 6.51%；MN 处理秸秆氮对土壤 MBN 的贡献率为 2.74%～9.78%，平均为 5.35%；N 处理秸秆氮对土壤 MBN 的贡献率为 4.10%～18.21%，平均为 8.60%。

四、讨论

覆膜条件下，土壤有机氮矿化速率、矿化数量上升，硝态氮含量增加，微生物量氮增加。此时如遇到较大降雨，很容易导致硝态氮淋失（汪景宽等，1996）。土壤中有机态氮转化为无机态氮，对于作物吸收利用是十分有利的，总氮的吸收量取决于植物的生物量、决定着作物的产量，覆膜能够提高作物产量已经被大量的生产实践所证实（Johnson et al.，2010；Li et al.，2001）。本试验也得到了覆膜增加作物的生物量、作物从土壤中吸收更多氮的试验结果，这可能是本试验覆膜较不覆膜土壤氮含量降低幅度更大的主要原因。当然，本试验中覆膜条件下秸秆氮的含量并不是每次采样都小于不覆膜处理，这一现象可以解释为秸秆分解是一个过程，土壤的水、热和生物条件是复杂多变的，都影响了氮素转化和矿化。综合已有研究结果，地膜覆盖能够增加表层土壤 NH_4^+ – N 和 NO_3^- – N 含量，这在一定程度上可以减少 NO_3^- – N 的向下淋失（刘顺国等，2006）；长期地膜覆盖下秸秆比较强烈的分解过程可使土壤全氮含量稳定而少有变化（汪景宽等，1996），说明土壤类型、施肥、温度、土壤水分还有其他因素等都影响了秸秆氮腐解过程。

本试验得到的长期覆膜和施肥条件下土壤总氮含量变化较小这一研究结果，同 Thomsen 等（2003）的研究结果一致。Thomsen 等人研究发现施用 3 种不同用量矿物质氮肥 2～3 年后，3 种施肥处理土壤总氮含量之间并没有明显的差异。本试验的研究结果显示，长期覆膜和施肥处理土壤总氮含量增加了 7%～10%，相应的不覆膜、长期施肥处理土壤全氮增加了 1%～10%。Janzen（1987）和 Glendining 等（1996）研究发现，长期（18～20 年）施用氮肥后土壤的氮素含量增加了 10%～15%。与此相反，Halvorson 等（2002）研究发现，长达 12 年施用氮肥后土壤的氮素含量并没有显著改变。尽管有报道指出施用不同氮肥土壤总氮含量不同，但是这些报道相对较少。本试验研究结果显示，施肥与长期不施肥土壤相比其氮素含量呈现缓慢增加趋势，以施用有机肥处理土壤氮含量最高。但是 Li 等（2005）和 Zhao 等（2016）研究发现，有机无机氮肥配施处理土壤氮含量最高。本试验研究发现，第一季种植时施氮素化肥处理和有机肥与氮肥配合施用处理作物吸收氮量较高，结果相应的土壤氮含量呈现出降低的趋势。秸秆作为有机物料的来源，施入化学氮肥处理的土壤后可以起到调节土壤氮素有机无机成分、碳氮比的作用。Chen 等（2015）研究发现，秸秆与氮肥配施提高了冬小麦对氮肥的吸收率和利用率，其原因可能是秸秆还田后增加了土壤的 C/N、提高了土壤微生物的数量和活性、促进了土壤氮矿化、增加了土壤供氮能力，这些都有利于植物对氮的吸收。此外，与单施氮肥相比，秸秆还田可以降低土壤的氮素损失（Zhao et al.，2008）。Jamieson 等（1999）研究发现，氮肥和磷肥配施土壤中有机氮矿化速率最大。有机氮的矿化速率提高与土壤有机碳增加有关，这也是人们提倡有机氮肥和矿物质氮肥配施以及增加有机肥用量的理由。因此，本试验施用化学氮肥处理和氮肥与有机肥配施处理与单施有机肥处理相比，提高了添加秸秆的矿化速率，致使单施化学氮肥、氮肥与有机肥配施处理的土壤全氮含量较低。本试验中得到的覆膜与不覆膜 CK 处理的秸秆氮含量均最大，可能是由于作物吸收氮素数量较少。已有研究表明，秸秆施入不同氮肥处理土壤后，土壤有机质、碱解氮、有效磷和速效钾含量显著增加、微生物量和活性提高，更多的秸秆被降解，进而使分解出的养分更多地被作物吸收。施用氮素化肥以及有机肥及配施氮肥处理加入秸秆后，可能是通过调节无机有机物质配比使之趋近于更佳，从而使两处理土壤的秸秆氮含量降低。

五、小结

通过以长期定位试验为基础，用微区田间试验的方法，两年试验期间 5 次采集土壤样本进行分析测试，研究了在种植玉米条件下玉米秸秆还田后地膜覆盖和长期施肥对秸秆氮在土壤的转化及其对土壤氮素含量时间变化的影响，得出以下主要结论：

（1）覆膜条件下不同施肥处理土壤全氮含量均小于不覆膜的相应施肥处理，表明覆膜促进了土壤有机氮素转化。

(2) 覆膜条件下氮素化肥和有机肥配施处理土壤中秸秆氮含量降低幅度最大，表明覆膜加速了新加入秸秆分解，降低其氮素赋存。

(3) 覆膜条件下添加秸秆后施用有机肥处理土壤 C/N 高于其他施肥处理，说明覆膜与有机肥施用加速了土壤全氮的消耗，容易导致土壤氮素缺乏。

(4) 覆膜增加了各施肥处理土壤 MBN 含量，表明覆膜与施肥促进了土壤微生物活性。此外，覆膜也增加了土壤中^{15}N－MBN 含量，说明覆膜促进了秸秆分解，加速了其中氮素的转化。

第二节　覆膜和施肥条件下秸秆氮在不同粒级团聚体中的赋存

氮素是植物生长最重要的营养元素，也是评价土壤质量和土壤生产力的指标。团聚体作为土壤的基础单元，不仅影响土壤的物理性状，而且不同粒级团聚体对氮的吸附与保护能力也不同，影响着土壤中氮的积累与释放。不同耕作措施，如：施肥和覆膜影响了土壤团聚体分布，而秸秆添加到土壤后腐解与氮转移也受到施肥和覆膜的影响。因此覆膜、施肥及秸秆添加对土壤团聚体中氮的分布和转移起到重要作用，目前国内外对团聚体氮含量及其分布的研究虽已取得了一些进展，但是秸秆添加到土壤后，覆膜和施肥对土壤中的氮素及秸秆氮的转移和分布尚不清楚。因此，研究覆膜和施肥条件下，秸秆添加后土壤团聚体氮和秸秆氮的含量及其分布，对于调控土壤肥力和增加土壤氮的储量具有重要意义。

一、材料与方法

试验的设计和样品的采集同第一节。

土壤团聚体筛分提取：土壤样品团聚体分级采用干筛法进行。风干土先过 5 mm 筛，大土块轻压过筛，同时去除石粒和植株残体碎片；每次称取 100 g 过筛的风干土置于套筛中，用筛分仪（Retsh AS200）在 1.5 mm 振幅下振动 2 min，得到≥2 mm、1～2 mm、0.25～1 mm 和<0.25 mm 4 个粒级团聚体，再分别称重。各级团聚体全氮含量及 δ^{15}N 值测定：烘干土样研磨过 0.15 mm 筛后，用元素分析-同位素比例质谱联用仪（EA－IRMS，Elementarvario PYRO cube coupled to IsoPrime100 Isotope Ratio Mass Spectrometer，Germany）测定。

二、覆膜和施肥条件下秸秆氮在不同粒级棕壤团聚体中的赋存

（一）覆膜和施肥处理土壤团聚体中氮的转移和分布

在未添加秸秆不覆膜条件下，各施肥处理不同粒级土壤团聚体在所有采样时间表现为 0.25～1 mm 粒级土壤团聚体中氮含量最高（图 8－12）；经过 540 d 后，各施肥处理土壤团聚体中氮含量均表现为 0.25～1 mm>(<0.25 mm)>1～2 mm>(>2 mm)。各施肥处理>2 mm 土壤团聚体中氮含量在采样时间为第 0 天时表现为：MN>M>CK>N，平均含量为 0.34 g/kg，第 180 天、第 360 天和第 540 天时表现为：M>MN>CK>N，平均

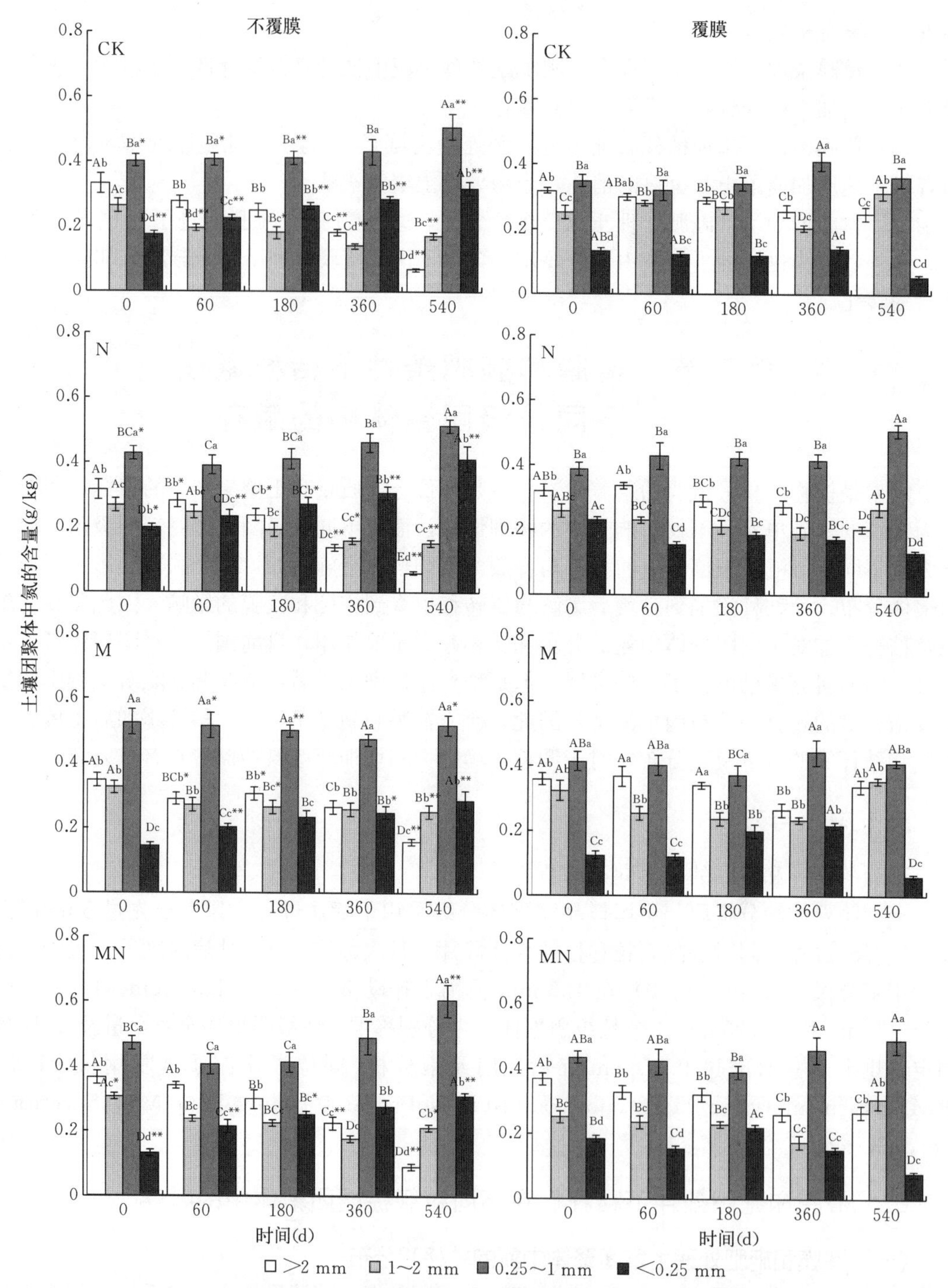

图 8-12 未添加秸秆覆膜和施肥条件下不同粒级土壤团聚体中氮的含量

注：不同大写字母代表不同时间同一施肥同一覆膜同一团聚体之间差异显著（$P<0.05$）；不同小写字母表示同一施肥同一时间同一覆膜不同团聚体之间差异显著（$P<0.05$）；* 和 ** 分别表示同一施肥同一团聚体同一时间不同覆膜处理之间差异显著性水平为 $P<0.05$ 和 $P<0.01$。CK、N、M、MN 分别代表不施肥、单施氮肥、单施有机肥、有机肥配施氮肥处理。

含量分别为 0.27 g/kg、0.20 g/kg、0.09 g/kg。1～2 mm 土壤团聚体中氮含量在采样时间第 0 天、第 180 天和第 360 天时表现为：M＞MN＞N＞CK，平均含量分别为 0.29 g/kg、0.21 g/kg、0.18 g/kg；第 540 天时表现为：M＞MN＞CK＞N，平均含量为 0.20 g/kg。0.25～1 mm 土壤团聚体中氮含量在采样时间为第 0 天时表现为：M＞MN＞N＞CK，平均含量为 0.46 g/kg；第 360 天和第 540 天时表现为：MN＞M＞N＞CK，平均含量分别为 0.46 g/kg 和 0.53 g/kg。＜0.25 mm 土壤团聚体中氮含量在采样时间第 0 天时表现为：N＞CK＞M＞MN，平均含量为 0.16 g/kg；第 540 天时表现为：N＞CK＞MN＞M，平均含量为 0.33 g/kg。

在未添加秸秆不覆膜条件下，CK 处理＞2 mm 土壤团聚体中氮含量随时间变化呈降低趋势（图 8-12），采样时间为第 0 天时最高，为 0.33 g/kg；第 540 天时最低，为 0.07 g/kg；1～2 mm 团聚体中氮含量随时间变化呈先降低后升高趋势，采样时间为第 0 天时最高，为 0.26 g/kg；第 360 天时最低，为 0.14 g/kg；0.25～1 mm 团聚体中氮含量随时间变化呈逐渐升高趋势，采样时间为第 540 天时最高，为 0.51 g/kg；第 0 天时最低，为 0.40 g/kg；＜0.25 mm 团聚体中氮含量随时间变化呈逐渐升高趋势，采样时间为第 540 天时最高，为 0.32 g/kg，第 0 天时最低，为 0.17 g/kg。N 处理土壤＞2 mm 和 1～2 mm团聚体中氮含量随时间变化呈降低趋势；0.25～1 mm 团聚体中氮含量随时间变化呈先降低后升高趋势，采样时间为第 540 天时最高，0.51 g/kg；第 60 天时最低，为0.39 g/kg；＜0.25 mm 团聚体中氮含量随时间变化呈逐渐升高趋势，采样时间为第 540 天时最高，为 0.41 g/kg；第 0 天时最低，为 0.20 g/kg。M 处理 1～2 mm 土壤团聚体中氮含量呈降低趋势；＞2 mm 和 0.25～1 mm 团聚体中氮含量随时间变化呈先降低后升高趋势；＜0.25 mm 团聚体中氮含量随时间变化呈逐渐升高趋势。MN 处理＞2 mm 土壤团聚体中氮含量随时间变化呈降低趋势；1～2 mm 和 0.25～1 mm 团聚体中氮含量随时间变化呈先降低后升高的趋势；＜0.25 mm 团聚体中氮含量随时间变化呈逐渐升高趋势。

在未添加秸秆覆膜条件下，各施肥处理不同粒级土壤团聚体在所有采样时间表现为 0.25～1 mm 粒级土壤团聚体中氮含量最高，＜0.25 mm 土壤团聚体中氮含量最低（图 8-12）。各施肥处理＞2 mm 土壤团聚体中氮含量在采样时间第 0 天时表现为：MN＞M＞N＞CK，平均含量为 0.34 g/kg；第 540 天时表现为：M＞MN＞CK＞N，平均含量为 0.26 g/kg。1～2 mm 土壤团聚体中氮含量在采样时间为第 0 天时表现为：M＞N＞MN＞CK，平均含量为 0.27 g/kg；第 540 天时表现为：M＞CK＞MN＞N，平均含量为 0.31 g/kg。0.25～1 mm 土壤团聚体中氮含量在采样时间第 0 天时表现为：MN＞M＞N＞CK，平均含量为 0.40 g/kg；第 540 天时表现为：N＞MN＞M＞CK，平均含量 0.44 g/kg。＜0.25 mm 土壤团聚体中氮含量在采样时间第 0 天和第 60 天时表现为：N＞MN＞CK＞M，平均含量分别为 0.17 g/kg 和 0.14 g/kg；第 540 天时表现为：N＞MN＞M＞CK，平均含量为 0.08 g/kg。

在未添加秸秆覆膜条件下，CK 处理＞2 mm 土壤团聚体中氮含量随时间变化呈降低的趋势（图 8-12），采样时间第 0 天时最高为：0.32 g/kg；第 540 天时最低为：0.25 g/kg，平均为：0.28 g/kg；1～2 mm 团聚体中氮含量随时间变化呈先升高后降低再升高的趋势；＜0.25 mm 团聚体中氮含量在 0～360 d 变化不显著，360～540 d 显著下降。N 处理＞

2 mm 土壤团聚体中氮含量在 0～60 d 呈缓慢上升趋势，而后下降；1～2 mm 和＜0.25 mm 团聚体中氮含量随时间变化呈先降低后升高趋势；0.25～1 mm团聚体中氮含量随时间变化呈先升高后缓慢降低（不显著）再升高的趋势。M 处理＞2 mm 土壤团聚体中氮含量在第 0 天和第 60 天时变化不明显，60～360 d 显著降低，360～540 d 显著升高；1～2 mm 和 0.25～1 mm 团聚体中氮含量随时间变化呈先降低后升高的趋势；＜0.25 mm 团聚体中氮含量在第 0 天和第 60 天时基本没有变化，60～360 d 呈上升趋势，360～540 d 显著降低。MN 处理＞2 mm 土壤团聚体中氮含量在 0～360 d 呈降低趋势，第 360 天和第 540 天变化不明显；1～2 mm、0.25～1 mm 和＜0.25 mm 团聚体中氮含量随时间变化均呈先降低后升高趋势。

（二）添加秸秆后覆膜和施肥处理土壤团聚体中氮的转移和分布

在添加秸秆不覆膜条件下，各施肥处理不同粒级土壤团聚体在所有采样时间表现为 0.25～1 mm 粒级土壤团聚体中氮含量最高（图 8-13）。经过 540 d 后，各施肥处理土壤团聚体中氮含量均表现为 0.25～1 mm＞(＜0.25 mm)＞1～2 mm＞(＞2 mm)。各施肥处理＞2 mm 土壤团聚体中氮含量在采样时间第 0 天、第 360 天和第 540 天时表现为：M＞MN＞CK＞N，平均含量分别为 0.32 g/kg、0.22 g/kg、0.09 g/kg。1～2 mm 土壤团聚体中氮含量在采样时间第 0 天时表现为：N＞CK＞MN＞M，平均含量为 0.25 g/kg；第 540 天时表现为：M＞CK＞MN＞N，平均含量为 0.17 g/kg。0.25～1 mm 土壤团聚体中氮含量在采样时间第 0 天时表现为：MN＞N＞M＞CK，平均含量为 0.45 g/kg；第 540 天时表现为：MN＞M＞N＞CK，平均含量为 0.56 g/kg。＜0.25 mm 土壤团聚体中氮含量在采样时间第 0 天时表现为：M＞MN＞N＞CK，平均含量为 0.13 g/kg；第 540 天时表现为：N＞MN＞M＞CK，平均含量为 0.27 g/kg。

在添加秸秆不覆膜条件下，CK 处理＞2 mm 土壤团聚体中氮含量随时间变化呈降低趋势（图 8-13），采样时间为第 0 天时最高，为 0.29 g/kg；第 540 天时最低，为 0.07 g/kg；1～2 mm 团聚体中氮含量随时间变化呈降低的趋势；0.25～1 mm 和＜0.25 mm 团聚体中氮含量随时间变化呈逐渐升高趋势。N 处理＞2 mm 和 1～2 mm 土壤团聚体中氮含量随时间变化呈降低趋势；0.25～1 mm 团聚体中氮含量随时间变化呈先降低后升高趋势；＜0.25 mm 团聚体中氮含量随时间变化呈逐渐升高趋势。M 处理＞2 mm 土壤团聚体中氮含量随时间变化呈降低趋势；1～2 mm 团聚体中氮含量随时间变化呈先升高后降低趋势；0.25～1 mm 团聚体中氮含量随时间变化呈先降低后升高趋势；＜0.25 mm 团聚体中氮含量随时间变化呈逐渐升高趋势。MN 处理＞2 mm 和 1～2 mm 土壤团聚体中氮含量随时间变化呈降低趋势；0.25～1 mm 团聚体中氮含量随时间变化呈先降低后升高趋势；＜0.25 mm团聚体中氮含量随时间变化呈升高趋势。

在添加秸秆覆膜条件下，各施肥处理不同粒级土壤团聚体在所有采样时间表现为 0.25～1 mm 粒级土壤团聚体中氮含量最高，＜0.25 mm 土壤团聚体中氮含量最低（图 8-13）。各施肥处理＞2 mm 土壤团聚体中氮含量在采样时间第 0 天、第 60 天和第 180 天时表现为：M＞MN＞N＞CK，平均含量分别为 0.33 g/kg、0.31 g/kg、0.30 g/kg；第 540 天时表现为：N＞CK＞MN＞M，平均含量为 0.27 g/kg。1～2 mm 土壤团聚体中氮含量在采样时间第 0 天时表现为：N＞MN＞M＞CK，平均含量为 0.27 g/kg；第 540

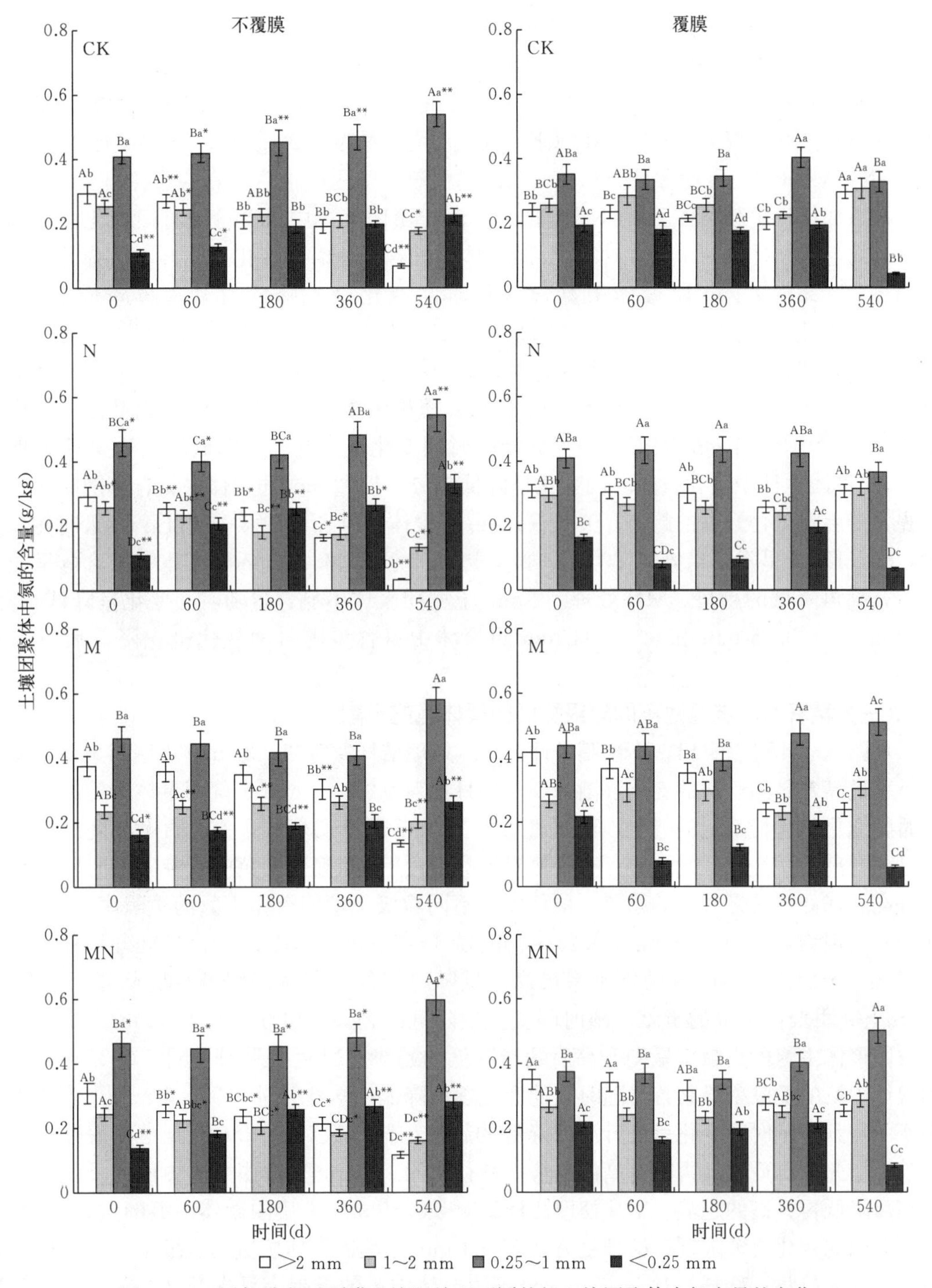

图 8-13　添加秸秆后覆膜和施肥处理不同粒级土壤团聚体中氮含量的变化

注：不同大写字母代表不同时间同一施肥同一覆膜同一团聚体之间差异显著（$P<0.05$）；不同小写字母表示同一施肥同一时间同一覆膜不同团聚体之间差异显著（$P<0.05$）；* 和 ** 分别表示同一施肥同一团聚体同一时间不同覆膜处理之间差异显著性水平为 $P<0.05$ 和 $P<0.01$。CK、N、M、MN 分别代表不施肥、单施氮肥、单施有机肥、有机肥配施氮肥处理。

天时表现为N＞CK＞M＞MN，平均含量为0.30 g/kg。0.25～1 mm土壤团聚体中氮含量在采样时间第0天时表现为：M＞N＞MN＞CK，平均含量为0.39 g/kg；第540天时表现为：M＞MN＞N＞CK，平均含量为0.42 g/kg。＜0.25 mm土壤团聚体中氮含量在采样时间第0天时表现为：MN＞M＞CK＞N，平均含量为0.20 g/kg；第540天时表现为：MN＞N＞M＞CK，平均含量为0.06 g/kg。

在添加秸秆覆膜条件下，CK处理＞2 mm土壤团聚体中氮含量随时间变化呈先降低后升高的趋势（图8-13）；1～2 mm团聚体中氮含量随时间变化呈先升高后降低再升高的趋势；0.25～1 mm团聚体中氮含量随时间变化呈先降低后升高再降低的趋势；＜0.25 mm团聚体中氮含量在0～180 d缓慢降低，180～360 d缓慢升高，360～540 d显著下降。N处理＞2 mm土壤团聚体中氮含量在0～180 d变化不显著，180～360 d呈降低趋势，360～540 d上升；1～2 mm和＜0.25 mm团聚体中氮含量随时间变化呈先降低再升高的趋势；0.25～1 mm团聚体中氮含量随时间变化呈先升高后降低的趋势。M处理＞2 mm土壤团聚体中氮含量随时间变化呈降低趋势；1～2 mm团聚体中氮含量随时间变化呈先升高后降低再升高的趋势；0.25～1 mm团聚体中氮含量在第0天和第60天时相差不大，60～180 d呈降低趋势，180～540 d呈上升趋势；＜0.25 mm团聚体中氮含量呈先降低后升高再降低的趋势。MN处理＞2 mm土壤团聚体中氮含量随时间变化呈降低趋势；1～2 mm、＜0.25 mm和0.25～1 mm团聚体中氮含量随时间变化呈先降低后升高的趋势。

（三）秸秆氮和老氮对不同粒级棕壤团聚体氮的贡献

从图8-14可以看出，不覆膜条件下CK处理秸秆氮对＜0.25 mm土壤团聚体中氮的贡献率最高，且随时间的变化逐渐降低；秸秆氮对0.25～1 mm土壤团聚体中氮的贡献率随时间变化呈缓慢降低的趋势；秸秆氮对1～2 mm土壤团聚体中氮的贡献率随时间的变化呈先升高后缓慢降低的趋势；秸秆氮对＞2 mm土壤团聚体中氮的贡献率随时间变化呈先升高后降低再缓慢升高的趋势。秸秆氮对不同粒级土壤团聚体中氮的贡献率（第60天除外）表现为：（＜0.25 mm）＞0.25～1 mm＞1～2 mm＞（＞2 mm）。N处理秸秆氮对＜0.25 mm土壤团聚体中氮的贡献率最高，且随时间的变化逐渐降低；秸秆氮对0.25～1 mm土壤团聚体中氮的贡献率随时间变化呈降低的趋势；秸秆氮对1～2 mm和＞2 mm土壤团聚体中氮的贡献率呈先升高后缓慢降低的趋势。M处理秸秆氮对＜0.25 mm土壤团聚体中氮的贡献率最高，且随时间的变化逐渐降低；秸秆氮对0.25～1 mm土壤团聚体中氮的贡献率随时间变化呈先升高后降低的趋势；秸秆氮对1～2 mm土壤团聚体中氮的贡献率呈先升高后降低再略升高的趋势；秸秆氮对＞2 mm土壤团聚体中氮的贡献率呈先升高后降低再升高的趋势。MN处理秸秆氮对＜0.25 mm土壤团聚体中氮的贡献率最高，且随时间的变化逐渐降低；秸秆氮对0.25～1 mm土壤团聚体中氮的贡献率呈先降低后升高再降低的趋势；秸秆氮对1～2 mm土壤团聚体中氮的贡献率呈先升高后降低再升高的趋势。

覆膜条件下，CK处理秸秆氮对＜0.25 mm土壤团聚体中氮的贡献率最高，呈先降低后升高再降低的趋势，对0.25～1 mm、1～2 mm和＞2 mm土壤团聚体中氮的贡献率随时间变化呈先升高后降低再升高的趋势。N处理秸秆氮对＜0.25 mm土壤团聚体中氮的

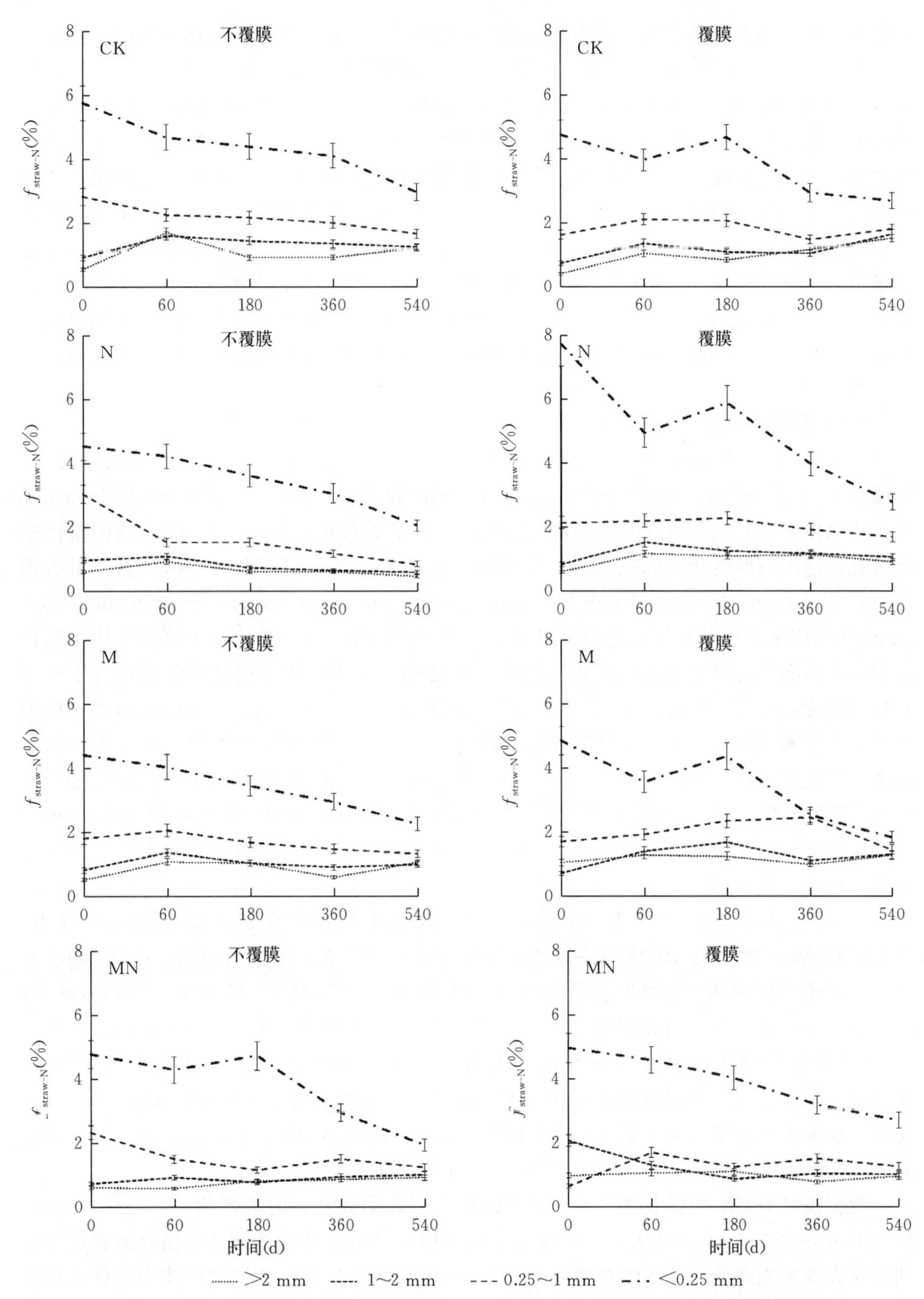

图 8-14　不同覆膜和施肥处理秸秆氮（$f_{straw-N}$）对不同粒级土壤团聚体中氮的贡献率

注：CK、N、M、MN 分别代表不施肥、单施氮肥、单施有机肥、有机肥配施氮肥处理。

贡献率最高，呈先降低后升高再降低的趋势；对 0.25～1 mm 土壤团聚体中氮的贡献率在第 0 天、第 60 天和第 180 天时变化不明显，之后呈略降低趋势；对 1～2 mm 土壤团聚体中氮的贡献率随时间的变化呈先升高后降低的趋势；对＞2 mm 土壤团聚体中氮的贡献率随时间变化呈先升高后降低再升高再降低的趋势。M 处理秸秆氮对＜0.25 mm 土壤团聚体中氮的贡献率最高，且呈先降低后升高再降低的趋势；对 0.25～1 mm 土壤团聚体中氮的贡献率呈先升高后降低的趋势，1～2 mm 和＞2 mm 土壤团聚体中氮的贡献率随时间的变化呈先升高后降低再升高的趋势。MN 处理秸秆氮对＜0.25 mm 土壤团聚体中氮的贡献率最高，且呈先降低后升高再降低的趋势；对 0.25～1 mm 土壤团聚体中氮的贡献率呈先降低后升高再降低的趋势，对 1～2 mm 土壤团聚体中氮的贡献率呈先降低后升高再缓慢降低的趋势，＞2 mm 土壤团聚体中氮的贡献率随时间变化呈先缓慢降低再缓慢升高的趋势（图 8-14）。

（四）秸秆来源氮的动态变化

不覆膜条件下，各施肥处理土壤团聚体中秸秆氮含量在第 0 天时均表现为：0.25～1 mm＞(＜0.25 mm)＞1～2 mm＞(＞2 mm)。CK 处理＞2 mm、＜0.25 mm 和 1～2 mm 土壤团聚体中秸秆氮含量随时间变化为先升高后降低的趋势；0.25～1 mm 土壤团聚体中秸秆氮含量随时间变化呈降低趋势。N 处理除了第 0 天外土壤团聚体中秸秆氮含量表现为：(＜0.25 mm)＞0.25～1 mm＞1～2 mm＞(＞2 mm)；＞2 mm、1～2 mm 和 0.25～1 mm 土壤团聚体中秸秆氮含量随时间变化均呈下降趋势；＜0.25 mm 土壤团聚体中秸秆氮含量随时间变化呈先升高后降低的趋势。M 处理土壤团聚体中秸秆氮含量在各采样时间均表现为：0.25～1 mm＞(＜0.25 mm)＞1～2 mm＞(＞2 mm)；＞2 mm 土壤团聚体中秸秆氮含量随时间变化呈先升高后降低的趋势；1～2 mm 土壤团聚体中秸秆氮含量随时间变化呈先升高后降低的趋势；0.25～1 mm 和＜0.25 mm 土壤团聚体中秸秆氮含量随时间变化呈降低趋势。MN 处理除了第 0 天外土壤团聚体中秸秆氮含量表现为：(＜0.25 mm)＞0.25～1 mm＞1～2 mm＞(＞2 mm)；各粒级土壤团聚体中秸秆氮含量随时间的变化均呈降低的趋势（图 8-16）。

不覆膜条件下各施肥处理＞2 mm 土壤团聚体中秸秆氮含量在第 0 天时表现为：MN＞N＞M＞CK；第 540 天时表现为：MN＞M＞CK＞N，平均含量为：0.79 mg/kg。1～2 mm 土壤团聚体中秸秆氮含量在第 0 天时表现为：N＞MN＞M＞CK，平均含量为：3.04 mg/kg；第 540 天时表现为：CK＞MN＞M＞N，平均含量为：1.58 mg/kg；0.25～1 mm 土壤团聚体中秸秆氮含量在第 0 天时表现为：CK＞N＞M＞MN，平均含量为：10.43 mg/kg；第 540 天时表现为：CK＞M＞N＞MN，平均含量为 4.86 mg/kg；＜0.25 mm 土壤团聚体中秸秆氮含量在第 0 天时表现为：MN＞M＞CK＞N，平均含量为：6.81 mg/kg；第 540 天时表现为：M＞MN＞CK＞N，平均含量为：4.42 mg/kg。

覆膜条件下 CK 处理土壤团聚体中秸秆氮含量在第 540 天时表现为：0.25～1 mm＞1～2 mm＞(＞2 mm)＞(＜0.25 mm)；＞2 mm 和 1～2 mm 土壤团聚体中秸秆氮含量随时间变化表现为先降低后升高的趋势；0.25～1 mm 和＜0.25 mm 土壤团聚体中秸秆氮含量随时间变化呈先升高后降低的趋势。N 处理土壤团聚体中秸秆氮含量在第 540 天时表现为：0.25～1 mm＞1～2 mm＞(＞2 mm)＞(＜0.25 mm)；＞2 mm 和 1～2 mm 土壤团聚

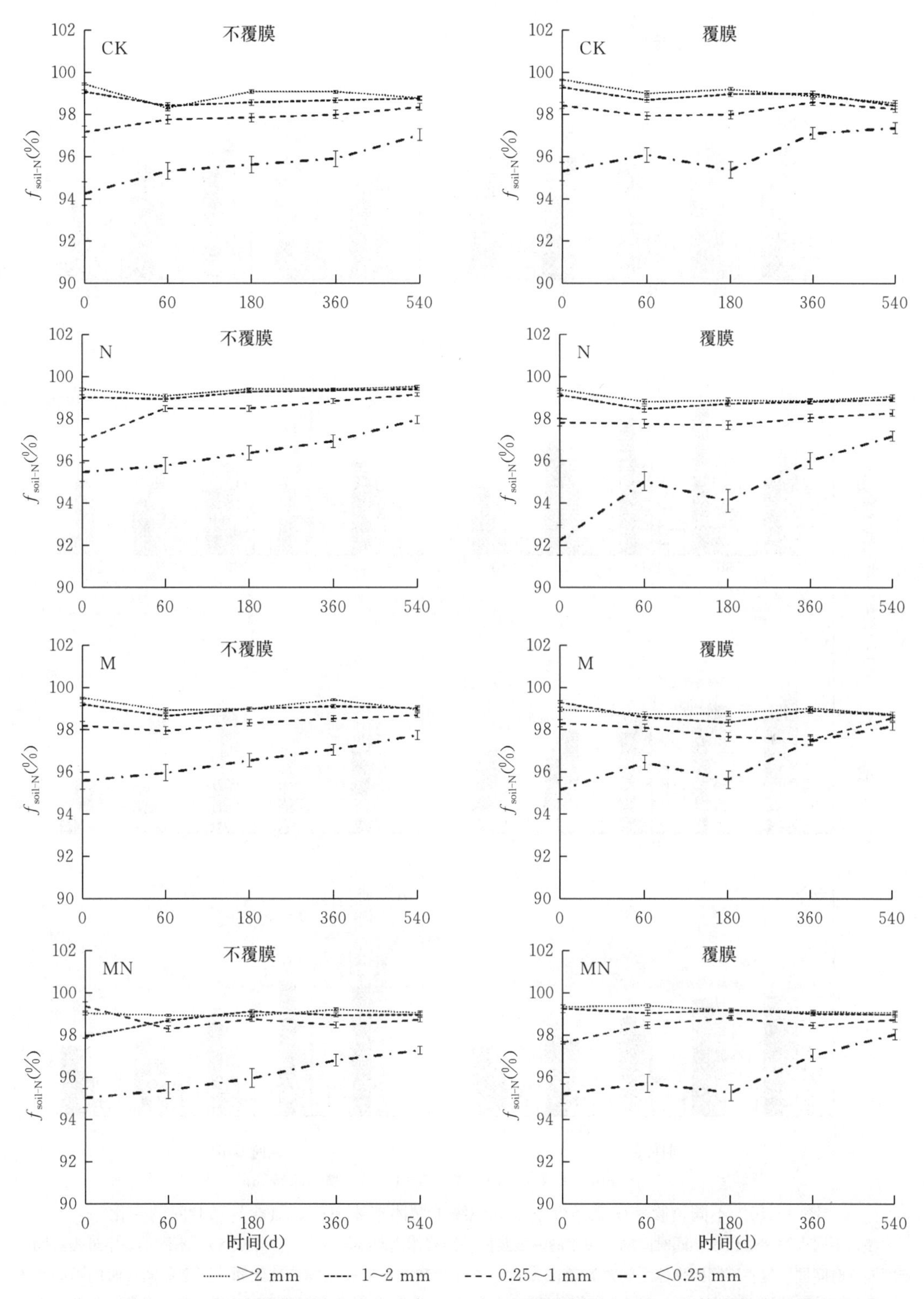

图 8-15　不同覆膜和施肥处理老氮（f_{soil-N}）对不同粒级土壤团聚体中氮的贡献

注：CK、N、M、MN 分别代表不施肥、单施氮肥、单施有机肥、有机肥配施氮肥处理。

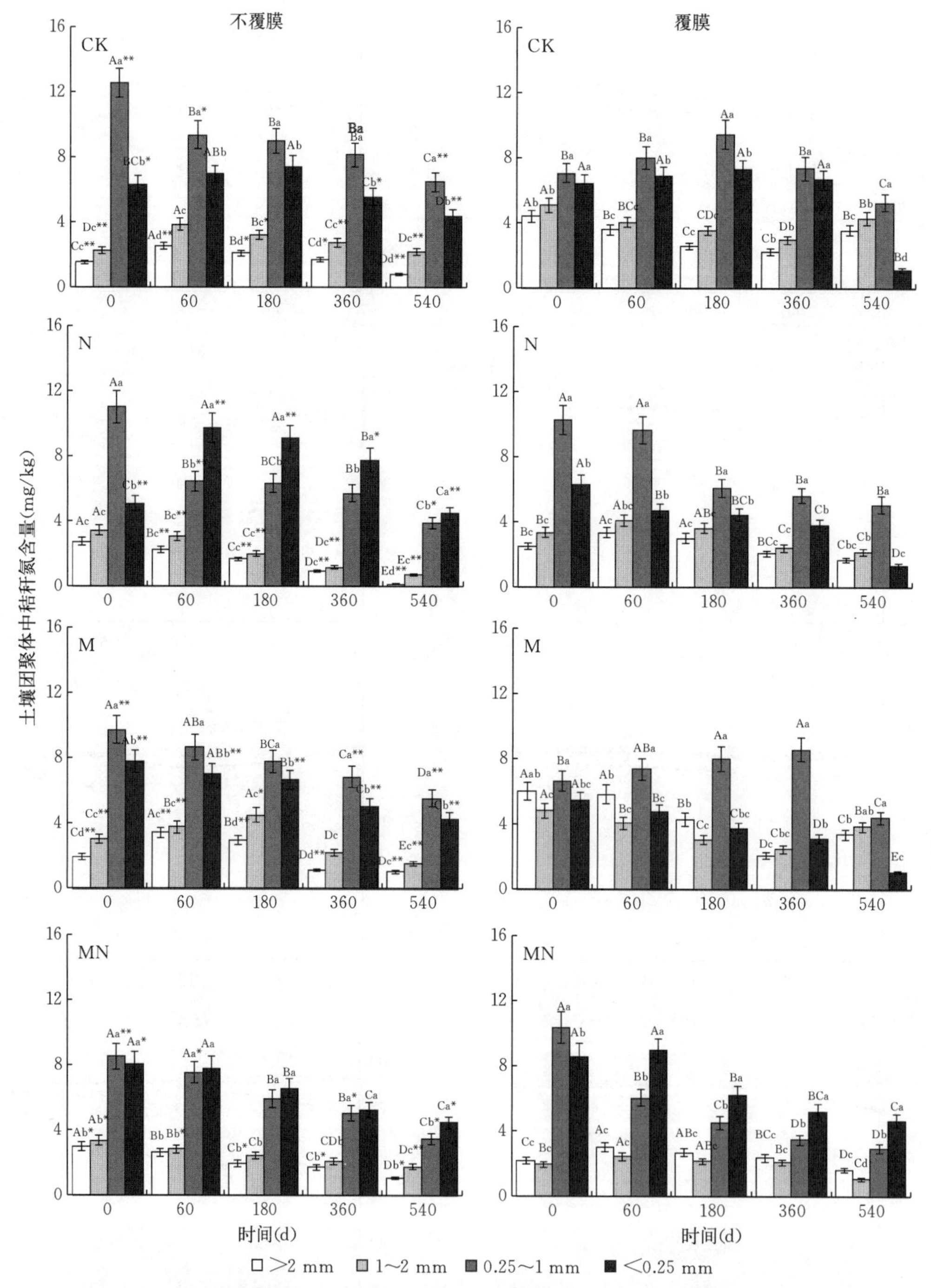

图 8-16　不同覆膜和施肥条件下不同粒级土壤团聚体中秸秆氮含量随时间的变化

注：不同大写字母代表不同时间同一施肥同一覆膜同一团聚体之间差异显著（$P<0.05$）；不同小写字母表示同一施肥同一时间同一覆膜不同团聚体之间差异显著（$P<0.05$）；* 和 ** 分别表示同一施肥同一团聚体同一时间不同覆膜处理之间差异显著性水平为 $P<0.05$ 和 $P<0.01$。CK、N、M、MN 分别代表不施肥、单施氮肥、单施有机肥、有机肥配施氮肥处理。

体中秸秆氮含量随时间变化表现为先升高后降低的趋势；0.25～1 mm 和＜0.25 mm 土壤团聚体中秸秆氮含量随时间变化呈降低趋势。M 处理土壤团聚体中秸秆氮在第 540 天时表现为：0.25～1 mm＞1～2 mm＞(＞2 mm)＞(＜0.25 mm)；＞2 mm 和 1～2 mm 土壤团聚体中秸秆氮含量随时间变化表现为先降低后升高的趋势；0.25～1 mm 土壤团聚体中秸秆氮含量随时间变化呈先升高后降低的趋势；＜0.25 mm 土壤团聚体中秸秆氮含量随时间变化呈降低的趋势。MN 处理土壤团聚体中秸秆氮含量在 60～540 d 表现为：(＜0.25 mm)＞0.25～1 mm＞(＞2 mm)＞1～2 mm；＞2 mm、1～2 mm 和＜0.25 mm 土壤团聚体中秸秆氮含量随时间变化表现为先升高后降低的趋势；0.25～1 mm 土壤团聚体中秸秆氮含量随时间变化呈降低趋势。

覆膜条件下各施肥处理＞2 mm 土壤团聚体中秸秆氮含量在第 540 天时表现为：CK＞M＞N＞MN，平均含量为：2.59 mg/kg；1～2 mm 土壤团聚体中秸秆氮含量在采样时间第 0 天、第 360 天和第 540 天时表现为：CK＞M＞N＞MN，平均含量分别为：3.82 mg/kg、2.51 mg/kg、2.87 mg/kg；0.25～1 mm 土壤团聚体中秸秆氮含量在采样时间为第 0 天时表现为：MN＞N＞CK＞M，平均含量为 8.57 mg/kg；第 540 天时表现为：N＞CK＞M＞MN，平均含量为 3.68 mg/kg；＜0.25 mm 土壤团聚体中秸秆氮含量在采样时间第 0 天时表现为：MN＞CK＞N＞M，平均含量为 6.70 mg/kg；第 540 天时表现为：MN＞N＞CK＞M，平均含量为 2.07 mg/kg。

三、覆膜和施肥条件下不同粒级棕壤团聚体中 C/N 的变化

（一）未添加秸秆覆膜和施肥条件下土壤团聚体中 C/N 的变化

未添加秸秆不覆膜条件下，各施肥处理土壤不同粒级团聚体中 C/N 的变化范围为 8.19～13.46（图 8－17）。试验期内，各施肥处理 0.25～1 mm 土壤团聚体中 C/N 最低。CK 处理＞2 mm、1～2 mm、0.25～1 mm、＜0.25 mm 土壤团聚体中 C/N 平均值分别为 9.48、9.07、8.45 和 9.17。M 处理在采样时间第 0 天、第 60 天、第 180 天和第 360 天，不同粒级土壤团聚体中 C/N 表现为：（＜0.25 mm）＞1～2 mm＞(＞2 mm)＞0.25～1 mm；第 540 天时表现为：(＞2 mm)＞1～2 mm＞(＜0.25 mm)＞0.25～1 mm。MN 处理＞2 mm、1～2 mm、0.25～1 mm、＜0.25 mm 土壤团聚体中 C/N 平均值分别为 9.76、9.82、8.92 和 9.70。MN 处理在采样时间为第 0 天不同粒级土壤团聚体中 C/N 表现为：(＜0.25 mm)＞1～2 mm＞(＞2 mm)＞0.25～1 mm；第 540 天时表现为：(＞2 mm)＞1～2 mm＞(＜0.25 mm)＞0.25～1 mm。

未添加秸秆覆膜条件下，各施肥处理土壤不同粒级团聚体中 C/N 的变化范围为 8.49～13.59。各施肥处理 0.25～1 mm 土壤团聚体中 C/N 最低。CK 处理＞2 mm、1～2 mm、0.25～1 mm 和＜0.25 mm 土壤团聚体中 C/N 平均值分别为 9.12、9.35、8.80 和 9.68。CK 处理在第 0 天时，不同粒级土壤团聚体中 C/N 表现为：（＜0.25 mm）＞1～2 mm＞(＞2 mm)＞0.25～1 mm；第 540 天时表现为：（＜0.25 mm）＞(＞2 mm)＞1～2 mm＞0.25～1 mm。N 处理＞2 mm、1～2 mm、0.25～1 mm 和＜0.25 mm 土壤团聚体中 C/N 平均值分别为 8.90、9.30、9.14 和 11.50。N 处理在第 540 天时表现为（＜0.25 mm）＞(＞2 mm)＞1～2 mm＞0.25～1 mm。M 处理＞2 mm、1～2 mm、0.25～1 mm 和＜

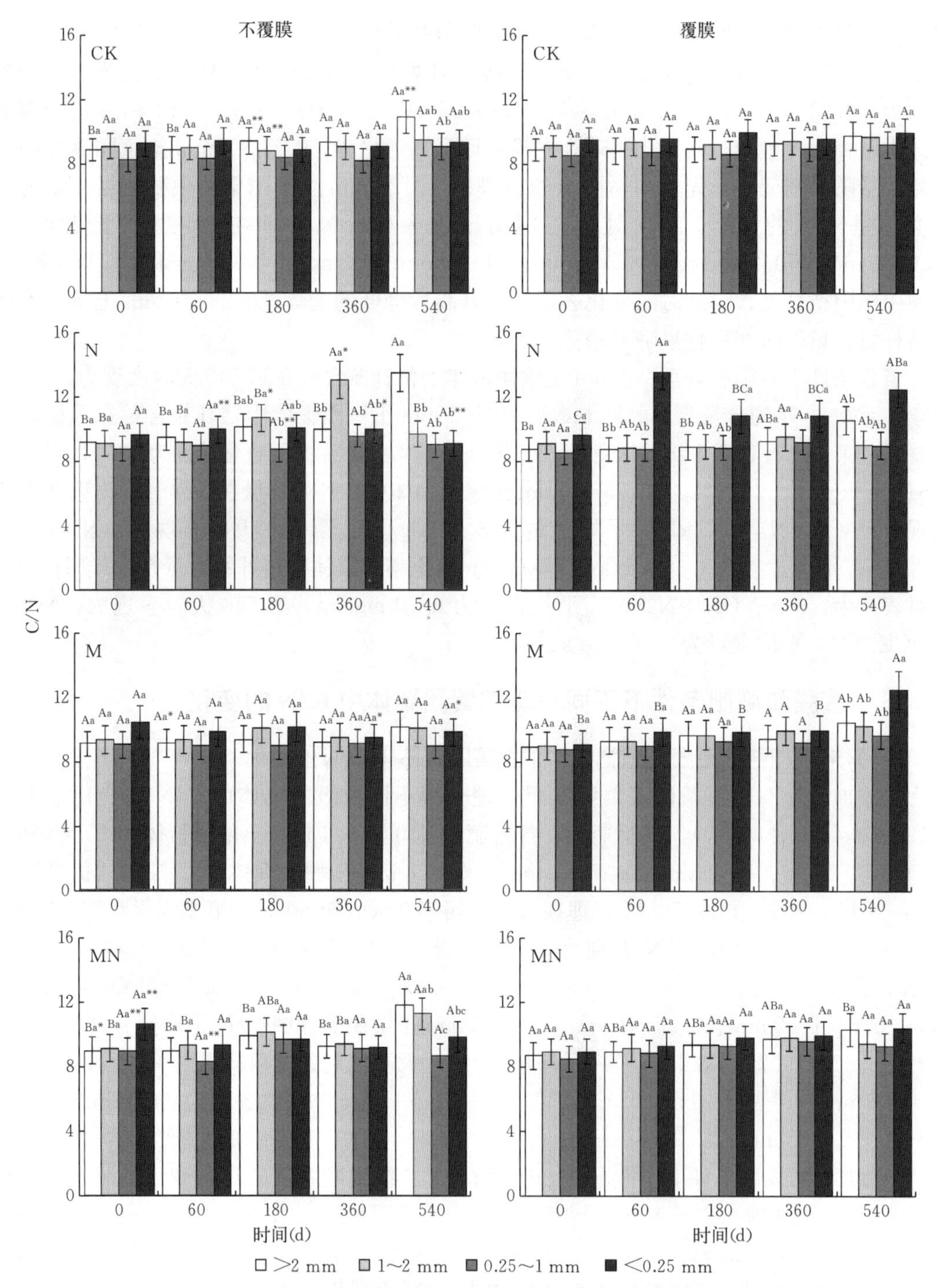

图 8-17 未添加秸秆不同覆膜和施肥条件下不同粒级土壤团聚体中 C/N 变化

注：不同大写字母代表不同时间同一施肥同一覆膜同一团聚体之间差异显著（$P<0.05$）；不同小写字母表示同一施肥同一时间同一覆膜不同团聚体之间差异显著（$P<0.05$）；* 和 ** 分别表示同一施肥同一团聚体同一时间不同覆膜处理之间差异显著性水平为 $P<0.05$ 和 $P<0.01$。CK、N、M、MN 分别代表不施肥、单施氮肥、单施有机肥、有机肥配施氮肥处理。

0.25 mm 土壤团聚体中 C/N 平均值分别为 9.56、9.64、9.20 和 10.28。MN 处理在第 0 天时，不同粒级土壤团聚体中 C/N 表现为（<0.25 mm）>1～2 mm>（>2 mm）>0.25～1 mm；第 540 天时表现为：（<0.25 mm）>（>2 mm）>1～2 mm>0.25～1 mm。

（二）添加秸秆后覆膜和施肥土壤团聚体中 C/N 的变化

添加秸秆不覆膜条件下，各施肥处理土壤不同粒级团聚体中 C/N 的变化范围为 8.25～13.23，且 0.25～1 mm 土壤团聚体中 C/N 最低（图 8-18）。CK 处理>2 mm、1～2 mm、0.25～1 mm 和<0.25 mm 土壤团聚体中 C/N 平均值分别为 9.49、9.49、8.83 和 9.76。N 处理>2 mm、1～2 mm、0.25～1 mm、<0.25 mm 土壤团聚体中 C/N 平均值分别为 10.48、10.23、9.11、9.76。N 处理在第 540 天时表现为：（>2 mm）>1～2 mm>（<0.25 mm）>0.25～1 mm。M 处理>2 mm、1～2 mm、0.25～1 mm 和<0.25 mm 土壤团聚体中 C/N 平均值分别为 9.73、9.87、9.21 和 10.09。M 处理在第 540 天时表现为：（>2 mm）>1～2 mm>（<0.25 mm）>0.25～1 mm。MN 处理>2 mm、1～2 mm、0.25～1 mm 和<0.25 mm 土壤团聚体中 C/N 平均值分别为 10.30、10.64、9.39 和 10.39。MN 处理在第 540 天时表现为（>2 mm）>1～2 mm>（<0.25 mm）>0.25～1 mm。

添加秸秆覆膜条件下，各施肥处理土壤不同粒级团聚体中 C/N 的变化范围为 8.79～11.69（图 8-18），且 0.25～1 mm 土壤团聚体中 C/N 最低。CK 处理 0.25～1 mm、>2 mm、1～2 mm 和<0.25 mm 土壤团聚体中 C/N 平均值分别为 9.01、9.81、9.29 和 10.18。N 处理>2 mm、1～2 mm、0.25～1 mm 和<0.25 mm 土壤团聚体中 C/N 平均值分别为 9.42、9.83、9.13 和 10.27。N 处理在第 540 天时表现为：（<0.25 mm）>（>2 mm）>1～2 mm>0.25～1 mm。M 处理>2 mm、1～2 mm、0.25～1 mm 和<0.25 mm土壤团聚体中 C/N 平均值分别为 9.81、9.84、9.47 和 10.88。M 处理在第 540 天时表现为：（<0.25 mm）>（>2 mm）>1～2 mm>0.25～1 mm。MN 处理>2 mm、1～2 mm、0.25～1 mm 和<0.25 mm 土壤团聚体中 C/N 平均值分别为 9.40、9.48、9.06 和 10.13。MN 处理在第 540 天时表现为：（<0.25 mm）>（>2 mm）>1～2 mm>0.25～1 mm。

四、讨论

团聚体在调节土壤氮素肥力和控制氮素淋失方面具有重要作用。小粒径团聚体通过与有机质相互作用而形成大团聚体，因此有机质随团聚体粒径的增加而增加。氮也随团聚体粒级的增大而增大。本研究结果显示，0.25～1 mm 土壤团聚体中土壤氮、秸秆氮含量最高。这可能是由于小粒径土壤团聚体受到大团聚体的保护，以及粒径越小比表面积越大，其表面吸附能越高，因此，团聚体中的全氮含量随粒级减小而增加，而全氮存在于土壤小粒级部分（细黏粒或黏粒），对土壤团聚体的形成有很大的影响。加之土壤中 95%的全氮均以有机态存在，这有利于有机-无机胶结作用（鲍士旦，2005）。由于耕作和降雨等对土体产生扰动，破坏了团聚体（尤其是大团聚体），致使固持于团聚体中的有机物质暴露，加速了微生物对土壤全氮的消耗，这是导致大团聚体中全氮含量较低的原因之一。另外，邱莉萍等（2006）研究发现团聚体含量是引起团聚体养分贡献率变化的主导因素，本研究结果显示 0.25～1 mm 土壤团聚体含量明显高于其他粒级土壤团聚体，因此这一粒级土壤团聚体

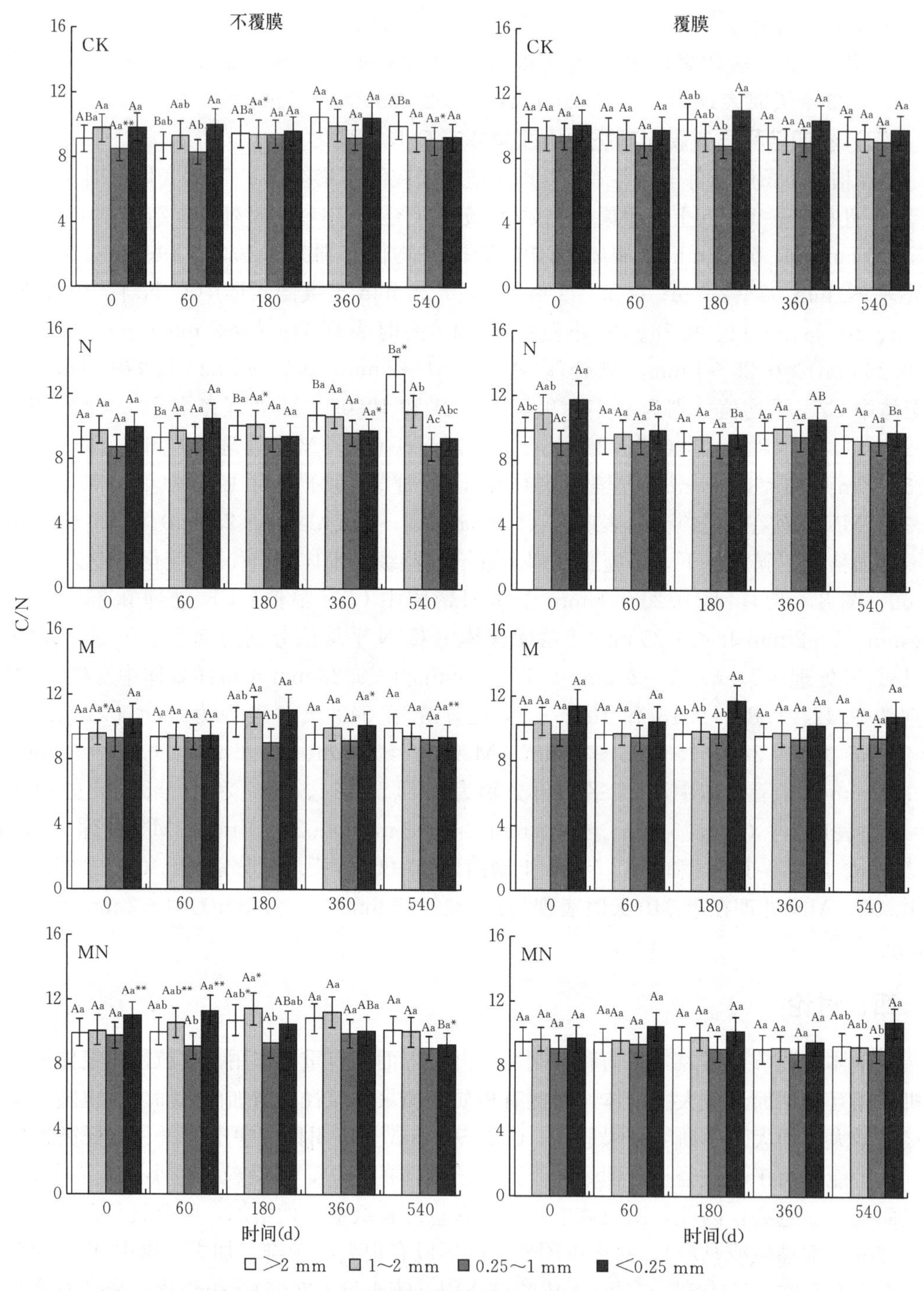

图 8-18　添加秸秆后不同覆膜和施肥条件下不同粒级土壤团聚体中 C/N 变化

注：不同大写字母代表不同时间同一施肥同一覆膜同一团聚体之间差异显著（$P<0.05$）；不同小写字母表示同一施肥同一时间同一覆膜不同团聚体之间差异显著（$P<0.05$）；* 和 ** 分别表示同一施肥同一团聚体同一时间不同覆膜处理之间差异显著性水平为 $P<0.05$ 和 $P<0.01$。CK、N、M、MN 分别代表不施肥、单施氮肥、单施有机肥、有机肥配施氮肥处理。

氮含量明显高于其他粒级团聚体。这说明 0. 25～1 mm 土壤团聚体是全氮的主要载体。

在试验期初期玉米秸秆分解较快，秸秆中有机态氮分解转化成无机态氮进入土壤各粒级团聚体中，此外小粒级团聚体向大粒级团聚体团聚导致氮素迁移，从而引起了试验初期大团聚体氮含量较高，随着试验时间延长，植物不断生长，秸秆分解趋于缓慢，土壤中由于反硝化作用氮素损失高于积累，导致氮含量有所下降。小粒级团聚体在试验期内含氮量升高可能是因为该粒级孔隙度小，植物吸收利用较少，加之在试验期内小团聚体随时间逐渐升高。

不覆膜条件下各施肥处理>2 mm、1～2 mm 土壤团聚体中氮和秸秆氮含量平均值低于覆膜条件；不覆膜条件下各施肥处理 0. 25～1 mm、<0. 25 mm 土壤团聚体氮和秸秆氮含量平均值高于覆膜条件，这主要是由于不覆膜条件下各施肥处理>2 mm、1～2 mm 土壤团聚体含量低于覆膜条件，不覆膜条件下各施肥处理 0. 25～1 mm、<0. 25 mm 土壤团聚体含量高于覆膜条件。

五、小结

各处理 0. 25～1 mm 土壤团聚体中氮含量均为最高。覆膜条件下各施肥处理>2 mm、1～2 mm 土壤团聚体氮含量平均值高于不覆膜条件，覆膜条件下各施肥处理 0. 25～1 mm、<0. 25 mm 土壤团聚体氮含量平均值低于不覆膜条件。不覆膜条件下，小粒级团聚体（<0. 25 mm）中氮含量在试验期内逐渐升高，大粒级团聚体（>2 mm）中氮含量在试验期内逐渐降低；覆膜条件下，整个试验期内各施肥处理 0. 25～1 mm 土壤团聚体中氮含量均为最高，<0. 25 mm 土壤团聚体中氮含量最低；各施肥处理土壤经过 540 d 后<0. 25 mm 团聚体中氮含量降为最低。

各处理土壤 0. 25～1 mm 土壤团聚体中 C/N 最低。不覆膜条件下，在试验初期（采样时间为第 0 天和第 60 天）<0. 25 mm 土壤团聚体中 C/N 最高，随时间延长>2 mm 土壤团聚体中 C/N 含量变为最高。覆膜条件下<0. 25 mm 土壤团聚体中 C/N 最高。秸秆氮对<0. 25 mm 土壤团聚体中氮的贡献率最高。

覆膜促进秸秆氮转化，减少其在土壤中赋存。覆膜条件下，CK、N 和 M 处理 0. 25～1 mm土壤团聚体中秸秆氮含量最高，经过 540 d 后<0. 25 mm 土壤团聚体中秸秆氮含量降为最低。覆膜条件下，各施肥处理>2 mm、1～2 mm 土壤团聚体秸秆氮含量平均值高于不覆膜处理，0. 25～1 mm 和<0. 25 mm 土壤团聚体中秸秆氮含量平均值低于不覆膜处理，说明地膜促进较小土壤团聚体中有机物质分解。

第三节　覆膜和施肥条件下秸秆氮在植物-土壤系统中的分配和植物利用

秸秆还田可培肥地力，改善土壤结构和理化性状，提高土壤保水保肥能力，优化农田生态环境。目前，关于秸秆还田增加土壤养分含量，秸秆还田的腐解特征，以及秸秆还田对作物产量影响的研究较多。但是秸秆还田后，不同覆膜和施肥条件下，秸秆氮素利用率、损失率或残留率及秸秆氮在植物体内的分布研究较少，因此掌握秸秆氮素在土壤-植物系统中的分配对培肥地力、环境保护及食品安全保障等方面具有重要意义。本节将^{15}N标记的玉米秸秆施入不同覆膜和施肥处理的土壤中，重点研究不同覆膜和施肥处理条件下秸秆氮在植物-土壤系统中的迁移和分布，以及对作物的贡献。

一、材料与方法

（一）试验设计与样品采集

试验设计同第一节。田间试验于2014年、2015年完成。2014年4月29日播种、10月18日收获；2015年4月25日继续播种，进行相应的覆膜和施肥处理（此时不再加入标记的玉米秸秆）、10月13日收获。每一微区内种植玉米6株。为了表达方便，将2014年、2015年的播种、收获日依次称作试验开始的第0天、第180天、第360天和540天。

于播种后第180天（2014年10月18日）和第540天（2015年10月13日）采收玉米植株。将玉米地上部茎、叶、籽粒分开，根系挖出并用水冲洗干净，置于60℃烘箱中烘干8h直至恒重，取出称重，得到根、茎、叶、籽粒生物量。烘干的根、茎、叶、籽粒分别用球磨仪粉碎研磨，供测定全氮和$\delta^{15}N$值使用。

植物样品全氮含量及$\delta^{15}N$值测定：粉碎研磨后的植物样品，用元素分析-同位素比例质谱联用仪（EA - IRMS，Elementarvario PYRO cube coupled to IsoPrime100 Isotope Ratio Mass Spectrometer，Germany）测定。

（二）计算公式

玉米植株全氮中来自还田玉米秸秆的氮素所占比例（$f_{straw\text{-}N}$），即秸秆氮的贡献率，由式（8-8）计算得出：

$$f_{straw\text{-}N}=\frac{(\delta^{15}N_{sample}-\delta^{15}N_{control})}{(\delta^{15}N_{straw}-\delta^{15}N_{control})}\times 100\% \qquad (8-8)$$

式中，$\delta^{15}N_{sample}$表示添加玉米秸秆处理的玉米植株$\delta^{15}N$值，$\delta^{15}N_{control}$表示不添加玉米秸秆即对照处理的土壤（玉米植株）$\delta^{15}N$值，$\delta^{15}N_{straw}$表示初始添加的玉米秸秆（即有机物料）$\delta^{15}N$值。

玉米植株全氮中来自老氮（即土壤原有的氮）的比例（$f_{soil\text{-}N}$,%），即老氮的贡献率的计算公式为：

$$f_{soil\text{-}N}=100-f_{straw\text{-}N} \qquad (8-9)$$

玉米植株全氮中玉米秸秆来源的氮（N_{straw}，g/kg）及原土壤来源的氮（N_{soil}，g/kg）含量计算公式：

$$N_{straw}=N_{sample}\times f_{straw\text{-}N} \qquad (8-10)$$

$$N_{soil}=N_{sample}\times f_{soil\text{-}N} \qquad (8-11)$$

式中，N_{sample}表示添加秸秆后玉米植株全氮含量。

秸秆氮的植物利用率（UN_{straw},%）、土壤残留率（RN_{straw},%）和损失率（本试验施入土壤中的秸秆氮除植物利用和残留之外，其余为损失）（LN_{straw},%），计算公式：

$$UN_{staw}=\frac{N_{straw}\text{ in maize}}{N_{straw}}\times 100\% \qquad (8-12)$$

$$RN_{staw}=\frac{N_{straw}\text{ in soil}}{N_{straw}}\times 100\% \qquad (8-13)$$

$$LN_{straw}=100-UN_{straw}-RN_{straw} \quad (8-14)$$

二、秸秆氮的植物利用

（一）不同覆膜和施肥条件下植物各部分秸秆氮含量

从表 8-3 中 2014 年和 2015 年籽粒的干物质重可以看出，地膜覆盖条件下增产效果好，施肥可以大幅增产，尤其是有机肥配施氮肥（MN）处理增产效果明显。2014 年时，覆膜与不覆膜条件下籽粒产量随施肥的变化均为 MN>N>M>CK，植株的产量随施肥的变化均为 MN>M>N>CK。2015 年，覆膜与不覆膜条件下籽粒产量与植株产量随施肥的变化均为 MN>N>M>CK。

表 8-3　覆膜和施肥条件下添加秸秆后玉米收获时各器官的干物质重（2014 年和 2015 年）

年　份	覆膜	施肥	植物干物质重（t/hm²）				
			根	茎	叶	籽粒	植株
2014 (180 d)	不覆膜	CK	0.26±0.02eD	0.85±0.07eC	1.27±0.08eB	1.72±0.12fA	4.10±0.09f
		N	0.72±0.02dD	2.18±0.14cdC	3.32±0.23cB	8.92±0.70cA	15.14±1.27d
		M	1.02±0.09bC	3.32±0.23bB	3.59±0.20cB	7.91±0.65dA	15.84±1.03d
		MN	0.85±0.04cC	3.72±0.27aB	4.10±0.32abB	10.98±0.46aA	19.65±1.72ab
	覆膜	CK	0.37±0.01eD	1.89±0.02dC	2.26±0.19dB	3.52±0.17eA	8.04±0.75e
		N	0.91±0.03bcD	2.38±0.15cC	3.74±0.32bcB	9.81±0.14bA	16.84±0.94cd
		M	1.33±0.13aD	3.66±0.25aC	4.23±0.27aB	8.94±0.21cA	18.16±1.11bc
		MN	1.32±0.11aC	4.01±0.25aB	4.38±0.33aB	11.35±0.46aA	21.06±1.48a
2015 (540 d)	不覆膜	CK	0.86±0.04fC	2.12±0.11efB	2.31±0.14fAB	2.46±0.16fA	7.75±0.23e
		N	1.00±0.07eD	1.99±0.16fC	2.92±0.11eB	9.30±0.40cA	15.21±1.25d
		M	1.46±0.06cC	2.79±0.17dB	3.28±0.26deB	6.60±0.47eA	14.13±0.98d
		MN	1.86±0.11bC	4.57±0.15bB	4.30±0.37bB	13.05±1.00aA	23.78±1.54b
	覆膜	CK	0.97±0.05efC	2.40±0.11eB	2.51±0.08fB	2.97±0.07fA	8.85±0.58e
		N	1.01±0.04eC	3.25±0.12cB	3.66±0.07cdB	11.38±0.97bA	19.3±1.09c
		M	1.20±0.03dD	3.24±0.27cC	3.96±0.34bcB	7.80±0.26dA	16.2±0.63d
		MN	2.20±0.10aC	5.04±0.33aB	4.91±0.28aB	14.02±1.05aA	26.17±2.00a

注：CK、N、M、MN 分别代表不施肥、单施氮肥、单施有机肥、有机肥配施氮肥处理。不同小写字母表示同一列不同处理之间差异显著（$P<0.05$），不同大写字母表示同一行不同植物器官中秸秆氮含量差异显著（$P<0.05$）。

2014 年（即第一年栽培，180 d），覆膜条件下，植株体内秸秆氮的含量范围为5.38～10.61 kg/hm²，不覆膜条件下植株体内秸秆氮的含量范围为 2.36～9.19 kg/hm²。覆膜与不覆膜条件，植株体内秸秆氮含量随施肥的变化均为 MN>N>M>CK（表 8-4）。

在各处理条件下，植物各器官秸秆氮含量均为籽粒>叶>茎>根。除了根之外，覆膜处理植株的茎、叶和籽粒的秸秆氮含量高于不覆膜处理的秸秆氮含量。覆膜和不覆膜条件下，CK 处理植物各器官秸秆氮含量均最低。

表 8-4 2014 年覆膜和施肥条件下玉米收获时各器官秸秆氮吸收量（kg/hm^2）

覆膜	施肥	各器官秸秆氮含量				
		根	茎	叶	籽粒	植株
不覆膜	CK	0.18±0.00fC	0.20±0.00fC	0.59±0.02hB	1.39±0.02fA	2.36±0.04h
	N	0.35±0.01dD	0.61±0.01eC	1.47±0.04dB	5.34±0.11cA	7.76±0.17e
	M	0.47±0.00bC	0.60±0.01eC	1.28±0.02fB	4.22±0.15dA	6.58±0.18f
	MN	0.51±0.01aD	1.02±0.02aC	1.39±0.04eB	6.27±0.13bA	9.19±0.02c
覆膜	CK	0.15±0.00gD	0.68±0.02dC	0.92±0.01gB	3.64±0.08eA	5.38±0.10g
	N	0.27±0.00eD	0.80±0.02cC	1.67±0.02bB	7.50±0.21aA	10.20±0.24b
	M	0.43±0.02cD	0.81±0.03cC	1.55±0.02cB	6.07±0.19bA	8.86±0.25d
	MN	0.51±0.01aD	0.88±0.02bC	1.91±0.02aB	7.31±0.18aA	10.61±0.23a

注：CK、N、M、MN 分别代表不施肥、单施氮肥、单施有机肥、有机肥配施氮肥处理。不同小写字母表示同一列不同处理之间差异显著（$P<0.05$），不同大写字母表示同一行不同植物器官中秸秆氮含量差异显著（$P<0.05$）。

2015 年（即第二年栽培，540 d），覆膜条件下，植株体内秸秆氮的含量范围为2.75～4.68 kg/hm^2，不覆膜条件下植株体内秸秆氮的含量范围为 2.17～3.40 kg/hm^2。覆膜与不覆膜条件，植株体内秸秆氮含量随施肥的变化均为 MN>N>M>CK（表 8-5）。

表 8-5 2015 年覆膜和施肥条件下玉米收获时各器官秸秆氮吸收量（kg/hm^2）

覆膜	施肥	各器官秸秆氮含量				
		根	茎	叶	籽粒	植株
不覆膜	CK	0.13±0.01fC	0.18±0.02fBC	0.25±0.02eB	1.61±0.09dA	2.17±0.13d
	N	0.14±0.01efD	0.25±0.02eC	0.34±0.02dB	1.93±0.09cA	3.06±0.17bc
	M	0.17±0.02dD	0.28±0.02deC	0.39±0.02cB	2.02±0.10cA	2.72±0.24c
	MN	0.27±0.02bC	0.35±0.01cBC	0.47±0.04bB	2.32±0.13bA	3.40±0.11b
覆膜	CK	0.16±0.01deC	0.30±0.01dB	0.37±0.03cdB	1.93±0.13cA	2.75±0.21c
	N	0.18±0.01cdD	0.31±0.03cdC	0.41±0.01cB	2.40±0.04bA	3.30±0.14b
	M	0.20±0.01cC	0.40±0.03bB	0.47±0.02bB	2.45±0.19bA	3.07±0.24bc
	MN	0.30±0.01aC	0.49±0.04aB	0.62±0.05aB	3.27±0.16aA	4.68±0.37a

注：CK、N、M、MN 分别代表不施肥、单施氮肥、单施有机肥、有机肥配施氮肥处理。不同小写字母表示同一列不同处理之间差异显著（$P<0.05$），不同大写字母表示同一行不同植物器官中秸秆氮含量差异显著（$P<0.05$）。

在各处理条件下，植物各器官秸秆氮含量均为籽粒>叶>茎>根。覆膜处理植株的根、茎、叶和籽粒秸秆氮含量高于不覆膜处理。覆膜和不覆膜条件，CK 处理植物各器官秸秆氮含量均最低。

表 8-6 为第一年种植时不同覆膜和施肥条件下玉米各器官中秸秆氮占总氮的百分比。从表中可以看出，覆膜与不覆膜条件下，CK 处理玉米各器官秸秆氮占总氮的百分比最高。不覆膜条件下，各施肥处理根的秸秆氮占总氮的百分比最高，植株秸秆氮占总氮的百

分比范围为4.6%～8.0%，平均为5.9%；根的秸秆氮占总氮的百分比范围为6.1%～11.8%，平均为9.6%；茎的秸秆氮占总氮的百分比范围为5.1%～7.6%，平均为6.3%，叶的秸秆氮占总氮的百分比范围为4.5%～6.7%，平均为5.2%；籽粒的秸秆氮占总氮的百分比范围为4.6%～8.3%，平均为5.9%。覆膜条件下，各施肥处理植株秸秆氮占总氮的百分比范围为5.6%～10.4%，平均为7.4%；根的秸秆氮占总氮的百分比范围为7.1%～8.5%，平均为7.6%；茎的秸秆氮占总氮的百分比范围为6.0%～10.6%，平均为7.6%，叶的秸秆氮占总氮的百分比范围为4.9%～7.4%，平均为6.1%；籽粒的秸秆氮占总氮的百分比范围为5.6%～11.6%，平均为7.8%。

表8-6　2014年不同覆膜和施肥条件下玉米各器官中秸秆氮占总氮的百分比（%）

覆膜	施肥	根	茎	叶	籽实	植株
不覆膜	CK	11.8±0.3a	7.6±0.0b	6.7±0.2b	8.3±0.3b	8.0±0.2b
	N	6.1±0.1g	5.2±0.1f	4.5±0.2d	4.6±0.2f	4.6±0.2f
	M	9.5±0.2c	5.1±0.1f	4.8±0.3cd	5.2±0.2e	5.3±0.2e
	MN	10.8±0.2b	7.4±0.1c	4.6±0.3cd	5.4±0.2e	5.6±0.2de
覆膜	CK	8.5±0.2d	10.6±0.1a	7.4±0.2a	11.6±0.4a	10.4±0.2a
	N	7.6±0.1e	7.4±0.1c	6.9±0.1b	7.8±0.3c	7.6±0.2c
	M	7.1±0.1f	6.0±0.2e	4.9±0.3cd	6.2±0.3d	5.9±0.2d
	MN	7.3±0.1ef	6.3±0.0d	5.0±0.2c	5.6±0.3e	5.6±0.2de

注：CK、N、M、MN分别代表不施肥、单施氮肥、单施有机肥、有机肥配施氮肥处理。不同小写字母表示同一列不同处理之间差异显著（$P<0.05$）。

从表8-6还可以看出，不覆膜条件下，不同施肥处理植株秸秆氮占总氮的百分比大小顺序为：CK>MN>M>N；覆膜条件下，不同施肥处理植株秸秆氮占总氮的百分比大小顺序为：CK>N>M>MN。覆膜条件下植株秸秆氮占总氮的百分比高于不覆膜条件。

在同一覆膜条件下，施肥显著降低了秸秆氮占总氮的百分比；同一施肥条件下，覆膜增加了秸秆氮占总氮的百分比。在覆膜条件下，N处理秸秆氮占总氮百分比高于M处理和MN处理。

表8-7为第二年种植时不同覆膜和施肥条件下玉米各器官中秸秆氮占总氮的百分比。从表中可以看出，覆膜与不覆膜条件下，CK处理玉米各器官秸秆氮占总氮的百分比最高。不覆膜条件下，植株秸秆氮占总氮的百分比范围为1.48%～3.86%，平均为2.46%；根的秸秆氮占总氮的百分比范围为2.06%～3.73%，平均为2.72%；茎的秸秆氮占总氮的百分比范围为1.72%～3.89%，平均为2.41%；叶的秸秆氮占总氮的百分比范围为1.41%～3.60%，平均为2.15%；籽粒的秸秆氮占总氮的百分比范围为1.42%～4.00%，平均为2.54%。覆膜条件下，各施肥处理植株中秸秆氮占总氮的百分比范围为1.86%～4.53%，平均为2.69%；根的秸秆氮占总氮的百分比范围为2.08%～4.69%，平均为3.02%；茎的秸秆氮占总氮的百分比范围为1.72%～4.65%，平均为2.68%；叶的秸秆

氮占总氮的百分比范围为1.63%～3.88%，平均为2.32%；籽粒的秸秆氮占总氮的百分比范围为1.89%～4.76%，平均为2.80%。

表8-7 2015年不同覆膜和施肥条件下玉米各器官中秸秆氮占总氮的百分比（%）

覆膜	施肥	根	茎	叶	籽实	植株
不覆膜	CK	3.73±0.20bA	3.89±0.30bA	3.60±0.29bA	4.00±0.09bA	3.86±0.26b
	N	2.44±0.22deA	1.78±0.06dB	1.77±0.05dB	1.97±0.13eB	1.95±0.11de
	M	2.65±0.12cdA	2.26±0.02cB	1.82±0.15cdC	2.77±0.25cA	2.54±0.15c
	MN	2.06±0.09eA	1.72±0.13dB	1.41±0.12eC	1.42±0.10fC	1.48±0.10f
覆膜	CK	4.69±0.40aA	4.65±0.22aA	3.88±0.13aB	4.76±0.31aA	4.53±0.39a
	N	2.08±0.13eA	1.72±0.06dB	1.68±0.11deB	1.89±0.14eAB	1.86±0.08e
	M	2.96±0.26cA	2.13±0.15cB	1.63±0.10deC	2.43±0.19dB	2.24±0.12cd
	MN	2.36±0.20deA	2.22±0.06cA	2.07±0.16cA	2.12±0.13deA	2.13±0.16de

注：CK、N、M、MN分别代表不施肥、单施氮肥、单施有机肥、有机肥配施氮肥处理。不同小写字母表示同一列不同处理之间差异显著（$P<0.05$），不同大写字母表示同一行不同植物器官中秸秆氮含量差异显著（$P<0.05$）。

从表8-7还可以看出，不覆膜条件下，不同施肥处理植株秸秆氮占总氮的百分比大小顺序为：CK>M>N>MN；覆膜条件下，不同施肥处理植株秸秆氮占总氮的百分比大小顺序为：CK>M>MN>N。覆膜条件下，CK和MN处理根、茎叶、籽粒及植株秸秆氮占总氮的百分比高于不覆膜条件，N和M处理小于不覆膜条件。

（二）秸秆氮在植物-土壤系统中的分配和利用

图8-19为第一年种植时，秸秆氮在植物-土壤系统中的分配。从图中可以看出：第一个生长季（180 d）施肥和覆膜影响了秸秆氮在土壤-植物系统中的分配和利用。覆膜条件下秸秆氮土壤残留率的范围为58.2%～85.5%，平均值为70.2%，施肥不同秸秆氮的土壤残留率大小为：CK>M>N>MN；秸秆氮的植物利用率范围为10.5%～20.6%，平均值为17.1%，施肥不同秸秆氮的植物利用率呈现为MN>N>M>CK；秸秆氮的损失率范围为4.0%～21.2%，平均值为12.8%，施肥不同秸秆氮的损失率呈现为：MN>N>M>CK。不覆膜条件下秸秆氮土壤残留率的范围为64.2%～80.9%，平均值为72.0%，施肥不同秸秆氮的土壤残留率大小为：CK>N>M>MN；秸秆氮的植物利用率范围为4.6%～17.9%，平均值为12.6%，施肥不同秸秆氮的植物利用率呈现为：MN>N>M>CK；秸秆氮的损失率范围为13.1%～17.9%，平均值为15.4%，施肥不同秸秆氮的损失率呈现为：MN>M>CK>N。从结果中可以看出：在所有处理中，覆膜增加了秸秆氮的植物利用率，增加了CK和M处理的土壤残留率，降低了N和MN处理的土壤残留率。在覆膜和不覆膜处理中，施肥增加了秸秆氮的植物利用率，降低了土壤残留率；N和MN处理植物利用率均高于CK和M处理，土壤残留率均低于CK和M处理。

图8-20为第二年种植时秸秆氮在植物-土壤系统中的分配，图中秸秆氮的总量为2014年残留在土壤中秸秆氮的量。从图中可以看出：第二个生长季（540 d）施肥和覆膜同样影响了秸秆氮在土壤-植物系统中的分配和利用。覆膜条件下，经过第二季的种植，

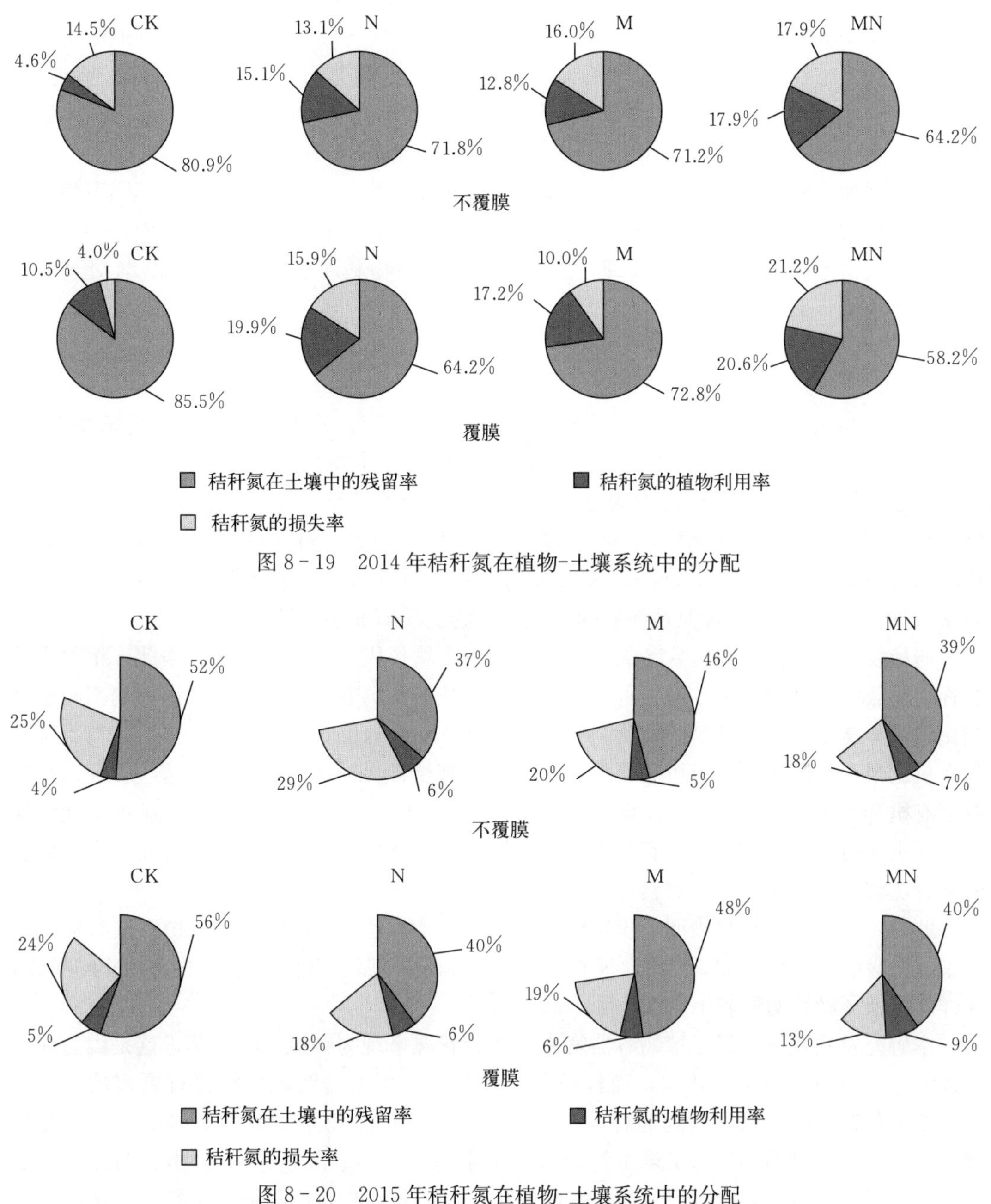

图 8-19 2014 年秸秆氮在植物-土壤系统中的分配

图 8-20 2015 年秸秆氮在植物-土壤系统中的分配

注：2015 年各处理秸秆氮的总量为 2014 年残留在土壤中的秸秆氮的量。

秸秆氮的土壤残留率的范围为 39.7%～56.0%，平均值为 45.9%，施肥不同秸秆氮的土壤残留率大小为：CK>M>MN>N；秸秆氮的植物利用率范围为 5.4%～9.1%，平均值为 6.7%，施肥不同秸秆氮的植物利用率呈现为：MN>N>M>CK；秸秆氮的损失率范围为 13.0%～24.1%，平均值为 18.6%，施肥不同秸秆氮的损失率呈现为：CK>M>N>MN。

不覆膜条件下，经过第二季的种植，秸秆氮的土壤残留率范围为37%～52%，平均值为43.5%，施肥不同秸秆氮的土壤残留率大小为：CK>M>MN>N；秸秆氮的植物利用率范围为4.2%～6.6%，平均值为5.5%，施肥不同秸秆氮的植物利用率呈现为：MN>N>M>CK；秸秆氮的损失率范围为18%～29%，平均值为23%，施肥不同秸秆氮的损失率呈现为：N>CK>M>MN。从结果中可以看出：在所有处理中，第二个生长季，覆膜增加了秸秆氮的植物利用率，降低了损失率，增加了土壤残留率。不同覆膜处理中，施肥均增加了秸秆氮的植物利用率，降低了土壤残留率；不同覆膜处理，CK和M处理土壤残留率高于MN和N处理；N和MN处理植物利用率均高于CK和M处理，土壤残留率均低于CK和M处理。

三、讨论

秸秆氮的腐解受到土壤肥力的影响（安婷婷，2015）。外界条件（如：覆膜和施肥）影响植物对玉米秸秆腐解产生的有机物的吸收和利用（汪景宽等，1996）。然而覆膜能够改善土壤水热条件，促进有机物的分解、增加植物根的活性，使得植物吸收更多的秸秆氮，从而增加了植物的产量。本文研究结果表明覆膜条件下秸秆氮的平均利用率为17.1%，不覆膜条件下为12.6%。Kumar等（2011）研究结果表明覆膜提高了总氮的利用率（19%～179.20%），但是他们的研究条件为肥料氮而不是秸秆氮。

与植物秸秆相比，有机或者无机肥料能够为土壤提供更多的有效氮。因此，植物生长过程中吸收的肥料氮较多，而秸秆氮相对较少。从本文的研究结果可以看出，与CK处理相比施肥显著增加了秸秆氮的植物利用率，降低了秸秆氮的土壤残留率。然而，与不施肥和有机肥单独施用相比，无机肥料的添加能够提高秸秆氮的植物利用率。这些研究结果解释了有机和无机氮肥对秸秆氮腐解产生了不同的影响。此外，秸秆与不同氮肥配施能够显著提高土壤有机碳、碱解氮、有效磷、速效钾含量及微生物数量和活性，从而导致了更多的秸秆腐解并且促进了植物对营养物质的吸收。

此外，一些研究结果表明，土壤中施入^{15}N标记的肥料后，促进了植物对没有标记的土壤氮的吸收。因此，如果肥料^{15}N在土壤中被固定，那么就降低了作物对^{15}N的吸收，这样就降低了植物对肥料^{15}N的吸收。

本研究发现，秸秆氮在植物各器官中的含量状况呈现为籽粒>叶>茎，这是因为在植物体内氮不断向生长中心转移，而籽粒是玉米的生长中心，因此籽粒含有更多的氮。此外，玉米各器官的生物量呈现为籽粒>叶>茎，较大的生物量吸收了更多的氮。研究发现，玉米吸收氮量的不同与玉米生物量的大小相关（Liu et al.，2014）。本试验结果显示覆膜增加了植物体内总氮含量（除N处理外）。Xu等（2010）研究发现覆膜显著增加了玉米植株的氮含量，这可能是因为覆膜改善了土壤的水、热条件（Liu et al.，2009；Zhou et al.，2009），导致玉米植株干物质的积累。覆膜处理土壤硝态氮和铵态氮的含量高于不覆膜处理，使得植物从土壤中吸收更多的氮。

秸秆添加到土壤中减少了土壤氮的损失，增加了植物对肥料氮的吸收和利用。本试验结果发现：第一季种植，覆膜条件下N和MN处理秸秆氮的损失率高于不覆膜条件，CK和M处理秸秆氮的损失率低于不覆膜。部分秸秆氮在土壤中转化时发生了渗滤而损失。

然而，Liu 等（2014）研究发现覆膜条件下标记的氮的损失量低于不覆膜条件。研究结果存在差异的原因是由于施用的氮素肥料不同。本试验施用的是化肥、有机肥和秸秆，然而 Liu 等（2014）施用的是单一氮源（尿素）。在农田氮素管理中，氮的损失主要是氨的挥发、无机氮渗滤和 N_2O 的释放等，这些都是本试验中氮损失的途径。然而，不覆膜条件下，氨的挥发是氮损失的主要途径（Liu et al.，2014），无机氮的渗滤是覆膜条件下氮损失的主要途径，有机肥导致了氨的损失，高肥力土壤 N_2O 的释放量高于低肥力土壤。在本试验中，各处理秸秆氮的损失率不一致，说明施肥、覆膜和秸秆添加可能改变了 N 的损失模式和途径，这需要更进一步的研究。

本研究中各处理条件下秸秆氮的植物利用率、土壤残留率和损失率不同，秸秆氮的植物利用率在无机氮肥和有机氮肥处理条件下不同，无机肥与有机肥相比能够促进植物对秸秆氮的吸收，说明无机氮肥中有更多的有效氮激发了植物对秸秆氮的吸收。这也意味着秸秆添加后无机和有机肥的交互作用不同。一些研究称覆膜是降低氮损失（氨挥发、N_2O 释放）的一个物理屏障，增加无机氮的渗滤（汪景宽等，1996）。然而，一些研究报道覆膜条件下微生物的活性增加使得土壤氮矿化和无机氮浸出等增加（Li et al.，2009），植物对土壤氮的吸收增加（Li et al.，2001）。这些结论与本试验的研究结果是一致的，本试验结果表明覆膜增加了土壤微生物活性，增加了秸秆氮向植物的转移，然而降低了秸秆氮对土壤微生物氮的贡献率。通常，土壤微生物量氮是外源氮同化和土壤有机质转化的直接表现。肥料施入土壤后，肥料氮能够被土壤微生物迅速吸收，然后释放出可以利用的状态以满足植物生长。但是本试验进一步提出施肥和覆膜对秸秆氮和微生物量氮的贡献率存在交互作用，在覆膜和不覆膜条件下 N、M、MN 处理表现出相反的变化趋势。这个结果与 Peng 等（2011）的研究结果一致，其研究结果表明在不覆膜条件下有机无机肥配施增加了氮的利用率。An 等（2015）研究指出，微生物对秸秆氮的降解受土壤不同肥力水平的影响。尽管如此，在本试验中施肥与覆膜处理表现出了不同的趋势。因此，在耦合条件（覆膜和施肥）下，微生物降解秸秆氮的过程和机制需要进一步研究。

四、小结

（1）覆膜增加了第一季玉米茎、叶和籽粒的秸秆氮含量，降低了根的秸秆氮含量，增加了第二季玉米根、茎、叶、籽粒的秸秆氮含量。施肥均促进了外源有机氮向两季玉米根、茎、叶、籽粒的转移。

（2）覆膜增加了同一施肥条件下第一季玉米植株体内秸秆氮占总氮的百分比。施肥显著降低了两季玉米各器官秸秆氮占总氮的百分比；第一季玉米各器官秸秆氮占总氮的百分比显著高于第二季玉米。

（3）覆膜增加了两季作物秸秆氮的植物利用率，降低了第二季秸秆氮的损失率，增加了第二季秸秆氮的土壤残留率。覆膜条件下，秸秆氮第一年的植物利用率为10.5%～20.6%，第二年的植物利用率为5%～9%；不覆膜条件下，秸秆氮第一年的植物利用率为4.6%～17.9%，第二年的植物利用率为4%～7%。施肥增加了两季作物秸秆氮的植物利用率，降低了两季作物秸秆氮的土壤残留率。两季种植时，N 和 MN 处理秸秆氮的土壤残留率低于 CK 和 M 处理，植物利用率高于 CK 和 M 处理。

第四节　结　论

本文使用^{15}N标记的方法研究了覆膜和施肥措施对还田的玉米秸秆氮在土壤团聚体中的迁移和分布以及植物利用情况的影响，得出以下主要结论：

(1) 覆膜能够提高秸秆还田后有机肥处理和有机肥配施氮肥处理土壤的微生物量氮含量。秸秆还田后不覆膜的所有施肥处理、覆膜的对照处理和单施氮肥处理土壤微生物量氮含量降低。

(2) 覆膜能够降低土壤微生物量氮中^{15}N含量及其占土壤秸秆氮的比例。相同施肥处理土壤微生物量氮中^{15}N含量在覆膜条件下随时间延长而降低，不覆膜则随时间延长而升高；覆膜施肥土壤微生物量氮中^{15}N含量增加，而不覆膜单施氮肥土壤微生物量氮中^{15}N含量下降。

(3) 覆膜促进微团聚体氮素释放。覆膜条件下各施肥处理<0.25 mm土壤团聚体中氮含量最低，0.25～1 mm土壤团聚体中氮含量最高；>2 mm、1～2 mm和0.25～1 mm、<0.25 mm土壤团聚体氮含量平均值分别高于和低于不覆膜处理土壤团聚体氮含量平均值。不覆膜条件下试验期间<0.25 mm土壤团聚体氮含量逐渐升高，>2 mm团聚体氮含量逐渐降低。

(4) 覆膜有利于秸秆氮向大粒级土壤团聚体富集。试验期间覆膜各施肥处理>2 mm、1～2 mm土壤团聚体秸秆氮含量平均值高于不覆膜处理，0.25～1 mm、<0.25 mm土壤团聚体秸秆氮含量平均值低于不覆膜条件处理。经过两季作物种植后覆膜条件下各施肥处理<0.25 mm团聚体秸秆氮含量最低，而不覆膜条件下>2 mm和1～2 mm土壤团聚体秸秆氮含量始终低于0.25～1 mm、<0.25 mm团聚体中秸秆氮含量。

(5) 覆膜能够促进第一年、第二年玉米根、茎、叶和籽籽对秸秆氮的吸收和利用。覆膜条件下第一年和第二年秸秆氮的植物利用率分别为10.5%～20.6%和5.0%～9.0%，不覆膜的植物利用率分别为4.6%～17.9%和4.0%～7.0%；覆膜使秸秆氮损失率下降，土壤残留率提高；施肥能够促进玉米根、茎、叶、籽粒对秸秆氮的吸收，使土壤残留率下降，其中以有机肥与氮肥配施、单施氮素化肥两处理效果最好；相同条件下第一年秸秆氮的植物利用率高于第二年，损失率低于第二年。

总之，覆膜、施肥和秸秆还田影响了土壤环境，从而影响了秸秆氮在土壤中的迁移转化和植物利用。本文利用^{15}N标记的玉米秸秆进行田间微区试验，测定玉米秸秆氮在土壤团聚体中的迁移转化、植物利用和损失情况，通过分析比较覆膜和施肥对秸秆氮在土壤转化、植物利用方面的影响进行了初步探讨。然而，有关覆膜、施肥和秸秆添加后秸秆氮在土壤中的转化等许多问题还不清楚，如氮组分如何转化、各种酶活性的消长、秸秆氮的损失途径等，今后有待做深入研究。

主要参考文献

安婷婷，2015. 利用^{13}C标记方法研究光合碳在植物-土壤系统的分配及其微生物的固定. 沈阳：沈阳农业大学.

鲍士旦，2005. 土壤农化分析．北京：中国农业出版社：25－48.

冷延慧，汪景宽，李双异，2008. 长期施肥对黑土团聚体分布和碳储量变化的影响．生态学杂志，27（12)：2171－2177.

刘顺国，汪景宽，2006. 长期地膜覆盖对棕壤剖面中 NH_4^+ －N 和 NO_3^- －N 动态变化的影响．土壤通报，37（3)：443－446.

邱莉萍，张兴昌，张晋爱，2006. 黄土高原长期培肥土壤团聚体中养分和酶的分布．生态学报，26（2)：364－372.

汪景宽，刘顺国，李双异，2006. 长期地膜覆盖及不同施肥处理对棕壤无机氮和氮素矿化率的影响．水土保持学报，20（6)：107－110.

汪景宽，张继宏，须湘成，等，1996. 长期地膜覆盖对土壤氮素状况的影响．植物营养与肥料学报，2（2)：125－130.

汪景宽，张旭东，张继宏，等，1995. 覆膜对有机物料和农肥的腐解及土壤有机质特性的影响．植物营养与肥料学报，1（3－4)：22－28.

邹洪涛，王胜楠，闫洪亮，等，2014. 秸秆深还田对东北半干旱区土壤结构及水分特征影响．干旱地区农业研究，32（2)：52－60.

An T，Schaeffer S，Zhuang J，et al.，2015. Dynamics and distribution of ^{13}C－labeled straw carbon by microorganisms as affected by soil fertility levels in the Black Soil region of Northeast China. Biology and Fertility of Soils，51（5)：605－613.

Chen J，Tang Y H，Yin Y P，et al.，2015. Effects of Straw Returning Plus Nitrogen Fertilizer on Nitrogen Utilization and Grain Yield in Winter Wheat. Acta Agronomica Sinica，41（1)：160.

Glendining M J，Powlson D S，Poulton P R，et al.，1996. The effects of long－term applications of inorganic nitrogenfertilizer on soil nitrogen in the broadbalk wheat experiment. Journalof Agricultural Science 127：347－363.

Halvorson A D，2002. Tillage，nitrogen，and cropping system effects on soil carbon sequestration. Soil Science Society of America Journal，66（3)：906.

Jamieson N，Monaghan R，Barraclough D，1999. Seasonal trends of gross N mineralization in a natural calcareous grassland. Global Change Biology，5（4)：423－431.

Janzen H H，1987. Effect of fertilizer on soil productivity in long－term spring wheat rotations. Canadian Journal of Soil Science，67（1)：165－174.

Johnson P A，Smith P N，2010. The effects of nitrogen fertilizer rate，cultivation and straw disposal on the nitrate leaching from a shallow limestone soil cropped with winter barley. Soil Use & Management，12（2)：67－71.

Kumar S，Dey P，2011. Effects of different mulches and irrigation methods on root growth，nutrient uptake，water－use efficiency and yield of strawberry. Scientia Horticulturae，127（3)：318－324.

Li C，Wang J，2005. Effects of long－term mulching and fertilizer treatments on organic carbon and total nitrogen in brown soil. Liaoning Agricultural Sciences，6：8－10.

Li S，Cai Z，Yang H，et al.，2009. Effects of long－term fertilization and plastic film covering on some soil fertility and microbial properties. Acta Ecologica Sinica，29（5)：2489－2498.

Li S，Li F，Song Q，et al.，2001. Effect of plastic film mulching on crop yield and nitrogen efficiency in semiarid areas. Chinese Journal of Applied Ecology，12（2)：205－209.

Li S，Li S，2001. Effects of organic materials on maintaining soil microbial biomass nitrogen. Acta Ecol Sin 21：136－142.

Liu J，Zhu L，Luo S，et al.，2014. Response of nitrous oxide emission to soil mulching and nitrogen fertilization in semi-arid farmland. Agriculture Ecosystems & Environment，188（5）：20-28.

Liu X，2014. Effect of plastic mulch on nitrogen cycling and fate of fertilizer nitrogen in field-grown maize at a semiarid site. Lan Zhou：Lan Zhou Univercity.

Peng P，Qiu S，Hou H，et al.，2011. Nitrogen transformation and its residue in pot experiments amended with organic and inorganic ^{15}N cross labeled fertilizers. Acta Ecologica Sinica，31（3）：858-865.

Thomsen I K，Djurhuus J，Christensen B T，2003. Long continued applications of N fertilizer to cereals on sandy loam：grain and straw response to residual N. Soil Use & Management，19（1）：57-64.

Zhao J，Ni T，Li J，et al.，2016. Effects of organic-inorganic compound fertilizer with reduced chemical fertilizer application on crop yields，soil biological activity and bacterial community structure in a rice-wheat cropping system. Applied Soil Ecology，99（18）：1-12.

Zhou L M，Li F M，Jin S L，et al.，2009. How two ridges and the furrow mulched with plastic film affect soil water，soil temperature and yield of maize on the semiarid Loess Plateau of China. Field Crops Research，113（1）：41-47.

第九章　长期地膜覆盖与土壤微生物的演变

土壤微生物是陆地生态系统的重要组成部分，是土壤有机质及养分转化、循环的主要动力，在推动地球生物化学元素循环过程中起着重要作用。本研究依托沈阳农业大学土壤肥力长期定位试验实验站，初步开展长期地膜覆盖不同施肥对土壤微生物结构、功能及微生物区系、酶活性和氨氧化微生物影响的研究，旨在探索地膜覆盖及施肥对土壤微生物演变规律的影响，为建立地膜覆盖栽培下合理施肥制度，促进土壤培肥，使土壤质量向着健康方向发展和实现资源的可持续利用提供科学依据。

第一节　土壤微生物群落结构

土壤微生物群落结构主要指土壤中各主要微生物类群（包括细菌、真菌、放线菌等）在土壤中的数量以及各类群所占的比例，其结构的变化与土壤理化性状的变化有关。土壤微生物群落结构和组成的多样性与均匀性不仅可提高土壤生态系统的稳定性和和谐性，同时也可提高对土壤微生态环境恶化的缓冲能力。因此，本研究通过利用 PLFA 分析和高通量测序方法研究土壤微生物的多样性来探索土壤肥力和质量的演变，揭示养分循环转化过程相关的土壤功能。

一、基于磷脂脂肪酸（PLFA）的土壤微生物群落结构

（一）材料与方法

采集沈阳农业大学棕壤长期定位试验实验站覆膜和裸地条件下各 4 个施肥处理（CK、N4、M4 和 M4N2P1）的土样。采样时间为 2004 年玉米三个生育时期，分别为：苗期（5 月21 日）、抽雄期（7 月 20 日）、成熟期（9 月 23 日），采样深度为 0～20 cm。

土壤微生物磷脂脂肪酸（PLFA）的测定方法在 White（1979）的方法上加以改进。

（二）结果与分析

1. 地膜覆盖对土壤微生物 PLFA 图谱的影响　地膜覆盖对土壤微生物 PLFA 图谱的影响在玉米的不同生育时期表现出不同的结果。由图 9－1 可以看出，N4 处理土壤覆膜后 PLFA 在玉米苗期表现为除 i15：0 和 18：0 含量降低，其他脂肪酸含量都升高；玉米抽雄期覆膜后土壤中 14：0、i16：0、16：1w7t、18：2w6 和 i19：0 含量升高，其他脂肪酸含量降低（图 9－2）；而成熟期覆膜后土壤中 15：0 和 a17：0 含量升高，其他脂肪酸含量都降低（图 9－3）。说明施氮肥的土壤在覆膜初期大部分脂肪酸含量均有所提高，之后有所降低。M4 处理覆膜后土壤中 PLFA 在玉米苗期表现表现为 15：0、a17：0 和 i19：0 含量升高，其他脂肪酸含量均降低；玉米抽雄期覆膜后土壤中 15：0 和 17：0 降低，其他脂肪酸都表现升高趋势；玉米抽雄期覆膜处理土壤中 15：0、a17：0、i17：0、i19：0、18：

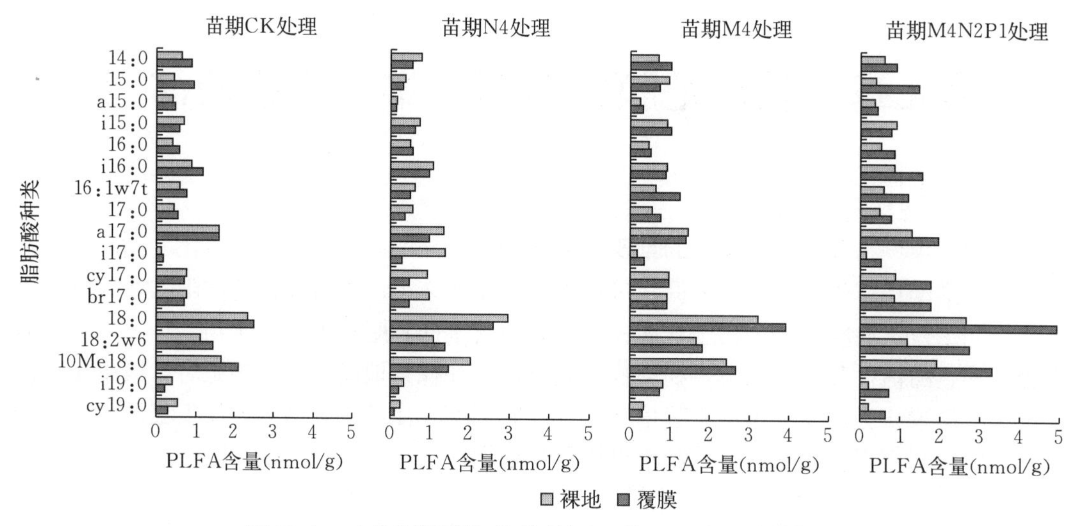

图 9-1 玉米苗期覆膜对不同处理土壤 PLFA 图谱的影响

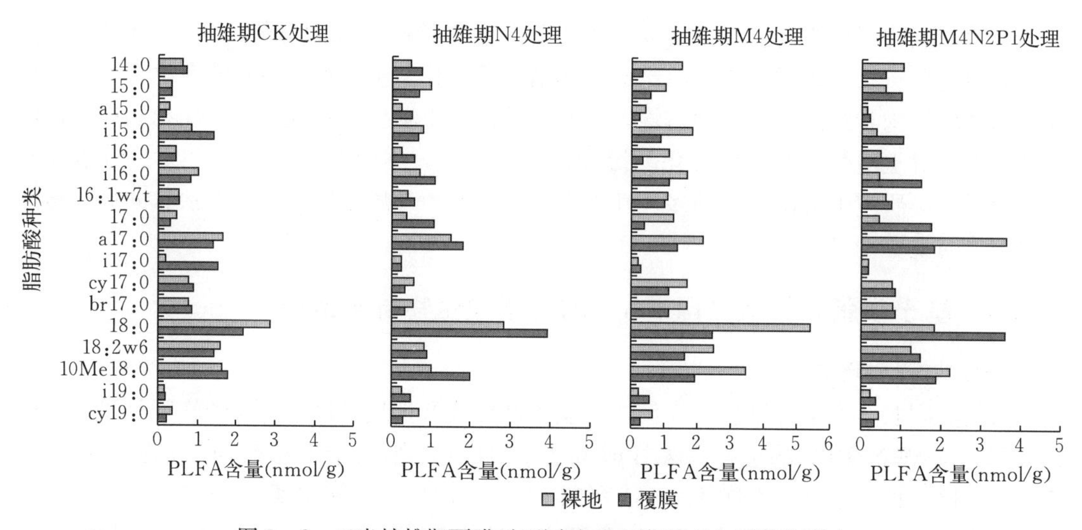

图 9-2 玉米抽雄期覆膜对不同处理土壤 PLFA 图谱的影响

0 和 10Me18：0 含量升高，其他脂肪酸含量均降低。说明在施有机肥的土壤上覆膜后玉米苗期及成熟期单饱和脂肪酸含量有所上升，其他脂肪酸均会有所降低，而在抽雄期则相反。M4N2P1 处理的土壤覆膜后在玉米抽雄期大部分脂肪酸都有降低的趋势，而苗期和成熟期规律不明显。对照处理土壤在玉米苗期大部分脂肪酸覆膜处理都有升高的趋势，而在之后的两个生育时期升高的趋势不很明显。可以看出，地膜覆盖对土壤中 PLFA 的影响在不同施肥处理中表现不同，也随玉米生育时期表现出不同的变化趋势。地膜覆盖条件下不同施肥处理脂肪酸图谱的不同变化，一方面是因为施肥和覆膜导致微生物种类的变化；另一方面是由于施肥和地膜覆盖使微生物生长的环境发生改变，而导致微生物发生一系列生理反应。

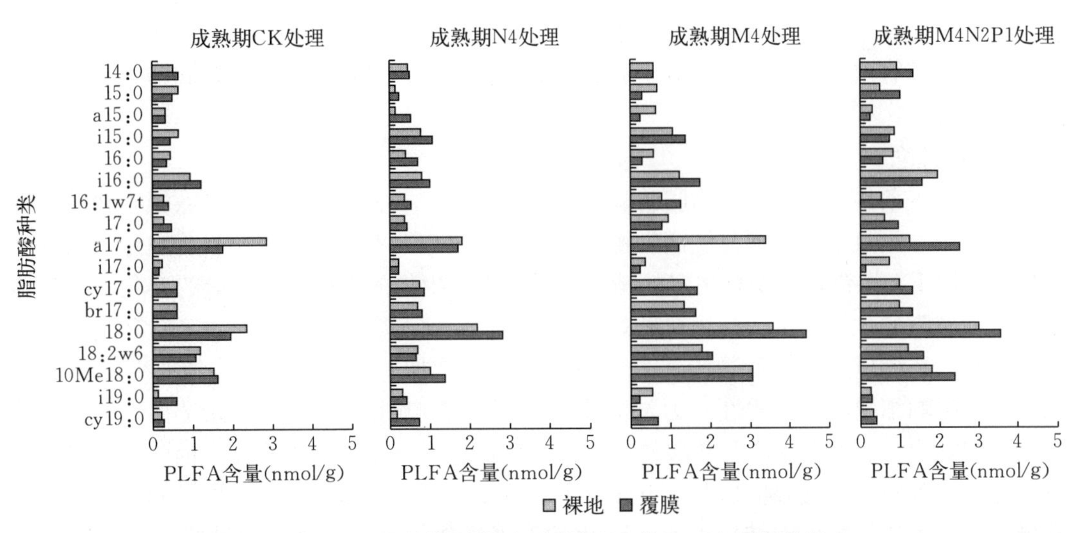

图 9-3　玉米成熟期覆膜对不同处理土壤 PLFA 图谱的影响

2. 地膜覆盖对土壤群落结构的影响　通过主成分分析，由图 9-4 可以看出，覆膜处理大部分都在主成分一和主成分二的零坐标附近和负方向上聚集在一起，而裸地处理则分散，说明覆膜处理土壤微生物脂肪酸的组成与成分一、二之间的相关性不大或者呈负相关关系。对主成分一、二的因子分析结果表明（图 9-4），i16：0、16：1w7t、a15：0、i15：0、cy17：0 和 18：2w6 在主成分一上的载荷值较高，与主成分一呈高度相关性，而 15：0、17：0、a17：0 的相关性较小，所以可以得出主成分一主要是 i16：0、16：1w7t、a15：0、i15：0、cy17：0 和 18：2w6 的代表因子。18：0 和 i17：0 在主成分二上的载荷值较高，而 14：0、15：0、17：0、a17：0 的载荷值较小，所以主成分二可以认为是 18：0 和 i17：0 的代表因子。综合分析表明，覆膜处理都聚在一起，而且都在三个主成分的零坐标附近，裸地处理则分散。覆膜后土壤微生物群落组成发生了改变，尽管土壤的施肥处理不同，但覆膜后土壤微生物的群落在结构上发展趋势一致。这是因为地膜覆盖有提高地

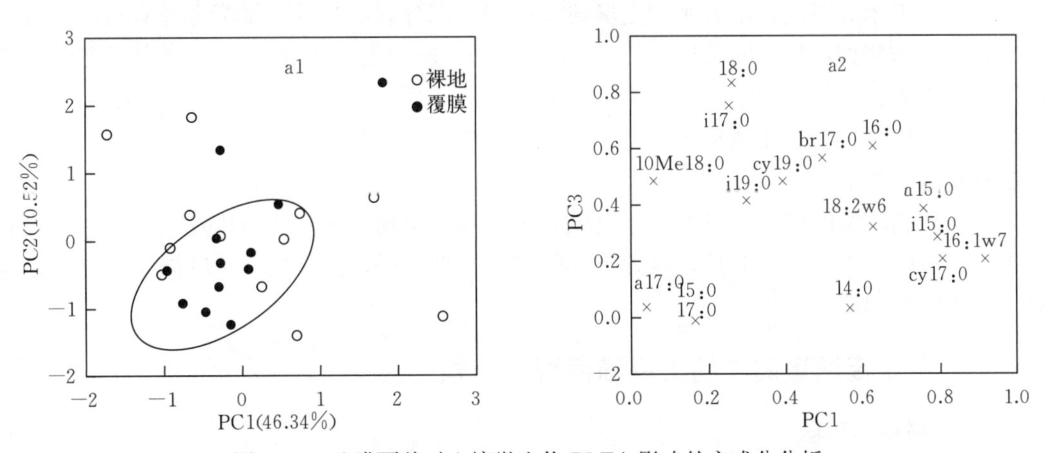

图 9-4　地膜覆盖对土壤微生物 PLFA 影响的主成分分析

温、抗旱保墒，加快有机质分解和活化养分及提高养分利用率的作用，从而改善微生物生长的环境，使微生物种内和种间及微生物与作物之间对养料和水分的竞争较小，从而使各类微生物生长繁殖较好，所以没有明显的优势种群，群落结构较稳定且较相似，有一致化的发展趋势。

（三）讨论

地膜覆盖条件下土壤微生物脂肪酸图谱发生变化，一方面因为覆膜导致微生物种类的变化；另一方面由于地膜覆盖使微生物生长的环境发生改变，而导致微生物发生一系列生理反应。PLFA 图谱发生变化更多的是源于样品中微生物的组成和生物量的变化。生物体内细胞中磷脂的含量通常认为相对显著恒定，不过，磷脂含量并非绝对不变，环境压力会影响膜脂。环境压力会导致磷脂双分子层流动性的增加，这会导致形成磷脂非双分子层相，进而影响细胞膜的渗透性。为了消除环境压力带来的双分子层流动性 PLFA 加大的变化，细胞膜改变自身磷脂脂肪酸的结构而发生适应性改变，是生物体内消除这些影响的机制之一。覆膜后土壤微生物群落组成发生了改变，尽管土壤的施肥处理不同，但覆膜处理使土壤微生物的群落在结构上有一致化的发展趋势。这可能是因为地膜覆盖有提高地温、抗旱保墒，加快有机质分解和活化养分及提高养分利用率的作用（汪景宽等，1990），从而改善微生物生长的环境，使微生物种内和种间及微生物与作物之间对养料和水分的竞争较小，从而使各类微生物生长繁殖较好，所以没有明显的优势种群，群落结构较稳定且较相似，有一致化的发展趋势。

（四）小结

（1）在玉米苗期，长期施氮肥处理土壤覆膜后大部分脂肪酸含量都有所提高；施有机肥处理的土壤覆膜后脂肪酸含量有降低的趋势；有机无机肥配合施用处理的土壤覆膜会增加真菌的含量，但却降低了其他脂肪酸的含量；在不施肥处理的土壤中，覆膜会使一些支链脂肪酸的含量降低。

（2）在玉米抽雄期，施有机肥的土壤覆膜后除单饱和脂肪酸含量有所下降外，其他脂肪酸都会提高；不施肥土壤覆膜处理双不饱和支链脂肪酸及放线菌标志性脂肪酸10Me18：0 的含量会有所提高。

（3）在玉米成熟期，施氮肥的土壤覆膜处理大部分脂肪酸的含量降低；有机肥处理土壤中各种脂肪酸如：15：0、a17：0、i17：0、i19：0、18：0、10Me18：0 含量覆膜高于裸地；有机无机配施处理土壤中 17：0、br17：0、18：0、18：2w6、10Me18：0 含量覆膜处理高于裸地；对照土壤中 i15：0、16：0、17：0、a17：0、18：0、18：2w6、19：0 含量覆膜高于裸地。

（4）从脂肪酸的变化可以看出，覆膜处理土壤微生物群落整体结构发生了改变，没有表现出明显的种群优势。但是，尽管土壤的施肥处理不同，覆膜处理土壤微生物群落结构有一致化发展的趋势。

二、基于高通量测序的土壤细菌群落结构

（一）材料与方法

1. 供试土壤　供试土壤采集于沈阳农业大学棕壤长期定位试验实验站，采样日期为

2012年6月20日，分覆膜和裸地条件下CK（不施肥）、N和NP（单施化肥）、M（单施有机肥）、MNP（有机无机配施）共10个处理的土壤（表9-1）。

表9-1　试验处理年施肥量（kg/hm^2）

施肥处理	化　肥		有机肥 折合N施入量
	N	P_2O_5	
CK			
N	270		
NP	270	67.5	
M			270
MNP	135	67.5	135

所采样品为0～20 cm表层土壤，剔除植物残根等杂物，装袋后低温保存带回实验室，每个处理三次重复。样品分为两部分，一部分用于DNA提取的土壤样品保存于－20 ℃，为其他后续分析做准备；另一部分风干后，用于土壤基本指标性质的测定。

2. 测定项目与方法

（1）土壤微生物总DNA提取。土壤微生物基因组总DNA采用购自Q. BIOgene公司的土壤DNA快速提取试剂盒（FastDNA SPIN Kit for Soil）提取。将提取得到的土壤微生物总DNA溶解于100 μL无菌水后，通过微量紫外分光光度计（NanoDrop® ND-1000）测定DNA浓度和纯度（OD_{600}/OD_{280}和OD_{260}/OD_{280}）。

用于PCR反应的引物为对大多数细菌和古细菌16S rRNA基因的特异性通用引物对F515（5′-GTGCCAGCMGCCGCGG-3′）和R907（5′-CCGTCAATTCMTTTRAGTTT-3′），扩增产物片段长约400 bp；25 μL PCR反应体系组分如下：1 μL的DNA模板、0.2 μL每种引物对、2 μL dNTPs、2.5 μL的10×PCRbuffer（Mg^{2+} plus）、18.8 μL灭菌双蒸水、0.1 μL BSA、0.2 μL的*TaKaRa Taq HS*；PCR反应条件如下：95 ℃ 3 min，30个循环为95 ℃ 30 s、55 ℃ 30 s和72 ℃ 45 s，最后在72 ℃下延伸10 min；扩增后的PCR产物用1.2%琼脂糖凝胶电泳分离5 μL的DNA（0.5×TAE缓冲液），分析DNA的完整性和相对浓度。

（2）高通量测序DNA样品PCR扩增、纯化及测序。用于454高通量测序PCR反应采用引物对F515（5′-GTGCCAGCMGCCGCGG-3′）和R907（5′-CCGTCAATTCMTTTRAGTTT-3′）进行扩增（测序引物含454接头和标签序列）；50 μL PCR反应体系组分如下：1 μL的DNA模板、1 μL每种引物对、4 μL dNTPs、5 μL的10×PCRbuffer（Mg^{2+} plus）、37.2 μL灭菌双蒸水、0.5 μL BSA、0.3 μL的*TaKaRa Taq HS*；PCR反应条件如下：95 ℃ 5 min，32个循环为94 ℃ 30 s、55 ℃ 30 s和72 ℃ 45 s，最后在72 ℃下延伸5 min；扩增后的PCR产物用1.2%琼脂糖凝胶电泳检测质量。

纯化：采用琼脂糖凝胶（1.8%）低压电泳完毕后，紫外照射切胶后采用Takara Biotechnology公司的纯化试剂盒（TakaRa MiniBEST Agarose Gel DNA Extraction Kit Ver. 3.0）进行纯化。

454 高通量测序仪器型号：Genome Sequencer FLX＋；厂商：454 Life Sciences，Roche；产地：Branford，CT，USA；测序采用的 emPCR kit 为：Lib－A Chemistry。

3. 高通量数据处理 对于高通量测序数据采用在 Linux 系统下的 Qiime 软件进行分析处理。利用其 Greengenes 数据库进行 16S rRNA 基因序列对比，确定序列对应微生物的分类学地位。

4. 统计分析 采用 Excel 2010、SPSS 19.0、R 3.0（vegan 包）软件对所有数据进行统计分析，采用 Origin 8.0 作图。

（二）结果与分析

1. 长期施肥与覆膜土壤样品高通量测序分类总结 各处理土壤微生物 16S rRNA 基因高通量测序结果概况如表 9－2 所示，每个处理样品平均有 2 676～13 361 条高质量序列，所有样品平均 8 703 条序列，每条序列平均长度 399 bp。在全部的高质量序列中，通过初步的分类分析表明：各处理能够鉴定到门（phylum）水平上的序列占所有高质量序列的比值接近 80%，并且为了能够更深层次分析各处理微生物的差异，后续的分析主要在门（phylum）和属（genus）分类水平上进行。

表 9－2 高通量测序及土壤微生物的分类鉴定情况

项目	处理	高质量序列数	在不同分类水平所占比例（%）					
			界	门	纲	目	科	属
不覆膜	CK	7 710±2 037	99.86±0.05	78.42±1.46	75.06±2.03	44.92±0.59	30.65±0.13	37.65±2.31
	N	9 293±1 020	99.97±0.02	74.84±2.33	72.06±2.31	50.11±6.54	38.99±6.89	33.36±1.77
	NP	9 421±905	99.94±0.06	79.57±2.21	76.17±2.34	60.44±2.27	50.64±2.44	30.05±0.81
	M	7 877±575	99.96±0.04	80.9±1.57	76.43±1.89	56.74±3.67	42.76±2.79	40.29±2.24
	MNP	7 231±937	99.95±0.02	80.39±0.48	76.16±0.47	56.1±0.17	42.02±0.97	37.79±1.56
覆膜	CK	9 827±370	99.87±0.05	76.35±0.77	72.65±1.03	44.81±2.01	30.25±0.86	34.24±0.79
	N	11 835±2 169	99.97±0.02	77.14±2.26	73.55±2.15	53.56±5.2	41.14±4.82	29.86±0.75
	NP	7 058±1 677	99.96±0.03	78.41±1.94	75.28±2.35	54.56±3.92	41.65±4.63	33.13±1.68
	M	7 267±2 178	100.00±0	82.89±3.61	78.54±4.05	61.61±10.36	48.62±11.71	42.51±5.85
	MNP	9 510±512	99.98±0.01	83.22±1.19	79.05±1.11	64.97±2.9	51.02±2.76	41.58±1.57

2. 土壤微生物多样性分析 采用 97%相似度确定 OTU，绘制序列稀释曲线，并计算多样性指数。

目前测序深度下，土壤微生物并没有完全测透（图 9－5），因此了解全部微生物丰度和组成还需进一步深度测序。

每个样品取相同的序列书（2 224 条）计算各处理土壤微生物多样性。

α 多样性是指一个特定区域或生态系统内的多样性，这里列出了 2 种常用的指数：

Chao1 和 Shannon，见图 9 - 6。

Chao1 指数通过估计群落中含有的 OTU 数目，可以判断菌群的丰富度。Chao1 指数越高说明物种越丰富。CK 处理和有机肥处理显著高于施化肥处理，而覆膜与否对施有机肥处理影响较小，但能够增大不施肥处理和施化肥处理的 Chao1 指数。

Shannon 指数用于估算样品中微生物的多样性指数，值越大说明群落多样性越高。各处理中，CK 处理和有机肥处理的 Shannon 指数均高于施化肥处理，覆膜条件下能够增加化肥处理的 Shannon 指数，而降低有机肥处理的 Shannon 指数。

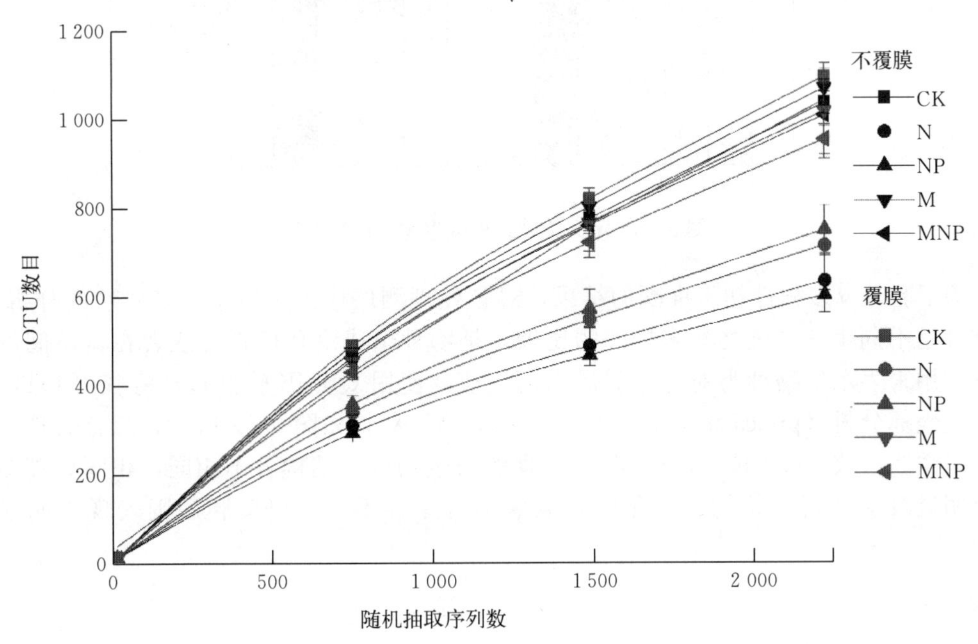

图 9 - 5　不同处理微生物在 97%的相似度水平的稀释曲线

注：误差棒为标准差，下同。

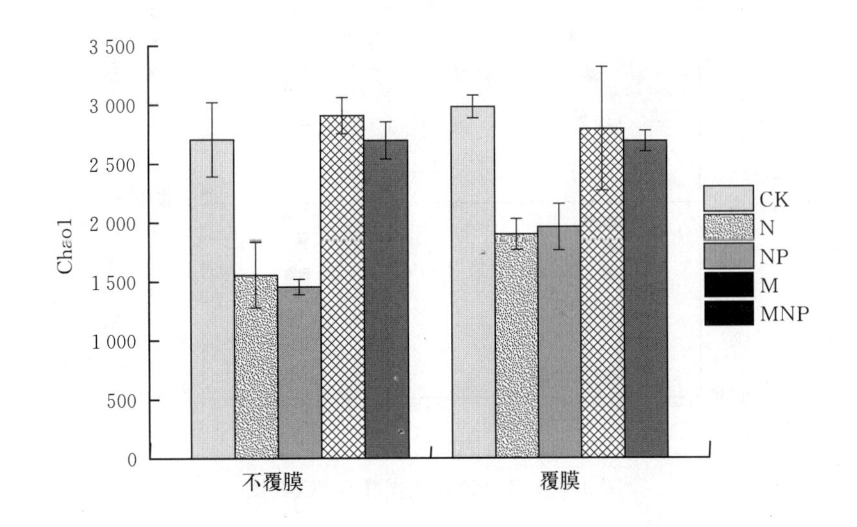

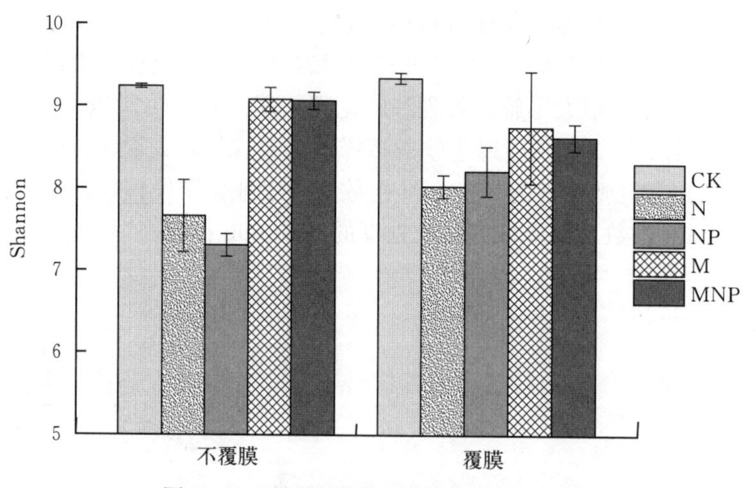

图 9-6　不同施肥处理微生物多样性指数

为了验证 α 多样性初步推断的结果，对各处理测序序列进行了 β 多样性的分析。β 多样性是不同生态系统之间多样性的比较，是物种组成沿环境梯度或者在群落间的变化率，用来表示生物种类对环境异质性的反应。使用 QIIME 软件包，将获得 OTU 表进行主坐标分析（principal coordinate analysis，PCoA），如图 9-7 所示，综合表现结果与 α 多样性一致。即 CK、M 和 MNP 处理的微生物群落结构各不相同，相同处理覆膜没有明显改变其群落结构，施化肥则群落结构差异不大，但覆膜后则表现出明显的变化。

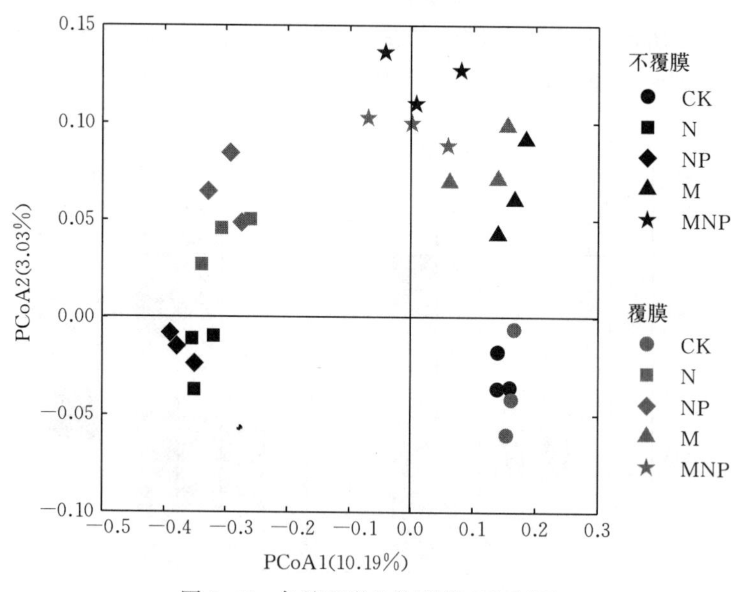

图 9-7　各处理微生物群落 PCoA 图

3. 土壤微生物群落结构及变化分析

（1）各处理土壤微生物在门分类水平的群落结构及变化。根据各处理微生物在门分类水平上的相对丰度，比较其微生物优势菌群的差异，可以分析地膜覆盖与施肥对其整体趋势的影响，丰度增加的为正响应，降低的为负响应。见图 9－8、图 9－9 和图 9－10。

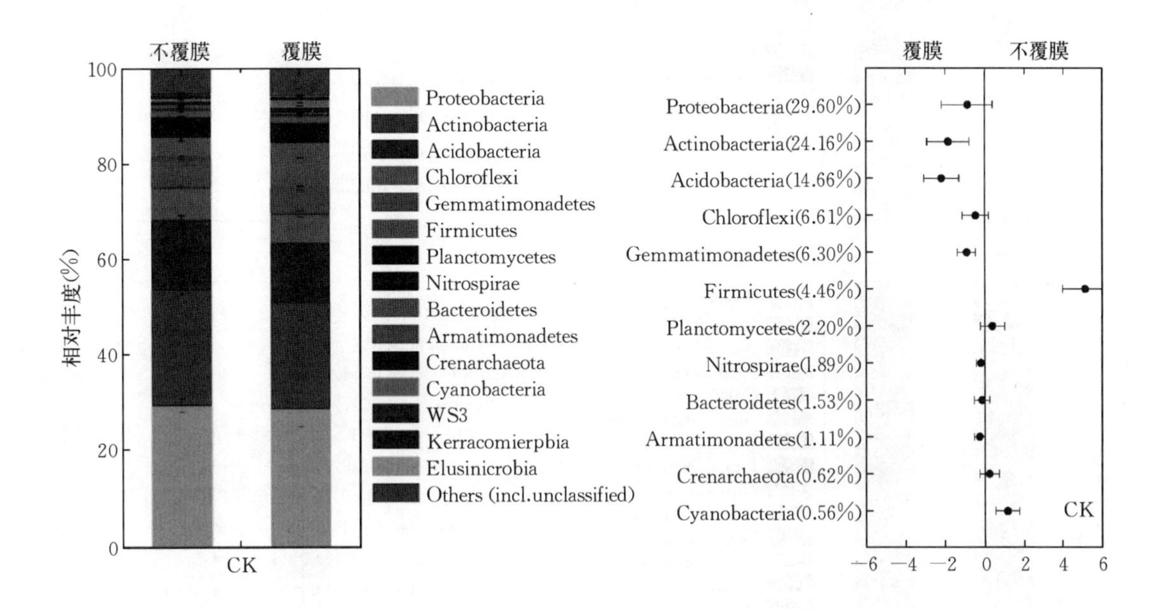

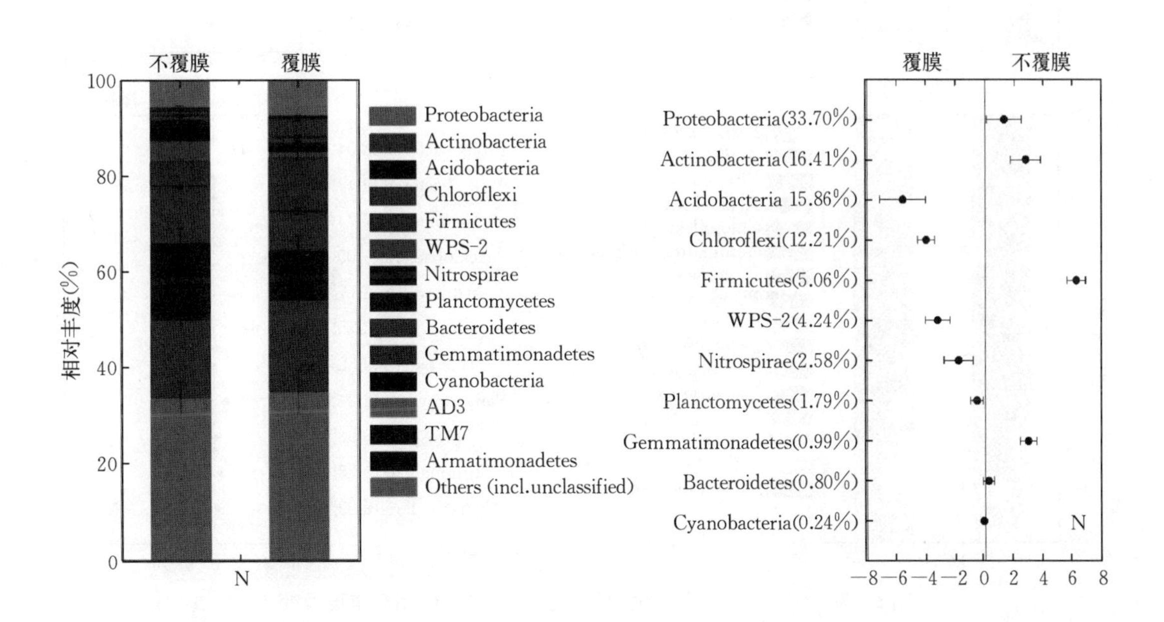

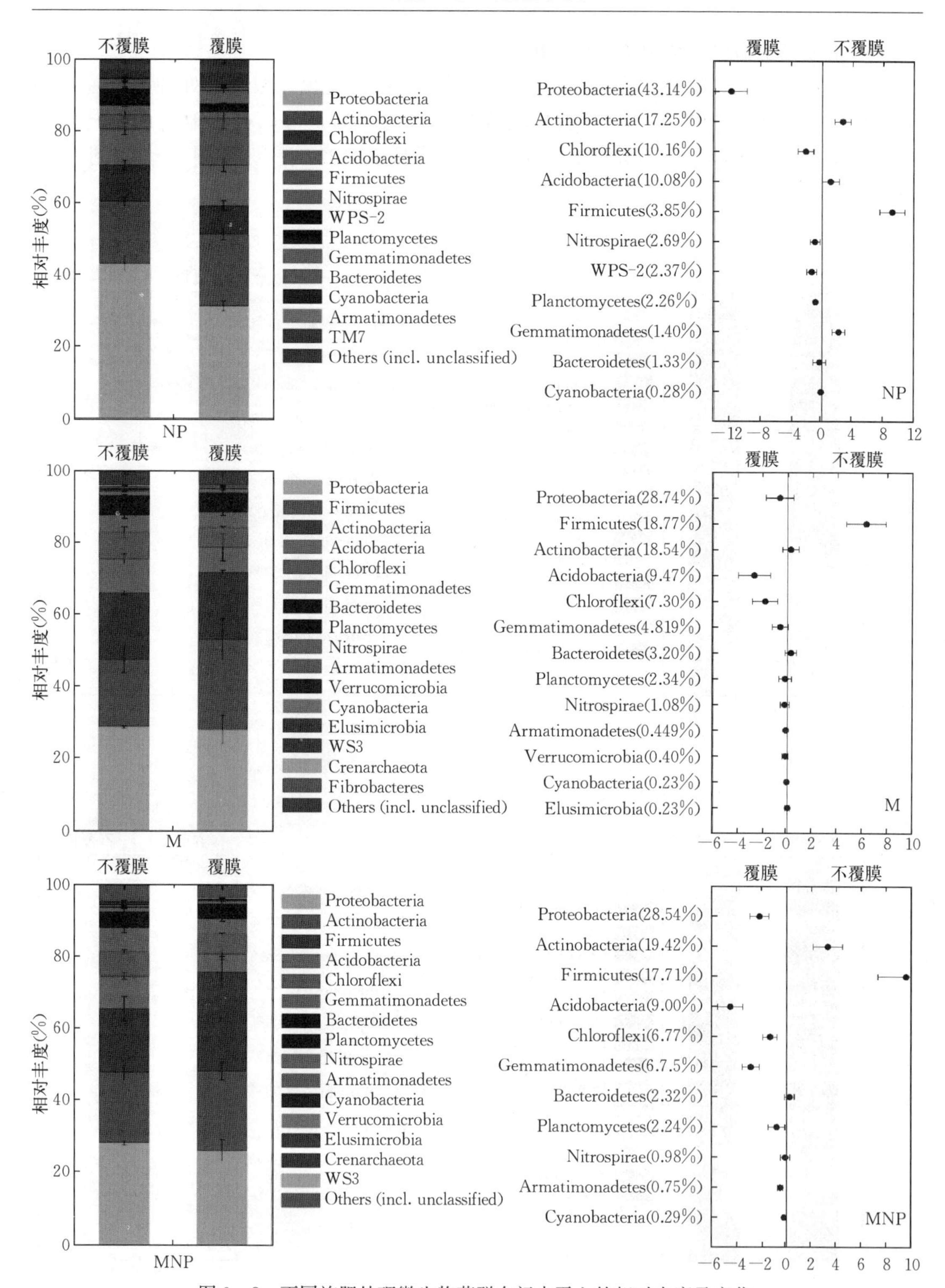

图 9-8 不同施肥处理微生物菌群在门水平上的相对丰度及变化

注：柱状图纵坐标表示各处理微生物在门水平上的相对丰度；散点图中纵坐标为裸地各处理微生物的相对丰度，横坐标为覆膜与不覆膜该微生物的相对丰度的差值。下同。

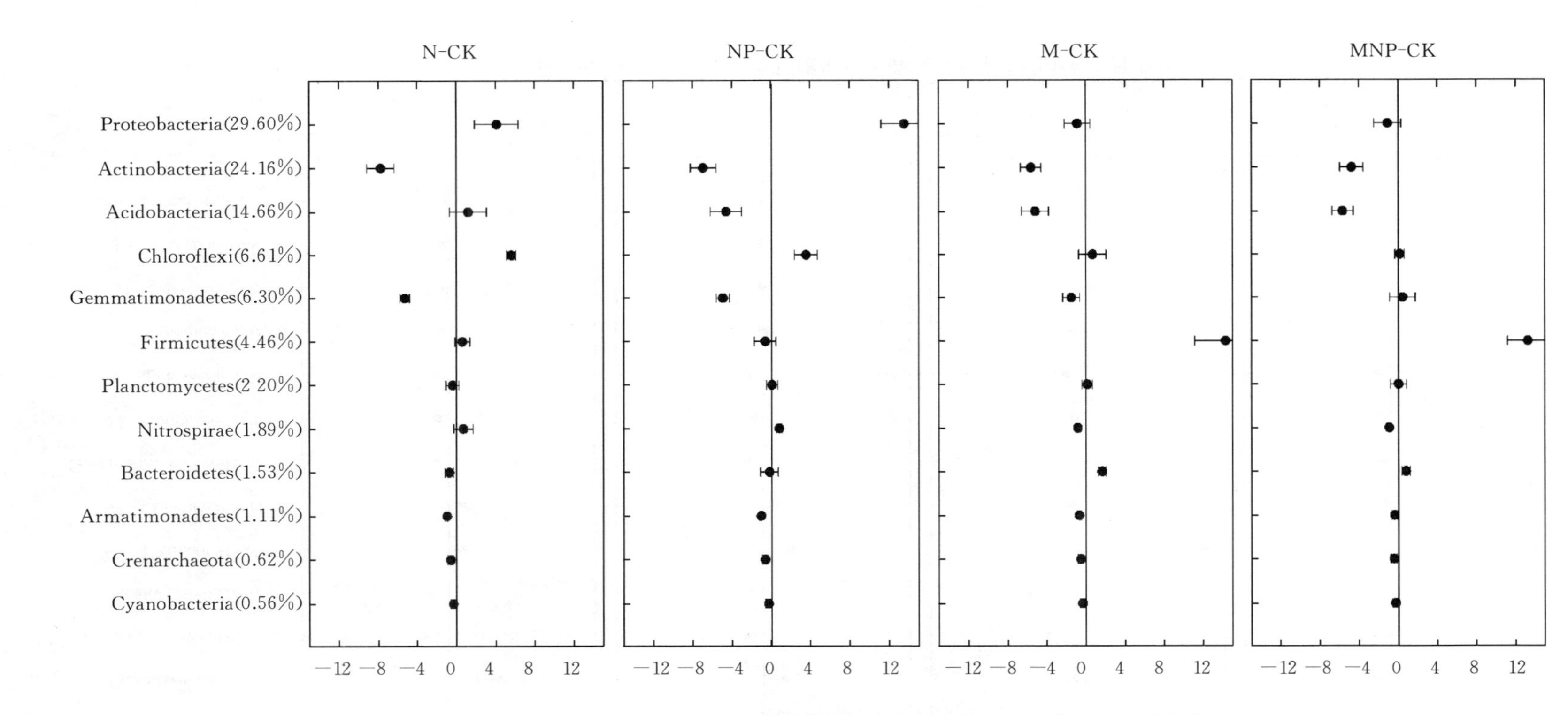

图9-9 裸地条件下各处理微生物菌群在门水平上的相对丰度变化

注：图中纵坐标为CK处理微生物在门水平上的相对丰度，横坐标为各处理与CK处理的差值。下同。

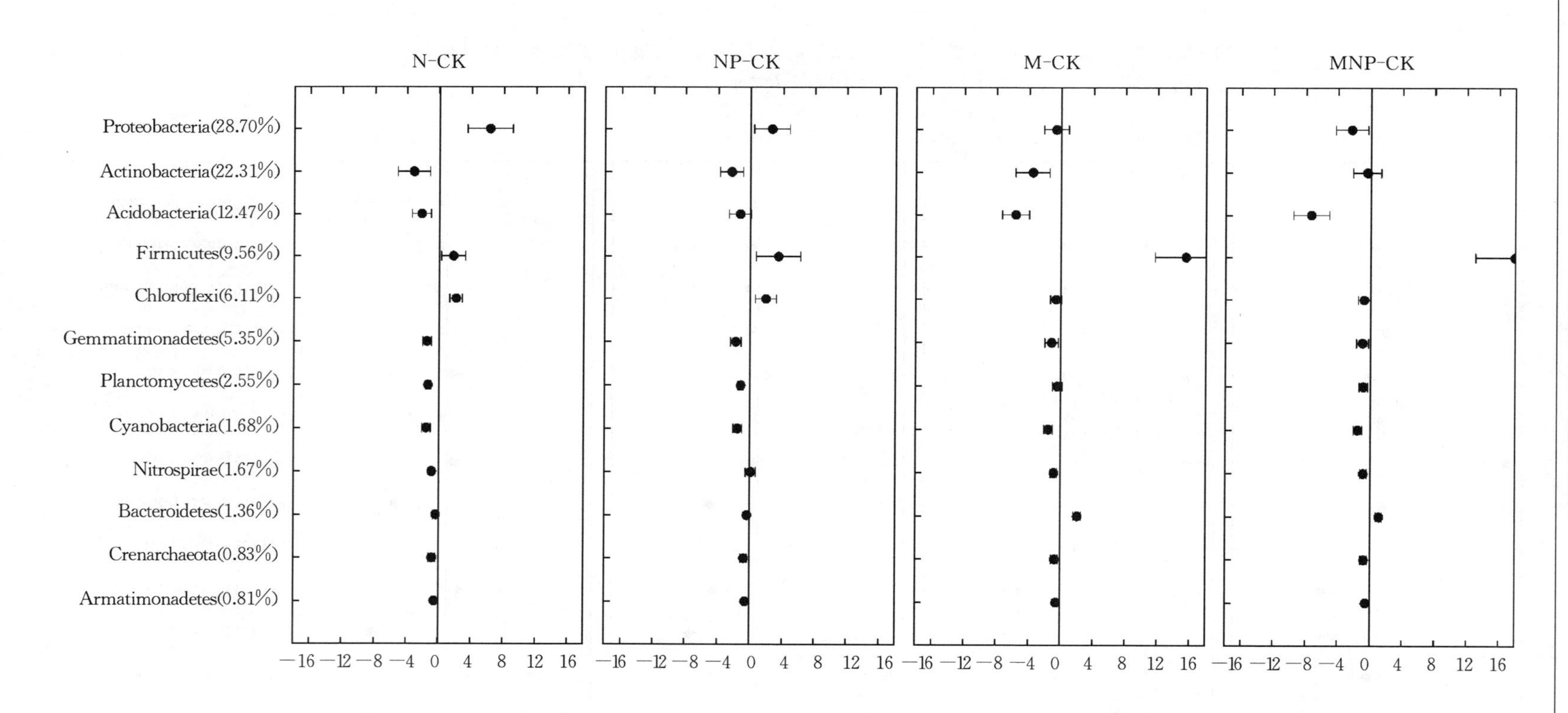

图9-10 覆膜条件下各处理微生物菌群在门水平上的相对丰度变化

CK处理，主要由变形菌门（Proteobacteria）、放线菌门（Actinobacteria）和酸杆菌门（Acidobacteria）组成，约占总微生物的70%。但覆膜后降低了变形菌门、放线菌门、酸杆菌门、绿弯菌门（Chloroflexi）、芽单胞菌门（Gemmatimonadetes）、硝化螺旋菌门（Nitrospira）、拟杆菌门（Bacteroidetes）和装甲菌门（Armatimonadetes）的丰度，而增加了厚壁菌门（Firmicutes）和浮霉菌门（Planctomycetes）的丰度。

N处理，主要由变形菌门、放线菌门、酸杆菌门和绿弯菌门组成，约占总微生物的80%。覆膜后降低了酸杆菌门、绿弯菌门、WPS-2、硝化螺旋菌门和浮霉菌门的丰度，而增加了变形菌门、放线菌门、厚壁菌门和芽单胞菌门的丰度。

NP处理，主要由变形菌门、放线菌门、酸杆菌门和绿弯菌门组成，约占总微生物的80%。覆膜后降低了变形菌门、绿弯菌门、硝化螺旋菌门、WPS-2和浮霉菌门的丰度，而增加了放线菌门、酸杆菌门、厚壁菌门和芽单胞菌门的丰度。

M处理，主要由变形菌门、厚壁菌门、酸杆菌门和放线菌门组成，约占总微生物的75%。覆膜后降低了变形菌门、酸杆菌门、绿弯菌门和芽单胞菌门的丰度，而增加了厚壁菌门的丰度。

MNP处理，主要由变形菌门、厚壁菌门、酸杆菌门和放线菌门组成，约占总微生物的75%。覆膜后降低了变形菌门、酸杆菌门、绿弯菌门、芽单胞菌门和浮霉菌门的丰度，而增加了放线菌门和厚壁菌门的丰度。

总体来看，各处理在门水平上的微生物菌群对覆膜的响应模式各不相同，但对厚壁菌门均表现为正响应。

以长期不施肥处理为基础，通过比较不同施肥状况对微生物菌群的影响，这里在裸地条件和覆膜条件下分别进行了对比分析，如图9-8和图9-9所示。

裸地条件下，相对于CK，各施肥处理均能够增加绿弯菌门丰度，而降低放线菌门、装甲菌门和泉古菌门（Crenarchaeota，古菌域）丰度；变形菌门和硝化螺旋菌门分别对单施化肥处理（N和NP）和施有机肥（M和MNP）处理表现出正响应和负响应，而拟杆菌门反之，另外施有机肥处理能够显著增加厚壁菌门丰度。

覆膜条件下，各处理均能够增加厚壁菌门丰度，但降低了放线菌门、酸杆菌门、芽单胞菌门、浮霉菌门、蓝菌门（Cyanobacteria）、泉古菌门（古菌域）和装甲菌门丰度；变形菌门和绿弯菌门分别对单施化肥和有机肥处理表现出了正响应和负响应，而拟杆菌门反之。

（2）各处理土壤微生物在属分类水平的群落结构及变化。表9-3给出了各处理微生物在属（genus）分类水平上的相对丰度，并分别对覆膜和施肥微生物菌群的变化进行了对比分析，如图9-11、图9-12和图9-13所示。

CK处理，以红游动菌属（*Rhodoplanes*）为优势菌属，所占比例为3.0%～3.5%。覆膜条件增加了芽孢杆菌属（*Bacillus*）丰度，而降低红游动菌属、慢生根瘤菌属（*Bradyrhizobium*）、*Candidatus solibacter*、硝化螺旋菌属（*Nitrospira*）和类诺卡氏菌属（*Nocardioides*）丰度。

N处理，裸地以硝化螺旋菌属为优势菌属，所占比例为2.55%；覆膜以*Candidatus koribacter*为优势菌属，所占比例达到1.77%。覆膜条件增加了脂环酸芽孢杆菌属（*Alicyclobacillus*）和*Candidatus koribacter*丰度，而降低了硝化螺旋菌属和慢生根瘤菌属丰度。

表 9-3　不同施肥处理微生物菌群在属水平上的相对丰度（%）

CK	*Rhodoplanes*	*Bradyrhizobium*	*Candidatus solibacter*	*Bacillus*	*Nitrospira*	*Nocardioides*	*Candidatus nitrososphaera*	*Candidatus koribacter*	*Microlunatus*	*Paenibacillus*
不覆膜	3.47±0.51	1.89±0.15	1.16±0.21	1.01±0.13	0.89±0.04	0.64±0.16	0.62±0.32	0.48±0.25	0.41±0.21	0.38±0.2
覆膜	3.05±0.12	1.2±0.09	0.96±0.14	1.67±0.42	0.71±0.09	0.45±0.07	0.82±0.46	0.37±0.04	0.44±0.09	0.71±0.29
N	*Nitrospira*	*Bradyrhizobium*	*Rhodoplanes*	*Alicyclobacillus*	*Candidatus koribacter*	*Geodermatophilus*	*Bacillus*	*Sporosarcina*	*Acinetobacter*	*Clostridium*
不覆膜	2.55±1.15	1.4±0.48	1.08±0.21	0.93±0.57	0.88±1	0.5±0.29	0.38±0.11	0.38±0.08	0.35±0.49	0.34±0.22
覆膜	0.66±0.1	1.14±0.42	1.19±0.33	1.66±0.31	1.77±0.87	0.42±0.09	0.65±0.05	0.6±0.11	0±0	1.05±0.67
NP	*Nitrospira*	*Bradyrhizobium*	*Candidatus koribacter*	*Rhodoplanes*	*Alicyclobacillus*	*Geodermatophilus*	*Paenibacillus*	*Sporosarcina*	*Bacillus*	*Mycobacterium*
不覆膜	2.66±0.27	0.99±0.11	0.96±0.24	0.77±0.27	0.74±0.1	0.58±0.08	0.32±0.08	0.28±0.11	0.27±0.12	0.27±0.08
覆膜	1.57±0.77	1.17±0.37	2.16±0.55	1.53±0.58	1.35±0.08	0.39±0.06	0.51±0.04	0.51±0.04	0.93±0.19	0.28±0.11
M	*Clostridium*	*Turicibacter*	*Rhodoplanes*	*Bradyrhizobium*	*Kaistobacter*	*Saccharomonospora*	*Luteimonas*	*Nitrospira*	*Rhodococcus*	*Candidatus solibacter*
不覆膜	7.92±2.41	2.09±0.27	1.82±0.25	1.01±0.13	0.84±0.88	0.77±0.28	0.62±0.06	0.6±0.06	0.59±0.23	0.54±0.16
覆膜	12.5±8.42	2.36±0.84	1.96±0.77	0.64±0.28	0.25±0.17	0.79±0.31	0.79±0.15	0.51±0.27	0.83±0.46	0.26±0.17
MNP	*Clostridium*	*Rhodoplanes*	*Turicibacter*	*Bradyrhizobium*	*Nocardioides*	*Candidatus solibacter*	*Nitrospira*	*Candidatus koribacter*	*Luteimonas*	*Kaistobacter*
不覆膜	5.92±1.21	2.34±0.51	2.01±0.47	1.46±0.08	1.24±0.38	0.9±0.31	0.84±0.15	0.75±0.23	0.64±0.03	0.59±0.81
覆膜	12.19±2.49	2.11±0.37	2.54±0.9	0.78±0.3	1.21±0.15	0.23±0.11	0.62±0.25	0.67±0.38	0.71±0.1	0.56±0.6

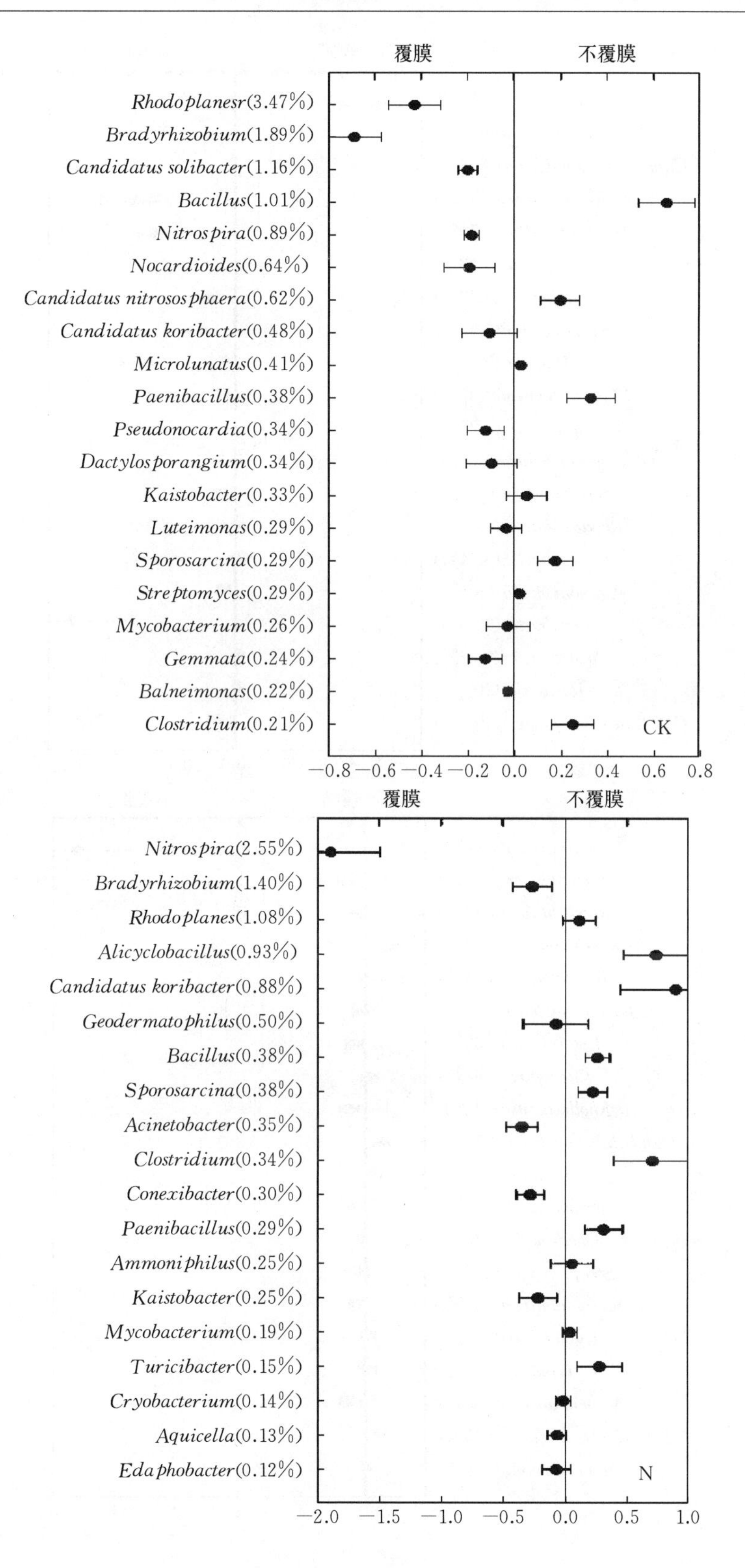

覆膜
不覆膜
Rhodoplanesr(3.47%)
Bradyrhizobium(1.89%)
Candidatus solibacter(1.16%)
Bacillus(1.01%)
Nitrospira(0.89%)
Nocardioides(0.64%)
Candidatus nitrososphaera(0.62%)
Candidatus koribacter(0.48%)
Microlunatus(0.41%)
Paenibacillus(0.38%)
Pseudonocardia(0.34%)
Dactylosporangium(0.34%)
Kaistobacter(0.33%)
Luteimonas(0.29%)
Sporosarcina(0.29%)
Streptomyces(0.29%)
Mycobacterium(0.26%)
Gemmata(0.24%)
Balneimonas(0.22%)
Clostridium(0.21%)
CK
−0.8 −0.6 −0.4 −0.2 0.0 0.2 0.4 0.6 0.8
覆膜
不覆膜
Nitrospira(2.55%)
Bradyrhizobium(1.40%)
Rhodoplanes(1.08%)
Alicyclobacillus(0.93%)
Candidatus koribacter(0.88%)
Geodermatophilus(0.50%)
Bacillus(0.38%)
Sporosarcina(0.38%)
Acinetobacter(0.35%)
Clostridium(0.34%)
Conexibacter(0.30%)
Paenibacillus(0.29%)
Ammoniphilus(0.25%)
Kaistobacter(0.25%)
Mycobacterium(0.19%)
Turicibacter(0.15%)
Cryobacterium(0.14%)
Aquicella(0.13%)
Edaphobacter(0.12%)
N
−2.0 −1.5 −1.0 −0.5 0.0 0.5 1.0

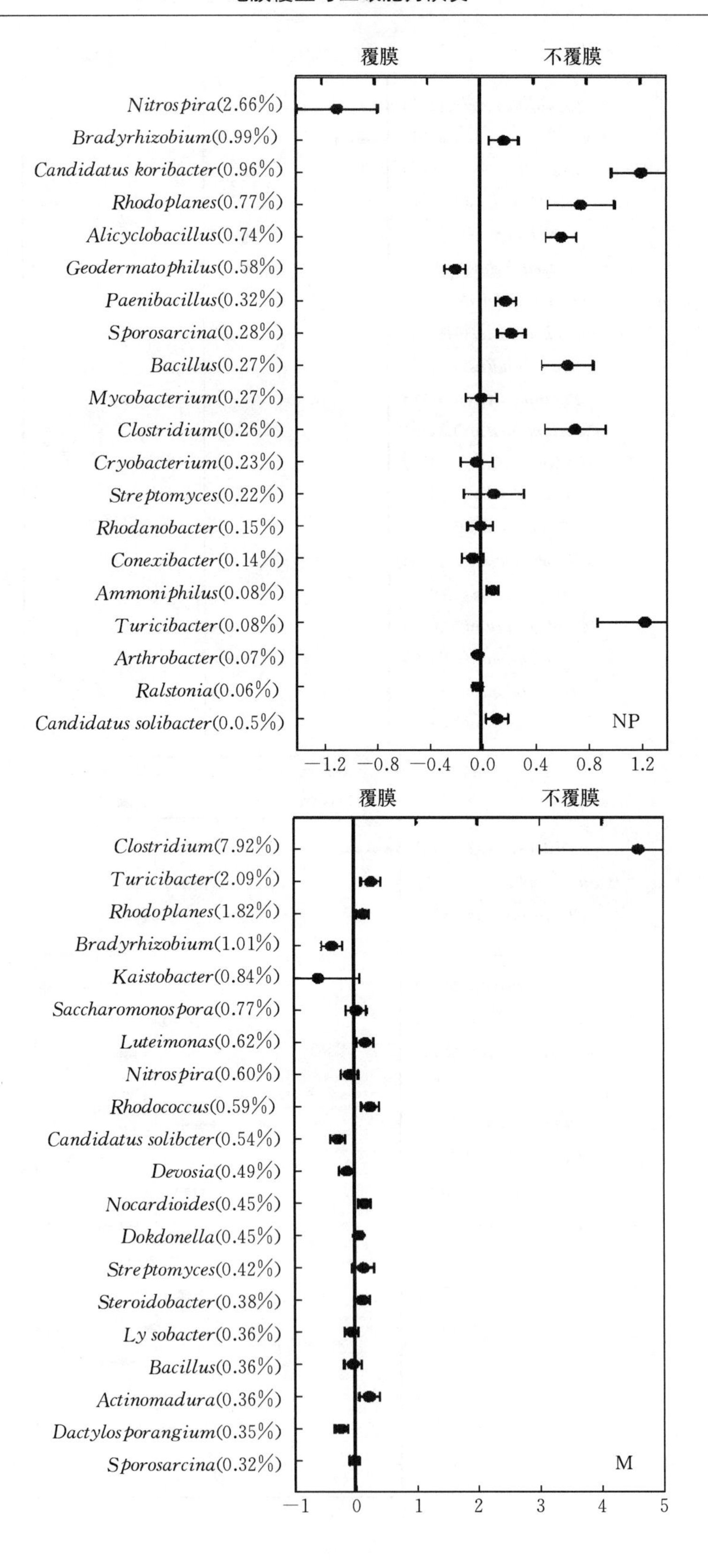
覆膜
不覆膜
Nitrospira(2.66%)
Bradyrhizobium(0.99%)
Candidatus koribacter(0.96%)
Rhodoplanes(0.77%)
Alicyclobacillus(0.74%)
Geodermatophilus(0.58%)
Paenibacillus(0.32%)
Sporosarcina(0.28%)
Bacillus(0.27%)
Mycobacterium(0.27%)
Clostridium(0.26%)
Cryobacterium(0.23%)
Streptomyces(0.22%)
Rhodanobacter(0.15%)
Conexibacter(0.14%)
Ammoniphilus(0.08%)
Turicibacter(0.08%)
Arthrobacter(0.07%)
Ralstonia(0.06%)
Candidatus solibacter(0.0.5%)
NP
−1.2 −0.8 −0.4 0.0 0.4 0.8 1.2
覆膜
不覆膜
Clostridium(7.92%)
Turicibacter(2.09%)
Rhodoplanes(1.82%)
Bradyrhizobium(1.01%)
Kaistobacter(0.84%)
Saccharomonospora(0.77%)
Luteimonas(0.62%)
Nitrospira(0.60%)
Rhodococcus(0.59%)
Candidatus solibcter(0.54%)
Devosia(0.49%)
Nocardioides(0.45%)
Dokdonella(0.45%)
Streptomyces(0.42%)
Steroidobacter(0.38%)
Lysobacter(0.36%)
Bacillus(0.36%)
Actinomadura(0.36%)
Dactylosporangium(0.35%)
Sporosarcina(0.32%)
M
−1 0 1 2 3 4 5

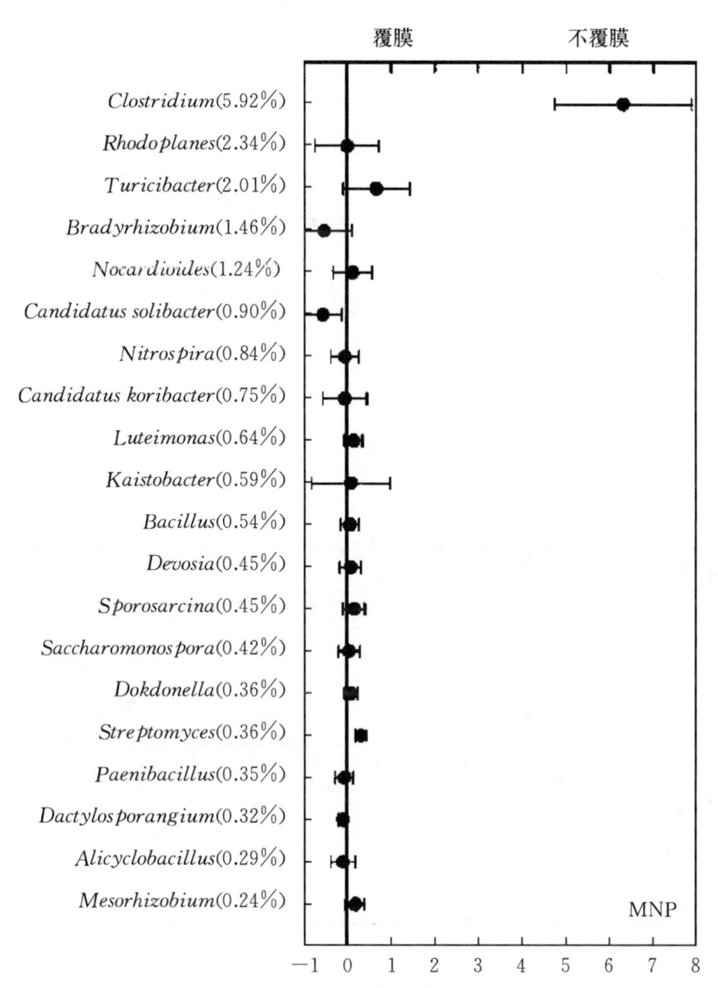

图 9－11　覆膜相对于裸地微生物菌群在属水平上的相对丰度变化

NP 处理，裸地以硝化螺旋菌属为优势菌属，所占比例为 2.66%；覆膜以 *Candidatus koribacter* 为优势菌属，比例达到 2.16%。覆膜条件增了 *Candidatus koribacter*、红游动菌属和脂环酸芽孢杆菌属（*Alicyclobacillus*）丰度，而降低了硝化螺旋菌属和地嗜皮菌属（*Geodermatophilus*）丰度。

M 处理，以梭菌属（*Clostridium*）为优势菌属，所占比例为 7.9%～12.5%。且覆膜条件增加了梭菌属丰度，而降低了瘤胃球菌属（*Ruminococcus*）丰度。

MNP 处理，以梭菌属为优势菌属，所占比例为 5.9%～12.2%。覆膜条件增加了梭菌属，而降低了慢生根瘤菌属和 *Candidatus solibacter* 丰度。

裸地条件下，相对于 CK，N 和 NP 处理能够显著增加硝化螺旋菌属丰度，分别增加 1.87 倍和 1.98 倍，而对大多数微生物菌属均表现出抑制作用；M 和 MNP 处理则能明显增加梭菌属丰度，分别增加了 36 倍和 27 倍。

覆膜条件下，NP 处理增加了硝化螺旋菌属丰度（1.2 倍），而梭菌属对 N、NP、M 和 MNP 4 个处理均表现出明显的正响应，分别增加了 1.2 倍、1 倍、26 倍和 25 倍。

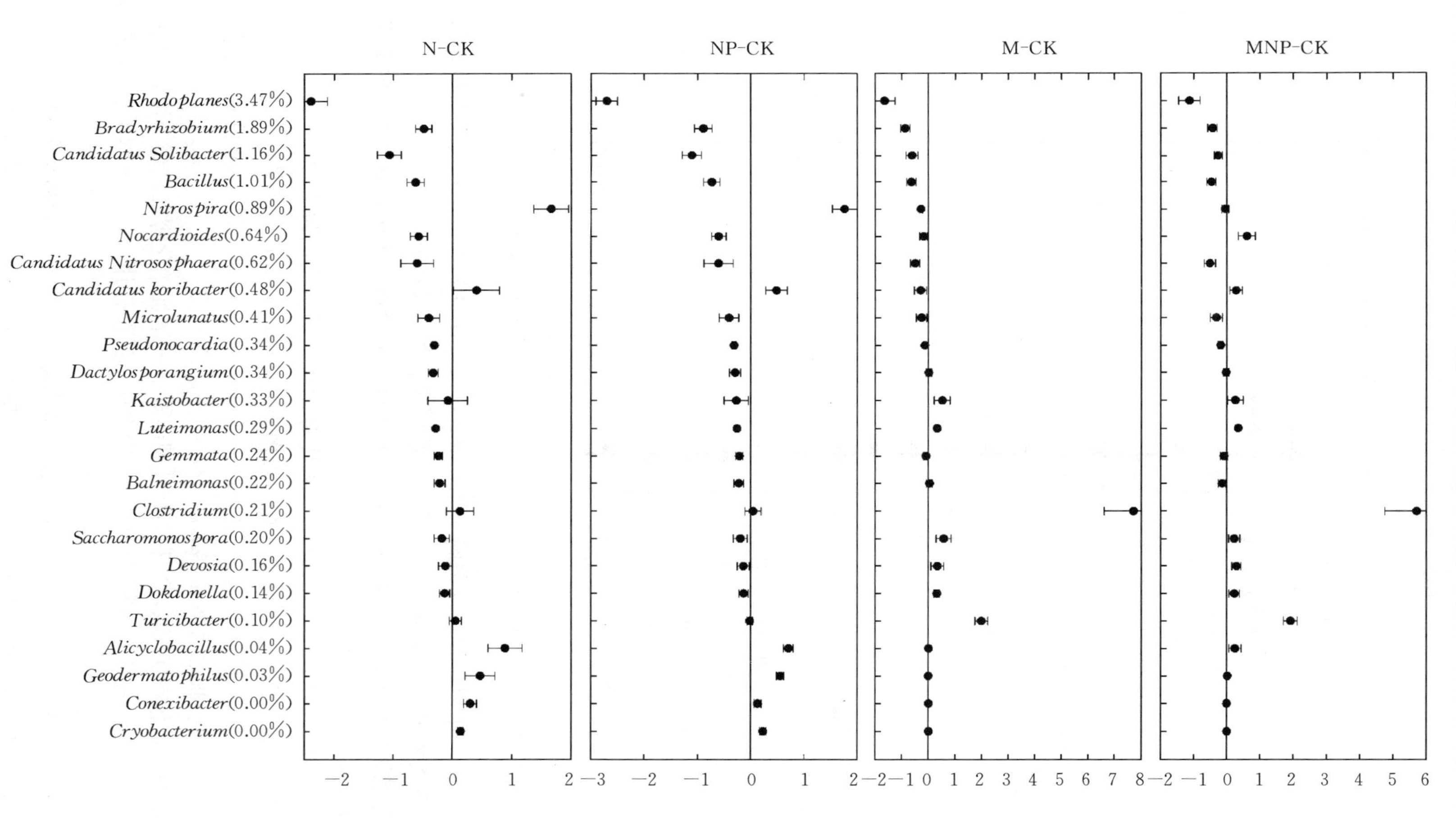

图9-12 裸地条件下各处理相对于CK处理微生物菌群在属水平上的相对丰度变化

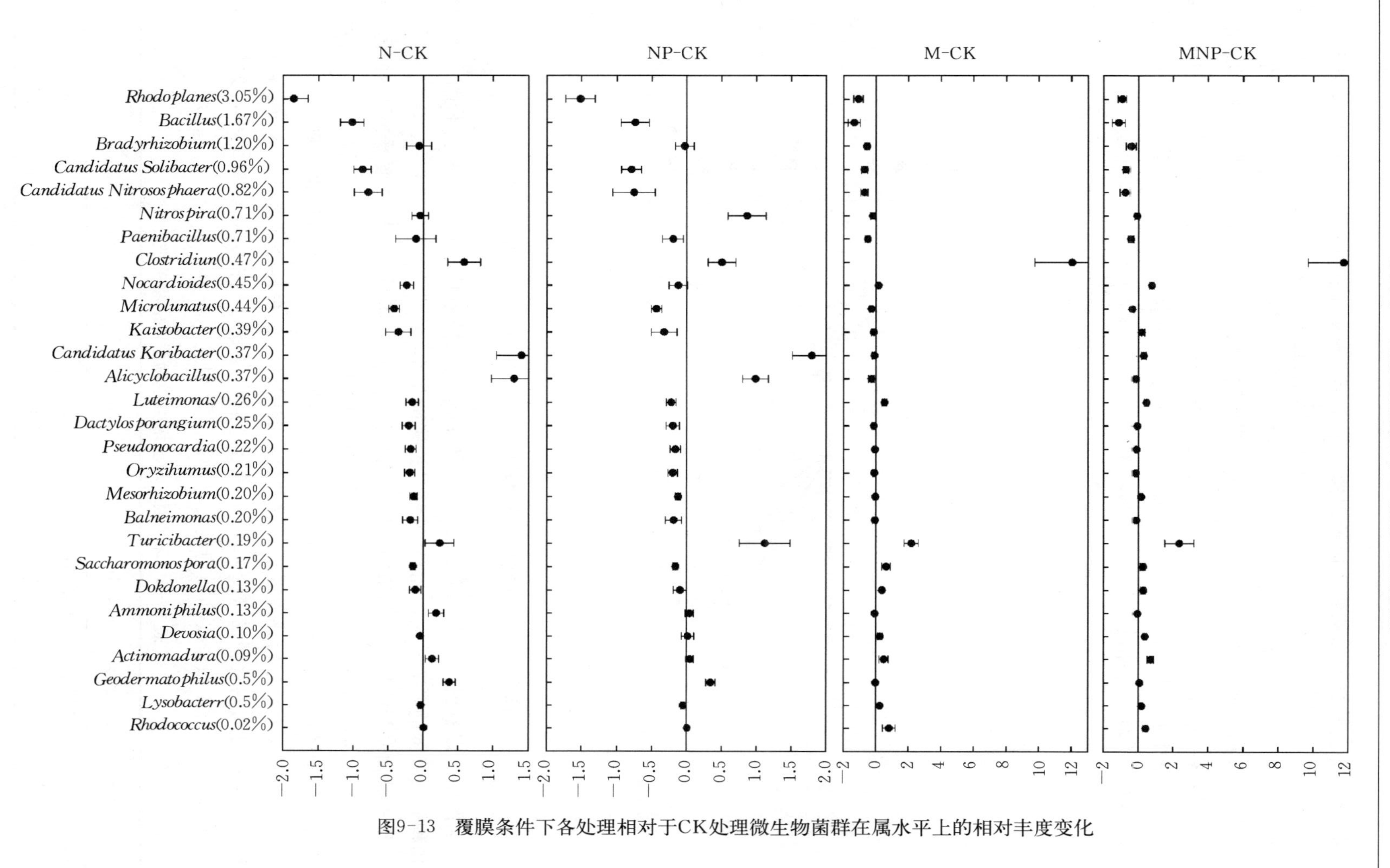

图9-13 覆膜条件下各处理相对于CK处理微生物菌群在属水平上的相对丰度变化

4. 土壤微生物群落结构变化影响因素 基于 R－vegan 软件包先通过 DCA 分析，选择 CCA（canonical correspondence analysis）为最适宜排序模型，见图 9－14。在排序图中，横纵坐标上的刻度为每个物种与环境因子进行回归分析计算时产生的值。样方的分布遵循相近即相似的原理，相互之间的距离越近表明他们的物种组成相近。带箭头的线段表明环境因子对群落物种分布影响程度的大小及方向，环境因子之间的夹角为锐角时表示两个环境因子之间呈正相关关系，钝角时呈负相关关系。环境因子的射线越长，说明该影响因子的影响程度越大，沿线段分布的样方显示在该环境因子影响下出现的群落类型变化。

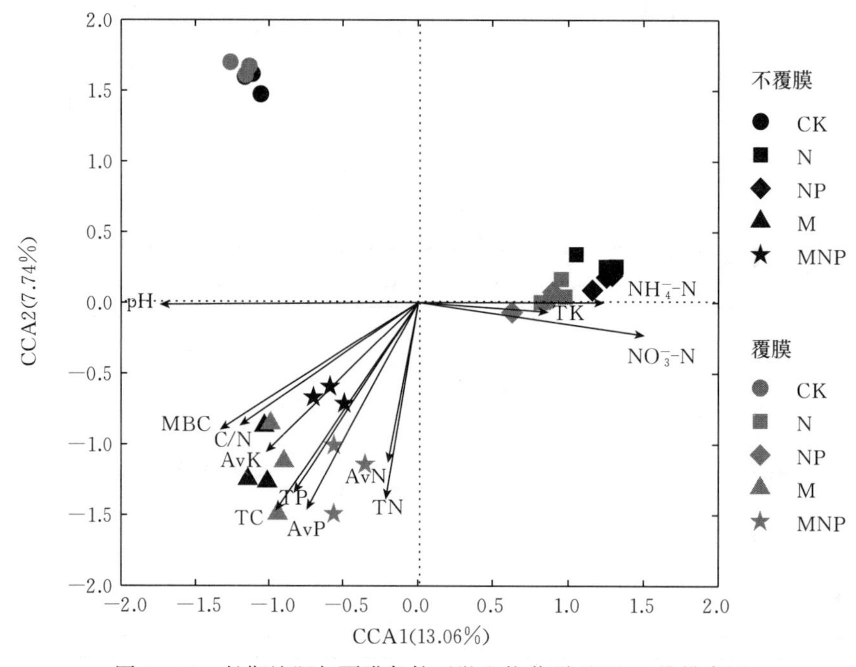

图 9－14 长期施肥与覆膜条件下微生物菌群 CCA 二维排序图

从图中可以看出，代表 pH、TC 和 MBC 的箭头线段较长，表明这 3 个环境因子对群落物种分布特征的影响较大，而 AvN 和 TK 影响最小。

位于纵轴左侧的处理（不施肥处理和有机肥处理），其群落结构主要受 pH、MBC 和 C/N 的影响，而位于纵轴右侧的处理（单施化肥处理）则与 NH_4^+－N 和 NO_3^-－N 含量显著相关；位于横轴下方的处理，其群落多样性主要受 TC、TN 和 TP 的影响。

通过 envfit 函数分析环境因子对物种分布的解释量是否具有显著性（表 9－4），对比各环境对物种分布的解释量（R^2）可以看出，全钾含量对物种分布影响最小，为显著相关（$P<0.05$），pH 和全碳等影响最大，为极显著相关（$P<0.01$）。

表 9－4 环境因子与土壤微生物群落的相关性

指标	CCA1	CCA2	R^2	P
pH	−0.999 91	−0.013 47	0.964 5	0.001
TC	−0.551 06	−0.834 46	0.887 0	0.001

（续）

指标	CCA1	CCA2	R^2	P
TN	−0.176 01	−0.984 39	0.605 1	0.001
C/N	−0.812 53	−0.582 91	0.623 5	0.001
TP	−0.535 71	−0.844 4	0.699 3	0.001
TK	0.994 02	−0.109 21	0.246 6	0.028
AvN	−0.205	−0.978 76	0.446 8	0.001
AvP	−0.437 24	−0.899 35	0.777 4	0.001
AvK	−0.694 67	−0.719 33	0.656 7	0.001
NO_3^- - N	0.981 96	−0.189 06	0.686 2	0.001
NH_4^- - N	0.999 98	0.006 85	0.507 4	0.001
MBC	−0.821 02	−0.570 90	0.786 2	0.001

注：微生物群落结构和环境变量之间的 R^2 和 P 通过 R 软件得出。

（三）讨论

施肥一直被认为是维持和提升农田地力水平的有效措施之一，施化肥可迅速补充和及时满足作物对养分的需求，但化肥的过量施用容易造成环境污染、土壤退化等问题，而有机肥的施用可以有效缓解大量化肥投入对土壤造成的不利影响。施肥方式的变化能够对土壤环境产生影响，土壤环境的变化进一步影响土壤微生物的群落结构，并在一定程度上可以反映土壤生态功能的变化。

1. 长期施肥与覆膜对土壤微生物多样性的影响　研究结果表明，长期不同施肥对土壤微生物的丰度和多样性均产生了显著影响，且裸地与覆膜表现出相似的规律，这可能与处理间土壤 pH 的差异有关，连续 25 年的定位施肥改变了土壤的酸碱环境，无机肥处理（N 和 NP 处理）的土壤 pH 最低（3.5～4.5），覆膜高于裸地，而有机肥处理（M 和 MNP 处理）的土壤 pH 较高（5.5～6.5），且覆膜低于裸地，不施肥处理的 pH 则为 6.3 左右。Rousk 等（2010）通过长期石灰定位试验研究，认为土壤 pH 与细菌的丰度及群落组成显著相关。Lauber 等（2009）通过高通量测序得出，土壤 pH 与微生物多样性具有显著的相关性。Marschner 等（2003）也通过长期施肥试验得出一致的结论，这些研究均与本研究结果一致，本研究中 pH 与微生物多样性达到了极显著相关性（R^2=0.964 5）。也有研究表明，长期施肥能够降低细菌的多样性，研究发现施肥能够增加无机肥特异性 OTU 的数量，进而降低土壤中细菌的多样性。本研究中，土壤微生物的多样性在 97%的序列相似性条件下，长期施用无机肥比不施肥土壤低。这个结果同样与前人的研究一致。

土壤微生物多样性常被认为是衡量土壤质量和土壤健康的指标。研究发现，土壤肥力水平并没有与微生物多样性表现出正相关关系。与不施肥相比，有机肥的施用可以提高土壤肥力，增加作物产量（表 9－5），但没有显著增加微生物多样性，这也说明其受到了土壤 pH 的影响，而作物产量主要由土壤营养条件决定。由于二者影响因素不同进而导致二者的变化各异。也有研究表明，微生物群落存在功能冗余的现象，微生物群落多样性与功能并不完全耦合，微生物类群和主要的种系是维持微生物群落功能的重要因素。

表 9-5 各处理平均产量（kg/hm²）

项目	CK	N	NP	M	MNP
不覆膜	6 336.99±457.82	6 855.12±516.78	8 856.2±663.94	12 152.98±781.06	11 334.04±1 052.38
覆膜	6 690.38±648.06	9 710.9±745.59	9 261.81±1 077.04	10 175.64±1 127.58	10 876.41±937.27

注：表中数据为 2010—2014 年产量平均值，以玉米籽粒风干重计。

2. 长期施肥与覆膜对土壤微生物群落结构的影响 土壤环境的变化能够导致微生物群落结构发生变化。本研究结果表明，长期施用化肥与不施肥相比，并没有明显改变优势微生物的群落结构，即以 Proteobacteria、Actinobacteria 和 Acidobacteria 为主导，这与海伦站黑土结果一致（李晓慧，2013），而在封丘站潮土中，占主导的微生物细菌门分别是 Proteobacteria、Acidobacteria 和 Gemmatimonadetes（Ge et al.，2008）。长期施用有机肥（M 和 MNP 处理）主要以 Proteobacteria、Firmicutes 和 Actinobacteria 为主导。有研究发现，Acidobacteria 是异养微生物，更适宜生活在碳含量较高的土壤中（Fierer et al.，2007），并且其与土壤 pH、总氮和总碳具有良好的相关性（Wang et al.，2012）。而 Firmicutes 和 Bacteroidetes 占到了哺乳动物肠道总细菌 16S rRNA 基因序列的 98%以上，其中 Firmicutes 占 60%～80%，Bacteroidetes 占 20%～40%（Ley et al.，2005，2006；Eckburg et al.，2005）。

各处理在覆盖地膜后，均显著增加了 Firmicutes 的相对丰度，尤以 NP 处理最高，增加了近 2.4 倍，除此处理外，其他各处理均降低了 Acidobacteria 的丰度；N、NP 和 MNP 处理增加了 Actinobacteria 的丰度，且 N 和 NP 表现出相似的增加幅度；NP 和 MNP 处理均能显著降低 Proteobacteria 的丰度，且 NP 降低最为明显。这与地膜覆盖后改变了土壤的水热条件有关，并且特定的处理组合也可能对微生物群落结构的变化产生影响。有研究表明，不同的覆盖措施下土壤细菌的群落结构和组成及多样性存在着显著差异（陈月星等，2015）。由于土壤细菌种类繁多、功能复杂且难以在实验室内进行培养，因此对于这些在覆膜之后富集或消失的细菌类群的生理生化特征和具体的生态功能等还需进一步研究。

不同施肥方式通过带入土壤中的物料不同，导致土壤微生物群落结构的改变，使得能够适应环境变化的微生物群落得以生长繁殖。笔者发现，土壤微生物群落结构对不同施肥（无机肥和有机肥）有高度的响应，且变化各异。无论覆膜与否，长期施用化肥（N 和 NP 处理）能显著增加 Proteobacteria 和 Chloroflexi 的相对丰度，以 NP 处理增加更为明显，而显著降低了 Actinobacteria 和 Gemmatimonadetes 的丰度；有机肥处理（M 和 MNP）能显著增加 Firmicutes 的丰度，降低 Actinobacteria 和 Acidobacteria 的丰度。Zhao 等（2014）研究稻麦轮作条件下不同施肥处理对土壤微生物 Gemmatimonadetes 有显著影响，而对 Proteobacteria 和 Actinobacteria 影响不显著。也有研究表明，氮肥的施用能够增加 Actinobacteria 的丰度（Chaudhry et al.，2012；Ramirez et al.，2012）。而且覆膜之后上述微生物门除了 Acidobacteria 变化幅度增大外，其他微生物门变幅均缩小，这可能与覆膜之后土壤水热条件的变化有关。

此外，在属水平上，长期施肥与覆膜同样能够使土壤微生物群落结构发生变化，CK、N 与 NP、M 与 MNP 三组施肥处理优势菌属各不相同（分别是 *Rhodoplanes*、*Nitrospira* 和 *Candidatus koribacter*、*Clostridium*，分别对应 Proteobacteria、Nitrospira 和 Acidobacteria、Firmicutes)；除有机肥处理（M 和 MNP）外，其他各处理（CK、N 和 NP）覆膜条件均能增加 *Bacillus*（Firmicutes)、降低 *Nitrospira*（Nitrospira）的相对丰度；相对于 CK，4 个处理覆膜与否均能够增加 *Clostridium* 的相对丰度，并且覆膜增加幅度更大。因此，笔者认为 *Bacillus*（Firmicutes）更容易生活在低有机物质含量和高土壤水分含量的条件下，*Nitrospira*（Nitrospira）则更容易生活在高无机氮含量和低土壤水分含量的条件下，而 *Clostridium*（Firmicutes）更容易生活在高水分含量的土壤条件下，且对进入土壤中的有机无机营养元素表现出了积极的响应。研究表明，*Bacillus* 和 *Clostridium* 均属于芽孢杆菌，分别为好氧芽孢杆菌属和厌氧梭状芽孢杆菌属。芽孢杆菌为耗氧菌，具有耐酸、耐盐、耐高温等特性（CN102492621 A 专利）。另外，相对于 CK，无论覆膜与否各微生物属对施肥的响应结果总体上表现出了一个有趣的规律，即各施肥处理（N、NP、M 和 MNP）降低了优势微生物属丰度，而增加了劣势微生物属的丰度。

3. 长期施肥与覆膜条件下土壤微生物群落与土壤性质的关系　在微生物门分类水平上，已有研究表明 pH、有机质组成、土壤类型与植被强烈影响土壤微生物的主要类群。同时，微生物生理生态过程可能改变土壤中营养元素的生物地球化学过程，如微生物驱动的养分分解、转化与存储，影响土壤物理化学属性，进一步影响土壤微生物多样性。

本研究结果表明，长期施肥与覆膜条件改变了土壤的微环境，并使得微生物群落结构与土壤的性质及施肥存在相关性（图 9－15、表 9－6)。M 和 MNP 处理群落结构较为相似，并与 CK 处理和 N、NP 处理各不相同，M 和 MNP 处理群落结构与 MBC 和 TC 等含量为正相关，而 N 和 NP 处理群落结构则与 NH_4^+－N 和 NO_3^-－N 等含量正相关，并与

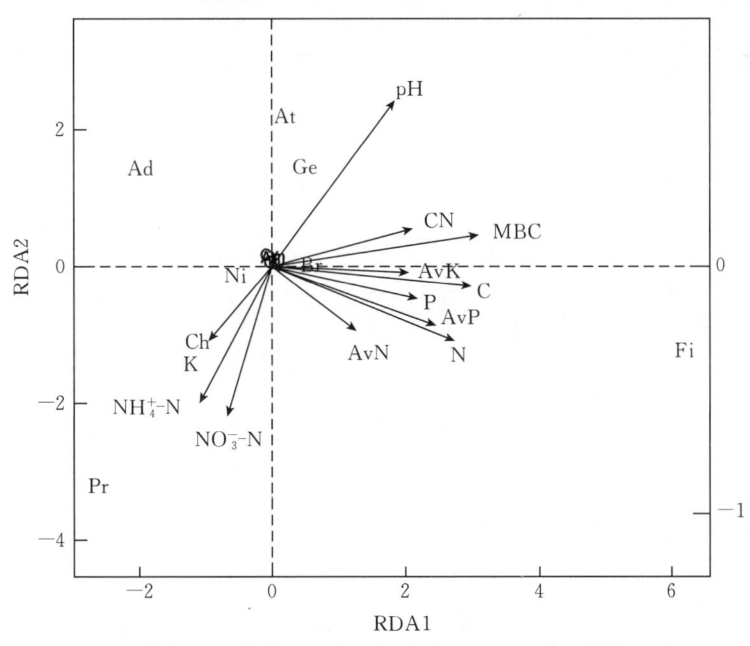

图 9－15　长期施肥与覆膜条件下微生物菌群与环境因子间的冗余分析图（RDA)（门水平）

注：Ad 为 Acidobacteria、At 为 Actinobacteria、Am 为 Armatimonadetes、Br 为 Bacteroidetes、Ch 为 Chloroflexi、Cr 为 Crenarchaeota、Cy 为 Cyanobacteria、Fi 为 Firmicutes、Ge 为 Gemmatimonadetes、Ni 为 Nitrospira、Pl 为 Planctomycetes、Pr 为 Proteobacteria。

表 9-6 土壤性质与微生物（门）的 Pearson 相关性

门	pH	TC	TN	C/N	TP	TK	AvN	AvP	AvK	NO_3^--N	NH_4^+-N	MBC
Acidobacteria	−0.177	−0.610**	−0.674**	−0.342	−0.491**	0.122	−0.284	−0.615**	−0.385*	−0.092	−0.066	−0.621**
Actinobacteria	0.512**	−0.101	−0.134	−0.022	−0.174	−0.261	−0.329	−0.214	−0.123	−0.293	−0.234	0.126
Armatimonadetes	0.670**	−0.076	−0.322	0.205	−0.010	−0.333	−0.211	−0.085	0.023	−0.692**	−0.586**	0.092
Bacteroidetes	0.653**	0.867**	0.640**	0.735**	0.778**	−0.338	0.617**	0.813**	0.801**	−0.465**	−0.468**	0.799**
Chloroflexi	−0.754**	−0.487**	−0.427*	−0.390*	−0.316	0.612**	0.005	−0.365*	−0.327	0.388*	0.335	−0.672**
Crenarchaeota	0.504**	−0.253	−0.391*	−0.041	−0.257	−0.344	−0.417*	−0.322	−0.111	−0.531**	−0.371*	0.039
Cyanobacteria	0.379*	−0.309	−0.430*	−0.097	−0.294	−0.186	−0.439*	−0.370*	−0.159	−0.425*	−0.279	0.107
Firmicutes	0.388*	0.770**	0.738**	0.526**	0.574**	−0.206	0.360	0.649**	0.527**	−0.089	−0.212	0.772**
Gemmatimonadetes	0.749**	0.300	0.117	0.424**	0.318	−0.426*	0.038	0.295	0.254	−0.580**	−0.502**	0.453*
Nitrospira	−0.478**	−0.593**	−0.688**	−0.330	−0.465**	0.213	−0.312	−0.479**	−0.430*	0.147	0.256	−0.685**
Planctomycetes	0.466**	0.119	−0.163	0.301	0.210	−0.324	0.007	0.191	0.269	−0.606**	−0.456*	0.192
Proteobacteria	−0.676**	−0.517**	−0.316	−0.520**	−0.348	0.277	−0.142	−0.320	−0.392*	0.464**	0.555**	−0.630**

注：* 在 0.05 水平（双侧）显著相关；** 在 0.01 水平（双侧）极显著相关。

pH 呈负相关。纵观各处理，MBC、TC 和 TN 等能显著增加 Firmicutes 和 Bacteroidetes 的丰度，而显著降低 Acidobacteria、Chloroflexi 和 Nitrospira 的丰度；NH_4^+－N 和 NO_3^-－N 能增加 Proteobacteria 的丰度，而显著降低 Armatimonadetes、Bacteroidetes、Crenarchaeota、Gemmatimonadetes 和 Planctomycetes 的丰度；而 pH 与 Actinobacteria、Armatimonadetes、Bacteroidetes、Crenarchaeota、Planctomycetes 和 Gammatimonadetes 为显著正相关关系，与 Chloroflexi、Nitrospira 和 Proteobacteria 为显著负相关关系，唯独与 Acidobacteria 相关性不明显。

大量研究表明，土壤性质特别是 pH 或土壤质地显著影响细菌的群落结构，南美和北美的 88 个土壤样品的调查结果显示土壤 pH 与 Actinobacteria、Bacteroidetes 和 Acidobacteria存在较明显的线性相关关系，并与 Actinobacteria、Bacteroidetes 表现出正相关，与 Acidobacteria 表现出负相关关系（Lauber et al.，2009）。

但是本研究表明，N 和 NP 处理导致的极强酸性条件（pH 为 4）并没有增加 Acidobacteria 的丰度，因此认为还有一些重要的土壤特性影响着土壤的群落结构，Navarrete 等（2012）认为 Al、Ca、Mg、Mn 和 B 等非生物因素也能驱动 Acidobacteria 的丰度。相比之下，笔者发现大多数细菌群落与 TC、MBC、AvP 和 TP 等含量极显著相关。Lauber 等（2009）认为土壤 pH 可能不直接影响细菌群落结构，但可以作为一个替代作用的指标来反映土壤条件。实际上，在土壤中有很多指标与 pH 存在相关性，比如速效养分、有机碳特性、土壤水分特征和养分等，这些因素可以使群落组成发生变化，原因是在经过土壤过程中，氢离子浓度会发生巨大的变化。此外，李晨华等（2014）研究也表明，SOC 和 TN 含量与 Firmicutes 有关，这与本研究结果一致。而 Nacke 等（2011）发现，Actinobacteria 与土壤 TN 含量为正相关关系。

尽管本研究仅局限于某一特定区域生态模式土壤，很难建立令人信服的土壤性质与土壤微生物群落演替的内在联系，然而本研究结果表明，在门水平，微生物群落结构的变化相比于微生物丰度的变化是独立的，这也为微生物演替方面的研究提供了参考。

（四）小结

土壤总 DNA 的 16S rRNA 高通量测序结果表明：

（1）α 多样性分析表明，单施化肥处理能够降低 Chao1 和 Shannon 指数；β 多样性分析表明，施肥与覆膜均能够改变各处理微生物的群落结构。

（2）各处理在门水平上的微生物菌群对覆膜的响应模式各不相同，但对厚壁菌门（Firmicutes）均表现为正响应。相对于 CK 处理，各处理在裸地条件下均能够增加绿弯菌门（Chloroflexi）的相对丰度，而覆膜条件则增加了厚壁菌门丰度；施肥条件下，无论覆膜与否，均能够降低放线菌门（Actinobacteria）、装甲菌门（Armatimonadetes）和泉古菌门（Crenarchaeota，古菌域）丰度；部分微生物菌群对单施化肥处理和有机肥处理响应模式不同。

（3）在属水平上，相对于 CK 处理，裸地条件下，化肥处理显著增加了硝化螺旋菌属（*Nitrospira*）丰度，而其他处理对优势微生物菌群均表现出抑制作用，有机肥处理则能显著增加梭菌属（*Clostridium*）的丰度；覆膜条件下，NP 处理增加了硝化螺旋菌属丰度，其他处理则表现为抑制，其中梭菌属（*Clostridium*）对各处理均表现出了明显的正响应。各施肥处理（N、NP、M和MNP）降低了优势微生物属，而增加了劣势微生物属的丰度。

（4）pH及TC、TN和MBC含量是影响各处理微生物群落结构特征的主要因素。

第二节　土壤微生物功能多样性

微生物功能多样性是表征土壤质量变化的敏感指标。应用Biolog技术和^{13}C-DNA-SIP技术研究微生物对底物的利用情况，可以探讨地膜覆盖与施肥对土壤微生物功能多样性的影响，从微生物功能多样性的角度评价地膜覆盖对土壤肥力及土壤质量的影响。

一、基于Biolog技术的微生物功能多样性

（一）材料与方法

土壤采自沈阳农业大学土壤肥力长期定位试验实验站。试验设地膜覆盖和裸地栽培两组，取其中的12个处理，包括对照（CK）、单施氮肥（N4）、氮肥磷肥配施（N4P2）、单施有机肥（M4）、有机肥配施氮肥（M2N2）、有机肥配施氮肥磷肥（M2N2P1）以及相应的覆膜处理（除对照外，所有处理施用的氮量相同）。2004年8月15日采集样品，装入无菌塑料袋带回实验室，过2 mm筛后置于冰箱内4 ℃保存，于7 d内测定微生物功能多样性。微生物功能多样性的测定采用Biolog法。供试土壤的基本理化性状见表9-7。

表9-7　供试土壤的基本理化性状

处理	pH	全碳(g/kg)	全氮(g/kg)	有效氮(mg/kg)	全磷(g/kg)	有效磷(mg/kg)	全钾(g/kg)	速效钾(mg/kg)	碳氮比	沙粒(g/kg)	黏粒(g/kg)	沙黏比
CK	6.14	9.27	1.36	89.56	0.51	19.31	20.56	90.28	6.84	180.94	247.14	0.73
CK-C	6.49	9.59	1.34	97.00	0.57	28.31	20.92	74.30	7.16	170.35	223.03	0.76
N4	5.05	8.50	1.43	158.06	0.52	14.23	18.43	57.79	5.94	158.51	261.04	0.61
N4-C	5.44	9.69	2.20	199.00	0.70	49.12	20.71	82.18	4.41	138.80	241.35	0.58
N4P2	5.25	9.11	1.36	113.76	0.54	24.18	19.72	61.82	6.69	138.12	262.76	0.53
N4P2-C	5.16	9.63	2.65	374.31	0.69	55.96	19.54	86.27	3.62	155.19	246.76	0.63
M4	6.39	16.86	2.30	189.03	2.24	245.00	19.06	455.79	7.35	175.54	247.91	0.71
M4-C	5.94	10.32	1.93	134.49	0.85	109.66	18.26	183.82	5.34	158.50	226.89	0.70
M2N2	6.14	16.16	2.35	213.05	1.92	231.89	20.90	508.74	6.89	217.84	215.79	1.01
M2N2-C	5.80	9.70	1.77	107.28	0.80	88.67	20.05	114.61	5.48	132.51	246.53	0.54
M2N2P1	6.24	16.28	2.33	195.96	2.23	265.98	19.57	433.43	7.00	174.14	238.16	0.73
M2N2P1-C	5.66	11.23	2.02	127.02	1.16	155.49	20.94	210.13	5.54	186.69	257.41	0.73

注：C为地膜覆盖处理。

（二）结果与分析

1. 地膜覆盖和施肥对土壤微生物平均吸光值和多样性指数的影响　裸地以及覆膜条件下各不同施肥处理对土壤微生物的平均吸光值（AWCD）和多样性指数如表9-8所示，

裸地条件下，施猪厩肥的处理（M4、M2N2、M2N2P1），AWCD都较高，与其余3个处理达到差异显著水平。AWCD较低的是N4、N4P2处理。值得注意的是，除了N4P2处理外，各处理AWCD的大小与其土壤有机碳含量变化规律一致。裸地条件下，有机碳含量高的土壤能提供较多的生物有效碳源，维持了较高的土壤微生物活性。覆膜条件下，AWCD大小顺序是CK-C>M4-C>M2N2-C>M2N2P1-C>N4-C>N4P2-C，这与覆膜土壤pH的高低顺序相同，说明覆膜以后土壤pH在影响土壤微生物利用碳源能力方面为主要驱动力之一。裸地与覆膜条件的不同施肥处理对比显示，除CK外，覆膜条件下所有施肥处理AWCD均低于裸地相应处理。

表9-8　不同施肥处理与地膜覆盖土壤微生物平均吸光值与土壤微生物多样性指数

处理	平均吸光值（AWCD）		Shannon指数（H）		Shannon均匀度（E）		Simpson指数（1-G）	
	裸地	覆膜	裸地	覆膜	裸地	覆膜	裸地	覆膜
CK	0.42b	0.53a	3.85e	4.25a	0.92d	0.94a	0.98b	0.98a
N4	0.40b	0.11d	4.10d	3.12c	0.92d	0.72e	0.98b	0.88d
N4P2	0.47b	0.02d	4.20c	3.25c	0.95b	0.91b	0.98b	0.95c
M4	0.78a	0.35b	4.30ab	3.73b	0.95b	0.85c	0.98b	0.97ab
M2N2	0.69a	0.29b	4.26b	3.74b	0.94c	0.82d	0.98b	0.97ab
M2N2P1	0.71a	0.18c	4.35a	3.64b	0.96a	0.89b	0.99a	0.97ab

注：Duncan统计法，同一列中具有相同字母的结果差异不显著（$P>0.05$）。

本研究采用Shannon指数、Shannon均匀度、Simpson指数，分别表征土壤微生物的丰富度、均匀度以及某些常见种的优势度。裸地条件下，Shannon指数各施肥处理较对照都显著增加，尤其是有机无机肥配施（M2N2P1），这与施用有机无机肥为微生物提供营养物质有关。覆膜后，Shannon指数CK处理最高，单施无机肥的处理较低。覆膜与裸地相比，CK处理覆膜以后Shannon指数提高，其余各施肥处理都显著低于相应的裸地处理。Shannon均匀度和优势度指标Simpson指数在裸地条件下虽有差异，但在数值上的表现不是很突出，而覆膜以后这两个指标的数值差异有所增大。进一步对覆膜与裸地进行t检验，结果表明：AWCD、Shannon指数和Shannon均匀度二者之间均达到了显著水平，P值分别为0.014、0.044、0.040。Simpson指数覆膜与裸地差异不显著。本研究施用的有机物料为猪粪，猪粪的C/N比较利于微生物的利用，而且长期施用猪粪可以改善土壤的物理特性，更有利于土壤微生物的生命活动。施入无机物料尤其是长期施高量氮肥，在地膜覆盖条件下可防止土壤氮素的挥发，氮素过多导致土壤酸化，改变微生物的生存环境，进而可能对微生物的活性起到极大的抑制作用，减少微生物多样性。总之，覆膜条件下施入有机肥料有利于维持土壤微生物的多样性，而施入无机肥料对土壤微生物有明显的抑制作用。

2. 地膜覆盖和施肥处理土壤的聚类分析与主成分分析　Bending等（2002）用Biolog碳源的利用模式研究土壤管理措施对微生物的影响，土壤微生物多样性对管理措施包括轮作、连作、作物种类敏感，在有机质、轻有机质组分、易发生变化的有机氮或水溶性糖还没有明显变化时，微生物利用碳源的种类已经发生了变化。应用各种碳源的光密度值

(48 h) 作统计变量进行聚类分析和主成分分析，可以清晰直观地反映各施肥处理之间的关系。聚类分析结果可以更直观地显示各研究对象之间的远近关系。不同处理土壤的聚类分析结果如图 9－16 所示。首先，N4－C、N4P2－C、M2N2P1－C 具有与其他处理明显不同的碳源利用模式。其余 9 种处理，施入有机肥的处理 M4、M2N2、M2N2P1 具有更为相似的碳源利用模式。N4、N4P2、CK 裸地条件下，土壤相对来说比较贫瘠，微生物群落利用碳源的模式较为相似，其余处理如 CK－C、M2N2－C、M4－C 在碳源的利用模式上差异较大。覆膜各处理微生物在碳源的利用上分异性有所增大。覆膜在很大程度上改变了土壤的微环境，并相应改变了土壤养分的转化情况。土壤环境的改变迫使微生物在碳源的利用上发生了改变，各处理分异较大，覆膜增加了微生物群落的不稳定性。

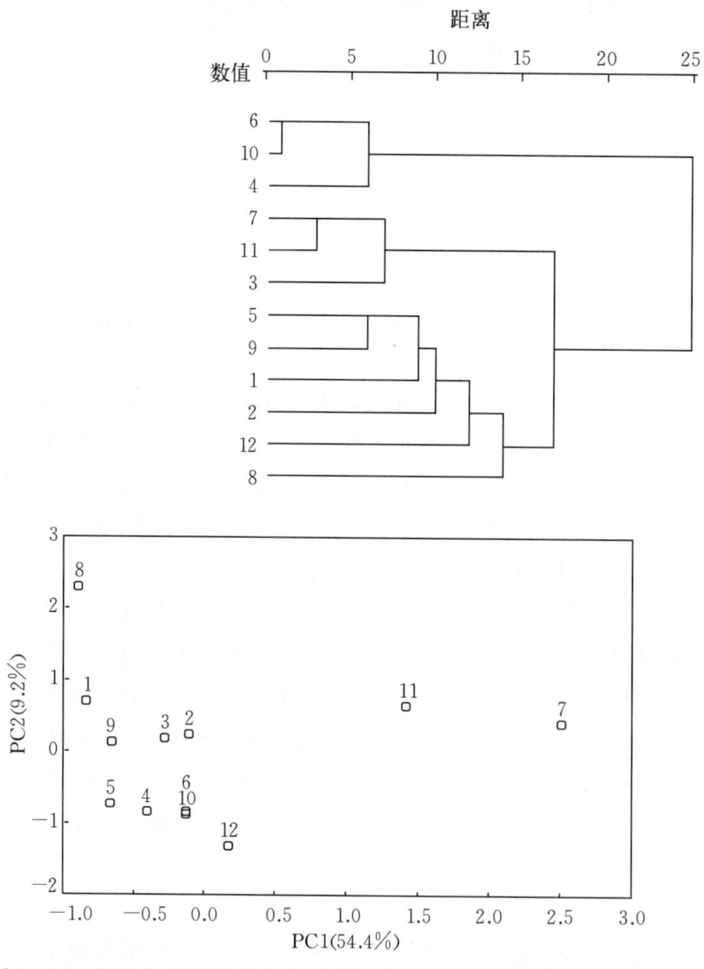

图 9－16　裸地与地膜覆盖各处理的聚类分析与主成分分析（培养 48 h）

注：1～12 分别为 CK、CK－C、M2N2P1、M2N2P1－C、N4、N4－C、M4、M4－C、N4P2、N4P2－C、M2N2、M2N2－C。

为了探讨裸地与覆膜条件下不同施肥处理土壤微生物群落结构变化，选择 48 h 数据标准化后，进行主成分分析。其中，第 1 主成分（PC1）聚集了 54.4%的数据变异，第 2

主成分（PC2）为 9.2%。在 PC1 轴上低肥裸地（CK、N4、N4P2）主要分布在负方向，高肥裸地（M4、M2N2）主要分布在正方向。裸地条件下在 PC1 轴上不同施肥处理出现了明显的分异，PC2 轴上各施肥处理主要集中于 0～1 之间。覆膜条件下各处理分布更加分散。在 PC2 方向上，裸地处理较为集中，覆膜后分异较大，增加了微生物群落的不稳定性。按照每个碳源在区分能力方面的贡献大小进行排序，选取每个主成分的前 10 个碳源进行了分析。结果表明：氨基酸类碳源在 PC1 的权重比较大，氨基酸类碳源是区分各处理的主要碳源；与 PC2 相关性较大的碳源主要是糖类和氨基酸类碳源，它们是覆膜和裸地处理的主要区分碳源。

3. 微生物碳源利用主因子、多样性指标与土壤理化性状之间的统计关系　逐步回归分析可以揭示直观上不太容易发现的规律，因此建立了多样性指标和主成分分析的结果与表 9－7所列土壤理化性状之间的多元逐步回归分析，结果如表 9－9 所示。

表 9－9　微生物碳源利用主因子、多样性指标与土壤理化性状之间的统计关系

因子或多样性指标	理化性状及系数	统计指标
PC1	0.696（速效钾）	$R^2=0.49$；$df=11$；$P=0.01$
PC2	1.241（pH）	$R^2=0.37$；$df=11$；$P=0.04$
AWCD	0.245（C/N）；0.989（速效氮）	$R^2=0.93$；$df=11$；$P=0.019$
H	0.317（C/N）	$R^2=0.83$；$df=11$；$P<0.001$
E	1.182（Avail N）；－0.017（有机碳）	$R^2=0.76$；$df=11$；$P=0.002$
1－G	－0.018（C/N）	$R^2=0.49$；$df=11$；$P=0.011$

表 9－9 显示，微生物对碳源的利用主要与速效钾、土壤 pH 相关，达到显著水平。土壤微生物活性以及多样性主要受土壤 C/N、速效氮、有机碳的影响。其中，土壤有机碳、C/N 对土壤微生物的代谢活性和生物多样性影响最大，而速效氮作为微生物较易利用的能源，对微生物的生物活性和多样性指数影响最为深刻。土壤微生物利用碳源的种类和强度与土壤速效钾、土壤 pH 关系最为密切。

土壤微生物的活性和多样性受土壤施肥措施和培肥管理影响较大。覆膜条件下，不同施肥处理一方面由于土壤环境的改变，本身会影响微生物的群落结构和功能，另一方面长期管理措施必然使土壤中养分的转化发生明显改变，从而影响微生物的代谢活性。从另一个角度分析可以得到：微生物不同的群落结构和代谢功能，以及与之相适应的碳源利用方式必然会影响土壤中各种养分的循环转化过程，从而影响土壤养分的数量及形态。

（三）讨论

Biolog－GN 2 盘中每孔的平均吸光值（AWCD）反映了土壤微生物利用碳源的整体能力及微生物活性，可作为土壤微生物活性的有效指标，对土壤环境胁迫的反映比较敏感。裸地条件下，施猪厩肥的处理（M4、M2N2、M2N2P1），微生物对碳源的利用率（AWCD）较高。许多研究表明，施厩肥、绿肥等有机肥有利于维持土壤微生物的多样性及活性（Dick，1992）。单施氮肥、氮肥磷肥配施，微生物对碳源的利用率较低。已有研究表明，短期施用无机氮肥对土壤酶活性和微生物生物量只产生有限的影响，但长期施用无机氮肥可降低土壤微生物的活性（Fauci et al.，1994；Lovell et al.，1995）。大部分处理AWCD与其土壤有机碳含量的顺序相同，这可能是因为裸地条件下，有机碳含量高的土壤能提供的生物有效碳源较多，维持了较高的土壤微生物活性。覆膜条件下，AWCD大小顺序与土壤pH的高低顺序相同，这表明覆膜以后pH在影响土壤微生物利用碳源能力方面的作用增大。Staddon等（1998）对加拿大西部不同气候带的土壤微生物多样性和结构进行了研究，土壤微生物功能多样性随纬度增加而降低，与环境的温度、土壤pH呈正相关。Anthony等（2001）研究也发现，pH是影响土壤微生物多样性的重要因子。对照处理，裸地与覆膜条件下AWCD相对比，覆膜高于裸地，与其余各施肥处理规律相反，其原因有待于进一步研究。

裸地栽培，Shannon指数在施肥处理中都显著增加，这与施用有机无机肥料为微生物提供营养物质有关。覆膜后，各施肥处理Shannon指数显著降低，并且，微生物对碳源的利用程度以及多样性指数，覆膜与裸地达到显著差异水平。Simpson指数覆膜与裸地差异不显著，这可能是因为微生物区系中优势种群抗外界干扰能力较强。覆膜与裸地相比，施用有机物料的处理Shannon指数、Shannon均匀度有所降低，但下降的幅度较小，这可能是因为本试验施用的有机物料为猪粪，猪粪的C/N较利于微生物的利用，而且长期施用猪粪可以改善土壤的物理特性，更有利于土壤微生物的活动。施入无机物料尤其是长期高量氮肥，在地膜覆盖条件下可防止土壤氮素的挥发，过多的氮素可能对微生物的活性起到极大的抑制作用，降低微生物多样性。总之，覆膜条件下施入有机肥料有利于维持土壤微生物的多样性，而施入无机肥料对土壤微生物有明显的抑制作用。

应用各种碳源的光密度值进行聚类分析，结果显示，低肥覆膜、高肥裸地、低肥裸地在碳源的利用上较为相似。覆膜对微生物群落功能多样性的影响更为深刻，这可能是因为覆膜在很大程度上改变了土壤微环境，并相应改变了土壤养分的转化。

Garland等（1991）认为，各样本在空间位置的不同是和碳底物的利用能力相关联的。具体而言，各样本在不同PC轴坐标的差异是与对聚集在该PC轴上碳源的利用能力相联系的。本试验中，裸地不同施肥处理在PC1轴上出现了明显的分异。覆膜后各处理在碳源利用上发生了明显的改变，表明覆膜后由于土壤环境的改变迫使微生物在碳源的利用上发生改变，各处理分异较大，覆膜增加了微生物群落的不稳定性。糖类和氨基酸类碳源与各主成分具有显著的相关性，是微生物利用的主要碳源，并且是各施肥处理、覆膜和裸地的主要区分碳源。微生物利用的主要碳源是氨基酸类、糖类，这可能是因为猪粪培肥的原因。张继宏等（1995）等研究表明，土壤施用猪粪培肥后显著提高氨基酸和单糖的数量，而且与猪粪的施入量有关。影响碳源利用差异的土壤理化性状只有速效钾和pH，多样性指标与土壤碳氮比、速效氮、有机碳都达到显著或极显著水平。微生物功能指标与土壤理化性状密切相关、相互影响。由此可见，微生物功能多样性能够反映土壤质量指标信息，也可看作评价土壤质量变化的敏感参数。总之，土壤微生物的活性和多样性受土壤养分影响较大，施肥和地膜覆盖后，一方面由于土壤环境的改变，本身会影响微生物的群落结构和功能；另一方面长期管理措施必然使土壤中养分的转化发生明显的改变，从而影响微生物的代谢活性。从另一个角度则表明，微生物不同的群落结构和代谢功能，以及与之相适应的碳源利用方式必然会影响土壤中各种养分的循环转化过程，从而影响土壤养分的数量及形态。

（四）小结

（1）裸地条件下，除了单施氮肥的处理以外，其他处理土壤微生物对碳源的利用程度（AWCD）均有所升高；覆膜条件下，AWCD均显著降低（除CK外）。

（2）裸地条件下，所有施肥处理的土壤微生物群落功能多样性（香农指数）与CK比较均显著增加，有机无机配合施用的处理增加最大；覆膜条件下，所有对应施肥处理的香农指数均显著降低。

（3）土壤微生物碳源利用的聚类分析和主成分分析表明，裸地各施肥处理在碳源的利用上存在着较大的差异，而覆膜明显加剧了各处理之间的变异程度，增加了微生物群落的不稳定性。

（4）碳源利用主成分、多样性指数以及土壤理化性质的逐步回归分析表明：土壤微生物碳源利用的差异显著受到土壤pH、速效钾含量的影响；有机碳、速效氮含量和土壤C/N对土壤微生物群落功能多样性有决定性影响。

二、基于^{13}C－DNA－SIP技术的微生物功能多样性

（一）材料与方法

1. 供试土壤　供试土壤采集于沈阳农业大学棕壤长期定位试验实验站，采样日期为2012年4月25日，分覆膜和裸地条件下CK（不施肥）、NP（单施化肥）、M（单施有机肥）、MNP（有机无机配施）共8个处理（施肥量见前文）的土壤，装盆（直径28 cm，盆深28 cm），采土深度为0～20 cm，3次重复。取约2 kg土与带有^{13}C标记的玉米秸秆充分混匀（秸秆量按照每千克干土加入2 g秸秆有机碳计算，秸秆碳氮含量分别为419.3 g/kg、4.3 g/kg，δ^{13}C为215.96‰）装于0.60 mm孔径大小的尼龙网袋中，与大田试验同时播种，种子埋入尼龙网袋的土中，再放入盆内土壤中，覆膜处理加盖地膜。

于第0天和第56天采集盆栽表层（0～10 cm）土壤样品于塑料自封袋中，冷藏运输带回，过2.00 mm筛并去除土壤中秸秆等杂质，－80 ℃冷冻待测。

供试土壤的基本性质如表9－10所示：

表9－10　不同处理盆栽土壤两期的基本性质

项目	处理	日期（d）	pH	全碳（g/kg）	全氮（g/kg）	碳氮比	产量（g，烘干重）
不覆膜	CK	0	5.85±0.04	10.69±0.33	1.08±0.07	9.92±0.30	28.25±8.26
		56	6.09±0.06	11.62±0.33	1.10±0.09	10.60±0.30	
	NP	0	4.75±0.17	10.13±0.12	1.44±0.09	7.04±0.08	101.33±22.14
		56	5.1±0.07	11.48±0.50	1.17±0.14	9.80±0.43	
	M	0	5.73±0.11	16.08±2.31	1.85±0.16	8.67±1.25	134.73±10.63
		56	6.43±0.13	18.66±0.36	1.63±0.15	8.99±0.17	
	MNP	0	5.52±0.03	14.59±0.64	1.78±0.10	8.18±0.36	117.20±21.45
		56	5.70±0.13	15.35±0.15	1.64±0.12	9.34±0.09	

（续）

项目	处理	日期（d）	pH	全碳（g/kg）	全氮（g/kg）	碳氮比	产量（g，烘干重）
覆膜	CK	0	5.79±0.07	10.53±0.50	1.09±0.05	9.65±0.46	43.21±10.23
		56	6.07±0.03	11.53±0.71	1.08±0.07	10.66±0.66	
	NP	0	4.74±0.17	11.18±0.54	1.42±0.05	7.89±0.38	85.43±4.30
		56	5.09±0.03	13.32±0.43	1.25±0.14	10.67±0.34	
	M	0	5.97±0.06	16.37±1.63	1.93±0.13	8.49±0.85	129.10±19.16
		56	6.28±0.01	17.79±2.19	1.75±0.19	10.15±1.25	
	MNP	0	6.00±0.04	15.41±3.06	1.67±0.18	9.23±1.83	128.03±12.02
		56	6.24±0.15	14.77±0.49	1.50±0.15	9.82±0.33	

2. 测定项目及方法

（1）土壤微生物总DNA的提取。提取方法同第一节。

（2）^{13}C－DNA与^{12}C－DNA的分离。

所需试剂：

Tris－HCl（1.0 mol/L，pH＝8.0），制备方法：溶解121.1 g Tris base于800 mL去离子水，盐酸调节pH至8.0，去离子水定容至1 000 mL。

Gradient Buffer［GB缓冲液含0.1 mol/L Tris－HCl（pH＝8.0）、0.1 mol/L KCl、1.0 mmol/L EDTA］，制备方法：加入50 mL Tris－HCl（1 mol/L）、3.75 g KCl和1.0 mL 0.5 mol/L EDTA于400 mL去离子水，去离子水定容至500 mL，0.2 μm filter过滤并灭菌。

70%乙醇：加入370 mL 95%乙醇于130 mL去离子水。

氯化铯溶液（层级分离不同密度梯度核酸DNA）：溶解603 g氯化铯于500 mL最终体积GB缓冲液（可加热至30 ℃促进氯化铯溶解），室温20 ℃下，其密度为1.88～1.89 mg/mL；或者溶解50 g氯化铯于30 mL GB缓冲液（该方法配置的最终体积大于30 mL），其密度约为1.85 g/mL，光反射指数nD－TC模式下约为1.415 3±0.000 2。

Polyethylene Glycol 6000（PEG 6000）溶液：去离子水溶解150 g PEG 6000和46.8 g NaCl，并定容至500 mL，0.2 μm filter过滤并灭菌。

TE饱和1－Butanol溶液：加入100 mL TE于1－Butanol。

所需仪器：

超高速离心机（日本Hitachi，型号CP80WX）、超高速离心机转子（日本Hitachi公司，P65VT2转子）。

5.1 mL polyallomer超高速离心试管（日本Hitachi，cat. no. 345319A）。

超高速离心试管密封仪，Tube sealer（日本Hitachi，cat. no. 90132400）。

固定流速泵［High－performance liquid chromatography（HPLC）syringe pump］。

19号和23号针头；10 mL和20 mL注射器；橡皮管（1.5 mm直径，1.5 mm壁厚）。

折射仪Refractometer，AR200 digital（Reichert，cat. no. 13950000）。

紫外照射仪，高速离心机，1.5 mL Eppendorf 离心试管。

步骤：

将 2.0 μg 的土壤总 DNA 定容至 100 μL（2.0 μg 土壤总 DNA+GB 缓冲液 100 μL）。

在 15 mL 的离心管中，依次加入 4.9 mL 氯化铯（1.85 g/mL）、0.9 mL GB、100 μL total GB containing 2.0 μg 土壤总 DNA。

采用涡旋振动仪将氯化铯溶液、GB 缓冲液和 DNA 溶液完全混合。

采用折光仪测定离心前混合液的折光率，超高速离心溶液的目标折射率，也就是理想的 nD－TC 是：1.402 9±0.000 2，通常情况下，这一折射率对应的浮力密度为 1.725 g/mL。如 nD－TC 偏大，添加 GB（20 μL 约为一个添加单位）；如 nD－TC 偏小，添加氯化铯（20 μL 约为一个添加单位），实际上这一步的添加更多地依赖于经验。

采用 10 mL 注射器将离心混合液转移至 5.1 mL 超高速离心试管中。

将两个离心试管称重，确保两个离心试管重量之差小于±0.01 g，如有必要，加入少量离心混合液调节平衡。

超高速离心（离心机为 Hitachi，CP80WX）的基本参数是：离心时间（44 h）、离心温度（20 ℃）、离心速度（45 000 r/min，约为 190 000×g）、离心机时间设置（Hold）、离心机启动加速参数（Accel：9）、离心机停止参数设置（Decel：no break）。

采用超高速密度梯度离心液自动分层装置将离心液分为 15 层，一般需多放一层，以保证第 15 层 DNA 液体体积的准确。

利用折光仪测定不同浮力密度梯度液体（共计 15～16 层）的折光率，评价分层效果。并通过离心溶液密度计算的经验公式推导各层液体的浮力密度。

在不同浮力密度梯度溶液中加入 550 μL 的 PEG 6000 溶液，头尾倒置若干次混匀溶液，室温静置 2.0 h 或者 37 ℃加热 1.0 h 沉淀 DNA。

在 15～20 ℃下 13 000×g 离心 30 min，除去上清液。

加入 500 μL 70%乙醇清洗 DNA 沉淀，离心 10 min，除去上清液，重复此过程以进一步去除氯化铯，同时尽量去除 PEG 6000。

将 DNA 沉淀物室温干燥 15 min。确保 DNA 沉淀中无液体存在后，将其溶于 30 μL TE 缓冲液，－20 ℃冰箱保存。

（3）高通量测序 DNA 样品 PCR 反应、纯化及测序。分层 DNA 样品中，选取重层中的 5 层、6 层、7 层（浮力密度分别为 1.736 g/mL、1.733 g/mL、1.730 g/mL）进行高通量测序，通常认为这些层次 ^{13}C 标记效果最好。测定方法同第一节。

3. 计算和统计

（1）454 测序结果分析过程。测序结果采用 Mothur 软件（http：//www.mothur.org/）进行分析。将测序获得的 fna、qual 文件，放在 mothur 文件夹下，打开 oligos 文件编辑对应的 barcode 和处理名称。使用 trim.seqs 命令，目的是修剪引物和条形码序列，使用条形码信息生成一个 group 文件并把一个 fasta 文件分割为次级文件，显示基于来自 454 测序方法的 qual 文件序列，剔除基于序列长度和当前不明碱基的序列，获得当前序列的反向互补；使用 summary.seqs 命令，目的是总结（概述）一个未排序或排序过的 fasta

格式文件的序列质量；使用 split. groups 命令，目的是为 group 文件中的每个 group 按照处理名称生成若干个 fasta 文件。

在 80%的置信水平采用 RDP 的 MultiClassifier 进行分类，得到单个样品的高质量序列平均 10 001 条，单个序列平均长度为 399 bp。

（2）统计分析。采用 Excel 2007、SPSS 19.0、R 3.0（vegan 包）软件对所有数据进行统计分析，采用 Origin 8.0 作图。不同施肥处理土壤微生物对外援有机碳利用采用配对样品 t 检验法，以 $P<0.05$ 作为差异显著水平。

（二）结果与分析

1. 不同处理土壤微生物的标记情况分析 将第 0 天和第 56 天用 ^{13}C 标记的土壤提取其总 DNA 后，经过超高速密度梯度离心获得不同浮力密度 DNA 后，16s rRNA 基因扩增产物进行凝胶电泳分析，施入含 ^{13}C 的秸秆后 56 d 的重浮力密度 DNA 中（5～7 层，对应的浮力密度分别为 1.736 5 g/mL、1.733 1 g/mL、1.729 6 g/mL）发现大量基因产物，而第 0 天对应处理的重浮力密度 DNA 中均未能检测到明显的信号，表明标记处土壤中细菌 DNA 被 ^{13}C 标记并通过超高速密度梯度离心迁移至试管下部的重浮力密度 DNA（5～7 层）（图 9－17）。

2. 高通量测序结构概况 454 高通量数据结果显示，删除低质量的序列后，所有 48 个样品共得到了 462 891 条高质量序列（表 9－11）。其中，平均 83.53%的序列被鉴定为细菌（Bacteria），0.19%的序列为古菌（Archaea），16.28%的序列分类地位未知（Unclassified）。

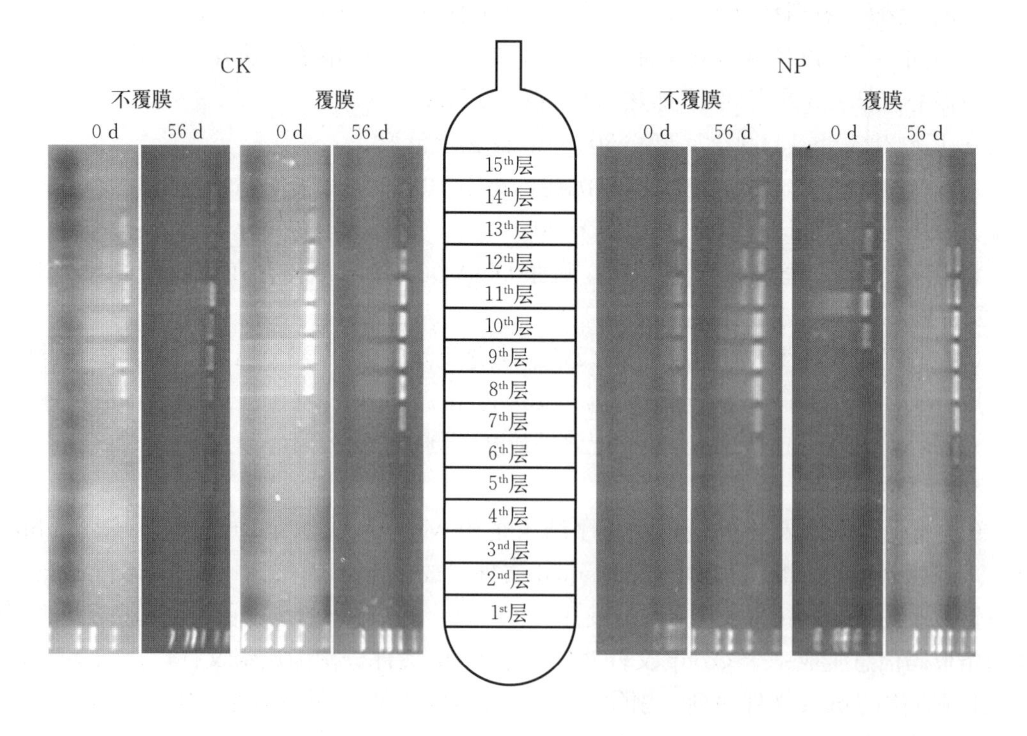

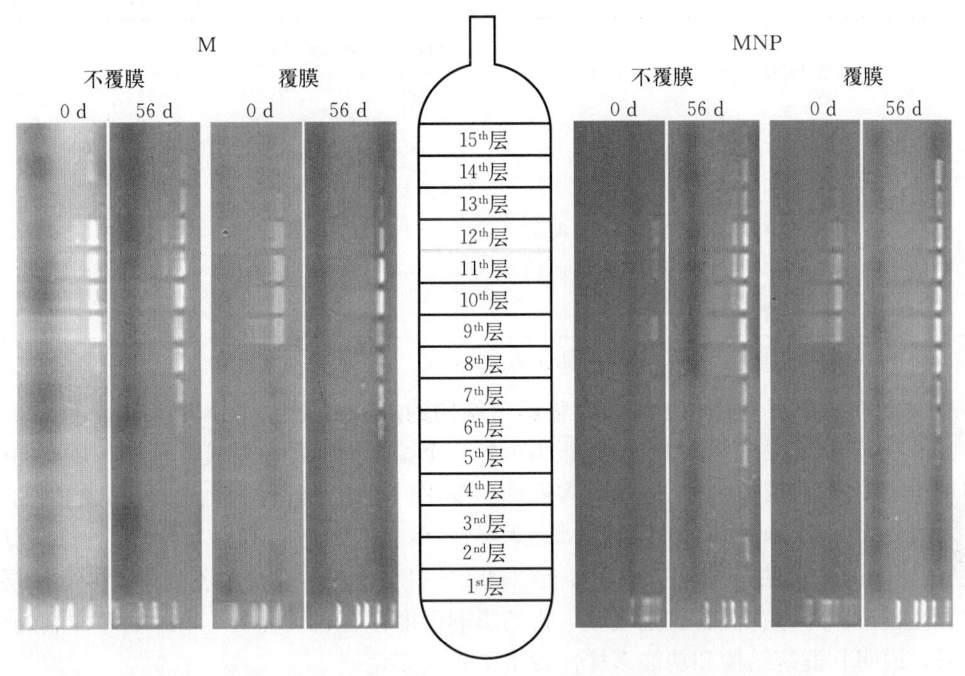

图 9－17　不同处理土壤 DNA 分层样品 PCR 扩增产物在不同浮力密度 DNA 中的分布

表 9－11　高通量序列数及其微生物分类水平概述

处理	时间(d)	高质量序列数	在各自分类水平所占比例（%）					
			界	门	纲	目	科	属
不覆膜								
CK	0	12 967±1 604	99.77±0.01	81.12±1.35	78.47±0.96	53.34±0.14	38.69±1.07	39.52±2.03
	56	9 533±3 072	99.80±0.10	81.15±4.26	78.90±4.37	58.92±6.26	46.06±8.53	43.80±7.95
NP	0	4 357±1 788	99.97±0.04	82.88±2.57	82.11±2.54	66.19±5.13	53.03±6.97	40.25±7.97
	56	12 134±1 990	99.95±0.02	83.98±1.39	83.00±1.62	67.93±2.50	55.65±4.42	41.88±4.40
M	0	2 994±1 563	99.89±0.11	86.47±1.45	84.36±1.74	66.67±3.50	54.69±4.99	50.10±4.68
	56	7 875±3 025	99.91±0.06	82.83±1.31	80.78±1.40	57.10±1.67	45.19±2.01	46.27±1.53
MNP	0	3 762±1 477	99.96±0.07	85.07±2.57	82.79±2.40	65.93±5.36	55.50±6.62	48.80±6.99
	56	10 949±4 395	99.92±0.06	83.77±3.06	81.85±2.92	63.98±4.13	51.43±4.85	44.35±5.16
覆　膜								
CK	0	8 595±2 437	99.84±0.05	82.42±1.01	80.36±0.62	58.67±2.54	46.87±3.48	45.96±1.64
	56	6 170±3 341	99.81±0.15	81.44±3.12	79.61±3.77	60.68±9.64	48.77±12.29	45.58±10.54
NP	0	4 936±2 136	99.90±0.07	83.61±3.76	82.48±3.31	64.79±5.19	51.66±7.05	43.44±7.97
	56	13 707±1 921	99.97±0.03	84.52±1.50	83.10±1.85	64.29±3.03	51.55±4.55	42.96±4.86

（续）

处理	时间（d）	高质量序列数	在各自分类水平所占比例（%）					
			界	门	纲	目	科	属
					覆　膜			
M	0	7 541±2 516	99.94±0.07	85.39±5.12	83.71±5.61	66.55±9.98	55.05±14.13	47.62±10.48
	56	11 781±4 904	99.90±0.03	84.80±1.88	82.88±1.47	64.13±1.30	52.56±1.34	50.35±1.62
MNP	0	8 333±3 485	99.94±0.04	86.65±1.86	84.91±1.85	67.12±3.47	55.88±4.33	47.30±2.32
	56	15 737±2 651	99.89±0.09	84.09±0.96	82.04±0.85	62.25±0.82	49.84±1.45	44.46±1.99

注：表中数据为 5 层、6 层和 7 层三层高质量序列的平均值。

3. 外源有机碳对各处理土壤微生物群落结构的影响　主坐标分析（Principal coordinate analysis，PCoA）是把多个指标化为少数几个综合指标的一种统计分析，用点的位置直观反映出不同处理微生物群落功能多样性的变化，可用于解释微生物对碳源利用的多样性。对第 0 天和第 56 天各处理重层（5～7 层）DNA 样品进行高通量测序，通过测序结果在属（genus）水平上进行主坐标分析（图 9－18）。整体来看，各处理 5 层、6 层、7 层差异性较小；外源有机碳对土壤微生物的影响程度存在显著差异，4 种处理样品处于不同象限，说明其群落结构和功能多样性发生了较大变化。

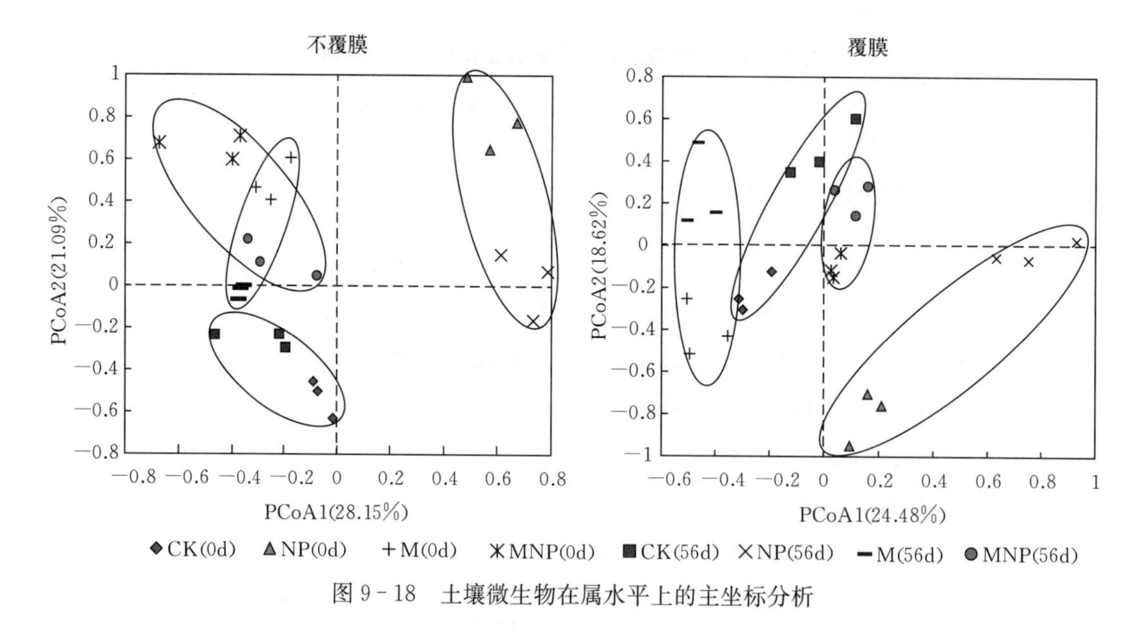

图 9－18　土壤微生物在属水平上的主坐标分析

从具体的空间分布位置来看，无论覆膜与否，各处理在添加秸秆 56 d 后土壤微生物群落结构均发生了变化，NP 处理利用碳源微生物与其他处理差异显著；裸地条件下，MNP 和 M 处理两个时期几乎在同一象限，表现出相似的群落结构，而 CK 处理主要分布在第三象限，第 56 天分布则与第 0 天的 M 处理接近；而地膜覆盖后，各处理群落结构发生了明显的变化，MNP 和 M 处理在两个时期四个象限均有分布，表明其群落结构差异性增大，CK处理也表现出相似的规律，以第56天的NP处理表现尤为明显。

4. 不同处理土壤主要的微生物菌群　对鉴定到的各个微生物分类水平的序列进行了分析（表9-11），为了对各处理微生物群有一个整体的了解，首先在门的水平上进行分析。通过对数据的筛选，选取了各处理两期能被鉴定的微生物菌群，其目的是找出优势微生物菌群。结果显示，CK、NP、M和MNP处理，有14～15个微生物菌群构成了土壤主要的核心微生物菌群，这些微生物菌群占整个微生物群落的比例为80.53%～89.31%（图9-19）。各处理均以放线菌门（Actinobacteria）和变形菌门（Proteobacteria）为优势微生物菌群，二者之和所占比例均超过了50%，其中CK和NP处理二者差异不明显，而对于M处理，Proteobacteria的相对丰度明显高于Actinobacteria，MNP处理正好相反，Actinobacteria明显高于Proteobacteria。

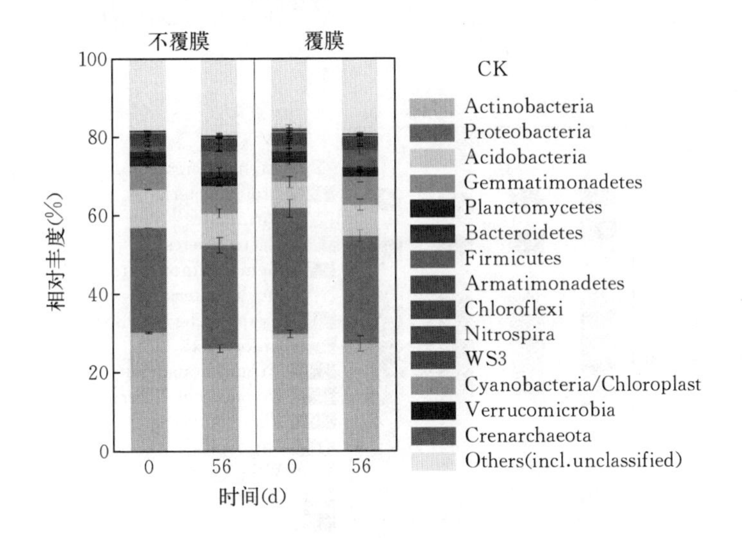

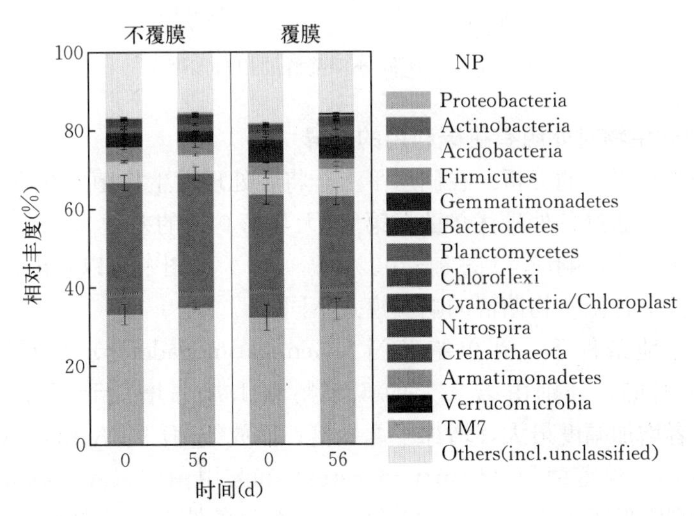

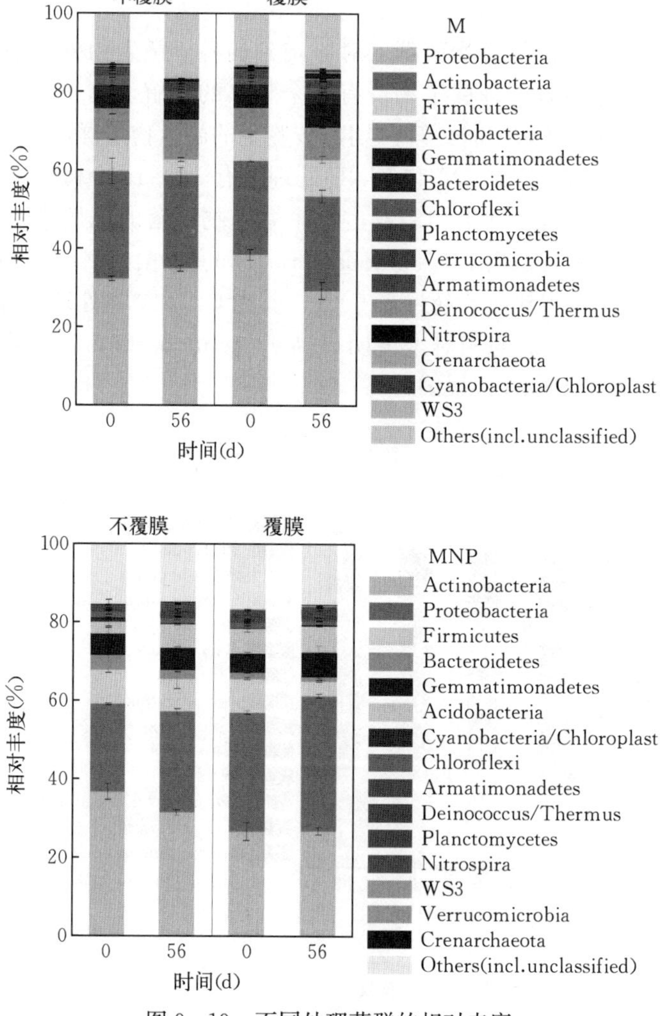

图 9-19　不同处理菌群的相对丰度

5. 不同处理微生物对外源有机碳利用的差异

(1) 在门分类水平上的分析。在门水平上，将各处理微生物菌群在第 0 天按照相对丰度的高低进行排序，通过各处理优势菌群第 56 天与第 0 天的差值来表示其对外源碳利用的响应模式（正响应或负响应）（图 9-20、表 9-12）。从图中可以看出，不同施肥处理，在裸地和覆膜条件下各微生物菌群的响应模式不同。

CK 处理，裸地条件下，芽单胞菌门（Gemmatimonadetes）和厚壁菌门（Firmicutes）表现为正响应，分别由第 0 天的 5.93%和 1.45%增加到第 56 天的 7.14%和 5.25%，其中后者增加幅度最大，增加了 2.6 倍；而放线菌门（Actinobacteria）、酸杆菌门（Acidobacteria）、浮霉菌门（Planctomycetes）和装甲菌门（Armatimonadetes）则表现为负响应，分别降低了 1/7、1/6、1/4 和 1/3。覆膜条件下，芽单胞菌门和厚壁菌门亦表现为正响应，分别由第 0 天的 5.00%和 1.46%增加到第 56 天的 7.33%和 4.38%，同样厚壁菌门增加幅度最大，增加了 2 倍；而放线菌门和变形菌门（Proteobacteria）表现为负响应，分别降低了 1/12 和 1/7。

NP 处理，裸地条件下，变形菌门、绿弯菌门（Chloroflexi）和浮霉菌门表现为正响应，分别由第 0 天的 33.26%、1.34%和 1.30%增加到第 56 天的 34.87%、1.76%和 1.79%；而酸杆菌门和芽单胞菌门表现为负响应，分别降低了 1/8 和 1/4。覆膜条件下，变形菌门和酸杆菌门表现为正响应，分别由第 0 天的 32.33%和 5.06%增加到第 56 天的 34.44%和 6.81%；而放线菌门和芽单胞菌门表现为负响应，分别降低了 1/12 和 1/4。

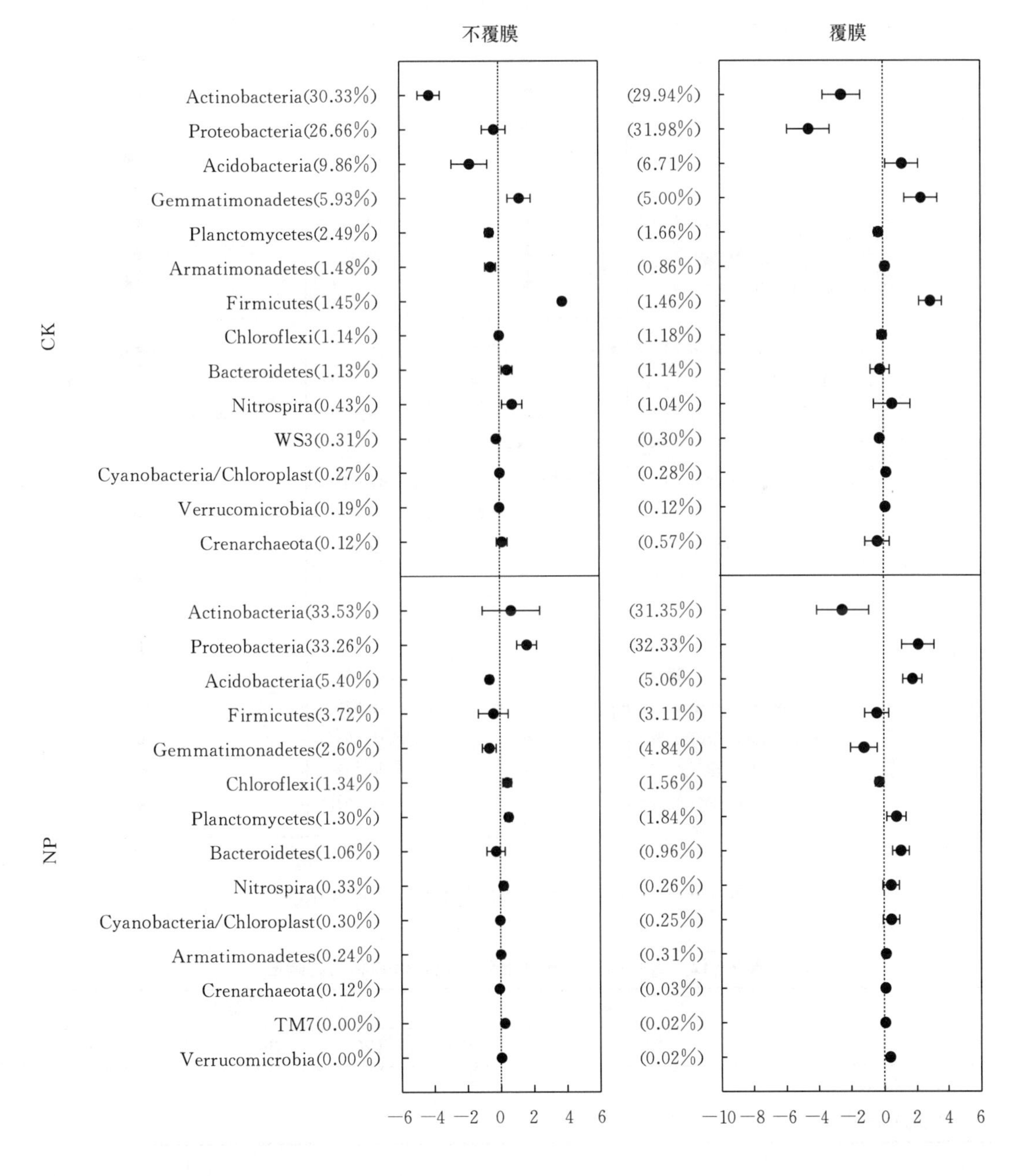

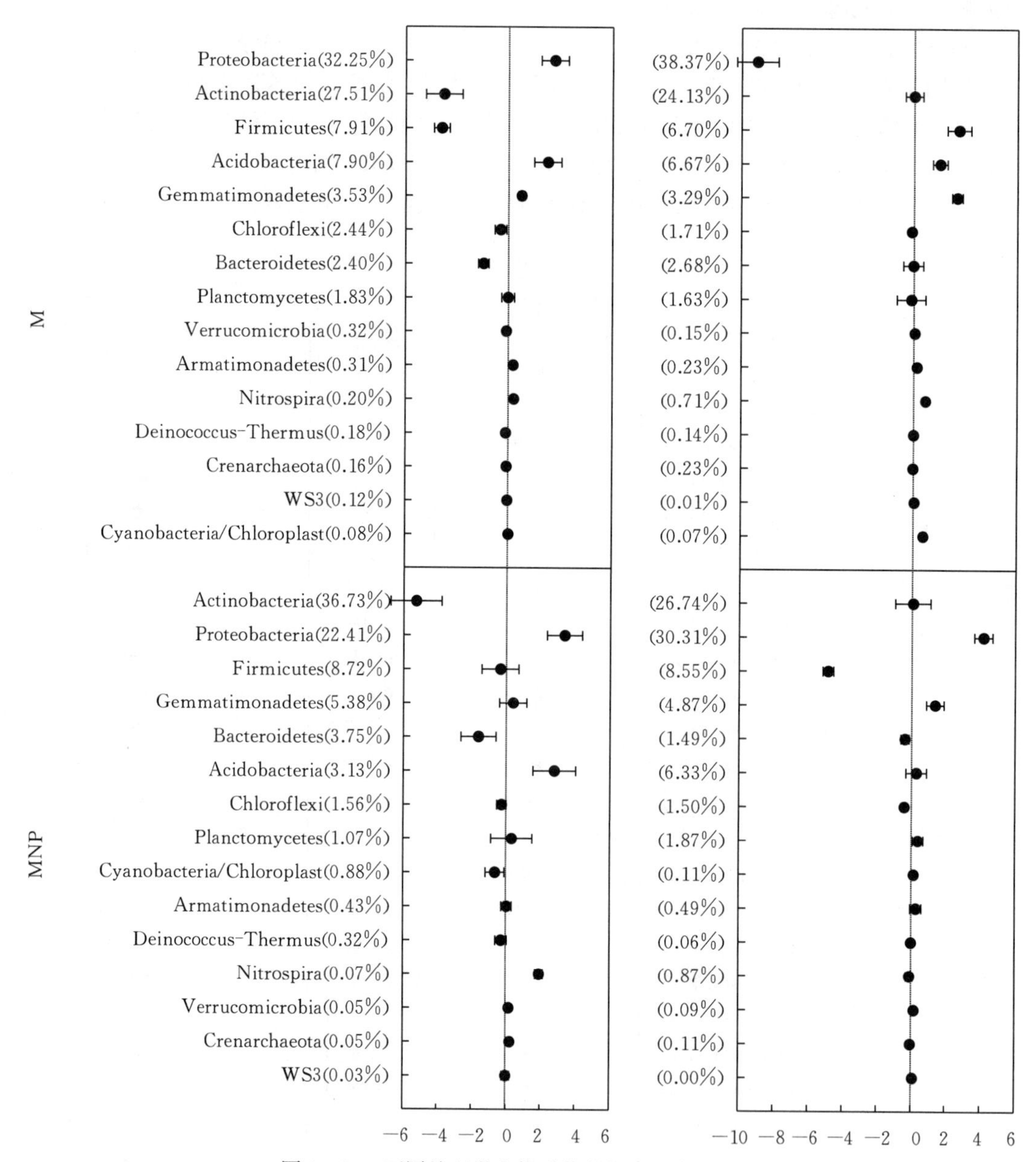

图 9-20　不同处理微生物群落的相对丰度变化量

表 9-12　各处理在门水平上对外源有机碳利用的响应

门	不覆膜				覆膜			
	CK	NP	M	MNP	CK	NP	M	MNP
Actinobacteria	—		—	—	—	—		
Proteobacteria		+	+	+	—	+	—	+

（续）

门	不覆膜				覆膜			
	CK	NP	M	MNP	CK	NP	M	MNP
Acidobacteria	−	−	+	+		+	+	
Gemmatimonadetes	+	−	+		+	−	+	+
Planctomycetes	−	+						
Armatimonadetes	−							
Firmicutes	+		−		+		+	−
Chloroflexi		+						
Bacteroidetes			−	−				

注：＋为正响应，－为负响应。

M处理，裸地条件下，变形菌门、酸杆菌门和芽单胞菌门表现为正响应，分别由第0天的32.25%、7.90%和3.53%增加到第56天的34.92%、10.17%和4.27%；而放线菌门、厚壁菌门和拟杆菌门（Bacteroidetes）表现为负响应，分别降低了1/7、1/2和3/5。覆膜条件下，厚壁菌门、酸杆菌门和芽单胞菌门表现为正响应，分别由第0天的6.70%、6.67%和3.29%增加到第56天的9.36%、8.22%和5.84%；而变形菌门表现为负响应，降低了1/4。

MNP处理，裸地条件下，变形菌门和酸杆菌门表现为正响应，分别由第0天的22.41%和3.13%增加到第56天的25.79%和5.93%；而放线菌门和拟杆菌门表现为负响应，分别降低了1/7和3/7。覆膜条件下，变形菌门和芽单胞菌门表现为正响应，分别由第0天的30.31%和4.87%增加到第56天的34.50%和6.27%；而厚壁菌门则表现为负响应，降低了4/7。

（2）在属分类水平上的分析。为了能够更深入、更详细地探究微生物对外源有机碳的利用情况，在属水平进行了进一步分析，数据处理与门水平相同。按照平均相对丰度的高低，每个处理选取10个优势微生物菌群，以便从中选取活性微生物（图9-21）。

笔者分别将各处理样品在裸地和覆膜条件下，第0天和第56天活性微生物的5层、6层和7层的相对丰度数据进行差异显著性分析，研究活性微生物对外源有机碳利用的差异；同时对第56天活性微生物覆膜与裸地的相对丰度也进行了差异显著性分析，研究覆膜之后活性微生物的变化。图9-22列出了所有两两之间存在显著差异（$P<0.05$）的活性微生物。

CK处理，裸地条件下，*Marmoricola*、*Gemmatimonas* 和 *Nitrospira*（分别属于Actinobacteria、Gemmatimonadetes和Nitrospira）这三个优势属，第56天的相对丰度显著高于第0天，分别增加了1.9倍、0.2倍和1.9倍；覆膜条件下，这三个优势属分别增加了2.7倍、1倍和2.1倍，而且非优势属的 *Bacillus*（Firmicutes）显著增加，由第0天的0.16%增加到第56天的0.94%，增加了4.8倍。覆膜之后，这4个活性微生物的相对丰度均有所增加，其中 *Bacillus* 和 *Nitrospira* 增幅最大，增了1.6倍和2.0倍。

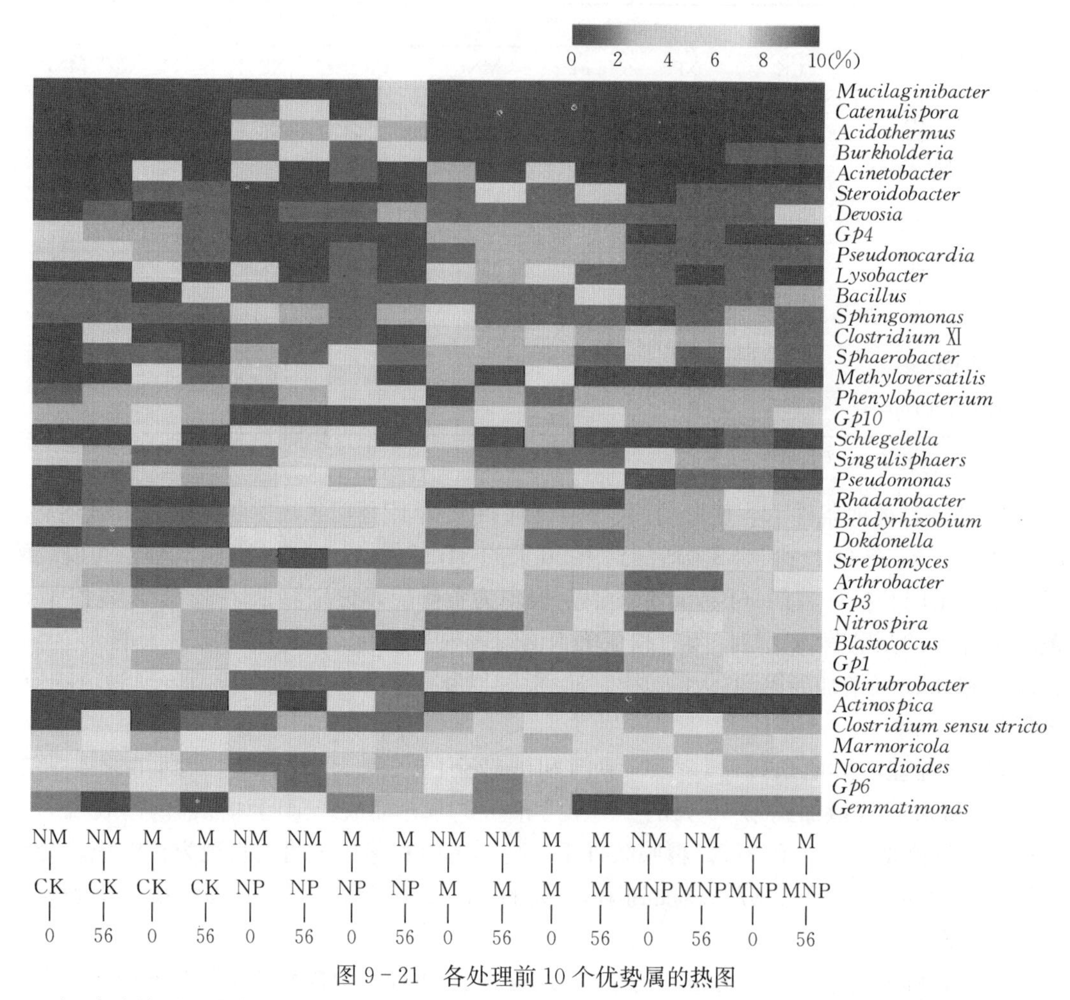

图 9-21　各处理前 10 个优势属的热图

注：每个单元格的颜色代表微生物在属分类水平上 5 层、6 层和 7 层的平均相对丰度。NM 和 M 分别表示裸地和覆膜，CK、NP、M 和 MNP 分别代表 4 个施肥处理（不施肥、氮磷配施、单施有机肥、有机肥和氮磷配施），0 和 56 分别代表第 0 天和第 56 天。

NP 处理，裸地条件下，*Actinospica*、*Catenulispora*、*Singulisphaera*、*Rhodanobacter*、*Pseudomonas* 和 *Burkholderia* 这 6 个优势属第 56 天的相对丰度均显著高于第 0 天，其中 *Actinospica*、*Catenulispora* 和 *Burkholderia* 增幅最高，分别增加了 4.3 倍、3 倍和 4 倍，其他属增幅较小，增加了 0.5～0.7 倍；覆膜条件下，*Actinospica*、*Catenulispora* 和 *Burkholderia* 增幅最大，分别增加了 2.2 倍、6.6 倍和 2 倍，而 *Singulisphaera*、*Rhodanobacter* 则分别增加了 0.8 倍和 0.1 倍，相对于裸地，非优势属的 *Mucilaginibacter*（Bacteroidetes）显著增加，增加了 21.1 倍。覆膜之后，7 个活性微生物中 *Catenulispora*、*Mucilaginibacter*、*Singulisphaera* 和 *Burkholderia* 的相对丰度有所增加，其中增加幅度最大的是 *Mucilaginibacter* 和 *Singulisphaera*，增加了 6.5 倍和 0.9 倍；而 *Actinospica*、*Rhodanobacter* 和 *Pseudomonas* 则有所降低，分别降低了 1/2、1/12 和 4/9。

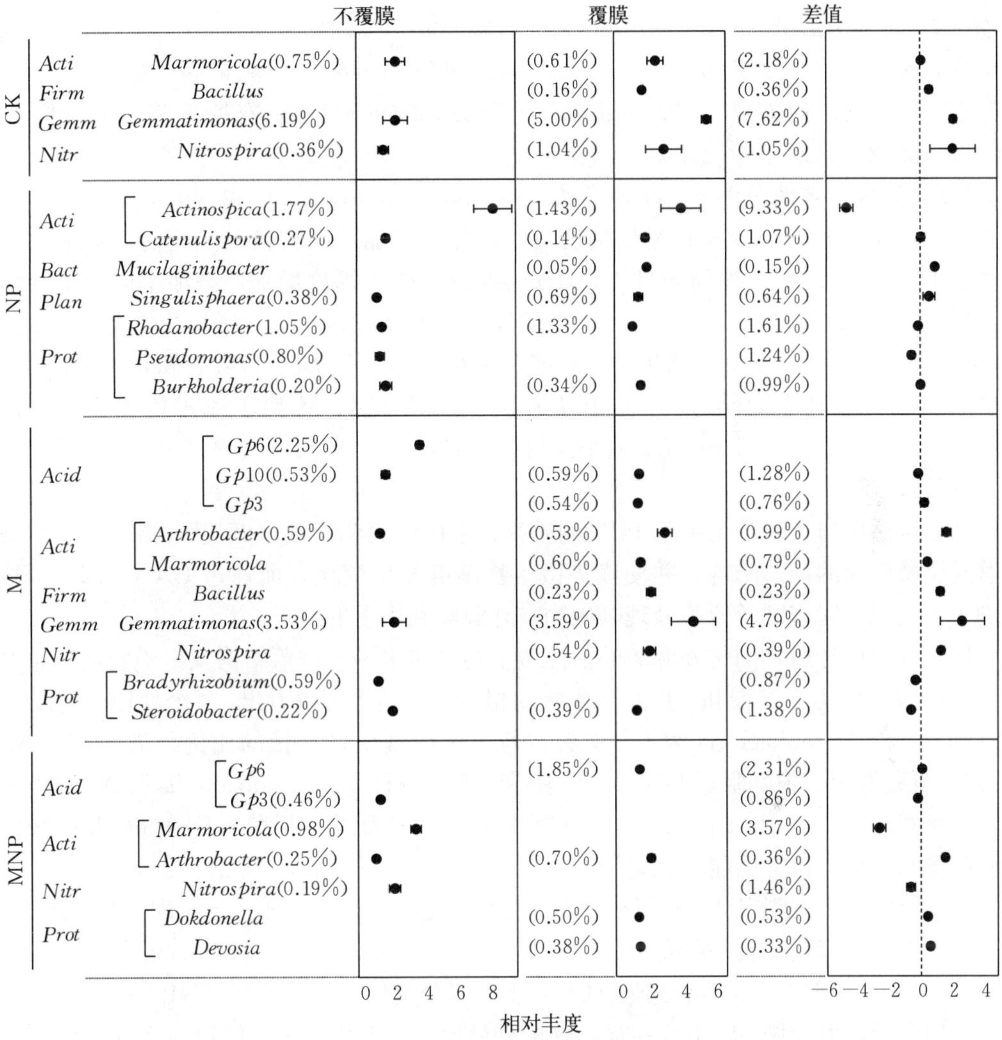

图 9-22　各处理活性微生物在属水平上相对丰度的变化

注：图中数据第一列和第二列分别表示裸地、覆膜条件各处理第 56 天与第 0 天平均相对丰度的差值，第三列表示第 56 天覆膜与裸地的差值，对应括号内的数值分别代表裸地第 0 天、覆膜第 0 天和裸地第 56 天的平均相对丰度。所列微生物数据两两比较均达到差异显著性水平（$P<0.05$）。*Acid* 为 *Acidobacteria*，*Acti* 为 *Actinobacteria*，*Bact* 为 *Bacteroidetes*，*Firm* 为 *Firmicutes*，*Gemm* 为 *Gemmatimonadetes*，*Nitr* 为 *Nitrospira*，*Plan* 为 *Planctomycetes*，*Prot* 为 *Proteobacteria*。

M 处理，裸地条件下，*Gp6*、*Gp10*、*Arthrobacter*、*Gemmatimonas*、*Bradyrhizobium* 和 *Steroidobacter* 这 6 个属第 56 天的相对丰度显著高于第 0 天，其中 *Gp6*、*Gp10* 和 *Steroidobacter* 增幅最大，分别增加了 1.3 倍、1.4 倍和 5.4 倍，其余 3 个属则增加了 0.4～0.7 倍；覆膜条件下，*Arthrobacter* 增幅最大，达到了 4.1 倍，而 *Gp10*、*Gemmatimonas* 和 *Steroidobacter* 则增加了 0.9～1.1 倍。相对于裸地，*Gp3*、*Marmoricola*、*Bacillus* 和 *Nitrospira*（分属 Acidobacteria、Actinobacteria、Firmicutes 和 Nitrospira）由

劣势属变为优势属，分别增加了 0.8 倍、1 倍、5.6 倍和 2.2 倍。覆膜之后，7 个活性微生物中 *Gp3*、*Arthrobacter*、*Marmoricola*、*Bacillus*、*Gemmatimonas* 和 *Nitrospira* 的相对丰度有所增加，其中 *Arthrobacter*、*Bacillus* 和 *Nitrospira* 增幅最高，达到了 1.7 倍、5.5 倍和 3.3 倍；而 *Gp10*、*Steroidobacter* 和 *Bradyrhizobium* 有所下降，分别降低了 1/9、1/2 和 2/5。

MNP 处理，裸地条件下，*Gp3*、*Marmoricola*、*Arthrobacter* 和 *Nitrospira* 这 4 个属中 *Marmoricola* 和 *Nitrospira* 增加幅度最大，分别增加了 2.7 倍和 6.6 倍，其余两个属则增加了 0.5～0.9 倍；裸地条件下，*Arthrobacter* 则大幅度增加，增加了 1.8 倍。相对于裸地，*Gp6*、*Dokdonella* 和 *Devosia* 由劣势属变为优势属，分别增加了 0.3 倍、1 倍和 1.5 倍。覆膜之后，7 个活性微生物中 *Gp6*、*Arthrobacter*、*Dokdonella* 和 *Devosia* 的相对丰度有所增加，其中 *Arthrobacter* 和 *Devosia* 增幅最高，达到了 4.4 倍和 1.8 倍；而 *Gp3*、*Marmoricola* 和 *Nitrospira* 有所下降，分别降低了 1/4、3/4 和 4/9。

（三）讨论

高通量测序与实时荧光定量 PCR 的研究结果已经表明长期（25 年）施肥与覆膜条件能够改变微生物的群落结构，并使优势微生物菌群发生变化，而通过 DNA - SIP 实验可以进一步认识不同施肥及覆膜处理微生物在外源碳利用上的差异。

加入标记秸秆后，同化外源碳的活性微生物（属水平）群落结构发生了变化。通过分析 DNA 重层（5 层、6 层和 7 层）微生物的相对丰度结果可以看出，4 个处理中均以 Proteobacteria 和 Actinobacteria 为主，二者占所有标记微生物总量的比例约为 60%。Ai 等（2015）研究发现，根际附近利用 ^{13}C 的主要微生物同样是 Proteobacteria 和 Actinobacteria，比例接近 70%。Proteobacteria 是有效的根际和根部的入侵菌（Uroz et al.，2010），其科和属水平已经被证明能够同化标记的水稻秸秆（Lu et al.，2006）。

25 年的长期不同施肥与覆膜能改变土壤的理化性状，如 pH、有机碳、养分元素等，这与在不同生态系统得出的试验结果一致（Mäder et al.，2002；Mack et al.，2004；Coolon et al.，2013）。常年不施肥（CK）土壤养分贫瘠，单施化肥（NP）虽然增加了土壤氮素的含量，但土壤 pH 下降明显，这两种处理土壤有机质更新缓慢，且主要来自每年根茬的转化；有机肥处理（M 和 MNP）在丰富了土壤养分的同时，提高了微生物的多样性，也加速了土壤有机质的更新。在这种特殊的生境下，微生物菌群及其在不同的分类水平（门和属）对外源有机物的同化表现出了不同的响应。

Proteobacteria 在 NP 和 MNP 处理下是外源碳的活性微生物，分别平均从第 0 天的 32.8%和 26.4%增加到第 56 天的 34.7%和 30.1%。其中，NP 处理，*Burkholderia* 无论覆膜与否均为优势菌属，*Pseudomonas* 在裸地条件下为优势菌属；MNP 处理，*Dokdonella* 和 *Devosia* 仅在覆膜条件下为优势菌属，对比第 56 天的活性微生物覆膜与裸地的差异，覆膜使两个微生物菌属分别增加了 0.8 倍和 1.8 倍；而对于单施有机肥处理（M），*Steroidobacter* 在裸地和覆膜条件下为优势菌属，*Bradyrhizobium* 则仅在裸地为优势菌属。

Firmicutes 在 CK 处理及覆膜 M 处理为外源碳的活性微生物，分别平均从第 0 天的 1.5%和 6.7%增加到第 56 天的 4.8%和 9.4%。其中，CK 处理，*Bacillus* 覆膜下为优势菌属，且覆膜使其增加了 1.6 倍；M 处理，覆膜下为优势菌属，且覆膜使其增加了 5.5 倍。

相关研究表明，Proteobacteria、Firmicutes 和 Actinobacteria 均是同化玉米秸秆碳的活性微生物（Fan et al.，2014），而且 Semenov 等（2012）和 Pascault 等（2013）在研究植物秸秆或纤维素降解时，也得出相似的结论，本研究中 *Actinobacteria* 总体不占优势，第 56 天相比第 0 天均有下降，但 CK、NP、M 和 MNP 4 个处理中 *Actinospica*、*Arthrobacter*、*Catenulispora* 和 *Marmoricola* 均为优势属，在属的水平上分别占 2.2%、8.1%、4.8%和 3.4%，并且覆膜使 M 和 MNP 处理的 *Arthrobacter* 分别增加 1.7 倍和 4.4 倍。

Gemmatimonadetes 在 CK、M 和覆膜 MNP 处理为外源碳的活性微生物，分别从第 0 天的 5.5%、3.4%和 4.9%增加到第 56 天的 7.3%、5%和 3.1%。虽然 4 个处理 Gemmatimonadetes 在门的水平上均不占优势，但在 CK 和 M 处理，*Gemmatimonas* 裸地与覆膜均为优势属，且覆膜使其分别增加了 0.3 倍和 0.6 倍。有些研究在 DNA 浮力密度的轻层发现了 Gemmatimonadetes（Bernard et al.，2007；Lee et al.，2011；Pascault et al.，2013），而另外一些研究则在^{13}C－DNA 能发现 Gemmatimonadetes（He et al.，2012；Van Der Zaan et al.，2012），Van Der Zaan 等（2012）认为这主要是由于 Gemmatimonadetes 有很高的 GC 含量，但本研究认为，不是所有施肥处理都能在重层检测到 Gemmatimonadetes，因此 Gemmatimonadetes 在某些方面参与了碳的同化过程。

Acidobacteria 在 M 处理、裸地 MNP 和覆膜 NP 为外源碳的活性微生物，分别从第 0 天的 7.3%、3.13%和 5.1%增加到第 56 天的 9.2%、5.9%和 6.8%；M 处理，*Gp6* 和 *Gp10* 在裸地下为优势菌属，*Gp3* 和 *Gp10* 在覆膜下为优势菌属；MNP 处理，*Gp3* 和 *Gp6* 分别在裸地和覆膜下为优势菌属；覆膜均没有明显增加这 3 个活性微生物菌属的丰度。

Planctomycetes 和 Chloroflexi 在裸地 NP 条件为活性微生物，分别从 1.30%和 1.34%增加到 1.79%和 1.76%，且 Planctomycetes 仅有 *Singulisphaera* 一个优势菌属，覆膜使其增加了 0.7 倍。Wang 等（2015）利用^{13}C 标记底物培养结合高通量测序的方法发现，Planctomycetes 在降解胞外多糖上为优势菌群，并且起主要作用，Liu 等（2011）利用同样的方法在寻找水田中丁酸氧化的活性微生物的时候，意外发现 Planctomycetes 和 Chloroflexi 也能够被标记上，但其机理还不清楚。

另外，虽然有些微生物在门的水平上不占优势，但在属的水平上则能发现同化^{13}C 的菌群。例如，*Mucilaginibacter* 属于 Bacteroidetes，在覆膜 NP 条件下为优势活性微生物，覆膜使其增加了 6.5 倍；*Nitrospira* 在 CK、裸地 M 和 MNP 条件下为优势微生物，覆膜能使其在 CK 和 M 处理中分别增加 2 倍和 2.2 倍。*Nitrospira* 是一种硝化细菌，能够将亚硝酸盐氧化成硝酸盐，对增强土壤硝化作用、提高肥料利用率有重要作用，并且有研究表明在相对低的亚硝酸盐含量条件下具有很好的适应性（Anne et al.，2014）。至于 NP 处理，虽然铵态氮和硝态氮含量很高，但由于有机质缺乏，加之极强的酸性条件，这可能使 *Nitrospira* 处于一个不利的环境中。不同的土壤微环境能够促进或抑制部分硝化功能微生物的活性，具体对硝化功能微生物多样性及分布的影响还需深入研究。

在同一个分类水平上，可以看出有些微生物在不同处理间表现出了很强的竞争力。比如，与施肥处理相比，CK 处理中 Firmicutes 在 DNA 重层相对丰度增加更为明显，这可能与特定的土壤微环境有很大关系，Fierer 等（2007）也认为 Firmicutes 对加入土壤的蔗糖缺乏响应。

土壤中微生物的种类很多，数量庞大，不同肥力水平，微生物的多样性和丰度也不一样，致使长期不同施肥及覆膜处理产生出了特定的功能微生物类群。同化^{13}C 标记秸秆的功能微生物很多，无法一一列出，书中只列出每个处理排名前 10 的优势微生物，其他微生物对于同化碳的能力相对较弱，或者随着测序深度的加强，可能会发现更重要的微生物类群，这些功能微生物的作用是不能被忽视的。

土壤中有些微生物的代谢非常迅速，本研究中那些被标记的微生物有可能是间接利用了标记底物，而不是“初级生产者”。Fan 等（2014）通过标记^{13}C 的玉米秸秆与土壤混合后的培养，在第 31 天的^{13}C－DNA 中检测到了 Gemmatimonadetes，而在第 16 天则没有发现，认为 Gemmatimonadetes 与秸秆碳的同化有联系，可能是 Gemmatimonadetes 利用了初始秸秆周转微生物的代谢底物。He 等（2012）也得出相似的结论，可以利用甲烷中的 C 的并不是甲烷氧化 Gemmatimonadetes。微生物中的这种“交叉取食”现象广泛存在，如何准确鉴定那些“初级生产者”，可能更具实际意义。

（四）小结

土壤在添加^{13}C 标记的玉米秸秆后，各处理表现出的特征不同，CK 和 NP 处理中δ^{13}C 值显著高于有机肥（M 和 MNP）处理；而微生物量 δ^{13}C 值表现为 CK 处理最高，其次是 NP 处理，最小的是施有机肥处理，且覆膜后降低了各处理微生物量 δ^{13}C 值。

DNA－SIP 结果表明，①第 56 天的标记情况表明，与第 0 天相比，各处理微生物群落结果均发生较大变化，裸地条件不施肥（CK）处理、单施化肥（NP）处理和有机肥（M 和 MNP）处理三者分异明显，覆膜条件则促进 M 和 MNP 处理群落结构的分异。②各处理微生物在门水平上对秸秆碳的响应模式各不相同，变形菌门在单施化肥（NP）和有机无机配施（MNP）处理及裸地单施有机肥（M）处理表现为正响应；酸杆菌门在 M 处理、裸地 MNP 处理和覆膜 NP 处理下表现为正响应；芽单胞菌门在 CK、M 及覆膜 MNP 下表现为正响应；拟杆菌门在 CK 和覆膜 M 处理下表现为正响应；而绿弯菌门和浮霉菌门仅在裸地单施化肥（NP）处理表现为正响应。在属水平上优势活性微生物包括，CK 处理的 *Gemmatimonas*、*Marmoricola* 和 *Nitrospira*；NP 处理的 *Actinospica*、*Catenulispora*、*Rhodanobacter* 和 *Pseudomonas*；M 处理的 *Gp6*、*Gp10*、*Gemmatimonas* 和 *Steroidobacter*；MNP 处理的 *Gp6*、*Marmoricola* 和 *Nitrospira*。

第三节 土壤主要酶活性

土壤酶虽然以重量计是很小的，但作用颇大。它参与多种元素的生物循环，并在腐殖质和有机化合物的合成与分解等方面均起着重要的作用（周礼恺，1988；1984a；1984b）。土壤中的酶常处于活性状态，本研究通过分析长期连续覆膜对过氧化氢酶、脲酶和磷酸酶等与土壤肥力关系最为密切的酶的影响，以便为覆膜栽培及土壤肥力研究提供理论依据。

一、材料与方法

土壤采自沈阳农业大学土壤肥力长期定位试验实验站（北纬 41°49′、东经 123°34′），试验设地膜覆盖和裸地栽培两组，取其中的 8 个处理，包括 CK、N2P2、M1N1、M2N1P1。采样深度为 0～20 cm，风干样的采样时间为 1993 年 10 月 3 日，鲜样的采样时间为 1994 年 5 月 15 日。

过氧化氢酶用 J. L. Jonhnson 和 K. L. Temple 法（1964），酶活性的表示：0.1 mol/L $KMnO_4$（mL/g）。脲酶用 G. Hof fmann 和 K. Teiher 法（1961），酶活性的表示：NH_4^+（mg/g，37 ℃、24 h）。磷酸酶用 M. Kpermep 和 Tospuer 法（1959），酶活性的表示：mg/g，37 ℃、24 h（严昶升，1988）。

二、结果与分析

（一）覆膜对过氧化氢酶活性的影响

覆膜后土壤中过氧化氢酶的活性均有所降低（表 9－13），整个结果呈现明显的规律性。这可能是由于覆膜后土壤水分增多，CO_2 分压增高，还原性增强，氧化还原电位下降（严昶升，1988），特别是覆膜后土壤 pH 下降，从而抑制了过氧化氢酶活性，这可能导致对植物生长有较强毒害作用的过氧化氢累积，这种作用也许是引起连续覆膜后植物根系生长不良，发生早衰的原因之一。

表 9－13　不同处理土壤过氧化氢酶的活性（mL/g）

处理	风干土		新鲜土	
	不覆膜	覆膜	不覆膜	覆膜
CK	0.532	0.502	0.634	0.591
N2P2	0.528	0.493	0.504	0.481
M1N	0.579	0.567	0.700	0.619
M2N1P1	0.605	0.577	0.774	0.652

新鲜土样的过氧化氢酶活性均高于风干土样。这种结果可能是两方面原因所致：一是土样的风干可能对过氧化氢酶产生钝化作用，二是采样时间不同。从表 9－13 的结果中还可以发现，风干土样不同施肥处理之间过氧化氢酶活性差异并不显著，然而新鲜土样不同施肥处理之间差异较大，特别是施有机肥处理，覆膜以后酶活性降低较显著（新鲜土），但其活性值仍然明显高于不施肥和单施化肥处理，并且高量有机肥处理比低量有机肥处理的影响更显著，说明施用有机肥对土壤过氧化氢酶活性具有较大的影响。此外，单施化肥的处理中，过氧化氢酶的活性均低于不施肥的处理，说明施用化肥对过氧化氢酶具有负效应。

（二）覆膜对脲酶活性的影响

从总体上看，各个处理覆膜后，土壤中脲酶活性有所降低，但不同处理覆膜后降低幅度有较大差异，但是化肥处理的规律不明显，而施有机肥处理降低极为显著，特别是新鲜土样，降低幅度达 50％以上（表 9－14）。覆膜对土壤脲酶的影响是比较复杂的，导致脲酶活性降低的主要原因可能覆膜后土壤的湿度、水分含量增加，而使土壤中尿素浓度降低

(周礼恺，1984a)。另外，覆膜后土壤 pH 下降，很可能是覆膜后土壤脲酶活性降低的另一种原因。

表 9-14　不同处理土壤脲酶的活性（mg/g）

处理	风干土		新鲜土	
	不覆膜	覆膜	不覆膜	覆膜
CK	0.231	0.216	0.387	0.337
N2P2	0.200	0.236	0.353	0.315
M1N	0.422	0.375	1.230	0.476
M2N1P1	0.480	0.422	2.346	1.021

施有机肥的处理，脲酶活性显著高于不施有机肥的处理，并随着有机肥用量的增高而增高。施有机肥对脲酶活性的影响程度大于覆膜的影响，说明有机质能显著提高脲酶的活性。其原因可能是有机质分解过程中释放较多的酰胺态氮。施 NP 化肥后，脲酶的活性有下降趋势，可能是 N 肥的施用抑制了脲酶的活性。新鲜土样脲酶的活性均高于风干土样。这种变化和过氧化氢酶的变化规律一致，其原因也大致相同。

（三）覆膜对磷酸酶活性的影响

从试验结果可以看出（表 9-15、表 9-16），覆膜后土壤磷酸酶的变化规律与前两种酶明显不同。前两种酶在覆膜后都有所降低，而磷酸酶在覆膜后活性却有所提高，说明覆膜可以改善土壤供磷状况。覆膜导致两种磷酸酶活性提高的原因还不清楚。一般认为无机磷对土壤磷酸酶有较强的抑制作用，而有机磷含量与磷酸酶的活性呈正相关（周礼恺，1988）。不同的施肥处理之间磷酸酶活性值接近，说明土壤无论施化肥还是有机肥，对磷酸酶均无显著影响。新鲜土样的磷酸酶活性均高于风干土样，与前两种酶的变化规律一致，说明土样经风干处理对土壤各种酶的影响规律是相似的。

表 9-15　不同处理土壤酸性磷酸酶的活性（mg/g）

处理	风干土		新鲜土	
	不覆膜	覆膜	不覆膜	覆膜
CK	1.601	1.660	3.007	3.171
N2P2	1.601	1.690	3.123	3.141
M1N	1.625	1.466	2.979	3.204
M2N1P1	1.614	1.733	2.688	2.906

表 9-16　不同处理土壤中性磷酸酶的活性（mg/g）

处理	风干土		新鲜土	
	不覆膜	覆膜	不覆膜	覆膜
CK	0.532	0.502	0.634	0.591
N2P2	0.528	0.493	0.504	0.481
M1N	0.579	0.567	0.700	0.619
M2N1P1	0.605	0.577	0.774	0.652

三、小结

覆膜后土壤中过氧化氢酶和脲酶活性显著降低，但提高了中性和酸性磷酸酶活性，施用有机肥可以明显提高过氧化氢酶和脲酶活性，而对两种磷酸酶的活性影响较小。

第四节　土壤微生物种群和生物活性

土壤微生物的数量、种类和活性在一定程度上反映土壤有机质的分解速度和营养物质的存在状态，从而直接影响土壤的供肥能力和植物生长状况。本文研究了长期覆膜栽培条件下土壤微生物种群和生物活性，为地膜覆盖栽培技术的长期应用和持续发挥增产作用提供科学依据。

一、材料与方法

土壤采自沈阳农业大学土壤肥力长期定位试验实验站。试验处理为：低肥（不施肥）CK和高肥M4N2P1（每年施入有机肥氮270 kg/hm^2，化肥氮135 kg/hm^{2}和化肥磷67.5 kg/hm^2），分覆膜与裸地（不覆膜）两种栽培方式。1993—1994年于玉米生育期进行了土壤微生物区系分析，1994年测定了土壤呼吸强度和脲酶活性。

细菌、放线菌和真菌分别用牛肉膏蛋白胨、淀粉铵盐、马丁氏培养基稀释平板法测数。细菌属的鉴定按一般细菌常用鉴定方法（中国科学院微生物研究所细菌分类组，1978），霉菌按常用真菌鉴定方法（中国科学院微生物研究所常见与常用真菌编写组，1973），土壤呼吸强度测定用标准碱吸收滴定法，土壤脲酶活性用测定酶促反应生成氨量表示（严昶升，1988）。固氮菌采用改良瓦克斯曼（Waksman）77号培养基，稀释平板测数。氨化细菌和硝化细菌选用各生理群的特定培养基，稀释频度法测数。反硝化细菌数量的测定（李振高等，1989）是在分离细菌时，选择高稀释度的培养皿，挑取全部菌落分别接种于KNO_3牛肉膏培养液中进行培养，定期用格里斯试剂及二苯胺检测培养液中形成的NO^{2-}或原有NO^{3-}是否消失，以判别菌株有无还原硝酸盐的能力，并以此计数，换算成每克干土的含菌数。

二、结果与分析

（一）地膜覆盖栽培对土壤微生物数量的影响

表9-17表明，地膜覆盖增加了土壤微生物的总数（$P<0.01$），连续两年分别增加22.8%和13.9%。其中，1993年和1994年细菌分别增加了24.8%（$P<0.01$）和13.2%（$P<0.05$），放线菌增加了8.8%（$P<0.01$）和19.4%（$P<0.01$），真菌增加了25.1%（$P<0.05$）和13.5%（$P<0.05$）。

地膜覆盖栽培显著增加了表层土壤（0～15 cm）微生物的数量。与裸地栽培相比，细菌、放线菌和真菌分别增加22.6%、29.3%和19.7%，却对底层土壤（15～30 cm）的微生物数量影响不大（表9-18）。覆膜后表层土壤中3个类群微生物的数量分别占总数的57.1%、58.7%和60.0%，使微生物的垂直分布趋于明显。地膜阻隔作用所产生的升高地温、增加含水量、改善光照和土壤性状等综合效应主要影响土壤表层的生态环境（汪景宽等，1992），土壤微生物数量的变化规律与此一致。

表 9-17　地膜覆盖对不同土层土壤微生物数量影响（万个/g）

微生物	年份	苗期				拔节期				成熟期				收获后期			
		LF		HF		LF		HF		LF		HF		LF		HF	
		US	MS	US	MS	US	MS	US	MS	US	MS	US	MS	US	MS	US	MS
细菌	1993	397	478	599	795	454	525	773	1 013	319	362	594	740				
	1994	688	840	826	998	609	759	800	773	532	634	595	618	453	448	695	815
放线菌	1993	59.6	68.0	73.3	83.3	73.6	78.8	104.7	113.7	57.8	61.0	84.0	88.0				
	1994	79.2	93.0	101.9	114.8	55.8	69.4	99.6	120.7	40.1	53.7	114	138.0	48.3	61.1	83.9	93.1
真菌	1993	5.04	5.63	7.80	9.00	5.56	6.80	8.30	10.1	7.02	9.10	11.6	16.05				
	1994	2.19	3.17	2.81	2.56	2.12	2.73	2.97	2.98	2.30	2.53	3.17	3.73	2.24	2.48	2.55	2.92
微生物总数	1993	462	552	680	887	533	611	886	1 137	384	432	690	844				
	1994	769	936	931	1 115	667	831	903	897	574	690	712	760	504	512	782	911

注：US 为裸地，MS 为覆膜，LF 为低肥，HF 为高肥。

表 9-18　地膜覆盖对不同土层土壤微生物数量影响（万个/g）

土层深度（cm）	处理	细菌		放线菌		真菌	
		数量	增加	数量	增加	数量	增加
0～15	US	686	122.6	84.4	129.3	2.89	119.7
	MS	841		109.1		3.46	
15～30	US	613	102.8	71.3	107.7	2.19	105.5
	MS	630		76.8		2.31	

土壤养分是微生物生活的必要条件，高肥土壤微生物数量显著高于低肥土壤，细菌和放线菌分别增加 23.3%和 71.4%（$P<0.01$），真菌增加 33.2%（$P<0.05$）。地膜覆盖使高肥土壤的细菌、放线菌和真菌数量比裸地栽培分别增加 9.9%、16.8%和 5.9%。地膜覆盖对低肥土壤微生物数量的影响尤其显著，与裸地栽培相比，3 个类群微生物的数量分别提高 17.5%、24.0%和 23.5%（表 9-19）。

表 9-19　地膜覆盖对不同肥力土壤微生物数量影响（万个/g）

肥力水平	处理	细菌		放线菌		真菌	
		数量	增加	数量	增加	数量	增加
HF	US	729	109.9	99.9	116.8	2.88	105.9
	MS	801		116.7		3.05	
LF	US	570	117.5	55.9	124.0	2.21	123.5
	MS	670		69.3		2.73	

玉米生育前期，细菌、放线菌数量较多，真菌较少，其后细菌呈下降趋势，放线菌变化平缓，真菌呈上升趋势（表 9-20）。在玉米不同生育时期，覆膜与裸地栽培相比，均

增加了微生物的数量，苗期细菌增加最多，达 121.4%；拔节和成熟期放线菌数量增加最多，分别为 22.4%和 24.4%；整个生育期真菌数量增加均衡，幅度为 12.2%～14.6%。

表 9-20　玉米不同生育期地膜覆盖对土壤微生物数量影响（万个/g）

生育时期	处理	细菌		放线菌		真菌	
		数量	增加	数量	增加	数量	增加
苗期	US	757	121.4	90.6	114.7	2.50	114.6
	MS	919		103.9		2.87	
拔节期	US	705	108.7	77.7	122.4	2.55	112.2
	MS	766		95.1		2.86	
成熟期	US	563	111.2	77.1	124.4	2.74	114.4
	MS	626		95.9		3.13	
收获后期	US	574	110.1	66.1	116.6	2.40	112.7
	MS	632		77.1		2.70	

（二）地膜覆盖栽培对土壤中优势微生物类群组成的影响

0～15 cm 土层中微生物类群的分析结果表明，地膜覆盖栽培对土壤优势细菌类群组成也有影响（表 9-21）。低肥处理细菌的优势类群以假单胞菌属、棒杆菌属、链球菌属和芽孢杆菌属为主，但覆膜后链球菌属出现比例高于裸地，而节杆菌属未出现。高肥处理细菌的优势类群以假单胞菌属、链球菌属和链霉菌属占主导位置，但覆膜后链球菌属、芽孢杆菌属出现比例高于裸地，黄杆菌属和微球菌属低于裸地。可以看出，长期地膜覆盖栽培，尤其是高肥处理，兼厌氧微生物类群的优势有所增强，好氧微生物类群的优势有所减弱。真菌的优势类群以青霉属和木霉属为主，覆膜对真菌优势类群无明显影响。

表 9-21　地膜覆盖栽培对表层（0～15 cm）土壤中优势微生物类群组成的影响

属	LF		HF	
	US	MS	US	MS
Pseudomonas	+++	+++	++	++
Corynebacterium	+++	+++	+	+
Streptococcus	++	+++	++	+++
Bacillus	++	++	+	+++
Arthrobacter	+	−	+	+
Flavobacterium	+	+	++	+
Micrococus	+	+	++	+
Stretomyces	+	+	++	++
Penicillium	+++	+++	+++	+++
Aspergilus	+	+	++	+++
Trichoderma	++	++	+++	+++
Rhizopus	+	+	+	+

注："+"表示相对出现率。

（三）地膜覆盖对土壤呼吸强度影响

土壤呼吸作用是由土壤中的生物能量代谢所产生的。土壤生物的主要组成部分是土壤微生物，所以土壤呼吸作用强度可以反映土壤微生物总的活性（李阜棣等，1996）。由图 9－23可见，土壤表层呼吸强度明显高于底层（$P<0.01$），不同肥力土壤的呼吸强度差异亦显著（$P<0.01$），说明土壤的通气和肥力状况是决定土壤微生物活性的重要因素。裸地和覆膜栽培不同土层的土壤呼吸强度在玉米生育期间均递减，苗期高于其他时期。覆膜土壤的 CO_2 浓度在整个生长季都明显高于裸地土壤，平均高 32.4％，其变化趋势与裸地相同（陈永祥等，1995）。所以土壤空气中 CO_2 浓度随植株生育阶段呈规律性变化，其主要受到植物根系呼吸作用的影响。地表覆膜后妨碍土壤空气与地表空气的交换，增加了土壤 CO_2 的浓度，土壤微生物的呼吸活性受到更大的抑制。因此，玉米生育期覆膜处理土壤呼吸强度大多低于裸地，尤其是在呼吸作用旺盛的表层和高肥地块。植物收获后土壤呼吸作用增强，覆膜与裸地相比差异显著（$P<0.05$），覆膜使肥力不同地块的土壤呼吸强度分别增加 7.9％和 38.9％。

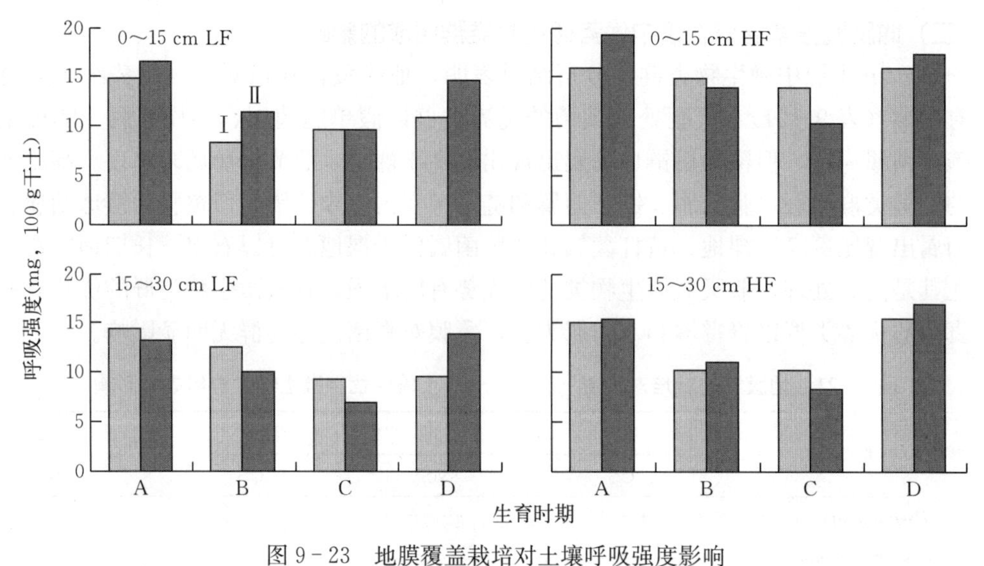

图 9－23　地膜覆盖栽培对土壤呼吸强度影响

A. 苗期　B. 拔节期　C. 成熟期　D. 收获后　Ⅰ. 裸地　Ⅱ. 覆膜　LF. 低肥　HF. 高肥

（四）地膜覆盖对土壤脲酶活性影响

脲酶是土壤中广泛存在的酶。大量的研究证实，脲酶活性不仅与表征土壤理化性状和肥力水平的多项因素显著相关（陈文新，1990；周礼恺等，1988），而且与土壤中各类群微生物数量的关系都比较密切，可以反映土壤微生物的活性状况（邓邦权等，1988）。图 9－24结果表明，高肥处理土壤脲酶活性显著高于低肥处理（$P<0.01$）。连续 8 年不施肥栽培玉米地块的土壤脲酶活性趋于稳定（变异系数 5.46％），土层间及覆膜与否，脲酶活性差异不大，不同生育时期脲酶活性也没有规律性的变化。高肥处理不同土层间脲酶活性差异显著（$P<0.01$），表层比底层平均高 33.1％。覆膜使表层土壤的脲酶活性比裸地提高 14.0％（$P<0.05$），同时使底层的酶活性更趋稳定（变异系数 3.51％）。

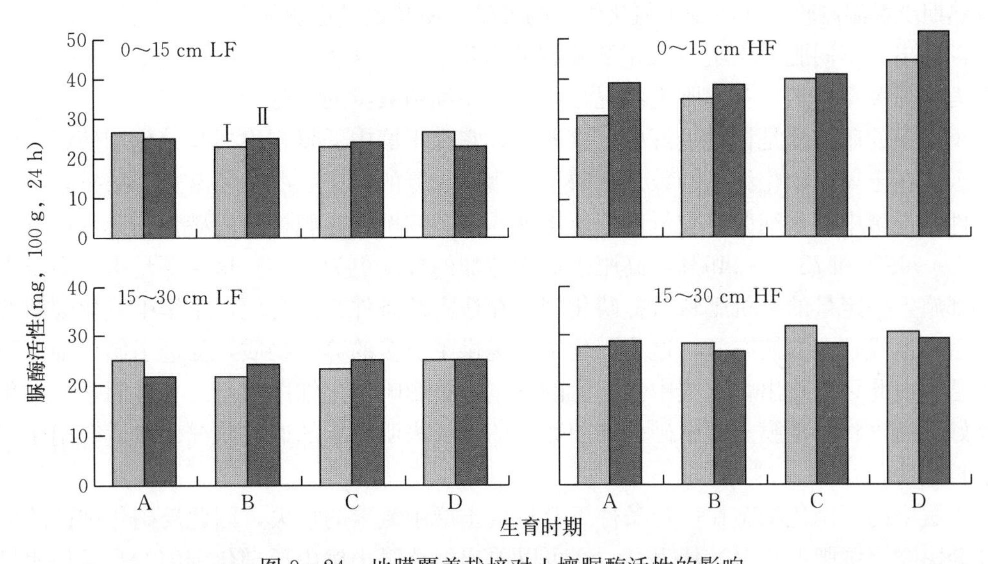

图 9-24　地膜覆盖栽培对土壤脲酶活性的影响

A. 苗期　B. 拔节期　C. 成熟期　D. 收获后　Ⅰ. 裸地　Ⅱ. 覆膜　LF. 低肥　HF. 高肥

玉米生育期间表层土壤脲酶活性逐渐升高，收获后达最高值，反映了土壤脲酶的稳定性和积累特点。土壤酶活性随土壤剖面深度而下降，土壤表层的酶活性与有机质含量直接相关。这很可能是充足的有机碳和氮源促进了微生物生长的结果（陈文新，1990）。低肥土壤覆膜后虽然显著增加了微生物数量，但是受到营养物质的限制，脲酶活性并没有提高。

（五）地膜覆盖对土壤氮素生理群组成的影响

土壤中氨化细菌的数量直接反映了氨化作用的强度。从表 9-22 可以看出，土壤中氨化细菌的数量随玉米不同生育时期有明显的变化。苗期数量较少，拔节期增多，而成熟期又减少，这符合一般土壤微生物的季节变化规律。不同肥力条件下，覆膜土壤对应处理氨化细菌的数量均不同程度有所增加。例如，低肥处理增加 23.1%～42.8%，高肥处理增加 43.6%～65.1%。在玉米苗期土壤温度相对较低，微生物繁殖速度较慢，氨化细菌数量上升幅度不如拔节期明显。拔节期土壤温度适宜，水分充足，作物生长旺盛又能提供更多的养分物质，致使氨化细菌大量繁殖。由于作物旺盛生长消耗了土壤大量的养分物质，加

表 9-22　地膜覆盖栽培对表层（0～25 cm）土壤氮素生理群组成的影响（万个/g）

微生物	苗期				拔节期				成熟期			
	LF		HF		LF		HF		LF		HF	
	US	MS	US	MS	US	MS	US	MS	US	MS	US	MS
固氮菌	1.38	1.50	4.47	4.86	1.54	1.43	5.20	4.80	1.21	1.13	3.73	3.52
氨化细菌	346.9	427.0	652.9	937.6	417.4	539.6	817.6	1 350.1	302.5	431.9	608.2	956.8
硝化细菌	0.076	0.092	0.297	0.528	0.113	0.186	0.525	1.292	0.117	0.189	0.243	0.539
反硝化细菌	178.7	218.9	281.3	373.7	213.4	267	394.2	526.8	149.9	195.5	344.5	466.2
总量	527.1	648.5	940.0	1 316.7	632.5	803.2	1 217.5	1 883.0	453.7	628.7	956.7	1 427.1

之成熟期土壤温度较低，限制了氨化细菌的繁殖，使其数量也明显低于拔节期。从表 9－22 还可以看出，不同肥力土壤中氨化细菌数量相差很大，这表明土壤中氨化细菌的数量与土壤肥力状况关系密切，土壤肥力状况是影响氨化细菌数量的关键因素之一。

土壤中的硝酸盐是植物最好的氮素养料，它在土壤中的累积主要是硝化细菌活动的结果，因此在土壤中硝化细菌的数量反映了土壤硝态氮的供应状况。表 9－22 结果表明，覆膜条件下土壤中硝化细菌的数量均有所增加。低肥棕壤和高肥棕壤的硝化细菌数量分别增加 21%～65%和 78%～146%，高肥土壤中增加的幅度更为明显。这主要是由于高肥土壤每年都施入一定量的有机肥料及氮磷化肥，在适宜的条件必然会促进土壤中氨化细菌的大量繁殖，生成较多的铵态氮，这为硝化细菌提供了更多的养分物质，促进了硝化细菌的生长繁殖。由此可以看出，土壤中铵态氮的含量也是影响硝化细菌数量的关键因素。硝化细菌是好氧微生物，覆膜土壤中硝化细菌数量的增加表明土壤的通气状况仍然适合硝化细菌的生长繁殖。

土壤中的反硝化细菌在一定条件下会造成土壤中氮素的损失，因此反硝化细菌的数量同样会影响土壤肥力状况。从表 9－22 可以看出，覆膜土壤中反硝化细菌的数量均明显高于裸地。例如，低肥土壤中反硝化细菌数量增加 23.0%～30.4%，高肥土壤则为 32.8%～35.3%。这表明覆膜在一定程度上影响了土壤的通气性，增加了土壤中氮素的损失。但土壤中的反硝化细菌都是兼厌氧细菌，在有氧时进行有氧呼吸，一般亦为氨化细菌；无氧时利用 NO^{3-} 和 NO^{2-} 作为呼吸作用的最终电子受体，将其还原为 N_2O 和 N_2，导致肥料氮素损失，所以反硝化细菌数量增加并不意味着土壤中的反硝化作用一定会明显加强，这取决于土壤的通气状况。从反硝化细菌占细菌总数的百分比看，裸地为 45%～58%，覆膜土壤则为 47%～63%。这一结果表明，覆膜后土壤的通气状况并没有显著的变化，也不会导致土壤氮素养分的过多损失。

土壤中固氮细菌的数量会影响土壤中氮素养分的含量。表 9－22 结果表明，不同肥力条件下，覆膜与裸地土壤中固氮细菌数量相比差异不显著。覆膜后高肥土壤中固氮菌数量未能增加的原因可能为覆膜后土壤温度升高，水分增多，加剧了微生物种类之间对养分的竞争。另外，也可能与覆膜土壤 pH 在玉米生育时期都明显低于裸地有关。

三、小结

(1) 棕壤长期覆膜种植玉米，生育期内土壤微生物数量明显增多。苗期细菌增加最多，达 21.1%；拔节期和成熟期放线菌增加达 22.4%和 24.4%；真菌增加幅度 12.2%～14.6%。土壤表层受覆膜影响最大，细菌、放线菌和真菌数量分别增加 22.6%、29.3%和 19.7%。长期覆膜条件下，高肥土壤细菌中兼厌氧类群的优势有所增强，真菌优势类群无变化。

(2) 玉米生育期覆膜阻碍了土壤气体交换，来自根系呼吸作用的 CO_2 抑制土壤呼吸活性。收获后不同肥力地块覆膜土壤呼吸强度增加 7.9%和 38.9%。

(3) 高肥处理玉米生育期间土壤脲酶活性逐渐加强，覆膜使土壤表层脲酶活性升高 14.0%，底层更加稳定。低肥处理土壤覆膜条件下脲酶活性无变化。

(4) 氮素生理群中氨化细菌的数量最多，反硝化细菌次之，固氮细菌和硝化细菌最少。氨化细菌占生理群总数的65.85%～71.68%，反硝化细菌为28.00%～33.91%，固氮细菌和硝化细菌分别为0.18%～0.37%和0.01%～0.07%。

（5）作物生长期间覆膜和裸地相比，高肥处理土壤中氨化细菌、硝化细菌和反硝化细菌数量都显著增加，固氮菌数量差异不显著。

第五节　土壤细菌、泉古菌和氨氧化微生物丰度

以沈阳农业大学棕壤长期定位施肥与覆膜试验地土壤为研究对象，采用实时荧光定量PCR技术，探讨长期施肥与覆膜对总细菌、泉古菌和氨氧化微生物丰度的影响，分析环境因素与土壤微生物丰度的相关性，为进一步研究东北地区农田长期施肥措施对土壤微生物与土壤硝化作用关系的影响提供必要的理论基础。

一、材料与方法

（一）供试土壤

本研究选取覆膜和裸地条件下5种不同施肥处理试验小区土壤：不施肥（CK）、高量氮肥（N，化肥N 270 kg/hm^2）、高量氮磷肥（NP，化肥N 270 kg/hm^2，P_2O_5 67.5 kg/hm^2）、高量有机肥（M，有机肥N 270 kg/hm^2）、中量有机肥和氮磷化肥配施（MNP，化肥N 135 kg/hm^2，P_2O_5 67.5 kg/hm^2，有机肥N 135 kg/hm^2）。化肥为尿素和磷酸二铵。有机肥为猪厩肥，其有机质含量为150 g/kg左右，全氮为10 g/kg左右。

在2012年6月20日分别采集不同处理表层（0～20 cm）土壤，剔除植物残根等杂物，装袋后低温保存带回实验室，每个处理3次重复。土壤样品分两部分，一部分保存于−20 ℃，供DNA提取使用；另一部分风干后，用于土壤基本理化性状的测定。

（二）测定项目与方法

1. 铵态氮、硝态氮的测定　称取鲜土样品5.0 g，加入0.01 mol/L $CaCl_2$ 溶液50 mL（液：土=10：1），振荡30 min后立即过滤，滤液用AA3自动分析仪测定。

2. 土壤微生物总DNA提取　土壤微生物基因组总DNA采用购自Q. BIOgene公司的土壤DNA快速提取试剂盒（FastDNA SPIN Kit for Soil）提取。将提取得到的土壤微生物总DNA溶解于100 μL无菌水后，通过微量紫外分光光度计（NanoDrop® ND-1 000）测定DNA浓度和纯度（OD_{600}/OD_{280} 和 OD_{260}/OD_{280}）。

3. 实时荧光定量PCR分析（Real-time PCR）　总细菌、泉古菌、氨氧化细菌（AOB）和氨氧化古菌（AOA）定量PCR分析的分子标靶基因如表9-23所示。参照之前报道的方法（Xia et al，2011；李晨华等，2014），得到氨氧化细菌和古菌 *amoA* 基因的重组质粒后，分别以10倍稀释梯度对各重组质粒进行稀释，获得各自的标准曲线，然后根据标准曲线的浓度计算出样品中的基因拷贝数，最后以每克干土中的基因拷贝数为单位进行分析。每个样品3次重复。采用宝生物工程（大连）有限公司的SYBR®Premix Ex TaqTM Perfect Real Time试剂盒于CFX96 Real-Time PCR System扩增仪上进行定量分析。定量PCR的反应体系为20 μL，包括1 μL的DNA模板、10 μL SYBR Premix Ex TaqTM Perfect Real Time，正向和反向引物各0.2 μL（20 μmol/L）和8.6 μL的灭

菌双蒸水。

表 9-23　荧光实时定量 PCR 扩增引物及反应条件

分类	引物序列	片段长度	定量 PCR 反应程序
总细菌	515F：GTGCCAGCMGCCGCGG 907R：CCGTCAATTCMTTTRAGTTT	400 bp	95 ℃ 3 min，40×(95 ℃ 30 s，55 ℃ 30 s，72 ℃ 30 s)
泉古菌	771F：ACGGTGAGGGATGAAAGCT 934R：GTGCTCCCCCGCCAATTCCT	220 bp	95 ℃ 3 min，40×(95 ℃ 30 s，55 ℃ 30 s，72 ℃ 30 s)
氨氧化细菌	*amoA*-1F：GGGGTTTCTACTGGTGGT *amoA*-2R：CCCCTCKGSAAAGCCTTCTTC	491 bp	95 ℃ 5 min，40×(95 ℃ 30 s，57 ℃ 45 s，72 ℃ 1 min)
氨氧化古菌	Arch-*amoA*F：TAATGGTCTGGCTTAGACG Arch-*amoA*R：CGGCCATCCATCTGTATGT	635 bp	95 ℃ 3 min，40×(95 ℃ 30 s，55 ℃ 30 s，72 ℃ 30 s)

（三）数据分析

采用 Excel 2010、SPSS 19.0 软件对实验数据进行统计分析，采用 Origin 8.0 作图。

二、结果与分析

1. 长期施肥与覆膜条件下的土壤总细菌和泉古菌的丰度　各处理土壤总细菌和泉古菌 16S rRNA 基因丰度如图 9-25 所示。总体来看，细菌的丰度在 M 处理中表现最高，其次是 MNP 处理，而单施化肥处理（N 和 NP 处理）最低。裸地条件下，M 处理细菌丰度比 CK 处理增加了 71.08%，而 N 处理和 NP 处理则降低了 69.36%和 67.84%；覆膜条件下，M 和 MNP 处理则比 CK 分别增加了 138.69%和 82.67%。覆膜后能够显著增加

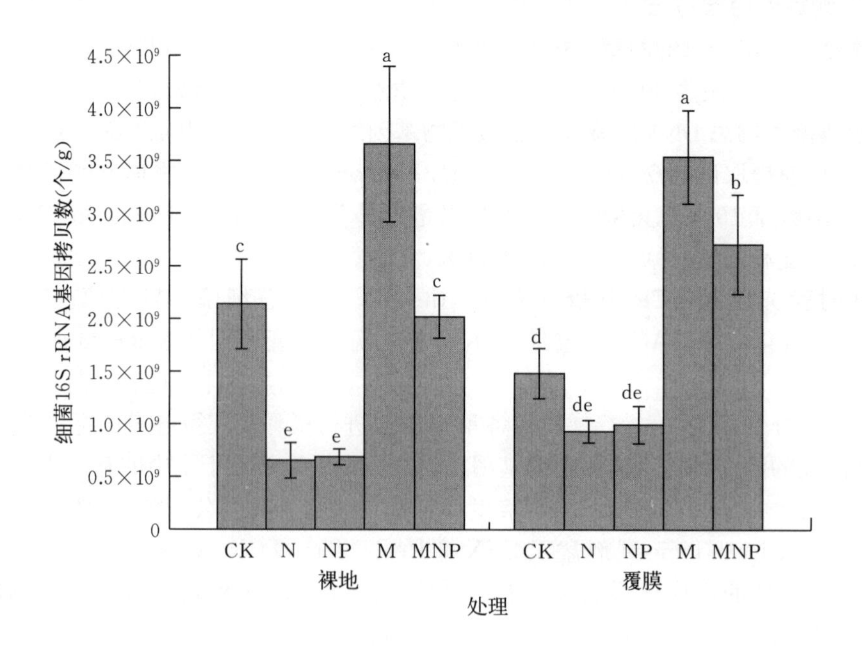

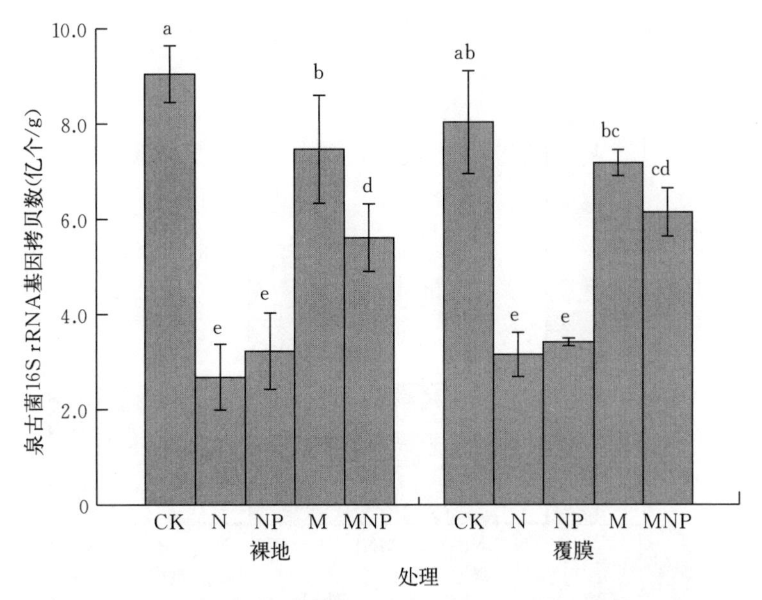

图 9-25　不同处理土壤总细菌和泉古菌 16S rRNA 基因拷贝数

注：不同小写字母表示不同处理差异显著（$n=3$，$P<0.05$），误差棒为标准差，下同。

MNP 处理的丰度（34.24%），并降低 CK 处理的丰度（30.68%），对单施化肥（N 和 NP）处理没有表现出显著影响。

泉古菌的丰度水平在 CK 处理下表现最高，其次是有机肥处理（M 和 MNP），单施化肥处理最低。裸地条件下，N、NP、M 和 MNP 处理分别比 CK 处理降低了 70.37%、64.36%、17.46%和 38.02%；覆膜条件下则分别降低了 60.72%、57.45%、10.63%和 23.52%。覆膜与否对各处理泉古菌丰度的影响差异不显著。

2. 长期施肥与覆膜条件下的土壤氨氧化微生物的丰度　各处理土壤细菌和古菌 *amoaA* 基因丰度如图 9-26 所示。总体来看，有机肥（M 和 MNP）处理能显著增加 AOB 的

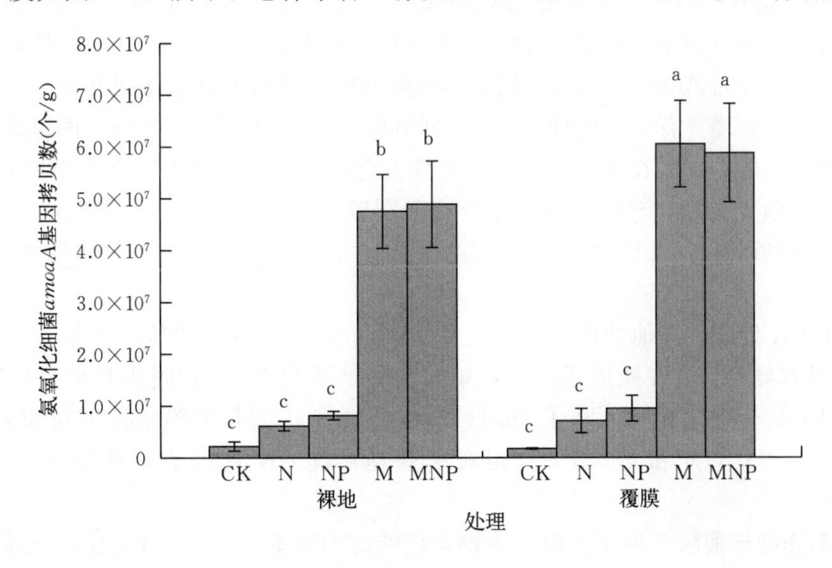

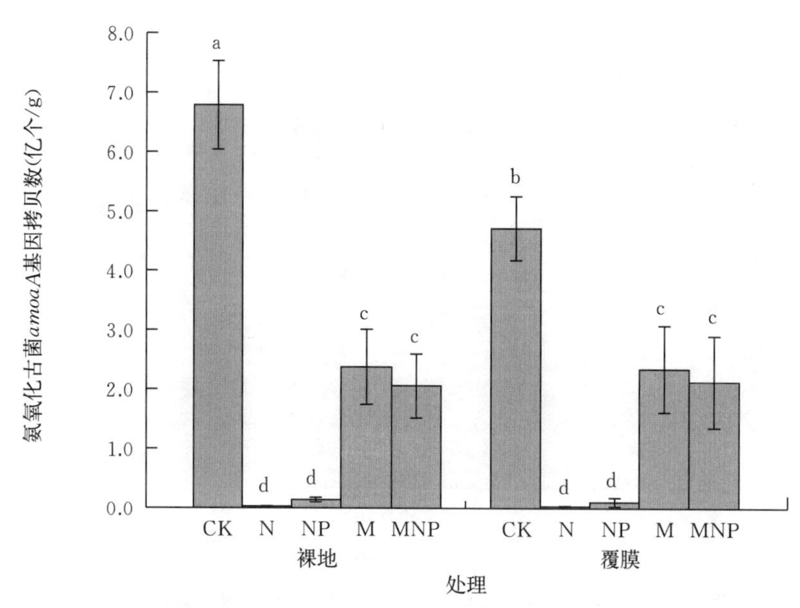

图 9-26 不同处理土壤氨氧化细菌和氨氧化古菌 *amoA* 基因拷贝数

丰度。裸地和覆膜条件下，有机肥处理（M 和 MNP）分别比 CK 处理增加了 20.86 倍和 33.22 倍。覆膜后能显著增加 M 和 MNP 处理 AOB 的丰度，分别增加 27.37%和 20.21%，其他处理则差异不显著。

对于 AOA 来说，各处理丰度显著降低。裸地条件下，N、NP、M 和 MNP 处理分别比 CK 处理降低了 99.56%、97.02%、64.39%和 69.66%；覆膜条件下则分别降低了 99.31%、97.82%、50.25%和 54.87%。覆膜降低了 CK 处理的 AOA 丰度（30.53%），对其他处理影响不显著。

3. 长期施肥与覆膜条件下土壤微生物基因拷贝数比值的变化 各处理土壤泉古菌与细菌（C/B）、氨氧化古菌与泉古菌（AOA/C）基因拷贝数的比值如图 9-27 所示。总体来看，有机肥处理（M 和 MNP）的 C/B 显著低于不施肥（CK）和单施化肥处理（N 和 NP）；有机肥处理的 AOA/C 则显著低于不施肥处理，而高于单施化肥处理。在裸地条件下，相对于 CK 处理，有机肥处理 C/B 显著降低，平均降低了 44.01%，而单施化肥处理没有表现出明显的差异；在覆膜条件下，表现为有机肥处理<单施化肥处理<不施肥，且差异显著，单施化肥处理与施用有机肥处理分别较 CK 降低了 36.04%和 59.86%。相对于裸地，覆膜条件下，CK 处理 C/B 显著增加（24.98%），而 NP 处理的比值降低（24.26%）。

相对于 CK 处理，其他处理均能降低 AOA/C，总体表现为单施化肥处理<有机肥处理<CK，且差异显著。在裸地条件下，单施化肥（N 和 NP）和施用有机肥处理（M 和 MNP）AOA/C 分别比对照下降了 96.19%和 54.20%；而与覆膜条件下对应处理比较，则分别下降了 95.65%和 43.31%。相对于裸地，仅 CK 处理表现出明显差异，下降了 21.88%。

4. 长期施肥与覆膜条件下土壤微生物丰度的影响因素 表 9-24 是影响土壤微生物丰

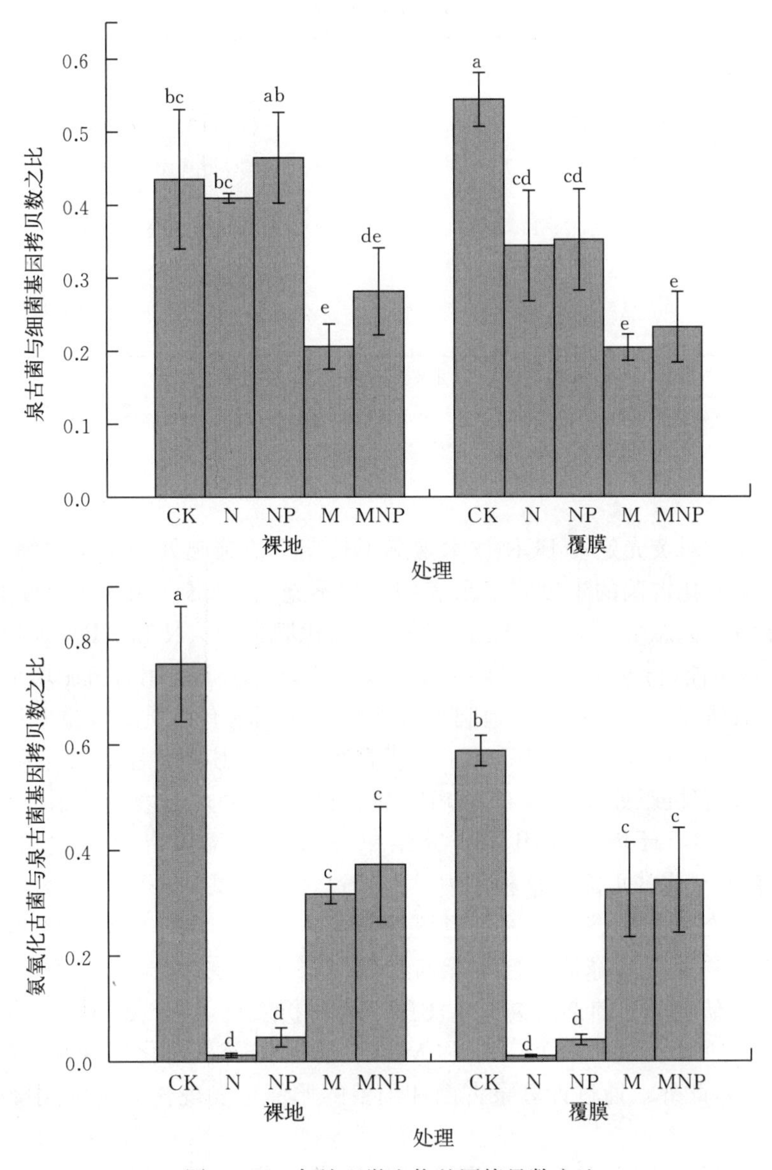

图 9-27　各处理微生物基因拷贝数之比

度因素的 Pearson 相关性分析结果。从表 9-24 可以看出，土壤细菌（Bacteria）丰度受多方面因素的影响，其中 TC、AvK 和 pH 对其影响最大，呈极显著正相关，与 NO_3^--N 和 NH_4^+-N 呈极显著负相关；泉古菌（Crenarchaeota）丰度与 pH 呈极显著正相关，与 NO_3^--N 和 NH_4^+-N 呈极显著负相关，而与 TN、TP、AvN 和 AvP 相关性不显著；TC 和 AvP 等对氨氧化细菌（AOB）丰度的影响最大，为极显著正相关，而与 TK、NO_3^--N 和 NH_4^+-N 相关性不显著；氨氧化古菌（AOA）仅与 pH、NO_3^--N、NH_4^+-N 和 TK 显著相关，其中与 pH 为正相关，与 NO_3^--N、NH_4^+-N 和 TK 为负相关，其他指标对 AOA 丰度影响不显著。

表 9-24 影响土壤微生物丰度的因素相关性分析

微生物	pH	TC	TN	C/N	TP	TK	AvN	AvP	AvK	NO_3^--N	NH_4^+-N	MBC
细菌	0.797**	0.841**	0.628**	0.703**	0.711**	−0.417*	0.542**	0.685**	0.815**	−0.565**	−0.562**	0.755**
泉古菌	0.928**	0.364*	0.057	0.495**	0.276	−0.525**	0.080	0.210	0.444*	−0.782**	−0.662**	0.510**
氨氧化细菌	0.448*	0.867**	0.695**	0.712**	0.734**	−0.384	0.504**	0.835**	0.654**	−0.286	−0.365	0.696**
氨氧化古菌	0.775**	0.030	−0.226	0.248	−0.027	−0.537**	−0.224	−0.101	0.133	−0.737**	−0.621**	0.187

注：*在 0.05 水平（双侧）显著相关；**在 0.01 水平（双侧）极显著相关。TC、TN、TP 和 TK 分别指全碳、全氮、全磷和全钾。C/N 指碳氮比。AvN、AvK、AvP 分别指土壤碱解氮、速效钾和有效磷。MBC 指微生物量碳。

三、讨论

本研究采用实时荧光定量 PCR 技术检测了长期定位施肥处理土壤中细菌、泉古菌、氨氧化细菌和氨氧化古菌的丰度，结果表明，与不施肥（CK）相比，单施有机肥（M）能显著提高土壤细菌总量（平均增加了 65%），而化肥处理（N 和 NP）则相反（平均下降了 55%），这可能与长期施用化肥降低了土壤 pH 以及长期施用有机肥增加了土壤有机碳含量有关。有研究表明，不同的施肥方式能够改变土壤有机质的数量和质量（Hansel et al，2008）。与细菌不同，施肥降低了泉古菌的丰度，其中化肥处理下降最明显，平均下降了 63%，有机肥处理（M 和 MNP）则下降了 23%；土壤古菌中以泉古菌为主，尤其在旱田土壤中，环境基因组学研究结果发现泉古菌含有氨氧化关键功能基因（*amoA*），具有氨氧化的可能，这种潜力已经通过纯培养试验得到了证实。肥料的施用为土壤补充了铵态氮和硝态氮，这本应该提高泉古菌的丰度，但有机肥和无机化肥处理泉古菌的丰度均表现为降低，这可能与长期肥料施用导致土壤微生物群落结构发生了变化有关。本研究通过前期的高通量测序结果分析发现，CK 处理泉古菌的相对丰度在 40%～60%之间，有机肥处理（M 和 MNP）为 4%～6%，化肥处理（N 和 NP）最小（1%～2%）。此外，通过计算泉古菌和细菌的比值也发现化肥的施用降低了泉古菌的数量。

无论覆膜与否，有机肥施用（M 和 MNP）均能显著增加土壤氨氧化细菌的数量，这说明氨氧化细菌可能在土壤硝化过程中发挥着更重要的作用。有研究表明，氨氧化细菌属革兰氏阴性专性化能自养细菌，喜欢微偏碱性环境，最适 pH 为 7.0～8.5，更倾向于利用氨分子作为底物，进而刺激自身的生长。此外，覆膜条件有利于有机肥处理氨氧化细菌的生长，这可能是因为覆膜改变了土壤的水热等微环境，对氨氧化细菌有积极的作用。有研究表明，土壤泉古菌主要是氨氧化古菌。本研究对泉古菌 16S rRNA 基因拷贝数与氨氧化古菌 *amoA* 基因拷贝数进行相关性分析发现二者达极显著水平（$r=0.898$，$n=30$，$P<0.001$），这同样表明氨氧化古菌和泉古菌两者有着密切的关系。相对于不施肥（CK）处理，各施肥处理均能显著降低土壤氨氧化古菌的丰度，氨氧化古菌 *amoA* 基因与泉古菌 16S rRNA 基因拷贝数的比值也表现出相似的趋势，说明肥料的施用没有增加反而降低了

AOA 的数量。有研究表明氨氧化古菌在低氨、不利或贫瘠的环境中占主导地位，氮肥施用没有增加土壤氨氧化古菌的丰度。

上述研究表明，氨氧化古菌和氨氧化细菌驱动硝化过程的机制在不同土壤微环境中有所不同，因此，对于氨氧化微生物（氨氧化细菌和氨氧化古菌）在土壤中的相互作用也是下一步要研究的重点内容。

不同肥料施用能够导致土壤物理、化学性质发生变化，进而产生不同的微环境，土壤微环境的差异很大程度上影响着微生物栖居，从而影响微生物所参与的生化反应过程，即其生态功能的发挥。本研究通过 Pearson 相关分析研究了环境因子与微生物丰度的相关性，结果表明土壤细菌丰度与全碳、速效钾和 pH 等表现出极显著的正相关关系，这与 Coleman 和 Crossley（1996）的研究结果相似。泉古菌和氨氧化古菌与 pH 相关性最大；氨氧化细菌与全碳、有效磷含量相关性最密切。王影等（2013）在黑土上的研究结果表明泉古菌丰度与 pH 显著相关，这与本研究结果一致；而沈菊培等（2011）在酸性红壤上却得出相反的结论，这可能是由于土壤类型不同及其肥力水平差异所致。李晨华等（2012）研究表明氨氧化古菌与土壤 pH 间存在极显著负相关关系，而也有研究表明，相对于不施肥处理，化肥处理能够在降低土壤 pH 的同时，降低氨氧化古菌的丰度。本研究表明，总细菌、泉古菌和氨氧化古菌均与铵态氮、硝态氮及全钾的含量存在极显著负相关性，其中与铵态氮和硝态氮相关性最大，无机化肥的投入显著增加了土壤铵态氮和硝态氮的含量，但也显著降低了土壤 pH，这暗示在低有机碳的酸性棕壤中是氨氧化细菌驱动着氮素的硝化过程（AOA/AOB=1）。有机肥的施用在增加土壤全碳含量的同时，补充了土壤养分，进而刺激了氨氧化细菌的生长，因此在主导硝化进程上，氨氧化细菌表现出了相似的趋势（AOA/AOB=4），而不施肥处理主导硝化进程的则是氨氧化古菌（AOA/AOB=300），这预示着肥料的施用使氨氧化古菌的功能逐渐丧失。

四、小结

本研究采用实时荧光定量 PCR 技术分析了长期施肥与覆膜条件下棕壤的细菌、泉古菌和氨氧化微生物的丰度。得出以下结论：

（1）有机肥处理能显著增加土壤细菌的丰度，单施化肥处理则对细菌有抑制作用；施肥均能降低泉古菌和氨氧化古菌的丰度，单施化肥处理尤为显著；施有机肥处理显著增加了氨氧化细菌的丰度。

（2）棕壤旱田土壤微生物丰度受多方面因素的影响，细菌、泉古菌、氨氧化细菌和氨氧化古菌丰度均与 pH 显著正相关，细菌和氨氧化细菌丰度与土壤全碳含量显著正相关，而细菌、泉古菌及氨氧化细菌丰度与铵态氮和硝态氮含量呈极显著负相关关系。

主要参考文献

陈文新，1990. 土壤和环境微生物学 . 北京：北京农业大学出版社 .

陈锡时，郭树凡，汪景宽，等，1998. 地膜覆盖栽培对土壤微生物种群和生物活性的影响 . 应用生态学报，9 (4)：435 - 439.

陈永祥，刘孝义，刘明国，1995. 地膜覆盖栽培的土壤结构与空气状况研究 . 沈阳农业大学学报，26

(2)：146－151.
陈月星，温晓霞，孙瑜琳，等，2015. 地表覆盖对渭北旱作苹果园土壤细菌群落结构及多样性的影响．微生物学报，55（7）：892－904.
邓邦权，王德琼，潘超美，等，1988. 珠江三角洲土壤的酶活性及其与环境因子的关系．中国土壤酶学研究文集．沈阳：辽宁科学技术出版社．
郭树凡，陈锡时，汪景宽，1995. 覆膜土壤微生物区系的研究．土壤通报，26（1）：36－39.
侯晓杰，汪景宽，李世朋，2007. 不同施肥处理与地膜覆盖对土壤微生物群落功能多样性的影响．生态学报，27（2）：655－661.
侯晓杰，杨苑，汪景宽，等，2005. 长期地膜覆盖与施肥对土壤钾素的影响．辽宁农业科学，5：9－11.
李晨华，贾仲君，唐立松，等，2012. 不同施肥模式对绿洲农田土壤微生物群落丰度与酶活性的影响．土壤学报（3）：567－574.
李晨华，张彩霞，唐立松，等，2014. 长期施肥土壤微生物群落的剖面变化及其与土壤性质的关系．微生物学报，54（3）：319－329.
李阜棣 等，1996. 农业微生物学实验技术．北京：中国农业出版社．
李阜棣，1996. 土壤微生物学．北京：中国农业出版社．
李世朋，蔡祖聪，杨浩，等，2009. 长期定位施肥与地膜覆盖对土壤肥力和生物学性质的影响．生态学报，29（5）：2489－2498.
李双异，2015. 长期施肥与覆膜对棕壤微生物多样性的影响．沈阳：沈阳农业大学．
李晓慧，2013. 不同作物与施肥对黑土氨氧化微生物的影响．北京：中国科学院大学．
李振高，潘映华，伍期途，等，1989. 太湖地区水稻土优势反硝化细菌的数量、组成与酶活性．土壤学报，26（1）：79－85.
沈菊培，张丽梅，贺纪正，2011. 几种农田土壤中古菌、泉古菌和细菌的数量分布特征．应用生态学报，22（11）：2996－3002.
汪景宽，刘顺国，李双异，2006. 长期地膜覆盖及不同施肥处理对棕壤无机氮和氮素矿化率的影响．水土保持学报，20（6）：107－110.
汪景宽，彭涛，张旭东，等，1997. 地膜覆盖对土壤主要酶活性的影响．沈阳农业大学学报，28（3）：210－213.
汪景宽，田晓婷，李双异，等，2008. 长期地膜覆盖及不同施肥处理对棕壤中全硫和有效硫的影响．土壤通报，39（4）：804－807.
汪景宽，须湘成，张继宏，1990a. 地膜覆盖对土壤六碳糖和五碳糖的影响．辽宁农业科学，3：55－57.
汪景宽，须湘成，张旭东，等，1994. 长期地膜覆盖对土壤磷素状况的影响．沈阳农业大学学报，25（3）：311－315.
汪景宽，张继宏，1990. 地膜覆盖对土壤有机质转化的影响．土壤通报，21（4）：189－192.
汪景宽，张继宏，须湘成，1990b. 地膜覆盖对土壤有机质转化的影响．沈阳农业大学学报，4：189－193.
汪景宽，张继宏，须湘成，等，1992. 地膜覆盖对土壤肥力影响的研究．沈阳农业大学学报（专刊），23：32－37.
汪景宽，张继宏，须湘成，等，1996. 长期地膜覆盖对土壤氮素状况的影响．植物营养与肥料学报，2（2）：125－130.
汪景宽，张旭东，张继宏，等，1995. 覆膜对有机物料的腐解及土壤有机质特性的影响．植物营养与肥料学报，1（3－4）：22－28.
王影，张志明，李晓慧，等，2013. 土地利用方式对土壤细菌、泉古菌和氨氧化古菌丰度的影响．生态学杂志，32（11）：2931－2936.
严昶升，1988. 土壤肥力研究法 . 北京：农业出版社 .
于树，汪景宽，高艳梅，2006. 地膜覆盖及不同施肥处理对土壤微生物量碳和氮的影响 . 沈阳农业大学学报，37（4）：602－606.
于树，汪景宽，李双异，2008a. 地膜覆盖对土壤微生物群落结构的影响 . 土壤通报，39（4）：904－907.
于树，汪景宽，李双异，2008b. 应用 PLFA 方法分析长期不同施肥处理对玉米地土壤微生物群落结构的影响 . 生态学报，28（9）：4221－4227.
张继宏，颜丽，窦森，1995. 农业持续发展的土壤培肥研究 . 沈阳：东北大学出版社 .
中国科学院微生物研究所常见与常用真菌编写组，1973. 常见与常用真菌 . 北京：科学出版社 .
中国科学院微生物研究所细菌分类组，1978. 一般细菌常用鉴定方法 . 北京：科学出版社 .
周礼恺，1984. 不同来源的植物物质在土壤中的分解特性与土壤酶活性 . 土壤通报，15（4）：180－181.
周礼恺，1984. 土壤中的脲酶活性与尿素肥料在土壤中的转化 . 土壤学进展（1）：1－8.
周礼恺，张志明，曹承绵，等，1988. 黑土和棕壤的酶活性 . 中国土壤酶学研究文集 . 沈阳：辽宁科学技术出版社 .
Ai C，Liang G Q，Sun J W，et al.，2015. Reduced dependence of rhizosphere microbiome on plant－derived carbon in 32－year long－term inorganic and organic fertilized soils. Soil Biology and Biochemistry，80：70－78.
An T，Schaeffer S，Li S，et al.，2015a. Carbon fluxes from plants to soil and dynamics of microbial immobilization under plastic film mulching and fertilizer application using ^{13}C pulse－labeling. Soil Biology and Biochemistry，80：53－61.
An T，Schaeffer S，Zhuang J，et al.，2015b. Dynamics and distribution of ^{13}C labeled straw carbon by microorganisms as affected by soil fertility levels in the black soil region of Northeast China. Biology and Fertility of Soils，51：605－613.
Anne D，Paul LE B，Zheng Y，et al.，2014. Interactions between thaumarchaea，nitrospira and methanotrophs modulate autotrophic nitrification in volcanic grassland soil. ISME J，8：2397－2410.
Anthony GO′ Donnell，Melanie S，Andrew M，et al.，2001. Plants and fertilizers as drivers of changes in microbial community structure and function in soils. Plant and Soil，232：135－145.
Bending G D，Turner M K，Jones J E，2002. Interactions between crop residue and soil organic matter quality and the functional diversity of soil microbial communities. Soil Biology and Biochemistry，34（8）：1073－1082.
Chaudhry V，Rehman A，Mishra A，et al.，2012. Changes in bacterial community structure of agricultural land due to long－term organic and chemical amendments. Microbial Ecology，64：450－460.
Coleman D C，Crossley D A，1996. Fundamentals of soil ecology. London：Academic Press.
Coolon J D，Jones K L，Todd T C，et al.，2013. Long－term nitrogen amendment alters the diversity and assemblage of soil bacterial communities in tallgrass prairie. PLoS One，8：e67884.
Dick R P，1992. A review：long－term effects of agricultural systems on soil biochemical and microbial parameters. Agriculture，Ecosystems and Environment，40：25－36.
Eckburg P B，Bik E M，Bernstein C N，et al.，2005. Diversity of the human intestinal microbial flora. Science，308：1635－1638.
Fan F L，Yin C，Tang Y J，2014. Probing potential microbial coupling of carbon and nitrogen cycling during decomposition of maize residue by ^{13}C－DNA－SIP. Soil Biology and Biochemistry，70：12－21.
Fauci M F，Dick R P，1994. Soil microbial dynamics：short－and long－term effects of organic and inor-

ganic nitrogen. Soil Science Society of America Journal, 58: 801 - 808.

Fierer N, Bradford M A, Jackson R B, 2007. Toward an ecological classification of soil bacteria. Ecology, 88: 1354 - 1364.

Garland J L, Mills A L, 1991. Classification and characterization of heterotrophic microbial communities on the basis of patterns of community level sole carbon source utilization. Applied and Environmental Microbiology, 57: 2351 - 2359.

Ge Y, Zhang J B, Zhang L M, et al., 2008. Long - term fertilization regimes affect bacterial community structure and diversity of an agricultural soil in northern China. J. Soils Sediments, 8: 43 - 50.

Hansel C M, Fendorf S, Jardine P M, et al., 2008. Changes in bacterial and archaeal community structure and functional diversity along a geochemically variable soil profile. Applied and Environmental Microbiology, 74: 1620 - 1633.

He R, Wooller M J, Pohlman J W, et al., 2012. Identification of functionally active aerobic methanotrophs in sediments from an arctic lake using stable isotope probing. Environ. Microbiol., 14: 1403 - 1419.

Lauber C L, Hamady M, Knight R, et al., 2009. Pyrosequencing - based assessment of soil pH as a predictor of soil bacterial community structure at the continental scale. Applied and Environmental Microbiology, 75: 5111 - 5120.

Ley R E, Backhed F, Turnbaugh P J, et al., 2005. Obesity alters gut microbial ecology. Proc Natl Acad Sci USA, 102: 11070 - 11075.

Ley R E, Turnbaugh P J, Klein S, et al., 2006. Microbial eeology: human gut microbes associated with obesity. Nature, 444: 1022 - 1023.

Liu P F, Qiu Q F, Lu Y H, 2011. Syntrophomonadaceae - Affiliated species as active butyrate - utilizing syntrophs in paddy field soil. Applied and Environmental Microbiology, 77: 3884 - 3887.

Lovell R D, Jarvis S C, Bardgett R D, 1995. Soil microbial biomass and activity in long - term grassland: effects of management change. Soil Biology and Biochemistry, 27: 969 - 975.

Lu Y, Rosencrantz D, Liesack W, et al., 2006. Structure and activity of bacterial community inhabiting rice roots and the rhizosphere. Environmental Microbiology, 8: 1351 - 1360.

Mack M C, Schuur E A G, Bret - Harte M S, et al., 2004. Ecosystem carbon storage in arctic tundra reduced by long - term nutrient fertilization. Nature, 431: 440 - 443.

Marschner Petra, Kandeler E, Marschner B, 2003. Structure and function of the soil microbial community in a long - term fertilizer experiment. Soil Biology and Biochemistry, 35 (3): 453 - 461.

Mäder P, Fliessbach A, Dubois D, et al., 2002. Soil fertility and biodiversity in organic farming. Science, 296: 1694 - 1697.

Nacke H, Thürmer A, Wollherr A, et al., 2011. Pyrosequencing - based assessment of bacterial community structure along different management types in german forest and grassland soils. PLoS One, 6 (2): e17000.

Navarrete A A, Kuramae E E, Hollander M, et al., 2012. Acidobacterial community responses to agricultural management of soybean in Amazon forest soils. FEMS Microbiol Ecol, 83: 607 - 621.

Pascault N, Ranjard L, Kaisermann A, et al., 2013. Stimulation of different functional groups of bacteria by various plant residues as a driver of soil priming effect. Ecosystems, 16: 810 - 822.

Ramirez K S, Craine J M, Fierer N, 2012. Consistent effects of nitrogen amendments on soil microbial communities and processes across biomes. Global Change Biology, 18: 1918 - 1927.

Rousk J, Bååth E, Brookes P C, et al., 2010. Soil bacterial and fungal communities across a pH gradient in an arable soil. The ISME Journal，4：1340－1351.

Semenov A V，Pereira e Silva M C，Szturc－Koestsier A E，et al.，2012. Impact of incorporated fresh ^{13}C potato tissues on the bacterial and fungal community composition of soil. Soil Biol. Biochem.，49：88－95.

Staddon W J，Trevors J T，Duchesne L C，et al.，1998. Soil microbial diversity and community structure across a climatic gradient in western Canada. Biodiversity and Conservation，7（8）：1081－1092.

Uroz S，Buée M，Murat C，et al.，2010. Pyrosequencing reveals a contrasted bacterial diversity between oak rhizosphere and surrounding soil. Environmental Microbiology Reports，2：281－288.

Van Elsas J D，Frois－Duarte G，Keijzer－Wolters，et al.，2000. Analysis of the dynamics of fungal communities in soil via fungal－specific PCR of soil DNA followed by denaturing gradient gel electrophoresis. J. Microbiol. Methods，43：133－151.

Wang B Z，Zhang C X，Liu J L，et al.，2012. Microbial community changes along a land－use gradient of desert soil origin. Pedosphere，22：593－603.

Wang X Q，Sharp C E，Jones G M，et al.，2015. Stable－isotope－probing identifies uncultured planctomycetes as primary degraders of a complex heteropolysaccharide in soil. Applied and Environmental Microbiology，81（14）：4607－4615.

White D C，Davis W M，Nickels J S，et al.，1979. Determination of the sedimentary microbial biomass by extractible lipid phosphate. Oecologia，40：51－62.

Xia W，Zhang C，Zeng X，et al.，2011. Autotrophic growth of nitrifying community in an agricultural soil. The ISME Journal，5：1226－1236.

Yang Y H，Yao J，2000. Effect of pesticide pollution against functional microbial diversity in soil. Journal of Microbiology，20（2）：23－25.

Zhao J，Ni T，Li Y，2014. Responses of bacterial communities in arable soils in a rice－wheat cropping system to different fertilizer regimes and sampling times. PLOS One，9（1）：e85301.

第十章　长期地膜覆盖土壤重金属元素的变化

重金属在土壤中的积累是全世界面临的一个主要环境问题。我国作为世界人口大国，随着经济的发展、人口的不断增加，耕地的逐年减少，粮食安全成为国家安全的关键，而提高粮食单产则成为解决我国粮食安全问题的主要途径，这其中肥料的大量使用功不可没，进而造成土壤中重金属含量的增加。大量研究结果表明，化肥具有增加作物产量、培肥土壤、改进品质、发挥良种增产潜力、改善生态环境等多方面的积极作用，这些作用在化肥有效使用范围内是非常明显的。但同时重金属具有富集且不易分解的特性，大量使用化肥会加大土壤的污染程度。目前施肥能显著提高土壤肥力、显著影响作物产量这一结论早已证实，但不同施肥处理对于土壤中重金属含量的影响国内尚无定论，本文主要研究长期地膜覆盖条件下不同施肥处理对土壤重金属全量以及有效态含量的关系，旨在为指导合理施肥提供理论参考。

第一节　地膜覆盖与施肥对土壤锌、铜、锰的形态及有效性的影响

一、材料与方法

（一）供试材料

本研究分别选取地膜覆盖（以下简称“覆膜”）栽培和裸地栽培条件下5个施肥处理。5个施肥处理分别为：①CK（对照，不施肥）；②N2（单施氮肥）；③M2（单施有机肥）；④M1N1（有机肥配施氮肥）；⑤M1N1P1（有机肥配施氮磷肥）。经6年连作玉米至1992年土壤的主要肥力性质发生变化，土壤pH为5.51～6.73，有机质15.39～17.71 g/kg，活性有机质11.09～12.71 g/kg，阳离子交换量15.08～17.20 cmol/kg，分异明显。供试土壤和肥料的基本性状见表10-1。

表10-1　供试土壤和肥料的基本性状（1992年）

项目	pH（H_2O）	有机质（g/kg）	全锌（mg/kg）	全铜（mg/kg）	全锰（mg/kg）
裸地土壤	6.39	15.6	58.0	19.3	843.3
覆膜土壤	6.39	15.6	59.3	19.9	876.3
有机肥	—	15.83	79.4	14.6	1 078.1
磷肥	—	—	80.2	11.5	656.7

1992年在玉米全生育期内，分别于4月20日、6月2日、7月20日和9月20日取土样和植株样，土样采自两株玉米间0～20 cm耕层，风干后过0.85 mm筛，用于有效态含量分析；过0.15 mm尼龙筛，用于三元素形态分析。玉米样取10株10片展开叶，用去离子水洗净，风干称重，粉碎，过0.85 mm尼龙筛。

（二）分析方法

土壤中锌、铜、锰的形态分析采用朱燃婉等（1989）提出的5个组分连续提取法，并做了一定修正，具体步骤如下：称取过0.15 mm筛风干土2.000 g，用1 mol/L $MgCl_2$（pH 7.0），土液比1∶8，振荡2 h，离心30 min，提取的上清液测定碳酸盐和专性吸附态；再用0.04 mol/L $NH_4OH\cdot HCl-HOAc$，土液比为1∶15，在（96±3）℃水浴中溶浸2 h，离心30 min，提取的上清液测定铁锰氧化结合态；残土用水冲洗后，用30% H_2O_2 氧化有机质，再用0.02 mol/L HNO_3（pH 2.0），土液比为1∶15，在（85±2）℃水浴中溶浸2 h后，加入3.2 mol/L NH_4OAc 振荡30 min，离心30 min，提取的上清液测定有机结合态。残留态由全量减去上述各形态而得。

土壤有效态锌、铜、锰用DTPA浸提。全量用王水-高氯酸消煮。植物样品用硝酸-高氯酸消煮。以上各形态锌、铜、锰用原子吸收分光光度法测定。其他项目均采用常规方法测定（中国土壤学会农业化学专业委员会，1983）。

二、结果与讨论

（一）土壤中各形态锌含量的变化

由表10-2可以看出，长期单施氮素化肥土壤EX-Zn含量较试验前增加，而其他各形态锌包括全锌均有不同程度的减少，说明长期施用氮素化肥而不施加其他锌源，作物吸收锌仅靠少部分根茬补充，抵不上作物带走锌量，使土壤中锌的贮量减少。裸地土壤中有机态锌和全锌含量比试验前分别减少6.9%和5.4%，而覆膜土壤分别减少8.7%和6.7%，说明覆膜后增加了土壤有机态锌和全锌的消耗。

表10-2　不同处理土壤各形态锌含量（mg/kg）

处理		EX-Zn	CABS-Zn	OX-Zn	OM-Zn	RES-Zn	TOT-Zn	DTPA-Zn
裸地	试验前	0.54	1.54	5.45	6.22	44.29	58.04	0.65
	CK	0.68	1.45	4.44	6.13	42.85	55.54	0.64
	N2	0.99	0.64	4.49	5.79	42.90	54.89	0.54
	M2	0.45	2.0	6.59	6.69	44.68	60.42	1.09
	M1N1	0.66	1.91	5.77	6.40	44.48	59.22	0.93
	M1N1P1	0.77	1.67	5.80	6.33	44.56	59.12	0.64
覆膜	试验前	0.69	1.90	6.06	6.31	44.29	59.25	0.88
	CK	0.55	1.67	5.06	5.86	43.12	56.26	0.68
	N2	0.92	1.04	5.52	5.79	42.01	55.31	0.73
	M2	0.36	2.85	6.74	6.88	44.75	61.58	1.03
	M1N1	0.71	1.97	6.10	6.66	44.52	59.96	0.92
	M1N1P1	0.65	1.80	6.18	6.29	44.83	59.75	0.82

注：EX-Zn指交换性锌；CABS-Zn指专性吸附态锌；OX-Zn指铁锰氧化物结合态锌；OM-Zn指有机结合态锌；RES-Zn指残留态锌；TOT-Zn指全锌；DTPA-Zn指有效态锌。

长期单施有机肥土壤中除EX-Zn含量下降外，其余各形态锌含量均有所增加，其原因可能是有机肥中锌含量比较高，土壤中通过施肥增加的锌量超过作物吸收带走的锌量。

EX－Zn 含量减少则可能与施有机肥土壤 pH 升高有密切关系。裸地和覆膜处理差异较大的是 OX－Zn，它们分别比试验前增加 20.9%和 10.1%，可能是由于地膜覆盖降低了土壤 Eh 值（汪景宽等，1992），进而引起 OX－Zn 向其他形态转化。

有机无机肥长期配合施用（M1N1、M1N1P1），土壤各形态锌含量变化不大，作物吸收锌量与施肥所提供的锌量基本持平。M1Nl 处理裸地和覆膜土壤中各形态锌含量都有一定的增加。M1N1P1 处理，裸地栽培土壤中各形态锌含量略有增加，而覆膜与试验前基本持平且有下降的趋势，因此长期覆膜栽培可能导致土壤可给性锌供应不足。

不同处理对有效态锌（DTPA－Zn）影响不同。施有机肥增加了土壤有效态锌含量，单施氮素化肥土壤中有效态锌含量很低。单施有机肥土壤有效态锌含量处于中等水平，而其余各施肥处理处于较低水平。

（二）土壤各形态锌在作物生长季内的动态变化

无论是裸地还是覆膜处理，随作物生长土壤中除残留态锌外，其他各形态锌的含量均逐渐减少，到作物生长后期，EX－Zn 和 CABS－Zn 含量极低，有的处理甚至仪器检测不出来。土壤中 RES－Zn 含量高，但对作物的有效性小，在整个作物生长期内变化较小并且没有规律。

从图 10－1 可以看出，各处理土壤中 OX－Zn 含量均随着作物生长逐渐减少，原因可能在于：OX－Zn 与有效态锌相关性大（r=0.87），随着作物生长 OX－Zn 转化为易溶性锌而被吸收利用；土壤温度和湿度的增加，微生物活动旺盛，土壤 Eh 值下降，从而造成 OX－Zn 含量降低。

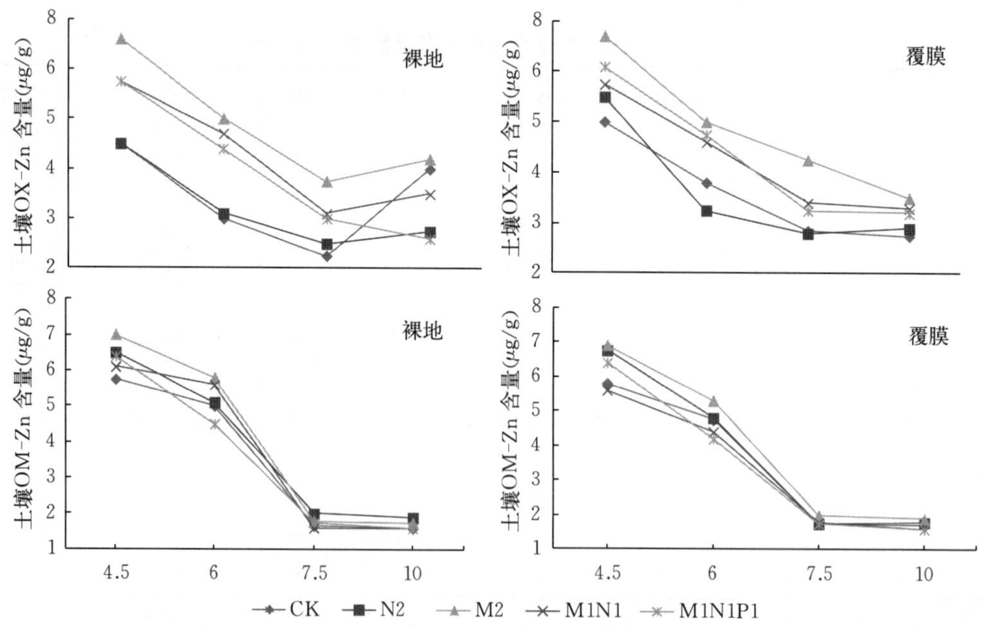

图 10－1 裸地与覆膜各处理土壤氧化态锌（OX－Zn）和有机态锌（OM－Zn）动态变化

不同施肥处理对 OX－Zn 影响不同，从图中可以看出，M2、M1N1 和 M1N1P1 处理，无论裸地还是覆膜土壤 OX－Zn 含量一直处于较高水平，而 N2、CK 处理 OX－Zn 含量一直较低，其中单施有机肥处理在作物整个生育期内始终最高。裸地和覆膜土壤中OX－Zn含量动态变化基本相似。4月至7月土壤OX－Zn含量减少较快，7月20日以后减少较慢，而裸地处理土壤OX－Zn含量后期有增加的趋势。这可能由于裸地土壤一直处于自然状态，后期土壤Zn恢复较快，因此OX－Zn含量有所回升。

从图10－1可以看出，裸地和覆膜各处理土壤OM－Zn动态变化曲线相似，4月20日至6月2日OM－Zn下降的幅度较小，6月2日至7月20日下降的幅度大，以后下降的更少。产生这一现象的原因可能在于：作物生育初期对锌的需要量少，土壤湿度和温度均较低（汪景宽等，1992），土壤微生物活动能力差，有机质分解慢。6月2日至7月20日是玉米营养生长的高峰期，这段时间土壤温度高、湿度大，作物根际微生物活动旺盛，有机质分解快，玉米吸收锌量多，所以OM－Zn含量下降的幅度大。7月20日以后，玉米根际易被吸收的OM－Zn和易分解有机质基本耗尽，余下的大部分是难以分解利用的有机结合态锌，从而这段时间内OM－Zn含量少而变化小。

裸地和覆膜处理OM－Zn动态变化差别在4月20日至6月2日最明显。从图中可以看出，在这段时间内，覆膜各处理土壤OM－Zn含量下降的幅度大于裸地各处理。主要原因在于：覆膜土壤温度和湿度大于裸地（汪景宽等，1992），微生物活动旺盛，有机质分解快，加之覆膜后玉米各生育时期提前，养分吸收量相对比裸地多，因此这段时间覆膜各处理土壤OM－Zn含量变化大。之后，覆膜逐渐失去作用。

（三）土壤中各形态铜含量的变化

由表10－3可见，交换性铜含量少，检测不出，其余形态铜含量包括全铜与试验前相比均有不同程度的减少（也有个别例外）。这主要是由于作物吸收而带走的铜量大于通过施肥加入的量。覆膜处理各形态铜的减少量大于裸地处理，因而覆膜增加了作物对铜的吸收。

表10－3　不同处理土壤各形态铜含量（mg/kg）

处理		EX－Cu	CABS－Cu	OX－Cu	OM－Cu	RES－Cu	TOT－Cu
裸地	试验前	—	0.45	2.06	3.55	13.7	19.33
	CK	—	0.44	1.80	3.52	12.81	18.57
	N2	—	0.43	1.71	3.21	12.70	18.05
	M2	—	0.39	1.84	4.16	12.72	19.11
	M1N1	—	0.36	1.60	3.55	13.25	18.76
	M1N1P1	—	0.53	2.07	3.36	13.11	19.07
覆膜	试验前	—	0.41	2.14	3.77	13.57	19.89
	CK	—	0.38	1.79	3.42	12.63	18.22
	N2	—	0.47	1.86	3.54	12.52	18.39
	M2	—	0.39	1.68	3.90	13.17	19.14
	M1N1	—	0.41	1.79	3.60	12.79	18.59
	M1N1P1	—	0.43	2.03	3.52	12.47	18.43

注：EX－Cu指交换性铜；CABS－Cu指专性吸附态铜；OX－Cu指铁锰氧化物结合态铜；OM－Cu指有机结合态铜；RES－Cu指残留态铜；TOT－Cu指全铜。

土壤中碳酸盐结合态铜经过5年耕作施肥后含量变化很少。不同处理对铁锰氧化物结合态铜影响不同，尽管与试验前相比均有下降，但M1N1P1处理变化最少，裸地处理几乎没变，覆膜栽培仅减少5.1%，单施有机肥处理变化较大，裸地和覆膜处理较试验前分别减少10.7%和21.5%，其原因可能为：由于有机质对铜的络合固定能力强，施高量有机肥增加了土壤有机质，从而导致铁锰氧化物结合态铜含量下降；由于有机质分解使土壤Eh值下降，造成此形态铜向其他形态转化。

经过5年连作，土壤有机态铜只有单施有机质处理有所增加，裸地和覆膜处理分别增加13.3%和3.5%，覆膜栽培加快了土壤有机质的分解（汪景宽等，1992），导致有机态铜释放，从而裸地栽培增加量高于覆膜栽培。

（四）土壤中各形态锰含量的变化

由表10-4可知，单施氮肥和单施有机肥对土壤交换性锰含量影响较大。经6年连作玉米，单施氮素化肥处理，土壤中交换性锰含量比试验前均有增加，裸地和覆膜处理分别增加13.8%和5.8%；而单施有机肥裸地和覆膜处理，交换性锰分别比试验前减少35.6%和59.3%。

表10-4 不同处理土壤各形态锰含量（mg/kg）

	处理	EX-Mn	CABS-Mn	OX-Mn	OM-Mn	RES-Mn	TOT-Mn
裸地	试验前	22.56	26.21	104.65	60.16	629.74	843.32
	CK	12.05	23.46	109.50	59.54	624.76	829.31
	N2	25.6	20.19	123.99	64.75	597.04	831.65
	M2	14.54	27.62	110.51	67.60	656.72	876.99
	M1N1	12.07	29.80	104.79	68.54	638.72	853.33
	M1N1P1	16.85	25.07	100.88	63.97	620.54	827.31
覆膜	试验前	22.49	2.22	106.98	62.00	657.65	876.34
	CK	11.67	24.07	116.71	60.70	629.49	824.64
	N2	23.79	2 366	112.76	60.10	633.61	853.92
	M2	9.15	28.34	107.22	67.81	680.90	893.92
	M1N1	17.33	27.34	108.44	69.52	663.10	885.73
	M1N1P1	11.89	23.43	105.49	58.52	646.22	845.55

注：EX-Mn指交换性锰；CABS-Mn指专性吸附态锰；OX-Mn指铁锰氧化物结合态锰；OM-Mn指有机结合态锰；RES-Mn指残留态锰；TOT-Mn指全锰。

铁锰氧化物结合态锰对土壤锰的供给起着重要作用。从表中可以看出，M1N1P1处理无论覆膜还是裸地栽培，经过5年耕种，土壤氧化物结合态锰含量最小，主要原因在于该处理生物量大，作物吸收锰量多。其他各施肥处理氧化物结合态锰含量比试验前均有所增加，其中单施氮素化肥处理增加幅度最大，裸地和覆膜分别增加18.5%和5.5%；而单施有机肥氧化物结合态锰含量增加小，裸地和覆膜分别增加5.6%和0.2%。这是因为pH>5.5时微生物活动导致氧化物作用很强。在通气良好的条件下pH为7时最强，但在氧张力低时则发生还原作用，多量有机质有助于发生还原反应。

碳酸盐结合态锰与土壤 pH 关系非常密切，随着 pH 的增大而增加、减小而减小。有机态锰较试验前变化不明显，不同处理之间差异较小。总体来看，施有机肥土壤有机态锰含量增加，不施肥和单施氮素化肥有机态锰含量相对减少，覆膜处理规律性较强。

(五) 土壤中各形态锌、铜、锰之间及与植物吸收关系

由表 10-5 可见，玉米单株吸收量与交换性锌、锰，碳酸盐结合态锌、铜、锰均有较高的相关性，无论裸地还是覆膜栽培均达到极显著水平。其中，氧化物结合态锌、铜，有机态锌、铜与玉米单株吸收量也有较高的相关性。氧化态铜和覆膜处理氧化态锌均达到极显著（$P\leqslant 0.01$）水平。说明除残留态锌、铜外，其他各形态锌、铜都易被玉米吸收利用。交换性锰、碳酸盐结合态锰是玉米易吸收利用的组分，覆膜栽培增大了玉米单株吸收量与各形态锌、铜、锰之间的相关系数，因此也增强了玉米对锌、铜、锰各形态的吸收利用。统计结果表明：有机态锌、铜，氧化物结合态铜，交换性锰，碳酸盐结合态锰是供玉米吸收利用的主要组分。

表 10-5　土壤各形态锌与玉米吸锌量之间关系及逐步回归方程（$n=20$）

项目		交换态	碳酸盐结合态	铁锰氧化物结合态	有机态	残留态	逐步回归方程（$\alpha\leqslant 0.05$）
锌单株吸收量	裸地	−0.74	−0.65	−0.54	−0.63	−015	$y=3\,226.52-552.51$ (OM-Zn)，$r=0.83$
	覆膜	−0.79	−0.71	−0.70	−0.84	−0.12	$y=3\,736.42-637.43$ (OM-Zn)，$r=0.82$
铜单株吸收量	裸地	—	−0.69**	−0.67**	−0.51*	−0.22	$y=742.38-1\,138.25$ (OX-Cu)$+358.87$ (OM-Cu)，$r=0.76$
	覆膜	—	−0.77**	−0.75**	−0.58**	−0.10	$y=678.99-1\,506.95$ (OX-Cu)$+578.5$ (OM-Cu)，$r=0.88$
锰单株吸收量	裸地	−0.58**	−0.70**	−0.01	−0.08	0.08	$y=11\,116.57-200.77$ (Ex-Mn)-341.88 (CAB-Mn)，$r=0.77$
	覆膜	−0.61**	−0.77**	−0.06	−0.02	0.03	$y=12\,143.28-209.58$ (Ex-Mn)-342.38 (CAB-Mn)，$r=0.80$

第二节　地膜覆盖对土壤六种重金属元素的影响

一、材料与方法

(一) 试验设计

本研究分别选取 2006 年裸地和覆膜栽培条件下 5 个不同施肥处理表层（0～20 cm）土壤样品。5 个不同施肥处理分别为：①不施肥对照（CK）；②高量有机肥（M_4）；③中量有机肥（M_2）；④化肥（N_4P_2）；⑤高量有机肥和化肥配施（$M_4N_2P_1$）。风干土壤样品过 2 mm 筛测定土壤有效态重金属的含量，过 0.15 mm 筛测定土壤全量重金属的含量。

(二) 分析方法

1. 土壤全量重金属含量的测定　采用三酸（$HCl-HNO_3-HClO_4$）消煮，电感耦合等离子体原子发射光谱法（ICP-AES）测定。具体方法如下：称取 0.5 g 土样于50 mL三角瓶中，然后加入混酸（$HCl:HNO_3=3:1$）4 mL，加上小漏斗。放置过夜（至少 12 h，若有机质含量高适当加长浸泡时间；王水最好在加的时候混合）。第二天，将三角瓶置于电沙浴上加热，开始温度控制在 80 ℃约 1 h 左右，目的是保证土样中的有机质缓慢氧化。然后将温度升高至 120 ℃，加热 3～4 h（主要以土样消煮颜色为准，以土壤清澈透亮、亮黄，晃荡后为亮绿为好并且黄烟冒尽）并加以回流。停止加热，稍冷却，向三角瓶中加入 $HClO_4$ 1 mL（若王水量多，高氯酸也相应增加，以混酸：高氯酸=4：1为好）。放电沙浴上继续加热，温度控制在 180 ℃左右，加热至土壤颜色呈现灰白色为好（土壤晃荡呈黏稠状，非水状，且白烟冒尽）。待冷却后，用去离子水冲洗小漏斗的内外壁，将三角瓶内液体以及洗小漏斗的液体一并过滤并定容至 50 mL。待测，同时做全程空白。

2. 土壤有效态重金属含量的测定 采用 0.1 mol/L HCl 浸提，过滤后采用电感耦合等离子体原子发射光谱法（ICP-AES）测定土壤中有效态重金属含量。称取过 1 mm 筛的风干土 10.00 g 放入 100 mL 塑料广口瓶中，加入 0.1 mol/L HCl 50 mL，25 ℃振荡 1.5 h，过滤。滤液、空白溶液和标准溶液中的重金属元素用电感耦合等离子体原子发射光谱法（ICP-AES）测定。

（三）计算方法

$$土壤中全量重金属含量=(\rho-\rho_0)\cdot V/m$$

式中 ρ——标准曲线查得待测液中重金属的质量浓度（μg/mL）；

ρ_0——标准曲线查得空白消化液中重金属的质量浓度（μg/mL）；

V——消化后定容体积（mL）；

m——烘干土的质量（g）。

$$土壤中有效态重金属含量=(\rho-\rho_0)\cdot V/m$$

式中 ρ——标准曲线查得待测液中重金属的质量浓度（μg/mL）；

ρ_0——标准曲线查得空白消化液中重金属的质量浓度（μg/mL）；

V——0.1 mol/L HCl 的体积（mL）；

m——称取土壤样品的质量（g）。

（四）数据分析

试验数据采用 SPSS13.0、DPS 和 Excel 统计软件分析，使用 LSD 多重比较法来比较各处理测定结果的差异。

二、结果与讨论

（一）地膜覆盖对土壤全量重金属的影响

由图 10-2 可知：不覆膜栽培各施肥处理土壤 Cu、Zn 含量高于覆膜栽培（N4P2 处理 Cu 除外）。覆膜可以保持土壤水分，提高土壤温度，有利于作物的生长，而 Cu、Zn 作为植物生长所必需的营养元素被植物吸收，植株从土壤中吸收的量高于不覆膜条件，所以覆膜土壤中 Cu、Zn 含量低于不覆膜土壤。同一栽培条件施肥对 Cu 和 Zn 含量的影响趋势基本一致。覆膜栽培 Pb 含量略高于不覆膜栽培，其原因可能是 Pb 本身不易被作物所吸收，在覆膜条件下土壤 pH 比不覆膜低，从而重金属在覆膜土壤解吸量高于不覆膜土壤。覆膜与不覆膜栽培对 Cd 的影响较大：M2 和 M4 处理 Cd 的含量覆膜高于不覆膜，而 CK 和 M4N2P1 处理覆膜与否对 Cd 的影响不大，具体原因有待进一步研究。不覆膜栽培 Fe 和 Mn 含量高于覆膜栽培（CK 处理 Mn 含量除外）。Fe、Mn 作为地壳中含量较多的金属元素，同时也是作物生长所需营养元素，易被作物吸收，覆膜栽培可以改善土壤-作物小环境，保持土壤水分，提高土壤温度，更有利于作物的生长，促进作物对土壤中养分元素的吸收，所以导致覆膜土壤中全量 Fe、Mn 低于不覆膜土壤。

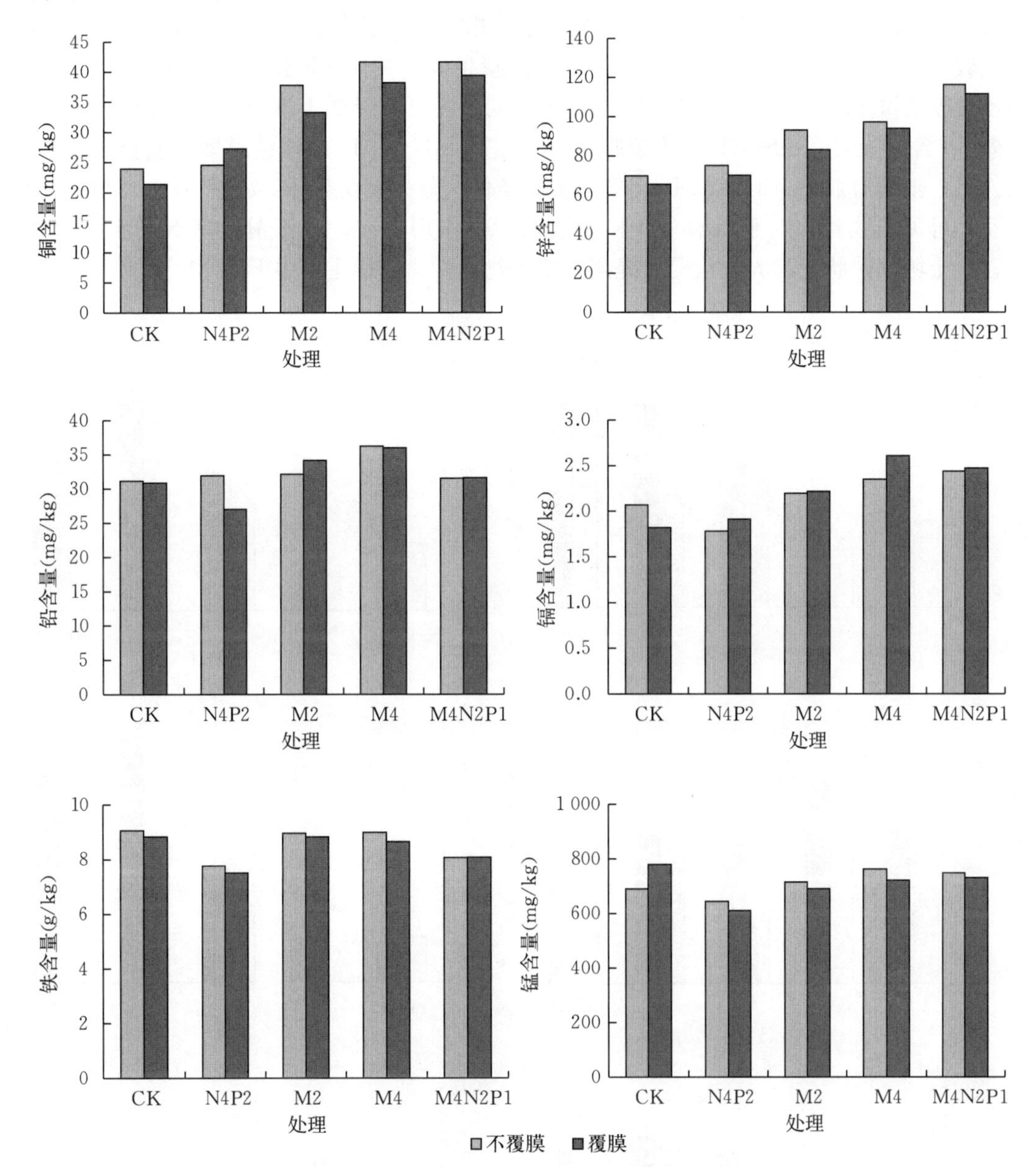

图 10-2 地膜覆盖对全量重金属含量的影响

(二) 地膜覆盖对土壤有效态重金属的影响

覆膜与不覆膜相比，土壤环境发生了改变，势必会影响到土壤中动物、植物乃至微生物的变化，从而影响土壤中重金属含量的变化。覆膜栽培土壤有效 Cu 含量高于不覆膜栽培（除 M4 处理和 N4P2 处理外，图 10-3），具体原因可能是覆膜条件使得土壤 pH 降低，H^{+}数量增多，重金属被解吸的越多，其活动性就越强，从而加大了土壤中重金属向生物体内迁移的数量，导致覆膜条件下有效 Cu 含量比不覆膜低。有效 Zn 含量在 M2、M4、N4P2 和 M4N2P1 处理条件下表现为覆膜高于不覆膜，原因可能是覆膜相比不覆膜土壤水分增加了，温度升高了，其有效性也相应增强。在覆膜与不覆膜条件下各处理土壤有效 Pb 含量均为不覆膜高于覆膜，与全量正好相反，由于土壤中 Pb 主要以残渣态为主，性质较稳定，有效态 Pb 含量较少，长期不覆膜条件土壤中 Pb 会受到大气沉降的影响，使不覆膜土壤 Pb 含量高于覆膜土壤，由此可见覆膜可以降低土壤 Pb 的有效性。土壤中有效 Cd 含量除 CK 处理以外都为覆膜高于不覆膜，其中 M4 处理覆膜增长明显。在覆膜条件下，土壤有效 Fe 和有效 Mn 高于不覆膜条件（除 Mn 在 N4P2 处理外），与全量结果相反，可见覆膜条件对于土壤全量和有效态含量作用不同，由于覆盖降低了土壤蒸发、改善了土壤水热状况和养分状况、提高土壤生物活性，使得土壤中 Fe、Mn 等离子活

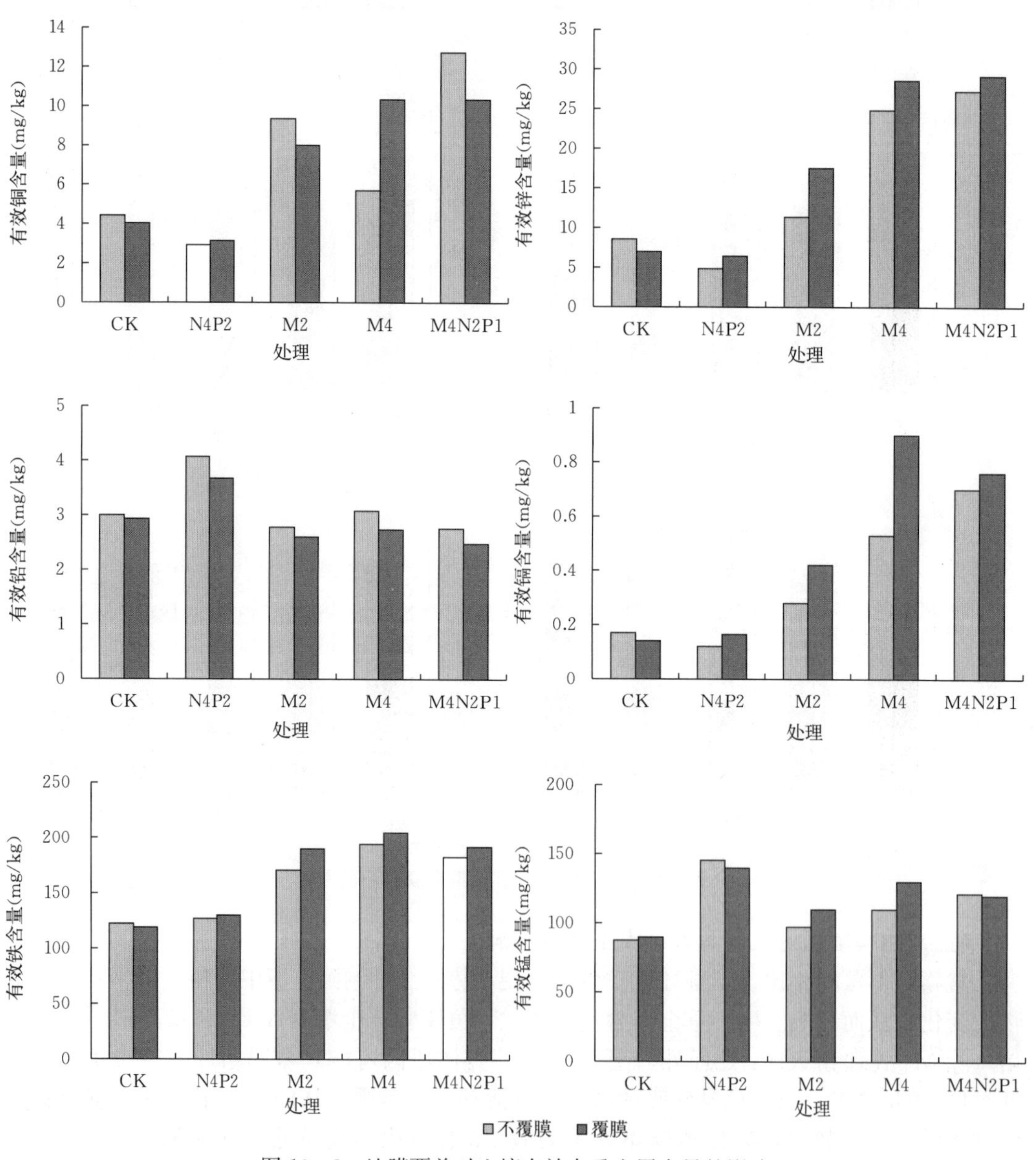

图 10－3　地膜覆盖对土壤有效态重金属含量的影响

性增强，并从土壤胶体中解吸出来，游离于土壤中从而提高了其有效态含量。由此可见，对于一些植物吸收量大而土壤中含量又很低的微量元素可以通过地膜覆盖技术来提高其活性，缓解因土壤营养元素缺乏而引起的作物并发症。

第三节　长期施有机肥对土壤重金属含量的影响

一、材料与方法

（一）试验设计

本试验供试土壤样品分别选取 1987 年、1998 年、2000 年、2002 年、2004 年、2006 年、2008 年和 2011 年 3 个施有机肥处理 0～20 cm 和 20～40 cm 两个土层的土壤样品。施肥处理分别为：①不施肥对照（CK）；②中量有机肥（M2）；③高量有机肥（M4）。施用的有机肥为猪厩粪，有机质含量约为 149 g/kg，全氮约 9 g/kg，全量铜 918 mg/kg，全量锌 882 mg/kg，全量铅 1.62 mg/kg，全量镉 0.33 mg/kg。

（二）分析方法

土壤样品全量及有效态的重金属分析方法及计算方法详见第二节。

二、施有机肥对土壤 Cu 含量的影响

（一）对 0～20 cm 土壤全量 Cu 含量的影响

Cu 是植物在生长发育时所必不可少的微量化学元素，参与多种植物生长和发育的代谢反应。含量过少时会影响植物生长，但当土壤中含量超过一定限度时，植物根部会受到严重伤害，造成植株生长发育不良或停止生长甚至死亡。土壤中 Cu 含量主要受土壤母质的影响，其中一些成土因素也会有影响，如气候等。

由表 10－6 可以看出，长期施用不同剂量的有机肥，土壤全量 Cu 含量均有增加的趋势，尽管个别年份含量波动小，但总体的增加趋向较显著：其中以高量有机肥（M4）处理增加幅度最大，25 年增加了 37.78 mg/kg，提高 187%；而中量有机肥（M2）处理增加幅度其次，2011 年全量 Cu 含量为 42.30 mg/kg，较试验地基础值（1987 年）增加了 22.11 mg/kg，提高 109%。与施有机肥处理相比，不施肥（CK）处理对土壤全量 Cu 含量影响不大，25 年来增长缓慢。CK 处理增加的这部分 Cu 含量可能是来源于土壤母质中铜在棕壤剖面淋溶淀积，由于植物吸收和生物活动造成铜在表层的富集。而我国土壤中全量 Cu 含量不高，为 2～500 mg/kg，平均值为 22 mg/kg 左右，大多数土壤全量 Cu 含量在20～40 mg/kg，可见到 2011 年施有机肥处理全量 Cu 含量在土壤中的富集均已超过平均含量。比较同一年份不同处理全量 Cu 含量，发现 1998 年以后，施有机肥处理都显著高于不施肥处理；2011 年高量有机肥（M4）处理较不施肥（CK）处理高 31.74 mg/kg；高量有机肥（M4）处理年均增加约 1.51 mg/kg，中量有机肥（M2）处理比不施肥（CK）处理高 16.06 mg/kg。由此可见，施用猪粪可以显著增加土壤全量 Cu 含量，造成这种现象的原因是近年来人们所施用的猪粪与传统的农家猪粪相比有较大差异，现在的猪粪肥源大多来源于集约化养殖场，畜禽长期食用饲料添加剂中含重金属元素的饲料，利用这些畜禽粪便作为有机肥会导致大量重金属元素在土壤表层富集。

表 10-6　施有机肥处理土壤全量 Cu 含量的变化（mg/kg）

处理		1987 年	1998 年	2000 年	2002 年	2004 年	2006 年	2008 年	2011 年
0～20 cm	CK	20.18a	27.04c	25.05c	20.84c	22.22c	23.77c	25.66c	26.23c
	M2	20.18a	28.12b	31.54b	27.63b	29.39b	37.73b	41.71b	42.30b
	M4	20.18a	30.15a	35.53a	30.58a	34.16a	41.36a	56.89a	57.97a
20～40 cm	CK	23.08a	23.10b	23.09b	23.19c	23.96c	24.42c	23.16c	24.86c
	M2	23.08a	23.45b	23.87b	24.36b	25.69b	26.52b	26.84b	27.64b
	M4	23.08a	24.69a	26.75a	28.48a	32.15a	34.79a	34.55a	35.54a

注：表中数据为 3 次重复的平均值，同列中不同小写字母表示同一土层不同施肥处理间差异显著（$P<0.05$）。CK 为不施肥处理；M2 为中量有机肥处理；M4 为高量有机肥处理。

（二）对 20～40 cm 土壤全量 Cu 含量的影响

施有机肥处理 20～40 cm 土层土壤全量 Cu 含量也呈增加的趋势，虽然增加趋势没有 0～20 cm 土层增加幅度明显，但 2011 年全量 Cu 含量较试验地各处理初始值也略有增加：其中高量有机肥（M4）处理增加量最为明显，25 年间增加量为 12.45 mg/kg，提高 53.98%；中量有机肥（M2）处理增加量为 4.55 mg/kg；而不施肥（CK）处理 25 年间增加量最少。施有机肥处理 20～40 cm 土层全量 Cu 含量没有 0～20 cm 土层增加速率快，造成这种现象的原因可能是土壤母质中的铜由于风化、淋溶、淀积、生物富集和氧化还原作用在土壤剖面发生分异，而植物吸收和生物活动使铜向表层富集。从 2002 年以后，同一年份施有机肥处理全量 Cu 含量显著高于不施肥（CK）处理。

（三）对土壤有效 Cu 含量的影响

微量元素全量含量往往比有效态含量高得多，但全量含量的高低并不能代表土壤的供肥能力，只能表示土壤中该元素的潜在储藏量；有些元素全量含量虽大，但植物同样会出现缺素的症状，这是因为只有元素的有效态才能被植物吸收利用。

由图 10-4 可以看出，经过 25 年施有机肥处理，耕地土壤有效 Cu 含量呈现增加的态势，尽管个别年份有降低，但总体增长趋势比较显著。其中以高量有机肥（M4）处理增加幅度最大，25 年来增加了 11.62 mg/kg，提高了近 4 倍。而中量有机肥（M2）处理虽然在个别年份有降低的趋势，但总的增长趋势很明显，25 年来比试验前不施肥处理增加了 9.12 mg/kg，较试验地基础值（1987 年）提高了 3.12 倍。CK 处理经过 25 年仅仅增加了 1.51 mg/kg，增加的有效 Cu

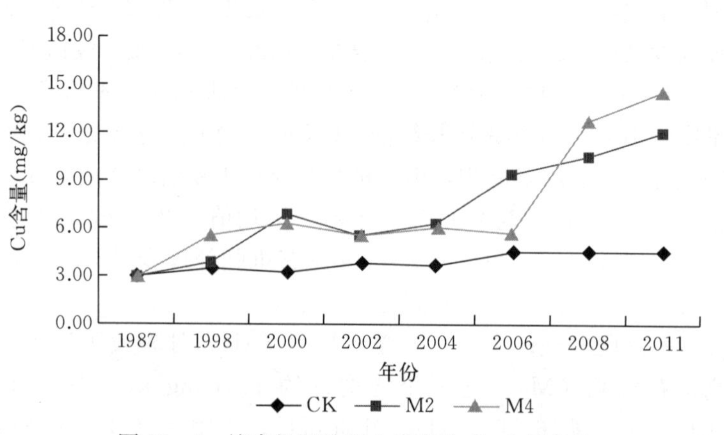

图 10-4　施有机肥处理土壤有效 Cu 含量变化

可能来源于大气沉降，具体原因有待进一步监测分析。比较同一年份不同处理有效 Cu 含量发现，在 2008 年以前 M2 处理高于 M4 处理（除 2002 年和 1998 年），但后来由于有效 Cu 的累积，在连续施有机肥 11 年后 M4 处理超出 M2 处理 2.5 mg/kg，超出 CK 处理 10.11 mg/kg，说明长期施用猪粪能够增加土壤有效 Cu 含量，而且随着时间的延续，土壤有效 Cu 含量也表现出累积性，虽然每年植物会从土壤中带走一部分 Cu，但是土壤中的 Cu 含量依然要重视。

三、施有机肥对土壤 Zn 含量的影响

（一）对 0～20 cm 土壤全量 Zn 含量的影响

Zn 不仅是植物在生长发育阶段所必需的营养物质，更是人体发育所必需的元素，因此锌被称为生命元素。但同时锌也是重金属元素，过量或缺少都会对作物的生长产生不良影响。

由表 10-7 可以看出，长期不施肥（CK）处理土壤全量 Zn 含量的变化不明显，趋于稳定，而施有机肥处理都有所提高。其中，高量有机肥（M4）处理增长幅度最为明显，2011 年全量 Zn 含量高达 111.64 mg/kg，较试验地基础值（1987 年）增加了 53.64 mg/kg，提高 92.49%。中量有机肥（M2）处理经过 25 年累积比试验地基础值（1987 年）增长 39.79 mg/kg，提高 68.62%。不施肥（CK）处理对 Zn 的增长作用不明显。比较相同年份不同处理全量 Zn 含量发现，从 1998 年到 2011 年，施有机肥处理 Zn 含量都显著高于不施肥（CK）处理，说明长期耕作施用猪粪增加了 Zn 在土壤中富集，造成施有机肥处理土壤全量 Zn 含量超过全国平均值。目前，我国养殖场较过去有了质的改变，现多数以规模化饲养为主，养殖过程中为了防止畜禽疾病、促进动物生长发育和保证饲料利用率，一些金属元素如铜、锌、砷等被大量添加到饲料添加剂中，而这部分畜禽粪便中含有多种具有生物毒性的重金属。此外，铁、锰、锌等化学微量元素容易被耕地土壤所固定而形成难被溶解的物质，很难被玉米根部吸收，导致 Zn 元素在土壤中大量积累和富集，所以这部分微量元素的迁移问题应该引起足够的关注。

表 10-7　施有机肥处理土壤全量 Zn 含量的变化（mg/kg）

处理		1987 年	1998 年	2000 年	2002 年	2004 年	2006 年	2008 年	2011 年
0～20 cm	CK	57.99a	60.64c	68.20c	68.57c	73.31c	70.17c	72.64c	74.96c
	M2	57.99a	67.15b	80.56b	82.78b	90.92b	92.17b	95.34b	97.79b
	M4	57.99a	76.61a	93.87a	91.06a	95.32a	96.57a	101.43a	111.64a
20～40 cm	CK	53.71a	52.74ab	51.77a	49.91b	52.81b	54.69c	55.24b	57.84c
	M2	53.71a	52.14b	53.21a	55.72a	58.61a	63.64b	64.35a	66.98b
	M4	53.71a	53.98a	54.74a	56.36a	62.31a	65.43a	66.44a	69.29a

注：表中数据为 3 次重复的平均值，同列中不同小写字母表示同一土层不同施肥处理间差异显著（$P<0.05$）。CK 为不施肥处理；M2 为中量有机肥处理；M4 为高量有机肥处理。

（二）对 20～40 cm 土壤全量 Zn 含量的影响

由表 10-7 可以看出，20～40 cm 土层全量 Zn 含量随耕作时间呈增加的趋势，其中

高量有机肥（M4）处理增长幅度最明显，25年间增加量为15.57 mg/kg。中量有机肥（M2）处理2011年全量Zn含量达到66.98 mg/kg，年平均增加量为0.53 mg/kg。而不施肥（CK）处理经过25年长期耕作试验全量Zn含量变化不大。从2002年以后，施有机肥处理土壤全量Zn含量显著高于不施肥（CK）处理，说明施有机肥处理土壤全量Zn含量经过16年的累积，在20～40 cm土层中富集量已开始增多。由于20～40 cm土层外界污染来源的可能性比较小，所以这部分Zn含量的增加主要是由于棕壤本身的淋溶特性造成的。棕壤是暖温带湿润区夏绿林下形成的土壤，由于夏秋气温高，雨量多，年平均降水500～1 200 mm，故黏化作用强烈，淋溶作用较强，在各种成土作用的影响下，锌在土壤剖面中发生再分配，造成土壤中锌在20～40 cm层次发生富集现象。

（三）对土壤有效Zn含量的影响

施有机肥处理土壤有效Zn含量随耕作年限的变化表现为上升—降低—上升的趋势，而长期不施肥（CK）处理有效Zn变化趋势不明显（图10－5）。2011年施中量有机肥（M2）处理和高量有机肥（M4）处理土壤有效Zn含量分别比1987年增加了14.53 mg/kg和22.05 mg/kg。2011年高量有机肥（M4）处理土壤有效Zn含量较不施肥（CK）处理高15.21 mg/kg。施有机肥处理有效Zn含量显著高于不施肥（CK）处理（1998年和2006年M2和CK处理除外），说明施用猪粪可以提高土壤Zn的有效性。猪粪对土壤Zn的“激活”作用是Zn有效性增加的主要原因。

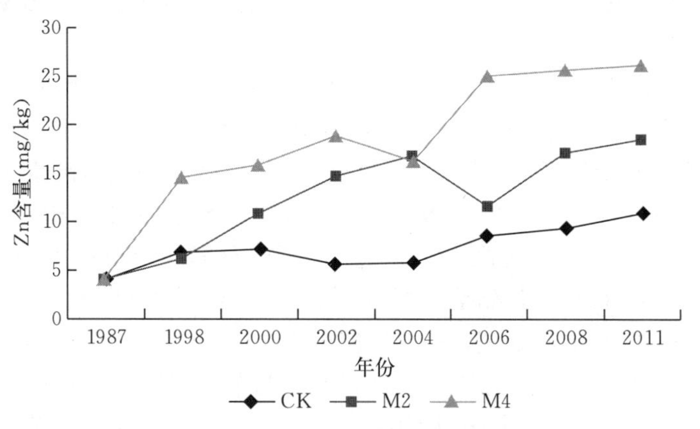

图10－5　施有机肥处理土壤有效Zn含量变化

四、施有机肥对土壤Pb含量的影响

（一）对0～20 cm土壤全量Pb含量的影响

Pb是自然界常见的元素之一，也是重金属五毒元素之一，其含量超标会污染生态环境，对作物产生毒害，进而随食物链进入人体引起铅中毒。

由表10－8可以看出，经过25年长期施有机肥处理，土壤Pb含量呈增加趋势，其中高量有机肥（M4）处理较试验地基础值（1987年）增加了15.60 mg/kg，提高66%；中量有机肥（M2）处理增加了12.24 mg/kg，提高52%；不施肥（CK）处理增加了10.11 mg/kg，提高43%。施有机肥处理土壤Pb含量显著高于不施肥（CK）处理（除2000年和2004年M2和CK处理差异不显著外）。有研究发现，成土母质和大气沉降等对Pb含量存在一定影响。农药或肥料中可能含有Pb杂质进而带入土壤。另外，土壤铅浓度与污染源的距离呈反比。许多研究表明，道路两侧土壤和植物中的铅浓度与距离远近、交通密度、风向、路的使用时间以及土壤剖面深度之间存在一定的相关关系，而邻近道路的铅主要来自加铅汽油。本试验地靠近高速公路，汽车尾气可能是土壤铅污染的一部分来源。常年耕作施用猪粪增加了土壤 Pb 元素在土壤中的富集，而关于铅的来源还有待进一步的监测分析。

表 10-8　施有机肥处理土壤全量 Pb 含量的变化（mg/kg）

处理		1987 年	1998 年	2000 年	2002 年	2004 年	2006 年	2008 年	2011 年
0～20 cm	CK	23.72a	22.53c	26.09b	26.98c	28.73b	31.81c	32.60c	33.83c
	M2	23.72a	23.82b	27.31b	28.27b	29.45b	32.42b	35.74b	35.97b
	M4	23.72a	26.13a	30.41a	30.95a	32.45a	36.23a	38.05a	39.33a
20～40 cm	CK	14.14a	17.51a	18.85a	19.64a	19.96ab	20.49b	20.73c	21.53c
	M2	14.14a	16.58b	17.51b	18.91a	19.17b	19.64b	21.66b	23.79b
	M4	14.14a	16.47b	16.59c	16.55b	20.83a	22.37a	24.13a	24.66a

注：表中数据为 3 次重复的平均值，同列中不同小写字母表示同一土层不同施肥处理间差异显著（$P<0.05$）。CK 为不施肥处理；M2 为中量有机肥处理；M4 为高量有机肥处理。

（二）对 20～40 cm 土壤全量 Pb 含量的影响

由表 10-8 可以看出，从 1987 年到 2011 年，高量有机肥（M4）处理土壤 20～40 cm 土层全量 Pb 含量增加了 10.51 mg/kg，提高了 74%，年平均增加 0.42 mg/kg；中量有机肥（M2）处理增加了 9.64 mg/kg，提高了 52%，年平均增加 0.39 mg/kg；不施肥处理增加幅度不大。2008 年后施有机肥处理 Pb 含量显著高于不施肥处理，说明猪粪中 Pb 元素的淋溶下移，在 20～40 cm 土层富集不明显。土壤有机铅螯合物溶解度较低，且二价铅能被强烈吸附（张乃明，2001），所以表层土壤铅比底层多。有研究表明，植物从深层吸收金属 Pb，并把它贮存在土壤表面的枯枝落叶中，这与本研究 Pb 在表层土壤积聚的研究结果相似。

（三）对土壤有效 Pb 含量的影响

由图 10-6 可知，各处理呈先增加后下降的趋势，各施肥处理土壤有效 Pb 含量从 1987 年到 1998 年间呈增加的趋势，其中不施肥（CK）处理增加最为明显，11 年间增加了 0.89 mg/kg；从 1998 年到 2011 年间呈降低的趋势，其中高量有机肥（M4）处理降低幅度最大，降低了 0.31 mg/kg。但总体来说，经过 25 年长期定位试验，土壤有效 Pb 含量略微增加，其中不施肥（CK）处理增加幅度高于施有机肥处理。相同年份不施肥（CK）处理有效 Pb 含量高于施有机肥处理（2006 年除外），可见连续多年施用猪粪并没有显著增加土壤有效 Pb 的含量。

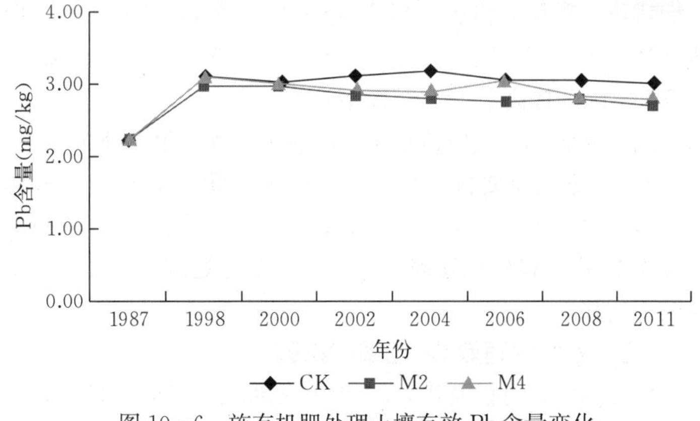

图 10-6　施有机肥处理土壤有效 Pb 含量变化

五、施有机肥对土壤 Cd 含量的影响

（一）对 0～20 cm 土壤全量 Cd 含量的影响

镉元素具有较强的化学毒性，在土壤中累积会产生很强的生物毒性，易通过食物链被作物吸收，对人类健康造成潜在危害。

由表 10－9 可以看出，连续多年施有机肥处理土壤全量 Cd 含量表现出增加的趋势。高量有机肥（M4）处理增加幅度最大，25 年间增加了 1.32 mg/kg，年均增加约 0.05 mg/kg，是不施肥（CK）处理增加量的 1.43 倍；中量有机肥（M2）处理增加了 1.16 mg/kg，年均增加约 0.04 mg/kg。相同年份施有机肥处理土壤全量 Cd 含量均显著高于不施肥（CK）处理（2006 年除外）。由此可见，连续多年施用猪粪造成 Cd 元素在 0～20 cm 土壤大量富集。研究发现，土壤富集的重金属 Cd 含量和大气沉降黏着的 Cd 含量存在一定的正相关关系，这可能是连续多年 Cd 在土壤富集的原因之一。Cd 元素存在于汽车轮胎和马达油中，所以大多数路边土壤中都可发现 Cd。本试验地靠近高速公路，这也为土壤 Cd 污染带来很大的隐患。

表 10－9　施有机肥处理土壤全量 Cd 含量的变化（mg/kg）

处理		1987 年	1998 年	2000 年	2002 年	2004 年	2006 年	2008 年	2011 年
0～20 cm	CK	1.21a	1.34c	1.63b	1.92c	2.05c	2.07b	1.93c	2.13c
	M2	1.21a	1.51b	1.99a	2.16b	2.27a	2.19ab	2.36b	2.37b
	M4	1.21a	1.63a	2.01a	2.26a	2.24b	2.33a	2.51a	2.53a
20～40 cm	CK	1.68a	1.68a	1.69a	1.69a	1.73a	1.76a	1.75c	1.78c
	M2	1.68a	1.68a	1.69a	1.72a	1.75a	1.81a	1.83b	1.85b
	M4	1.68a	1.69a	1.72a	1.74a	1.78a	1.88a	1.91a	1.94a

注：表中数据为 3 次重复的平均值，同列中不同小写字母表示同一土层不同施肥处理间差异显著（$P<0.05$）。CK 为不施肥处理；M2 为中量有机肥处理；M4 为高量有机肥处理。

（二）对 20～40 cm 土壤全量 Cd 含量的影响

长期施有机肥处理 20～40 cm 土层全量 Cd 含量变化趋势如表 10－9 所示。经过 25 年长期耕作，高量有机肥（M4）处理 20～40 cm 土层 Cd 含量增长幅度最大，较试验地基础值（1987 年）增加了 0.26 mg/kg，年均增加 0.01 mg/kg；中量有机肥（M2）处理增加了 0.17 mg/kg，提高了 10%；而不施肥（CK）处理增长量微乎其微，仅增加 0.09 mg/kg。人为农药的喷洒和大气沉降的 Cd 元素在土壤中淋溶下移，在 20～40 cm 土层富集。成土母质是 Cd 元素的主要自然来源，其中成土母质决定了土壤中重金属元素的基础含量，而成土过程又改变了各元素的形态特征和分布规律。比较同一年份不同处理 Cd 含量发现，2008 年以后施有机肥处理显著高于不施肥处理，这说明 Cd 元素主要累积于土壤表层，很少向下迁移。

（三）对土壤有效 Cd 含量的影响

由图 10－7 可以看出，25 年来长期施有机肥处理下，0～20 cm 土层有效 Cd 含量呈现逐年富集的趋势，虽然有些年份有所波动。高量有机肥（M4）处理土壤有效 Cd 含量增

加幅度最大，较 1987 年增加了近 11 倍；中量有机肥（M2）处理次之，增加了 4 倍；而不施肥（CK）处理增长缓慢。可见，长期施用猪粪可以显著增加土壤有效 Cd 含量。比较同一年份不同处理发现，土壤有效 Cd 从 2000 年开始在表层累积，在 2004 年以前，M4 处理累积量也仅为 0.25 mg/kg，而到 2011 年高量有机肥（M4）处理较不施肥（CK）处理累积量已超过 0.65 mg/kg。由于 Pb、Cd 元素对人类危害巨大，施有机肥处理有效 Cd 含量的增加有待继续监测分析。

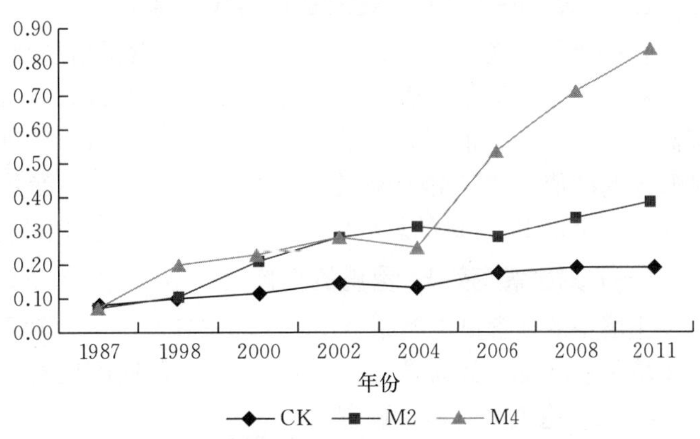

图 10－7　施有机肥处理土壤有效 Cd 含量变化

六、施有机肥对土壤 Fe 含量的影响

（一）对 0～20 cm 土壤全量 Fe 含量的影响

土壤 Fe 含量变化范围很大，而植物 Fe 含量远低于土壤，并经常伴有植物缺铁的症状，所以 Fe 被列为植物所必需的微量元素。我国土壤全铁含量较高，范围在 1.05%～4.84%之间，平均值约为 2.94%，远高于土壤中其他微量元素的含量。

由表 10－10 可以看出，随着年份的推移，全量 Fe 含量在土壤中逐渐累积。经过 25 年连续耕作，增加幅度最大的是不施肥（CK）处理，较试验地基础值增加了 15.27%；M4 处理增加了 14.39%；M2 处理提高了 14.17%。不同处理土壤 Fe 含量虽然有所增加，但仍保持在安全范围内。相同年份不同施肥处理土壤 Fe 含量的变化表现为，2002 年以前，M4 处理高于 CK 处理；而在 2002 年以后，CK 处理却高于施有机肥处理，说明长期施用猪粪并没有显著增加土壤 Fe 含量。这可能是由于不施肥（CK）处理植物每年从土壤中吸收带走的铁含量低于施有机肥处理，从而土壤中累积量较高。

表 10－10　施有机肥处理土壤全量 Fe 含量的变化（mg/kg）

处理		1987 年	1998 年	2000 年	2002 年	2004 年	2006 年	2008 年	2011 年
0～20 cm	CK	7 932a	8 606a	9 093b	8 879a	8 930a	9 056a	9 120a	9 144a
	M2	7 932a	8 638a	8 907c	8 735a	8 745b	8 959b	9 032b	9 056b
	M4	7 932a	8 827a	9 502a	8 908a	8 913a	8 983b	9 060b	9 073ab
20～40 cm	CK	8 193a	8 670a	8 938a	9 070a	9 180a	9 375a	9 387a	9 406a
	M2	8 193a	8 576a	8 755b	8 888b	8 867b	8 985b	9 089c	9 196b
	M4	8 193a	8 535a	8 594c	8 731c	8 796c	8 995b	9 163b	9 230b

注：表中数据为 3 次重复的平均值，同列中不同英文字母表示同一土层不同施肥处理间差异显著水平（$P<0.05$）。CK 为不施肥处理；M2 为中量有机肥处理；M4 为高量有机肥处理。

（二）对 20～40 cm 土壤全量 Fe 含量的影响

长期耕作不施肥处理 20～40 cm 土壤 Fe 含量增加幅度最大，25 年间增加了1 213 mg/kg，相对于试验地基础值（1987 年）提高了 14.80%；其次是高量有机肥（M4）处理，提高了 12.65%；而中量有机肥仅提高 12.24%。Fe 是地壳中含量较多的金属元素，相对试验地基础值（1987 年）来说，全量 Fe 含量增加幅度并不明显，所以各种耕作和管理措施对土壤全量 Fe 含量的影响较小，不会影响作物的生长。

（三）对土壤有效 Fe 含量的影响

土壤中的铁含量不能完全反映土壤供铁状况，常常用有效铁（DTPA－Fe）含量来表征土壤供铁状况，其临界值为4.5 mg/kg。长期施用有机肥处理土壤有效 Fe 含量随时间呈增加的趋势，而不施肥（CK）处理却呈下降的趋势（图 10－8）。CK 处理 25 年较试验基础值（1987 年）减少了 25.17 mg/kg，降低 17.28%。由于连续多年的耕作土壤中有效 Fe 随玉米收获而从土壤中带出，加上不施肥（CK）处理的土壤每年得不到 Fe 的补充，因而造成土壤中有效 Fe 含量降低的趋势。中量有机肥和高量有机肥处理则较试验基础值（1987 年）分别增加了 36.00 mg/kg 和 54.06 mg/kg，分别提高了 24%和 37%。这说明施有机肥处理有效 Fe 含量的增加与施用猪粪有关，随猪粪施用量的增加，土壤有效 Fe 含量相应增加。一方面，猪粪一般含有较高的有效 Fe，对土壤有效 Fe 贡献较大；另一方面，肥料的长期施用促进了土壤中有机物质的分解转化，使土壤还原性增强，Fe^{3+} 还原为 Fe^{2+}，从而造成 Fe 的溶解度增加，土壤中有效 Fe 含量明显增加（胡思农，1993）。同一年份施有机肥处理有效 Fe 含量显著高于不施肥（CK）处理，说明猪粪的施用对土壤 Fe 含量起到了很好的补充作用。

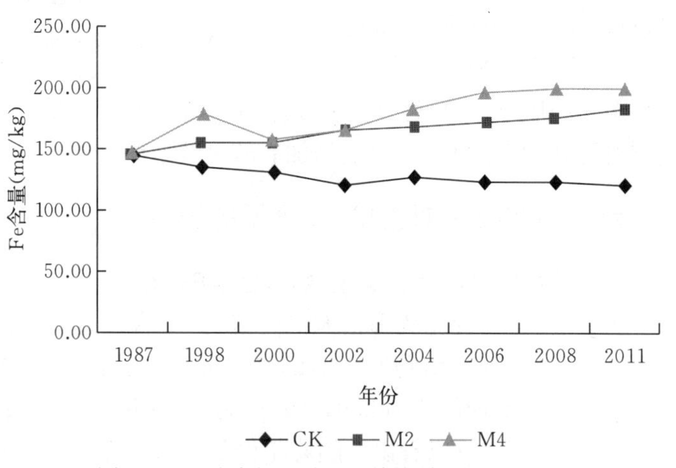

图 10－8　施有机肥处理土壤有效 Fe 含量变化

七、施有机肥对土壤 Mn 含量的影响

（一）对 0～20 cm 土壤全量 Mn 含量的影响

土壤中 Mn 含量相对较高，仅次于土壤中 Fe 含量。我国土壤中全量 Mn 含量变化范围较大，在 10～5 532 mg/kg 之间，平均值为 710 mg/kg。土壤中锰含量主要与土壤类型有关（邹春琴，2009）。

长期施有机肥处理土壤全量 Mn 含量变化如表 10－11 所示。25 年来施有机肥处理之间全量 Mn 含量变化存在明显差异，这主要是由于每年人为施肥上存在差异。从 1987 年到2011年全量Mn含量表现为先降低后升高的趋势，但2011年全量Mn含量仍低于1987年试验地基础值（2011年高量有机肥除外）。2011年不施肥（CK）处理全量Mn含量较试验地基础值（1987年）降低94.66 mg/kg，年均降低3.78 mg/kg；中量有机肥（M2）处理降低了5%。高量有机肥（M4）处理全量Mn含量随时间的推移已表现出增加的趋势，2011年较试验地基础值（1987年）增加了11.30 mg/kg，但也仅增加1.4%。相同年份施有机肥处理土壤全量Mn含量显著高于不施肥（CK）处理（除1998年外），可见连续多年施用猪粪可以提高土壤全量Mn含量，但由于土壤全量Mn含量试验地基础值（1987年）较高，施用猪粪后增加幅度并不高。由于锰也是植物生长的必需元素，每年植物生长发育会从土壤中吸收带走大量锰元素，即使每年土壤中会输入一部分锰，但经过25年的长期耕作，并没有对土壤中的锰含量产生较大的富集。

表10-11　施有机肥处理土壤全量Mn含量的变化（mg/kg）

处理		1987年	1998年	2000年	2002年	2004年	2006年	2008年	2011年
0～20 cm	CK	776.55a	680.60b	672.60c	665.30c	669.30c	659.70c	681.92c	681.88c
	M2	776.55a	689.95b	702.70b	709.10b	713.15b	713.75b	719.75b	730.72b
	M4	776.55a	742.60a	749.65a	740.65a	754.30a	762.10a	766.85a	787.86a
20～40 cm	CK	853.23a	714.46a	690.46a	692.34a	754.25a	799.94a	823.23a	848.77a
	M2	853.23a	716.74a	686.47a	687.82a	691.74c	697.20b	787.62b	812.24b
	M4	853.23a	719.14a	691.71a	685.44a	701.62b	709.50b	797.93b	844.18a

注：表中数据为3次重复的平均值，同列中不同小写字母表示同一土层不同施肥处理间差异显著（$P<0.05$）。CK为不施肥处理；M2为中量有机肥处理；M4为高量有机肥处理。

（二）对20～40 cm土壤全量Mn含量的影响

由表10-11可知，20～40 cm土层全量Mn含量与0～20 cm土层的变化趋势有所不同：0～20 cm土层不施肥（CK）处理变化幅度最大，经过25年长期耕作全量Mn含量降低94.66 mg/kg；而20～40 cm土层中量有机肥（M2）处理变化幅度最大，2011年全量Mn含量较试验地基础值（1987年）降低40.99 mg/kg，不施肥（CK）处理降低4.46 mg/kg，而高量有机肥（M4）处理降低9.05 mg/kg。相同年份不同处理除2004年、2006年、2008年不施肥处理和施有机肥处理差异显著外，其余年份差异均不显著。由此可见，人为施用猪粪并不能显著增加20～40 cm土层全量Mn含量。土壤母质中锰通过风化淋溶淀积、生物富集、氧化还原，在土壤剖面再分配，棕壤中锰主要淀积于心土层。由于Mn同样也是地壳中含量较多的金属元素，其含量受人为耕种的影响较小。有研究报道，锰随水向剖面深层移动，随着土层的加深，全锰和有效锰含量增加。

（三）对土壤有效Mn含量的影响

25年来不同处理土壤有效Mn含量均呈现降低的趋势（图10-9）。CK处理土壤有效Mn含量降低幅度最大，25年来降低了49.25 mg/kg，降低36.63%；M2处理降低了39.11 mg/kg，降低29.09%；而M4处理降低幅度最小，仅降低了21.78 mg/kg。同一年份施有机肥处理有效 Mn 含量高于不施肥（CK）处理，说明施用猪粪可以增加土壤有效 Mn 含量，但经过长年累积，土壤有效 Mn 含量依然较低，其原因可能是猪粪中 Mn 含量较少。另外，每年玉米生长收获后从土壤中带走的有效 Mn 高于每年施入土壤中的 Mn，造成即使连续多年施用猪粪，但土壤 Mn 累积量依然降低。这与汪寅虎等（1990）的研究结果相一致。

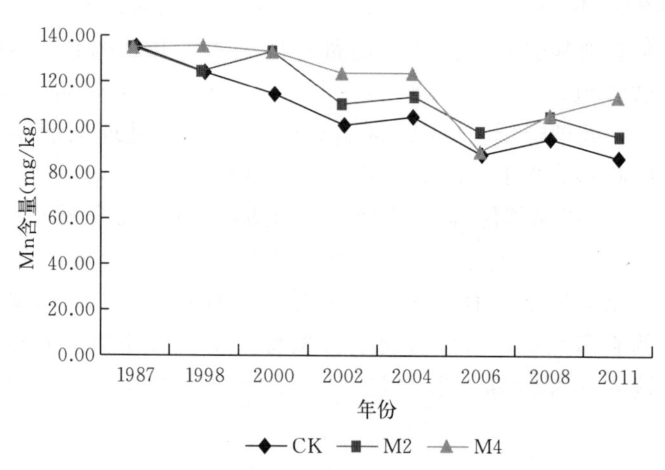

图 10-9　不同施肥处理土壤有效 Mn 含量变化

八、长期施有机肥对重金属在土壤中积累的评价

国内外许多研究观点认为，不同类型土壤中微量元素和重金属的含量主要与该土壤类型相关的成土母质、成土过程及不同岩石和矿物抗风化作用有关，但农田土壤由于人为因素的介入，大量施用化肥和有机肥使得土壤中微量元素和重金属含量存在一定的变化。25 年来 Cu、Zn、Pb 和 Cd 4 种重金属在土壤中积累趋势比较明显，增长速率表现为 Cd>Cu>Zn>Pb。而 Fe 和 Mn 元素 25 年来增长趋势并不明显。

施有机肥显著增加了土壤 Cu、Zn 含量，根据国家环境质量标准规定可知，经过 25 年的施肥处理土壤中 Cu 含量仍然在土壤环境质量二级标准以下，Zn 含量在土壤环境质量一级标准以下（表 10-12）。依据现有施肥水平来看，土壤中 Cu 将在未来 50 年后、Zn 在未来 75 年后达到污染水平，因此应对施用有机肥处理尤其是对施用猪粪肥料加大重视，从畜禽饲料上着手解决土壤污染问题。

表 10-12　土壤中 Cu、Zn、Pb、Cd 重金属元素标准值（mg/kg）

元素	一级	二级			三级
		pH<6.5	pH 6.5～7.5	pH>7.5	pH>6.5
Cu	30	50	100	100	400
Zn	100	200	250	300	400
Pb	35	250	300	350	500
Cd	0.2	0.3	0.3	0.6	1.0

土壤 Pb 的含量受大气沉降、地下水污染、农药和肥料的施入等因素影响，因此关于施有机肥对土壤 Pb 含量的影响有待进一步研究。

施用有机肥尤其是畜禽粪肥显著提高了土壤中 Cd 含量，由于试验地 Cd 的基础值（1987 年）较高，加之 20 多年的积累，导致 Cd 含量均严重超标，参照国家土壤质量标准（GB 15618—1995），各处理 Cd 含量均远远大于 1 mg/kg，属于严重污染。Cd 污染正摆在我们面前，如何做好重金属Cd的监测与治理是相关部门要着手解决的问题。

由于地壳中Fe、Mn含量均较高，人为耕作对土壤中Fe、Mn的影响相对于地壳中Fe、Mn含量来说较小，长期施肥并不会影响作物生长。Fe是岩石圈的主要元素之一，其含量仅次于O、Si、Al而居第四位，Mn也是地壳中含量较多的金属元素，故许多学者认为土壤中Fe和Mn的含量比较丰富，各种栽培和管理措施对土壤全Fe、Mn含量的影响较小，并不会影响作物的生长。

第四节　长期施有机肥对玉米植株重金属含量的影响

一、材料与方法

（一）试验设计

本试验分别选取3个施肥处理：①不施肥对照（CK）；②中量有机肥（M2）；③高量有机肥（M4）。施用的有机肥为猪厩粪，有机质含量约为149 g/kg，全氮约9 g/kg，全量铜918 mg/kg，全量锌882 mg/kg，全量铅1.62 mg/kg，全量镉0.33 mg/kg。将2011年采集的玉米根、茎、叶、籽粒、轴各部位进行分类研磨，再风干保存备用，研磨后的样品进行全量测定。

（二）分析方法

植物样品重金属测定：采用三酸（HCl－HNO_3－$HClO_4$）消煮，电感耦合等离子体原子发射光谱法（ICP－AES）测定。具体方法同重金属全量。

二、对玉米植株Cu含量的影响

Cu在玉米不同部位的分配表现为根＞籽粒＞叶＞茎＞轴（图10－10）。高量有机肥（M4）处理根部Cu的富集浓度高达12.28 mg/kg，分别是籽粒、叶、茎和轴的1.34倍、1.47倍、1.56倍和2.81倍。玉米籽粒Cu浓度由6.32 mg/kg增加至8.36 mg/kg，接近国家标准（10 mg/kg）。随有机肥施用量的增加，玉米各部位Cu含量增加，Cu富集系数逐渐降低（表10－13），说明土壤Cu含量越来越高。由此可见，长期施用猪粪增加了Cu在土壤和玉米的累积，而且高量有机肥的影响尤为明显。

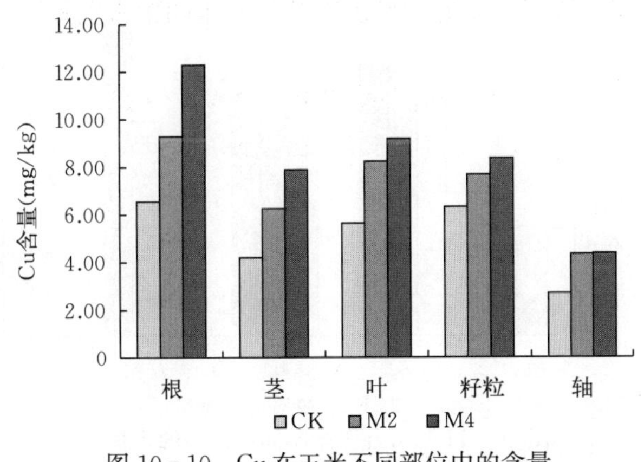

图10－10　Cu在玉米不同部位中的含量

表 10-13　玉米不同部位重金属元素富集系数

处理		根	茎	叶	籽粒	轴	平均
Cu	CK	0.25	0.16	0.21	0.24	0.10	0.19
	M2	0.22	0.15	0.19	0.18	0.10	0.17
	M4	0.21	0.14	0.16	0.14	0.08	0.15
Zn	CK	0.32	0.71	0.54	0.58	0.25	0.48
	M2	0.25	0.61	0.51	0.49	0.30	0.43
	M4	0.23	0.54	0.48	0.61	0.28	0.43
Pb	CK	0.04	0.07	0.08	0.04	0.04	0.05
	M2	0.05	0.07	0.10	0.07	0.04	0.06
	M4	0.04	0.06	0.11	0.09	0.05	0.07
Cd	CK	0.20	0.09	0.09	0.06	0.01	0.09
	M2	0.21	0.10	0.13	0.07	0.05	0.11
	M4	0.23	0.13	0.13	0.09	0.05	0.12
Fe	CK	0.30	0.02	0.04	0.01	0.01	0.08
	M2	0.12	0.03	0.07	0.01	0.01	0.05
	M4	0.13	0.03	0.08	0.01	0.01	0.05
Mn	CK	0.10	0.02	0.06	0.01	0.01	0.04
	M2	0.04	0.01	0.06	0.01	0.00	0.02
	M4	0.04	0.01	0.06	0.01	0.00	0.03

三、对玉米植株 Zn 含量的影响

不同处理玉米茎、叶和籽粒中 Zn 的富集系数都超过 0.5（表 10-13）。重金属 Zn 在玉米植株的富集整体表现为地上部高于地下部（图 10-11），即茎重金属含量相对较高，而根部含量较低，这与茎的维管结构发达、细胞壁整体所占比例较大有关系。CK、M2

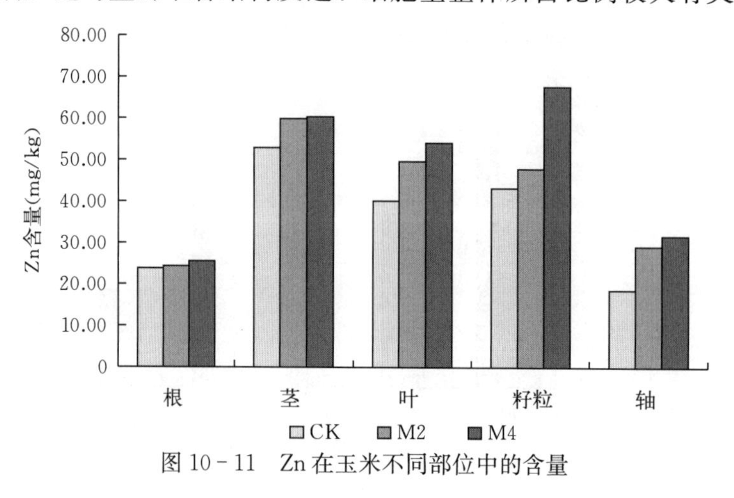

图 10-11　Zn 在玉米不同部位中的含量

和 M4 处理籽粒中 Zn 含量分别为 43.18 mg/kg、47.82 mg/kg 和 67.70 mg/kg。施有机肥处理籽粒 Zn 含量已经接近甚至超过了国家标准上限值（50 mg/kg）。随着有机肥施用量的增加，玉米不同部位 Zn 含量增加，尤以籽粒和轴部分的变化更为明显。因此合理施用猪粪应引起人们的重视。

四、对玉米植株 Pb 含量的影响

由图 10－12 可以看出，玉米各部位 Pb 含量及富集系数（表 10－13）都小于 Cu、Zn 等元素，表明 Pb 很难移动并很难在玉米的各个器官中富集，与其他研究者的研究结果相一致（李静等，2006）。Pb 在玉米各部位的分布规律总体表现为叶＞茎＞籽粒＞根＞轴。随着有机肥施肥量的增加，玉米各部位重金属 Pb 含量增加，其中施有机肥处理叶和籽粒尤其是籽粒，在 M2 和 M4 处理下，含量较对照分别增加了 1.05 mg/kg 和 2.16 mg/kg。说明玉米的叶及籽粒对土壤中 Pb 的吸收富集能力较其他器官强，虽然植物各部位的 Pb 含量均低于饲料安全标准（＜8.0 mg/kg），但也应控制 Pb 来源的输入。

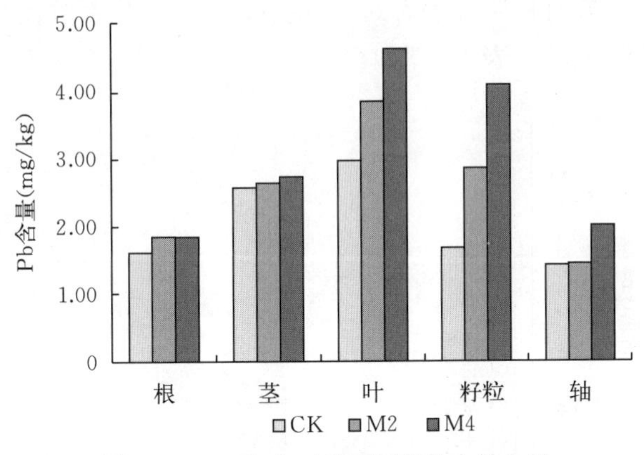

图 10－12　Pb 在玉米不同部位中的含量

五、对玉米植株 Cd 含量的影响

植物各器官 Cd 分布表现出根＞叶≈茎＞籽粒＞轴（图 10－13），其中根 Cd 的平均含

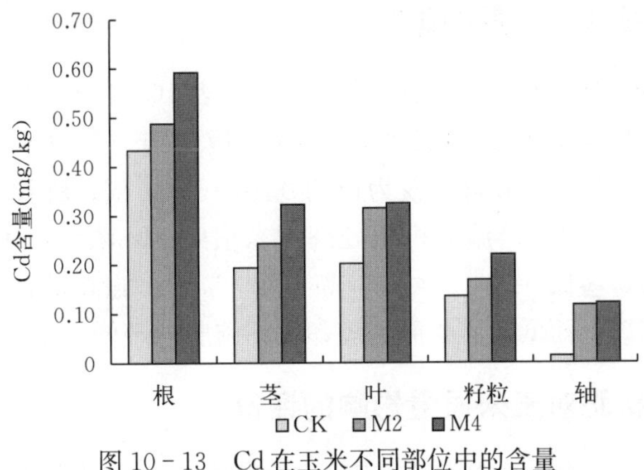

图 10－13　Cd 在玉米不同部位中的含量

量分别约为籽粒和轴的3倍和6倍。根部Cd的富集系数均大于0.2，茎和叶在0.1左右，其余部位不足0.1（表10-13）。玉米植株各部位Cd的含量和富集系数随着有机肥施用量的增加而增加。施有机肥处理轴Cd的含量平均为不施肥处理的7倍左右，而其他部位平均为0.24～0.59倍。不施肥、施中量有机肥和高量有机肥籽粒Cd含量分别比国家饲料玉米标准（<0.05 mg/kg；孙崇玉，1997）高170.9%、236.3%和340%。以上结果表明，增施猪粪显著提高了玉米各部位的Cd浓度，这可能与土壤呈酸性及Cd易移动有关。为了防止引起Cd污染，应控制猪粪施入量。

六、对玉米植株Fe含量的影响

Fe作为作物生长所必需的元素，主要富集在根部，叶、茎次之，籽粒和轴中最少，其中根的浓度达到1 000 mg/kg以上，茎、叶浓度在200～800 mg/kg之间，籽粒和轴在100 mg/kg以下（图10-14）。施有机肥处理根和轴中Fe的含量分别比不施肥处理低61%和37%，叶却较不施肥处理高109%和42%，茎中的Fe含量变化不大。不施肥处理根富集系数为0.30，而施有机肥处理为0.12左右；叶的富集系数在0.04～0.08；而其他部位的富集系数不超过0.05（表10-13）。

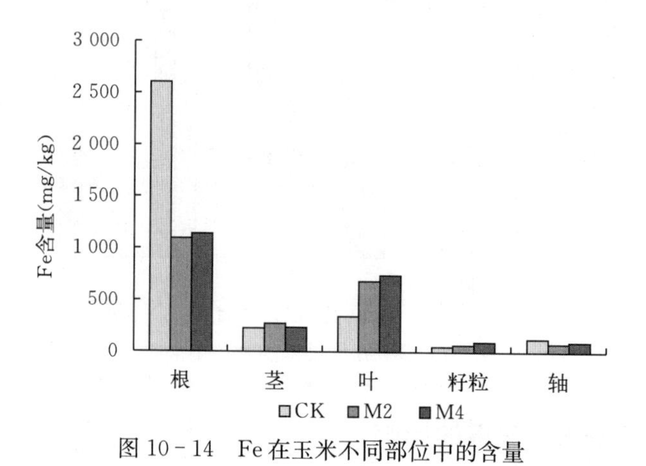

图10-14　Fe在玉米不同部位中的含量

七、对玉米植株Mn含量的影响

Mn在玉米植株各部位的富集系数都低于0.10（表10-13），主要富集于玉米根和叶的部位，但同Fe相比，其富集量较少，根中含量仅有29.19～69.43 mg/kg；叶为38.52～44.87 mg/kg；茎中Mn含量仅为根的0.16～0.31倍；籽粒和轴中Mn含量平均比根低94%左右（图10-15）。施有机肥处理玉米根中Mn浓度比不施肥处理低50%以上，轴低37%～51%，茎低9%～18%，叶高9%～17%。施高量有机肥处理籽粒Mn含量较不施肥处理高29%，而低量有机肥处理却比不施肥处理低11%。

八、长期施有机肥对玉米质量影响的评价

作物品质直接影响作物产品本身的价值、加工利用、家禽生长乃至人体健康，在倡导

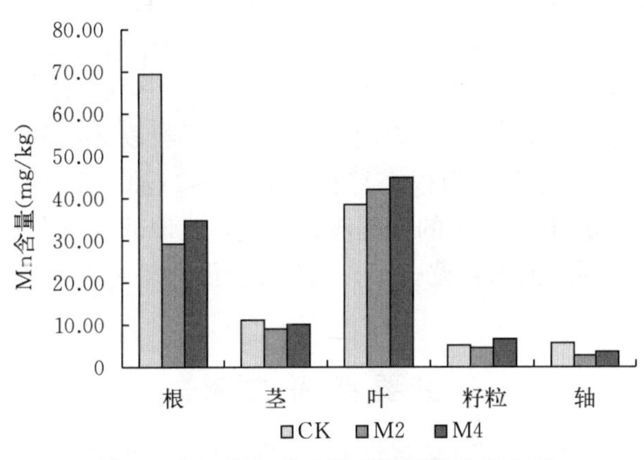

图 10-15　Mn 在玉米不同部位中的含量

健康饮食的今天如何提高作物品质显得尤为重要。表 10-14 为国家食品卫生标准中玉米籽粒重金属含量标准。玉米籽粒 Cu、Zn 含量均未超过国家食品卫生标准的上限，可见在土壤非污染区正常施肥不会导致玉米籽粒中 Cu、Zn 含量超标，可以放心食用。但 Pb、Cd 两元素都超出国家食品卫生标准。可见，试验区玉米籽粒中 Pb 和 Cd 含量已经超标，应引起足够重视，长期食用会在人体内富集，对人产生危害。

表 10-14　玉米重金属含量标准

重金属元素	玉米标准（mg/kg）	标准号
Zn	≤50	GB 13106
Cu	≤10	GB 15199
Pb	≤0.4	GB 14935
Cd	≤0.05	GB 152010

第五节　结　　论

土壤中重金属 Cu、Zn、Pb、Cd、Fe 全量和有效态含量随施肥年限的增加均呈增加趋势，而全量 Mn 和有效态 Mn 含量出现降低的趋势。长期施有机肥增加了全量和有效态 Cu、Zn、Cd，全量 Pb 和有效态 Fe 在土壤中的积累；而不施肥处理全量 Fe 累积量最大且全量 Mn 和有效态 Mn 降低量也最大；长期施有机肥对有效态 Pb 含量影响不大。除全量 Fe 和全量 Mn 在 20～40 cm 土层中累积量高于 0～20 cm 土层外，其他 4 种元素全量均为表层（0～20 cm）含量高于底层（20～40 cm）含量。20 多年来各施肥处理土壤中 Cu 含量均在二级标准以下，Zn 均在一级标准以下（除高量有机肥配施氮磷肥处理以外）。Cd 由于试验地基础值（1987 年）较高，再加之多年施肥，含量已超标。

不同施肥处理土壤中全量 Cu、Zn 含量均为不覆膜处理＞覆膜处理（除 Cu 在 N4P2 处理外）。全量 Pb 含量表现为在覆膜条件下略高于不覆膜条件；而 Cd 在覆膜与不覆膜条件下变化较大，M2 和 M4 处理条件下覆膜含量高于不覆膜含量，而在 CK 和 M4N2P1 处理差异不显著；全量 Fe、Mn 含量为不覆膜含量高于覆膜含量（除 Mn 在 CK 处理以外）。各处理土壤中有效态 Pb 含量均为不覆膜高于覆膜，土壤中有效态 Cd、Fe 和 Mn 各处理在覆膜条件下高于不覆膜（除 Cd 在 CK 处理和 Mn 在 N4P2 处理外）。

施有机肥处理各元素在玉米各器官中的平均富集系数以 Zn 最大，Cu、Cd 其次，Pb 最小。其中，Cu 的富集能力表现为根＞籽粒＞叶＞茎＞轴，Zn 的富集能力大小依次为茎＞叶＞籽粒＞根＞轴，Pb 在叶中的富集能力最强，其他部位分布较均匀，Cd 地下部的富集能力明显高于地上部。玉米籽粒中 Cu、Zn 含量没有超过国家食品卫生标准，而 Pb、Cd 已超标。

主要参考文献

陈涛，吴燕玉，张学询，等，1980. 张土灌区镉土改良和水稻镉污染防治研究．环境科学保护（5）：25-33.

崔德杰，张继宏，关连珠，等，1994. 长期施肥及覆膜栽培对土壤锌各形态及其有效性影响的研究．土壤通报，25（5）：207-209.

崔德杰，张继宏，1998. 长期施肥及覆膜栽培对土壤锌、铜、锰的形态及有效性影响的研究．土壤学报，35（2）：260-265.

李静，依艳丽，李亮亮，等，2006. 几种重金属（Cd、Pb、Cu、Zn）在玉米植株不同器官中的分布特征．中国农学通报，22（4）：244-247.

李双异，刘赫，汪景宽，2010. 长期定位施肥对棕壤重金属全量及其有效性影响．农业环境科学学报，29（6）：1125-1129.

刘赫，李双异，汪景宽，2009. 长期施用有机肥对棕壤中主要重金属积累的影响．生态环境学报，18（6）：2177-2182.

刘铮，1980. 国外在农业中应用微量元素的情况．土壤学进展（2）：1-12.

刘铮，朱其清，1991. 微量元素的农业化学．北京：农业出版社．

孙崇玉，2013. 吉林省典型黑土区农田土壤重金属环境风险研究．长春：中国科学院研究生院（东北地理与农业生态研究所）．

汪景宽，张继宏，须湘成，等，1992. 地膜覆盖对土壤肥力影响的研究．沈阳农业大学学报，23：32-37.

汪寅虎，张明芝，周德兴，等，1990. 有机肥改土作用和供肥机制研究．土壤通报（4）：145-151.

张乃明，2001. 大气沉降对土壤重金属累积的影响．土壤与环境，10（2）：91-93.

朱燃婉，沈壬水，钱钦文，1989. 土壤中金属元素的五个组分的连续提取法．土壤，10（5）：163-166.

邹春琴，张福锁，2009. 中国土壤：作物中微量元素研究现状和展望．北京：中国农业大学出版社．

邹邦基，李彤，史奕，等，1998. 辽宁省土壤有效态微量元素含量分布．土壤学报，25（3）：281-287.

图书在版编目（CIP）数据

地膜覆盖与土壤肥力演变 / 李双异等编著．—北京：中国农业出版社，2021.9

ISBN 978-7-109-28809-6

Ⅰ．①地…　Ⅱ．①李…　Ⅲ．①地膜覆盖—研究②土壤肥力—研究　Ⅳ．①S626.4②S158

中国版本图书馆 CIP 数据核字（2021）第 203433 号

中国农业出版社出版

地址：北京市朝阳区麦子店街 18 号楼

邮编：100125

责任编辑：魏兆猛　史佳丽

版式设计：杜　然　　责任校对：刘丽香

印刷：北京通州皇家印刷厂

版次：2021 年 9 月第 1 版

印次：2021 年 9 月北京第 1 次印刷

发行：新华书店北京发行所

开本：787mm×1092mm　1/16

印张：21　　插页：2

字数：500 千字

定价：200.00 元

图 1-3 实验站景观照

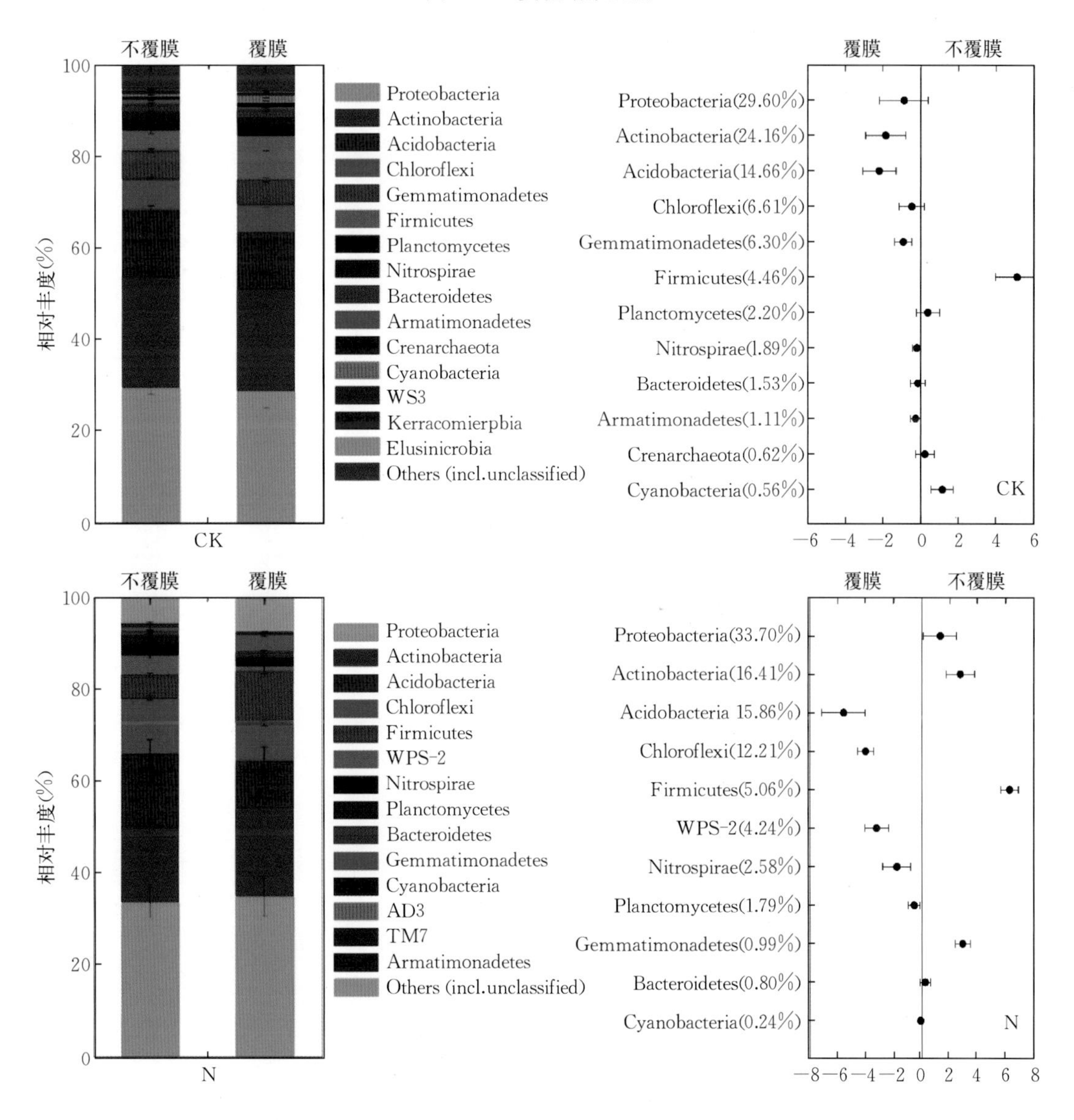

不覆膜
覆膜
相对丰度(%)
CK
Proteobacteria
Actinobacteria
Acidobacteria
Chloroflexi
Gemmatimonadetes
Firmicutes
Planctomycetes
Nitrospirae
Bacteroidetes
Armatimonadetes
Crenarchaeota
Cyanobacteria
WS3
Kerracomierpbia
Elusinicrobia
Others (incl.unclassified)
Proteobacteria(29.60%)
Actinobacteria(24.16%)
Acidobacteria(14.66%)
Chloroflexi(6.61%)
Gemmatimonadetes(6.30%)
Firmicutes(4.46%)
Planctomycetes(2.20%)
Nitrospirae(1.89%)
Bacteroidetes(1.53%)
Armatimonadetes(1.11%)
Crenarchaeota(0.62%)
Cyanobacteria(0.56%)
N
Proteobacteria
Actinobacteria
Acidobacteria
Chloroflexi
Firmicutes
WPS-2
Nitrospirae
Planctomycetes
Bacteroidetes
Gemmatimonadetes
Cyanobacteria
AD3
TM7
Armatimonadetes
Others (incl.unclassified)
Proteobacteria(33.70%)
Actinobacteria(16.41%)
Acidobacteria 15.86%)
Chloroflexi(12.21%)
Firmicutes(5.06%)
WPS-2(4.24%)
Nitrospirae(2.58%)
Planctomycetes(1.79%)
Gemmatimonadetes(0.99%)
Bacteroidetes(0.80%)
Cyanobacteria(0.24%)

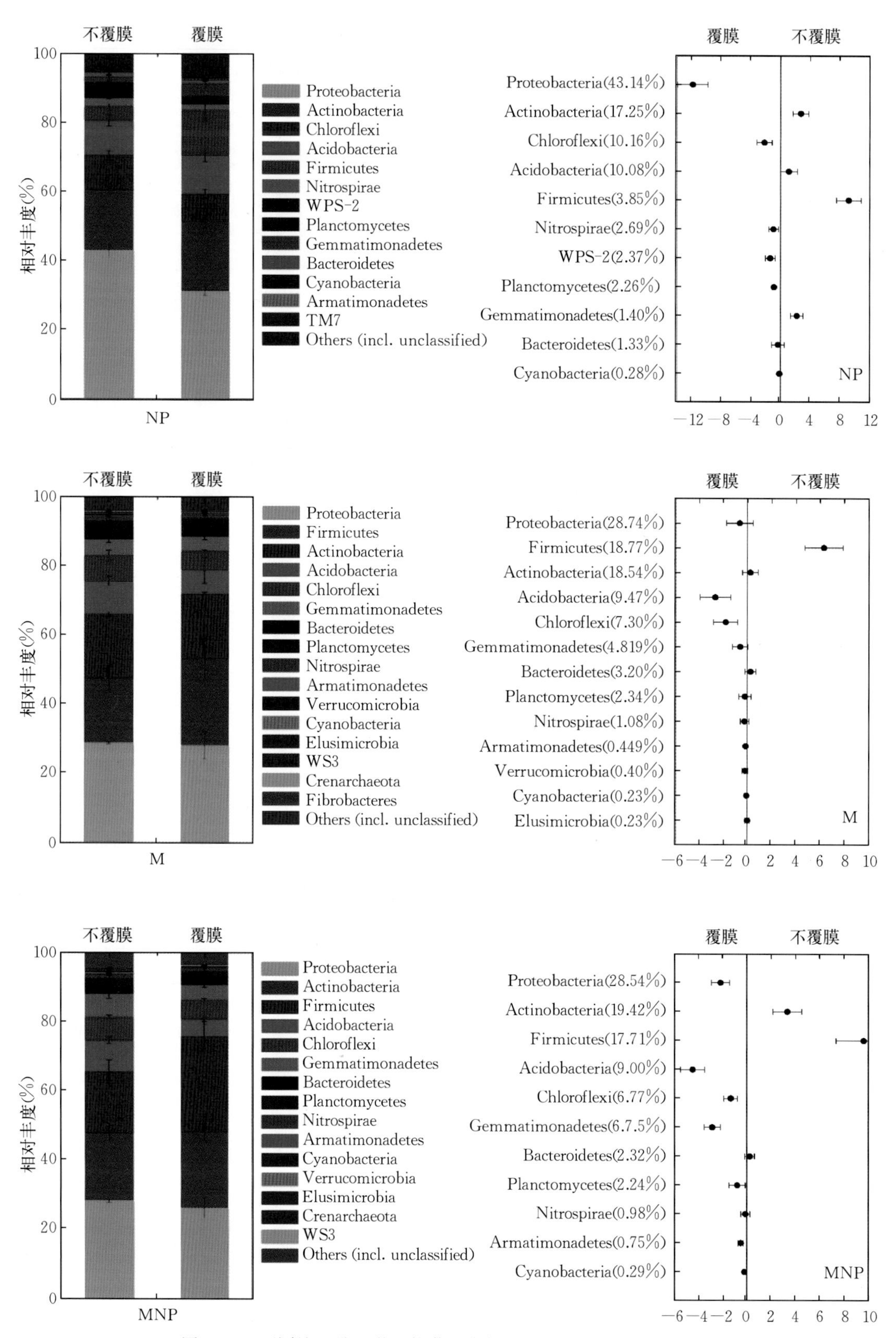

图 9-8　不同施肥处理微生物菌群在门水平上的相对丰度及变化

注：柱状图纵坐标表示各处理微生物在门水平上的相对丰度；散点图中纵坐标为裸地各处理微生物的相对丰度，横坐标为覆膜与不覆膜该微生物的相对丰度的差值。下同。

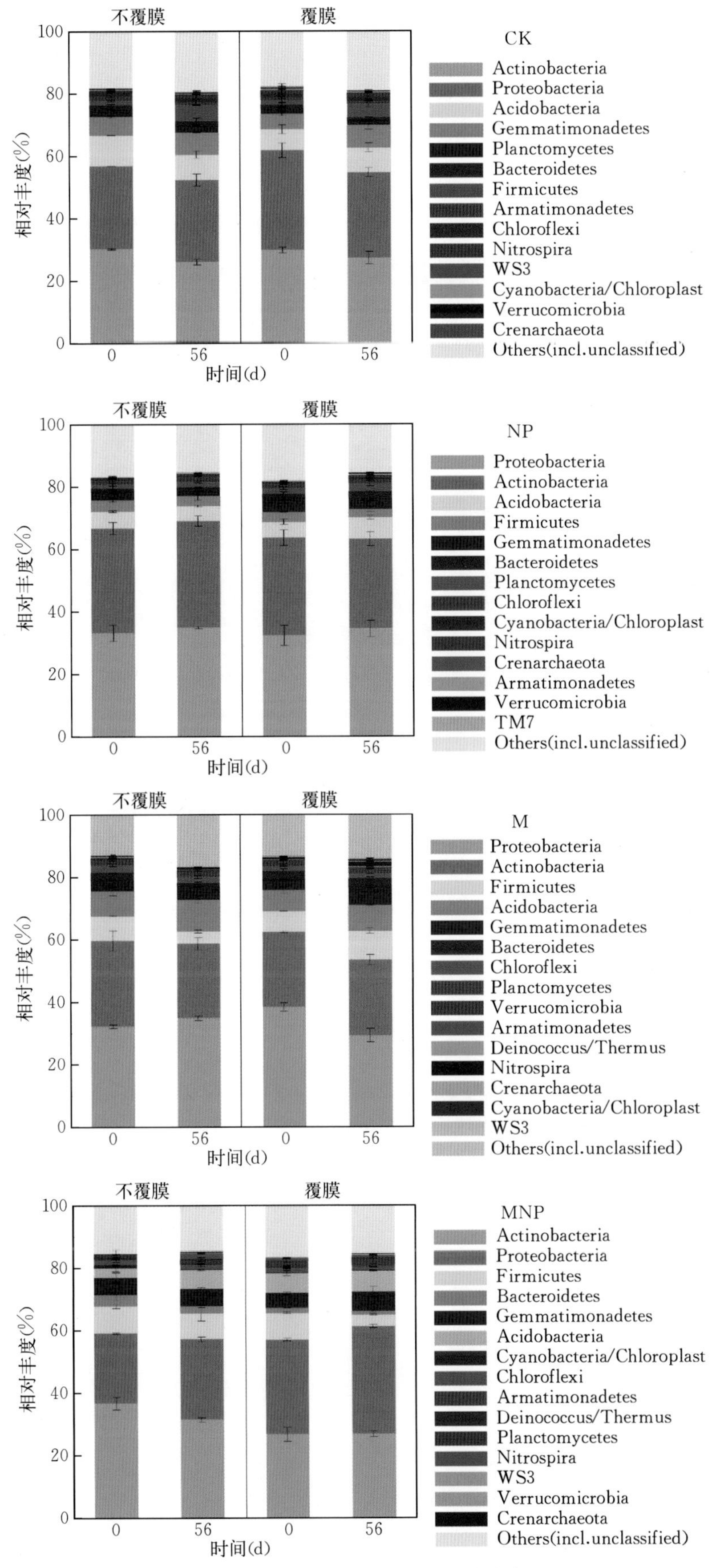

图 9-19　不同处理菌群的相对丰度

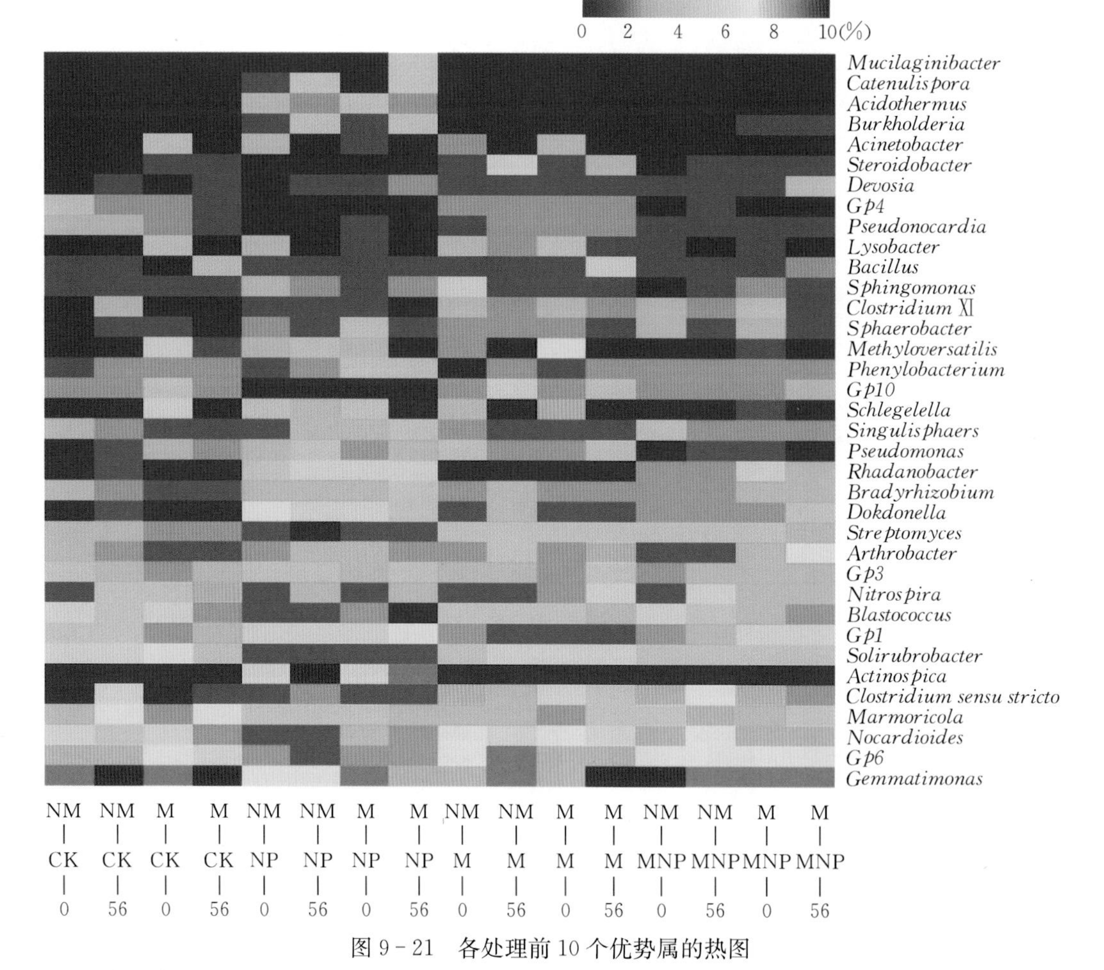

图 9-21　各处理前 10 个优势属的热图

注：每个单元格的颜色代表微生物在属分类水平上 5 层、6 层和 7 层的平均相对丰度。NM 和 M 分别表示裸地和覆膜，CK、NP、M 和 MNP 分别代表 4 个施肥处理（不施肥、氮磷配施、单施有机肥、有机肥和氮磷配施），0 和 56 分别代表第 0 天和第 56 天。